精细陶瓷工艺学

齐龙浩　姜忠良　编著

清华大学出版社
北京

内 容 简 介

本书系统讲述了精细陶瓷的各种制备工艺，既包括已经成熟的工艺，也包括此领域中最新发展的工艺技术和方法，以及作者所在课题组和清华大学先进陶瓷与精细工艺国家实验室多年的研究成果，尤其是精细陶瓷零部件的全套制备工艺。

本书可作为高等院校材料、机械、化工、建材、航空、热能、信息、光学等专业的教学用书，也可用作一般工程技术人员和科研工作者的参考书。

图书在版编目(CIP)数据

精细陶瓷工艺学/齐龙浩, 姜忠良编著.—北京：清华大学出版社，2021.2(2024.3重印)
ISBN 978-7-302-55916-0

Ⅰ.①精…　Ⅱ.①齐…②姜…　Ⅲ.①陶瓷－工艺学　Ⅳ.①TQ174.6

中国版本图书馆 CIP 数据核字(2020)第 115537 号

责任编辑： 陈朝晖
封面设计： 常雪影
责任校对： 王淑云
责任印制： 刘海龙

出版发行： 清华大学出版社
网　　址： https://www.tup.com.cn, https://www.wqxuetang.com
地　　址： 北京清华大学学研大厦 A 座　　**邮　　编：** 100084
社 总 机： 010-83470000　　**邮　　购：** 010-62786544
投稿与读者服务： 010-62776969，c-service@tup.tsinghua.edu.cn
质量反馈： 010-62772015，zhiliang@tup.tsinghua.edu.cn
印 装 者： 三河市君旺印务有限公司
经　　销： 全国新华书店
开　　本： 170mm×240mm　　**印张：** 27　　**字数：** 499 千字
版　　次： 2021 年 2 月第 1 版　　**印次：** 2024 年 3 月第 2 次印刷
定　　价： 98.00 元

产品编号：047497-01

前　　言

精细陶瓷具有优异的力学和物理性能，广泛应用于工业、国防和军工领域，促进了相关领域的技术进步，成为现代工业不可缺少的关键材料之一。

我国的精细陶瓷技术起步较晚。近年来，在863计划、973计划、国家自然科学基金等研究经费的支持下，我国的精细陶瓷技术得到了迅速的发展，尤其是在精细陶瓷材料的基础研究方面，已经达到世界先进水平。但在精细陶瓷的工艺和装备技术方面，我国与美国、日本、德国等先进国家相比，仍存在明显的差距，导致许多高技术产业需要的关键高性能精细陶瓷部件和装备不得不大量从国外进口。因此，迫切需要提高我国精细陶瓷的制造水平。

精细陶瓷的制备工艺包括陶瓷粉体的制备及处理技术、按照一定配方的混料技术、坯体的成型技术、烧结技术、陶瓷零件的精密加工技术等。合理的陶瓷生产工艺既可以保证陶瓷产品具有优异的性能又可以维持产品合理的成本，同时还可以保证精细陶瓷产品批量生产的质量稳定性，是精细陶瓷产品能否成功推广应用的关键。

精细陶瓷对原料和制备工艺的要求比传统陶瓷高得多、复杂得多。制定一套合理的精细陶瓷生产工艺，既需要陶瓷工作者对精细陶瓷的各种工艺方法和设备有深入的了解，又需要他们具有丰富的实践经验。近年来，广大科技工作者针对精细陶瓷的特点和实际需求开发推广了包括粉体制备、成型和烧结的多种新技术及新工艺，有力地促进了我国精细陶瓷技术的发展，提高了我国精细陶瓷相关技术人员的技术水平，对我国精细陶瓷产业的发展具有重要意义。

《精细陶瓷工艺学》是清华大学材料科学与工程系无机非金属材料专业的一门重要的专业课程，深受广大学生的喜爱。我们以长期使用的课堂讲义和课件为基础、结合长期的教学经验和在精细陶瓷研究开发方面的实践经验编写了本书，既可供《精细陶瓷工艺学》课程教学使用，也可作为科研人员和工程技术人员的参考用书。

该书由齐龙浩和姜忠良编写，内容包括精细陶瓷常用原料的生产工艺和检测方法，常用的成型、烧结和加工工艺等。在编写过程中，参考引用了许多文献中的文字和图片，有关参考文献一并列入本书正文后面，在此向所有参考文献的作者表示感谢。

由于水平所限和经验不足，本书难免存在某些错误和不足之处，欢迎广大专业人员和读者批评指正。

作者
2020 年 3 月于清华园

目　　录

第1章 导 论

1.1 陶瓷概述

1.1.1 陶器与瓷器

陶瓷（ceramics）是陶器（pottery）和瓷器（porcelain）的合称。

陶器是用陶土作原料，经成型、干燥、焙烧等工艺方法制成的器物；瓷器则是用瓷土（高岭土）为原料，经成型、干燥、焙烧等工艺方法制成的器物。陶器和瓷器是人们经常接触的日用品，有时从表面看来很相似，但是实际上它们各有特色，并不相同。

陶器通常是用一般黏土（有时也可用瓷土）制坯、经较低的温度（一般为 800～1000℃，特别疏松的坯体仅 600℃左右）烧成的物品，具有较高的孔隙度、一定的吸水性，断面粗糙无光、不透明，用手敲击声音混浊，有的无釉，有的施釉，所施釉料是低温釉。

瓷器则是选择特定的黏土（瓷土）为原料，经 1300℃左右的高温烧成的物品。瓷器坯体致密度高，孔隙率较低，基本上不吸水，有一定的半透明性，通常都施有釉层，用手敲击声音清脆。

如果将瓷土坯体在陶器所需要的温度烧成，则可成为陶器，如古代的白陶就是如此烧成的。但是，用一般制作陶器的黏土制成的坯体在烧到 1200℃以上时，则不可能成为瓷器，而会被烧熔为玻璃质块。

除了陶器和瓷器外，还有一种介于陶器和瓷器之间的物品，称为炻器。炻器也称为原始瓷器或石胎瓷。炻器已完全烧结（sintering)，坯体致密，吸水率小，这一点已很接近瓷器；但它还没有玻化(vitrification)，坯体不透明，对原料纯度的要求也不像瓷器那样高，原料易获取，在这些方面又接近陶器。

“陶瓷”一词至今还没有十分严格的、国际公认的定义。从狭义上讲，陶瓷是指以黏土为主要原料经高温烧制而成的物品，包括陶器、瓷器和炻器。从广义上讲，陶瓷还包括砖瓦、耐火材料、玻璃、珐琅、水泥、石墨制品，以及各种碳化物、氮化物、硼化物、硅化物、氧化物等无机非金属材料制品。目前，人们在谈及陶瓷时，大多采用狭义含义，很少采用广义含义。

瓷器和陶器虽然是两种不同的物品，但是两者间存在着密切的联系。瓷器是在陶器的基础上产生、发展起来的，如果没有制陶术的发明及陶器制作技术不断改进所取得的经验，瓷器是不可能单独被发明的。瓷器的发明是我们的祖先在长期制陶过程中不断认识原材料的性能、总结烧成技术、积累丰富经验，从而产生的量变到质变的结果。

1.1.2 中国陶瓷

中国是世界著名的文明古国之一。中国人在世界科学史、文化史上都曾写下光辉灿烂的篇章，其中，陶瓷的制作工艺及其发展更成为绚丽多彩、鲜艳夺目的一页。

中国广泛流传着远古时“女娲抟土造人”的传说，说明很早的时候，人们就认识到了黏土被水浸湿后有一定的黏性和可塑性。由于使用了火，人类开始吃熟食，最早可能是在柴堆上烤熟野兽或挖坑放水投进烧热的石子“煮”熟植物，但这样费时、费火，不易熟。最早盛放食物的容器应是植物枝条的编织物，但枝条编织物不能放在火上烧烤。由于黏土不怕火，经火烧后变得坚硬，启发了人们用黏土做成容器放在火上烤硬。出土文物证明，最早的陶器制作是在编织或木制容器的内外包抹上一层黏土，使之耐火。后来发现，黏土不一定非要里面的容器才能成型。

中国陶器生产的历史十分悠久。在我国湖南玉蟾岩遗址的一座山洞内，发现了距今 18 000 年左右的陶器，有人认为这可能是古代人类最早制造的陶器。江苏省溧水县回峰山的神仙洞遗址出土了距今 11 000 年左右的陶片，江西万年县仙人洞遗址发现了 10 000 多年以前的陶片，河北省保定市徐水区的南庄头遗址也发现了 10 000 多年前的生陶器，这些都说明在公元前 8000 年之前的旧石器时代晚期，我国已经出现了陶器。并且，在我国距今 8000 年的新石器时代文化中，已出现了大量红陶、灰陶、黑陶、白陶、彩陶、彩绘陶等多种陶器。进入阶级社会以后，红陶、灰陶、磨光黑陶、彩绘陶及各类反映社会现实生活的陶塑艺术品、建筑陶构件等已进入大量生产阶段。

在长期的生产实践中，陶器的制备技术特别是陶器的成型技术和烧成技术得到不断的发展。

陶器最早的成型方法是在编织的容器外包涂黏土，后来发展到用手捏成型，而最早的装饰方法只限于用手抹平。大约在 5000 年前，我们的祖先已经发明了泥条盘筑法成型，即把干湿相宜的黏土揉搓成条，从下到上盘成圆形器皿。到4000多年前的龙山文化时，已发明了慢轮，即在地上挖洞，插一根顶端安装木盘的木棍，用人力使木盘转动起来。慢轮最初主要是用来修饰成型的陶坯，旋转的陶坯可以被刮削得更薄、更均匀。可以说这是人类第一次掌握了最简单的机械。以后又发明了快轮，所谓快轮一般是指转速大于每分钟90周的转轮，快轮主要用来拉坯（直到现在，有的小陶瓷窑还用此种方法成型）。后来，又发明了模制法，即将陶泥填入模中，脱出器物的全形。

随着制陶技术的逐步完善，修饰方法也逐渐提高，尤其发明了慢轮以后，使陶器的器壁有可能更均匀、更薄。为了美观，也是受到在篮上涂泥成陶的启示，陶器上出现了篮纹、席纹、绳纹等纹饰，或者用鹅卵石在陶器上打磨光滑或彩绘。

陶器的烧成工艺也在长期的生产实践中得到不断发展。最初应该是在露天架柴进行焙烧，这是最原始的烧陶方法。后改进成横穴式陶窑，即平地挖坑，用来放置陶坯，相当于现在的窑室，旁边再挖一坑，专门烧火，两坑之间挖一窄道相通，即现在的火道，窑室和火道之间放置箅子，这样的陶窑比以前有很大进步，火力相对比较集中，温度高而均匀。用这种窑烧陶器，可以提高陶器的质量。到了战国、两汉时，又发明了龙窑，即窑沿着山坡往上修，长度可达十几米或几十米，封闭式，窑内一次可装上百件坯胎；山上的窑尾处有烟囱，中间间隔设有投柴孔，烧窑口在下面，烧窑时火顺坡而上，像一条火龙，因此得名。

陶器最初是无釉的。战国时期，我们的祖先发明了铅釉陶器，陶器制品得到低温彩釉的美化。唐代大批生产的三彩釉陶反映了大唐盛世的面貌，有很高的艺术性。宋代以后，釉陶器物生产逐渐减少，转而生产琉璃建筑构件。

陶器不是中国的独特发明，考古发现并证明，世界上许多国家和地区相继发明了制陶术，但是，有人认为中国是世界上最早制作陶器的国家。更值得自豪的是，中国在制陶术的基础上又前进了一大步——最早发明了瓷器，在人类文明史上写下了光辉的一页。

瓷器是商代中期开始出现的，最早的瓷器是青瓷，由于工艺不够成熟，又称为原始青瓷。汉代青瓷烧造逐渐成熟，摆脱了原始状态，进入早期瓷器阶段。到三国、两晋、南北朝时期，南方青瓷得到广泛发展，形成一个个独具风格的系统；北方的内丘、临城、博山、安阳等地也于北朝时期开始生产青瓷，并发明了白瓷。黑瓷在汉代开始出现，后黑瓷工艺不断提高，逐渐进入艺术瓷器的领域。隋唐时期，瓷器生产开始繁荣。宋代是瓷器艺术高度发展的时期，定窑、汝窑、官窑、哥窑、龙泉窑、钧窑、建窑、德化窑、景德镇窑、吉州窑、耀州窑、西村窑、潮州窑等处的产品各显丰姿。元代景德镇成为瓷器生产的中心，元朝政府的浮梁瓷局对瓷器工艺的发展有很大的促进作用，此时的青花瓷、釉里红瓷、白瓷、黑瓷等都具有极高的艺术水平。明清时期，各地大的瓷窑体系逐渐衰落，被生产当地人民所需瓷器的小作坊代替，景德镇的官窑和民窑则继承了中国陶瓷艺术的传统而大放异彩。

中国陶瓷是中国文化宝库中的瑰宝，也是最富民族特色的日用工艺品。陶瓷与茶叶、丝绸并称为中国三大特产而名扬中外。中国的陶瓷艺术在对外的经济、文化交流中被传播到世界各国，许多国家瓷器工艺的发展都直接或间接地受到中国陶瓷工艺的影响。英文中“china”（含义为瓷器）一词，则成为中国的英文名称。据考证，“china”是中国景德镇在宋代前的古名“昌德”的音译，这足以说明陶瓷和我国的关系及我国在世界陶瓷发展史上的作用和地位。

从清代中后期开始，我国陶瓷工业逐步衰落，品种少，质量差，技术落后，部分技艺失传。新中国成立后，陶瓷工业受到很大的重视，使陶瓷工业得到恢复和迅速发展，产量有了突飞猛进的增长，品种上更是推陈出新、百花齐放；陶瓷生产方式也发生了很大的改变，原料加工基本上实现了机械化并部分实现了自动化，成型已普遍采用机械滚压；干燥采用了定向集中气流强化干燥并部分采用红外、微波干燥；烧成已普遍使用隧道窑、梭式窑、推板窑等先进窑炉。总的来说，新工艺、新技术、新设备不断涌现，我国的陶瓷工业水平与国际先进水平的差距正在逐渐缩小，有些产品已达到国际先进水平。

1.2 精细陶瓷

1.2.1 精细陶瓷与传统陶瓷

在相当长的历史时期内，陶瓷的发展主要靠工匠们技艺的传授，缺乏科学的指导，产品也主要是为满足日用器皿和建筑材料的需要，人们将这类陶瓷称为传统陶瓷。

近几十年来，由于科学技术的飞速发展，特别是电子技术、空间技术、计算机技术、军事技术、信息技术、传感技术、生物医药等技术的发展，迫切需要一些有特殊性能的材料，从而促进了新型陶瓷的发展。这些新发展起来的陶瓷材料无论是在原料、工艺上，还是在性能上都与传统陶瓷有很大的差异。为了表示两者的不同，于是人们便将这些新发展的陶瓷称为精细陶瓷（fine ceramics）或先进陶瓷（advanced ceramics）、新型陶瓷（new ceramics）、工程陶瓷（engineering ceramics）、高技术陶瓷（high technology ceramics）、高性能陶瓷（high performance ceramics）、特种陶瓷（special ceramics）等。本书中，将这类陶瓷称为精细陶瓷。精细陶瓷至今还没有十分确切的定义，一般认为，精细陶瓷是以高纯、超细、人工合成的无机化合物为主要原料，采用精密控制的制备工艺制成的高性能陶瓷。

精细陶瓷与传统陶瓷主要有以下区别：

（1）在原料上，传统陶瓷以天然黏土为主要原料，而精细陶瓷一般以人工合成的纯氧化物、氮化物、碳化物、硅化物、硼化物等为主要原料。

（2）在成分上，传统陶瓷的组成由所用黏土的成分决定，所以不同产地和窑炉的陶瓷有不同的质地。而精细陶瓷的原料是纯化合物，其成分由人工配比决定，因此，其品质的优劣由原料的纯度和工艺决定，而不是由产地决定。

（3）在制备工艺上，传统陶瓷以传统方法和设备制备，而精细陶瓷往往采用许多新方法和新设备制备。例如，传统陶瓷以传统窑炉烧结为主要烧结方法，而精细陶瓷广泛采用真空烧结、保护气氛烧结、热压烧结、热等静压烧结等新型烧结方法。

（4）在性能上，传统陶瓷只具备一般的陶瓷性能，而精细陶瓷还具有许多特殊性能，如高强度、高硬度、高耐腐蚀性、导电、高绝缘性，以及磁、电、光、声、热等特殊性能。

（5）在用途上，传统陶瓷主要用作生活器皿或建筑构件，而精细陶瓷广泛应用于机械、电子、航空航天、生物医药等多种工业领域。

1.2.2 精细陶瓷的类型与应用

按陶瓷性能和使用功能，精细陶瓷可分为结构陶瓷和功能陶瓷两大类。

1. 结构陶瓷

结构陶瓷是指具有所需力学和机械性能及部分热学和化学功能的精细陶瓷，其中适用于高温的结构陶瓷又称为高温结构陶瓷。该类陶瓷材料主要用于制作工业技术领域的设备及零部件，以发挥其耐高温、耐腐蚀、高强度、高硬度等优异性能。按组成不同，结构陶瓷又可分为氧化物陶瓷、碳化物陶瓷、氮化物陶瓷、硼化物陶瓷、硅化物陶瓷等类型。表 1.1 从材料的组成、特性及应用等方面简要介绍了主要类型的结构陶瓷材料。图 1.1～图 1.6 所示为几种典型的结构陶瓷制品。

表 1.1 精细结构陶瓷的主要种类、组成、特性及应用

分类		材料	特性	应用范围
氧化物陶瓷	氧化铝陶瓷	Al_2O_3	硬度高、强度高，良好的化学稳定性和透明性	装置瓷，电路基板，磨具材料，刀具，钠灯管，红外检测材料，耐火材料
	氧化锆陶瓷	ZrO_2	耐火度高，比热容和热导率小，化学稳定性好，高温绝缘性好	冶炼金属的耐火材料，高温离子导体，氧传感器，刀具等
	氧化镁陶瓷	MgO	介电强度高，高温体积电阻率高，介电损耗低，高温稳定性好	碱性耐火材料，冶炼高纯度金属的坩埚等
	氧化铍陶瓷	BeO	良好的热稳定性、化学稳定性、导热性、高温绝缘性和核性能	散热器件，高温绝缘材料，反应堆装置减速剂，防辐射材料等
	莫来石瓷	Al_2O_3-SiO_2	抗热震性好，耐腐蚀	耐化学腐蚀件，炉窑材料
非氧化物陶瓷	氮化硅陶瓷	Si_3N_4	高温稳定性好，高温蠕变、摩擦系数、密度、热膨胀系数小，化学稳定性好，强度高	燃气轮机部件，核聚变屏蔽材料，耐热、耐腐蚀材料，刀具等
	碳化硅陶瓷	SiC	较高的硬度、强度、韧性，良好的导热性、导电性	耐磨材料，热交换器，耐火材料，发热体，高温机械部件，磨料磨具等
	氮化硼陶瓷	BN	熔点高，比热容、热膨胀系数小，良好的绝缘性，化学稳定性好，吸收中子和红外线	高温固体润滑剂，绝缘材料，反应堆的结构材料，耐火材料，场致发光材料等
	赛隆陶瓷	Si_3N_4-Al_2O_3	较低的热膨胀系数，优良的化学稳定性，高的低温、高温强度，耐磨性高	高温机械部件，耐磨材料等

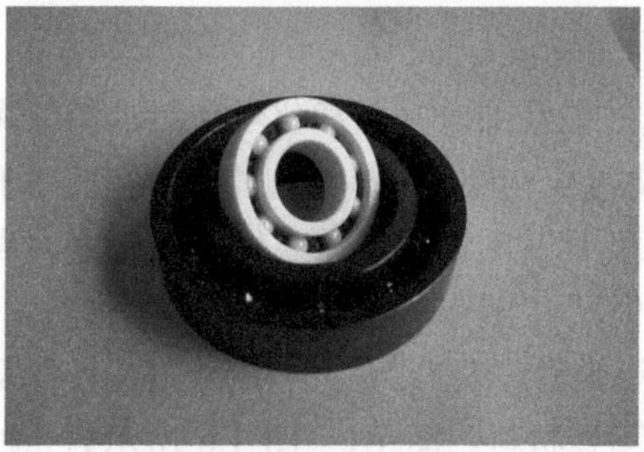

图 1.1 陶瓷轴承

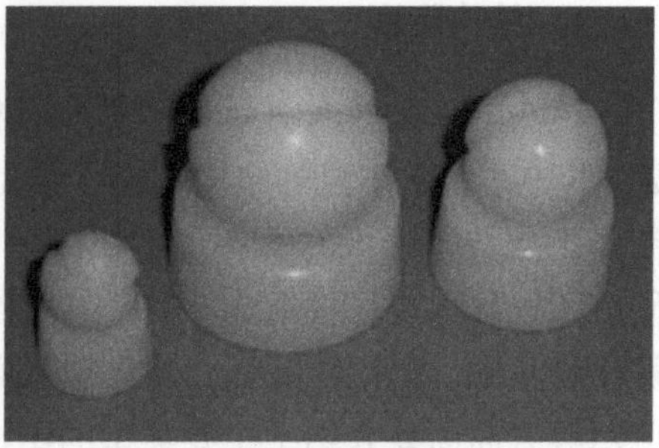

图 1.2 陶瓷阀门件

图 1.3 陶瓷刀具

图 1.4 易拉罐成型陶瓷模具

图 1.5 陶瓷手表带

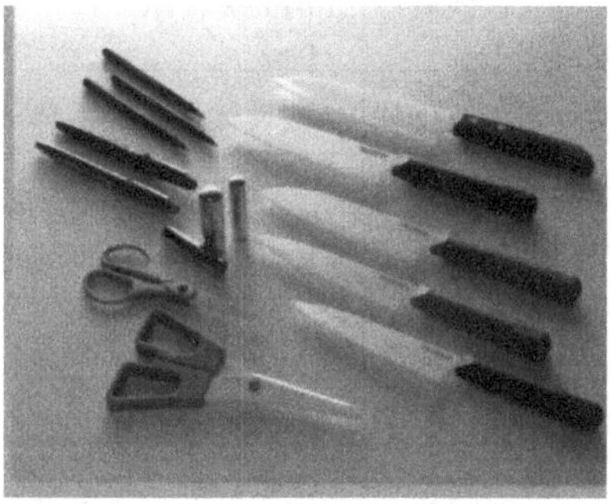

图 1.6 陶瓷剪刀及刀具等

2. 功能陶瓷

功能陶瓷是指以非力学性能（如电、磁、热、光、化学、生物等性能）为主的陶瓷材料。功能陶瓷制品具有品种多、应用广、更换频繁、体积小、附加值高等特点，其组成主要有金属氧化物和 Ba，Pb，Sr 等的钛酸盐等，表 1.2 简要列出了功能陶瓷的主要种类、组成、特性及应用。图 1.7～图 1.12 所示为几种典型的功能陶瓷制品。

表 1.2 功能陶瓷的主要种类、组成、特性及应用

分类	种类	典型材料与组成	特　性	主要用途
电功能陶瓷	绝缘陶瓷	Al_2O_3，BeO，MgO，AlN	高绝缘性	集成电路基片，装置瓷、真空瓷、高频绝缘陶瓷等
	介电陶瓷	TiO_2，$La_2Ti_2O_7$，$Ba_2Ti_9O_{20}$	介电性	陶瓷电容器，微波陶瓷
	铁电陶瓷	$BaTiO_3$，$SrTiO_3$	铁电性	陶瓷电容器
	压电陶瓷	PZT，PT，LNN，(PbBa) $NaNb_5O_{15}$	压电性	换能器，谐振器，滤波器，压电变压器，压电电动机，声纳

续表

分类	种类	典型材料与组成	特　性	主要用途
电功能陶瓷	导电陶瓷	$LaCrO_3$，ZrO_2，SiC，Na（β-Al_2O_3），$MoSi_2$	离子导电性	钠硫电池固体电解质，氧传感器
	热释电陶瓷	$PbTiO_3$，PZT	热电性	探测红外辐射计数和温度测量
	高温超导陶瓷	La-Ba-Cu-O，Y-Ba-Cu-O	超导性	电力系统，磁悬浮，选矿，探矿，电子器件
磁功能陶瓷	软磁铁氧体	Mn-Zn铁氧体	软磁性	记录磁头，磁芯，电波吸收材料
	硬磁铁氧体	Ba铁氧体，Sr铁氧体	硬磁性	铁氧体磁石
	记忆用铁氧体	Li，Mg，Ni，Mn，Zn与铁形成的尖晶石型铁氧体	磁性	计算机磁芯
热学陶瓷	耐热陶瓷	Al_2O_3，ZrO_2，MgO，Si_3N_4，SiC	耐热性	耐火材料
	隔热陶瓷	氧化物纤维，空心球	隔热性	隔热材料
	导热陶瓷	BeO，AlN，SiC	导热性	基板
光功能陶瓷	透明陶瓷	Al_2O_3，MgO，BeO，Y_2O_3，ThO_2，PLZT	透光性	高压钠灯，红外输出窗材料，激光元件，光存储元件，光开关
	红外辐射陶瓷	SiC系，Zr-Ti-Re系，Fe-Mn-Co-Cu系	红外辐射性	SiC红外辐射器，保暖内衣，红外医疗仪，水活化器，生物助长器
	发光陶瓷	ZnS:Ag/Cu/Mn	光致发光	路标标记牌，显示器标记，装饰，电子工业，国防工业
敏感陶瓷	热敏陶瓷	PTC，NTC	半导性、传感性	热敏电阻（温度控制器），过热保护器
	湿敏陶瓷	$MgCr_2O_4$-TiO_2，ZnO-Cr_2O_3等	传感性	湿度测量仪，湿度传感器
	气敏陶瓷	SnO_2，α-Fe_2O_3，ZrO_2，ZnO等	传感性	气体传感器，氧探头，气体报警器
	光敏陶瓷	CdS，CdSe	传感性	光敏电阻，光传感器，红外光敏元件
	压敏陶瓷	ZnO，SiC	传感性	压力传感器

续表

分类	种类	典型材料与组成	特性	主要用途
生物抗菌陶瓷	生物惰性陶瓷	Al_2O_3，单晶，微晶	生物相容性	人工关节
	生物活性陶瓷	HAP，TCP	生物吸收性	人工骨材料
	诊断用陶瓷	压电，磁性，光纤	诊断传感器	用于内科、外科、妇产科、皮肤科的诊断仪器，超声波治疗、诊断，检测器
	银系抗菌陶瓷	沸石载银，磷酸锆载银	抑制和杀灭细菌	抗菌日用瓷，抗菌建筑卫生瓷
	钛系抗菌陶瓷	TiO_2+Re	光催化杀菌	抗菌陶瓷制品，抗菌涂料
多孔化学陶瓷	化学载体陶瓷	Al_2O_3瓷，堇青石等	吸附性载体	固定酶载体，催化剂载体，生物化学反应控制装置
	蜂窝陶瓷	堇青石，钛酸铝	催化载体	汽车尾气净化器用催化载体，热交换器
	泡沫陶瓷	高铝、低膨胀材料	过滤用网络多孔性	金属铝液、镁合金液过滤，轻质隔热材料

图 1.7 陶瓷绝缘体

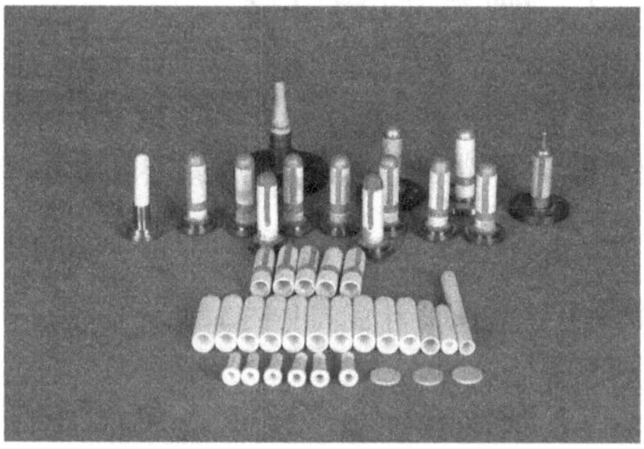

图 1.8 氧化锆氧传感器

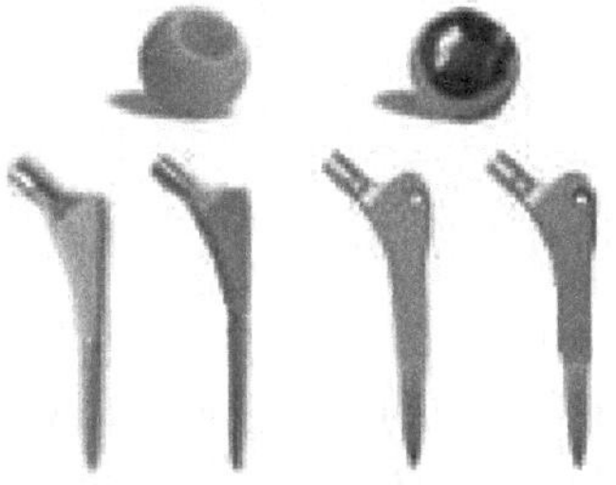

图 1.9 陶瓷人工关节

图 1.10 透明氧氮化铝部件

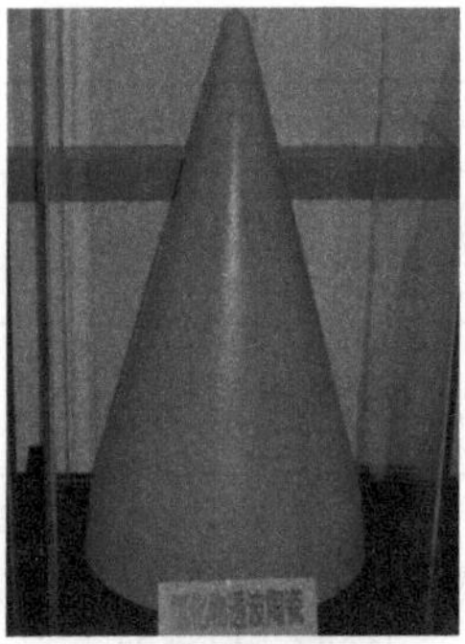

图 1.11　导弹陶瓷天线罩

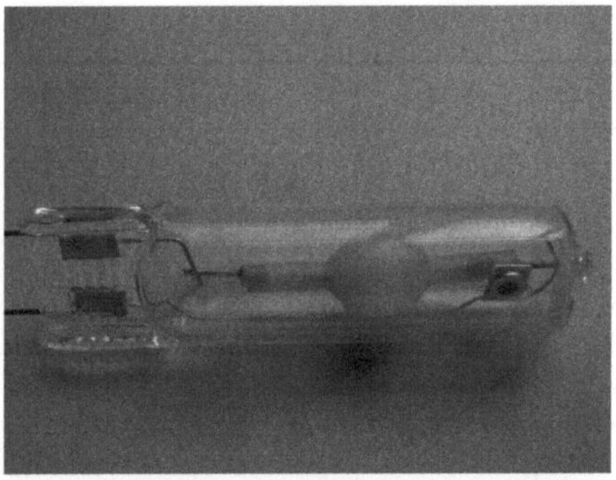

图 1.12　透明氧化铝灯管

需要指出的是，结构陶瓷和功能陶瓷不可能截然分开，功能陶瓷在力学性能上也有基本要求，结构陶瓷在物理性能和化学性能上也往往有一些基本要求。同时，随着科学技术的发展和新材料的不断出现，结构陶瓷与功能陶瓷的界线正在逐渐淡化，有些陶瓷材料同时具备优越的力学性能与优异的物理性能和化学性能，它们既是结构陶瓷也是功能陶瓷，如 ZrO_2 陶瓷、Al_2O_3 陶瓷、SiC 陶瓷等。

1.3　陶瓷制备工艺

精细陶瓷制备工艺是在传统陶瓷制备工艺的基础上发展起来的，要了解精细陶瓷的制备工艺首先需要了解传统陶瓷的制备工艺。

1.3.1　传统陶瓷制备工艺

传统陶瓷制备工艺大体包括原料预处理、粉料制备、配料混磨、混合料制备、成型、干燥、上釉、烧成、装饰与加工等工序。下面对其中比较主要的几个工序进行简单介绍。

1．原料预处理

原料预处理通常包括原料的精选、预烧、粉碎与筛分等步骤。

1）原料的精选

传统陶瓷采用的都是天然原料。天然原料中，一般都或多或少含有某些杂质。这些杂质的存在降低了原料的品位，直接影响制品的性质及外观质量，故使用前一般要进行精选处理。精选方法基本上有手选法、磁选法、浮选法等。

2）原料的预烧

预烧的作用主要是帮助碎化原料；改变结构状态；减少坯体收缩；稳定晶型等。

3）原料的粉碎与筛分

一般来说，粉料越细，表面能越大，活性也越高，烧结越容易，所以必须对原料进行粉碎。传统陶瓷常用的粉碎方法为机械粉碎。

筛分的主要作用是使原料颗粒满足制造工艺的需要，并及时筛选出已符合要求的颗粒，使粗颗粒获得充分粉碎的机会，提高粉体的质量。

2. 成型

传统陶瓷的成型主要有以下方法。

1）注浆成型法

注浆成型法分热法和冷法两种。热法即热压铸法，使用钢模；冷法分常压法、加压冷法和真空冷法，均使用石膏模。注浆成型法的坯料含水率为30%～40%。

2）可塑成型法

可塑成型法是利用手、模具或刀具等所造成的压力、剪力、挤压等作用对具有可塑性的坯料进行加工，迫使坯料在外力作用下发生可塑性变形而制成坯体的方法。可塑成型法的坯料含水率为18%～26%。

3）干压成型法

干压成型法是将干粉料在钢模中压成致密坯体的方法，坯料含水率为6%～8%。

3. 烧成

对成型后经干燥的陶瓷坯体进行高温处理以获得所要求的使用性能的工艺过程称为烧成。烧成分为一次烧成法和二次烧成法两大类。一次烧成法是指将生坯施釉后入窑仅经一次高温烧结制成陶瓷产品的方法。二次烧成法是指在施釉前后各进行一次烧结的烧成方法，通常又有如下两种类型：

（1）将未施釉的生坯烧到足够的温度使之成瓷，然后进行施釉，再在较低温度下进行釉烧；

（2）先将生坯在较低温度下焙烧（素烧），然后施釉，再在较高温度下进行烧成。

传统陶瓷材料的制备工艺是在总结长期实践经验的基础上形成的，基本上是经验性的，但经长期应用和发展，已比较稳定、成熟，现在其发展的侧重点是在提高效率、加强质量控制等方面。

1.3.2 精细陶瓷制备工艺

精细陶瓷制备工艺和传统陶瓷制备工艺既有一些相同之处，也有许多不同之处。其中最重要的区别是传统陶瓷对工艺参数要求并不十分严格，而精细陶瓷对工艺参数要求非常严格。这是因为，传统陶瓷对材料显微结构的要求并不十分严格，而精细陶瓷对材料显微结构的要求非常严格。在精细陶瓷制备过程中，必须通过严格的工艺参数来控制材料的显微结构，这样才能获得性能优良的精细陶瓷制品。

1. 工艺与显微结构、性能的关系

材料的性能分为固有性能和非固有性能，所谓固有性能是指仅由材料成分决定而和其组织结构无关的性能，如核性能等；而所谓非固有性能是指不仅与材料的成分有关还与其组织结构有关的性能，如强度、韧性、耐磨性等。由于实际应用中多数使用的是非固有性能，所以也常将非固有性能称为使用性能或简称为性能。材料的成分、工艺、组织结构、性能之间的关系可用图 1.13 所示的关系图表示。可以看出，材料的性能取决于其微观组织结构，而决定其微观组织结构的因素为成分和工艺。在成分确定的情况下，材料制备工艺对其性能起着决定性的作用。这充分说明了制备工艺在材料科学与工程中的重要性，因而无论是科学工作者还是工程技术人员都必须对制备工艺高度重视。

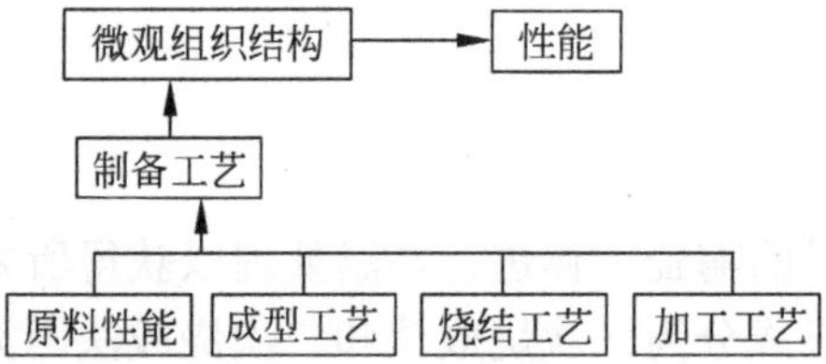

图 1.13 材料组织、工艺和性能的关系

2. 精细陶瓷结构均匀性及控制

精细陶瓷应具有均匀的结构，从而具有所期望的性能。这里的均匀性包含两方面的内容：一是微域均匀性，即材料内微域显微结构的均匀性，有时也称为微观（显微）均匀性，包括材料内部相组成、颗粒形状及尺寸的相对均匀性及气孔形状尺寸的相对均匀性或相结构的规律性；二是整体均匀性，也称为宏观均匀性，即制品内各部分之间的均匀性，包括不同部位的物相组成、结构性能的一致性。微域均匀性是陶瓷材料性能的基本保证，而整体均匀性是陶瓷器件充分发挥性能潜力的保证（梯度材料是例外，它要求结构在

某一方向上连续变化）。

微域均匀性的重要性是显而易见的，只有微域均匀性好的坯体才能在烧结过程中形成良好的显微结构；而整体均匀性也是不可忽视的，如果成型体的整体均匀性不佳，则在干燥和烧结中会导致变形、开裂、局部大缺陷，产生应力集中，从而使整个制品的可靠性得不到保证。要确保陶瓷制品的均匀结构，必须对各制备过程进行严格控制，尽量减少危险缺陷的引入。

3．精细陶瓷制备工艺

精细陶瓷的制备工艺过程主要包括粉体制备、粉体的特征检测与加工处理、成型与坯体干燥、烧结、加工和后续处理等环节。此外，特殊形体精细陶瓷的制备和人工晶体的制备也是精细陶瓷制备工艺中的重要内容。

1）粉体制备

由于精细陶瓷所用的粉料主要是人工合成的高纯、超细粉体，所以精细陶瓷粉体的制备方法主要是合成法而不是粉碎法，常用的合成法包括固相合成法、液相合成法和气相合成法。

2）粉体的特征检测与加工处理

精细陶瓷成型前一般要对其使用的粉体进行特征检测，以确定粉体质量是否符合要求。检测的项目主要包括粉体的平均粒度、粒度分布、粉体颗粒的形状、粉体的流动性和成型性等。

粉体加工和处理的目的是调整和改善粉体的性能，主要的加工和处理方式有煅烧、水洗、酸洗、除铁、配料混料等。

3）精细陶瓷成型与坯体干燥

成型是精细陶瓷制备工艺中的重要技术，正确地进行成型是获得高质量精细陶瓷产品的最关键的工艺步骤。

精细陶瓷成型常用的方法有干压成型、等静压成型、轧膜成型、挤出成型、注浆成型、热压铸成型、流延成型等。新近，又发展了注射成型、凝胶注模成型、直接凝固成型、快速无模成型等新的成型方法。

传统陶瓷的坯体干燥多采用自然干燥，而精细陶瓷坯体常用的干燥方法有人工热空气干燥、热泵干燥、电热干燥、辐射干燥等。

4）精细陶瓷的烧结

传统陶瓷的烧结是在各种窑炉中进行的，温度和气氛的控制并不是十分严格。精细陶瓷的烧结除有时也采用传统窑炉外，多数情况下采用一些特殊的设备和一些特殊的工艺方法。精细陶瓷主要的烧结方法有反应烧结、热压烧结、热等静压烧结、气氛烧结、气氛压力烧结、放电等离子烧结、微波烧结等。同时，精细陶瓷在烧结过程中对温度和气氛的控制是非常严格的。

5）精细陶瓷的加工与后续处理

精细陶瓷零件绝大多数都有一定的尺寸精度和表面光洁度要求。精细陶瓷制品通常是经成型和烧结制备的，由于在烧结过程中存在一定的收缩，常常使得烧结制品的尺寸与成品要求存在一定的偏差，必须经加工之后才能应用。

由于陶瓷材料的高硬度和高脆性，精细陶瓷的加工要比金属的加工困难得多。在金属加工中，最常用的方法是机械加工，如车、铣、刨、磨、钻等。而在精细陶瓷加工中，常用的加工方法为磨削加工、抛光、研磨等机械加工和各种特种加工，如超声波加工、激光加工、高压磨料水加工、黏弹性流动加工等。

6）特殊形体精细陶瓷制备

特殊形体精细陶瓷主要有陶瓷薄膜、陶瓷纤维、陶瓷晶须、陶瓷微小球、多孔陶瓷等。它们是一些具有许多特殊性能的非常重要的陶瓷材料，其制备设备、工艺方法往往也都非常特殊。

7）人工晶体制备

人工晶体是精细陶瓷材料的重要组成部分，属于精细陶瓷研究探索的前沿领域之一。工程用人工晶体主要包括激光晶体、闪烁晶体、光学晶体、磁光晶体、单晶光纤、宝石晶体、压电晶体、超硬晶体、半导体晶体、纳米人工晶体等。

人工晶体的合成方法很多，主要有熔体生长法、溶液生长法、气相生长法、固相生长法等。

1.4 精细陶瓷制备工艺的发展前景

信息、能源、新材料被誉为当代科学技术的三大支柱。精细陶瓷作为一种重要的新材料，以其优异的性能在材料领域中独树一帜，受到人们的高度重视，并将在未来的科学技术中发挥举足轻重的作用。21 世纪精细陶瓷制备工艺将在多个方面获得重大发展，比较有代表性的可能是以下几个方面。

1.4.1 气相凝聚法制备纳米粉体

随着人们对精细陶瓷制品性能要求的提高，对其所用的粉体性能的要求也会更加苛刻，采用传统的粉体制备法已难以满足这一要求，而气相凝聚法可加以实现。气相凝聚法是指直接利用气相或通过各种手段将物质变为气体，使之在气体状态下发生化学反应或物理变化，最后在快速冷却过程中凝聚形成纳米陶瓷粉。其方法主要有气体中蒸发法、化学气相反应法、电弧等离子体法、高频等离子法、电子束法和激光法等。

1.4.2 精细陶瓷胶态成型技术

精细陶瓷的胶态成型技术结合了普通陶瓷注浆成型工艺和聚合物化学两种技术。该工艺方法利用有机单体聚合形成的大分子网络将陶瓷粉料的料浆原位固化为坯体，可制得复杂形状的陶瓷制品。与传统注浆成型技术相比，其优点是浆料中固体含量高（体积分数＞50%），收缩率小；生坯强度高，便于机械加工；坯体密度高，缺陷少；可成型复杂形状的陶瓷件，且容易进行工业化生产。

1.4.3 快速原型制造技术

随着计算机的普及，计算机辅助设计（CAD）/计算机辅助制造（CAM）被广泛应用到复杂精细陶瓷零部件的成型中。快速原型制造（RPM）技术就是用积分法制造三维实体，在成型过程中，先由三维造型软件在计算机中生成零部件的三维实体模型，然后将其用软件“切”出几个微米厚度的片层，再将这些片层的数据信息传递给成型机，通过材料逐层添加法制造出陶瓷坯体，而不需要模具就能成型复杂的精细陶瓷零部件。

1.4.4 微波烧结和放电等离子烧结

微波加热完全不同于普通常规加热方式，具有加热均匀、加热速度快、节能和可实现 2000℃以上高温等优点。微波加热还可用于陶瓷间的焊接，为复杂异性陶瓷件的制作或陶瓷件的修复创造条件。

放电等离子烧结（SPS）可在瞬间产生几千至一万摄氏度的高温，使晶粒表面熔化蒸发并在晶粒接触点凝聚，通过加速蒸发、凝聚的物质传递过程，可在较短时间内得到高质量的纳米晶块体陶瓷烧结体。

1.4.5 纳米陶瓷材料的制备

纳米陶瓷是指由纳米尺度范围（1～100 nm）内的微粒或结构组成的陶瓷材料。由于纳米陶瓷材料具有尺寸小于 100 nm 的原子区域（晶粒或相）、显著的界面原子数、组成区域间相互作用这 3 个特征和表面效应、小尺寸效应、量子效应、宏观量子隧道效应这 4 个效应，使得陶瓷材料的致命弱点——脆性得到根本的改善，并使纳米陶瓷材料可像金属材料和高分子材料那样实现塑性变形甚至超塑性变形加工。另外，纳米功能陶瓷的电、光、热、磁性能产生突变，在微包覆、超级过滤、吸附、除臭、触媒、传热器、光学功能元件、电磁功能元件及生活舒适化、环境改善等方面具有广阔的应用前景。因而，纳米陶瓷材料的制备将获得快速的发展。

思考题

1. 陶器、炻器、瓷器、陶瓷的概念各是什么？
2. 什么是传统陶瓷？介绍一下我国传统陶瓷的发展历史。
3. 什么是精细陶瓷？精细陶瓷又被称作什么？
4. 精细陶瓷和传统陶瓷的主要区别是什么？
5. 精细陶瓷有哪些类型？主要制备工艺有哪些？
6. 精细陶瓷制备工艺的发展前景如何？

第2章　精细陶瓷常用原料

2.1　天然矿物原料

精细陶瓷主要使用人工合成原料，有时也会使用一些天然矿物原料。精细陶瓷使用的天然矿物原料主要包括黏土（clay）、石英（quartz）和长石（feldspar）等。

2.1.1　黏土类原料

1．黏土的定义与外观

黏土是自然界中存在的松散、膏状、多种微细矿物的混合体，其主要成分是含水的铝硅酸盐矿物。

外观上，黏土有白、灰、黄、黑、红等各种颜色。在硬度上，有的黏土很柔软，可在水中分散开来，有的黏土则具有较高的硬度，呈石块状。

2．黏土的化学组成

黏土的主要化学组成为 SiO_2、Al_2O_3 和结晶水，可用下式表示：

$$xAl_2O_3 \cdot ySiO_2 \cdot zH_2O$$

随着地质生成条件的不同，黏土同时会含有少量的碱金属氧化物、碱土金属氧化物、Fe_2O_3 和 TiO_2 等。

1）二氧化硅（SiO_2）

二氧化硅是黏土的主要成分之一。若黏土中 SiO_2 含量高，尤其是含有较多游离 SiO_2，则将使黏土的可塑性降低，但在干燥过程中的收缩会减小。当超过 1450℃时，SiO_2 为强的易熔物，与黏土中的其他物质成分易生成低熔点共熔物，降低耐火度，但在烧成过程中有利于陶瓷坯体烧结。

2）氧化铝（Al_2O_3）

氧化铝是黏土的主要成分之一。若黏土中 Al_2O_3 含量高于 35%（质量分数），将降低黏土的可塑性，同时也使坯体难以烧结。

3）Fe_2O_3，TiO_2 等

Fe_2O_3，TiO_2 等是黏土类陶瓷原料中的有害杂质成分，它们以各种矿物的形式存在于黏土中。这些矿物杂质的存在会使坯体在烧成时产生熔洞、鼓胀、斑点或其他缺陷，同时还会降低瓷体的电绝缘性，而且不同的杂质将使瓷体显示不同的颜色，影响陶瓷件的色泽。

4）碳酸盐及硫酸盐

黏土中还常常存在少量方解石（$CaCO_3$）、菱镁矿（$MgCO_3$）、石膏（$CaSO_4·2H_2O$）、明矾石（$K_2SO_4·Al_2(SO_4)_3·6H_2O$）及可溶性硫酸盐 K_2SO_4 和 Na_2SO_4 等。

硫酸盐在氧化气氛中的分解温度较高，容易引起坯泡；石膏会和黏土熔化形成绿色玻璃质熔洞，这些都是对陶瓷材料性能不利的成分。

3. 黏土的矿物组成

在自然界中，黏土类矿物很少以单矿物出现，经常是由数种矿物共生而形成多矿物组织。常见的黏土类矿物有三大类：高岭石、蒙脱石（或称微晶高岭石）和水云母。

1）高岭石类（kaolinite）

高岭是江西景德镇附近的一个地名，在高岭首先发现了适于制造陶瓷的黏土，现在国际上都将这类黏土称为高岭土。

高岭石是高岭土中的主要矿物成分，其化学式为 $Al_2O_3·2SiO_2·2H_2O$，理论质量组成为 Al_2O_3 占 39.5%，SiO_2 占 46.54%，H_2O 占 13.96%。

高岭石晶体呈白色，外形一般是六方鳞片状或粒状，也有杆状的。一般高岭石颗粒平均尺寸为 0.3～3 μm，比重为 2.41～2.63 g/cm^3。高岭石加水后稍有吸水膨胀效应，在水中分散性不好，离子交换容量为 10～15 mEq/100 g 黏土。属于此类矿物的还有多水高岭石、片状高岭石和珍珠陶土等。

高岭石矿物系由一层[SiO_4]四面体和一层[$AlO_2(OH)_4$]八面体交替组成，[SiO_4]四面体的顶端均指向[$AlO_2(OH)_4$]八面体，并和八面体共用 O 原子，以此进行连接，构成结构单位层。这种结构单位层在 c 轴方向上一层层重叠排列，在 a，b 轴方向无限地展开，从而构成片状高岭石晶体，单位层厚度为 0.725 nm（7.25Å），如图 2.1 所示。

高岭石层间由 O 和 OH 重叠在一起，层与层之间由氢键连接。虽然氢键结合力较弱，但与蒙脱石类层间 O 晶面的连接相比，结合力要强一些。因此，高岭石和蒙脱石相比不易解理与粉碎。

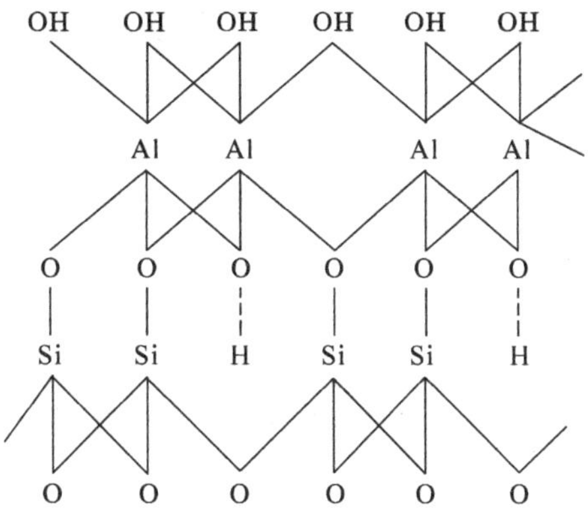

图 2.1 高岭石矿物的结构

2）蒙脱石类（montmorillonite）

蒙脱石又称为微晶高岭石或胶岭石，是另一种常见的黏土矿物。以蒙脱石为主的黏土矿物也称为膨润土。蒙脱石的理论化学通式为 $Al_2O_3 \cdot 4SiO_2 \cdot nH_2O$（$n$ 通常大于 2），晶体结构式为 $Al_4(Si_8O_{20})(OH)_4 \cdot nH_2O$。

蒙脱石最突出的特性是能够吸收大量的水，体积膨胀，这种特性称为膨润性。蒙脱石的这种特性是由其层间结构决定的。图 2.2 所示为蒙脱石的结构，在蒙脱石结构中，每个晶层的两端都是硅氧四面体层，中间夹着一个铝氧八面体层，氧层与氧层的结合力很小，所以水或其他极性分子很容易进入晶层中间，引起沿 c 轴方向的膨胀。此外，蒙脱石易解理、碎裂成微小颗粒：

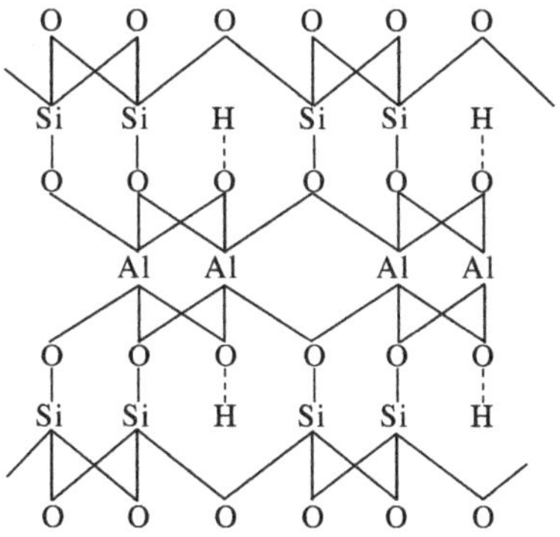

图 2.2 蒙脱石的结构

蒙脱石的阳离子交换能力很强，这是因为晶格中四面体层的 Si^{4+}可小部分地被 Al^{3+}，P^{5+}置换，而八面体层中的 Al^{3+}常被 Mg^{2+}，Fe^{3+}，Zn^{2+}，Li^{+}等离子置换。这样就使得晶格中电价不平衡，促使晶层之间吸附阳离子，如 Ca^{2+}，Na^{+}等。由于吸附阳离子，晶层之间的距离增加，更容易吸收水分子而产生膨胀。而当这些离子被置换时，又进一步增强了蒙脱石的阳离子交换能力。

3）水云母类（hydromica）

水云母又称为伊利石（illite），是一种常见的云母类矿物，其化学成分中的钾含量较云母低而含水量较高，是云母类矿物向蒙脱石族矿物转变的过渡物质。它的结构式是 $K_2(Al, Fe, Mg)_4(Si, Al)_8O(OH)_2 \cdot nH_2O$，化学式为 $(K_2O \cdot 3Al_2O_3 \cdot 6SiO_2 \cdot 2H_2O) \cdot nH_2O$。

水云母为单斜晶系，结构如图 2.3 所示。水云母通常呈鳞片状块体，白色，具有珍珠光泽，弹性较云母差，有滑腻感，不具有膨胀性和可塑性。

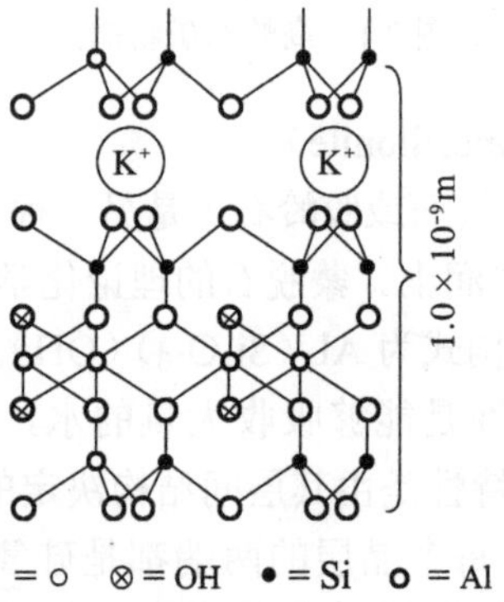

图 2.3　水云母（伊利石）的结构

4．黏土的工艺性质

黏土的化学成分、矿物组成、晶体结构和颗粒度是影响黏土工艺性质（如可塑性、触变性、结合性、吸附性、收缩性、烧结性等）的重要因素。

1）黏土的可塑性

黏土与适量的水混练以后形成泥团，这种泥团在外力的作用下会产生变形但不开裂，当外力去掉以后，仍能保持其原有形状，黏土的这种性质称为黏土的可塑性。可塑性是陶瓷塑性成型的基础，影响黏土可塑性的主要因素有：

（1）黏土的颗粒度。黏土的颗粒越细，比表面就越大，分散程度就越高，可塑性就越好。

（2）黏土的加水量。黏土与水必须按照一定的比例配合才能产生好的可塑性。水量不够，黏土的可塑性体现不出来或体现得不够完全；水量过多，黏土则会变为泥浆而失去可塑性。

（3）黏土中的杂质。黏土矿物中的无机杂质会降低黏土的可塑性，而某些有机杂质会增加黏土的可塑性。

2）黏土的触变性

黏土泥浆或泥团受到振动或搅拌时，黏度会降低而流动性会增加，静置后逐渐恢复原状。此外，泥料在放置一段时间后，在维持原有水分的情况下也会出现变稠和固化现象，这种性质统称为黏土的触变性。

在陶瓷生产过程中，希望泥料有一定触变性。触变性过小，生坯强度不够，影响脱模与修坯。触变性过大，不利于泥浆在管道中的输送，注浆成型后易变形。

3）黏土的结合性

黏土塑性泥团干燥后变得坚实，具有一定的强度，能够维持黏土颗粒之间的相互结合而不分散，这就是黏土的结合性。

4）黏土的吸附性

由于黏土颗粒具有很大的表面积与表面能，所以许多黏土都是良好的吸附剂。黏土可从溶液中吸附酸与碱，也可使有色物质溶液脱色，如漂白黏土是油脂工业中良好的漂白剂。

5）黏土的收缩性

黏土的收缩性包括黏土的干燥收缩性和烧成收缩性。塑性泥料干燥后，因其水分蒸发，孔隙减少，颗粒之间的距离缩短而产生体积收缩，这一过程称为干燥收缩。泥坯烧结后，由于黏土颗粒的孔隙中产生液相填充及某些结晶物质生成，又使体积进一步收缩，这一过程称为烧成收缩，两种收缩构成黏土的总收缩。

6）黏土的烧结性

黏土的烧结性包括烧结温度高低、烧结温度范围、烧结后的强度等性能。黏土的烧结性是黏土的重要特性之一，它决定了黏土在陶瓷生产中的适用性，并作为选择烧结温度、确定烧结温度范围的主要参考性能指标。

2.1.2 石英类原料

石英是一种结晶状的 SiO_2 矿物，存在的形态很多，以原生状态存在的有水晶、脉石英、玛瑙等，以次生状态存在的有砂岩、粉砂、蛋白石、燧石等，以变质状态存在的有石英岩和碧玉等。石英是重要的陶瓷原料之一。

1. 石英原料的化学成分与比重

1）化学成分

石英的化学成分随其所含的杂质而异。脉石英和石英岩中 SiO_2 的含量很高（97%～99%），而石英砂中 SiO_2 含量较低。

2）比重

石英原料的比重随其晶型的不同而有所变化，石英为 2.65 g/cm^3，方石英为 2.33 g/cm^3，鳞石英为 2.33 g/cm^3。

2．石英的晶型及其转化

石英是由$[SiO_4]^{4-}$互相以顶点连接而成的三维空间架状结构。由于它们以共价键连接，空隙很小，其他离子不易侵入网穴，因而石英晶体纯净，硬度与强度高，熔融温度也高。

按照$[SiO_4]^{4-}$的连接方式不同，石英晶体有 3 种存在形态、7 种变体，如图 2.4 所示。

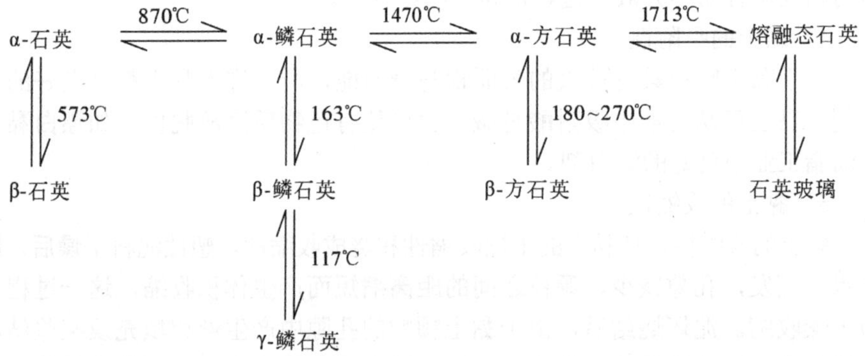

图 2.4 石英的存在形态变化

从图 2.4 可以看出，石英加热到 870℃时会转变为鳞石英，鳞石英升温至 1470℃时会转变为方石英，方石英加热到 1713℃会变成熔融态石英。石英在晶型转化过程中会发生体积变化，见表 2.1。这种体积变化有时是有利的，如可预先煅烧块状石英，然后急速冷却，使组织破坏，有利于石英的破碎；有时却是有害的，如在制品烧成和冷却时，在晶型转化的温度阶段倘若不能适当控制升温与冷却速度，则会产生制品的变形和开裂。

表 2.1 石英晶型转化中的体积变化

转化	温度/℃	体积膨胀/%
β-石英↔α-石英	573	0.82
α-石英↔α-鳞石英	870	16.0
α-鳞石英↔α-方石英	1470	4.7
α-方石英↔熔融态石英	1713	0.1
α-鳞石英↔β-鳞石英	163	0.2
β-鳞石英↔γ-鳞石英	117	0.2
α-方石英↔β-方石英	180～270	2.8

3. 石英在坯、釉中的作用

石英在坯、釉中的作用主要有：

（1）石英在陶瓷制备中起骨架作用。

（2）石英熔化在釉层中，同样起网络骨架作用，能够改善釉面性能，提高陶瓷的机械强度、电瓷的绝缘性能、陶瓷的化学稳定性及抗腐蚀性等。

2.1.3 长石类原料

长石是长石类矿物的总称，包括正长石、透长石、微斜长石、歪长石和各种斜长石等，是钾、钠、钙、钡的铝硅酸盐。

长石是陶瓷生产中的主要熔剂性原料。在烧成过程中，长石熔融（<1300℃）形成乳白色的黏稠玻璃体。这种玻璃体的特点是冷却后不再析晶，并能在高温下熔解一部分高岭土分解物与石英颗粒，促进成瓷反应的进行，这种作用通常称为助熔作用。

1. 长石原料的种类

根据化学成分的不同，长石原料主要可分为 4 种：

（1）钾长石：$K_2O \cdot Al_2O_3 \cdot 6SiO_2$；

（2）钠长石：$Na_2O \cdot Al_2O_3 \cdot 6SiO_2$；

（3）钙长石：$CaO \cdot Al_2O_3 \cdot 2SiO_2$；

（4）钡长石：$BaO \cdot Al_2O_3 \cdot 2SiO_2$。

2. 长石的性质

1）钾长石

一般呈粉红色或肉红色，个别呈白色、灰色、浅黄色等，比重为 2.52～2.59 g/cm^3，莫氏硬度为 6～6.5，断口呈玻璃光泽，解理清楚，熔融温度为 1190℃。

2）钠长石

可以是无色的，也可以是白色、黄色、红色、绿色或黑色，一般呈白色、灰色及浅黄色，比重为 2.62 g/cm^3，莫氏硬度为 6～6.5，熔融温度为 1100℃。

3）钙长石

一般呈白色或浅灰色，比重为 2.6～2.76 g/cm^3，莫氏硬度为 6～6.52，熔融温度为 1550℃。

4）钡长石

一般呈浅灰或浅绿的白色，比重为 2.62～2.76 g/cm^3，莫氏硬度为 6，熔融温度为 1725℃。

2.2 常用人工合成原料

精细陶瓷所用原料种类繁多，除有时使用一些天然原料外，大部分使用人工合成原料，常用的人工合成原料有各种氧化物、碳化物、氮化物、硅化物、硼化物等。

2.2.1 氧化铝（Al_2O_3）

氧化铝是制备氧化铝陶瓷和其他高性能陶瓷的主要原料之一，被广泛应用于无线电陶瓷、耐磨材料、耐火材料、电瓷等的制备。

1．氧化铝的性质

氧化铝粉末为白色、松散的结晶体，是由许多粒径小于 0.1 μm 的 Al_2O_3 晶体组成的多孔球形聚集体，平均颗粒粒径为 40～70 μm，也有粒径大于 100 μm 的颗粒或粒径小于 1 μm 及更小的纳米级颗粒。

2．氧化铝的晶态

氧化铝有多种同质异构体（已知有十多种），但常见的只有 3 种：α-Al_2O_3，β-Al_2O_3 和 γ-Al_2O_3，其他的比较少见。

1）α-Al_2O_3

α-Al_2O_3 俗称刚玉，属三方晶系，单位晶胞是一个尖的菱面体，它是氧化铝 3 种形态中最稳定的晶型，可一直稳定到熔点。自然界中只有 α-Al_2O_3 存在，如刚玉、红宝石、蓝宝石等矿物。α-Al_2O_3 是结构最紧密的氧化铝，活性低、高温稳定、电学性能好且具有优良的机电性能。

2）β-Al_2O_3

β-Al_2O_3 实际上是一种 Al_2O_3 含量很高的多铝酸盐矿物。它的化学组成可近似表示为 $MeO \cdot 6Al_2O_3$ 和 $Me_2O \cdot 11Al_2O_3$，其中，MeO 是指 CaO，BaO 及 SrO 等碱土金属氧化物，Me_2O 是指 Na_2O，K_2O 及 Li_2O 等碱金属氧化物。其结构是由碱金属或碱土金属离子层如$[NaO]^-$和$[Al_{11}O_{12}]^+$类尖晶石单元交叠堆积而成，氧离子呈立方堆积，Na^+完全包含在垂直于 c 轴的松散堆积平面内，并可在这个平面内快速扩散，呈现离子型导电。

3）γ-Al_2O_3

γ-Al_2O_3 是氧化铝的低温形态，属尖晶石型（立方）结构，氧原子呈立方密堆积，铝原子填充在间隙中。它密度小、机电性能差且高温不稳定，在 1050～1500℃不可逆地转化为 α-Al_2O_3。γ-Al_2O_3 在自然界中不存在，只能人工合成。

3. 人工合成氧化铝的预烧

α-Al_2O_3是高温稳定型，当Al_2O_3坯体中含有γ-Al_2O_3时，在加热干燥或烧成过程中会发生γ-Al_2O_3向α-Al_2O_3的晶型转变，并产生大约14.3%的体积收缩。这种体积变化有可能导致坯体的变形或开裂，所以在使用人工合成的Al_2O_3粉末之前，都要对其进行预烧（或称煅烧），保证完成γ-Al_2O_3向α-Al_2O_3的转变，以减少产品烧成时的收缩。

4. 氧化铝的制备

1）工业氧化铝的制备

工业氧化铝是以铝矾土（$Al_2O_3 \cdot 3H_2O$）或硬水铝石为原料制备的。通过碱的处理，使铝矾土中的Al_2O_3转变为$NaAlO_2$，反应式为

$$Al_2O_3 \cdot 3H_2O + 2NaOH = 2NaAlO_2 + 4H_2O \qquad (2\text{-}1)$$

$NaAlO_2$溶于水，SiO_2和Fe_2O_3等杂质则留在残渣中。在溶液中加入$Al(OH)_3$晶种，不断搅拌，使$Al(OH)_3$沉淀，然后煅烧成Al_2O_3。

氧化铝的此种工业生产方法称为拜耳法，其主要工艺流程如图2.5所示。

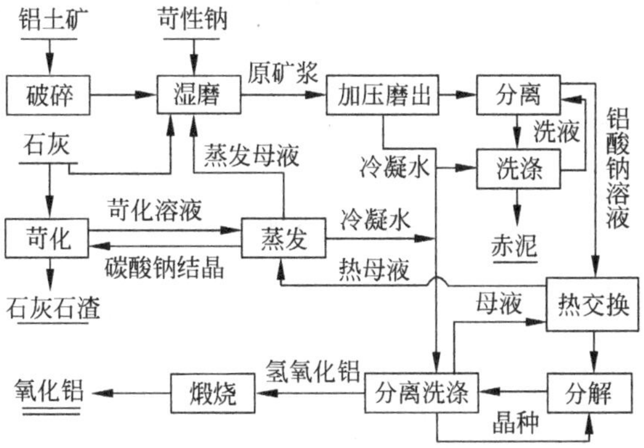

图2.5 拜耳法生产氧化铝的工艺流程

2）高纯氧化铝的制备

氧化铝制品的强度、耐热性、电绝缘性、透光性等许多性能都随杂质含量的增加而劣化，因此，在制品要求高强度和优良的透光性时，如高压钠灯透光管、钟表玻璃、钟表轴承、纺织瓷件、切削刀具等，必须采用高纯度的氧化铝粉末原料，一般采用如下方法进行人工合成。

（1）有机铝盐加水分解法

将铝的醇盐，如$Al(OR)_3$，加水分解制得氢氧化铝，反应式如下：

$$Al(OR)_3 + 3H_2O = Al(OH)_3 + 3R \cdot OH \qquad (2\text{-}2)$$

其中，R代表烷烃基。

将水解生成的溶液过滤、洗净、干燥，并在合适的温度煅烧，便可得到高纯度、易烧结的氧化铝粉末。

（2）无机盐类的热分解

用精制硫酸铝铵盐、碳酸铝铵盐等加热分解可制得高纯氧化铝。如在空气中加热硫酸铝铵盐，反应过程如下：

$$Al_2(NH_4)_2(SO_4)_4 \cdot 24H_2O = Al_2(SO_4)_3 \cdot (NH_4)_2SO_4 \cdot H_2O + 23H_2O\uparrow \quad （约 200℃加热） \tag{2-3}$$

$$Al_2(SO_4)_3 \cdot (NH_4)_2SO_4 \cdot H_2O = Al_2(SO_4)_3 + 2NH_3\uparrow + SO_3\uparrow + 2H_2O\uparrow \quad （500～600℃加热） \tag{2-4}$$

$$Al_2(SO_4)_3 = \gamma\text{-}Al_2O_3 + 3SO_3\uparrow \quad （800～900℃） \tag{2-5}$$

$$\gamma\text{-}Al_2O_3 = \alpha\text{-}Al_2O_3 \quad （1300℃，1～1.5 h） \tag{2-6}$$

用这种方法得到的 $\alpha\text{-}Al_2O_3$ 粉末纯度高，颗粒度小，可达约 1 μm。

（3）放电氧化法

将高纯铝粉浸入纯水，插上电极使之产生高频火花放电，铝粉激烈运动并与水反应生成氢氧化铝，经煅烧可获得高纯度氧化铝粉末。

此外，还可采用水热沉淀法、气相法等方法制备高纯度氧化铝粉末原料。

5. 氧化铝的用途

1）电解铝原料

在氧化铝粉产业中，用于陶瓷生产的只是少部分，大量的氧化铝粉用于电解铝生产。电解铝的生产过程如图 2.6 所示。

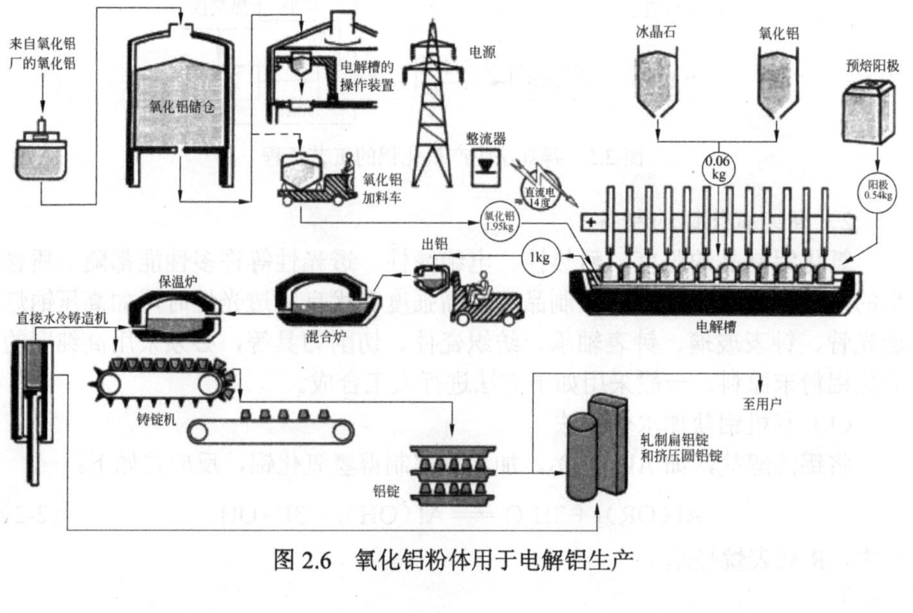

图 2.6 氧化铝粉体用于电解铝生产

2）制备氧化铝陶瓷

在精细陶瓷中，氧化铝陶瓷的产量最大，用途十分广泛。Al_2O_3陶瓷具有机械强度高、硬度高、绝缘电阻大、化学稳定性好等特点，可以用作真空器件、厚膜和薄膜电路基板、可控硅和固体电路外壳、火花塞绝缘体、磨料磨具、纺织瓷件、刀具、透明氧化铝陶瓷灯管、化工和生物陶瓷、人工关节、坩埚、催化剂载体等。随着科学技术的发展，氧化铝陶瓷的性能不断提高，在现代工业和现代科学技术领域，氧化铝陶瓷将会得到更加广泛的应用。

2.2.2 氧化锆（ZrO_2）

氧化锆是制备性能优良的氧化锆陶瓷制品、氧化锆增韧复合陶瓷及铁电、非铁电、锆质压电陶瓷的主要原料。近些年来，随着氧化锆相变增韧陶瓷的出现，它一度成为研究的热点。

1．氧化锆的性质

氧化锆密度为5.68～6.27 g/cm^3，熔点为2715℃，粉体呈白色，是重要的精细陶瓷原料。

2．氧化锆的相变

在不同温度下ZrO_2有3种晶体形态，即立方晶系（cubic system）、四方晶系（tetragonal system）、单斜晶系（monoclinic system）。3种晶态的转变温度见式（2-7）。ZrO_2存在多种变体，几种变体的结构参数及物理性能见表2.2。

$$\text{单斜 } ZrO_2 \xleftrightarrow{1170℃} \text{四方 } ZrO_2 \xleftrightarrow{2370℃} \text{立方 } ZrO_2 \tag{2-7}$$

表2.2 ZrO_2的变体及其物理性质

ZrO_2变体名称	低温型斜锆石	高温型ZrO_2	
晶系	单斜	四方	立方
光性	二轴晶（—）	一轴晶（—）	
折射率	2.1～2.2		
晶格常数/nm	$a=0.521$ $b=0.526$ $c=0.5375$ $\beta=99°58'$	$a=0.5074$ $c=0.516$	$a=0.5110$
密度/（g/cm^3）	5.68	6.1	6.27
熔点/℃	2700 ± 25		
热膨胀系数/（10^{-6}/℃）	8.0（20～1080℃）	21（1150～1700℃）	

3．氧化锆的稳定处理

当四方 ZrO_2 向单斜 ZrO_2 转化时，伴随有一定量（3%～4%）的体积膨胀与剪切应变，该相变是非扩散型马氏体相变。由于氧化锆相变时发生体积膨胀，使得纯氧化锆很难制造出合格零件。因此，在使用 ZrO_2 前，必须要对其进行晶型的稳定处理，一般处理方法是向 ZrO_2 中添加稳定剂。

1）常用的稳定剂

常用的稳定添加剂为 CaO，MgO 及 Y_2O_3，CeO_2 等一些稀土氧化物，加入量不同会得到不同的稳定效果。使用 Y_2O_3 稳定剂时，其加入量和稳定效果如下。

（1）当 Y_2O_3 加入量大于 8%时，可获得亚稳态 *c*-ZrO_2——全稳定化 ZrO_2（fully stabilized zirconia, FSZ），其中，*c*-ZrO_2 表示立方 ZrO_2。

（2）当 Y_2O_3 加入量减少时（约 5%），不足以使 *c* 相全部稳定到室温，会得到（*c*+*t*），（*c*+*t*+*m*），（*t*+*m*）-ZrO_2——部分稳定氧化锆（partially stabilized zirconia，PSZ），其中，*c*-ZrO_2，*t*-ZrO_2，*m*-ZrO_2 分别表示立方 ZrO_2、四方 ZrO_2、单斜 ZrO_2。

（3）若进一步减少 Y_2O_3 的加入量，则可获得亚稳 *t*-ZrO_2 多晶体（tetragonal zirconia polycrystals，TZP）。

2）PSZ 稳定化机理

稳定剂能与 ZrO_2 形成置换固溶体，改变 *t*-ZrO_2 与 *m*-ZrO_2 的自由能状态，使 *t*-ZrO_2 的比表面能小于 *m*-ZrO_2 的比表面能，从而使得 $t \rightarrow m$ 的相变温度（Ms）降低（可达到室温及室温以下）。

另外，当稳定剂加入量一定时，晶粒越细，Ms 越低，界面能越大，相变阻力越大，所需的相变驱动力越大。

4．氧化锆增韧

1）陶瓷的脆性与增韧

陶瓷材料虽然有许多优异的特性，如良好的高温力学性能、抗化学侵蚀能力、电绝缘性，较高的硬度和耐磨性等。但由于其结构，陶瓷材料缺乏像金属那样在受力状态下发生滑移引起塑性形变的能力，容易产生缺陷，存在裂纹，且易于导致高度的应力集中，因而决定了陶瓷材料的脆性本质。为了提高陶瓷的抗脆性断裂能力，主要从两方面进行了大量的研究：一是提高断裂能，二是增加塑性滑移系统。目前最有效的途径是利用纤维（包括晶须）增强和利用 ZrO_2 相变增韧。关于利用纤维增强，这里不再加以讨论。而所谓 ZrO_2 相变增韧是指通过四方 ZrO_2（*t*-ZrO_2）转变成单斜 ZrO_2（*m*-ZrO_2）的马氏体相变提高陶瓷材料的韧性。

2）氧化锆的马氏体相变

氧化锆的马氏体相变是氧化锆增韧的基础，所以，氧化锆增韧也称为氧化锆相变增韧。氧化锆的马氏体相变是一级相变，仅能在固体中发生，包括成核和生长两个过程，其特征是：

（1）相变前后没有成分变化，即相变前后原子的配位不变，原子位移一般不超过一个原子间距。因此，这种相变具有无热、无扩散、相变激活能小、转变速度快的特点。相变以近似于该固相中声波传播的速度进行，比裂纹扩展速度大 2～3 倍，因而为吸收断裂能和材料增韧提供了必要条件。

（2）相变伴有体积变化。

（3）相变具有可逆性，并受到体积变化与切变所产生的应变能的影响，因而相变发生在一个温度区间内而不是在一个特定的温度点上。

3）氧化锆相变增韧的机理

氧化锆相变增韧的机理有多种，但主要是相变增韧和微裂纹增韧。

（1）相变增韧

当陶瓷材料处于张应力下时，裂纹尖端会形成一个张应力场；当裂纹尖端的张应力大于材料的断裂应力时，裂纹扩张，陶瓷脆断。如果此材料是四方氧化锆多晶体（TZP）或部分稳定氧化锆（PSZ），在基体压应力的约束下，其中的四方相氧化锆（t-ZrO_2）处于亚稳状态。这些 t-ZrO_2 在裂纹尖端张应力的诱发下可转变为单斜相氧化锆（m-ZrO_2），并有体积膨胀，从而吸收断裂能，导致裂纹尖端处的实际应力降低，如图 2.7 所示。如果实际应力低于材料的断裂应力，则裂纹扩展停止，从而增强了材料的韧性，这就是 ZrO_2 的相变增韧。

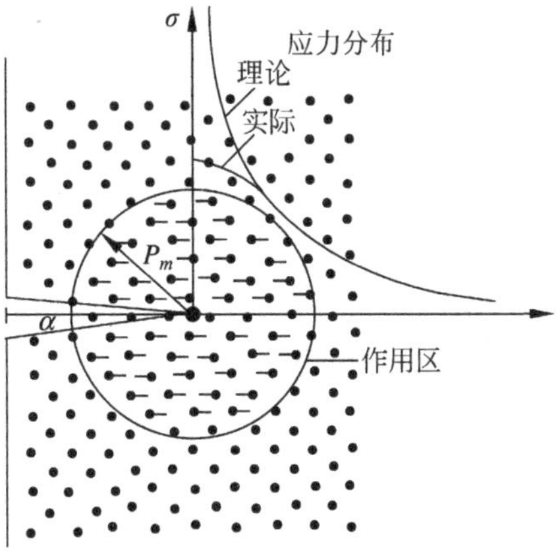

图 2.7 含 t-ZrO_2 的陶瓷裂纹尖端的应力场

相变对材料韧性的贡献ΔK_{CT}可写为

$$\Delta K_{CT} = Me^{T}EV_{f}W^{1/2}/(1+\mu) \tag{2-8}$$

其中，e^T为相变膨胀应变；E为弹性模量；V_f为可相变离子的体积分数；W为过渡区宽度；μ为泊松比；M为实验常数，$M=0.21(1+1.07S/D)$，S/D为二维相变剪切与膨胀分量之比。

（2）微裂纹增韧

比较粗的 $t\text{-}ZrO_2$ 粒子发生相变时产生的膨胀量较大，弹性应变能也大。如果弹性应变产生的应力超过基体的断裂强度，基体将会开裂，产生许多微裂纹，如图 2.8 所示。当主裂纹扩展、遇到这些微裂纹时，主裂纹将发生偏转、分叉，吸收断裂能，导致材料将在更高的载荷下才能断裂，即提高了材料的韧性，这一增韧机制称为微裂纹增韧。

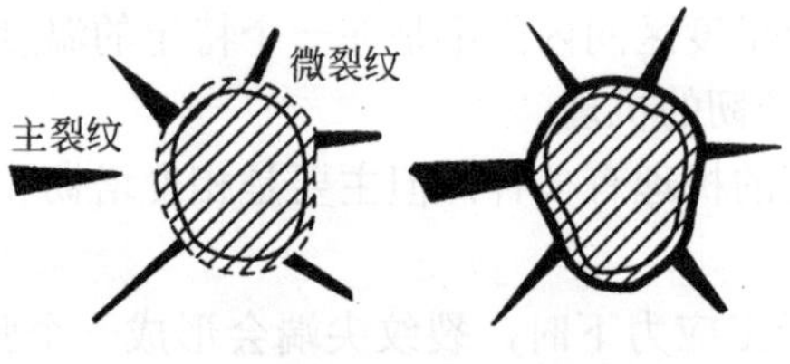

图 2.8 微裂纹增韧机理示意图

微裂纹产生的韧化增量ΔK_{CT}和微裂纹的密度（f_s）的关系为

$$\Delta K_{CT}=0.25Ee^T f_s W^{1/2} \tag{2-9}$$

其中，e^T为微裂纹引起的膨胀应变；E为弹性模量；W为过渡区宽度；M为实验常数，$M=0.21(1+1.07S/D)$，S/D为二维相变剪切与膨胀分量之比。

5. 氧化锆的制备

1）工业氧化锆的制备

工业用的 ZrO_2 是从天然锆英石矿物中分离出来的，所以粉料的粒度较大，纯度也不高，一般用于制备锆质耐火材料。精细陶瓷中所用的高纯超细 ZrO_2 粉则需要人工合成。

2）高纯氧化锆的制备

精细陶瓷中的高纯氧化锆粉目前主要采用中和共沉淀法制备，工艺流程如图 2.9 所示，所用典型设备如图 2.10～图 2.13 所示。

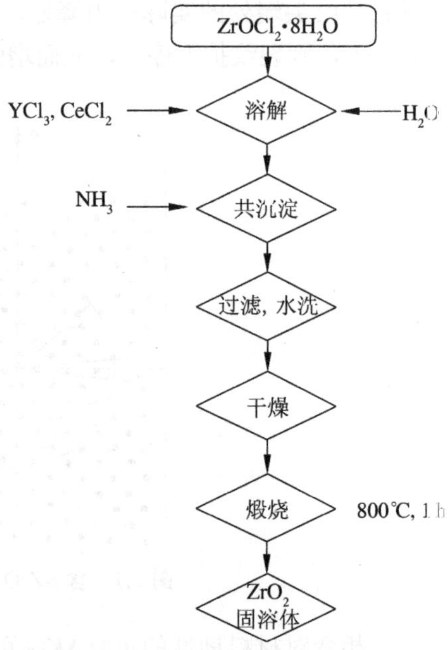

图 2.9 中和共沉淀法制备 ZrO_2 工艺流程

图 2.10 制备 ZrO_2 的溶液过滤、共沉淀设备

图 2.11 制备 ZrO_2 的压滤清洗设备

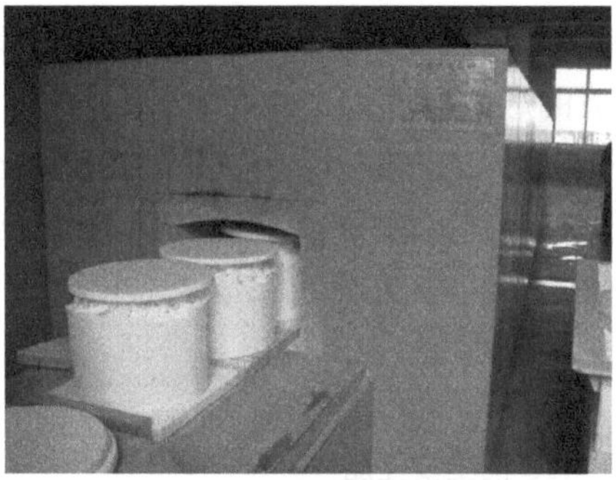

图 2.12 制备 ZrO_2 的煅烧设备

图 2.13 制备 ZrO_2 的喷雾干燥设备

6. 氧化锆的用途

氧化锆硬度高，可制成冷成型工具、整形模、拉丝模、切削工具、温挤模具、鱼刀、剪刀、高尔夫球棍头等。

氧化锆强度高、韧性好，可以制造发动机零部件，如推杆、连杆、轴承、气缸内衬、活塞帽等。

氧化锆在高温下具有半导体性质，可用来制作高温发热元件。氧化锆发热元件可在空气中使用，最高使用温度达 2100～2200℃。

氧化锆耐高温性好，可用来制作特种耐火材料，浇铸口，冶炼铂、钯、铑等金属的坩埚，钢水包、钢水槽的内衬等。

氧化锆稳定化后有氧空位，因此可用作气敏元件、高温燃料电池固体电解质隔膜、钢液测氧的探头等。

氧化锆化学稳定性好，性能稳定，常被用作生物陶瓷。

2.2.3 氧化镁（MgO）

MgO 属立方晶系氯化钠型结构，熔点为 2800℃，理论密度为 3.58 g/cm³。

工业上主要从自然界含镁矿物（如菱镁矿、白云水镁石、滑石等）中提取 MgO，近年来发展到从海水中提取。从矿物或海水中提取 MgO，大多先制成氢氧化镁或碳酸镁，然后经煅烧分解得到 MgO。将 MgO 进行化学处理或热处理，可得到高纯 MgO。制取 MgO 的煅烧分解过程大体上可分为 3 个阶段。

第 1 阶段：200～300℃开始分解，放出气体。

第 2 阶段：500～600℃，分解激烈，800℃时分解基本完成，这时得到很不完整的 MgO 结晶。

第 3 阶段：800℃以上，MgO 结晶逐渐长大并完整化。

如果要得到活性较高的 MgO，煅烧温度应在 1000℃以上；如果煅烧温度在 1700～1800℃，则得到死烧 MgO，一般的煅烧温度为 1400℃。

对于不同方法制得的 MgO，其性能各异，见表 2.3。可以看出，由氢氧化镁制取的 MgO 的体积密度最大。因此，要想得到高纯度、高密度的 MgO，应采用氢氧化镁制取。在实际中，往往将 MgO 用蒸馏水充分水化成氢氧化镁后，经烘干，在 1050～1800℃下煅烧，再在刚玉球磨罐内用陶瓷磨球磨细。

表 2.3 不同方法制得的 MgO 的主要性能

项 目	煅烧温度/℃	线收缩/%	体积密度/（g/cm³）	气孔率/%	晶粒平均直径/μm
由氢氧化镁制得的MgO	1350	15.7	2.42	31.6	2.0
	1450	22.4	3.24	4.2	8.0
	1600	24.2	3.30	2.8	22.0
由硝酸镁制得的MgO	1350	1.1	1.84	48.2	1.0
	1450	10.1	2.46	30.5	5.0
	1600	15.1	2.86	20.1	10.0
由碱式碳酸镁制得的MgO	1350	10.1	1.72	50.8	1.5
	1450	12.6	2.29	35.8	6.0
	1600	15.2	2.45	31.8	7.5
由氯化镁制得的MgO	1350	1.1	1.82	48.5	1.0
	1450	7.3	2.18	28.8	4.0
	1600	12.5	2.64	26.2	6.0

MgO 在高温下易被碳还原成金属镁，在高于 2300℃时易挥发。MgO 属弱碱性物质，几乎不被碱性物质所侵蚀，对碱性金属熔渣有较强的抗侵蚀性。

MgO 在空气中，特别是在潮湿空气中，极易水化，生成 $Mg(OH)_2$。影响 MgO 水化能力的主要因素是煅烧温度和粒度。提高煅烧温度可以降低 MgO 活性，也会减小其比表面积，但当煅烧温度超过 1300℃时，对 MgO 水化能力影响不大。当细度（即比表面）增大时，水化能力也增强。

高温下，MgO 陶瓷的比体积电阻高（35 V/mm），介质损耗低，介电系数为 9.1。

在陶瓷工业中，MgO 主要用来制作 MgO 陶瓷。MgO 陶瓷可用作熔炼金属的坩埚，浇注金属的模子、高温热电偶的保护管及高温炉的炉衬材料等。由于 MgO 高温易挥发，MgO 陶瓷制品一般限制在 2200℃以下使用。

MgO 陶瓷大多数采用注浆法成型，制备浆料时需用无水酒精作介质，以免 MgO 水化膨胀。为了改善浆料性能，可以通过调节 pH 的方法使 pH 为 7～8。

MgO 陶瓷的烧成是先在 1250℃下素烧，再装入刚玉瓷匣钵中在 1750～1800℃下保温 2 h 烧结。

2.2.4 氧化铍（BeO）

BeO 晶体无色，属六方晶系，与纤锌矿晶体结构类型相同，Be^{2+}离子与 O^{2-}离子的距离很小，为 0.1645 nm，如图 2.14 所示。

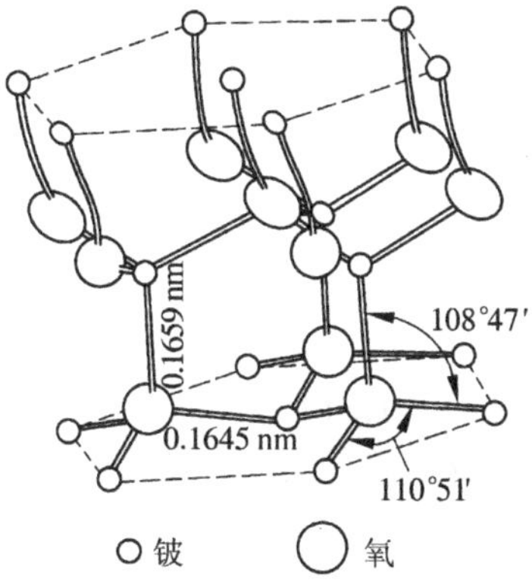

图 2.14 氧化铍的晶体结构

BeO 晶体很稳定，无晶型转变，熔点为 2570℃，密度为 3.03 g/cm^3，莫氏硬度为 9，高温蒸气压和蒸发速度较低。BeO 陶瓷在真空中 1800℃下、惰性气氛中 2000℃下可长期使用。在氧化气氛中，1800℃时有明显蒸发，当有水蒸气存在时，1500℃即大量蒸发，这是由于 BeO 与水蒸气反应生成 $Be(OH)_2$。

BeO 具有与金属相近的热导率，约为 309.34 W/(m•K)，是 α-Al_2O_3的 15～20 倍；BeO 具有良好的高温电绝缘性，600～1000℃的电阻率为 0.1×10^{12}～

$4\times10^{12}\ \Omega\cdot cm$；BeO 介电常数高，而且随着温度的增高略有提高，例如，20℃时为 5.6，500℃时为 5.8；BeO 介质损耗小，随温度的升高而略有升高；BeO 膨胀系数不大，20～1000℃时的平均热膨胀系数为 5.1×10^{-6}～8.9×10^{-6}/K；BeO 机械强度不高，约为 α-Al_2O_3 的 1/4，但在高温时下降不大。

BeO 粉体是从铍矿物中提炼得到的。目前世界上含铍的矿物约有 40 种，有工业开采价值的主要为绿柱石。绿柱石的化学式为 $3BeO\cdot Al_2O_3\cdot 6SiO_2$，属六方晶系。

制取工业 BeO 主要有两种方法：硫酸法和氟化物法。硫酸法较经济且对环境危害也较小，因而具有优势，其工艺流程如图 2.15 所示。

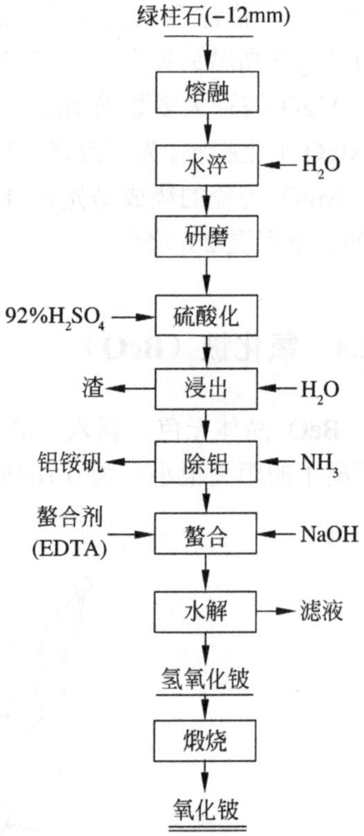

图 2.15 硫酸法制取 BeO 的工艺流程图

为了获得更高性能的 BeO 陶瓷，往往采用高纯 BeO 粉体来制备。高纯 BeO 粉体的制备有多种方法，包括碱式醋酸铍蒸馏法、硫酸铍重结晶法、络合-结晶法等。虽然各种方法所用原料与具体提纯工艺有差别，但 BeO 的含量均可达到 99.9%以上。

利用 BeO 粉体制备的 BeO 陶瓷可用作散热器件、熔炼稀有金属和高纯金属（Be，Pt，V）等的坩埚、磁流体发电通道的冷壁材料、高温比体积电阻高的绝缘材料等。

BeO 陶瓷具有良好的核性能，对中子减速能力强，可用作原子反应堆中子减速剂和防辐射材料等。

BeO 的粉尘和蒸气有剧毒，操作时必须注意防护，但经烧结的 BeO 陶瓷是无毒的，不应“谈铍色变”。

2.2.5 二氧化钛（TiO_2）

二氧化钛是生产、制备陶瓷电容器的主要原料，也是合成一系列铁电和非铁电钛酸盐的主要原料。

1．二氧化钛的晶态

二氧化钛有多种变体，常见的有 3 种，即金红石、锐钛矿、板钛矿，其晶型形态如图 2.16 所示，晶体特征及物理常数见表 2.4。锐钛矿、金红石的晶胞结构如图 2.17 所示，其中，大原子为氧，小原子为钛。

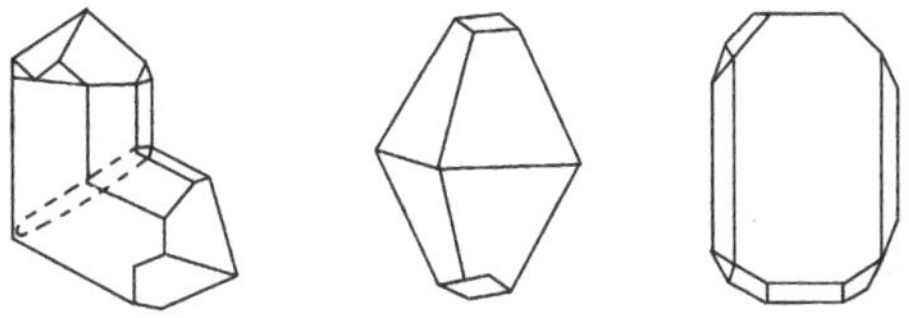

(a) 金红石型　(b) 锐钛矿型　(c) 板钛矿型

图 2.16　二氧化钛的 3 种晶型形态示意图

表 2.4　二氧化钛的晶体特征和物理常数

晶体物性	金红石	锐钛矿	板钛矿
晶系	四方	四方	斜方
晶形	针形	锥形	板形
单位晶胞中分子数	2	4	8
晶格常数/nm	$a = 0.4584$ $c = 0.2953$	$a = 0.3776$ $c = 0.9486$	$a = 0.545$ $b = 0.918$ $c = 0.515$
折射率	2.71	2.52	—
密度/(g/cm^3)	4.2～4.3	3.8～3.9	4.12～4.23
莫氏硬度	6～7	5.5～6.0	5.5～6.0
介电常数	114	48	78
热导率/($W \cdot cm^{-1} \cdot K^{-1}$)	0.620	1.80	—
熔点/℃	1858	610～915℃转变为金红石	650℃转变为金红石
沸点/℃	3200±300	—	—

板钛矿属斜方晶系，在自然界中存在数量很少。它是不稳定晶型，当加热到 650℃时，会直接转化为金红石型。

锐钛矿型属四方晶系，并以八面体的形式出现，钛原子位于八面体中心，被 5 个氧原子环绕。锐钛矿型在低温下很稳定，但在温度达到 610℃时，便缓慢转化为金红石型，730℃时高速转化，

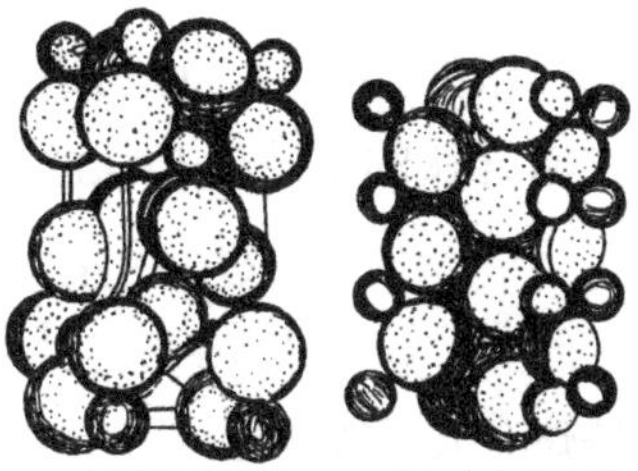

(a) 锐钛矿型　(b) 金红石型

图 2.17　锐钛矿、金红石的晶胞结构

915℃时可完全转化。

金红石型属四方晶系，是细长的、成对的孪生晶体。晶格的中心有一个钛原子，其周围有 5 个氧原子，这些氧原子位于八面体的棱角处，以两个棱边相连。金红石型是 3 种变体中最稳定的一种，即使在高温下也不发生分解和转化。

由于锐钛矿、板钛矿 TiO_2 分别在 610～915℃和 650℃转化为金红石 TiO_2，并伴有体积收缩，因此，在使用 TiO_2 之前，都要将 TiO_2 在 1100～1300℃煅烧，以保证所有的 TiO_2 都转化为金红石型结构。

在煅烧或烧成金红石瓷和其他含钛瓷时，气氛或杂质可使部分二氧化钛失氧，在还原气氛或弱还原气氛中，会发生如下反应：

$$TiO_2 + (CO)_x = TiO_{2-x} + (CO_2)_x \tag{2-10}$$

或

$$TiO_2 + (H_2)_x = TiO_{2-x} + (H_2O)_x \tag{2-11}$$

在烧成时，会发生如下高温分解反应：

$$TiO_2 = TiO_{2-x} + 0.5xO_2\uparrow \tag{2-12}$$

2．二氧化钛的性质

二氧化钛粉是一种细分散的白色粉末，可反射全部的可见光波，所以呈现高度的白色，因此又被称为钛白粉。

二氧化钛无毒，化学性质很稳定，在常温下几乎不与其他物质发生反应，不溶于水、脂肪、有机酸和弱无机酸。在长时间煮沸的情况下，可溶于浓硫酸和碱。在高温下，二氧化钛可与卤素及氯化物反应，并可被许多还原剂还原为低价氧化物。

3．二氧化钛的制备方法

金红石在自然界中很少见。人工制取二氧化钛的方法有很多种，但工业上常用的还是硫酸水解法和氯化法。

1）硫酸水解法

硫酸水解法制备 TiO_2 的工艺流程如图 2.18 所示。简单地说，硫酸水解法是首先向含钛的矿粉或高钛渣粉料中加入硫酸，再水解，典型反应为

$$FeOTiO_2 + 2H_2SO_4 = TiOSO_4 + FeSO_4 + 2H_2O \tag{2-13}$$

$$TiOSO_4 + (n+1)H_2O = TiO_2\cdot nH_2O + H_2SO_4 \tag{2-14}$$

然后焙烧，反应如下：

$$TiO_2\cdot nH_2O = TiO_2 + nH_2O \tag{2-15}$$

最后将生成的二氧化钛进行粉碎、包膜后处理而得到钛白粉产品。

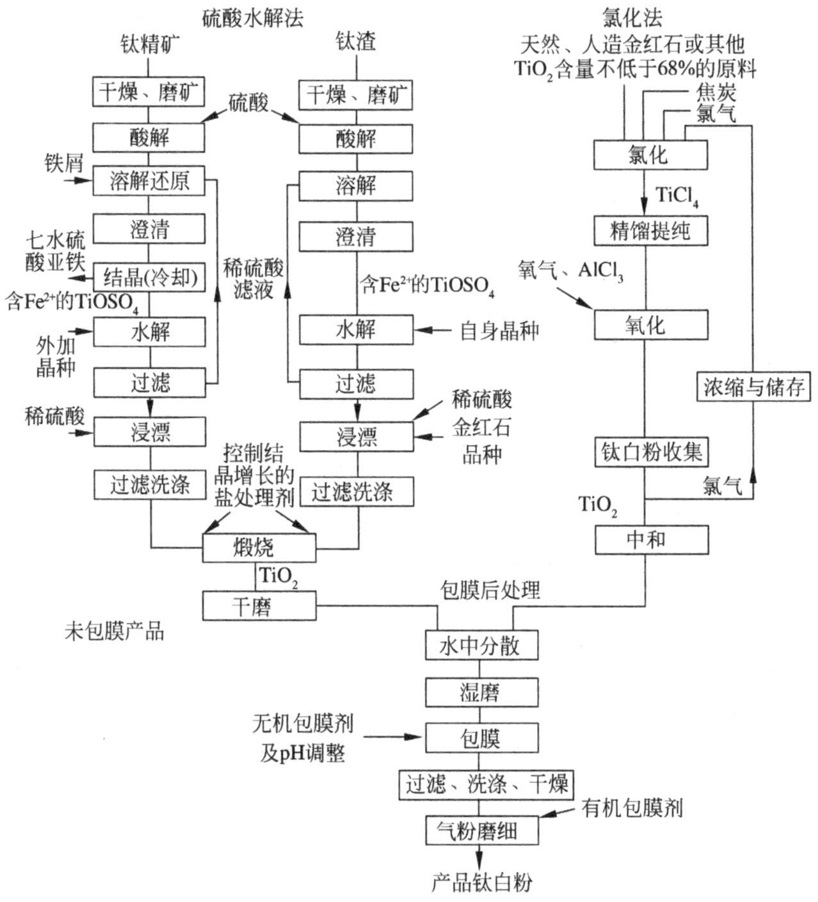

图 2.18 制备 TiO_2 的工艺流程

2）氯化法

氯化法的工艺流程也如图 2.18 所示。简单地说，氯化法是将天然、人造金红石或其他 TiO_2 含量不低于 68%的原料与焦炭或石油焦混合后进行高温氯化，生成四氯化钛，反应式如下：

$$TiO_2 + C + 2Cl_2 = TiCl_4 + CO_2 \tag{2-16}$$

在生成 $TiCl_4$ 的同时，金红石或高钛渣中的杂质也被氯化，因而得到的 $TiCl_4$ 为粗 $TiCl_4$，再进行过滤和精馏，得到精 $TiCl_4$。精 $TiCl_4$ 经 1200℃以上高温氧化生成二氧化钛，反应为

$$TiCl_4 + O_2 = TiO_2 + 2Cl_2 \tag{2-17}$$

最后将生成的二氧化钛进行中和、包膜后处理而得到钛白粉产品。

4．二氧化钛的用途

二氧化钛大量用来制备涂料，用作塑料、橡胶、造纸、油墨填料，还被广泛应用于化妆品、食品、医药等领域。

二氧化钛在冶金工业中被大量用来制备金属钛、钛铁合金、硬质合金。

二氧化钛的另一大用途是用来制备搪瓷和氧化钛陶瓷及其他各种陶瓷材料，如碳化钛、氮化钛、钛酸钡、钛酸铅、钛酸钙等。

2.2.6 碳化物陶瓷原料

碳化物通式为 Me_xC_y（Me 为某一金属元素），其熔点都非常高，许多碳化物的熔点都在 3000℃以上，是一类非常耐高温的材料。碳化物的硬度高，特别是 B_4C，仅次于金刚石和立方氮化硼。在高温下，所有碳化物都会被氧化。碳化物都具有较小的电阻率和较高的导热率。常用的碳化物原料有碳化硅、碳化钛、碳化硼等。

1．碳化硅（SiC）

1）SiC 的晶型

SiC 是 Si－C 键很强的共价键化合物，具有金刚石结构，有 75 种变体，主要的变体有 α-SiC，β-SiC，6H-SiC，4H-SiC，15R-SiC 等。符号 H 和 R 分别代表六方和斜方六面结构，H，R 之前的数字代表沿 c 轴周期重复的层数。α-SiC 属六方晶系，是高温稳定型。β-SiC 属等轴晶系，是低温稳定型。升温时，β-SiC 在 2100℃左右开始转变为 α-SiC，但转变速度很慢，到 2400℃时，转变速度迅速加大。SiC 没有熔点，在一个大气压下，在（2400 ± 40）℃时分解。图 2.19 为 SiC 中四面体的示意图，表 2.5 列出了几种 SiC 变体的晶格常数。

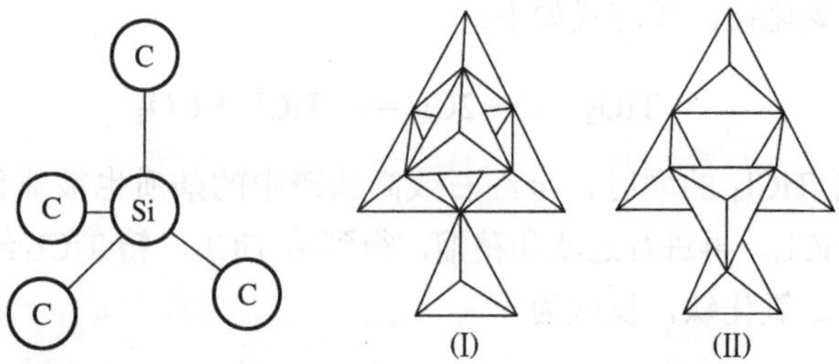

(a) 六方层状排列中四面体的取向　　(b) I-平行；II-反平行

图 2.19　SiC 中四面体的示意图

表 2.5 几种 SiC 变体的晶格常数

晶型	结晶构造	晶格常数/nm	
		a	*b*
α-SiC	六方	0.308 17	0.503 94
β-SiC	面心立方	0.4349	—
6H-SiC	六方	0.3073	1.511 83
4H-SiC	六方	0.3073	1.0053
15R-SiC	斜方六面（菱形）	1.269	3.770（$\alpha = 13°54.5'$）

2）SiC 的性能

纯 SiC 是无色透明的，工业 SiC 由于含有游离碳、铁、硅等杂质而呈现浅绿色或黑色。

SiC 具有高温强度高、抗氧化性能好、抗腐蚀性能好、导热系数高、热膨胀系数小和抗热震性好等一系列优点。但值得注意的是，在 800～1140℃这个温度范围内，SiC 的抗氧化能力较差。这是因为，在此温度范围内，SiC 表面生成的氧化膜比较疏松，起不到充分的保护作用。低于 800℃和高于 1140℃时，SiC 形成的氧化膜比较致密且能牢固地覆盖在表面上，阻止了 SiC 的进一步氧化，所以具有优异的抗氧化性。但当温度高于 1750℃时，氧化膜被破坏，SiC 会强烈地氧化分解。

3）SiC 的制备

合成 SiC 的方法有多种，主要有碳还原二氧化硅法、碳-硅直接合成法、气相沉积法、聚合物分解法等。

（1）碳还原二氧化硅法

工业上常用碳还原二氧化硅法制备 SiC，即在石英砂（SiO_2）中加入焦炭粉，装入电炉中，如图 2.20 所示，然后直接通电加热还原，反应温度通常在 1900℃以上，基本反应为

$$SiO_2 + 3C \Longrightarrow SiC + 2CO\uparrow \quad (2\text{-}18)$$

实际上，以上反应是分多步进行的，当达到一定温度时，首先按下式进行反应：

$$SiO_2 + C \Longrightarrow SiO + CO\uparrow \quad (2\text{-}19)$$

生成一氧化硅，并发生 SiO 直接生成 SiC 及 SiO 被还原成元素 Si 的反应，即

$$SiO + 2C \Longrightarrow SiC + CO\uparrow \quad (2\text{-}20)$$

$$SiO + C \Longrightarrow Si + CO\uparrow \quad (2\text{-}21)$$

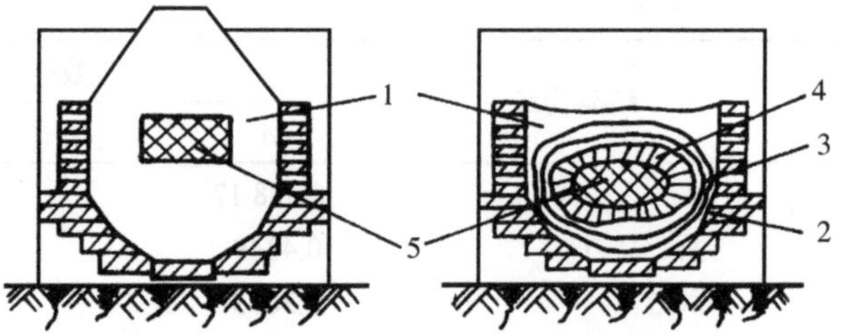

图 2.20　碳还原二氧化硅法制备 SiC

1—配料；2—非晶料；3—氧碳化硅；4—碳化硅；5—炉芯

碳还原法生产的 SiC 产量大，价格低。

（2）碳-硅直接合成法

使用金属硅粉与碳粉在 1000～1400℃时直接反应，可以制备 SiC，反应式为

$$Si + C = SiC \qquad (2\text{-}22)$$

（3）气相沉积法

$SiCl_4$ 或 SiH_4 和 CH_4 或 C_3H_8 等在高温发生气相反应可生成 0.01～0.15 μm 的 β-SiC 微粉。

（4）聚合物分解法

将 $SiCH_3Cl_3$、$Si(CH)_2Cl_2$、$Si(CH_3)_4$、聚碳酸酯硅烷等先制成聚合物细粉，再通过聚合物热分解可制得高纯度、超细碳化硅粉末。

4）SiC 的用途

SiC 耐高温性能好，是被大量使用的耐火材料。在钢铁冶炼中，SiC 常用作钢包砖、水口砖、塞头砖。在有色金属冶炼中，SiC 常用作炉衬、熔融金属输送管道、过滤器、坩埚等。在空间技术中，SiC 常用作火箭发动机喷嘴。SiC 还常用作热电偶保护套、电炉盘、高温气体过滤器、烧结匣钵、炉室用砖、垫板等。

SiC 硬度高，是常用的磨料之一，大量用于制造砂轮和各种磨具，并常用来制作喷沙嘴、内衬、泵零件等耐磨件。

SiC 有高的导热系数，常被用于制造热交换器。据报道，锆重熔炉采用 SiC 热交换器后，可节省燃料 38%。

纯 SiC 是电的绝缘体（电阻率 $\rho = 10^{14}\ \Omega\cdot m$），但当含有杂质时，电阻率大幅下降到 1 Ω·m 以下，加上它有负的电阻温度系数，因此是常用的发热元件材料和非线性压敏电阻材料。

此外，SiC 还被大量用于石油工业、化学工业、造纸工业、核工业，作为耐腐蚀、耐磨、耐辐射的零部件等。

2．碳化钛（TiC）

1）TiC 的结构与性能

TiC 为面心立方晶体结构，密度为 4.9～3.93 g/cm^3，莫氏硬度为 9～10，熔点高，具有良好的化学稳定性。

2）TiC 粉体的制备

TiC 粉体可用以下方法制备。

（1）碳热还原法

工业用 TiC 是在惰性或还原性气氛中用炭黑还原 TiO_2 制备，即在 TiO_2 中加入焦炭粉直接通电加热还原，合成温度为 1700～2100℃，反应式为

$$2TiO_2 + C = Ti_2O_3 + CO\uparrow \qquad (2\text{-}23)$$

$$Ti_2O_3 + C = 2TiO + CO\uparrow \qquad (2\text{-}24)$$

$$TiO + 2C = TiC + CO\uparrow \qquad (2\text{-}25)$$

由于反应物以分散的颗粒存在，反应进行的程度受到反应物接触面积和炭黑在二氧化钛中分布的限制，使产品中含有未反应的炭黑和二氧化钛。在还原反应过程中，由于晶粒生长和粒子间的化学键合，合成的碳化钛粉体有较宽的粒度分布范围，需要球磨加工，而且加工后的粉体粒度只能达到微米级；另外，反应时间较长，为 10～20 h，反应中由于受扩散梯度的影响，合成的粉体常常不够纯。

（2）镁热还原法

镁热还原法是用液态金属氯化物和 CCl_4 为原料，与液态镁反应生成 TiC，合成反应流程如图 2.21 所示，其反应式为

$$TiCl_4(g) + CCl_4(g) + 4Mg(l) = TiC(s) + 4MgCl_2(l) \qquad (2\text{-}26)$$

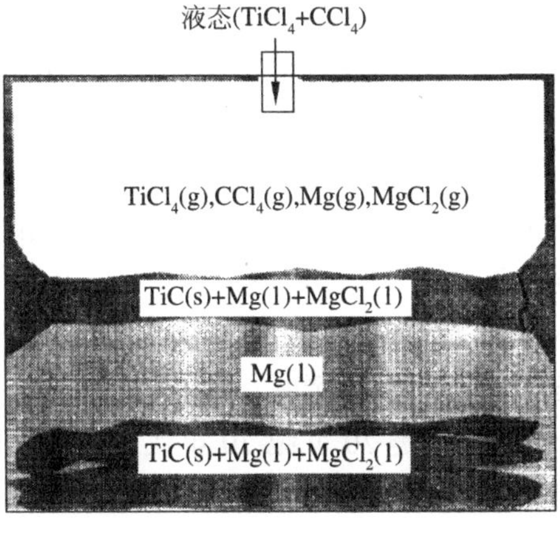

图 2.21　镁热还原法合成 TiC 的工艺流程

用这种方法合成的碳化钛为典型的海绵块状，需粉碎。粉碎后，用 50%氢氟酸和 50%硝酸的混合溶液溶解，并经过滤除去游离碳，即可得到较纯净的 TiC 粉体。

（3）直接碳化法

直接碳化法是利用 Ti 粉和 C 粉反应生成 TiC，反应式为

$$Ti\,(s) + C\,(s) = TiC\,(s) \tag{2-27}$$

由于很难制备亚微米级金属 Ti 粉，故该方法的应用受到限制。上述反应需用 5～20 h 才能完成，且反应过程较难控制，反应产物团聚严重，需进一步粉碎加工才能制备出细颗粒 TiC 粉体。为得到较纯的产品，还需对球磨后的细粉用化学方法提纯。

（4）化学气相沉积法

该合成方法是利用 $TiCl_4$，H_2 和 C 之间的反应来实现，反应式为

$$TiCl_4\,(g) + 2H_2\,(g) + C\,(s) = TiC\,(s) + 4HCl\,(g) \tag{2-28}$$

反应物与灼热的钨单丝或碳单丝接触而进行反应，碳化钛晶体直接生长在单丝上。用这种方法合成的碳化钛粉体纯度较高，但其产量受到限制。另外，由于 $TiCl_4$ 和产物中的 HCl 有强烈的腐蚀性，合成时要特别谨慎。

除以上几种合成方法外，TiC 粉体还可用高钛渣提取碳化法、高温自蔓延法、机械合金法、熔融金属液中合成法、电火花熔蚀法、微波合成法等方法制备。

3）TiC 的用途

TiC 主要用来制造金属陶瓷和硬质合金。

TiC 金属陶瓷可用来制造在还原性气氛中使用的高温热电偶的保护套和熔融金属的坩埚等。

TiC 是制造硬质合金的主要原料之一。在 WC-Co 系硬质合金中可加入 6%～30%的 TiC，与 WC 形成 WC-TiC 固溶体。加入 TiC 后，可提高硬质合金的红硬性、耐磨性、抗氧化性和耐腐蚀性，而且使合金对碳含量的敏感性降低，原因是 WC-TiC 有一个范围相当宽的含碳量均相区。WC-TiC-Co 硬质合金比 WC-Co 硬质合金更适于加工钢材。

TiC 也可以用 Ni-Mo 等合金作黏结剂制成无 W 硬质合金，这种硬质合金可以明显提高车削速度和加工件的精度、光洁度。

含氮的 TiC 基硬质合金是 20 世纪 70 年代出现的，其中的氮是以 TiN，Ti（C，N）或 TiC-TiN 固溶体的形式加入的，含氮 TiC 基硬质合金的抗氧化性得到明显提高。

3．碳化硼（B_4C）

1）B_4C 的结构与性能

B_4C 为六方晶系，莫氏硬度为 9.3，显微硬度为 55～67 GPa（金刚石：80～100 GPa），是硬度仅次于金刚石和立方 BN 的高硬材料，具有非常高的耐磨性。

B_4C 具有良好的化学稳定性，能耐酸、碱腐蚀，并与大多数熔融金属不浸润，也不发生作用，但 B_4C 抗氧化能力差。

2）B_4C 的制备

（1）工业 B_4C 的制备

工业上利用 B_2O_3 与 C 反应制备 B_4C，即在 B_2O_3 中加入焦炭粉，在碳管炉中直接通电加热还原，反应式如下：

$$2B_2O_3 + 7C = B_4C + 6CO\uparrow \quad (2\text{-}29)$$

用碳管炉碳热还原制备的 B_4C 的游离碳和游离硼的含量均较低，粒度细且较均匀，B_4C 相含量可达到 95%以上。

式（2-29）的反应也可以在电弧炉中进行。但是由于电弧的温度高，炉区温差大，电弧中心部分的温度可能超过 B_4C 的熔点，使其发生包晶分解，析出游离碳和其他高硼化合物。而远离电弧中心区的地方，温度较低，反应进行得不完全，残留的 B_2O_3 和 C 以游离硼和游离碳的形式存在于 B_4C 粉中，所以电弧加热碳热还原制备的 B_4C 中一般含有较多的游离碳和游离硼。

另外，还可以用镁热法制备 B_4C，即以金属镁和碳共同作为还原剂，其反应式为

$$2B_2O_3 + 5Mg + 2C = B_4C + 5MgO + CO\uparrow \quad (2\text{-}30)$$

由于反应产物中残存 MgO，因此必须有附加工序将其洗去。镁热法制得的 B_4C 粉粒度细。

（2）高纯 B_4C 的制备

高纯的 B_4C 可用气相合成法制备。用气相合成法制得的粉粒度细、纯度高。气相合成法的典型反应式为

$$4BCl_4 + CH_4 + 6H_2 = B_4C + 16HCl \quad (2\text{-}31)$$

还有人用 B_2H_6 和 C_2H_2 制得了粒径小于 1 μm 的多孔非晶 B_4C 粉，反应式如下：

$$4B_2H_6 + C_2H_2 \xlongequal{\triangle} 2B_4C + 13H_2 \quad (2\text{-}32)$$

3）B_4C 的用途

B_4C 的最大用途是用作磨料和制造磨具。B_4C 的研磨能力比碳化硅高 50%，比刚玉粉高 1～2 倍。

B_4C 常被用来制作耐酸、耐碱零部件，还可用作耐磨损和耐热制品，如做陀螺仪的气浮轴承材料。同时，B_4C 还是制造各种硼化物和硼化物涂层的重要原料。

在原子反应堆中，B_4C 常被用作中子吸收材料。

2.2.7 氮化物陶瓷原料

作为精细陶瓷材料用的氮化物主要有 Si_3N_4，BN，AlN，TiN 等。

1. 氮化硅（Si_3N_4）

1）Si_3N_4 的晶体结构

Si_3N_4 有两种晶体结构——α-Si_3N_4 和 β-Si_3N_4，α-Si_3N_4 是颗粒状结晶体，β-Si_3N_4 是针状结晶体，两者都属于六方晶系，都是由$[SiN_4]^{4-}$四面体共用顶角构成的三维空间网络。β 相是由几乎完全对称的 6 个$[SiN_4]^{4-}$组成的六方环层在 *c* 轴方向重叠而成，如图 2.22 所示。而 α 相是由两层不同且有形变的非六方环层重叠而成。由于 α 相结构的内部应变比 β 相大，故自由能比 β 相高。

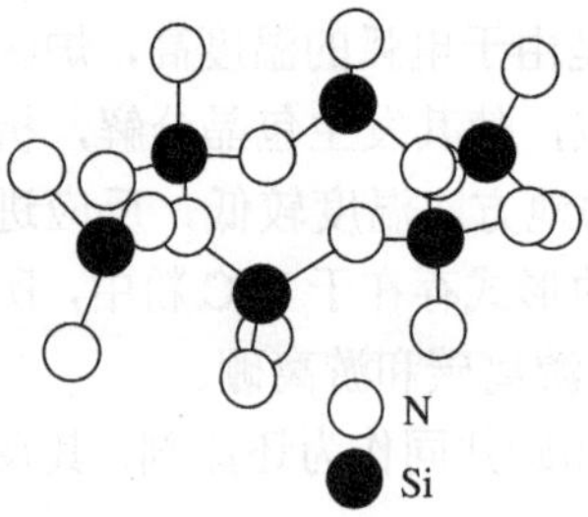

图 2.22　β-Si_3N_4 的结构

加热时，α-Si_3N_4 在 1400～1600℃转化成 β-Si_3N_4。但并不代表 α-Si_3N_4 是低温晶型、β-Si_3N_4 是高温晶型，因为：①在低于相变温度合成的 Si_3N_4 中，α 相和 β 相可同时存在；②在气相反应中，在 1350～1450℃可直接制备出 β 相，由此可见，这类 β 相不是从 α 相转变而来的。研究表明：α 相转变为 β 相是重建式转变，两种结构除了有对称性高低的差别外，不存在高、低温之分，只不过 α 相对称性低、容易形成，而 β 相是热力学稳定的。

两种晶型的晶格常数 *a* 相差不大，而 α 相的 *c* 值是 β 相的两倍。两个相的密度几乎相等，相变时几乎没有体积变化。α，β 两相的热膨胀系数分别是 3.0×10^{-6}/℃和 3.6×10^{-6}/℃。两相的晶格常数及密度对比见表 2.6。

表 2.6　Si_3N_4 的晶格常数及密度

相	晶格常数/nm		单位晶胞分子数/个	计算密度/(g/cm^3)
	a	*c*		
α-Si_3N_4	0.7748 ± 0.0001	0.5617 ± 0.0001	4	3.184
β-Si_3N_4	0.7608 ± 0.0001	0.2910 ± 0.0001	2	3.187

2）Si_3N_4 的主要性质

（1）强度高，抗弯强度可达 1000 MPa。

（2）硬度高，α-Si_3N_4的显微硬度为32.65～24.5 GPa，β-Si_3N_4的显微硬度为16～10 GPa，仅次于金刚石、立方BN、BC等少数几种超硬材料。

（3）摩擦系数小，有自润滑能力。

（4）绝缘性好，室温电阻率为$1.1\times10^{14}\ \Omega\cdot m$，900℃时为$5.7\times10^{7}\ \Omega\cdot m$，介电常数为8.3，介质损耗为0.001～0.1。Si_3N_4的热膨胀系数为2.53×10^{-6}/℃，导热系数为18.4 W/(m·K)。

（5）具有优良的高温力学性能，其常温强度可以维持在800℃而几乎不会降低。

（6）抗热震性十分优良，仅次于石英和微晶玻璃。

（7）具有优良的抗氧化性，在1400℃以下的干燥氧化气氛中保持稳定，在200℃的潮湿空气中和800℃的干燥空气中，Si_3N_4与氧反应形成SiO_2保护膜，可阻止Si_3N_4继续氧化。在还原性气氛中，Si_3N_4的最高使用温度可达1870℃。

（8）具有优良的化学稳定性，除氢氟酸外，能耐所有的无机酸和某些碱液、熔融碱和盐的腐蚀。

（9）对多数金属、合金熔体，特别是非铁金属熔体是稳定的，例如，不受Zn，Al熔体的侵蚀。

3）Si_3N_4粉的制备

（1）硅粉直接氮化法

将有一定细度的硅粉置于氮化炉中，通氮气，加热到一定温度，即可得到Si_3N_4粉，反应式如下：

$$3Si + 2N_2 \xlongequal{1200\sim1400℃} Si_3N_4 \tag{2-33}$$

Si粉从600℃即开始氮化，于1100℃左右剧烈反应，为放热反应，因此，氮化初期应避免温度突然上升。

由硅粉直接氮化法得到的Si_3N_4粉主要为α相及少量β相，如温度过高，则β相含量增加。

（2）碳热还原法

以细而纯的SiO_2作为原料，以C作为还原剂，同时通N_2进行氮化，其反应式为

$$3SiO_2 + 6C + 2N_2 \xlongequal{1300\sim1650℃} Si_3N_4 + 6CO \tag{2-34}$$

碳热还原法反应温度较高，反应时间短，便于连续化生产，可获得α相含量高和细颗粒的粉料。

粉末原料的合成对Si_3N_4陶瓷最终性能是至关重要的。一般要求Si_3N_4原料要纯、细且不能有团聚现象，除此以外，还应具备高的α相含量。研究结果表明：由高α相含量的粉末制得的Si_3N_4陶瓷的力学性能较好。其原因在于：α相多的原料最终获得的产物含有针状β-Si_3N_4晶体；而β相多的原料最终获得的产物中含有粒状的β-Si_3N_4晶体，力学性能差些。

（3）化学气相沉积法

用硅的卤化物和氨反应，其反应式为

$$3SiCl_4 + 4NH_3 = Si_3N_4 + 12HCl \quad (2\text{-}35)$$

该法得到的为高纯度超细（<0.1 μm）氮化硅粉末原料。

4）Si_3N_4 的用途

氮化硅可用于制造发动机部件，如燃气轮机转子、定子、叶片、燃烧器、活塞顶盖；柴油机活塞罩、气缸套、副燃烧室；汽车发动机叶片和翼面、高温轴承等。

在宇航工业中，Si_3N_4 用作火箭喷嘴、喉衬和其他高温结构件。

在机械加工业中，Si_3N_4 用作切削工具、磨具、磨料等。

在化学工业中，Si_3N_4 用作耐蚀耐磨零件，如球阀、泵体、密封环、过滤器、热交换器部件、蒸发皿、管道、煤气化的热气阀、燃烧器的汽化器等。

在有色金属工业中，Si_3N_4 可作为铸造容器，输送液态金属的管道、阀门、泵、热电偶保护管及冶炼用的坩埚和舟皿等。

在半导体工业中，Si_3N_4 用作熔化、区域提纯、晶体生长用的坩埚、舟皿及半导体器件的掩蔽层。

在电子、军事和核工业中，Si_3N_4 用作开关电路基片、薄膜电容器、高温绝缘体、雷达天线罩、原子反应堆的支撑件、隔离件和裂变物质的载体等。

2．氮化硼（BN）

1）BN 的晶体结构

氮化硼有 3 种常见的晶体结构：六方 BN（H-BN）、密排六方 BN 和立方 BN（C-BN）。六方 BN 在常压下是稳定相，密排六方 BN 和立方 BN 是高压稳定相、常压亚稳定相。密排六方 BN 具有纤锌矿的晶体结构，又称为纤锌矿型 BN（Wurtzite BN，W-BN）。

六方 BN 的晶体结构与石墨相同，晶格常数与石墨相近，而立方 BN 与金刚石有相似的结构和相近的晶格常数，分别如图 2.23、图 2.24 和表 2.7 所示。

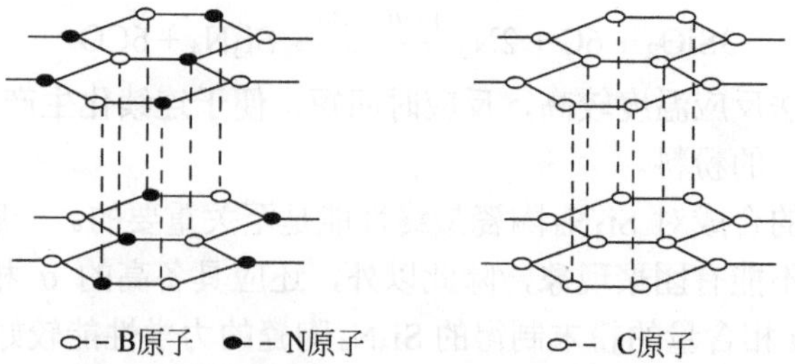

(a) 六方BN晶体结构图　(b) 石墨晶体结构图

图 2.23　六方 BN 和石墨的晶体结构对比

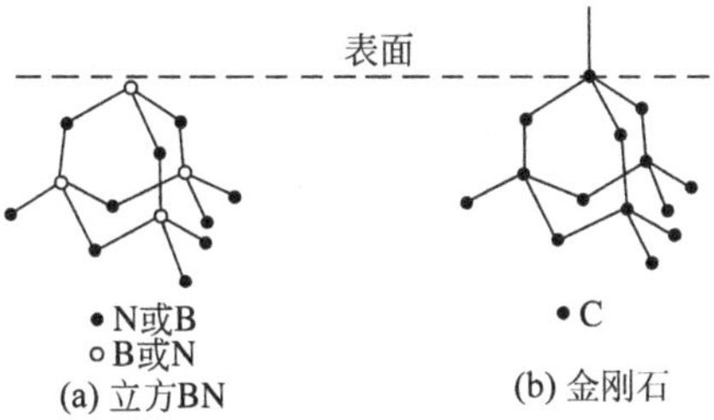

图 2.24 立方 BN 和金刚石的晶体结构

表 2.7 BN 和石墨、金刚石晶格常数的对比

项 目		BN 六方晶体	石墨 六方晶体	BN 立方晶体	金刚石 立方晶体
晶格常数/nm	*a*	0.2504	0.2456	0.3615	0.3560
	c	0.6661 (0.3330)①	0.6740 (0.3370)②		
密度/（g/cm^3）		2.25	2.37	3.45	3.51
原子间距/nm		B—N: 0.1446	C—C：0.142		

注：①，②为层间距。

六方 BN 在高温高压下可转变为密排六方 BN 或立方 BN，转变为哪一种结构取决于温度和压力条件。图 2.25 为 BN 的 *p-T*（压力-温度）状态图。其中，Ⅰ区为密排六方 BN 的稳定区，Ⅱ区、Ⅲ区为立方 BN 的稳定区，Ⅳ区

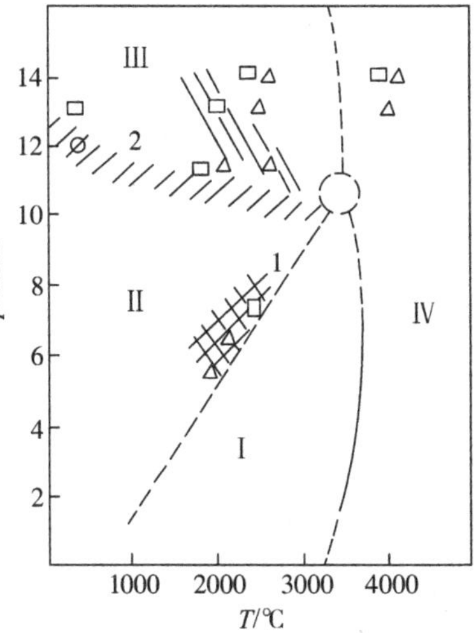

图 2.25 BN 的 *p-T* 状态图

为液相区。线 1 是立方 BN 和密排六方 BN 的平衡线，在带 2（10～12 GPa）以上，六方 BN 向立方 BN 的转变以极高的速度进行。线 1 左侧的阴影部分为触媒反应区，即在触媒的作用下六方 BN 向立方 BN 转变。

2）BN 的性能

六方 BN 粉末为松散、润滑、易吸潮的白色粉末，真密度为 2.27 g/cm^3，莫氏硬度为 2，机械强度低，无明显熔点，在 0.1 MPa 氮气中于 3000℃升华，在氮气或氩气中的最高使用温度为 2800℃，在氧化气氛中的稳定性较差，使用温度为 900℃以下。六方 BN 有良好的加工性，被称为白石墨，并具有良好的固体润滑性、高导热系数、良好的电绝缘性和化学稳定性。

立方 BN 通常为黑色、棕色或暗红色的晶体，硬度仅次于金刚石，是一种超硬材料。其化学稳定性比金刚石和硬质合金都好。金刚石在 700℃时开始溶解于铁，WC-Co 硬质合金加工钢件时，在 600～700℃时开始与钢黏结，而立方 BN 在 1150℃以上才开始与钢反应。另外，立方 BN 还具有良好的导热性和电绝缘性。

3）六方 BN 粉末的制备

六方 BN 粉末的合成方法有十几种，常见的有以下几种。

（1）卤化法

卤化法又称为气相合成法，采用硼的卤化物与氨反应，首先生成中间物氨基络合物，中间物再经高温处理制得 BN。

生成中间物的反应式为

$$BCl_3 + 6NH_3 = BCl_3 \cdot 6NH_3 = B(NH_2)_3 + 3NH_4Cl \quad (2\text{-}36)$$

在 125～130℃时，中间产物分解成 $B_2(NH)_3$，反应式为

$$2B(NH_2)_3 = B_2(NH)_3 + 3NH_3\uparrow \quad (2\text{-}37)$$

继续加热到 900～1200℃，$B_2(NH)_3$ 即分解为 BN，反应式为

$$B_2(NH)_3 = 2BN + NH_3\uparrow \quad (2\text{-}38)$$

（2）硼酐法

硼酐在 900～1000℃下与氨反应可制得 BN，反应式为

$$B_2O_3 + 2NH_3 = 2BN + 3H_2O \quad (2\text{-}39)$$

硼酐也可以与氰化钠（钙）反应制得 BN，反应式为

$$B_2O_3 + 2NaCN = 2BN + Na_2O + 2CO\uparrow \quad (2\text{-}40)$$

另外，也可以在石墨坩埚中用石墨还原硼酐制得 BN，反应式为

$$B_2O_3 + 3C + N_2 \xlongequal{\text{催化剂}} 2BN + 3CO \quad (2\text{-}41)$$

（3）硼酸法

硼酸法制备 BN 的原料为硼酸，其工艺过程为硼酸（H_3BO_3）→ B_2O_3 → 湿磨细、混合 → 80℃干燥磷酸钙[$Ca_3(PO_4)_2$]（载体）→ 氮化（通入 NH_3，反应炉中，900℃，24 h）→ 粉碎 → 酸洗（HCl）→ 水洗 → 提纯（在有工业乙醇的情况下）→ 氮化硼粉末（BN）。

在上述工艺中加入载体的作用是增大气-固相反应的接触面积，但需要先将 B_2O_3 沉积在 $Ca_3(PO_4)_2$ 载体上，反应后再除去载体。

（4）硼砂法

硼砂法制备 BN 的工艺流程为

$$\left.\begin{array}{r}\text{硼砂}(Na_2B_4O_7\cdot 10H_2O)\xrightarrow{450^\circ C\ \ 9.93\times 10^4\ Pa}\\ \text{真空脱水}\rightarrow\text{球磨}\\ \text{氯化铵}(NH_4Cl)\xrightarrow{<120^\circ C}\text{干燥}\rightarrow\text{球磨}\end{array}\right\}\rightarrow$$

混合 → 压制团块 → 氮化（在通氮气的氮化炉中，950℃，10 h）→ 粉碎 → 酸洗 → 水洗 → 提纯（酸性醇洗）→ 氮化硼（BN）。

此外，还可用硼砂与尿素反应制备 BN，反应式如下：

$$Na_2B_4O_7 + 2CO(NH_2)_2 \xrightleftharpoons[900\sim 1\,200^\circ C]{NH_3} 4BN + Na_2O + 4H_2O + 2CO_2 \qquad (2\text{-}42)$$

反应过程分两步：第 1 步为预烧结，反应温度在 400～500℃；第 2 步为氮化反应，在 900～1200℃下保温 3 h。

（5）硼直接氮化法

用电弧等离子流气体 N_2 作用于无定形硼可制取 BN，反应式为

$$2B + N_2 = 2BN \qquad (2\text{-}43)$$

此反应在 1000℃以下速度较慢，1500℃以上反应速度较快。

4）立方 BN 的制备

工业上制备立方 BN 的方法是在高温高压下，通过触媒的作用，使六方 BN 转变为立方 BN。可以用作触媒的物质很多，如 IA，ⅡA，ⅢA 族元素，Sb，Sn，Pb，Al 及这些元素的氮化物、硼化物，水、尿素、硼酸铵等都可以用作触媒。

合成所用的设备为六面顶压机，合成时的压件组装如图 2.26 所示。其中，叶蜡石的作用为传递压力、保温和密封。

以 Mg 为触媒的制备过程大体是将 Mg 粉与六方 BN 混合、压坯，将压坯放入石墨管中，装配好后，将压件放入压机中合成。合成温度为 1500～1800℃，压力为 5～6 GPa，合成时间为 2～3 min。图 2.27 所示为分别以 Mg，Mg_3N_2，Li_3N 为触媒合成立方 BN 的 p-T 状态图。当温度、压力在 V 形曲线之内时，便可以实现六方 BN 向立方 BN 的转化。

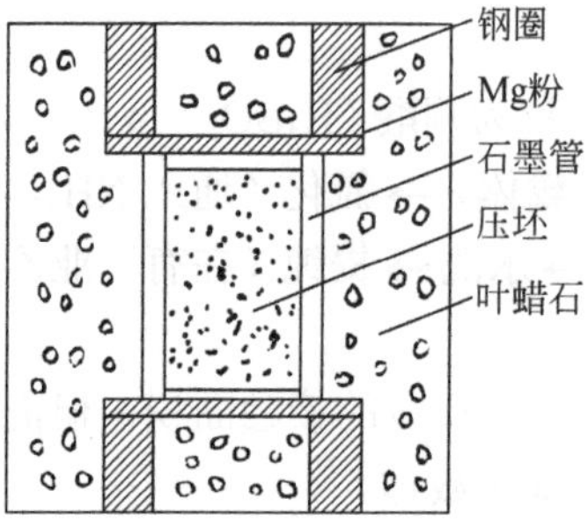

图 2.26 合成立方 BN 的压件组装图

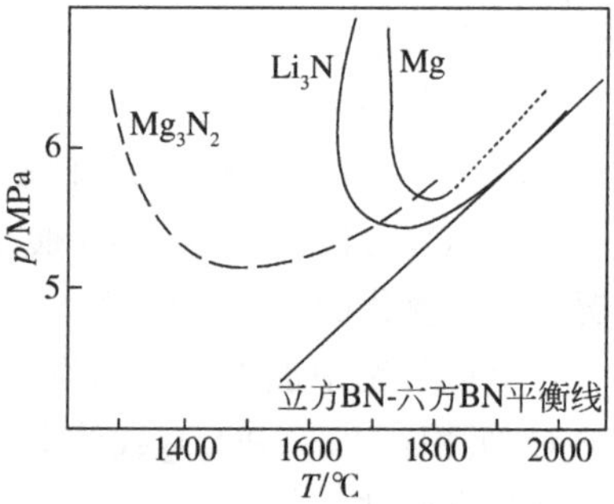

图 2.27 3 种触媒合成立方 BN 时的 p-T 状态图

合成结束后，要分别除去各种杂质，例如，用盐酸洗去残余的 Mg，用 KOH 和 NaOH 混合碱洗去未转化的六方 BN 和混入的叶蜡石（$Al_2O_3 \cdot 4SiO_2 \cdot H_2O$），用高氯酸去除石墨。

用冷压烧结法很难得到致密的纯立方 BN 制品。采用热压烧结方法，在 7 GPa、1700℃时可获得理论密度为 97%的产品。

5）BN 的用途

（1）六方 BN 的用途

利用六方 BN 良好的化学稳定性，可制作高温热电偶保护套，熔化金属的坩埚、器皿，输送液态金属的管道，泵零件，铸钢的模具及高温电绝缘材料等。

利用六方 BN 的耐热腐蚀性，可制造高温构件、火箭燃烧室内衬、宇宙飞船的热屏障、磁流体发电机的耐蚀件等。

利用六方 BN 的绝缘性，可制作各种加热器的绝缘子，加热管套管和高温、高频、高压绝缘散热部件。

在电子工业中，六方 BN 用于制作生产砷化镓、磷化镓、磷化铟的坩埚，半导体封装的散热底板、移相器的散热棒，行波管收集极的散热管，半导体和集成电极的 P 型扩散源和微波窗口，以及各种蒸发舟等，如图 2.28 所示。

图 2.28 六方 BN 制作的各种蒸发舟

在光学仪器中，六方 BN 还可用作红外、微波偏振器，红外线滤光片，激光仪的光路通道等。

在原子反应堆中，六方 BN 用作中子吸收材料和屏蔽材料，以及超高压压力传递材料等。

六方 BN 还是十分优良的高温润滑剂和金属成型脱模剂，可以作为高温自润滑轴承的组分。

（2）立方 BN 的用途

立方 BN 主要用作刀具、磨具和磨料。

由于立方 BN 硬度高，热稳定性、化学稳定性和导热性均好，因此是一种优良的刀具材料。立方 BN 刀具主要有 3 类：立方 BN 多晶烧结体、立方 BN 加密排六方 BN 多晶烧结体及立方 BN-硬质合金复合体。

立方 BN 刀具适合加工 45～70 HRC 的各类淬火钢，耐磨铸铁、热喷涂材料、合金工具钢、高速钢、镍基超合金、钴基超合金、司立太合金和钛合金等。刀具寿命是硬质合金和其他陶瓷刀具的数倍或数十倍。当立方 BN 用于精加工淬火钢、不锈钢时，表面粗糙度达 Ra 0.16～0.32 μm；加工铜、铝及其合金时，表面粗糙度达 Ra 0.04～0.08 μm，可以实现以车代磨。

立方 BN 磨具具有生产效率高、寿命长、本身损耗低、加工工件精度高、被加工表面质量好等优点，正逐渐代替传统磨具，并以每年 15%以上的速度增长。立方 BN 砂轮可以用树脂、金属、陶瓷等作黏结剂，也可用电镀方法制造。

3．氮化铝（AlN）

1）AlN 的结构

AlN 是六方晶型，纤锌矿型晶体结构。

2）AlN 的性能

AlN 呈白色或灰色，热性能优良，高导热，对熔融金属有良好的化学稳定性，在 2450℃时升华分解，高于 800℃时抗氧化能力差，易吸潮，水解。其主要物理性能见表 2.8。

表 2.8 AlN 的主要物理性能

密度/（g/cm^3）	3.26
熔点/℃	2450
膨胀系数/（10^{-6}/℃）	4.84（25～600℃） 5.64（25～1000℃） 6.04（25～1350℃）

续表

导热系数/（$W\cdot m^{-1}\cdot K^{-1}$）	30.1（200℃） 25.1（400℃） 22.2（600℃） 20.1（800℃）
电阻率/（$\Omega\cdot cm$）	2×10^{11}（25℃） 7×10^{7}（500℃） 10^{5}（1000℃）
介电常数	8.15（25℃，8.5×10^{9}Hz） 8.77（880℃，8.5×10^{9}Hz）
抗弯强度/MPa	270（25℃） 189（1000℃） 127（1400℃）
莫氏硬度	7～9

3）AlN 粉末的制备

（1）铝与氮气直接反应，反应在 580～600℃进行，为放热反应，反应式为

$$2Al + N_2 \xlongequal{} 2AlN \tag{2-44}$$

由于 Al 的熔点为 660℃，反应温度不能过高，以免 Al 熔化。

（2）碳热还原法（赛尔皮克法，Serpek）

利用 Al_2O_3 和 C 的混合粉末在 N_2 或 NH_3 中加热（1400～1500℃）进行反应，反应式为

$$Al_2O_3 + 3C + N_2 \xlongequal{} 2AlN + 3CO \tag{2-45}$$

然后在 700℃左右空气中进行脱碳处理，除去多余炭黑。这种合成方法简单易行，原料便宜，是工业和实验室中常用的方法。

（3）铝的卤化物（$AlCl_3$，$AlBr_3$ 等）和氨反应法

反应在 1400℃左右进行，反应式为

$$AlCl_3 + NH_3 \xlongequal{} AlN + 3HCl \tag{2-46}$$

（4）铝粉和有机氮化合物（二氰二胺或三聚氰酰胺）反应法

将铝粉和有机氮化合物按 1:1（摩尔比）充分混合后，在通 N_2 的管式炉内进行氮化。加热过程采取分步升温到 1000℃、保温 2 h 的方法，可获得 90%以上的 AlN 粉末。

此外，还可以通过 $(NH_4)_3AlF_6$ 的热分解、$AlCl_3\cdot NH_3$ 的热分解、Al 与 NH_3 的反应等方法制备 AlN 粉末。

4）AlN 的用途

AlN 可用作真空蒸发和熔炼金属的容器，特别适合于作为真空蒸发 Al 的坩埚，因为 AlN 在真空中加热时蒸气压低，即使分解，也不会污染铝。AlN 也可作为热电偶保护套，在空气中的 800～1000℃铝池中连续浸泡 3000 h 以上也不会浸蚀破坏。

AlN 常用作高温构件、热交换器等。

在半导体行业中，用 AlN 坩埚代替石英坩埚合成砷化镓，可以完全消除 Si 对砷化镓的污染而得到高纯产品。AlN 还可用作集成电路的基板。

2.2.8 硅化物陶瓷原料

1. 硅化物的结构

难熔金属硅化物的硅原子之间以共价键相互作用，形成链状、网络状或骨架状结构，金属原子则位于链、网络、骨架单元之间。根据结构上的差异，硅化物可分为如下几种。

1）带有金属结构的硅化物

这类硅化物的结构特点是当硅原子置换金属原子时，并不重新构型，而仅仅使金属原子晶格发生畸变。

2）结构复杂的硅化物

这类结构包括了硅原子组成的多种构型，主要包括：

（1）含有孤立硅原子型，如 USi_2，USi_3，FeSi；

（2）含有孤立原子对型，如 U_3Si_2，$FeSi_2$；

（3）硅原子组成链型，如 Co_2Si，$MnSi_3$；

（4）由两组原子组成的最紧密层状型，如 $MoSi_2$，$CrSi_2$，$TiSi_2$；

（5）由硅原子组成的骨架型，如 $ZnSi_2$，$CaSi_2$。

由于硅原子之间的相互作用比较强，当与过渡族金属形成 Me_xSi_y 时，随着比值 y/x 的增大，硅原子之间的键增强。这样一来，金属原子与硅原子之间的键相对较弱，而金属原子本身的键较强，所以在硅化物结构中，由硅原子构成的结构单元和金属原子构成的结构单元的联系是不紧密的。因此，硅化物均既有金属导电性又有半导体性。

2. 硅化物的性质

硅化物具有熔点低（通常要低于其所含金属的熔点或者基本相等）、硬度低（显微硬度一般不超过 12 000 MPa）、机械强度低，且在不太高的温度下容易蠕变的性质。

硅化物的抗氧化性较好，这是由于在其表面形成了一薄层熔融状的氧化硅或一层由耐氧化和难熔硅酸盐组成的表面薄膜。

硅化物在常温下硬而脆，热导率较高，有良好的热稳定性。

3．硅化物粉末的制备

硅化物粉末的制备方法主要有以下 5 种。

1）直接合成法

金属或金属氢化物与硅在高温下可直接合成硅化物，典型反应式为

$$Me + Si = MeSi \quad 或 \quad 2MeH + 2Si = 2MeSi + H_2\uparrow \tag{2-47}$$

合成既可在 1000～1400℃还原气氛和惰性气氛下进行，也可将它们的混合料置于热压条件下进行。

2）真空还原金属法

用硅在真空下还原金属氧化物，可获得纯的硅化物，典型反应式为

$$2MeO + 3Si = 2MeSi + SiO_2 \tag{2-48}$$

也可加碳来还原，典型反应式为

$$MeO + Si + C = MeSi + CO\uparrow \tag{2-49}$$

3）铜硅化物法

使金属（或金属氧化物）与硅在熔融的铜液中相互作用，可制得硅化物，典型反应式为

$$(Cu—Si) + Me = MeSi + (Cu) \tag{2-50}$$

或

$$2(Cu—Si) + 2MeO = Me_2Si + (Cu + CuO—SiO_2) \tag{2-51}$$

4）卤化法

在氢气存在的条件下，使硅的卤化物蒸气从高温金属粉末（或金属制成的白热丝）上流过，即可制得硅化物，典型反应式为

$$Me + SiCl_4 + 2H_2 = MeSi + 4HCl \tag{2-52}$$

5）熔融电解法

在电解由碱性氟硅酸盐和相应的金属氧化物（或氟化物）组成的熔盐时，阴极上便能得到金属硅化物的结晶。

除以上方法外，制备硅化物的方法还有铝（镁）热法、金属还原 SiO_2 法等。

4．二硅化钼

二硅化钼是比较重要和有代表性的硅化物。

1）二硅化钼的结构

二硅化钼的晶体结构如图 2.29 所示。Si 原子和 Mo 原子形成二维最紧密排列的基本结构，在该基本结构中，Si 原子对于 Mo 原子存在平面六配位。如果将这种基本结构看成层，就可以采用层的叠积来表现 $MoSi_2$ 的结构，即在叠层中 Mo 原子重叠在相邻下层的两个 Si 原子连线的中心点上。

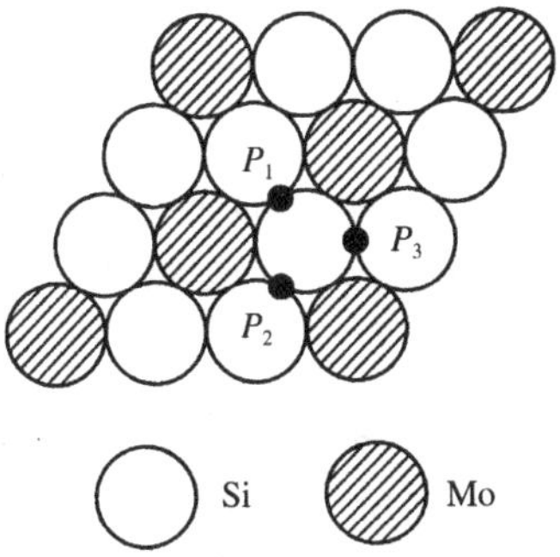

图 2.29 $MoSi_2$ 的基本结构

Mo 原子像 P_i 点重合（P_1，P_2，P_3 等同）那样重叠

2）二硅化钼的性质

二硅化钼呈灰色，熔点较高，有较高的导热系数，在高温下有优良的抗氧化性，还具有适宜的电阻和低的电阻温度系数，能溶于硝酸与氢氟酸的混合液和熔融的碱。二硅化钼和一些硅化物的主要性能见表 2.9。

表 2.9 二硅化钼和一些硅化物的主要性能

化合物	密度/（g/cm^3）	熔点/℃	比电阻/（μΩ·cm）	电阻温度系数/（10^{-3}/℃）	显微硬度/MPa	弹性模量/（10^2GPa）
$MoSi_2$	6.30	2030	21.6	6.38	14 000	430
$TiSi_2$	4.35	1540	16.9	6.30	8900	264
$ZrSi_2$	4.88	1700	75.8	1.30	10 600	288
$HfSi_2$	7.20	1750	—	—	9300	—
VSi_2	4.42	1660	66.5	3.52	9600	—
$NbSi_2$	5.45	2150	50.4	—	10 500	—
$TaSi_2$	8.83	2200	46.1	3.32	14 000	—
$CrSi_2$	4.40	1500	9.4	2.93	11 300	—

3）二硅化钼粉料的制备

二硅化钼粉料可以用以下方法制备。

（1）Mo 粉和 Si 粉直接合成法

选取颗粒尺寸为 2～5 μm、纯度为 99.9%的 Mo 粉和纯度为 99.0%的 Si 粉为原料。将两种粉料按 $MoSi_2$ 化学式比例均匀混合后，装入 SiC 制的容器内，在氢气气氛中于 1000～1500℃下反应，反应式为

$$Mo + 2Si = MoSi_2 \tag{2-53}$$

反应产物中除 $MoSi_2$ 外，还含有一定量的 MoSi 和 Mo_2Si。将反应产物粉碎、净化处理后，便可得到纯净的 $MoSi_2$。

（2）气相沉积法

用 $MoCl_4$ 或金属 Mo 与 $SiCl_4$ 和 H_2 反应，可制得 $MoSi_2$，反应式为

$$MoCl_4 + 2SiCl_4 + 6H_2 = MoSi_2 + 12HCl \tag{2-54}$$

或

$$Mo + 2SiCl_4 + 4H_2 = MoSi_2 + 8HCl \tag{2-55}$$

此外，在 1100～1800℃时通过气相（$SiCl_4$ 和 H_2）将 Si 沉积到 Mo 粉上，也能制得 $MoSi_2$ 粉料。

4）二硅化钼的用途

利用 $MoSi_2$ 良好的电性能和抗热震性，可以用作高温发热元件及高温热电偶；利用其对熔融金属钠、铅、锡等不起作用的特性，可以用作冶炼这些金属的熔融坩埚及原子反应堆装置的热交换器；利用其优良的高温抗氧化性，可以制作超高速飞机、火箭、导弹上的某些零部件。

2.2.9 硼化物陶瓷原料

1．硼化物的结构特征

硼化物的结构特征是其复杂性，即其结构比碳化物、氮化物要复杂得多。

在硼与金属形成硼化物时，即使在硼原子与金属原子半径之比 R_B/R_{Me} 小于 0.59 的条件下，硼化物也不是简单的间隙相。B 原子之间结合成键，以单键、双键、网络或骨架的形式形成单独的结合单元。

在硼与过渡金属形成的硼化物中，金属原子与硼原子之间的化合键是离子键，而硼原子之间是共价键。

2．硼化物的性能

硼化物具有高熔点、高硬度、难挥发等性能，导电性、导热性好，热膨胀系数高，但高温抗蚀性、抗氧化性较差（TiB_2，CrB_2 则在这方面较好）。此外，硼化物在真空中的稳定性较好，在高温下也不易与碳、氮发生反应。Mg，Cu，Zn，Al，Fe 等熔体对 TiB_2，ZrB_2，CrB_2 等是不润湿的。一些常用硼化物

的主要性能列于表 2.10。

表 2.10 一些硼化物的主要性能

物质	晶系	熔点/℃	硬度		密度/(g/cm³)	电阻率/(10^{-6}Ω·m)	热膨胀系数/(10^{-6}/℃)
			莫氏硬度	显微硬度/MPa			
TiB_2	六方	2980	—	34 000	4.52	12～28.2	8.1
ZrB_2	六方	3040	—	22 000	6.09	9.2～38.8	5.5
HfB_2	六方	3060	—	—	11.2	100～104	5.3
TaB_2	六方	3000	—	17 000	12.5	68～86.5	—
MoB_2	六方	2100	—	12 800	7.8	22.5～45	—
CrB_2	六方	2760	—	17 000	5.6	21	4.6
NbB_2	六方	—	—	—	—	28.4～65.5	—
MoB	正方	2180	8	15 700	8.8	40～50	—
NbB	斜方	＞2900	8	—	7.2	32	—
UB_2	六方	2100	8～9	16 000	5.1	35	—
WB	正方	2860	—	—	16	—	—
Mo_2B	正方	2000	8～9	16 000	9.3	40	—
ThB_2	立方	＞2100	—	—	8.5	—	—

3. 硼化物粉料的制备

硼化物粉料的制备主要有以下方法。

1）直接合成法

由金属和硼直接反应制得，反应式为

$$xB + yMe \xlongequal{} Me_yB_x \tag{2-56}$$

2）碳化硼法

此方法是在加入 B_2O_3 的情况下，用金属（或金属氢化物、碳化物）与碳化硼反应生成硼化物，如：

$$4Me + B_4C \xlongequal{B_2O_3} 4MeB + C \tag{2-57}$$

加入 B_2O_3 的目的是降低产物中碳化物的含量。

比较常用的方法是在碳存在的情况下使金属氧化物与碳化硼发生反应来制备硼化物，反应一般在管式炉中进行，如：

$$2MeO + B_4C + 2C \xlongequal{} 2MeB_2 + 2CO \tag{2-58}$$

3）还原法

该方法是用碳或金属（Al，Mg，Ca 等）还原金属氧化物和硼的氧化物来制备硼化物。

4）气相沉积法

该方法是用金属卤化物和卤化硼在氢气气氛中制备硼化物，一些硼化物的反应条件列于表 2.11。

表 2.11 气相沉积法制备硼化物的反应条件

硼化物	化学混合物	沉积温度/℃
TiB_2	$TiCl_4$-BCl_3-H_2	800～1000
MoB	$MoCl_5$-BBr_3	1400～1600
WB	WCl_5-BBr_3-H_2	1400～1600
NbB_2	$NbCl_5$-BCl_3-H_2	900～1200
TaB_2	$TaBr_5$-BBr_3	1200～1600
ZrB_2	$ZrCl_4$-BCl_3-H_2	1000～1500
HfB_2	$HfCl_4$-BCl_3-H_2	1000～1600

4．硼化物的用途

利用硼化物熔点高、硬度高的特性，可以用来制作高温轴承、耐磨材料、内燃机喷嘴、高温器件及工具材料。

利用硼化物对许多熔融金属的不润湿性，可以将其用作装盛这些熔融金属的容器。

利用硼化物良好的导电性，可以将其用作电触点材料。

利用硼化物在真空中的高温稳定性，可以将其用作高温真空中使用的材料。另外，电子放射系数大的硼化物还可用作高温电极材料。

2.2.10 电子陶瓷原料

大部分电子陶瓷原料是多组分的，如 $BaTiO_3$，$CaTiO_3$，$PbTiO_3$，$CaZrO_3$，Pb(Zr，Ti)O_3 及 $BaO \cdot Al_2O_3 \cdot 2SiO_2$ 等。这些原料在自然界中是不存在的，均需人工合成。下面，简单介绍最常用的电子陶瓷原料 $BaTiO_3$。

1．$BaTiO_3$ 的晶体结构

$BaTiO_3$ 的已知晶体结构有六方相、立方相、四方相、斜方相和三方相等多种晶相。在电子陶瓷材料中，六方相一般是应该避免的相，实际上，六方相也只有当烧成温度过高时才会出现。立方相、四方相、斜方相和三方相都属于钙钛矿型结构的变体，在制备 $BaTiO_3$ 粉体或陶瓷时常常碰到。

$BaTiO_3$ 的立方相在 120℃以上为稳定相，其结构如图 2.30 所示（图中用虚线连接 TiO_6 八面体，八面体后面的 O^{2-} 没有画出）。在立方相中，每个 Ti^{4+} 的周围有 6 个与之等距离的 O^{2-}，所以 Ti^{4+} 的配位数为 6；每个 Ba^{2+} 的周围有 12 个与之等距离的 O^{2-}，所以 Ba^{2+} 的配位数是 12；包围每个 O^{2-} 的正离子为 4 个 Ba^{2+} 和两个 Ti^{4+}，所以 O^{2-} 的配位数是 6。立方 $BaTiO_3$ 晶胞的边长约为 0.4 nm。

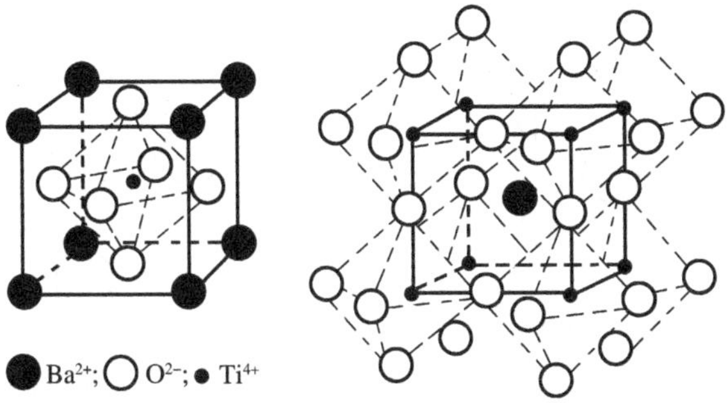

(a) 取Ba^{2+}为原点的晶胞　　(b) 取Ti^{4+}为原点的晶胞

图 2.30　立方 $BaTiO_3$ 的结构（图中实线包围的平行六面体）

$BaTiO_3$ 的四方相在 120℃以下为稳定相，其结构如图 2.31 所示。图 2.31(a) 所示为 TiO_6 八面体，数字表示键长；图 2.31(b)、图 2.31(c)所示为在（010）面上的投影，Ti^{4+} 上面的 O_{I}^{2-} 未画出，其中，图 2.31(b)表示取 Ba^{2+} 作原点的情况，图 2.31(c)表示取位于 1/2c 上的 O_{II}^{2-} 作原点的情况。四方相为对称结构，这时 c 轴略有伸长，$c/a \approx 1.01$，晶体沿 c 轴自发极化，室温时的自发极化率为 $0.26Q/m^2$。

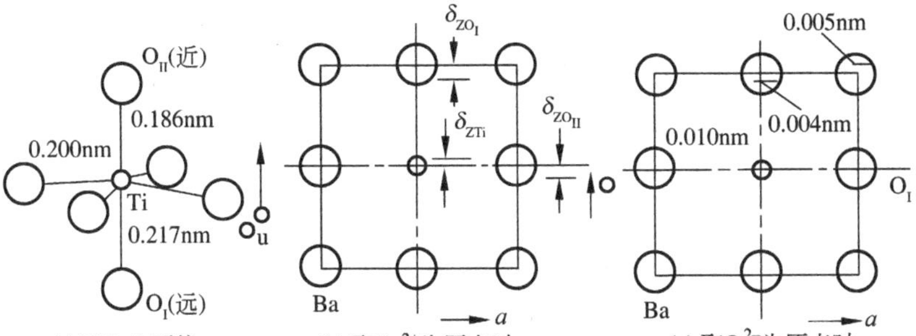

(a) TiO_6八面体　　(b) 取Ba^{2+}为原点时在(010)面上的投影　　(c) 取O_{II}^{2-}为原点时在(010)面上的投影

图 2.31　四方 $BaTiO_3$ 的结构

$BaTiO_3$的斜方相在 5℃以下为稳定相，其结构如图 2.32 所示。图 2.32(a)中的虚线部分表示假立方晶胞，实线包含的为斜方晶胞。斜方晶胞或斜方相的 *a* 轴和 *b* 轴与假立方晶胞的面对角线平行，*c* 轴则平行于假立方晶胞的一个边。从图中可以看出，Ti^{4+}沿 *x* 方向位移，导致 O^{2-}产生相应的移动。所以，*a* 轴的方向为自发极化的方向，即在斜方 $BaTiO_3$ 晶体中，自发极化沿着假立方晶胞的面对角线方向进行。

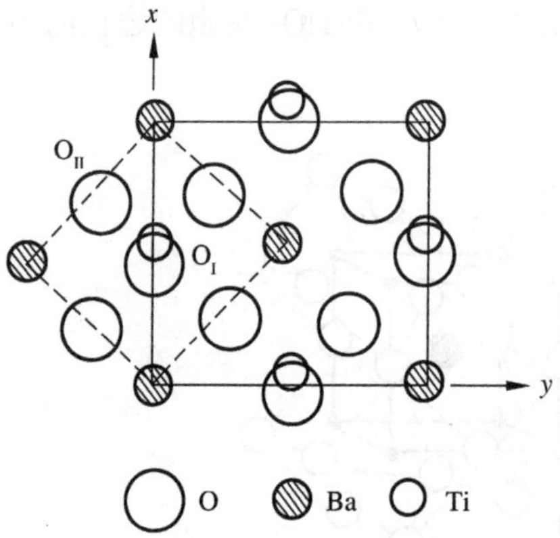

(a) 斜方在(001)面上的投影

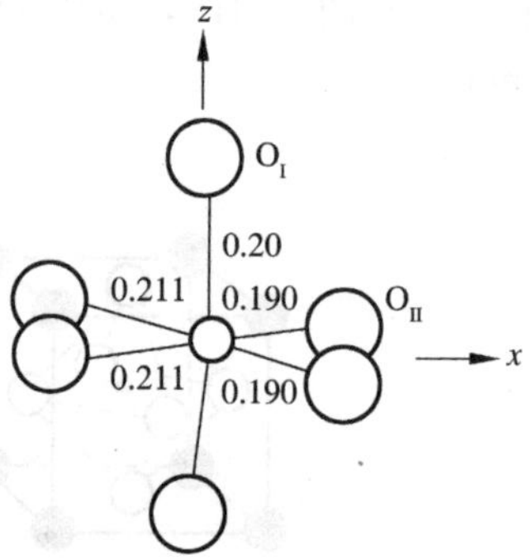

(b) 斜方相中的TiO_6八面体(数字为以nm为单位的键长)

图 2.32 斜方 $BaTiO_3$ 的结构

$BaTiO_3$ 的三方相在–90℃以下为稳定相，晶体结构具有三角对称性，晶胞的 3 个棱边相等，即 $a = b = c$，且 $\alpha = 89°52'$，自发极化沿着原来立方晶系的〈111〉方向。

$BaTiO_3$的4种晶相的单胞及自发极化方向可用图2.33集中表示，图2.33(a)所示为立方相，>120℃时稳定，不存在自发极化；图 2.33(b)所示为四方相，5～120℃稳定，自发极化沿立方面方向；图 2.33(c)所示为斜方相，–90～5℃稳定，自发极化沿立方面的对角线方向；图 2.33(d)所示为三方相，<–90℃稳定，自发极化沿立方体的对角线方向。各变体的晶胞参数随温度的变化示于图 2.34。图 2.34 表明，当 $BaTiO_3$ 晶体从立方相转变为四方相时，伴随有体积上的变化。

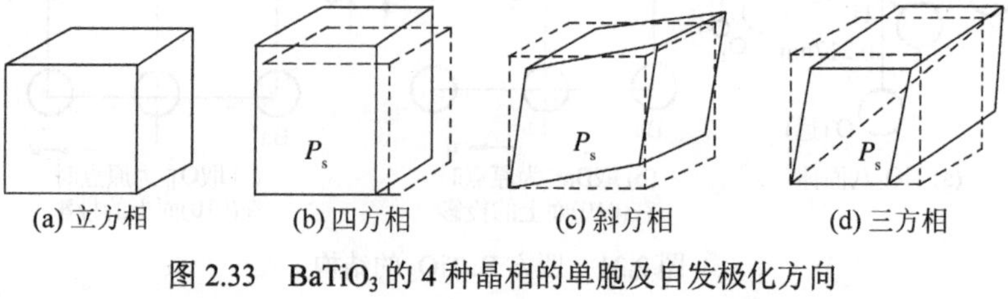

(a) 立方相 (b) 四方相 (c) 斜方相 (d) 三方相

图 2.33 $BaTiO_3$ 的 4 种晶相的单胞及自发极化方向

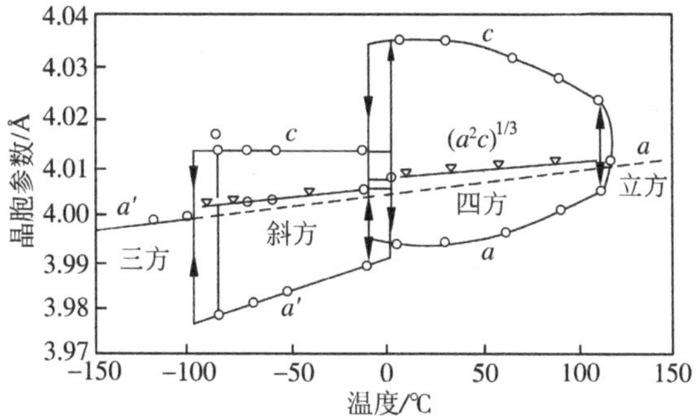

图 2.34 $BaTiO_3$ 各变体的晶胞参数随温度的变化

图中 $(a^2c)^{1/3}$ 为四方晶胞的等效（等体积）立方晶胞边长

2．$BaTiO_3$ 的性能与用途

$BaTiO_3$ 四方晶系的密度为 6.07 g/cm^3，六方晶系的密度为 5.806 g/cm^3，熔点为 1625℃，不溶于水或碱，略溶于稀酸，有极高的介电常数，温度低于 120℃时有铁电性质，有稳定的电滞性，单晶体有压电性。

$BaTiO_3$ 是重要的电子陶瓷材料，大量用于制造非线性元件、大容量微型电容器、记忆元件、超声波发生元件、高介电常数电容器、高导热体、厚膜陶瓷浆料等。

3．$BaTiO_3$ 的制备

合成 $BaTiO_3$ 的方法有多种，常用的方法有固相合成法、化学沉淀法、水解法、水热法、溶胶-凝胶法等。

1）固相合成法

固相合成法是制备 $BaTiO_3$ 的传统方法，典型的方法是将等摩尔的碳酸钡和二氧化钛混合，在高温下反应而制得 $BaTiO_3$，反应式为

$$BaCO_3 + TiO_2 = BaTiO_3 + CO_2\uparrow \tag{2-59}$$

研究结果表明：

（1）反应首先在 $BaCO_3$-TiO_2 颗粒的界面生成 $BaTiO_3$；

（2）$BaTiO_3$ 进一步扩散到 $BaCO_3$ 颗粒的内部与 $BaCO_3$ 生成 $2BaO\cdot TiO_2$，直到 $BaCO_3$ 消耗完；

（3）TiO_2 与 $2BaO\cdot TiO_2$ 反应生成 $BaTiO_3$。

常用反应条件为 1250℃，1～2 h。温度过低反应不完全，残留 TiO_2，$BaCO_3$ 或 $2BaO\cdot TiO_2$，如图 2.35 所示。温度过高，粉料易结块，活性降低。合成气氛为氧化气氛，以防止 TiO_2 的还原。

该方法工艺简单，但合成依靠高温固相间传质且能耗较高，故所得粉体

粒径较大（数微米）、成分不够均匀、粉体纯度低，一般只用于技术性能要求低的产品。

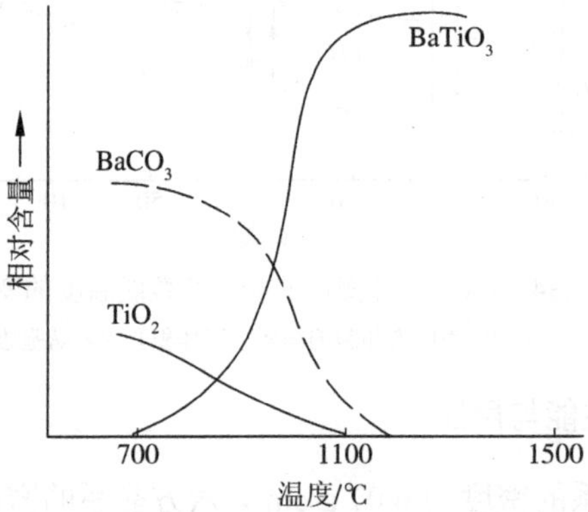

图 2.35 $BaTiO_3$ 合成过程中各成分的变化

2）化学沉淀法

用化学沉淀法制备 $BaTiO_3$ 粉体的方法有多种，如直接沉淀法、草酸盐共沉淀法、柠檬酸盐法、复合过氧化物法等。下面仅对草酸盐共沉淀法进行简单的介绍。

草酸盐共沉淀法的工艺流程如图 2.36 所示，将精制的 $TiCl_4$，$BaCl_2$ 混合水溶液在一定条件下以一定的速度滴加到草酸溶液中，加入表面活性剂，不断搅拌，得到 $BaTiO_3$ 的前驱体草酸氧化钛钡沉淀 $BaTiO(C_2O_4)_2 \cdot 4H_2O$(BTO)，其反应式为

$$TiCl_4 + BaCl_2 + 2H_2C_2O_4 + 5H_2O = BaTiO(C_2O_4)_2 \cdot 4H_2O\downarrow + 6HCl \quad (2\text{-}60)$$

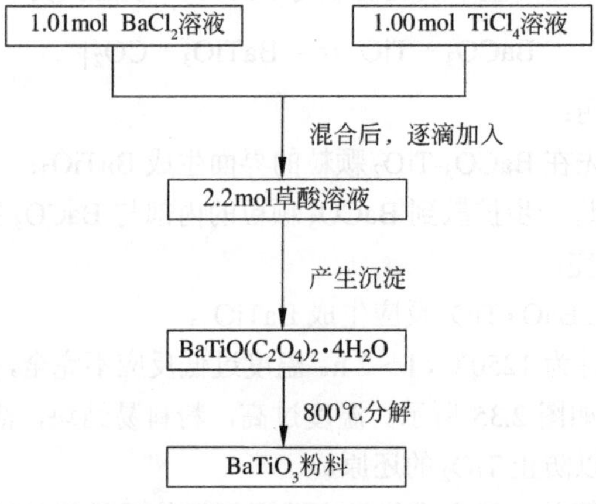

图 2.36 草酸盐共沉淀法制备 $BaTiO_3$ 粉体的工艺流程

沉淀产物经陈化、过滤、洗涤、干燥，再在700～1000℃煅烧，即可得到化学计量的$BaTiO_3$的粉体，反应式为

$$BaTiO(C_2O_4)_2\cdot 4H_2O = BaTiO_3 + 4H_2O + 2CO_2 + 2CO \qquad (2\text{-}61)$$

该方法工艺简单，制得的粉料活性高、颗粒细（100 nm），但容易带入杂质，纯度偏低。

3）水解法

用水解法制备$BaTiO_3$粉体的方法有多种，如溶胶水解法、醇盐水解法、H_2O_2氧化处理水解法等。用醇盐水解法制备$BaTiO_3$粉体的介绍详见第3章。

水解法由于合成温度低，合成的$BaTiO_3$粉体具有纯度高、粒度小、烧结活性高等优点。

4）水热法

水热法是指在密封高压容器中，以水为溶剂，在一定的温度和蒸气压下，原料混合物进行反应制备$BaTiO_3$粉体的方法。

早期的水热法合成$BaTiO_3$粉体所用的原料是活性较低的钛化合物，如氧化物、氢氧化物等，合成压力和温度都比较高。近来，使用活性较高的水合氧化钛与氢氧化钡水溶液反应，使反应温度和压力大为降低。

水热法制备的粉体具有晶粒生长完整、晶粒小、分布均匀、颗粒团聚较轻等优点，尤其是制备的陶瓷粉体无需高温煅烧，避免了煅烧过程造成的晶粒长大、缺陷形成和杂质的引入，因此得到的粉体具有纯度高、烧结活性高的优点。

5）溶胶-凝胶法

溶胶-凝胶法是指将金属醇盐或无机盐水解成溶胶，然后使溶胶凝胶化，再将凝胶干燥焙烧得到粉体的方法。

溶胶-凝胶法制备$BaTiO_3$粉体的方法有多种，如将溶于异丙醇的异丙醇钛与冰醋酸反应以获得一个钛酰前驱物，然后在不断搅拌的条件下加入醋酸钡溶液，生成凝胶后，经干燥、研细，再于600℃以上焙烧，就可制得超细的$BaTiO_3$粉体；再如，将$Ba(OH)\cdot 8H_2O$加热搅拌溶解于甲氧基乙醇，溶液澄清后，按化学计量比加入钛酸丁酯，在室温下混合均匀得到淡黄色溶胶，室温下静置约20 h，得到透明凝胶，凝胶干燥后在1000℃下煅烧2 h，研磨得到白色纳米$BaTiO_3$粉体。

溶胶-凝胶法通常可以制得粒径小且分散良好的$BaTiO_3$粉体，但其原料价格高，且需要经过高温煅烧才能转化为$BaTiO_3$粉体，存在煅烧时晶粒长大和硬团聚及成本高等缺点。

除以上方法外，还可以用气相法、微乳液法、低温直接合成法、机械冶金法、溶剂热法、溶剂蒸发法、掺杂法等合成$BaTiO_3$粉体。

其他电子陶瓷原料的制备方法与 $BaTiO_3$ 基本相同，这里不再赘述。

思考题

1. 高岭石的结构是怎样的？主要性能是什么？
2. 黏土的主要组成是什么？主要性能是什么？
3. 常压下二氧化硅有哪些晶型？
4. 石英在陶瓷生产中的作用是什么？
5. 长石在陶瓷生产中的作用是什么？
6. 氧化铝有哪些晶型？为什么要对工业氧化铝进行预烧？
7. 氧化锆有哪些晶型？各种晶型之间的转变有何特点？
8. 什么是氧化锆增韧？氧化锆增韧的机理是什么？
9. 简述碳化硅原料的晶型及物理性能。
10. 简述氮化硅原料的晶型和物理性能。
11. 简述 $BaTiO_3$ 的晶型和物理性能。

第3章 精细陶瓷的粉体制备

精细陶瓷所用的粉料主要是人工合成的高纯超细粉体，粉体的制备方法主要是合成法，其次是粉碎法。

合成法是指由离子、原子或分子通过反应、成核和成长、收集、后处理来获得微细颗粒的方法。这种方法的特点是纯度、粒度可控，均匀性好，颗粒细微，并且可以实现在分子水平上的复合、均化。所以，精细陶瓷粉体主要采用合成法制备，常用的合成法包括固相合成法、液相合成法和气相合成法。

粉碎法是指采用机械、超声等手段，将粗颗粒碎化而获得细颗粒的方法，其中最常用的是机械粉碎。由于在机械粉碎过程中难免混入杂质，所以一般不用于制备高纯粉体。另外，无论使用什么进行机械粉碎，都不容易得到粒径小于 1 μm 的颗粒。尽管有这些不足，但在精细陶瓷粉体制备过程中，特别是在固相合成之后，经常需要再进行机械粉碎。

3.1 固相合成法

3.1.1 概述

固相合成法是指反应初始原料至少有一种是固态的，反应产物是在固相表面生成的一种粉体制备方法。其反应通式可表示为

$$S_1 \longrightarrow S_2 + G \quad \text{（分解反应）} \tag{3-1}$$

$$S_1 + G_1(L) \longrightarrow S_2 + G_2(L) \quad \text{（化合-分解反应）} \tag{3-2}$$

$$S_1 + S_2 \longrightarrow S_3 + G_0 \quad \text{（化合-分解反应）} \tag{3-3}$$

其中，S，G，L 分别表示固相、气相和液相。

从微观机制上看，反应（3-1）是分解反应，它在一定的温度、压力条件下即可发生，不存在反应物的扩散问题。但产物气体的产生是必然的，正是

由于气体的聚集和释放，使固体颗粒变得疏松多孔而进一步粉化。而反应(3-2)和反应（3-3）是涉及两种分子的反应，只有两种分子通过扩散而相互紧密接触时，反应才能顺利进行。

在反应（3-2）中，气体（或液体）的扩散是在固体中（或表面中）进行的，可能发生两种情况：第一种情况是产物固体在原料颗粒表面形成一个外壳成为扩散阻挡层，当反应气体（或液体）分子穿过阻挡层时，反应会继续进行下去。随着反应的不断进行，产物层不断增厚，未反应部分不断减小，其过程如图 3.1 所示，称为核心收缩型固相反应。该类反应若控制不当，会存在未反应的残留物。

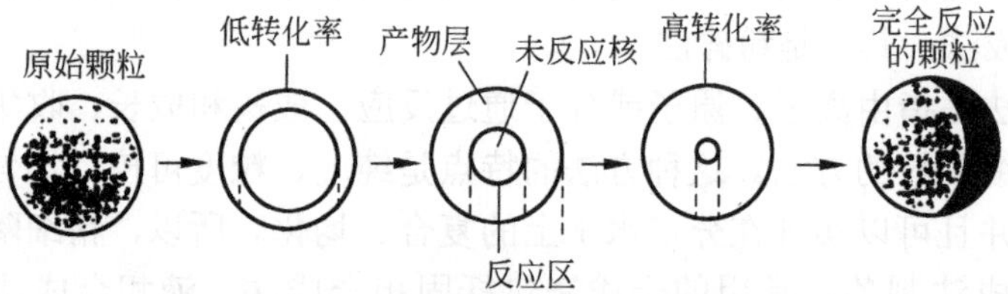

图 3.1　核心收缩型固相反应示意图

第二种情况是反应原料和反应产物的摩尔体积差别较大，使反应产物从原料表面剥离，导致反应原料颗粒不断变小直至消失，其过程如图 3.2 所示，称为颗粒收缩型固相反应。这种情况有利于反应的彻底进行。

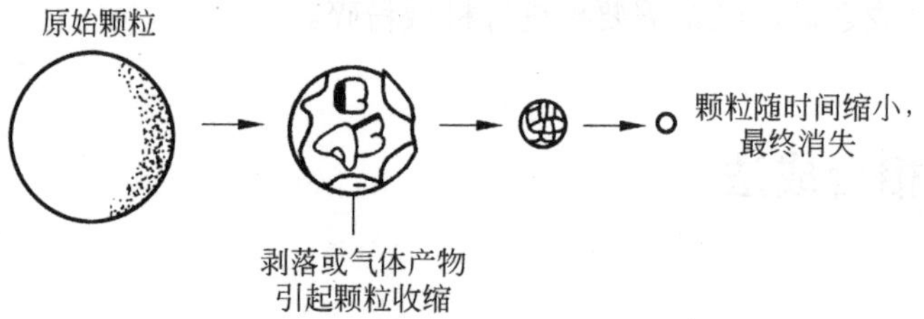

图 3.2　颗粒收缩型固相反应示意图

在反应（3-3）中，涉及固态扩散和化学反应，其扩散本质上是离子型的，与缺陷和气孔的扩散及电子传导密切相关，只有反应原料紧密接触时，化学反应才能进行。

作为固相反应法，反应过程实际上包含很多内容，如化合反应、分解反应、氧化还原反应、出溶反应及相变等。

在精细陶瓷粉体制备过程中，常用的固相反应工艺有烧结法、热分解法和氧化物还原-合成法等。此外，在实际的制备过程中，反应生成物通常需要再进行粉碎。

3.1.2 烧结法

烧结法就是将称量好的两种或两种以上原料粉体充分混合，在一定温度下使其发生固相反应，烧结获得的产物经破碎、研磨获得所需的粉体产物。可用式（3-4）表示：

$$A(s)+B(s) = C(s)+D(g) \tag{3-4}$$

如钛酸钡（$BaTiO_3$）、镁铝尖晶石（$MgAl_2O_4$）、莫来石（$3Al_2O_3 \cdot 2SiO_2$）等的合成：

$$BaCO_3 + TiO_2 = BaTiO_3 + CO_2\uparrow \tag{3-5}$$

$$Al_2O_3 + MgO = MgAl_2O_4\text{（尖晶石）} \tag{3-6}$$

$$3Al_2O_3 + 2SiO_2 = 3Al_2O_3 \cdot 2SiO_2\text{（莫来石）} \tag{3-7}$$

对于这种方法，降低反应原料的细度将增加颗粒接触的紧密性，可显著提高反应速度。另外，提高反应温度将促进扩散，从而提高反应速度。但是，在实际制备过程中，常常需要精确控制反应的温度和时间，否则得不到理想的粉体产物。

3.1.3 热分解法

热分解法是指利用固相原料受热分解而形成新的固相的方法。通常，固体物料的热分解有如下 3 种情况。

（1）$S_1 = S_2 + G$（分解反应） （3-8）

（2）$S_1 = S_2 + G_1 + G_2$（分解反应） （3-9）

（3）$S_1 = S_2 + S_3$（分解反应） （3-10）

从式（3-8）～式（3-10）可以看出，要通过热分解制备超细粉体，只能选择（1），（2）类型的分解反应。

通常，热分解法所用的原料是碳酸盐、硫酸盐、草酸盐、硝酸盐、氢氧化物等。例如，用硫酸铝铵（$Al_2(NH_4)_2(SO_4)_4 \cdot 24H_2O$）在空气中热分解，就可得到 Al_2O_3 粉末，其反应过程如下：

$$Al_2(NH_4)_2(SO_4)_4 \cdot 24H_2O = Al_2(SO_4)_3(NH_4)_2SO_4 \cdot H_2O + H_2O\uparrow \tag{3-11}$$

$$Al_2(SO_4)_3(NH)_2SO_4 \cdot H_2O = Al_2(SO_4)_3 + NH_3\uparrow + SO_3\uparrow + H_2O\uparrow \tag{3-12}$$

$$Al_2(SO_4)_3 = Al_2O_3 + SO_3\uparrow \tag{3-13}$$

通过硫酸铝铵的热分解得到的 α-Al_2O_3 粉的纯度高、粒度细，是制备高纯 Al_2O_3 陶瓷的重要原料。

另外，常见的用 $CaCO_3$ 热分解制备 CaO 粉也属于热分解制粉的实例。

3.1.4 氧化物还原-化合法

氧化物还原-化合法是指在一定温度下，用还原剂将某种氧化物进行还原，同时将还原出来的元素进行碳化、氮化或硼化，从而获得相应非氧化物粉体的方法。常用的还原剂为碳粉，如：

$$SiO_2 + 3C \xlongequal{} SiC + 2CO\uparrow \tag{3-14}$$

$$B_2O_3 + 3C + N_2 \xlongequal{} 2BN + 3CO \tag{3-15}$$

$$Al_2O_3 + 3C + N_2 \xlongequal{} 2AlN + 3CO \tag{3-16}$$

$$3SiO_2 + 6C + 2N_2 \xlongequal{1300\sim1650℃} Si_3N_4 + 6CO \tag{3-17}$$

在式（3-17）的反应中，由于 SiO_2 和碳粉是非常便宜的原料，而且纯度高，因此采用这种方法获得的 Si_3N_4 粉末纯度高、颗粒细、成本低。实验结果表明，SiO_2 的还原-氮化法比 Si 粉的直接氮化反应速度要快，并且由此得到的 Si_3N_4 粉末所制备的陶瓷具有较高的抗弯强度。但是必须注意的是，SiO_2 较难还原-氮化，而且在合成的 Si_3N_4 粉末中，若存在少量的 SiO_2，则会影响 Si_3N_4 烧结体的高温强度。

3.1.5 自蔓延高温合成法

自蔓延高温合成法（self propagating high temperature synthesis，SHS）基于放热化学的基本原理，利用外部能量诱发化学反应（点燃），形成化学反应前沿（燃烧波），然后，利用反应放出的热量所产生的高温使得反应可以自行维持，并以燃烧波的形式蔓延通过整个反应物，使反应物迅速变为产物，这是一种固相合成方法，如图 3.3 所示。制备自蔓延高温合成粉体的工艺流程如图 3.4 所示，所用设备如图 3.5 所示。

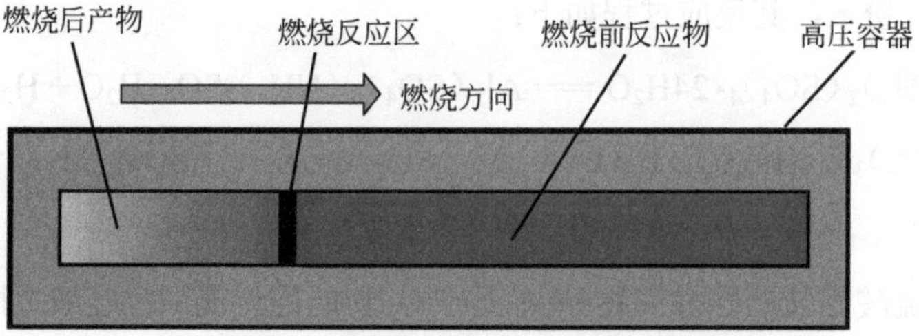

图 3.3 自蔓延高温合成法示意图

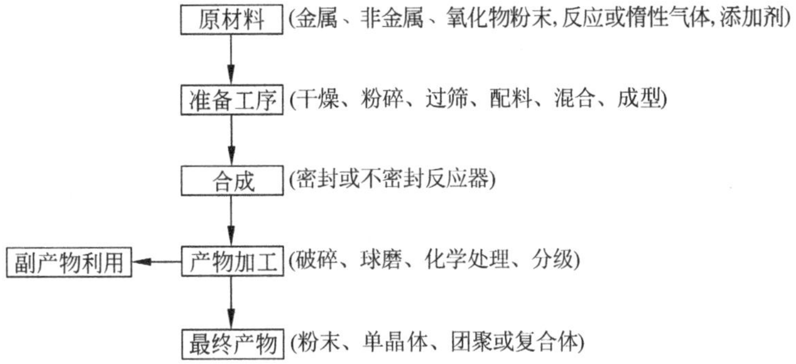

图 3.4 自蔓延高温合成粉体工艺流程图

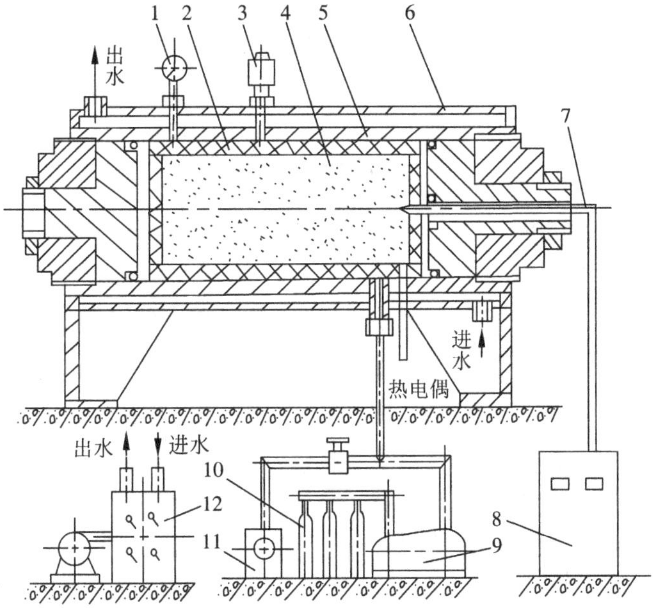

图 3.5 自蔓延高温合成粉体设备示意图

1—压力表；2—石墨筒；3—安全阀；4—坯料；5—反应器容器；6—水套；7—点火装置；
8—电控装置；9—供气系统；10—气瓶；11—真空机组；12—冷却水系统

目前采用 SHS 能够合成数百种无机粉末，有些产品已实现工业化生产。最适合 SHS 合成的粉末材料是难熔、高硬的共价键化合物，如 Co，Mo，Nb，Ti，Ta，V，W 及 Zr 等的碳化物、氮化物、碳氮化物、硼化物及硅化物，金属间化合物，如 NbAl，Nb_2Al，NbGe，TiFe，TiCo，CuAl，TiAl，ZrAl，NiAl，VAl，CoAl，MoAl 及 FeAl 等。

自蔓延高温合成法的特点是设备工艺简单，节能，生产效率高，成本低；缺点是反应速度无法人为控制，粉体粒度粗，存在一定的安全问题。

3.1.6 机械化学法

机械化学法是指利用高能球磨对反应体系施加机械能，诱导体系发生扩散及化学反应来制备粉体的方法。

机械化学法与一般的机械粉碎的区别是一般的机械粉碎并不发生化学反应，只是物料的几何形状、粒度、比表面积发生变化，物质本身性质并不变化。

机械化学法与常规的化学反应的区别是机械力作用可以产生一些仅靠热能难以进行或无法进行的化学反应；有些物质的机械化学反应与热化学反应有不同的反应机理；与热化学反应相比，机械化学反应受周围环境的影响要小得多；机械化学反应可沿着常规条件下热力学不可能发生的方向进行。

目前，机械化学法用得最多、最成功的是制备一些复合粉体，表 3.1 列出了部分机械化学法合成复合粉体的反应体系。

表 3.1 机械化学法合成复合粉体的反应体系

反应体系	反应体系
$2BN+3Al = 2AlN+AlB_2$	$MoO_3+2Al = Mo+Al_2O_3$
$3CoO+2Al = 3Co+Al_2O_3$	$3Nb_2O_5+10Al = 6Nb+5Al_2O_3$
$Cr_2O_3+2Al = 2Cr+Al_2O_3$	$3NiO+2Al = 3Ni+Al_2O_3$
$3CuO+2Al = 3Cu+Al_2O_3$	$2NiO+Si = 2Ni+SiO_2$
$Dy_2O_3+4Fe+3Ca = 2DyFe_2+3CaO$	$3SiO_2+4Al = 3Si+2Al_2O_3$
$FeC+Cr = Cr_{23}C_6+(Cr, Fe)_7C_3$	$6SiO_2+4N_2 = 2\alpha\text{-}Si_3N_4+6O_2$
$Fe_2O_3+Al = Fe(Al)+Al_2O_3$	$3V_2O_5+10Al = 6V+5Al_2O_3$
$Fe_2O_3+Cr_2O_3+4Al = 2Fe\text{-}Cr+2Al_2O_3$	$WO_3+2Al = W+Al_2O_3$
$Fe_2O_3+Cr_2O_3+3NiO+6Al = 2Fe\text{-}Cr\text{-}1.5Ni+3Al_2O_3$	$WO_3+3Mg+C = WC+3MgO$
$3MnO_2+4Al = 3Mn+2Al_2O_3$	$2WO_3+3Ti = 2W+3TiO_2$
$3ZnO+2Al = 3Zn+Al_2O_3$	

机械化学法的优点是设备和工艺比较简单，可以制备一些常规工艺无法得到的粉体，可以在较低的温度下得到常规工艺必须高温处理才能得到的相结构，可以得到粒度达纳米级的超细粉。其缺点是机理研究还不够充分；工艺也不太成熟；除了用于粉体表面处理外，真正的工艺化生产还比较少。

3.2 液相合成法

液相合成法是指利用溶液制备粉体的方法。液相法制备粉末主要可分为沉淀法、水解法、溶胶-凝胶法、水热合成法、冰冻干燥法、微乳胶合成法、喷雾干燥法等，其大体工艺过程如图 3.6 所示。

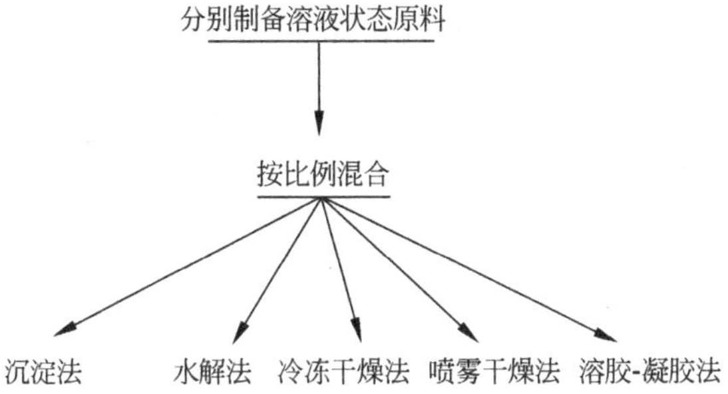

图 3.6　液相合成法的大体工艺过程

3.2.1　沉淀法

沉淀法是指在金属盐溶液中添加沉淀剂或反应生成沉淀剂，使溶液发生沉淀，然后将溶剂和溶液中原有的阴离子洗去，并将得到的沉淀物（氢氧化物、碳酸盐、硫酸盐、醋酸盐、草酸盐等）加热分解，从而制得所需高纯超细陶瓷粉体的方法。常用的沉淀方法有直接沉淀法、均匀沉淀法和共沉淀法等。

1．直接沉淀法

直接沉淀法是在金属盐溶液中直接加入沉淀剂，使溶液发生沉淀，然后将溶剂和溶液中原有的阴离子洗去，并将所得到的沉淀物加热分解，从而制得所需高纯超细陶瓷粉体的方法。常见的沉淀剂为 $NH_3 \cdot H_2O$，NaOH，NH_4OH，$(NH_4)_2CO_3$，Na_2CO_3，$(NH_4)_2C_2O_4$ 等。选用不同的沉淀剂可以得到不同的沉淀产物。

如制备纳米 ZnO，以 $NH_3 \cdot H_2O$ 为沉淀剂，则发生以下反应：

$$Zn^{2+} + 2NH_3 \cdot H_2O = Zn(OH)_2 + 2NH_4^+ \tag{3-18}$$

将所得到的 $Zn(OH)_2$ 加热分解，发生如下反应得到 ZnO 粉体：

$$Zn(OH)_2 = ZnO(s) + H_2O \tag{3-19}$$

以 $(NH_4)_2CO_3$ 为沉淀剂，则反应式为

$$Zn^{2+} + (NH_4)_2CO_3 = ZnCO_3 + 2NH_4^+ \tag{3-20}$$

将得到的 $ZnCO_3$ 加热分解，得到 ZnO 粉体，反应式为

$$ZnCO_3 = ZnO(s) + CO_2\uparrow \tag{3-21}$$

以草酸铵作为沉淀剂，则通过以下一系列反应制得 ZnO：

$$Zn^{2+} + (NH_4)_2C_2O_4 + H_2O = ZnC_2O_4 \cdot H_2O + 2NH_4^+ \quad (3\text{-}22)$$

$$ZnC_2O_4 \cdot H_2O = ZnC_2O_4(s) + H_2O \quad (3\text{-}23)$$

$$ZnC_2O_4 = ZnO(s) + CO_2\uparrow + CO\uparrow \quad (3\text{-}24)$$

直接沉淀法操作简单易行，对设备和技术要求不高，不易引入杂质，产品纯度高，有良好的化学计量性，成本较低。该方法的缺点是洗除原液中的阴离子比较困难，得到的粒子的粒径分布较宽，分散性较差，生产工艺控制难度较大。

2．均匀沉淀法

均匀沉淀法是指利用某一化学反应，使溶液中的构晶离子由溶液中缓慢、均匀地释放出来的方法。该方法不直接加入沉淀剂，而是由溶液内自生沉淀剂。该方法与直接沉淀法相比，由于沉淀剂在整个溶液中缓慢、均匀地放出，便于粒子成核，粒径朝细小、致密的方向发展。

目前，均匀沉淀法常用的产生沉淀剂的化学物质为六次甲基四胺和尿素（$CO(NH_2)_2$），如制备纳米MgO，以$MgCl_2$为原料制备溶液，加入$CO(NH_2)_2$后发生如下反应：

$$CO(NH_2)_2 + 3H_2O = 2NH_3 \cdot H_2O + CO_2 \quad (3\text{-}25)$$

$$Mg^{2+} + 2NH_3 \cdot H_2O = Mg(OH)_2 + 2NH_4^+ \quad (3\text{-}26)$$

$$Mg(OH)_2 = MgO + H_2O \quad (3\text{-}27)$$

在均匀沉淀过程中，由于构晶离子的过饱和度在整个溶液中比较均匀，因此得到的沉淀物的颗粒均匀而致密，便于洗涤过滤，制得的产品粒度小、分布窄、团聚少。但是，存在的问题仍是阴离子的洗涤较为复杂，这是沉淀法尚未解决的共同问题。

3．共沉淀法

将多组分可溶性盐按比例混合，加入沉淀剂或自生沉淀剂，共沉淀得到混合均匀的粉料的方法称为共沉淀法，也称为混合物共沉淀法。

四方氧化锆或全稳定立方氧化锆的共沉淀制备就是一个非常典型的例子。用$ZrOCl_2 \cdot 8H_2O$和Y_2O_3（化学纯）为原料来制备ZrO_2-Y_2O_3纳米粒子的工艺过程如下：Y_2O_3用盐酸溶解得到YCl_3，然后将$ZrOCl_2 \cdot 8H_2O$和YCl_3配制成一定浓度的混合溶液，在其中加入NH_4OH后便有$Zr(OH)_4$和$Y(OH)_3$的沉淀粒子缓慢形成，反应式如下：

$$ZrOCl_2 + 4NH_4OH = Zr(OH)_4\downarrow + 2NH_4Cl + 2NH_3\uparrow + H_2O \quad (3\text{-}28)$$

$$YCl_3 + 3NH_4(OH) = Y(OH)_3\downarrow + 3NH_4Cl \quad (3\text{-}29)$$

得到的氢氧化物共沉淀物经洗涤、脱水、煅烧可得到具有优异烧结活性的 ZrO_2（Y_2O_3）微粒，其原粉和造粒粉的形态如图 3.7 所示。

(a) 原粉 (b) 造粒粉

图 3.7 中和共沉淀的 ZrO_2 原粉和造粒粉的形态

混合共沉淀过程是非常复杂的。溶液中不同种类的阳离子不能同时沉淀，离子的沉淀先后与溶液的 pH 密切相关。例如，Zr，Y，Mg，Ca 的氯化物溶于水形成溶液，随 pH 的逐渐增大，各种金属离子发生沉淀的 pH 范围不同，如图 3.8 所示。上述各种离子分别进行沉淀，形成了水、氢氧化锆和其他氢氧化物微粒的混合沉淀物。为了使沉淀均匀，通常是将含有多种阳离子的盐溶液慢慢加入到过量的沉淀剂中并进行搅拌，使所有沉淀离子的浓度大大超过沉淀的平衡浓度，尽量使各组分按比例同时沉淀出来，从而得到较均匀的沉淀物。

共沉淀法的特点是过程复杂；颗粒的成核、生长等过程不易控制；对于工艺参数差别大的组分，效果不好。但共沉淀方法简单，得到的粉料性能优良，因而被广泛采用。

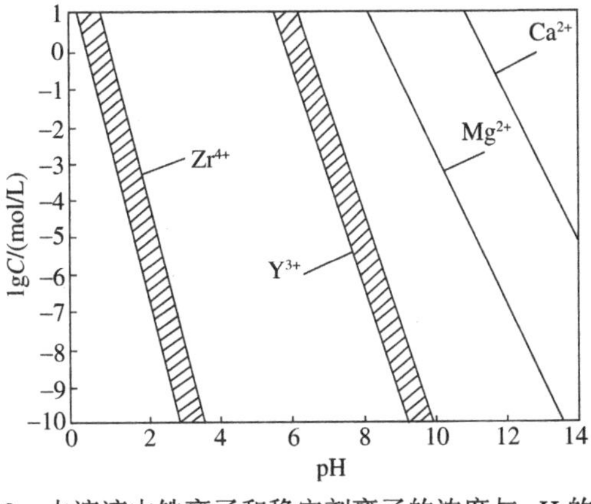

图 3.8 水溶液中锆离子和稳定剂离子的浓度与 pH 的关系

3.2.2 水解法

水解法是指利用水解反应生成沉淀来制备纳米微粒的方法。水解法得到的沉淀物一般是氢氧化物或水合物。因为原料是金属盐和水，所以，如果能够制得高纯度的金属盐，就很容易得到高纯度的微粉。常用的水解法有无机盐水解法和金属醇盐水解法。

1．无机盐水解法

利用金属的氯化物、硫酸盐、硝酸盐溶液，通过胶体化的手段可以合成许多金属氧化物或水合金属氧化物微粉。例如，氧化锆纳米微粉的制备，它是将四氯化锆和锆的含氧氯化物在100℃的水中循环地加水分解。图3.9是该方法的工艺流程图。生成的沉淀是含水氧化锆，其粒径、形状和晶型等随溶液初期浓度和pH等发生变化，可得到一次颗粒的粒径为20 nm左右的微粉。

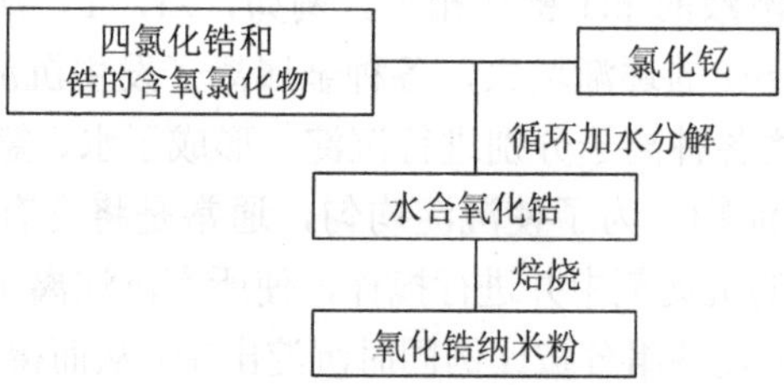

图3.9 用无机盐水解法制备氧化锆纳米微粉的工艺流程图

2．金属醇盐水解法

金属醇盐水解法是利用金属有机醇盐能溶于有机溶剂并可发生水解、生成氢氧化物或氧化物沉淀的特性来制备粉料。该方法的特点是：①由于金属醇盐的溶剂是有机溶剂，有机溶剂的纯度高，因此制得的氧化物粉体的纯度也高；②可制备化学计量的复合金属氧化物粉末。

1）单金属氧化物粉末的制备

使用单金属醇盐（只含有一种金属离子的醇盐）可以制备单金属氧化物粉末。几乎所有的单金属醇盐与水反应都很快，产物是氧化物时可以直接干燥，产物是氢氧化物或水合物时，煅烧后成为氧化物粉末。表3.2列出了一些单金属醇盐的水解产物。

2）复合金属氧化物的制备

制备复合金属氧化物的途径有两种：一种是复合醇盐水解法，另一种是金属醇盐混合溶液水解法。

表 3.2 一些单金属醇盐的水解产物

元 素	沉 淀	元 素	沉 淀
Li	LiOH (s)	Cd	$Cd(OH)_2$ (c)
Na	NaOH (s)	Al	Al OOH (c)
K	KOH (s)		$Al(OH)_3$ (c)
Be	$Be(OH)_2$ (c)	Ga	Ga OOH (c)
Mg	$Mg(OH)_2$ (c)		$Ga(OH)_3$ (a)
Ca	$Ca(OH)_2$ (c)	In	$In(OH)_3$ (c)
Sr	$Sr(OH)_2$ (a)	Si	$Si(OH)_4$ (a)
Ba	$Ba(OH)_2$ (a)	Ge	GeO_2 (c)
Ti	TiO_2 (a)	Sn	$Sn(OH)_4$ (a)
Zr	ZrO_2 (a)	Pb	$PbO\cdot 1/3H_2O$ (c)
Nb	$Nb(OH)_5$ (a)		PbO (c)
Ta	$Ta(OH)_5$ (a)	As	As_2O_3 (c)
Mn	MnOOH (c)	Sb	Sb_2O_5 (c)
	$Mn(OH)_2$ (a)	Bi	Bi_2O_3 (a)
	Mn_3O_4 (c)	Te	TeO_2 (c)
Fe	FeOOH (a)	Y	YOOH (a)
	$Fe(OH)_2$ (c)		$Y(OH)_3$ (a)
	$Fe(OH)_3$ (a)	La	$La(OH)_3$ (c)
	Fe_3O_4 (c)	Nd	$Nd(OH)_3$ (c)
Co	$Co(OH)_2$ (a)	Sm	$Sm(OH)_3$ (c)
Cu	CuO (c)	Eu	$Eu(OH)_3$ (c)
Zn	ZnO (c)	Gd	$Gd(OH)_3$ (c)

注：(a)为无定形；(c)为结晶形；(s)为水溶解。

（1）复合醇盐水解法

含有两种以上金属离子的醇盐称为复合醇盐，如$Ni[Fe(OEt)_4]_2$，$Ni[Fe(OEt)_4]$，$Ni[Fe(OEt)_4]$等（其中，Et 表示 C_2H_5）。将复合醇盐的水解产物煅烧，便可得到复合金属氧化物粉末。

（2）金属醇盐混合溶液水解法

两种以上的金属醇盐之间没有化学结合，而只是分子级水平上的混合，它们的水解具有分离倾向，但是大多数金属醇盐水解速度很快，仍然可以保持离子组成的均一性。下面举例说明用金属醇盐混合溶液水解法制备 $BaTiO_3$ 的工艺过程。

合成 $BaTiO_3$ 所用的初始原料是 Ba 的醇盐和 Ti 的醇盐。Ba 的醇盐由金属 Ba 和醇直接反应得到，Ti 的醇盐是在 NH_3 存在条件下使四氯化钛和醇反应，反应结束后，将溶剂换成苯，过滤掉副产物 NH_4Cl 而得到的。在测定好 Ba 的醇盐、Ti 的醇盐的浓度后，按 Ba:Ti=1:1 的形式将两种醇盐混合，再进行 2 h

的回流，向这种混合溶液中逐渐加入蒸馏水，一边搅拌一边水解，水解之后就生成白色结晶状 $BaTiO_3$ 超微粉沉淀，合成工艺流程如图 3.10 所示。

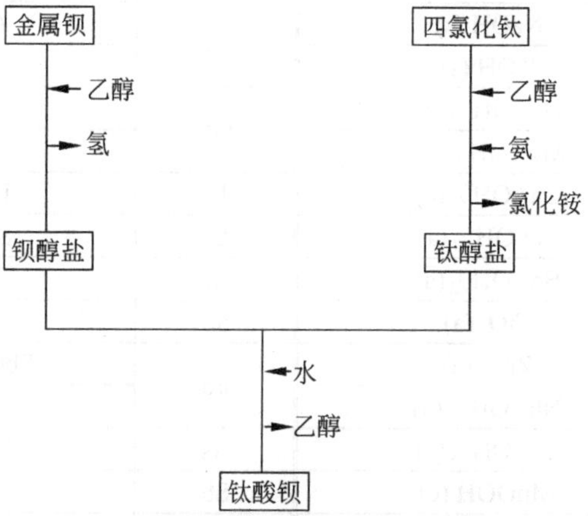

图 3.10　$BaTiO_3$ 的合成工艺流程

对于甲醇、乙醇、异丙醇、正丁醇，无论使用哪一种醇对合成的粉末都没有本质的影响，即醇盐的烃基对粉末颗粒的粒径及粒形没有多大影响，都可以得到单相的结晶型 $BaTiO_3$。

除 $BaTiO_3$ 外，可以用金属醇盐混合溶液水解法制备的结晶型纳米微粉还有 $SrTiO_3$，$BaZrO_3$，$CoFe_2O_4$，$NiFe_2O_4$，$MnFe_2O_4$ 及一些固溶体，如 (Ba，Sr) TiO_3，Sr (Ti，Zr) O_3，(Mn，Zn) Fe_2O_4 等。可由此法制备的复合金属氧化物粉末按沉淀状态的分类参见表 3.3。

表 3.3　混合醇盐水解法制备的复合金属氧化物的分类

结晶型粉末	$BaTiO_3$，$SrTiO_3$，$BaZrO_3$，$Ba(Ti_{1-x}Zr_x)O_3$，$Sr(Ti_{1-x}Zr_x)O_3$，$(Ba_{1-x}Sr_x)TiO_3$，$MnFe_2O_4$，$CoFe_2O_4$，$NiFe_2O_4$，$ZnFe_2O_4$，$(Mn_{1-x}Zn_x)Fe_2O_4$，Zn_2GeO_4，$PbWO_4$，$SrAs_2O_6$
结晶氢氧化物粉末，经煅烧成为氧化物	$BaSnO_3$，$SrSnO_3$，$PbSnO_3$，$CaSnO_3$，$MgSnO_3$，$SrGeO_3$，$PbGeO_3$，$SrTeO_3$
无定形粉末，煅烧中不经过中间相成为氧化物	$Pb(Ti_{1-x}Zr_x)O_3$，$Pb_{1-x}La_x(Zr_yTi_{1-y})O_3$，$Sr(Zn_{1/3}Nb_{2/3})O_3$，$Ba(Zn_{1/3}Nb_{2/3})O_3$，$Sr(Zn_{1/3}Ta_{2/3})O_3$，$Ba(Zn_{1/3}Ta_{2/3})O_3$，$Sr(Fe_{1/2}Sb_{1/2})O_3$，$Ba(Fe_{1/2}Sb_{1/2})O_3$，$Sr(Co_{1/3}Sb_{2/3})O_3$，$Ba(Co_{1/3}Sb_{2/3})O_3$，$Sr(Ni_{1/3}Sb_{2/3})O_3$，$NiFe_2O_4$，$CuFe_2O_4$，$MgFe_2O_4$，$(Ni_{1-x}Zn_x)Fe_2O_4$，$(Co_{1-x}Zn_x)Fe_2O_4$，$BaFe_{12}O_{19}$，$SrFe_{12}O_{19}$，$PbFe_{12}O_{19}$，$R_3Fe_5O_{12}$(R=Sm，Gd，Y，Eu，Tb)，$Tb_3Al_5O_{12}$，$R_3Gd_5O_{12}$(R=Sm，Gd，Y，Er)，$RFeO_3$(R=Sm，Y，La，Nd，Gd，Tb)，$LaAlO_3$，$NdAlO_3$，$R_4Al_2O_9$(R=Sm，Eu，Gd，Tb)，$Co_3As_2O_8$，$(Ba_{1-x}Sr_x)Nb_2O_6$

3.2.3　溶胶-凝胶法

溶胶-凝胶法（sol-gel）是指金属有机或无机化合物经过溶液、溶胶、凝胶而固化，再经热处理而制得氧化物或其他化合物固体粉料的方法，其主要过程如图 3.11 所示。

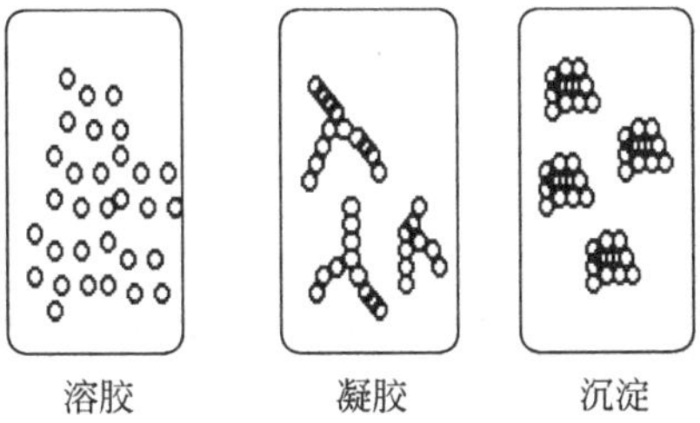

图 3.11　溶胶-凝胶法制备粉体的主要过程

溶胶-凝胶法不仅可以用来制备微粉，而且可以用于制备薄膜、纤维、体材和复合材料。用 sol-gel 法制备陶瓷粉料的特点是：

（1）制品的均匀度高，尤其是多组分制品，可达原子或分子尺寸的均匀混合；

（2）制品的纯度高，这是因为所用原料的纯度高，无中间加工过程所引入的杂质；

（3）用 sol-gel 法得到的粉料比表面积高，烧成温度低；

（4）能制得多种形式制品，如粉末、纤维、涂层等；

（5）所用原料大多数有毒。

已用该方法合成了高纯、超细的莫来石、堇青石、Al_2O_3、ZrO_2 等陶瓷粉料。例如，sol-gel 法制备 Al_2O_3 超细粉的过程如图 3.12 所示。

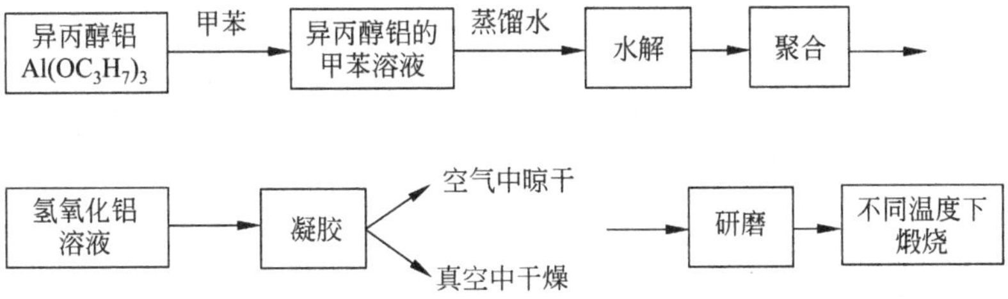

图 3.12　sol-gel 法制备 Al_2O_3 超细粉的过程

3.2.4　水热合成法

水热合成法是指在特制的容器（高压釜）内，将水作为反应介质，通过对反应容器加热，造成一定的高温（指高于室温）、高压反应环境，使得室温下难溶或不溶的氢氧化物或盐类等（也称为前驱体）溶解并发生反应，生成难溶氧化物。该方法的前提条件是这些室温下难溶或不溶的氢氧化物或盐类在高温、高压下的溶解度必须大于对应的氧化物的溶解度。于是，前驱体溶入水中的同时可析出氧化物。如果氧化物在高温、高压下的溶解度大于相应的前驱体，则无法通过水热法来合成氧化物。

水热合成法的优点如下：一是可在相对较低的温度下直接制备氧化物粉体；二是避免了一般液相合成法需要经过煅烧转化为氧化物这一步骤，从而极大地降低乃至避免了硬团聚的形成。

图 3.13 为水热合成法的工艺流程图。表 3.4 为用水热合成法制备的几种粉体，以及所用的前驱体、生长控制剂、温度、压力、时间、所得到的粉体颗粒形貌特征和粒径等数据。

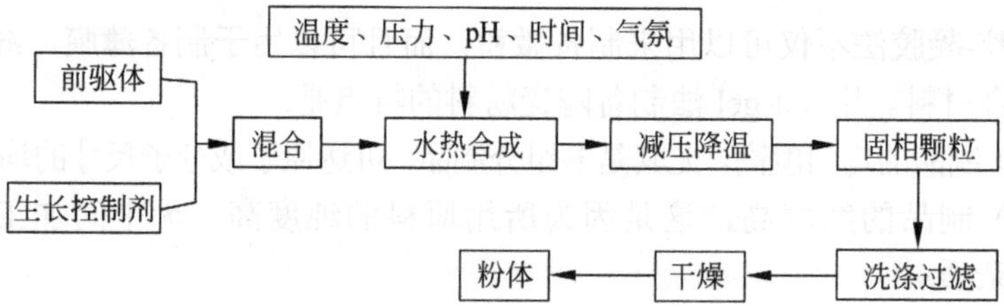

图 3.13 水热合成法的工艺流程图

表 3.4 水热合成法制备的几种粉体

产 品	前 驱 体	生长控制剂	温度/压力（℃/MPa）	时间/h	形貌	粒径/μm
ZrO_2	$Zr(OH)_4$胶体	10%NaCl	250/—	4	粒状	0.015
AlOOH	$Al(OH)_3$	—	250/60	4	粒状	0.10
金红石钛白粉	$Ti(OH)_4$粉体	KOH	140～180/—	6～10	条状	0.30
$ZrSiO_4$	$ZrOCl_2+Na_2SiO_3$	—	320/—	6	粒状	0.10
$BaTiO_3$	$Ba(OH)_2+TiO_2$	—	400/—	8	粒状	0.24

3.2.5 冷冻干燥法

冷冻干燥法的工艺过程如下：首先制备含有金属离子的溶液，再将溶液雾化成微小液滴，同时急速将这些微小液滴冻结为冰滴，然后在低温、低压条件下使冰滴升华、脱水，制成溶质无水盐，再将无水盐在低温下煅烧就能制得均匀微细粉料。

将溶液雾化成细小的液滴并迅速冻结成冰滴可以防止溶解于溶液中的盐发生分离，因为液滴越小，冻结速度越快，可将盐的分离降到最小程度。液滴的冻结过程为用冷冻剂冷却与溶液不互溶的有机液体，同时，把盐溶液喷雾到这些有机液体上进行冻结。例如，以干冰-丙酮为冷冻剂来冷却己烷液体，再把盐水液滴喷到己烷液体上，这样就很容易制得直径为 0.1～0.5 nm 的冰滴。图 3.14 所示为实验室中经常使用的冻结装置。

冻结液滴的升华、干燥可用液氮凝气管进行，图 3.15 所示就是这种装置。盐的溶解度对干燥效率有很大的影响。一般来说，要用冷凝器来高效率地捕集由冻结冰滴所升华的水，冰滴温度在−10℃左右最好。因此，溶液中的盐浓度不能太高，盐浓度高就会使溶液的凝固点降低（低于−10℃太多），导致整个装置的效率降低。但是，为了提高装置的处理能力，又必须提高溶质的浓度。因此，必须恰当地确定溶液中的盐浓度。

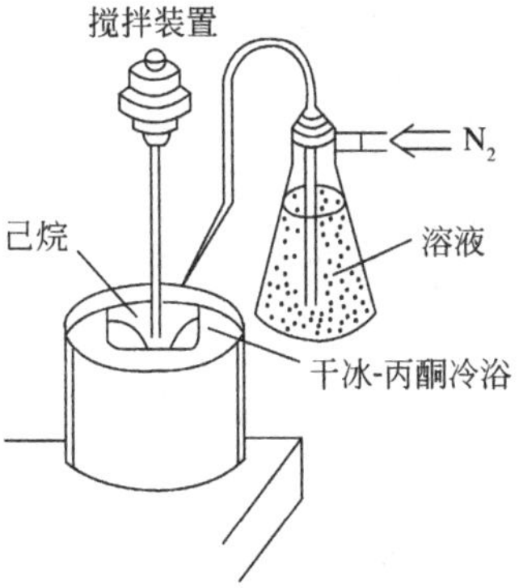

图 3.14　实验室用液滴冻结装置

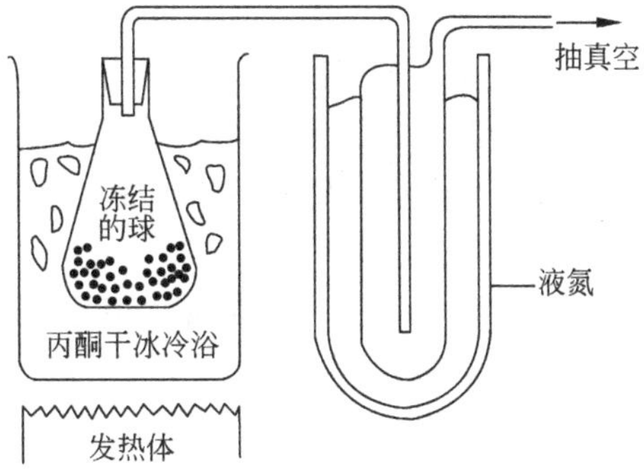

图 3.15　冷冻液滴的干燥装置

冷冻干燥法制粉的优点是：

（1）通过溶液状态的均匀混合，可以很容易制得许多成分复杂的混合原料；

（2）由于冷冻液滴是分离的，所以得到的粉料颗粒具有很好的分散性；

（3）可以制得圆形或近圆形的多孔、松散球粒；

（4）可制得晶粒尺寸在 0.1～0.5 μm 的高活性粉料。

其中的关键点是在加热时不能产生液相。

3.2.6　微乳液合成法

微乳液合成法是指利用两种互不相溶的溶剂在表面活性剂的作用下形成一个均匀的微乳液，进而从微乳液中析出固相颗粒的方法。

微乳液合成法可使固相的成核、生长、聚结、团聚等过程局限在一个微小的球形液滴内，从而可以形成球形颗粒，同时又避免了颗粒之间的进一步团聚。

这一方法的关键之一是使每一个含有前驱体的水溶液微液滴被一个连续油相包围，前驱体不溶于该油相，也就是要形成油包水（W/O）型乳液。这种非均相的液相合成法具有粒度分布较窄且容易控制等特点。

1．微乳液合成法的基本原理

微乳液通常是由表面活性剂、助表面活性剂（通常为醇类）、油（通常为碳氢化合物）和水（或电解质水溶液）组成的透明的、各向同性的热力学稳定体系。微乳液中，微小的“水池”被表面活性剂和助表面活性剂组成的单分子层界面所包围而形成微乳颗粒，其大小可控制在几个到几十个纳米之间。微小的“水池”尺度小且彼此分离，因而不构成水相，通常称其为“准相”（pseduophase)。这种特殊的微环境（或称“微反应器”(microreactor)）已被证明是多种化学反应，如酶催化反应、聚合物合成、金属离子与生物配体的络合反应等的理想介质，且其反应动力学也有较大的改变。

微乳颗粒不断地做布朗运动，当不同颗粒互相碰撞时，组成界面的表面活性剂和助表面活性剂的碳氢链可以互相渗入。与此同时，“水池”中的物质可以穿过界面进入另一颗粒。微乳液的这种物质交换的性质使得在“水池”中进行化学反应成为可能。

纳米颗粒的微乳液制备法正是微乳液“水池”作为“微反应器”的重要应用，也是微乳液“水池”间可以进行物质交换的例证。通常是将两种反应物分别溶入组成完全相同的两份微乳液中，然后在一定的条件下混合。两种反应物通过物质交换而彼此遭遇、产生反应，如图 3.16 所示，在微乳液界面强度较大时，反应产物的生长将受到限制。如将微乳液颗粒大小控制在几纳米，则反应产物以纳米微粒的形式分散在不同的微乳液“水池”中。纳米微粒可在“水池”中稳定存在，通过超速离心或将水和丙酮的混合物加入反应完成后的微乳液中等办法，使纳米微粒与微乳液分离。再用有机溶剂清洗以除去附着在微粒表面的油、表面活性剂和助表面活性剂，最后在一定温度下进行干燥处理，即可得到纳米微粒的固体样品。

2．微乳液的选择标准

适合制备纳米微粒的微乳液应符合下列条件：

（1）结构参数（颗粒大小、表面活性剂平均聚集数）和相行为应已进行过较多的研究；

（2）在一定的组成范围内，结构比较稳定；

（3）界面的强度应较大。

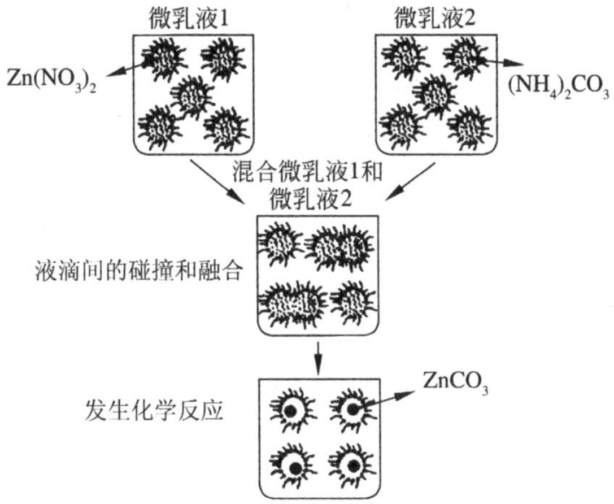

图 3.16　微乳液中的反应

从相行为角度考虑，微乳液可分为 Winsor Ⅰ，Winsor Ⅱ，Winsor Ⅲ，Winsor Ⅳ 4 种类型。其中，只有 Winsor Ⅳ型，即均相微乳液，才适合制备纳米微粒。因此，对乳液的相行为必须清楚，并根据微乳液的相区变化寻找各组分合适的组成比。在纳米微粒形成前后，微乳液"水池"中离子浓度会有所变化，只有在微乳液各组分比例合适时，离子浓度的变化才不会导致微乳液结构较大的变化。

微乳液颗粒界面强度对纳米微粒的形成过程及最后产物的质量均有较大的影响。如果界面比较松散，颗粒之间的物质交换速率过大，则产物的大小分布不均匀。影响界面强度的因素主要有：

（1）含水量；

（2）界面醇含量；

（3）醇的碳氢链长。

在微乳液中，水通常以缔合水（或束缚水，bound water）和自由水两种形式存在（在某些体系中，少量水在表面活性剂极性头之间以单分子态存在，且不与极性头发生任何作用，称为 trapped water）。前者使极性头排列紧密，而后者与之相反。随着含水量的增大，缔合水逐渐饱和，自由水的比例增加，使得界面强度变小。醇作为助表面活性剂，存在于界面表面活性剂分子之间，通常醇的碳氢链比表面活性剂的碳氢链要短，因此，当界面醇量增加时，表面活性剂碳氢链之间的空隙增大，发生颗粒碰撞时，界面也容易互相交叉渗入。可见，界面醇含量增加时，界面强度下降。一般而言，当微乳液中总醇量增加时，界面醇量也会增加，但界面醇与表面活性剂摩尔数的比值存在一个最大值。超过此值后再增加醇，则醇主要进入连续相。

3．纳米微粒的微乳液法制备

用微乳液法已制备的纳米微粒有以下几类：

（1）金属纳米微粒，如 Pt，Pd，Rh，Ir，Au，Ag，Cu，Mg 等；

（2）半导体材料 CdS，PbS，CuS 等；

（3）Ni，Co，Fe 等金属的硼化物；

（4）SiO_2，Fe_2O_3 等氧化物；

（5）AgCl，$AuCl_3$ 等胶体颗粒；

（6）$CaCO_3$，$BaCO_3$ 等金属碳酸盐；

（7）磁性铁氧体 $BaFe_{12}O_{19}$ 等。

微乳液法的一般工艺流程为

```
表面活性剂    沉淀剂
   ↓           ↓
前驱体→乳化→沉淀→分离→洗涤→干燥→煅烧→产品
   ↑
有机溶剂
```

例如，四方相 ZrO_2-Y_2O_3 微粉的制备过程为将纯度>99%的 $ZrO(NO_3)_2 \cdot nH_2O$ 和 $Y(NO_3)_3 \cdot 6H_2O$ 结晶体分别溶解于蒸馏水中，配成一定浓度的溶液，按 Y_2O_3 摩尔含量为 3%分别量取两种溶液并配成混合溶液。将混合溶液逐渐加入到含 3%（体积含量）乳化剂的二甲苯溶剂中，同时不断搅拌并经超声处理形成乳浊液。在这种乳浊液中，盐溶液以尺寸为 10～30 μm 的小液滴形式分散在有机溶剂中。继而，往乳浊液中通 NH_3，使分散的盐溶液小液滴凝胶化，然后将凝胶放入蒸馏瓶中进行非均相的共沸蒸馏处理。将经过蒸馏处理的凝胶进行过滤，同时加入乙醇清洗，目的是尽可能地滤去剩余的二甲苯和乳化剂。滤干的凝胶于红外灯下烘干，最后在 700℃、1 h 条件下煅烧即可得到平均晶粒尺寸为 13～14 nm 的 ZrO_2-Y_2O_3 粉体。

3.2.7 喷雾法

喷雾法是将溶液通过各种手段进行雾化获得超微粒子的一种化学与物理相结合的方法。其基本过程是溶液的制备、喷雾、干燥、收集和热处理。其特点是颗粒分布比较均匀，但颗粒尺寸为亚微米到 10 μm 左右。具体颗粒尺寸范围取决于制备工艺和喷雾的方法。喷雾法可根据雾化和凝聚过程的不同分为 3 种：喷雾干燥法、喷雾水解法和喷雾焙烧法。

1．喷雾干燥法

喷雾干燥法是将已制成溶液的原料通过喷嘴喷成雾状液滴，再将液滴进行干燥并随即捕集，捕集后直接或者经过热处理之后作为产物颗粒的方法。

图 3.17 所示为用于合成软磁铁氧体超微颗粒的装置，用此装置将溶液化的金属盐送到喷雾器进行雾化。喷雾干燥后的盐用旋风收集器收集，再用炉子进行焙烧就成为微粉。

将镍、铁、锌的硫酸盐一起作为初始原料制得混合溶液，进行喷雾干燥后就可制得由混合盐组成的颗粒，将这种混合盐焙烧就能获得镍锌铁氧体。用同样的方法，还可以制得镁锰铁氧体、锰锌铁氧体等。

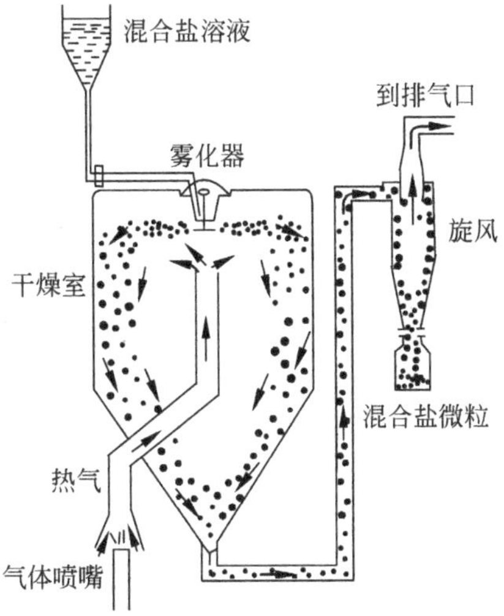

图 3.17　用于合成软磁铁氧体超微颗粒的装置

2. 喷雾水解法

喷雾水解法是指将一种盐的超微粒子由惰性气体载入含有金属醇盐的蒸气室中，金属醇盐蒸气附着在超微粒的表面，与水蒸气反应分解后形成氢氧化物微粒，经焙烧后获得氧化物的超细微粒的方法。这种方法获得的微粒纯度高、分布窄、尺寸可控。具体尺寸主要取决于盐的微粒大小。

图 3.18 所示为用喷雾水解法合成氧化铝微粒的装置。合成方法是铝醇盐的蒸气通过分散在载体气体中的氯化银核时被冷却，生成以氯化银为核的铝的丁醇盐气溶胶。这种气溶胶由单分散液滴构成，通过这种气溶胶与水蒸气的反应来实现水解，从而成为单分散性氢氧化铝颗粒，将其焙烧就可得到氧化铝颗粒。如图 3.18 所示，载体气体氦经过氯酸镁和硫酸钙柱干燥，再经过微孔过滤器炉，被丁基醇铝饱和。气体流量为 500～2000 cm^3/min，锅炉温度为 122～155℃，醇盐蒸气压≤133.322 Pa。被醇盐蒸气饱和的载体气体由冷凝器冷却而生成气溶胶。将这种在气体中溶胶化了的醇盐在约 130℃的加热器中完全气化之后，再用冷凝器凝缩。冷凝器的温度保持在 25℃。载于氦气内的醇盐液体再次凝缩之后就变成只含这种醇盐的溶胶。气溶胶在水解器中与水蒸气混合，为

了使水解反应进行得更完全，让混合物通过于25℃保温的冷凝器，然后在加热到300℃的玻璃管中使之完全固化，并由收集器收集起来。

3．喷雾焙烧法

喷雾焙烧法是将呈液态的原料供往喷嘴，在喷嘴处与压缩空气混合并雾化，雾化液滴载于向下流动的气流中，在通过外部加热式石英管的同时被热解而成为固体微粒，如图3.19所示。

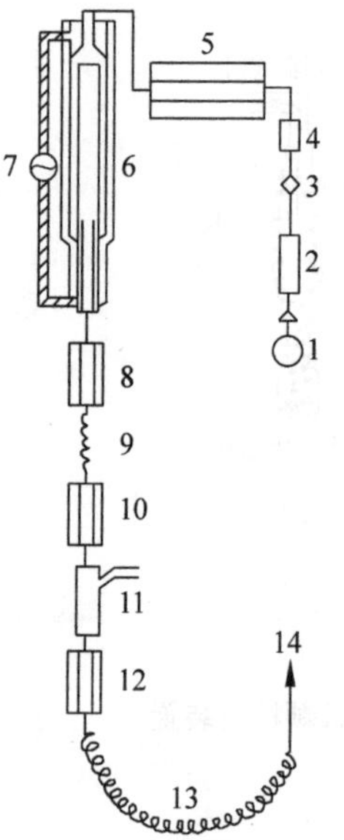

图3.18　喷雾水解法制备氧化铝的装置

1—载体气体；2—干燥剂；3—过滤器；4—流量计；5—成核炉；6—微孔过滤器炉；7—泵；8—冷凝器；9—加热器；10—冷凝器；11—水解器；12—冷凝器；13—加热部件；14—固化颗粒出口

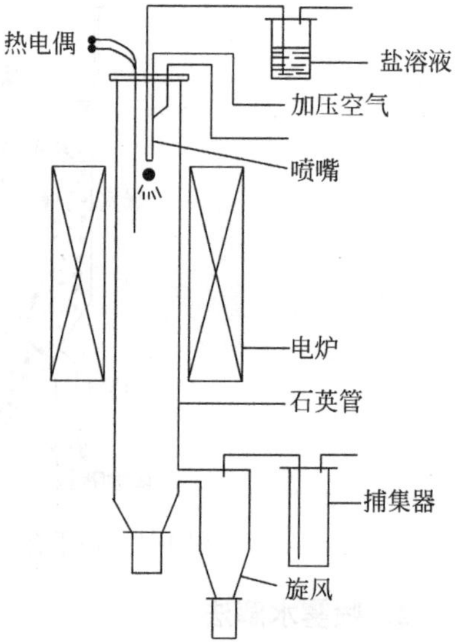

图3.19　喷雾焙烧装置

硝酸镁和硝酸铝的混合溶液经此方法可合成镁铝尖晶石，溶剂是水与甲醇的混合溶液，粒径的大小取决于盐的浓度和溶剂中甲醇的浓度，溶液中盐的浓度越低，溶剂中甲醇浓度越高，其粒径就越大。用此法制备的粉末，粒径为亚微米级，它们是由几十纳米的一次颗粒构成的。

3.3　气相合成法

气相合成法是指直接利用气体或通过各种手段将物质变成气体，使之在气态下发生物理或化学变化，最后在冷却阶段凝聚长大形成粉体的方法。主要有两大类，即物理气相沉积法（physical vapor deposition，PVD）和化学气相沉积法（chemical vapor deposition，CVD）。

物理气相沉积法是指用物理方法使物质的原子或分子逸出，然后沉积形成固态物质的方法。物理气相沉积法主要用于金属纳米微粒的制备，特别是熔点较低的金属纳米微粒的制备。对于陶瓷材料，由于它们的熔点通常都较高，难以用物理气相沉积法制备，故本节不作介绍。

化学气相沉积法是指使含有构成微粒元素的一种或几种化合物（或单质）气体在一定温度下通过化学反应生成固态物质的方法。化学气相沉积的方法很多，用于制备陶瓷纳米微粒的化学气相沉积法主要有蒸发氧化法、等离子体加强化学气相反应法、激光诱导化学气相沉积法等，下面对这些方法进行简单介绍。

3.3.1　蒸发氧化法

蒸发氧化法是指在金属单质或金属化合物蒸发的气相中发生氧化反应而生成金属氧化物，并在一定条件下凝聚成纳米微粒的方法。气相氧化的方法很多，按加热方式划分，主要有电阻加热法、高频感应加热法、等离子体加热法、激光加热法等。

1. 电阻加热法

电阻加热法的装置如图 3.20 所示。蒸发源采用通常真空蒸发使用的螺旋线圈状或者舟状的电阻发热体，如图 3.21 所示。

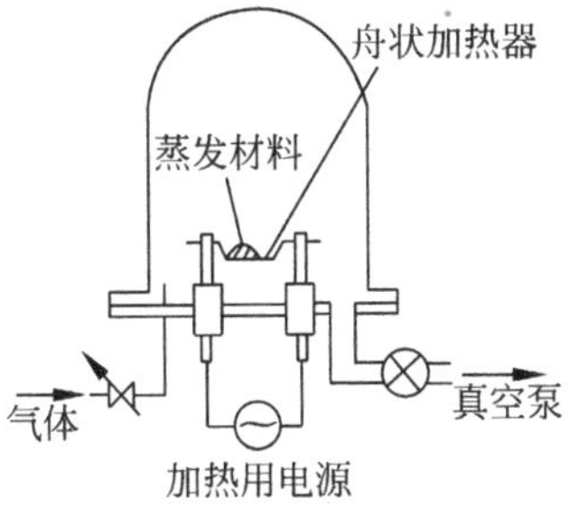

图 3.20　电阻加热制备纳米微粒的装置

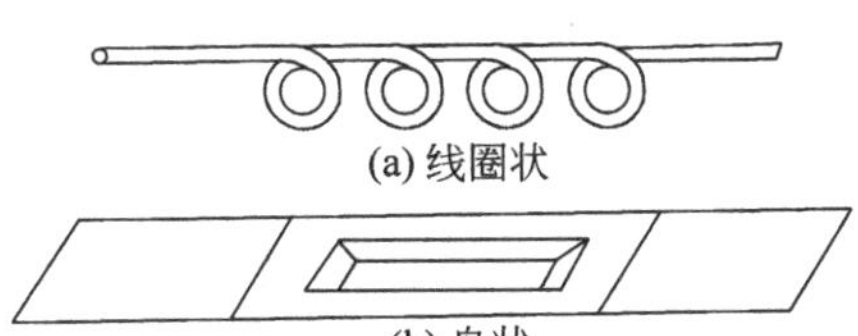

图 3.21　蒸发用电阻加热的发热体

因为蒸发原料通常是放在 W，Mo，Ta 等的螺旋载样台上，所以有两种情况不能使用这种方法加热和蒸发：① 两种材料（发热体和蒸发原料）在高温熔融后会形成合金；② 蒸发原料的蒸发温度高于发热体的软化温度。目前这一方法主要用于 Ag，Al，Cu，Au 等低熔点金属的蒸发。

图 3.22 所示的电阻发热体使用 Al_2O_3 等耐火材料将钨丝进行了包覆，由于熔化了的蒸发材料不与高温的发热体直接接触，可以在加热了的氧化铝坩埚中进行比上述银等金属具有更高熔点的 Fe，Ni 等金属的蒸发。

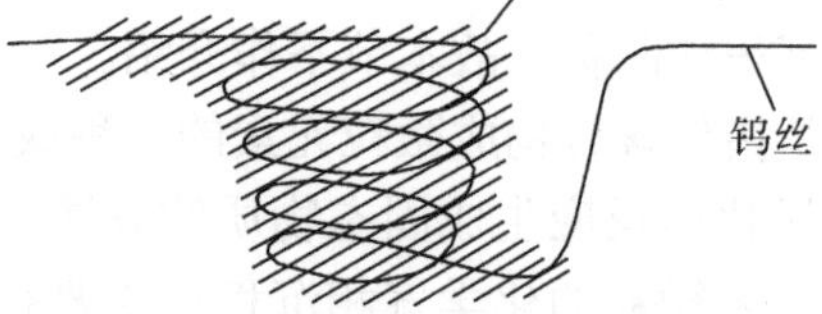

图 3.22　氧化铝包覆篮框钨丝发热体

电阻加热法的优点是设备比较简单，缺点是对于多组元材料，由于各组元的蒸气压不同，会引起微粒成分与原材料不同；而且在加热过程中，电热元件的原子也会挥发出来，造成污染；被加热材料还可能与电热元件发生反应。在加热温度较高时，这些缺点尤为显著。

2．高频感应加热法

高频感应加热法是指将耐火坩埚内的蒸发源材料进行高频感应加热蒸发而制得纳米微粒的一种方法，其装置如图 3.23 所示。

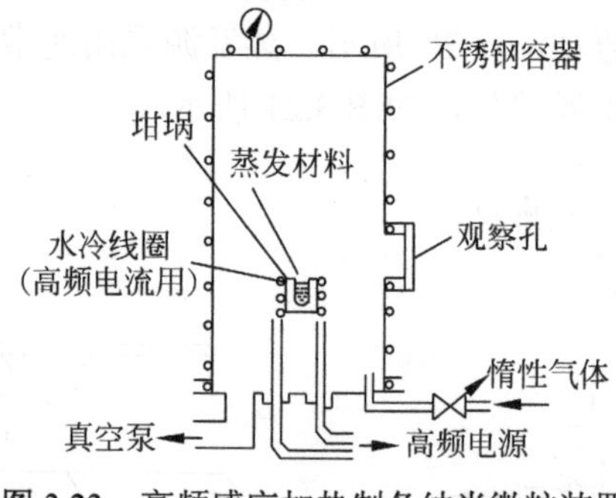

图 3.23　高频感应加热制备纳米微粒装置

这一方法的优点是：① 可将熔体的蒸发温度保持恒定；② 熔体内合金均匀性好；③ 可在长时间内以恒定的功率运转；④ 规模越大（使用大坩埚），纳米微粒的粒度越趋于均匀。此法的缺点是对 W，Ta，Mo 等高熔点、低蒸气压金属的氧化物纳米微粒来说，制备非常困难。

3．等离子体加热法

等离子体加热法是通过气体放电产生的高温等离子体将原料熔化、蒸发，蒸气冷却或发生反应形成纳米微粒。

等离子体是物质存在的第 4 种状态。它由电离的导电气体组成，其中包括 6 种典型的粒子，即电子、正离子、负离子、激发态的原子或分子、基态的原子或分子及光子。事实上，等离子体就是由上述带电粒子和中性粒子组成的表现出集体行为的一种准中性气体。目前，产生等离子体的方法很多，如直流电弧等离子体、射频等离子体、混合等离子体、微波等离子体等。

图 3.24 所示为等离子体加热制备纳米微粒的装置。生成的纳米微粒黏附在水冷铜板上，气体被排出室外，运转几十分钟后，进行慢氧化处理，然后再打开生成室，将附在圆筒内侧的纳米微粒收集起来。

4．激光加热法

激光加热法是通过激光加热将原料熔化、蒸发，蒸气冷却或发生反应形成纳米微粒。利用激光器进行加热制备纳米微粒的装置如图 3.25 所示。

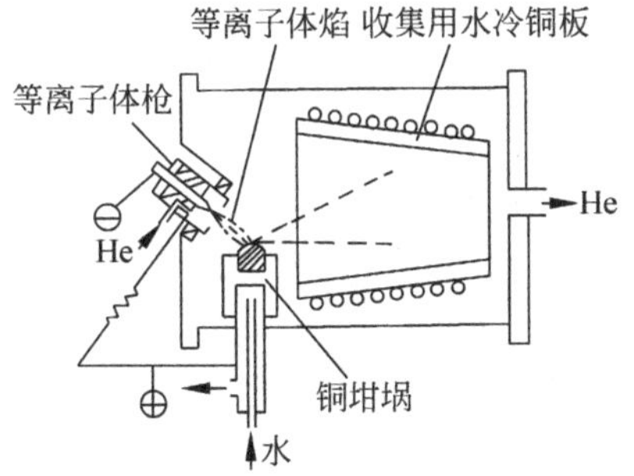

图 3.24 等离子体加热制备纳米微粒的装置

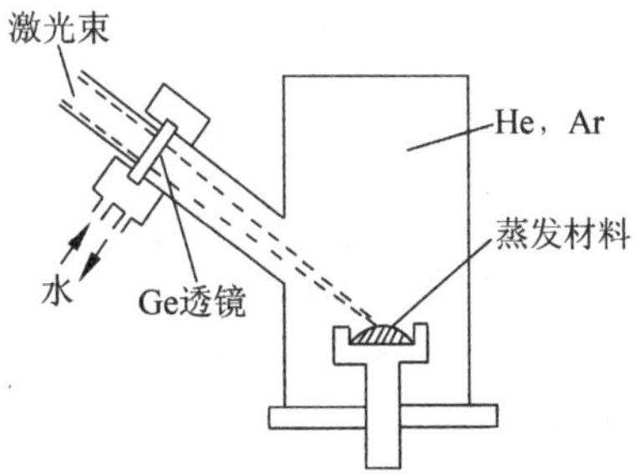

图 3.25 激光加热制备纳米微粒的装置

激光加热法的优点是：① 加热源可以放在系统外，所以不受蒸发室的影响；② 不论是金属、化合物还是块体都可以用它进行熔融和蒸发；③ 加热源（激光器）不会受到蒸发物质的污染等。

3.3.2 等离子体加强化学气相反应法

等离子体加强化学气相反应法是指利用等离子体高温射流进行粉体合成的一种气相合成方法。它与前面蒸发氧化法中的等离子加热法有许多相同之处，不同之处在于该方法使用的是气体原料，等离子体不用于原料的蒸发，只用于微粉合成。

1．等离子体加强化学气相反应法的装置与工艺过程

1）合成装置

等离子体加强化学气相反应法的合成装置主要由发生装置、化学反应装置、冷却装置及尾气处理装置等组成，图 3.26 给出了一种射频等离子体气相合成纳米微粒的装置。

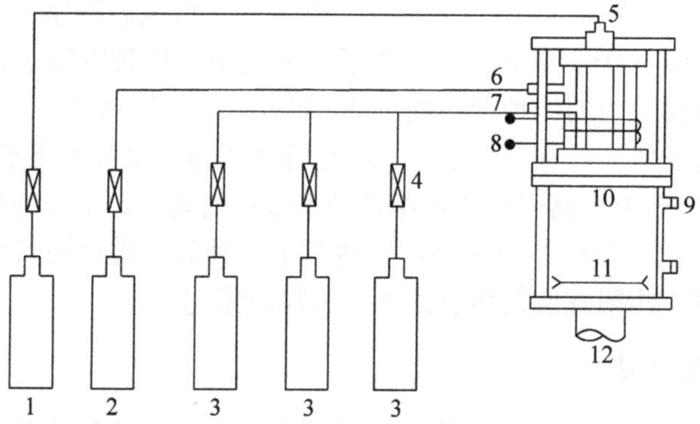

图 3.26 射频等离子体气相合成纳米微粒装置

1—工作气体；2—惰性气体；3—反应气；4—流量控制器；5—工作气体入口；6—保护气入口；7—反应气入口；8—电源；9—冷却；10—反应室；11—收集；12—排气

2）工艺流程

等离子体加强化学气相反应法制备纳米微粒的主要工艺流程有等离子产生、原料蒸发、化学反应、冷却凝聚、颗粒捕集和尾气处理等过程，如图 3.27 所示。相应的操作过程是先将反应室抽成真空，充入一定量纯净的惰性气体；然后接通等离子体电源，同时导入各路反应气与保护气体；在极短的时间内，反应体系被等离子体高温焰流加热，并达到引发相应化学反应的温度，迅速完成成核反应；生成的粒子在真空泵抽运下，迅速脱离反应区被收集器捕集。

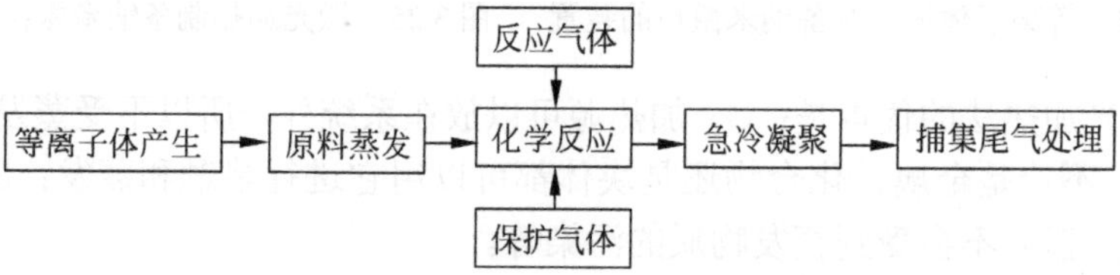

图 3.27 等离子体加强化学气相反应法制备纳米微粒的流程图

3）工艺参数的控制

（1）等离子体温度场控制

在等离子体加强化学气相反应法制备纳米微粒的过程中，温度对合成微粒的物理特性影响较大，因此，对等离子体焰流温度场的控制是一项关键技术。

在直流电弧等离子体发生系统中，反应器内的温度场与发生器的功率和气体流量有关。因此，通过控制发生器功率和各路气体流量变化，可以有效地控制反应器中等离子体的温度分布。此外，还要实现等离子体焰流边界处大的温度梯度。

对于高频感应等离子体，由于火焰分布体积较大，造成等离子体火焰紊乱。为了解决这一问题，通常采用直流等离子体与高频等离子体结合的技术（即混合等离子体），使等离子体沿着轴向喷射。这样，可以使等离子体的温度分布得到调制。

（2）等离子体速度场控制

通常，在等离子体发生器与反应器中还存在层流、紊流，即混合气体中存在速度分布场。不同的流体速度分布会导致生成颗粒的运动、传热方面的差异，导致生成的纳米微粒具有不同的性能。目前，对等离子流体速度场的控制尚无明确的解决办法，有关这方面的问题还不能利用普通的传热学与流体力学理论来描述。从经验上考虑，多半采用保护气稀释或改变反应器结构与相应的技术参数等措施，从而按合成目标物质的性能要求来调整等离子体的速度分布。

（3）等离子体浓度场控制

等离子体中浓度场分布、原料气与反应气的浓度及保护气的配备比例在纳米微粒生成过程中起着重要作用。通过控制上述可变参量，可以在一定程度上改变混合流体中各离子与颗粒的比例，从而改变反应区域内的浓度分布、速度分布、电荷密度分布及能量输运方式，最终导致产物在性能方面的差异。

（4）纳米微粒形态控制

在等离子体加强化学气相反应合成纳米微粒的过程中，控制颗粒形态的操作参量主要有反应气浓度、等离子体温度、淬冷条件、反应器技术参数等。通常认为等离子体化学反应很快，并存在化学平衡问题，因此，反应气流量与浓度控制是影响生成纳米微粒形态的关键措施。从过冷饱和蒸气中成核、长大并获得最终颗粒过程分析，在等离子体条件下还可能出现一些新的特性，如颗粒将带有浮动电位，会影响颗粒间的碰撞与凝并状态。此外，高低温之间的淬冷控制会导致颗粒最终的晶型与形貌出现多种表现形式。

4）陶瓷微粉合成实例

（1）Ti（C，N）纳米微粉的合成

Ti（C，N）纳米微粉的合成过程如图 3.28 所示。主要反应为

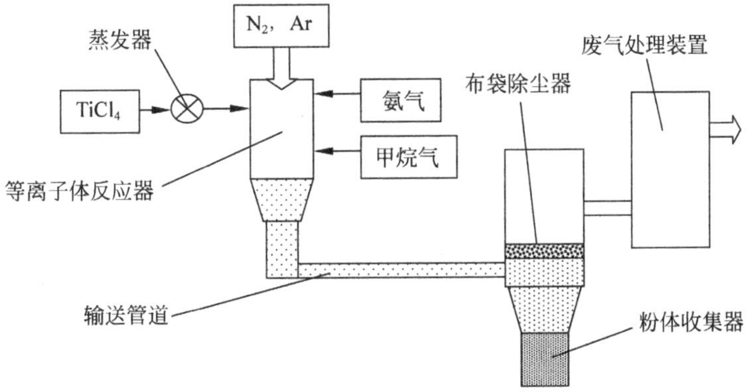

图 3.28 Ti（C，N）纳米微粉的合成过程

$$TiCl_4(g) + CH_4(g) + NH_3(g) = Ti(C, N) + HCl(g) \tag{3-30}$$

制得的 Ti（C，N）纳米微粉形貌如图 3.29 所示。

图 3.29 Ti（C，N）纳米微粉形貌

（2）Si_3N_4 纳米微粉的合成

Si_3N_4 纳米微粉的合成过程如图 3.30 所示，制得的 Si_3N_4 纳米微粉形貌如图 3.31 所示。

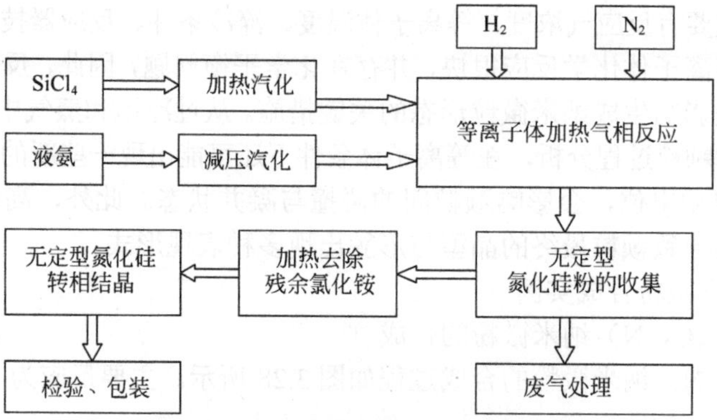

图 3.30 Si_3N_4 纳米微粉的合成过程

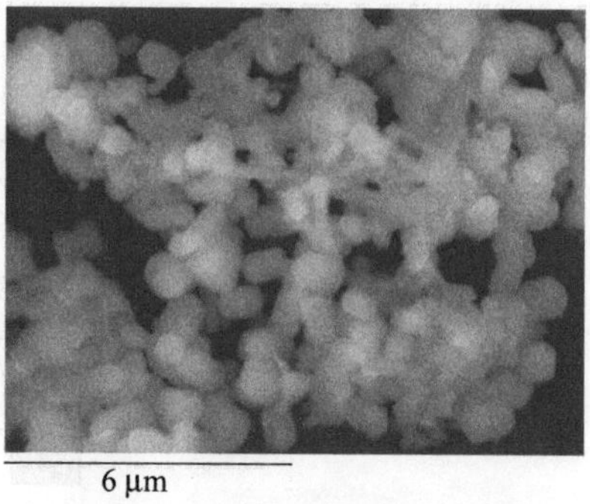

图 3.31 Si_3N_4 纳米微粉形貌

3.3.3　激光诱导化学气相沉积法

激光诱导化学气相沉积法是指通过反应气体对特定波长激光能量的吸收来诱导发生合成反应制备陶瓷纳米微粉的方法。

1. 合成原理

激光诱导化学气相反应法合成纳米微粒的基本原理是利用大功率激光器的激光束照射反应气体，反应气体通过对入射激光光子的强吸收，气体分子或原子在瞬间得到加热、活化，并在极短的时间内获得化学反应所需的温度，迅速完成反应、成核、凝聚、生长等过程，从而获得相应物质的纳米微粒，如图 3.32 所示。

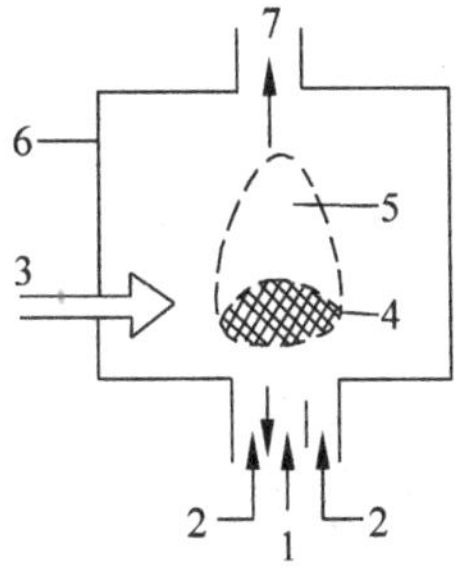

图 3.32　激光法合成纳米微粒原理图

1—反应气；2—保护气；3—激光束；4—反应区；5—反应焰；6—冷壁；7—收集室入口

入射激光能否引起化学反应是激光法合成纳米微粒的一个关键问题。事实上，气体分子对光能的吸收系数与入射光的频率有关。普通光源的频率很宽，与特定气体分子的吸收频率重叠的部分仅占光源频谱中极窄的一段范围，因而普通光源的大部分能量无法被反应气体分子吸收。此外，由于普通光源的光强度太低，无法使反应气体分子在极短的时间内获得所需要的反应能量。

激光光源具有单色性和高功率、高强度，如果能使入射激光光子频率与反应气体分子的吸收频率一致，则反应气体分子可在极短的时间内吸收足够的能量，从而迅速达到相应化学反应所需的阈值温度，引发反应体系的化学反应。因此，为了保证化学反应所需的能量，需要选择对入射激光具有强吸收的反应气体，如 SiH_4，C_2H_4，NH_3 对 CO_2 激光光子具有较强的吸收。

对某些有机硅化合物和羰基铁一类的物质，它们对 CO_2 激光光子无明显的吸收。当采用这类原料蒸发气体时，需要在反应气体体系中加入相应的光敏剂。光敏剂的分子可大量吸收激光光子能量，再通过碰撞将激光光子能量转移给反应气体分子，使反应气体分子被活化、加热，从而实现相应的化学反应。

此外，还要选择大功率的激光热源，如百瓦级 CO_2 连续激光器或各种脉冲激光器等。这类激光器经透镜聚焦后，功率密度可达 $10^3 \sim 10^4$ W/cm^2，完全可以满足激光诱导化学气相反应合成各类纳米微粒的要求。

2．合成装置与工艺过程

1）合成装置

激光诱导化学气相反应合成纳米微粒的装置系统主要包括激光器、反应器、纯化装置、真空系统、气路与控制系统，如图 3.33 所示。

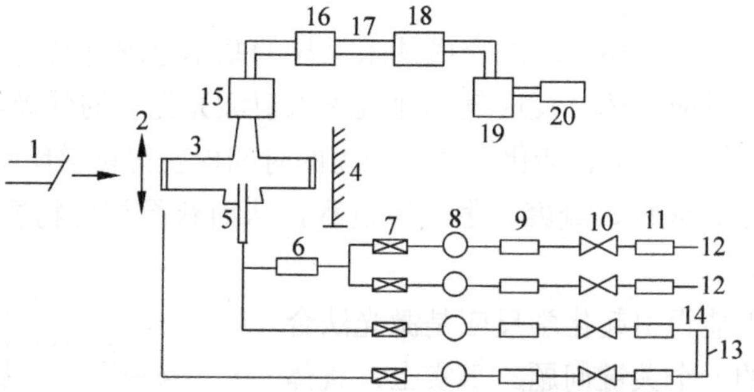

图 3.33　激光诱导化学气相反应合成纳米微粒的装置系统

1—激光器；2—聚焦透镜；3—反应器；4—光束截止屏；5—反应器喷嘴；6—混气室；7—质量流量计；8—压力表；9—稳压器；10—气体调节阀；11—净化器；12—反应气；13—惰性气体；14—分流器；15—收集器；16—绝对捕集器；17—气阻调节阀；18—尾气处理器；19—缓冲器；20—真空泵

2）工艺过程

激光诱导化学气相反应合成纳米微粒的工艺过程大体如下：经过聚焦的激光束进入预真空后充以惰性气体的反应器，反应器按要求调至适当压力，经过预混合的反应气由喷嘴喷出，混合气体在激光束正交中心处形成高温反应区，反应区边缘由载气限定，形成夹心式的微小火焰区，如图 3.34 所示。在短时

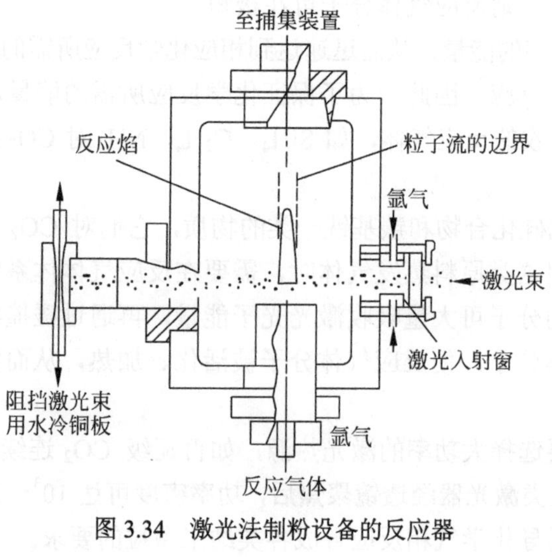

图 3.34　激光法制粉设备的反应器

间内，反应气体吸收入射激光能量后达到反应温度，并瞬间完成核化反应过程。核粒子在载气吹送下迅速脱离反应区并凝聚成纳米微粒，经过膜式捕集器被收集，反应尾气经过处理后排放。

在激光诱导化学气相反应合成纳米微粒的工艺过程中，需要注意以下几方面的问题。

（1）光源调整与反应室处理

对于激光法制备纳米微粒，首先要根据反应需要调节激光器的输出功率，调整激光束半径及经过聚焦后的光斑尺寸，并预先调整好激光束光斑在反应区域中的最佳位置。其次，要做好反应室净化处理，即进行抽真空准备，同时充入高纯惰性保护气体。这样可以保证反应在清洁的环境中进行。

（2）原料纯化处理

激光法制备纳米微粒的主要原料是各类反应气，此外，还包括惰性保护气体和载气，这些气体中通常都含有微量的杂质氧和吸附水，这些杂质在合成反应进行前应予以去除，否则会混杂在产品中或影响合成反应的进行。通常，在反应前，采用变色硅胶或各类分子筛来清除各类气体中的水分，利用高效气体脱氧剂除去气体中的微量氧。对于各类惰性气体（如酸性或碱性气体），要选择相应的惰性脱水剂。如 NH_3 属于碱性气体，应考虑使用碱性脱水剂除去其中的水分。经过纯化处理的气体进行化学反应时，可以避免高温下的某些副反应发生，从而有效地提高产品的纯度。

（3）预热与蒸发过程

为了提高反应气体的利用率，从而提高反应收率，合成反应前要对反应气体进行预热处理。从气体分子运动理论方面分析，在混气前对各路反应气进行预热，可以有效地提高反应气体分子的平均平动动能，为反应气的均匀混合创造条件。对于固态原料，要进行气相化学反应，还必须预热相应的反应气体及在气相合成反应前对固态原料进行蒸发处理。

（4）反应气预混合

反应气预混合是提高纳米微粒生成率的一个重要步骤。在远低于成核反应温度下对各路反应气体进行预混合，可使各路反应气体分子在分子水平上达到均匀混合，为高温气相化学反应创造条件。这里需要强调的一点是，反应气配比是一个关键因素，通常要根据合成目标物质的要求设定各路反应气的化学计量比例，在设定的比例下进行混气。对于特殊的化学反应，如还原性反应，要根据具体情况确定还原气体对原料气体的过量比例。

（5）反应、成核与生长

经过预热混合的混合反应气流在载气吹送下到达反应成核区，在入射激光光子的诱发下，反应气体迅速被加热到自发化学反应的阈值温度。通常反应区温度可达 1500℃，在反应区域形成稳定火焰。从反应区最底部开始，依次为中心高温区、反应火焰区和羽状物区域。其中，羽状物就是生成纳米微粒的热粒子辐射。这里，化学反应显然是在中心高温区域内引发的；在反应火焰区完成核化反应，并生成大量的核粒子；在羽状物区域完成凝聚与生长并随着载气被抽运，凝聚的纳米微粒脱离火焰区域，到达收集室。至此，纳米微粒合成过程完成。

3．激光诱导化学气相沉积法的特点

激光诱导化学气相沉积法的特点是：

（1）由于反应器壁是冷的，因此无潜在污染；

（2）原料气体分子直接或间接吸收激光光子能量后迅速进行反应；

（3）反应具有选择性；

（4）反应区条件可以精确地控制；

（5）能量被与激光波长相耦合的原料吸收，能量利用率高；

（6）激光能量高度集中，加热区域小，反应区与周围环境之间温度梯度大，有利于生成核粒子并快速黏结。粉体的成核、长大分开且同步，又很快被淬冷，粉体微细（纳米级）、均匀、团聚少。

由于激光法具有上述技术优势，因此，采用激光法可以制备均匀、高纯、超细、粒度分布窄的各类陶瓷微粒。

4．典型合成产品

表 3.5 列出了几种用 LCVD 制备的超纯超细粉体，以及所用原料、激光源等。

表 3.5　几种用 LCVD 制备的超纯超细粉体

粉 体	原 料	激光源	粉 体	原 料	激光源
Si_3N_4	$SiH_4 + NH_3$	CO_2	γ-Fe_4N/Fe	$Fe(CO)_5 + NH_3$	CO_2
Si_3N_4/SiC	$Si_2C_6NH_{19} + NH_3$	CO_2	Fe-Si	$Fe(CO)_5 + SiH_4$	CO_2
SiC	$SiH_4 + CH_4(CH_5O)_2Si(CH_3)_2$	CO_2	Fe_2O_3	$Fe(CO)_5/N_2O/SF_6$ $Fe(CO)_5$/空气/C_2H_4	CO_2
Al_2O_3	$Al(CH_3)_3 + N_2O + C_2H_4$	CO_2	—	—	—

3.3.4　其他气相合成方法

1．通电加热法

通电加热法是以制备 SiC 纳米微粒为主要目的而使用的一种方法，其装置如图 3.35 所示。具体制备方法是将棒状的碳电极压在块状的 Si（蒸发材料）上，加上电压。蒸发室内的气氛压力与进行蒸发时 Ar 气或者 He 气的压力相同(1～10 kPa)。因为 Si 在低温下的电阻较大，所以，在这一状态下 Si 并不导电。因此，最初要在下部预先加热 Si，等 Si 板温度上升、电阻变小之后，通上数百安培的交流电流。这以后发生的现象是随通电时间的延长，碳电极由红热变成白热，继而与碳棒接触，受压的 Si 部分熔化，沿碳棒表面向上爬；然后，碳棒（温度上升至 2200℃以上）发出很大的烟雾，而烟雾中含有大量纳米 SiC 微粒。

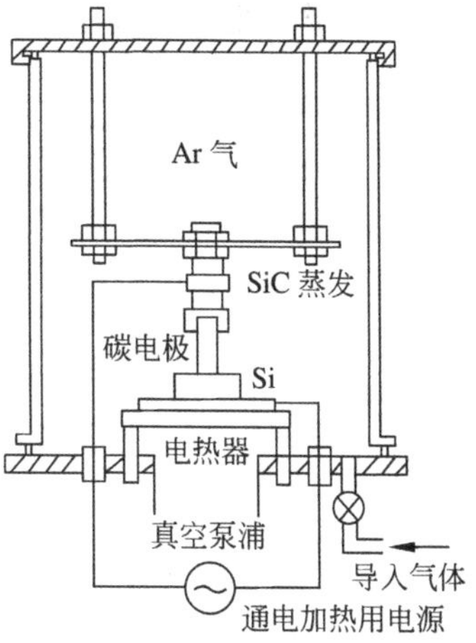

图 3.35 通电加热法制备 SiC 超微粒的装置

通电加热法除了可以制备 SiC 纳米微粒外，还可以制备 Cr，Ti，V，Zr 的结晶性碳化物纳米微粒。

2. 流动油面上真空沉积法

流动油面上真空沉积法的原理是在高真空中将原料用电子束加热蒸发，让蒸发物沉积到旋转圆盘下面的流动油面中，在油中蒸发原子结合形成纳米微粒，再将此微粒与油一起回收。其制备装置如图 3.36 所示。

具体的操作过程如下：在高真空中，用电子束将水冷坩埚中的蒸发原料加热、蒸发；然后将上部的挡板打开，让蒸发物沉积在旋转圆盘的下面；由该盘的中心向下表面供给的油在圆盘旋转的离心力作用下，沿下表面形成一层很薄的流动油膜，然后被甩在容器侧壁上；进入到油中的微粒在回收后经真空蒸馏、浓缩而成为油浆，进而将油浆中的油与微粒分离，即可得到纳米微粒。

流动油面上真空沉积法制备的纳米微粒球形好、团聚轻，但此法产量小、成本高。

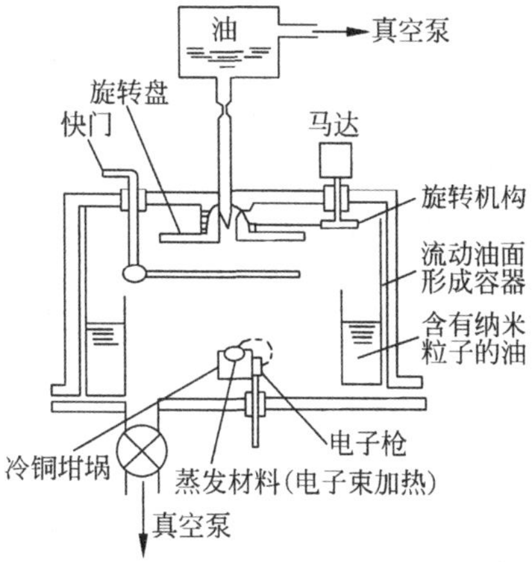

图 3.36 流动油面上真空沉积法制备纳米微粒的装置

3．化学气相凝聚法

化学气相凝聚法是指主要通过金属有机先驱物分子热解获得纳米陶瓷微粒的方法。其基本原理是利用高纯惰性气体作为载气，携带金属有机前驱物，如六甲基二硅烷等，进入钼丝炉（图3.37），炉温为1100～1400℃，气氛压力保持在100～1000 Pa的低压状态；在此环境下，原料热解成团簇，进而凝聚成纳米粒子，最后附着在内部充满液氮的转动衬底上，经刮刀刮下进入纳米粉体收集器。

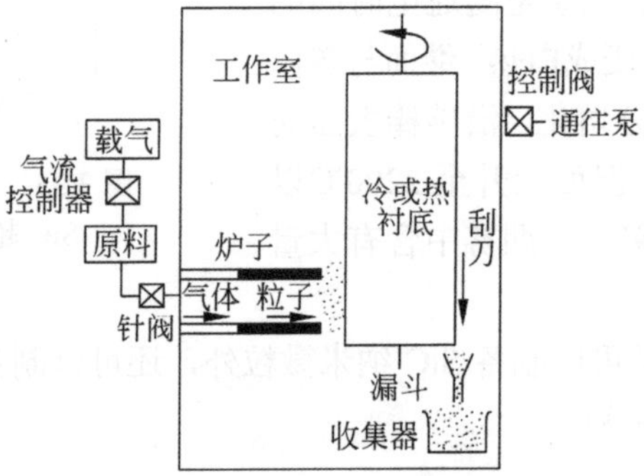

图3.37 化学气相凝聚装置

4．燃烧火焰-化学气相凝聚法

燃烧火焰-化学气相凝聚法的原理和化学气相凝聚法相同。其装置基本上与化学气相凝聚法相似，不同之处是将钼丝炉换成平面火焰燃烧器（图3.38）。燃烧器的前面由一系列的喷嘴组成，当含有金属有机前驱物蒸气的载气（如氦气）与可燃气体的混合气体均匀地流过喷嘴时，产生均匀的平面火焰，火焰由C_2H_2，CH_4或H_2在O_2中燃烧生成。反应室的压力保持在100～500 Pa的低压，金属有机前驱物经火焰加热在燃烧器的外面热解形成纳米粒子，附着在冷阱上，经刮刀刮下收集。此法比化学气相凝聚法的生产效率高得多，这是因为热解发生在燃烧器的外面，而不是在炉管内，因此热解充分并且不会出现粒子沉积在炉管内的现象。此外，由于火焰的高度均匀，保证了形成每个粒子的原料都经历了相同的时间和温度的作用，因而粒径分布窄。

5．爆炸丝法

爆炸丝法的基本原理是先将金属丝固定在一个充满5×10^6 Pa惰性气体的反应室中（图3.39），丝两端的卡头为两个电极，它们与一个大电容器相连形成回路，加15 kV的高压，金属丝在500～800 kA电流下进行加热，熔断后在电流中断的瞬间，卡头上的高压在熔断处放电，使熔融的金属在放电过程

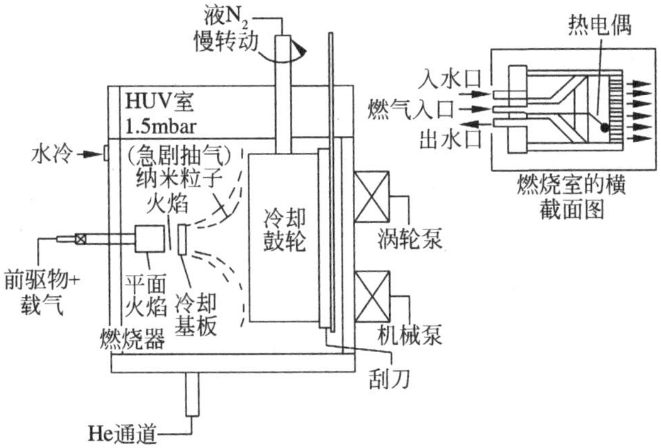

图 3.38 燃烧火焰-化学气相凝聚装置

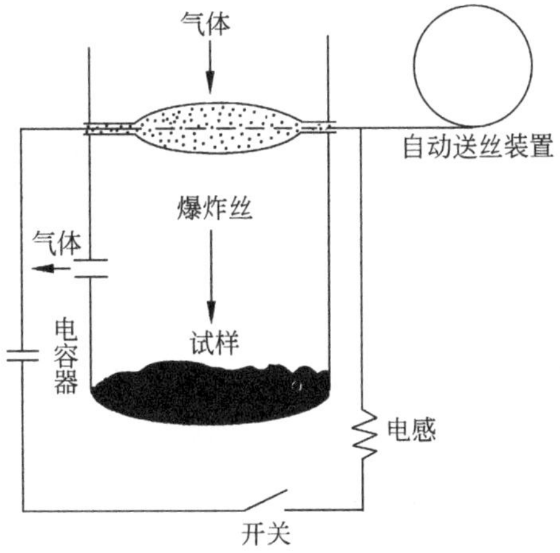

图 3.39 爆炸丝法制备纳米粉体装置

中被进一步加热变成蒸气，在惰性气体碰撞下形成纳米金属或合金粒子沉淀在容器的底部，金属丝可以通过一个供料系统自动地进入两卡头之间，从而使上述过程自动地重复进行。

为了制备某些易氧化金属的氧化物纳米粉体，可以通过如下两种方法来实现：一种方法是事先在惰性气体中充入一些氧气；另一种方法是将已获得的金属纳米粉进行水热氧化。用这两种方法制备的纳米氧化物有时会呈现不同的形状，例如，由前者制备的氧化铝为球形，用后者制备的则为针状。

6．溅射法

溅射法的原理是在惰性气氛或活性气氛下，在阳极和阴极蒸发材料间加上几百伏的直流电压，使之产生辉光放电，放电产生的离子撞击到阴极的蒸发材料靶上，靶材的原子就会由其表面蒸发出来，蒸发原子被惰性气体冷却而凝结或与活性气体反应而形成纳米微粒。

用溅射法制备纳米粉体有如下优点：不需要坩埚；蒸发材料（靶）放在任何地方都行（向上、向下都行）；高熔点金属也可用此方法制成纳米微粒；具有很大的蒸发面；使用反应性气体溅射，可以制备化合物纳米微粒等。

图 3.40 所示为用溅射法制备纳米微粒的原理。图中两块金属板（阳极：Al 板，阴极：蒸发材料靶）平行放置在 Ar 气中，在两电极间加 0.3～1.5 kV 直流电压，两电极间产生辉光放电，辉光放电产生的 Ar 离子冲击靶材，靶材的原子就由其表面蒸发出来。使用 Ag 靶时，可制备出粒径为 5～20 nm 的纳米颗粒。

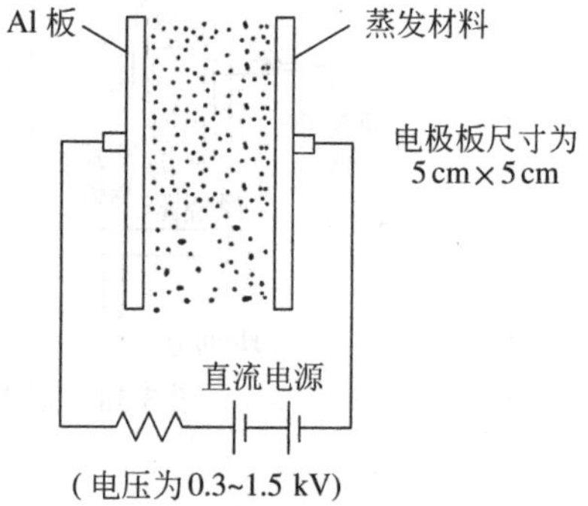

图 3.40　溅射法制备纳米粉体的原理

溅射法中，如果将蒸发材料靶做成几种元素（金属或化合物）的混合，还可以制备复合材料的纳米微粒。

3.4　机械粉碎法

机械粉碎基本上可分为粗碎、中碎、细碎这 3 个过程。陶瓷材料各机械粉碎过程所用的典型设备和作用如图 3.41～图 3.45 所示。

粗碎：粗碎最常用的设备是颚式破碎机，如图 3.41 所示，其作用是将大块原料粉碎成较小的块体。

中碎：中碎最常用的设备是轮碾机，如图 3.42 所示，其作用是将小块原料粉碎为颗粒较粗的粉料。

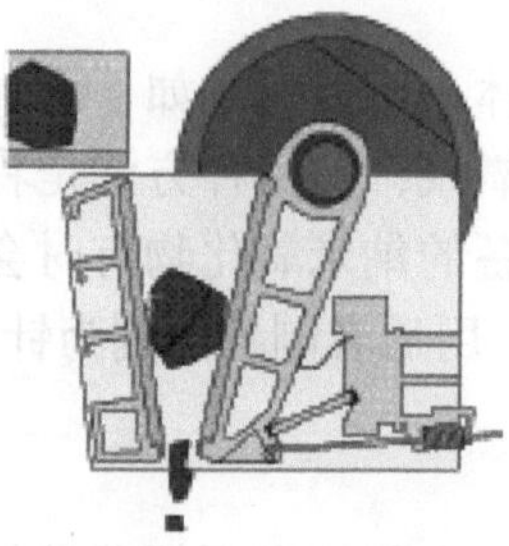
图 3.41　颚式破碎机

图 3.42　轮碾机

细碎：细碎最常用的设备是球磨机（图 3.43～图 3.45）、振动磨、气流磨等，其作用是将较粗的粉料粉碎为较细的粉料。

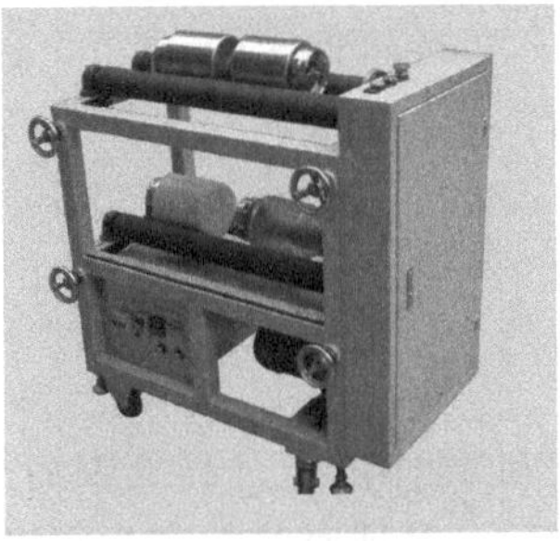

图 3.43 罐磨球磨机

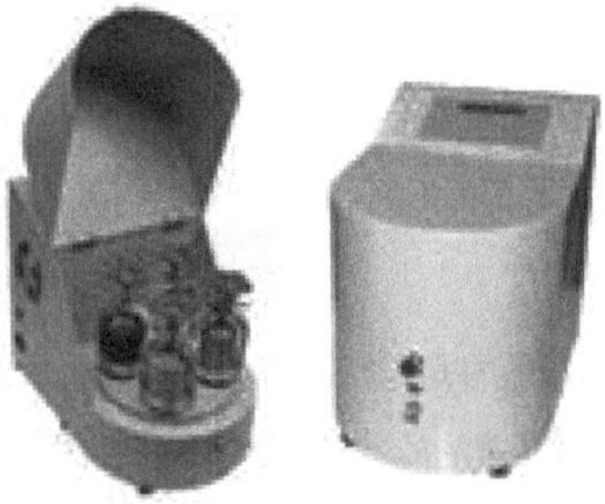

图 3.44 行星球磨机

图 3.45 大型球磨机

在使用机械粉碎法制备精细陶瓷粉体的过程中，应用较多的是细碎，所以下面仅介绍与细碎有关的设备与工艺。

3.4.1 球磨

1. 球磨的工作原理

球磨机是一个旋转的圆筒，筒内装有许多研磨体（也称研磨介质），当球磨机筒体旋转时，筒内的研磨体将跟着筒体一起旋转，研磨体到达一定高度后就自由落下，从而将机筒内的物料击碎，同时研磨体在筒内还做相对滑动，对物料起研磨作用。

2. 影响球磨效率的因素

1）球磨机旋转速度的影响

球磨机的旋转速度可分为 3 种状态。

第 1 种状态：当球磨机转速很高时，磨球在离心力的作用下紧贴筒体内壁随筒体一起做圆周运动，此时，磨球对物料无任何研磨冲击粉碎作用，这种状态称为离心状态，如图 3.46(a)所示。筒体开始出现离心状态的转速称为临界转速 ω_c，计算（推导略）方法为

$$\omega_c = (60/2\pi)(2g/D)^{0.5} \tag{3-31}$$

或

$$\omega_c = 42.3/D^{0.5} \tag{3-32}$$

其中，D 为球磨机的直径；g 为重力加速度。

第 2 种状态：当球磨机转速较低时，磨球随筒体内壁升高到大约与垂线呈 40°～50°角后，磨球一层层地向下滑滚，此时，磨球对物料产生研磨作用，这种状态称为泻落状态，如图 3.46(b)所示。

第 3 种状态：当球磨机的转速较高但又低于临界转速 ω_c 时，磨球随筒体内壁升高到一定高度后便离开筒体内壁而沿抛物线轨迹呈自由落体下落，此时，磨球将对物料施加冲击研磨作用，这种状态称为抛落状态，如图 3.46(c)所示。

在球磨机的 3 种状态中，只有第 3 种最好。在实际中，球磨机转速的一般取法是：干法球磨，磨机转速 $\omega = (0.7\sim0.8)\omega_c$；湿法球磨，磨机转速 $\omega = (0.5\sim0.65)\omega_c$。

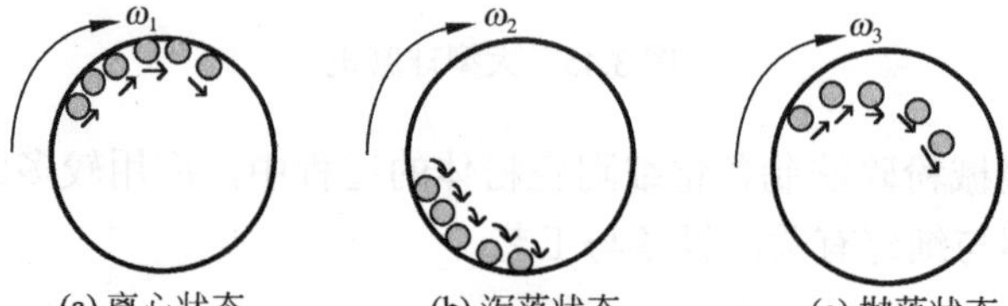

图 3.46 球磨机内磨球的 3 种状态

3 种转速：$\omega_1 > \omega_3 > \omega_2$

2）球磨介质的比重、大小和形状的影响

图 3.47 所示为用不同球磨介质的球磨效果对比图，其中，纵坐标为所得磨料的比表面。可以看出，刚玉柱的效率高于刚玉球，而钢球的效率高于刚玉柱。

3）球磨方式的影响

球磨分为干磨与湿磨两种方式，一般来说湿磨的效率高于干磨，如图 3.48 所示。湿磨的效率高于干磨的原因如下：

（1）湿磨中，水分子会沿着毛细管壁或微裂纹扩展到狭窄地区，对裂纹的四壁产生大约 1.0 MPa 的压力，可促进粉料碎裂，如图 3.49 所示。

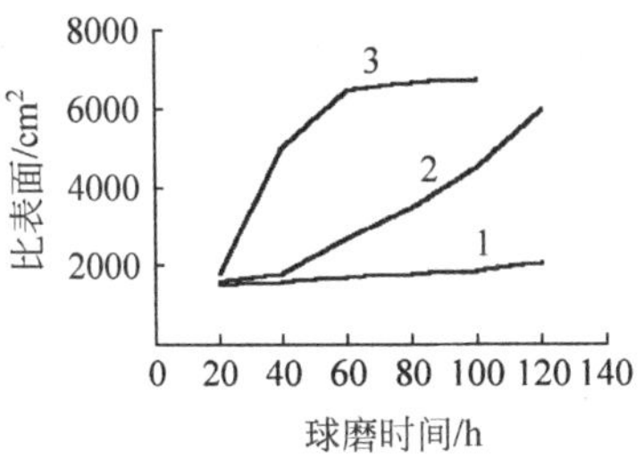

图 3.47 不同球磨介质的球磨效果对比图

1—ϕ22 mm刚玉球；2—ϕ13×40 mm刚玉柱；3—ϕ8.5 mm钢球

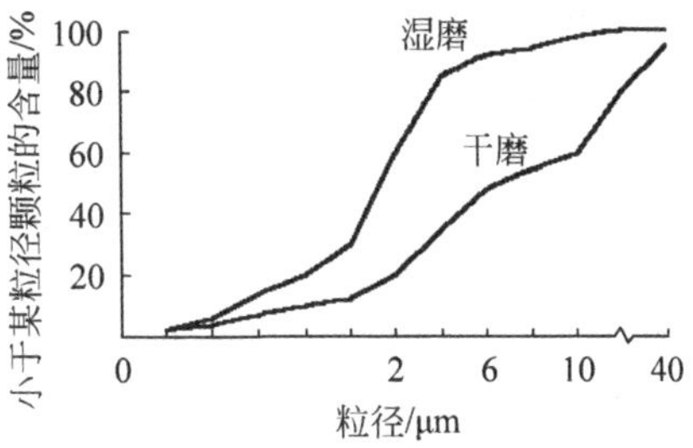

图 3.48 干磨与湿磨两种方式的磨矿效率对比

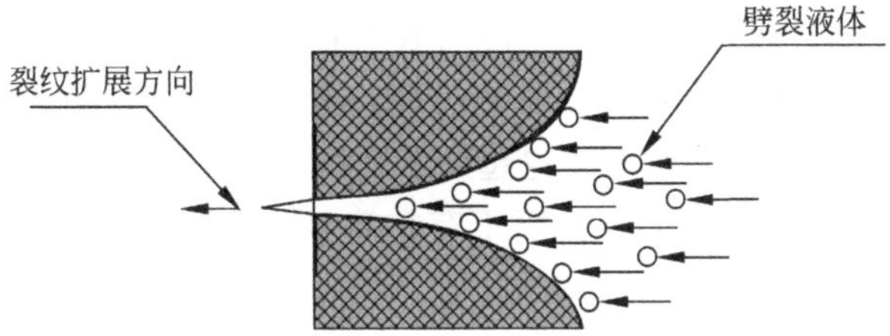

图 3.49 水分子劈裂作用示意图

（2）水分子会与颗粒发生反应，促进颗粒解体。如：

$$2AlN + 3H_2O = Al_2O_3 + 2NH_3 \quad (3\text{-}33)$$

$$BN + 3H_2O = H_3BO_3 + NH_3 \quad (3\text{-}34)$$

湿磨的优点是效率高、灰尘少、易输送，所以工业中大型球磨机一般采用湿磨的方法。

4）球、料、水的比例的影响

干磨时，原料与磨球的松散体积比一般为1:（1.3～1.6）。

湿磨时，一般重量比为料:球:水＝1:（1.5～2.0）:（0.8～1.2）。水太少，则料浆太浓，料与球或球与球容易粘在一起。水太多，则料浆太稀，球、料容易打滑，烘干时料易分层。

5）助磨剂的影响

助磨剂是指加入磨机中促进粉碎过程的化学剂。磨机中加入助磨剂，可以强化粉碎过程，提高细度，缩短研磨时间。

助磨剂的主要作用机理如下：一是助磨剂能吸附在颗粒表面，增大颗粒润湿和吸附作用，使颗粒表面能降低，防止细颗粒的重新团聚，即使发生团聚，其结合力也很小，形成的团聚是软团聚而不是硬团聚，从而提高了球磨细度和效率；二是助磨剂可以渗入到颗粒的微裂纹中，一方面覆盖在新微裂纹的表面，阻止微裂纹的愈合，另一方面它能进入微裂纹的深处，对微裂纹挤压，起到“劈裂作用”，强化和促进了微裂纹的扩展。

助磨剂都是表面活性剂，一般含有亲水的极性基团（羧基－COOH，羟基－OH 等）和憎水的非极性基团（烃链）。常用的助磨剂有三聚磷酸钠、木质素磺酸钠、三乙醇胺、十二烷基苯磺酸钠等。

使用助磨剂时应注意以下几点：

（1）助磨剂对原料有一定的针对性，一种助磨剂可能对某一种原料有较好的助磨效果，但不一定对另外一种原料也有很好的效果。

（2）复合助磨剂的助磨效果往往优于单一助磨剂。

（3）在选用助磨剂时，不仅要考虑助磨剂的助磨效果，还要考虑助磨剂的价格成本，以确保用最小的投入得到最大的产出。

（4）助磨剂除了有助磨作用外，往往也起到解凝、润湿和促渗等作用；反之，一些分散剂、解凝剂同时也起到了助磨作用。

（5）助磨剂的用量和助磨作用不存在简单的定量比例关系，对于不同原料，不同的助磨剂存在一个最佳用量，这个最佳用量目前只能通过实验来确定。

3.4.2 振动磨

振动磨是指利用研磨体在机内的高频振动使原料粉碎的磨机，其结构如图 3.50 所示。振动磨工作时，电机带动主轴高速旋转，主轴上的偏心重块产生的离心力迫使筒体振动，筒体内的装填物由于振动不断地沿着与主轴转向相反的方向循环运动，使物料不停地翻动；同时，研磨体还做剧烈的自转运动，并具有分层排列整齐的特点，特别是高频时，研磨体剧烈运动，各层空隙扩大，几乎呈悬浮状态，筒体内的物料受到剧烈且高频率的撞击和研磨作用，产生疲劳裂纹，裂纹不断扩展，最终导致破碎。

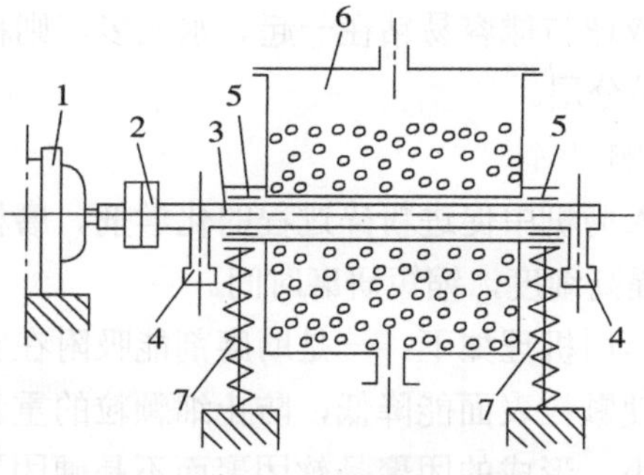

图 3.50　振动磨结构示意图

1—电动机；2—挠性轴套；3—主轴；4—偏心重块；5—轴承；6—筒体；7—弹簧

1．振动粉碎常用工艺参数

1）原料粒度

原料粒度一般为 2～3 mm，产品粒度可达微米或亚微米级。

2）振动频率和振幅

一般来讲，振动频率越高、振幅越大，效率越高。用振动磨粉碎时，开始由于颗粒比较大，一般采用大振幅和低一些的频率（750～1440 r/min）；粉碎后期，颗粒比较细，则应采用小一些的振幅和高一些的频率（1440～3000 r/min）。

3）磨介填充率

磨介填充率一般在 65%～85%。大于 85%将使磨介的有序运动受到干扰，小于 65%将降低粉磨效率。

4）研磨体的材料和大小

研磨体的材料一般为瓷球或钢球，瓷球研磨体的直径一般为 0.5～1 mm，而钢球研磨体的直径一般为 1～2 mm。

5）球料比和料水比

根据经验，球料比的选取为按直径，球:料 = （5～8）∶1；按体积，球:料 = 2.5∶1。

湿法研磨时，料水比一般取料:水=1∶0.8。

2．振动磨的优点

与球磨比较，振动磨有以下优点。

（1）振动磨比球磨效率要高

振动磨与球磨的效率比较如图 3.51 所示，可以看出，振动磨比球磨效率高得多，这主要是由于振动磨内球与料之间的碰撞次数和碰撞力比球磨高得多。

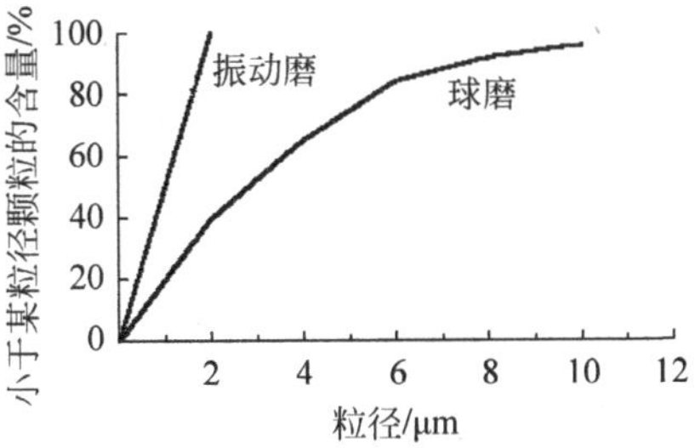

图 3.51 振动磨与球磨的效率比较

（2）混入杂质少

振动磨中，粉料主要因疲劳而破碎，球磨则主要是研磨，所以振动磨混入的杂质比球磨显著减少。

（3）颗粒细

振动磨的进料较细，破碎作用又强，所以产品颗粒也较细。图 3.52 所示为用振动磨制备的陶瓷粉体照片，可以看出，颗粒尺寸基本上都只有几微米。

图 3.52 振动磨制备的陶瓷粉体

3.4.3 搅拌磨

搅拌磨也称为砂磨，是较先进的粉磨设备。它由机身、转动装置、工作部分、循环泵送系统和电气控制 5 部分组成。搅拌磨通常有周期式、连续式、循环式 3 种形式，如图 3.53 所示。

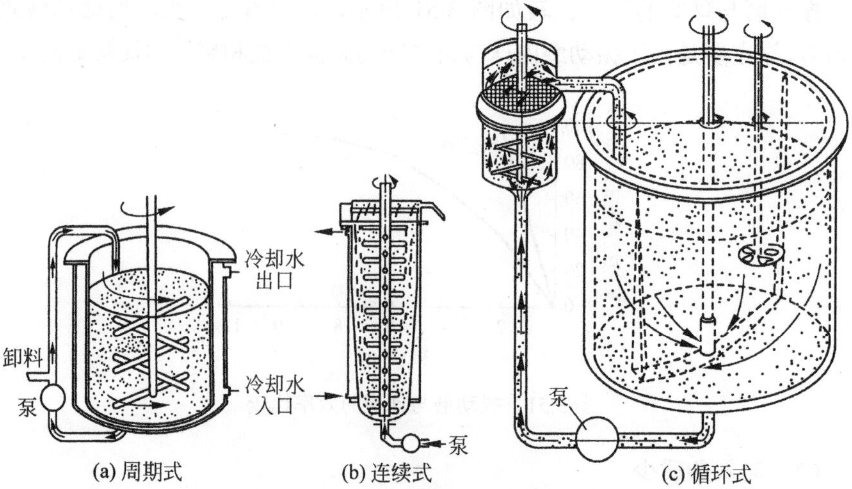

图 3.53 搅拌磨的 3 种形式

搅拌磨的工作原理如图 3.54 所示，磨筒内配有搅拌装置，做圆周运动的搅拌器对磨筒内的研磨介质（通常为直径 2～5 mm 的瓷球）及料浆做功，使物料受到撞击力和剪切力的双重作用，从而被研磨成超微粉。

搅拌磨的搅拌装置一般有两种形式：一种是偏心环式，另一种是销棒式，如图 3.55 所示。图 3.56 所示为连续卧式搅拌磨，图 3.57 所示为立式搅拌磨。

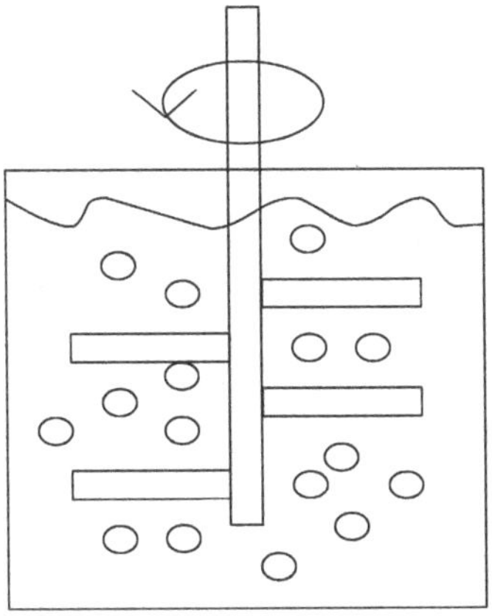

图 3.54　搅拌磨的工作原理

(a) 偏心环式　　(b) 销棒式

图 3.55　搅拌器的形式

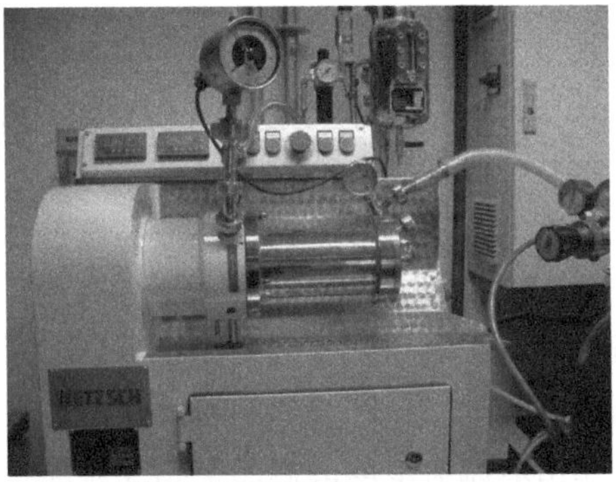

图 3.56　连续卧式搅拌磨

图 3.57　立式搅拌磨

搅拌磨有以下优点：

（1）研磨时间短，研磨效率高，约是滚筒式磨的 10 倍；

（2）物料的分散性好，微米级颗粒粒度分布非常均匀；

（3）能耗低，约为滚筒式磨的 1/4；

（4）生产中易于监控，温度控制极好。

3.4.4 气流粉碎

气流粉碎是利用气体（一般为压缩空气或过热蒸汽）能量的强烈冲击力，使物料在粉碎机内产生碰撞、摩擦和剪切而实现粉碎。

气流粉碎流程如图 3.58 所示，这是以压缩空气为能源的气流粉碎流程图。整个系统包括气源及其干燥、净化、储备部分，粉碎部分，粉料回收部分。

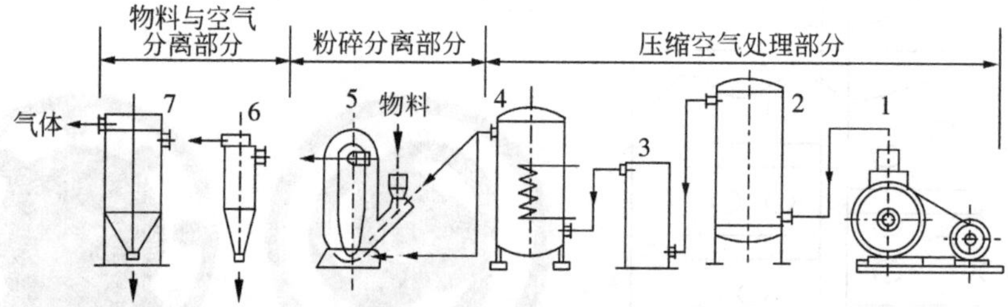

图 3.58 气流粉碎工作流程示意图

1—空气压缩机；2—储气罐；3—净化器；4—干燥器；5—气流粉碎机；6—旋风分离器；7—袋式收尘器

气流粉碎机有圆盘式、循环式、靶式、超音速冲击板式、冲击环式、对撞式等多种型式，下面仅对循环式和对撞式气流粉碎设备（气流磨）进行简单介绍。

1. 循环式气流磨

循环式气流磨（O 形）的基本结构如图 3.59 所示，主要由进料装置、循环管道及安装在循环管道侧面的进气喷嘴和排料排气口等部件组成。

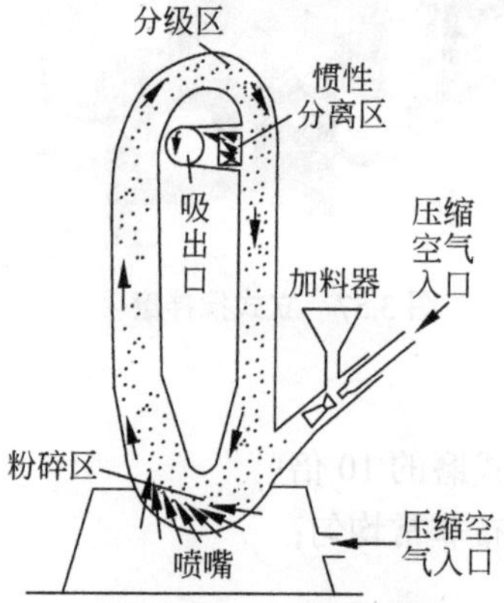

图 3.59 循环式气流磨结构及工作原理示意图

粉碎时，加料斗中的物料被高压气体（辅气）送进跑道形管道。管道下方有一系列喷嘴，高压气体（主气）经喷嘴加速后高速射入管道，将物料吹到粉碎区内，使物料在由射流所形成的涡流中相互碰撞、摩擦和剪切而产生破碎，并夹带颗粒顺着管道运动。由于管道呈 O 形，内外圈半径不同，因而气流及物料在管道内的运行轨迹不同，内外层的运动路径及速度都不相同。因此，各层颗粒之间还要产生碰撞、摩擦、剪切粉碎作用，并产生离心力场使颗粒分级。大的颗粒靠外层运动，细颗粒靠内层运动。内层的细颗粒达到一定的粒度后，便经惯性分离器、排料口排出机外，达不到粒度要求的颗粒则继续在管道内循环被粉碎。如此循环不止，直到粉碎到一定粒度后才被排出机外。物料在管道内一般要循环 2000～2500 次。

循环式气流磨的优点是结构简单，操作方便，粉碎的同时具有自动分级功能，主机设备体积小，生产能力大。其缺点是气流及物料对管道内壁的冲刷、磨损严重，因此，不适用于较高硬度材料的超细化。为了减小管道内壁磨损，内腔通常采用超硬、超耐磨材料作衬里，如刚玉、超硬合金、喷涂和渗氮处理等。

2. 对撞式气流磨

对撞式气流磨是以两股高速气流相互对撞来使其中的固体颗粒破碎的装置。它成功地减轻了循环式气流磨高速气流对管壁撞击引起的磨损及对产品的污染。

1）直线对撞式气流磨

直线对撞式气流磨如图 3.60 所示。该装置是使两股同等压力和同等流量的压缩空气从两侧成一直线进入粉碎区，两股高速气流在对撞时将混合气流中的粒子进行冲击粉碎。由于气流连续进入，粒子在混合气流作用下进行无规则的对撞运动并向低压区移动，使得大量混合粉体从图 3.60 右面的连通管（部分画出）向上移动，细粉随气流通过上部排出，粗粉向下滑落，并在二次空气作用下通过下料管重新进入粉碎区。

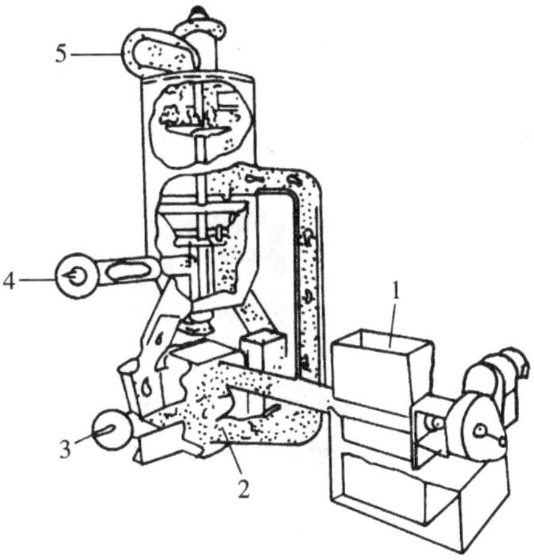

图 3.60　直线对撞式气流磨

1—物料入口；2—粉碎区；3—高压气体入口；4—风机气体入口；5—产品出口

该类气流磨的优点是生产能力强，减少了对产品的污染；缺点是体积庞大，结构复杂，能耗高，能量利用率低，对管道的磨损仍较严重。

2）流化床对撞式气流磨

（1）流化床对撞式气流磨的工作原理

流化床对撞式气流磨主要有螺杆加料式和重力加料式两种类型，图 3.61 所示为螺杆加料式流化床对撞式气流磨的结构，图 3.62 所示为重力加料式流化床对撞式气流磨的结构。

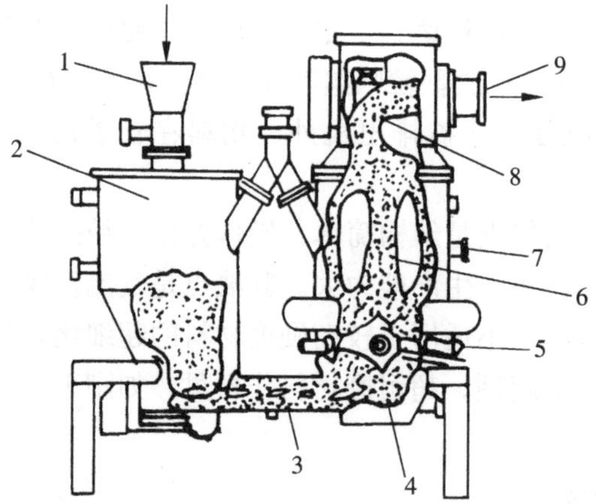

图 3.61　螺杆加料式流化床对撞式气流磨

1—翻板阀；2—料仓；3—螺旋杆输送加料器；4—粉碎室；5—喷嘴；6—流化床；7—监视窗；8—分级机；9—细产品出口

流化床对撞式气流磨由料仓、螺杆或重力加料装置、粉碎室、高压进气喷嘴、分级机、出料口等部件组成。粉碎时，物料通过翻板阀进入料仓，由螺杆输送器或通过重力将物料送入粉碎室。气流通过喷嘴进入流化床，有些结构的喷嘴从下部进气，与水平环管气流相交。粒子在高速喷射气流交汇点碰撞，如图 3.63 所示，该点位于流化床中心，靠气流对粒子的高速冲击及粒子间的相互碰撞而使粒子粉碎，与腔壁作用不大，所以磨损大大减弱。产品随气流由上部通过分级机排出，尾气进入除尘器排出，不合格的颗粒返回到物料进口再进行粉碎。粉料室和料仓面高度通过监视器进行控制。

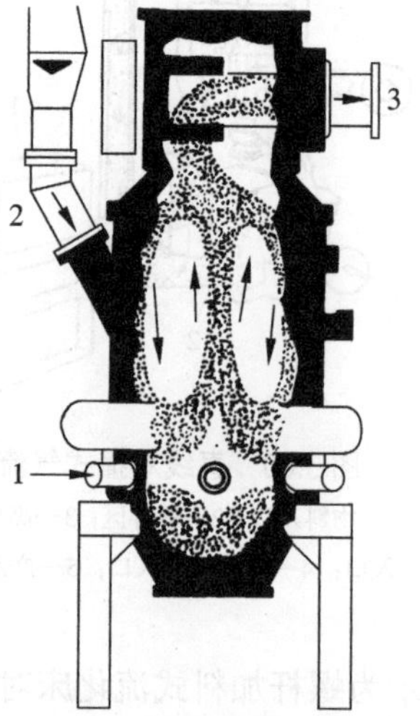

图 3.62　重力加料式流化床对撞式气流磨

1—高压气体入口；2—物料入口；3—产品出口

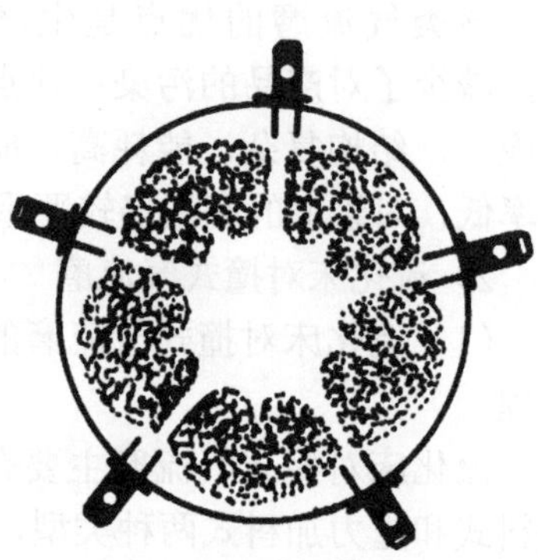

图 3.63　流化床内对撞气流交汇点示意图

粉碎机内水平安装超细分级机，分级机具有分离效果准确、粒度分布窄等优点。

德国 Alpine 公司生产的 AFG 系列流化床对撞式气流磨的参数见表 3.6。

（2）流化床对撞式气流磨的优点

① 能耗低。主要有 3 个原因：其一是喷射动能得到最佳利用；其二是多向同时对撞，气流合力大，粉碎效果加强；其三是与超细分级机紧密配合使用，使合格细粒产品能够及时排出，因此既能防止过度粉碎，也降低了能耗。

② 磨损与沾黏小。通过喷嘴的介质只有空气，不与物料同路进入粉碎室，从而避免了粒子在途中产生的撞击、摩擦及沾黏沉积，也避免了粒子对管道及喷嘴的磨损。

表 3.6 AFG 系列流化床对撞式气流磨的参数

型 号	空气需要量 /（$m^3 \cdot min^{-1}$）	粉碎室有效容积 /m^3	分级机转速 /（$r \cdot min^{-1}$）	产品粒度（约d_{97}） /μm
100AFG	50	0.000 85	22 000	2.5～40
200AFG	200	0.025～0.03	11 500	4～50
400AFG	800	0.08～0.09	6000	5.5～80
630AFG	2000	0.34	4000	7～79
800AFG	5200	1.25	4000	7～79
1250AFG	10 500	3.4	4000	7～79

③ 粒径分布窄。产品粒度可以通过分级机进行调整，因此粒径分布比较窄，而且分级机的调整完全是独立的。

④ 自动化程度高。生产过程实现了自动操作，不合格的物料由分级机分出，再进行循环粉碎处理，只有合格产品才能排出。

⑤ 结构紧凑。在同等生产力情况下，比其他类型的气流磨体积要小。

⑥ 拆卸较方便，磨损小。

（3）流化床对撞式气流磨的缺点

① 流化床对撞式气流磨需要物料在粉碎腔内被流态化后才能被气流束撞击粉碎，因此要求被粉碎的物料具有足够的细度，对密度大的物料要求更加突出。若物料颗粒太大，密度太大，在粉碎腔内不能呈现流化态，则无法粉碎。这是流化床气流磨的一个重要缺点。

② 分级机叶片与固体颗粒长期高速碰撞接触，因此磨损也相当严重，在生产超硬、超细粉体时，磨损更为严重。

3. 气流磨综合评价

与其他粉碎机相比，气流磨的共同优点是：

（1）生产能力大；

（2）连续操作；

（3）自动化程度高；

（4）设备磨损小；

（5）产品污染小，纯度较高；

（6）产品粒度细且均匀；

（7）设备结构简单，内部无动件也无介质，因此，操作、维修、拆卸、清理、装配都较方便；

（8）粉碎环境温度低，适用于热敏性、低熔点物料的粉碎。

思考题

1. 精细陶瓷粉体的制备方法有哪些？
2. 什么是合成法？为什么精细陶瓷的粉体主要用合成法制备？
3. 合成制粉有几种方法？
4. 什么叫固相合成法？主要有哪些方法？
5. 什么叫液相合成法？主要有哪些方法？
6. 什么叫气相合成法？主要有哪些方法？
7. 什么叫机械粉碎？主要有哪些方法？
8. 气流粉碎有什么特点？
9. 试比较固相法、液相法、气相法、机械粉碎法的优缺点。

第4章 精细陶瓷粉体的特征检测与加工处理

许多情况下，精细陶瓷粉体在成型前要进行一定的特征检测和加工处理。

粉体特征检测的目的是确定粉体的质量，这里的“质量”除了指粉体物理、化学性能优良与一致性好以外，还包括工艺性能优良且稳定性、重复性好。粉体特征检测的项目主要包括粉末的平均粒度、粒度分布、粉末颗粒的形状、粉体的流动性和成型性等。

粉体加工处理的目的是调整和改善其物理、化学性质，改变晶型，去除低挥发点杂质和吸附气体，消除游离碳，洗去因各种原因引入的夹杂，改善成型性能等。粉体加工处理的项目主要有煅烧、水洗、酸洗、除铁、配料混料、造粒、陈腐、练泥、悬浮等。

粉体是否要进行特征检测与加工处理及要进行哪些特征检测和加工处理，要根据具体情况和要求来确定。

4.1 精细陶瓷粉体的特征检测

4.1.1 精细陶瓷粉体的特征要求

精细陶瓷粉体的特征对其质量是十分重要的，为了保证质量，精细陶瓷粉体应具有如下一些特性。

1. 化学组成精确

化学组成精确是粉体的一个最基本的要求。对于精细陶瓷，若化学成分产生偏离，往往会使晶相和性能面目全非。如 PZT 压电陶瓷，当 Zr∶Ti=52∶48 时，恰好落在三方相与四方相的边界上。正确的成分设计是组成落在贴近边界的四方相区内，此时，产品的压电性能优良。若化学组成稍不准确，便很容易偏离到三方相区内，此时产品的压电性能与设计的要求大不相同，不符合产品质量要求。

2．化学组成均匀性好

化学组成分布不均匀将会导致局部区域化学组成的偏离，进而产生局部区域晶相的偏析和显微结构的差异或异常，从而造成精细陶瓷产品的性能下降，重复性和一致性变差。

3．纯度高

杂质的存在会影响粉体的工艺性能和产品的使用性能。因此，精细陶瓷粉体的杂质含量要低，特别是有害杂质含量要尽可能地低。这就首先要求在原材料选择时，应严格控制杂质含量；其次，在制备过程中，应尽量避免有害杂质的引入。但对于原料的纯度也应有合理的要求，不能盲目追求不必要的纯度而造成经济上的浪费，应在能够满足产品性能要求的前提下尽量采用价格低廉的原料。

4．适当小的颗粒尺寸

粉体颗粒细，烧结活性高，可降低烧结温度。但若颗粒过细，则表面吸附力大，成型困难，并有可能产生烧结晶粒异常长大。而且粉体越细，加工量越大，磨料掺杂的可能性越大。因此，对陶瓷粉体应有一个合理的细度要求，要从整个工艺过程和最终产品的性能要求角度加以全面的考虑。

5．球状颗粒且尺寸均匀单一

粉体颗粒最理想的形状是球形。球形颗粒流动性好、堆积密度高、气孔分布均匀，从而在成型与烧结致密化过程中，有利于晶粒的均匀生长和气孔的排除。此外，颗粒尺寸应均匀单一，若颗粒尺寸大小不一，其烧结活性也就产生差异，颗粒大小相差越大，差异也越大，这将使烧结后产品内部的显微结构极不一致，易形成异常的粗晶粒，从而严重影响产品的性能。实际上，粉体颗粒尺寸均匀单一的要求是很难达到的，只能在颗粒分布曲线上，使其颗粒尺寸分布得非常窄，也就是说，只能达到近似的均匀单一。

6．分散性好，无团聚

理想粉体应该是由单个的一次颗粒组成，一次颗粒是粉体中最基本的颗粒。团聚则是一次颗粒因静电力、分子引力、表面张力等的作用而形成的二次、三次颗粒。团聚颗粒将使粉体的工艺性能和最终产品的性能变差，所以应尽量避免或减少粉体的团聚。

4.1.2 粉体颗粒的粒度、粒度分布及形状

粉体颗粒的粒度、粒度分布及形状是粉体的最基本性质，对陶瓷的成型

和烧结有直接影响。

1. 粉体的几个重要概念

（1）粉体——大量固体颗粒的集合体。它有很多固体的属性，又不同于大块固体。

（2）粉体颗粒——指在物质的本质结构不改变的情况下，分散、细化而得到的固体基本颗粒，即一次颗粒（primary particle），如图 4.1(a)所示。一次颗粒可以是单晶、单相多晶、多相多晶或玻璃体。其特征是气孔很少，有气孔但不连通。

（3）团聚体（agglomerate）——由一次颗粒通过表面力吸引或化学键键合形成的颗粒，是一次颗粒的集合体。其特征是体内有相互连通的气孔网络。

（4）硬团聚（hard or solid agglomerate）——由固体粉料桥接而成的二次颗粒（granules），通常由煅烧、烧结、化学反应或熔化而成，结合力强，难于打破，如图 4.1(b)所示。

（5）软团聚（soft agglomerate）——由表面静电吸引力、范德华力或毛细管力而形成的团聚体，如图 4.1(c)所示。通过某种方式人为造成的粉料团聚体，如造粒过程制得的团粒，就是一种软团聚体。软团聚体强度低，易破碎。

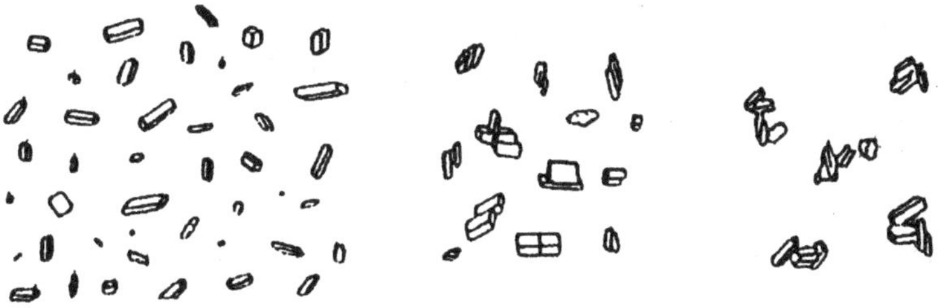

(a) 一次颗粒　　(b) 硬团聚　　(c) 软团聚

图 4.1　干粉颗粒的几种状态

（6）胶粒（colloidal particles）——胶体溶液中的颗粒，尺寸小于 0.1 μm。

（7）絮凝团聚（flocculates，flocs）——胶粒因絮凝作用而形成的沉淀状颗粒（clusters）。

以上各种颗粒中最有害的是团聚体，由于团聚体的存在，特别是硬团聚体不易打开，不能得到均匀的材料组成，影响坯体的烧结质量，如图 4.2 所示。

2. 颗粒的形状

粉体颗粒的形状是指颗粒的外观几何形状，常见的粉体颗粒形状有一维颗粒、二维颗粒、三维颗粒等，如图 4.3 所示。

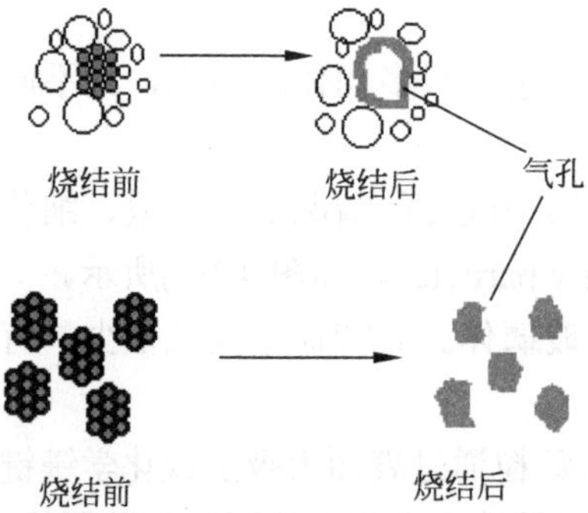

图 4.2 粉体团聚体烧结前后的变化

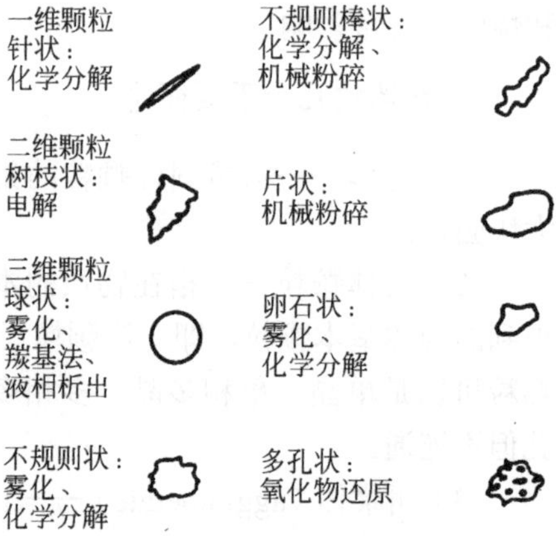

图 4.3 常见的粉体颗粒形状

一维颗粒实际上是针状或棒状的，这种颗粒的长度比其径向尺寸大得多。有时用形状比，即圆柱颗粒长度与直径之比，来描述这种颗粒。在一维颗粒中，根据其表面轮廓，又可分成表面光滑和表面粗糙不规则两种类型。

二维颗粒是扁平状的，其横向尺寸远大于厚度。这种颗粒的表面轮廓通常很不规则，树枝状和片状是最常见的类型。

多数粉末是三维的，三维粉末的形状包括等轴状和瘤状。此类颗粒中最简单的一种是球形的，但不是完美的球形，实际颗粒是圆滑、不规则的。多孔性颗粒通常是不规则的，并且内部具有大量孔隙。

3. 颗粒尺寸

表示颗粒大小的参数叫作颗粒尺寸。球形颗粒的尺寸即为其直径，不规则颗粒的颗粒尺寸常为等当直径（equivalent diameter）。所谓等当直径，就是假设按某种方法将不规则颗粒转换为等效球后（或将不规则颗粒转换成圆）的直径。颗粒等当直径有多种，常用的等当直径见表 4.1。

表 4.1 常用的颗粒等当直径

符号	等当直径名称	定 义
d_V	体积直径	与颗粒具有相同体积的球直径
d_i	表面积直径	与颗粒具有相同表面积的球直径
d_f	自由下降直径	相同流体中，与颗粒具有相同密度和相同自由下降速度的球直径
d_s	Stoke’s 直径	层流颗粒的自由下降直径，即斯托克斯直径
d_r	周长直径	与颗粒具有相同投影轮廓周长的圆直径
d_W	投影面积直径	与处于稳态下颗粒具有相同投影面积的圆直径

续表

符号	等当直径名称	定 义
d_A	筛分直径	颗粒通过的最小方孔宽度
d_M	马丁（Martin）径	颗粒影像的对开线长度，也称为定向径
d_F	费莱特（Feret）径	颗粒影像二对边切线（相互平行）之间的距离

当同一个不规则颗粒用不同的等当直径表示时，其数值是不相同的。在不规则颗粒的几种等当直径中，表面积直径 d_i 最大，体积直径 d_V 次之，自由下降直径 d_f 再次之，筛分直径 d_A 最小，如图 4.4 所示。

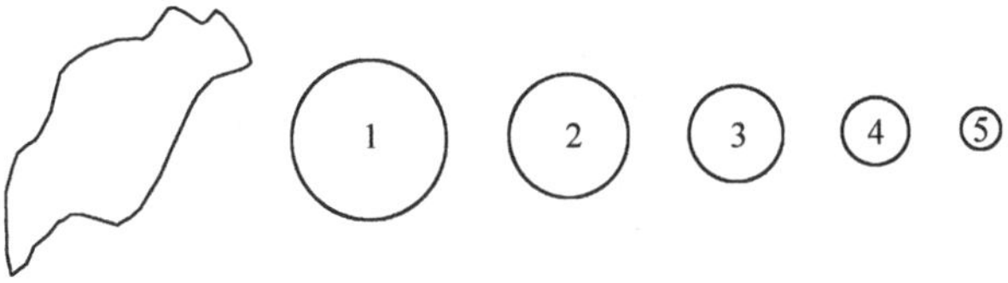

图 4.4 不规则颗粒几种等当直径的比较

1—等效表面积球；2—等效体积球；3—等效沉降速率球，低雷诺数；
4—等效沉降速率球，高雷诺数；5—等效筛分球

值得注意的是，由于表示颗粒尺寸的等当直径有多种，所以在谈论颗粒尺寸时，一定要首先弄清楚是何种等当直径，否则会产生错误。

另外，一旦工艺确定以后，用等当直径的表示方法足以控制已知粉体的制造与使用，但实际粉体颗粒的尺寸和形状的更多信息已经丢失。

4. 粉体的粒度分布

对于某种粉体，如果所有颗粒的粒度都一样或近似一样，就称其为单分散粉体（monodisperse）。实际上，任何粉体颗粒的粒度都不会一样，都有一个分布范围，这样的粉体称为多分散粉体（polydisperse）。

粒度分布可以表征粉体中颗粒大小不一致的程度。粒度分布越窄，不一致程度越小；反之，则越大。粉体的粒度分布常用频率分布（frequency distribution）和累积分布（cumulative distribution）两个参数来表示。

1）频率分布

频率分布表示与各个粒径相对应的粒子占全部颗粒的百分含量，一般首先做出频率分布直方图，然后根据直方图绘制出频率分布曲线，如图 4.5(a)所示。曲线的最高点表示颗粒出现最多的粒度值的直径，称为众数径（mode diameter）。

2）累积分布

累积分布是频率分布的积分形式，其横坐标为粒子直径，纵坐标为小于或大于某一粒径的颗粒占全部颗粒的百分数（或质量百分数，或体积百分数）。

如果累积分布表示小于某一粒径的粒子占全部颗粒的百分含量，则称为负累积分布；如果累积分布表示大于某一粒径的粒子占全部颗粒的百分含量，则称为正累积分布，如图 4.5(b)所示。

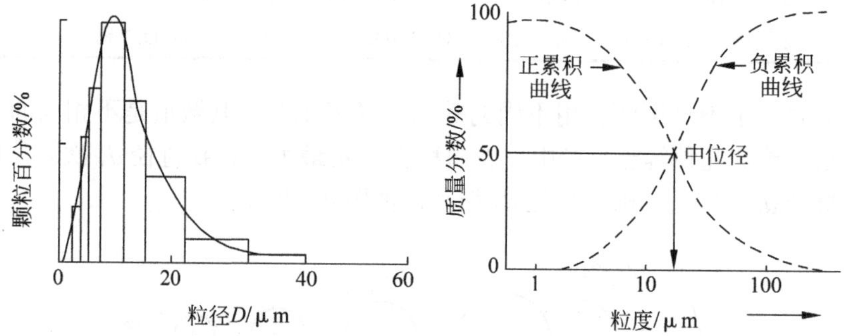

(a) 频率分布直方图和曲线 (b) 累积分布曲线

图 4.5 颗粒尺寸分布曲线

在实际科研和生产中，大多使用负累积分布曲线，并常用 d_{10}，d_{50}，d_{90} 分别表示累积曲线上累积百分数分别为 10%，50%，90%所对应的粒子直径。d_{50} 又称为中位径（medium diameter），Δd_{50} 则是指频率曲线在中位径处的半高宽。对于正态分布，中位径也是众数径，所以，Δd_{50} 也是众数径处的半高宽。

如果已知粉体粒度的频率分布，则大体上可判断出是哪种分布函数。在陶瓷行业中，以液相沉淀法得到的粉体，其粒度分布一般呈正态分布；而机械粉碎得到的大多数粉体的粒度分布都偏离正态分布。有时，粉体粒度分布还会出现双峰或多峰的情况。陶瓷粉体几种典型分布曲线的形状如图 4.6 所示。

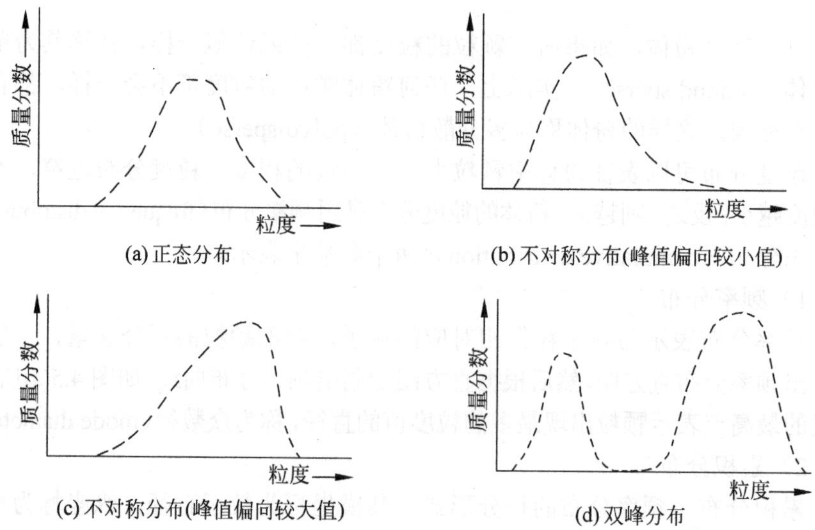

图 4.6 陶瓷粉体几种典型分布曲线形状

5．粉体粒度的测定方法

1）筛分法

筛分法是一种最传统的粒度分析方法，即将分散性较好的粉体用一定目数的筛子过筛，筛下物与过筛粉体的重量之比即为过筛率。

筛孔的大小用“目”来表示。“目”是指每英寸筛网丝上的孔眼数目，50 目就是指每英寸筛网丝上的孔眼是 50 个，500 目就是 500 个，目数越大，孔眼越多。

“目”除了表示筛网丝上的孔眼数之外，同时也可用于表示能够通过筛网的粒子的粒径，目数越高，可通过筛网的粒子的粒径越小。

目前执行的 3 种筛网标准是美国标准、英国标准和日本标准，其中，英国标准和美国标准相近，二者与日本标准的差别较大。我国使用的是美国标准。表 4.2 为我国通常使用的筛网目数与筛网能够通过的粒子的粒径对照表。

目前，最细的标准筛只到 500 目（相当于 25 μm 左右），新发展的电沉积筛网虽然可以筛分至 5 μm（相当于 2500 目）的粉体物料，但筛分时间长，且经常发生堵塞，很少用于粒度分析。因此，对于小于 10 μm（1250 目）的超细粉体，不可能用筛分法进行粒度分析。

表 4.2　我国筛网目数与筛网能够通过的粒子的粒径对照表

目数	粒径 / μm	目数	粒径 / μm	目数	粒径 / μm	目数	粒径 / μm
2.5	7925	12	1397	60	245	325	47
3	5880	14	1165	65	220	425	33
4	4599	16	991	80	198	500	25
5	3962	20	833	100	165	625	20
6	3327	24	701	110	150	800	15
7	2794	27	589	180	83	1250	10
8	2362	32	495	200	74	2500	5
9	1981	35	417	250	61	3250	2
10	1651	40	350	270	53	12 500	1

2）显微镜分析法

在超细粉体粒度测量方面，显微镜是检测超细粉体粒子大小及分布最直观的手段。它测量的是粒子的一次直径，而且可以观察粒子的形貌，甚至粒子的微观结构。该方法是一种二维分析方法，只适用于粒子球形度较好的粉体。如果粒子是不规则形状，如片状或棒状，则会造成较大的误差。用于粉体粒度分析的显微镜可以是光学显微镜，也可以是电子显微镜。

（1）光学显微镜分析

光学显微镜测定范围为 0.8～150 μm，大于 150 μm 的颗粒可以用简单放大镜观察，小于 0.8 μm 的颗粒需用电子显微镜观察。

光学显微镜最大的限制在于焦距过短，放大 100 倍时焦距约 10 μm，放大 1000 倍时焦距约 0.5 μm。可用反射光研究大于 5 μm 的颗粒，对小于 5 μm 的颗粒，只能用可看到黑影的透光显微镜。由于光的衍射作用，在显微镜中看到的影像边缘是模糊的。

光学显微镜分辨能力的限度可用以下基本公式表示：

$$d = f\lambda / (2N_A) \tag{4-1}$$

其中，d 是分辨的限度；λ 是光源的波长；N_A 是目的物的数值孔径；f 是系数，其值约为 1.3。当颗粒之间的距离小于 d 时，显微镜下形成一幅单一图像。

（2）电子显微镜分析

电子显微镜分析可以用透射电子显微镜（TEM），也可以用扫描电子显微镜（SEM）。

TEM 常用于直接观察大小为 0.001～5 μm 的颗粒。试样标本通常沉积在薄膜上或薄膜内，薄膜的厚度为 10～200 nm，薄膜架在格栅上。格栅通常用铜制成并形成薄膜支架，只在很小的面积上自我支撑。由于大部分材料对电子是不透明的（即使只有几埃厚也是如此），所以制备适当的承载试样标本是非常重要的。标本的承载膜通常用塑料或碳制成。

SEM 是用一细束具有中等能量（5～50 keV）的电子在一系列轨迹上扫描试样，这些电子与试样相互作用产生二次电子放射（SEE）、反射电子（BSE）或阴极射线致发光和 X 射线等信号。这些信号中的每一种都可以被检测出来，并如电视图像一样在屏幕上显示出来。与 TEM 相比，SEM 要快得多、简单得多，并且能够得到更多的三维空间的细节。

电子显微镜分析法不仅可以观察颗粒的形貌，还可以做成分分析和晶体结构分析。但是，由于电子显微镜放大倍数较高，视场范围较小，在不同的视场中，颗粒的形貌可能有很大的不同，所以需要注意试样标本的正确制备及视场的合理选取问题。

3）X 射线分析法

颗粒分析中常用的 X 射线分析法有 X 射线小角度散射法和 X 射线衍射线线宽法。

（1）X 射线小角度散射法

X 射线小角度散射是指 X 射线衍射中倒易点阵（0 0 0）附近的相干散射现象。散射角 ε 为 0.01～0.1 rad。ε 与颗粒尺寸 d 及 X 射线波长 λ 的关系为

$$\varepsilon = \lambda / d \tag{4-2}$$

该法可测几纳米到几十纳米的颗粒。用此法测试时，需按国家标准GB 13221—1991《超细粉末粒度分布的测定——X射线小角散射法》进行，从测试结果可知平均粒度和粒度分布曲线。

（2）X射线衍射线线宽法

X射线衍射线线宽法本是测定材料晶粒度的方法，当晶粒小于一定数量级时，其衍射线宽度与晶粒度的关系可用谢乐公式表示：

$$B = 0.89\,\lambda / (D\cos\theta) \tag{4-3}$$

其中，B为半峰值强度处测得的衍射线宽化度（弧度）；D为晶粒直径；λ为所用X射线波长；θ为某组晶面的半衍射角或称布拉格角。

谢乐公式的适用范围是晶粒尺寸为1～100 nm，晶粒较大时误差增加。在对颗粒进行测定时，若颗粒为多晶，则测得的为组成颗粒的晶粒的平均晶粒尺寸；若颗粒为单晶，则测得的为颗粒的平均尺寸。还应注意的是，采用X射线衍射仪对衍射峰宽度进行测量时，仪器本身会由于某种原因产生线条宽化，所以在实际测量中，应对B值进行修正，即将实际所测的宽化减去仪器宽化。

4）沉降法

沉降法是以斯托克斯方程为基础，该方程表达了层流中一个球形颗粒的自由下降速度与颗粒尺寸的关系，所测得的直径相当于斯托克斯直径，是一种常用的粉体粒度测量方法，可分为重力沉降法和离心沉降法。

重力沉降法测定颗粒尺寸有增值法和累计法两种。增值法是测定密度或浓度随时间或高度变化的速率；累计法是测量沉积在悬浮液表面下某特定距离上颗粒的总量和时间。依靠重力沉降法，一般只能测定大于100 nm的颗粒的尺寸，因此在用沉降法测定纳米粉体的颗粒时，需要借助离心力。在离心沉降法中，颗粒在离心力的作用下沉降速度增加，通过采用沉降场流分级装置，可测定100 nm甚至更小的颗粒。这时，斯托克斯直径可表示为

$$d_{st} = \{18\eta V_{st}/[(\rho_s - \rho_t)g]\}^{1/2} \tag{4-4}$$

其中，η为分散体系的黏度；V_{st}为颗粒沉降速度；ρ_s为固体粒子的密度；ρ_t为分散介质的密度；g为重力加速度。

沉降法的优点是可以分析颗粒尺寸范围宽的样品，颗粒大小比率最大可为100:1；缺点是分析时间较长。

5）激光散射法

激光散射法以激光为相干光源，通过探测纳米颗粒所引起的散射光来测定粒子的大小分布。

（1）基本原理

当光束遇到阻挡时，一部分光将发生散射现象。散射光的传播方向将与主光束的传播方向形成一个夹角。颗粒材料的散射角的大小与颗粒尺寸有关，

颗粒越大，散射角越小；颗粒越小，散射角越大。而散射光的强度代表该粒径颗粒的数量。这样，在不同角度上测量散射光的强度，就可以得到样品的粒度分布了，如图 4.7 所示。

（2）典型仪器及其优点

目前最典型的激光粒度测量仪是马尔文激光粒度测量仪，其突出的优点是测量范围为 0.02～2000 μm，范围宽，且单量程，无需更换镜头；具有高稳定性红光光源和高能量固体蓝光光源；检测速度快，扫描速度为 1000 次/秒；非均匀交叉排列扇形主检测器，附加大面积附加检测器和大角度向前、背向检测器，检测角高达 135°；既可进行干法测量，也可进行湿法测量，转换操作简单；自动化程度高，数据可向 Word，Excel 等软件动态输出统计。

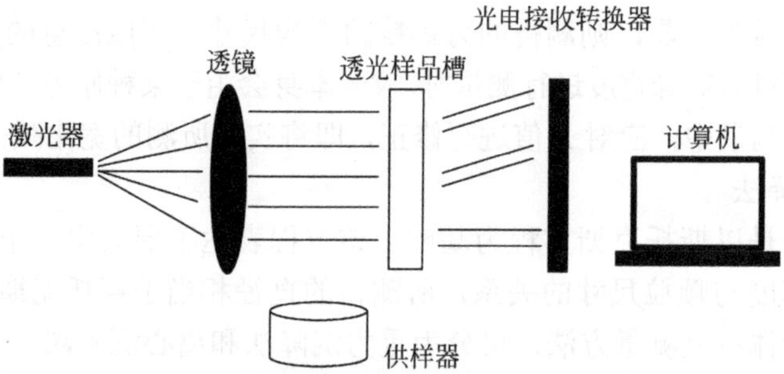

图 4.7　激光散射粒度仪原理结构示意图

6）比表面积法

假设颗粒呈球形，则颗粒比表面积 S_w 与其直径有如下关系：

$$S_w = 6/(\rho d) \tag{4-5}$$

其中，S_w 为颗粒质量比表面积；d 为颗粒直径；ρ 为颗粒密度。

测定粉体的比表面积，就可根据式（4-5）计算出粒径的表面积等当直径。

测定粉体比表面积的标准方法是利用气体的低温吸附法，即以气体分子占据粉体颗粒表面，测量气体吸附量，计算颗粒比表面积的方法，目前最常用的是 BET 吸附法。在 BET 吸附法中，首先利用下式测定颗粒单层分子饱和吸附量：

$$p/[V(p_0-p)] = 1/(V_mC) + (C-1)p/(V_mCp_0) \tag{4-6}$$

其中，p 为吸附平衡时吸附气体的压力；p_0 为吸附气体的饱和蒸汽压；V 为平衡吸附量；C 为常数；V_m 为单分子层饱和吸附量。

测得 V_m 后，再根据下式求得样品的比表面积 S_w：

$$S_w = V_mN\sigma/(M_vW) \tag{4-7}$$

其中，N 为阿伏伽德罗常数；W 为样品质量；σ 为吸附气体分子的横截面积；

V_m 为单分子层饱和吸附量；M_v 为气体的摩尔质量。

比表面积法的测定范围为 0.1～1000 m^2/g，以 ZrO_2 粉体为例，颗粒尺寸的测定范围为 1～10 000 nm。

4.1.3 粉体的表面特征

1. 粉体的表面能

粉体表面原子的一侧受内部原子引力，另一侧则处于“过剩能量”状态，如图 4.8 所示，称为表面能。

物质粉碎成细颗粒时，产生大量新表面，从而使表面能增加。当表面离子极化、表面离子吸附其他物质时，表面能会有所下降。

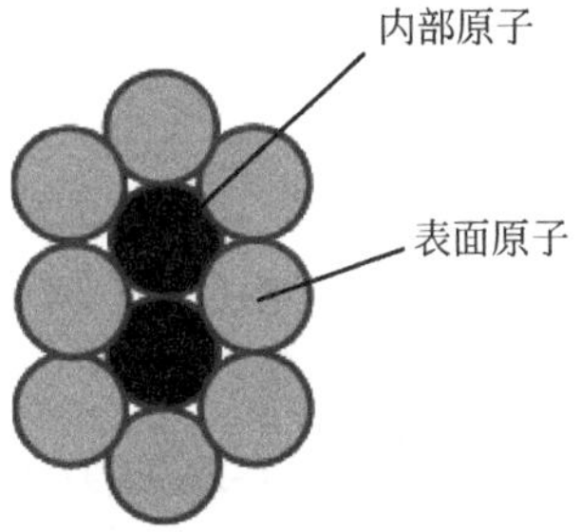

图 4.8 组成粉体颗粒的原子结构示意图

2. 粉体颗粒的吸附与凝聚

粉体颗粒由于表面特性不同，相互之间存在作用力，产生吸附和凝聚，如图 4.9 所示。

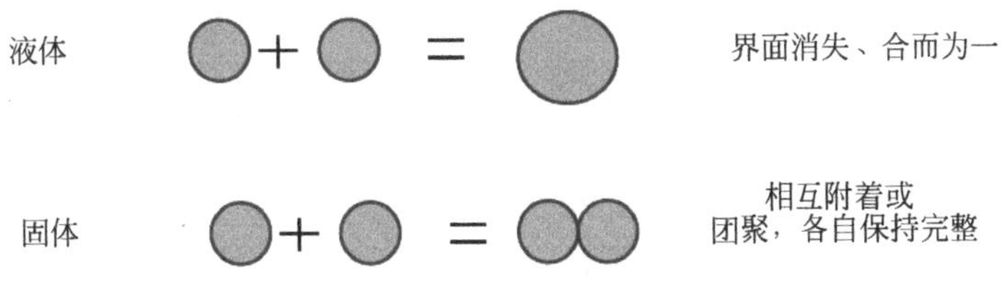

图 4.9 颗粒的吸附与凝聚

同种固体表面间的引力称为凝聚力，异种固体表面间的引力称为附着力，而粉体颗粒在各种引力作用下的团聚称为凝聚。

3. 粉体颗粒之间的引力

粉体颗粒之间存在多种相互作用力，陶瓷材料中比较主要的有以下几种。

1）范德华力（van der Waals force）

范德华力就是分子间力，它的作用主要包括 3 个方面：取向作用、诱导作用和色散作用。取向作用是指极性分子间的永久偶极矩效应；诱导作用是指极性分子与非极性分子间的诱导偶极矩与永久偶极矩之间的效应；色散作用是指非极性分子之间的瞬时偶极矩效应，这种瞬时偶极矩是由构成非极性分子的原子中的电子在空间分布上的瞬时不均匀性产生的。

范德华力是一种长程力，对于两个直径都是 D 的同质球形颗粒，若两颗粒的间距为 a，且 $a \ll D$，则两颗粒之间的范德华力 F_p 可表达为

$$F_p = -(AD)/(24a^2) \quad (a\text{ 为 }0.01\sim0.1\ \mu m) \tag{4-8}$$

$$F_p = -(AD)/(36a^3) \quad (a>0.1\ \mu m) \tag{4-9}$$

其中，Hamaker 常数 $A \equiv \pi^2N^2\lambda$，其数量级为 10^{-20}；N 为阿伏伽德罗常数；λ 为涉及分子极化率、特征频率的引力常数。

2）静电引力（electrostatic force）

干燥粉体颗粒间的相互摩擦容易使颗粒表面带电，因而产生静电引力。当粒径为 D_p 的两个球形颗粒分别带有相反电荷 Q_1^-，Q_2^-时，若两颗粒发生附着，则静电引力 F_E 是颗粒间距 a 的函数：

$$F_E \approx (Q_1^-Q_2^-)(1-2a/D_p)/D_p^2 \tag{4-10}$$

当 $D_p \gg a$ 时，

$$F_E \approx (Q_1^-Q_2^-)/D_p^2 \tag{4-11}$$

3）液膜附着力

空气中多少存在一定的水分，对于具有亲水性表面的颗粒，水分会吸附、凝聚在颗粒表面而形成液膜。湿度越大，液膜越厚。当液膜厚到可以把颗粒接触点视为液态时，此刻由液膜产生的附着力 F_H 可用颗粒间隙内液膜的毛细管负压力和表面张力之和来表示（图 4.10）：

$$F_H = H/(aD_p) \tag{4-12}$$

其中，$H = \nu\pi D_p\sin\beta[\sin(\beta+\delta)+D_p(1/R_1+1/R_1^2)\sin\beta/4]$（$\nu$ 为液体表面张力，δ 为液体与颗粒的表面接触

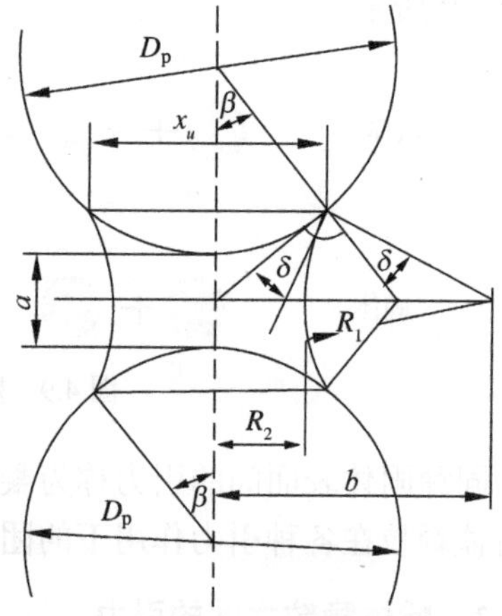

图 4.10　两颗粒间液相膜附着状态

角），其他参数如图 4.10 所示。

在 H 的表达式中，括号内第 1 项是液体表面张力项，第 2 项是由毛细管负压产生的凝聚力项。

4）其他表面作用力

在颗粒的凝聚力中，还有黏结、烧结、固化结合、机械纠缠力、磁力等。

4.1.4 粉体的填充特性

粉体的填充特性（packing property）及其填充体的集合组织是精细陶瓷粉末成型的基础。一般认为，颗粒的大小、形状、表面性质等决定了粉体的凝聚性、流动性、填充性等，而粉体的填充性是以上特性的集中表现。

粉体的填充组织往往可以用粉体层中空隙部分的量来表示。所谓空隙部分，是指被粉体颗粒以外的介质所占据的空间。表示空隙量的参数有表观密度（apparent density），即单位体积粉体层的质量；气孔率（porosity）即粉体层中空隙部分所占的容积率等。

1．等径球的致密填充（立方和六方）

在等径球的填充中，最基本的致密排列方式有两种，即立方密排和六方密排，如图 4.11 所示。

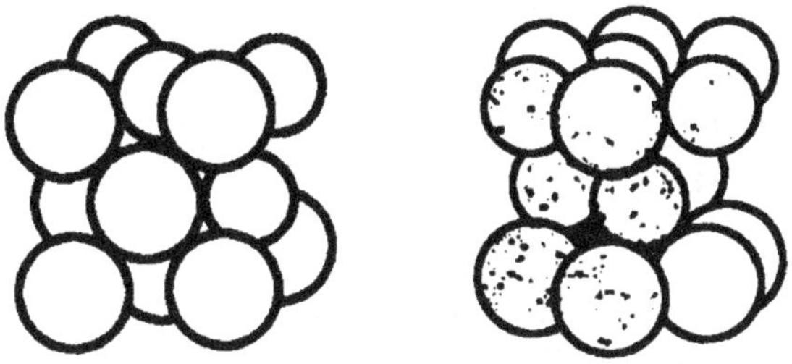

(a) 立方密排　　(b) 六方密排

图 4.11 等径球的两种密堆方式

在立方密排中，每一层球取立方形式，第 2 层球处于第 1 层球所形成的空隙上，第 3 层处于第 2 层球所形成的空隙上，但第 3 层和第 1 层并不是上下正对着，也就是说，3 层球的平面投影位置各不相同。这样的密堆结构和晶体中的面心立方晶体的原子排列方式相同，致密度为 74.05%。六方密堆的第 1 层球、第 2 层球的排列与立方密堆相同，只是第 3 层球是以上下正对着第 1 层球的形式加上去的。这样的密堆结构和晶体中的密排六方晶体的原子排列方式相同，致密度也是 74.05%。

如果认为颗粒之间没有相互作用，填充的驱动力仅仅是重力，那么等径球的最密填充必然采取上述两种密堆形式之一。

2. 等径球的不规则填充

要想将球一个接一个地依次填充为致密填充形式，在实际填充操作中是根本不可能的。斯考特（Scott）用直径为 1/8 英寸的钢球十分谨慎地进行填充实验，得到的结果是可能获得的最密填充的致密度为 63.7%，并且还求得了这种填充方式下的配位分布。后来，人们把这种填充方式称为不规则填充。精细陶瓷粉体的填充方式应该更接近不规则填充。

3. 异直径球的填充

在等径大球填充所生成的空隙中，如果再填充小球，可以获得更密实的填充，见表 4.3。当空隙中不是填充一种小球，而是再填充更小的几种小球时，可以得到比只填充一种小球更加密实的填充。理论上，当空隙中填充无数个无限小的小球时，空隙率应该是越来越小。但是，在这些小球的填充中，颗粒间的摩擦及相互作用均不可忽视；并且因为假定的理想混合配置与实际粉体的填充有很大的区别，所以最终还是应以实际粉体填充作为研究的出发点。

表 4.3　异径球混合填充

原填充		填充小球半径	混合填充的空隙率/%	混合比（容积百分比）/%	
接触点	空隙率/%			原球	小球
6	47.64	0.723 *R*	41.1	71.9	28.1
8	39.54	0.528 *R*	30.7	87.9	12.1
12	25.95	0.225 *R*	19.0	91.5	8.5

注：*R* 为原球半径。

4. 加压填充

实际粉体中不仅存在重力，还存在颗粒间的相互作用力、黏附力等。而压力的加入可以减少以上各种力的作用，使粉体密度增加。

加压过程中，当所加压力较小时，粉体层内颗粒将发生相对位置的移动并使密度增加；进一步增大压力，会出现颗粒变形、破碎等情况。因此，压力大小的范围要根据具体情况来确定。

由拜耳法制备的 Al_2O_3 粉末（凝聚粒子）的压力与相对密度的关系如

图 4.12 所示。可以看出，未粉碎 Al_2O_3 或湿式粉碎的 Al_2O_3 在达到某个压力之前，密度基本上不增加；超过这个压力，密度就会急剧增加。而经过粉碎的 Al_2O_3 粉末，粒子间的键合被切断，一增加压力，密度就立即开始增加。可见进行填充前，先破坏 Al_2O_3 粉末的团聚是非常重要的。

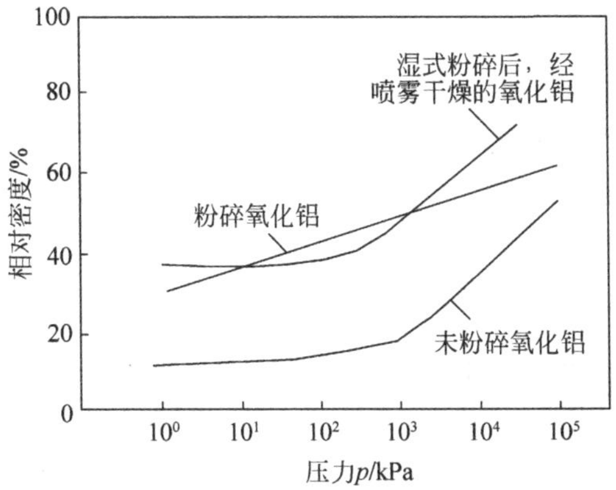

图 4.12 不同状态 Al_2O_3 粉末的相对密度与压力的关系

5. 颗粒特性对粉体密实度的影响

影响粉体密实度的因素有多种，但颗粒特性对填充率的影响主要有以下几点。

1）颗粒大小

当颗粒的粒径不大时，粒径越小，填充越疏松；如果粒径变大，大到超过临界粒径 D_c（大约为 20 μm），则粒径对填充率的影响不大。这是因为此时颗粒间接触处的凝聚力受粒径的影响已不太大，反之，与颗粒自重有关的力却随着粒径的 3 次幂急剧增加。因此，随着粒径的增加，粒子自重增大，颗粒凝聚力的相对影响大为降低，粒径的变化对于填充率的影响甚微。所以，一般粉体颗粒的粒径是大于还是小于临界粒径，对于粉体的填充性能影响极大。

2）颗粒形状与表面粗糙度

在填充中，若颗粒形状逐渐偏离球形，直至板状、棒状等不规则形状，填充操作将越来越困难，填充结构也会变得越来越疏松，空隙率越来越大。这种颗粒形状的影响，一般当颗粒越小、颗粒间相互作用力越强时，表现得更为明显。

对于形状差别不大但表面粗糙度不同的颗粒，它们的填充特性也会有很大的差别。增大表面的粗糙度，填充时的摩擦阻力增大，则难以达到密填充。

3）凝聚力

吸收水分会导致颗粒间凝聚力加强。由于这种凝聚力妨碍了填充过程中颗粒的运动，所以得不到密填充。

凝聚力不仅构成对填充的直接阻力，而且当凝聚力存在时，多数情况下颗粒会通过凝聚形成凝聚颗粒（即二次颗粒），并且这种二次颗粒往往作为填充过程的基本颗粒。二次颗粒的形状很不规则，致密填充很困难。另外，由于二次颗粒是原来颗粒（一次颗粒）的集合体，其内部还保留有空隙，所以二次颗粒的填充是空隙率很大的填充。

应该指出的是，二次颗粒在填充过程中会因为冲击力和静压力而被破坏，填充过程和最终状态也会发生相应的变化。

4.2 粉体的加工和处理

4.2.1 预烧（煅烧）

粉体的预烧也称为煅烧，是指成型前先在低于烧成温度的某一温度下将粉体烧制一下的过程。

1．预烧的作用

预烧的主要作用有：

（1）去除杂质，如去除挥发性有机物、结晶水、分解物等；

（2）完成多晶型原料的晶型转变，形成稳定结晶相；

（3）使原料颗粒致密化，减少烧结过程的收缩。

2．常用粉体的预烧

（1）石英的预烧

天然石英是低温型的β-石英，当加热到573℃时，由于低温型β-石英转变为高温型α-石英，其体积发生骤然膨胀，致使石英内部结构疏松，利于粉碎。利用石英这一性质，在粉碎前先将石英煅烧到900～1000℃，以强化晶型转变，然后在空气或水中急冷，加剧产生内应力，促使石英破碎。

（2）黏土的预烧

黏土预烧的目的在于减少收缩，提高纯度。坯料中用量较大或烧损量较大的黏土常常要预烧一部分，以减少坯体收缩。预烧温度一般为700～900℃。

（3）多晶型原料的预烧

多晶型粉体，如石英、氧化铝、二氧化锆、二氧化钛等，在发生晶型转变时会产生体积变化，容易导致陶瓷坯体在烧结时开裂和变形，因此一般都要进行预烧，使粉体在成型前完成晶型转变，以降低坯体在烧结时的不安全性。以上各粉体的预烧工艺详见本书第 2 章有关内容，这里不再赘述。

4.2.2 水洗、酸洗、除铁

1．水洗

水洗主要是除去粉体中的可溶性杂质，例如，碳酸铅（$PbCO_3$）粉体中常含有 Na_2O 和 K_2O，通过十几次水洗以后，Na_2O 和 K_2O 的含量可以降低到 0.4% 以下；氧化钛粉体中常含有可溶性的硫酸盐（$FeSO_4$），通过水洗也可以除去。水洗要用蒸馏水，不能用自来水，因为自来水中常含有钙离子。

2．酸洗

酸洗主要用来去除各种可溶于酸的杂质。如 Si_3N_4 制备工艺为 Si_3N_4→振动磨→酸洗→水洗→烘干。

酸洗时，通常将大量盐酸注入粉体中，加热煮沸，随后水洗并添加新的盐酸以保持一定的酸度，直到杂质含量达到要求为止。

3．除铁

陶瓷粉体中混有铁质会减低陶瓷的白度，产生斑点，影响性质等。因此，除铁是粉体处理中的一道重要工序。

陶瓷粉体中的铁有金属铁、氧化铁及含铁矿物等，它们来自原矿、机器磨损及环境污染等。原矿中的含铁矿物有黑云母、普通角闪石、磁铁矿、赤铁矿、菱铁矿等。

粗粉体中的铁质矿物可采用选矿法与淘洗法除去，细粉体中的铁质矿物则可用磁铁分离器进行磁选。通过磁选，可以去除细粉体中混入的大部分铁质矿物。进行酸洗的粉料，酸洗过程也有去铁作用。

4.3 配料与混料

4.3.1 配料

1．配料的重要性

在精细陶瓷工艺中，配料对最终产品的性能和后面各道工序影响很大，必须认真对待。如 PZT 压电陶瓷，其配方组成点靠近 $PbZrO_3$-$PbTiO_3$ 固溶体相图（图 4.13）的相界线，一旦组成点发生偏离，则产品的性能波动很大，甚至会使晶体结构从四方相变到立方相。

2．配料的原则

1）产品的物理、化学性能及使用要求是考虑配料成分的主要依据

例如，耐磨陶瓷按 90%Al_2O_3 或 95%Al_2O_3 配料；透明陶瓷按 99.99%Al_2O_3 + 微量 MgO 配料。

2）借鉴一些工厂或研究单位积累的经验数据

例如，莫来石瓷按 $2SiO_2\cdot3Al_2O_3$ 配料；堇青石瓷按 $2MgO\cdot2Al_2O_3\cdot5SiO_2$ 配料；95-Al_2O_3 瓷按 95%Al_2O_3 + 5%MgO（或其他）配料。

配料时，根据要求选择并配制材料成分，但要根据原料性质差异和实际生产条件进行适当调整。

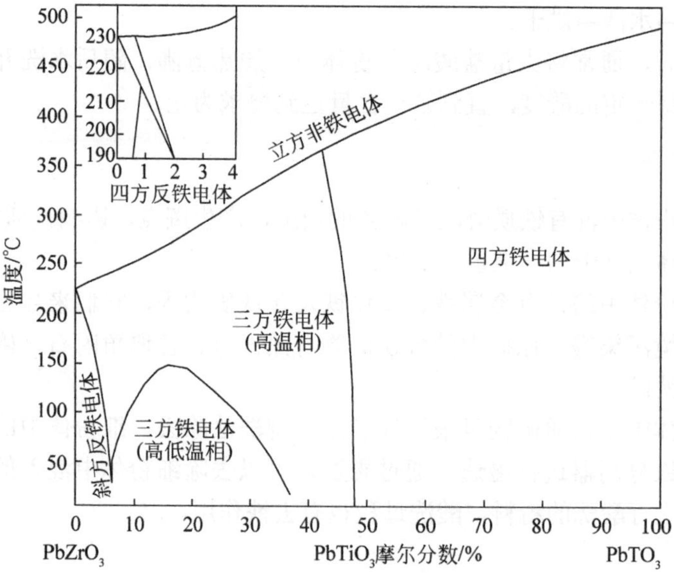

图 4.13　$PbZrO_3$-$PbTiO_3$ 固溶体相图

3）了解各种原料对产品性能的影响是配料的基础

主料是决定陶瓷材料主要结构和性质的材料，如：

（1）高热导材料中的 BeO，BN，AlN 等；

（2）高强度、高韧性材料中的 Si_3N_4 等；

（3）高温导电材料中的 β-Al_2O_3，ZrO_2 等；

（4）敏感性材料中的 ZnO 等；

（5）透明陶瓷材料中的 Al_2O_3，ZrO_2，Y_2O_3，MgO 等。

辅料是指对陶瓷材料性能没有影响，为了满足工艺要求而使用的次要原料。如各种助烧剂、成型用的黏结剂、粉料处理用的各种助磨剂等。

改性料是指在主晶相形成的前提下，对主晶相的某些性能进行改变的原料。如 Al_2O_3，ZrO_2，Y_2O_3 等透明陶瓷中所加的显色离子，Cr 离子、Ti 离子等可以形成色彩。

4）配方应满足生产工艺的要求

例如，Al_2O_3，TiO_2，ZrO_2 等粉体烧结时发生相变，需要进行预烧；Si_3N_4，SiC，BN 等非氧化物粉体需要在 N_2 或惰性气氛中烧结；AlN，BN 等要考虑其在水中的氧化性，需要在酒精中混料，并对其进行一些工艺限制。

5）要求配料的成型性能、干燥性能和烧成性能良好

例如，金红石瓷的主晶相是金红石（TiO_2），主要原料为二氧化钛，在制备金红石瓷时，为了控制晶粒的长大，调节介电性能，要加入少量辅料。

辅料为膨润土、有机增塑剂、萤石、钨酸等。膨润土的作用是提高坯体的可塑性；有机增塑剂有甲基纤维素、亚硫酸纸浆废液等，作用是增加坯体的塑性；萤石（CaF_2）的作用是助熔；钨酸（H_2WO_4）的作用是阻止 TiO_2 晶粒的长大。

3．配料的表示方法

1）质量百分数法

以各种成分所占的质量百分数表示。例如，滑石瓷配方为烧滑石（82.11%），膨润土（3.80%），Ba_2O_3（6.73%），$MgCO_3$（7.36%）。

质量百分数配料法又有外加法和内加法两种。

（1）外加法

以主料的质量为 100%，并以此为基础计算其他原料。例如，Si_3N_4 中加入 10%Y_2O_3，即 100 g Si_3N_4 中加入 10 g Y_2O_3。

（2）内加法

所有原料的质量为 100%，并以此为基础计算所有的原料。例如，Si_3N_4 中加入 10%Y_2O_3，即 90 g Si_3N_4 中加入 10 g Y_2O_3。

2）重量比法

以各种原料的重量比表示的配料方法。

3）体积百分数法

以各种原料的体积百分数表示的配料方法。

4）摩尔百分数法

以各组分的摩尔百分数表示的方法。

4．配方的计算

在精细陶瓷生产中，常用的配料计算方法有两种，一种是按化学计量式计算，另一种是根据配料预期的化学组成计算。

1）按化学计量式计算

在精细陶瓷配方中，常常遇到如下的化学分子式：$Ca(Ti_{0.54}Zr_{0.46})O_3$，$(Ba_{0.85}Sr_{0.15})TiO_3$，$Pb_{0.9325}Mg_{0.0675}(Zr_{0.44}Ti_{0.56})O_3$ 等。这种分子式实质上与 ABO_3 相似，其特点是 A 位置和 B 位置上各元素下标的和等于 1。例如，$Ca(Ti_{0.54}Zr_{0.46})O_3$ 可以看作是 $CaTiO_3$ 中有 46%的 Ti 被 Zr 所取代。同样，$(Ba_{0.85}Sr_{0.15})TiO_3$ 可以看作是 $BaTiO_3$ 中 15%的 Ba 被 Sr 所取代。至于 $Pb_{0.9325}Mg_{0.0675}(Zr_{0.44}Ti_{0.56})O_3$ 就要复杂一些，但同样可以根据这一方式进行分析，即可以将 $Pb_{0.9325}Mg_{0.0675}(Zr_{0.44}Ti_{0.56})O_3$ 看作是 $PbTiO_3$ 中 6.75%的 Pb 被 Mg 代替，而 44%的 Ti 被 Zr 代替。从上面的情况来看，ABO_3 型化合物中 A 和 B 都能被其他元素代替，从而达到改性的目的，而且这种取代能够形成固溶体及化合物。当然，这种取代不是任意的，而是有条件的。

明确了化学分子式的意义后，就可以通过化学分子式来计算各原料的质量比例及质量百分组成。这种方法也叫作化学式计量方法。

由于物质的质量 = 该物质的摩尔数×该物质的摩尔质量，为了配制任意质量的坯料，先要计算出各原料在坯料中的质量百分比。设各原料的质量分别为 m_i（$i=1, 2, \cdots, n$），各原料的摩尔数分别为 x_i，各原料的摩尔质量分别为 M_i，则各原料的质量（单位：g）为

$$m_i = x_i M_i \tag{4-13}$$

各原料的质量百分比 A_i 则为

$$A_i = m_i / \sum m_i \times 100\% \text{（原料的质量百分比）} \tag{4-14}$$

配料计算注意事项如下：

（1）如果原料不是 100%纯度，则需要根据原料实际纯度换算成实际原料质量。设某种原料的纯度为 P_i，则其实际的原料质量 m' 为

$$m' = m_i / P_i \tag{4-15}$$

（2）如果原料含有水分，称量前也必须考虑扣除水分或烘干。

（3）原料有氧化物或碳酸盐等，其计算方法一般根据所用原料化学分子式计算最为简便，只要把主成分按摩尔数配入坯料即可。如对于铅类氧化物配料，如果用 PbO 配料，则 1 mol PbO 所含 PbO 的摩尔数就是 1；如果用 Pb_3O_4 配料，则 1 mol Pb_3O_4 所含 PbO 的摩尔数是 3。

为了方便和准确，可以把结果列成一个表，以便检查和验算有无差错。例如，配制料方为（$Ba_{0.85}Ca_{0.15}$）TiO_3，采用 $BaCO_3$，$CaCO_3$，TiO_2 原料进行配料，按上述方法计算出的各项料的质量百分比见表 4.4。

表 4.4 （$Ba_{0.85}Ca_{0.15}$）TiO_3 各项料的质量百分比

配料	摩尔数x_i	摩尔质量M_i	原料质量$x_i\ M_i$	质量百分比/%
$BaCO_3$	0.85	197.35	176.75	62.174
$CaCO_3$	0.15	147.63	22.15	8.208
TiO_2	1.00	79.9	79.9	29.615
合计			269.8	99.997

对于精细陶瓷，其组成有的简单，有的比较复杂。除主成分外，还有添加物。这些添加物有的是为了调整性能，有的是为了调整工艺参数。其用量是根据实验研究的结果和实际生产经验来确定的。配方时，可按质量百分比组成表示，也可以采用外加方式表示。

（4）在配料时，每次原料不可能完全相同。原料变更时，可能会引起产品性能的变化。因此，每一次配料都应该标明原料的产地、批号、批量、配料日期和配料人员，以便当制品性能发生变化时进行查考和分析。如果有条件，每批原料应做化学分析，尤其是微量杂质的分析，这在精细陶瓷的研制和生产中也是非常重要的。

2）根据坯料预定的化学组成进行配料计算

一般工业陶瓷，如装置瓷、低碱瓷等，经常采用这种方法。例如，预定坯料的化学组成见表 4.5。所用原料为氧化铝（工业纯，未经煅烧）、滑石（未经煅烧）、碳酸钙、苏州高岭土，求其质量百分比。

表 4.5　坯料预定的化学组成

化学组成	Al_2O_3	MgO	CaO	SiO_2
质量百分比/%	93	1.3	1	4.7

设氧化铝、碳酸钙的纯度为 100%；滑石为纯滑石（$3MgO·4SiO_2·H_2O$），

其理论组成为 31.7%MgO，63.5%SiO_2，4.8%H_2O；苏州高岭土为纯高岭土（$Al_2O_3 \cdot 2SiO_2 \cdot 2H_2O$），其理论组成为 39.5%$Al_2O_3$，46.5%$SiO_2$，14%$H_2O$。

下面根据化学组成计算原料的质量百分含量。

（1）配方中的 CaO 只能由 $CaCO_3$ 引入，因此引入质量为 1 的 CaO，需要 $CaCO_3$ 的质量为

$$CaCO_3\text{的质量} = 1/0.5603 = 1.78$$

其中，0.5603 为 $CaCO_3$ 转化为 CaO 的系数。

（2）配方中的 MgO 只能由滑石引入，因此引入质量为 1.3 的 MgO 需要滑石的质量为

$$\text{滑石的质量} = 1.3/0.317 = 4.10$$

其中，0.317 为滑石转化为 MgO 的系数。

（3）配方中的 SiO_2 由高岭土和滑石同时引入，所以需要引入的高岭土的质量为

$$\begin{aligned}\text{高岭土质量} &= (4.7 - \text{滑石引入的 } SiO_2 \text{ 质量})/0.465 \\ &= (4.7 - 4.1 \times 0.635)/0.465 = 4.51\end{aligned}$$

其中，0.635 为滑石转化为 SiO_2 的系数，0.465 为高岭土转化为 SiO_2 的系数。

（4）工业纯氧化铝的引入质量为

$$\begin{aligned}\text{工业纯氧化铝的质量} &= 93 - \text{由高岭土引入的 } Al_2O_3 \text{ 质量} \\ &= 93 - 4.51 \times 0.395 = 91.22\end{aligned}$$

其中，0.395 为工业纯氧化铝转化为 Al_2O_3 的系数。

（5）引入原料的总质量为

$$\begin{aligned}m = {} & 1.78\,(\text{碳酸钙}) + 4.10\,(\text{滑石}) + 4.51\,(\text{高岭土}) + \\ & 91.22\,(\text{工业纯氧化铝}) = 101.61\end{aligned}$$

（6）配方中各种原料的质量百分数为

$$CaCO_3 = 1.78/m \times 100\% = 1.78/101.61 \times 100\% = 1.75\%$$

$$\text{滑石} = 4.1/m \times 100\% = 4.1/101.61 \times 100\% = 4.03\%$$

$$\text{高岭土} = 4.51/m \times 100\% = 4.51/101.61 \times 100\% = 4.44\%$$

$$\text{氧化铝} = 91.22/m \times 100\% = 91.22/101.61 \times 100\% = 89.77\%$$

总计为 99.99 %。

若采用煅烧过的氧化铝和滑石进行配料，计算方法相同，但滑石的转化系数有所改变。

4.3.2　粉料的混合

粉料混合是指将配好的各种原料混合均匀的过程。混合所用的设备有混料机、球磨机、搅拌磨等。混合过程主要是满足混合均匀的要求，一般不需要磨细。混合时应注意的事项有加料次序、加料方法、湿法混合时的分层、球磨筒的使用等。

1．加料次序

在精细陶瓷的坯料中，常常需要加入微量的添加物，以达到改性的目的。为了使这些微量添加物在整个坯料中均匀分布，在操作上要遵循一定的顺序。一般是先加入一种用量多的原料，再加入用量很少的原料，最后加入另一种用量多的原料。这样用量很少的原料就夹在两种用量较多的原料中间，可以防止用量少的原料粘在筒壁或研磨体上，造成坯料混合不均匀。

2．加料方法

在精细陶瓷中，有时用量少的添加物并不是一种简单的化合物，而是一种多元化合物。在这种情况下，如果配料时多元化合物不经预先合成，而是一种一种地加进去，就会产生混合不均匀和称量误差，并会产生化学计量的偏离，而且摩尔数越小，产生的误差越大，这样就会影响制品的性能。因此，对于质量分数小的多元化合物，最好事先合成某一种化合物再加入，以减少混合不均匀和称量误差。

3．湿法混合时的分层

在配料时，若采用湿混，其分散性、均匀性都较好。但湿混时，若粉料密度不同，容易产生分层，特别是在粉料密度大、浆料稀时，分层更为严重。此时应在烘干后进行干混，然后过筛，这样可以消除分层带来的不均匀性。

4．球磨筒的使用

精细陶瓷生产配料用的球磨筒（或混料器）最好应专用，至少同一类型专用，避免不同配方粉料粘筒及粘研磨体，引进杂质。这一点，在制作透明陶瓷或功能陶瓷时尤为重要。

4.4　混合粉体成型前的预处理

按照配方混合好的粉料在成型之前，常常需要根据坯体的实际成型工艺对粉体进行预处理，如干法成型工艺需要造粒；塑性成型需要对粉体泥料进行塑化处理、陈腐处理、练泥；浇注成型需要对粉体浆料进行悬浮处理等。

4.4.1 造粒

1．造粒的定义与意义

1）定义

造粒就是将已经磨得很细的粉体加进一定的黏结剂后，做成较粗的粒子（20～80目）的工艺过程，造粒又称为团粒。

2）意义

对于精细陶瓷粉料，一般越细越好，这有利于高温烧结，可降低烧结温度。但对于成型，粉料越细，流动性越差，这将导致粉料不能均匀填充模具，松装密度小（图4.14），装模容积大，不利于成型，无法进行自动压制等。因此，在成型之前要进行造粒，以克服粉体过细带来的缺点。

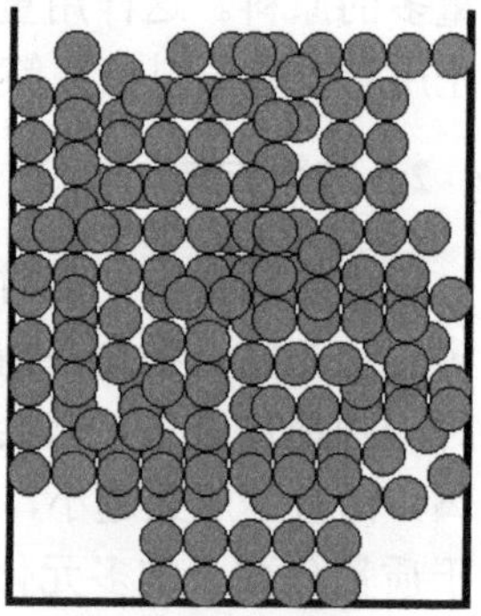

图4.14 流动性差的粉体在模子中产生的

2．常用的造粒方法

常用的造粒方法有手工造粒法、加压造粒法、喷雾干燥造粒法和冻结干燥造粒法等，下面简要介绍前3种方法。

1）手工造粒法

将坯料加入一定的黏结剂（4%～6%的浓度为5%的聚乙烯醇溶液）后，经过混合过筛，得到一定大小（约20目）的团粒。这种方法简单易行，在实验室中常用，但团粒质量较差，大小不一，团粒体积密度小。

2）加压造粒法

将粉料加入一定的黏结剂，混合均匀后，在压力机上用18～25 MPa的压力保压约1 min，预压成块，然后破碎过筛（约20目）而成团粒。这种方法比较简单，团粒体积密度较大，能满足各种大型或异形制品的成型要求。它是先进陶瓷生产中常用的方法，但效率低。

3）喷雾干燥造粒法

先将坯料与塑化剂（一般用水）混合好，形成浆料，再用喷雾器将浆料喷入造粒塔进行雾化、干燥，出来的粒子即为质量较好的团粒。这种方法可得到颗粒尺寸和形状均匀、流动性好的球形团粒，且产量大，可连续化生产，并能均匀引入各种成型剂，因而广泛应用于传统陶瓷（如瓷砖等）、结构陶瓷（如磨损件，刀具等）、电子陶瓷（如片状电容器，半导体等）等的生产。工业化大生产的主要喷雾干燥造粒设备及工艺流程如图 4.15～图 4.17 所示。

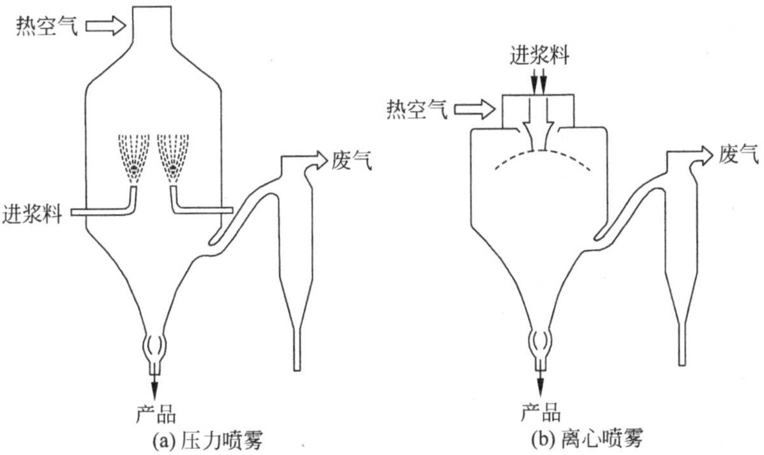

图 4.15　喷雾干燥造粒设备

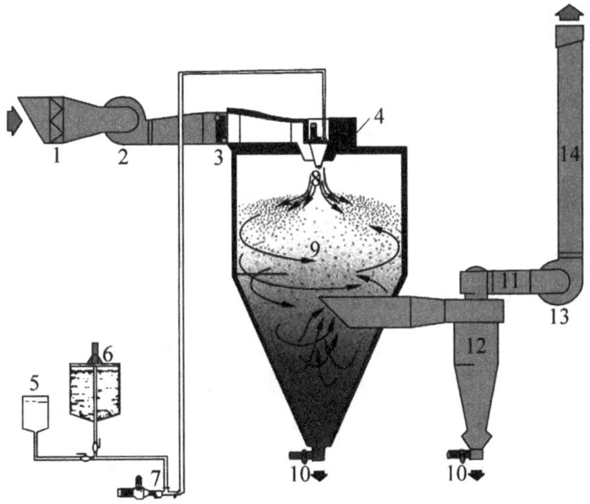

图 4.16　喷雾干燥造粒流程

1—空气过滤器；2—压力风扇；3—热空气发生器；4—热空气雾化器；5—冲洗水箱；6—待干燥物质罐；7—喂料泵；8—喷雾涡轮；9—干燥室；10—粉末抽取机；11—排气管道；12—旋流分离器；13—抽气扇；14—废气排出管道

喷雾干燥造粒包括 4 个过程。

（1）雾化

采用高速喷嘴或高速旋转轴将浆料喷射成雾滴，如图 4.18 所示。两种喷雾方法的比较见表 4.6。

图 4.17 喷雾干燥造粒机

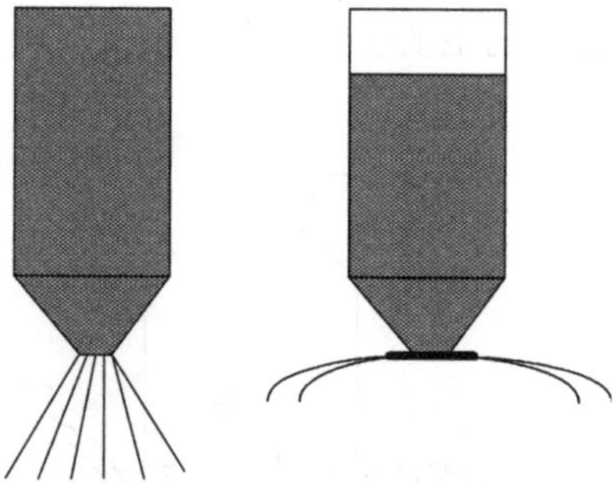

图 4.18 两种喷雾方法

表 4.6 两种喷雾干燥造粒方法的比较

方 法	优 点	缺 点	颗粒尺寸	控制颗粒参数
离心法（旋转轴）	可控制浆料加入量；不需要高压泵；容易控制颗粒尺寸	颗粒尺寸受干燥室限制	30～100 μm	轴旋转速度
高压法（喷嘴）	比较便宜；颗粒尺寸大；尺寸分布范围小	需要高压泵，易引入杂质	125～300 μm	高压气流

（2）雾滴与热气流交汇

（3）蒸发干燥

雾滴在热气流的作用下，水分蒸发，颗粒形成，并进行干燥。

（4）分离

干燥的颗粒与热气流分离，并从干燥器中取出。

在喷雾干燥造粒工艺的 4 个过程中，最关键的工序是雾化。雾化时，每 1 m^3 浆料通过喷雾设备可形成几十亿个雾滴，有高达 10 000 m^2 的表面积，与热空气接触不到 1 min 即可干燥形成球形粒子。

4.4.2 塑化

在传统陶瓷生产中，坯料是不需要塑化的，因为其含有一定的可塑性黏土成分。而在精细陶瓷生产中，除少数产品含有黏土外，坯料用的原料几乎都是化工原料，这些原料没有可塑性（即所谓瘠性原料），因此，成型之前要进行塑化。

1. 塑化

塑化是指在物料中加入塑化剂使其具有可塑性的过程。

可塑性（plasticity）是指坯料在外力作用下发生无裂纹的变形，外力去掉后不再恢复原状的性能。

塑化剂是指使坯料具有可塑性的物质。有两大类：一类是无机塑化剂，另一类是有机塑化剂。对于精细陶瓷，一般采用有机塑化剂。

塑化剂通常由 3 种物质组成，即黏结剂、增塑剂和溶剂。

黏结剂是指能黏结粉料的物质。精细陶瓷中常用的黏结剂有聚乙烯醇、聚醋酸乙烯酯、羧甲基纤维素等。

增塑剂是指溶于黏结剂中，使其易于流动的物质。最常用的增塑剂是甘油、酞酸二丁酯、乙酸三甘醇等。

溶剂是指能溶解黏结剂、增塑剂并能和坯料组成胶状体的物质。常用的溶剂有水、无水乙醇、丙酮、苯等。

2. 塑化机理

有机塑化剂一般是水溶性的，即亲水的，同时又是有极性的。因此，这种分子在水溶液中能形成水膜，对坯料表面有活性作用，可被坯料的粒子表面吸附，而且分子上的水化膜也一起被吸附在粒子表面，因而在瘠性粒子的表面，既有一层水膜，又有一层黏性很强的有机高分子。由于这种高分子是蜷曲线性分子，所以能把瘠性粒子黏结在一起。又由于有水膜存在，从而使其具有流动性，进而使坯料具有可塑性。图 4.19 表示了聚乙烯醇（polyvinyl alcohol，PVA）有机塑化剂的塑化机构。

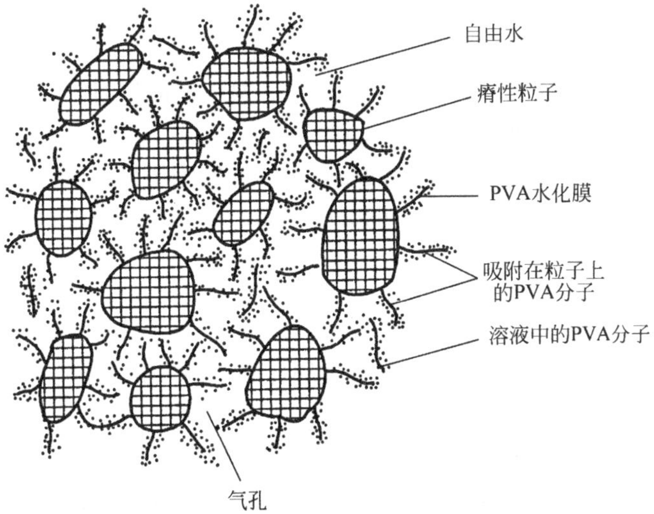

图 4.19 PVA 有机塑化剂的塑化机构

3．常用塑化（黏结）剂

有机塑化（黏结）剂的种类很多，下面介绍几种常用的塑化（黏结）剂。

1）聚乙烯醇（polyvinyl achohol，PVA）

聚乙烯醇简称 PVA，通常呈白色或淡黄色，是一种由许多链接连成的蜷曲而不规则的线型结构高分子化合物。高分子化合物的相对分子质量的大小对其性质有很大的影响。用于黏结剂的 PVA 的相对分子质量不宜过大，也不宜过小，一般选择聚合度 $n=1500\sim1700$。如果 n 过大，则弹性过大，不利于成型；如果 n 过小，则链短，强度低，脆性大，也不利于成型。

PVA 可溶于水，在 70℃的热水中，PVA 的溶解度可达 96%～98%。PVA 也可溶于乙醇、乙二醇、甘油等有机溶剂。

若坯料中含有 CaO，BaO，ZnO，MgO，B_2O_3 等氧化物及硼酸盐、磷酸盐等，最好不用 PVA 作塑化（黏结）剂，因为它们会与 PVA 生成不溶于水的脆性化合物，不利于成型。

2）聚醋酸乙烯酯（polyvinyl acetate）

聚醋酸乙烯酯为无色透明的粥状液体或黏稠体，聚合度通常在 400～600；不溶于水、甘油，而能溶于低分子量的酮、醇、酯、苯、甲苯等。使用聚醋酸乙烯酯时，由于溶剂（如苯、甲苯等）有毒且挥发性大，要特别注意防护。

3）羧甲基纤维素（carboxy methyl cellulose，CMC）

羧甲基纤维素简称 CMC，溶于水，但不溶于一般有机溶剂。CMC 的分子式为 $C_6H_9O_4OCH_2COONa$。由于含有 Na，在坯体素烧后，会残留含有氧化钠的灰分。因此，在选用 CMC 时，要考虑灰分掺入对制品性能的影响。

4）石蜡（wax）

石蜡通常为白色的结晶体，是一种固体塑化（黏结）剂，熔点在 50℃左右，室温具有冷流动性，受热时呈热塑性。热压铸成型时，利用石蜡的热塑性；而干压成型时，利用它的冷流动性。

此外，常用的塑化（黏结）剂还有聚乙烯醇缩丁醛（polyvinyl butyral，PVB）、聚乙烯乙二醇（polyvinyl glycol，PVG）、甲基纤维素（methyl cellulose，MC）等。

4．塑化剂对坯体性能的影响

在选择塑化剂时，要考虑塑化剂对坯体的影响。其主要影响如下：

（1）对还原作用的影响

在焙烧时，由于塑化剂氧化不完全会产生 CO，和坯料中的某些成分发生作用，导致还原反应，使制品的性能变坏。因此，对焙烧工艺要特别注意。

（2）对电性能、机械性能的影响

塑化剂挥发时会留下气孔，影响绝缘性能和坯体的机械性能，如图 4.20 所示。

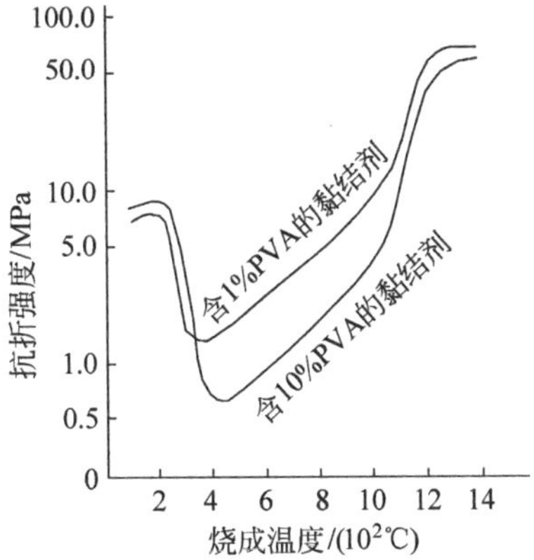

图 4.20 塑化（黏结）剂对瓷坯机械强度的影响

（3）塑化剂用量的影响

一般塑化剂用量越小越好，但塑化剂过少，坯体达不到致密化，也容易分层。

（4）塑化剂挥发率的影响

塑化剂的挥发温度不但要低于坯体烧成温度 T，而且挥发温度范围应宽一些，以便于控制挥发速率，如图 4.21 所示。否则，会因塑化剂在很窄的温度范围内剧烈挥发而使坯体开裂。

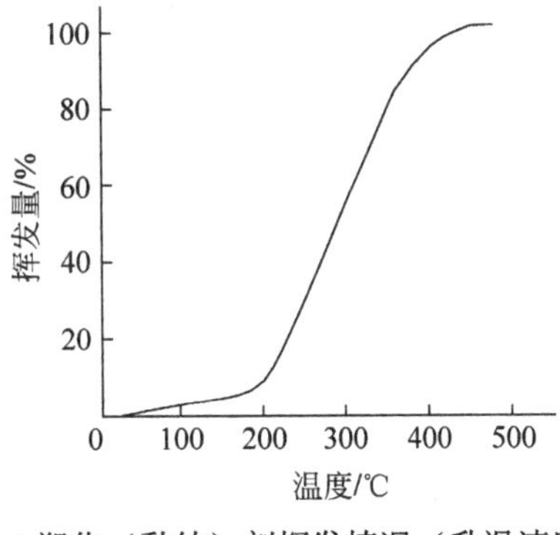

图 4.21 PVC 塑化（黏结）剂挥发情况（升温速度：75℃/h）

4.4.3 陈腐与练泥

1. 陈腐

将泥料在一定温度和湿度的环境中放置一段时间的操作称为陈腐。

1）陈腐的作用

经压滤得到的泥饼的水分和固体颗粒的分布很不均匀，同时含有大量空气，不能直接用于可塑性成型。经过陈腐，可使泥料成分趋于均匀，可塑性提高。球磨后的注浆经陈腐后，黏度降低，流动性增加，浆料性能得到改善。同样，造粒后的压制坯料在密闭的仓库里陈放一段时间，可使坯料的水分更加均匀。

2）陈腐作用的机理

陈腐主要是通过以下机理产生上述作用的。

（1）通过毛细管的作用，使泥料中的水分能够更加均匀地分布。

（2）在水和电解质的作用下，黏土颗粒充分水化和粒子交换，一些非可塑性的硅酸盐矿物（如白云石、绿泥石、长石等）长期与水接触发生水解变为黏土物质，从而使可塑性增加。

（3）黏土中的有机物在陈腐过程中发酵或腐烂，变成腐质酸类物质，使泥料的可塑性提高。

（4）在陈腐过程中，还会发生一些氧化还原反应，例如，FeS_2 分解为 H_2S，$CaSO_4$ 还原为 CaS 并与 H_2O 及 CO_2 作用生成 $CaCO_3$ 和 H_2S 等。这些反应产生的气体的扩散及流动使泥料变得松散、均匀。

3）陈腐工艺条件

陈腐一般在封闭的仓或池中进行，要求保持一定的温度和湿度。陈腐的效果取决于陈腐的条件和时间，在一定的温度和湿度下，时间越长，效果越好，但陈腐一定时间后，继续延长时间，效果不明显。陈腐的时间一般以 3～4 天为宜。

4）陈腐的缺点

陈腐对提高坯料的成型性能和坯体的强度具有重要的作用，但陈腐需要占用较大面积，同时延长了坯料的周转期，使生产过程不能连续化。因而，现代化的生产不希望通过延长陈腐时间来提高坯料的成型性能，而更希望通过对坯料的真空练泥来达到这一目的。

2. 练泥

1）练泥的定义与作用

经过陈腐得到的泥料的组织疏松且不均匀，含有大量的气泡。这样既降低了泥料的可塑性，难以进行塑性成型，而且容易使瓷件中残留较多的气孔、裂纹和分层等缺陷，使瓷件的性能降低甚至报废。为了解决这一问题，传统的方法是对泥料反复施加应力，使之发生反复塑性变形，以排出坯料中的空气，并使组织致密化、均匀化和提高坯料的可塑性，这一过程称为练泥。目前，最常用的方法是真空练泥。

2）真空练泥

真空练泥可以排出泥料中的残留空气、提高泥料的致密度和可塑性，并使泥料组织均匀，改善成型性能，提高干燥强度和成瓷后的力学强度。

当泥料进入真空练泥机的真空室时，泥料中空气泡内的压力大于真空室内的气压，气泡膨胀（体积由 V_0 变到 V_1）而压力降低（由 p_0 变到 p_1），并使泥料膜厚度减小（由 δ_0 变到 δ_1），如图 4.22 所示。当空气泡内压力与真空室内压力的压力差足以使泥料膜破裂时，空气泡中的空气爆出并被真空泵抽走。但如果泥条很厚或空气泡处于深处，而压力差又不足以使泥料破裂，则空气还会残留在泥料中。为此，泥料在进入真空室前，应切成细泥条或薄片，以利于泥料中的空气排出。同时，提高真空室的真空度、增大压力差，也可促使泥料膜破裂。真空室的真空度一般应保持在 0.095～0.098 MPa。

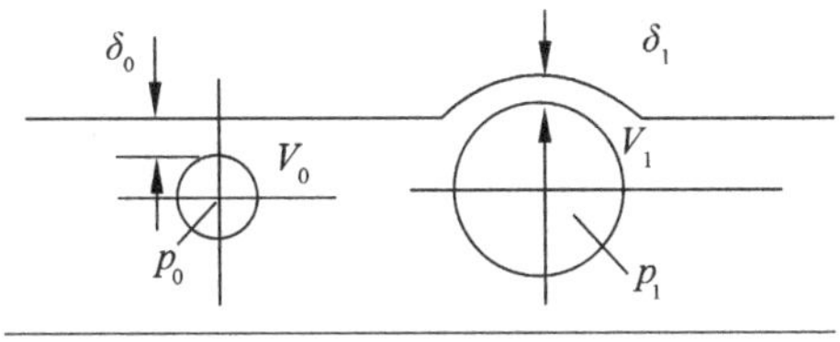

图 4.22　真空练泥时泥料中空气泡的变化

3）影响真空练泥的因素

（1）真空度降低

真空度降低不利于空气排出。真空度降低的可能原因有真空室漏气、真空室堵塞、真空泵润滑油稠度不合适或没有及时更换润滑油、真空泵冷却水温度过高等。

（2）温度

泥饼温度过低，则水的黏滞性增大，降低了泥料的可塑性，容易造成层裂；泥饼温度过高，则水分蒸发太快，也影响真空度。冬季，室内温度应在 20℃以上，泥饼温度应在 30～40℃；夏季，室内温度高，练泥发热不易散失，可用温度与室温相近的泥饼。

（3）练泥机结构

真空练泥机内的螺旋推进器构造不同，会影响泥段和烧成品的质量，见表 4.7。

表 4.7　不同练泥机结构与方法对坯泥干燥试样及烧成试样性能的影响

处理机构与方法	干燥试样	烧成试样		
	抗拉强度/（10^4Pa）	抗拉强度/（10^4Pa）	抗弯强度/（10^4Pa）	抗压强度/（10^6Pa）
挤泥机加工	34.3	2038	5338	286.2
挤泥机加工（泥浆加热到80～90℃）	46.84	2313	5958	256.8

续表

处理机构与方法	干燥试样	烧成试样		
	抗拉强度/（10^4Pa）	抗拉强度/（10^4Pa）	抗弯强度/（10^4Pa）	抗压强度/（10^6Pa）
挤泥机加工（陈腐90天）	50.57	2607	6116	363.6
真空练泥机加工	47.33	2813	5988	371.4
真空练泥机加工（泥浆加热到80～90℃）	61.25	2928	6458	373.9

4.4.4 陶瓷浆料悬浮处理

传统的注浆成型和流延成型工艺及最新的凝胶注工艺等都要求将陶瓷颗粒有效地分散在水等液态介质中。为了制备出组分均匀、稳定、适合成型的理想浆料，常常需要对浆料进行悬浮处理。

所谓悬浮处理，就是通过某种方法将悬浮性不好而容易沉淀分层的浆料转变为悬浮性好的浆料的工艺过程，两种悬浮性能不同的液体的对比如图 4.23 所示。

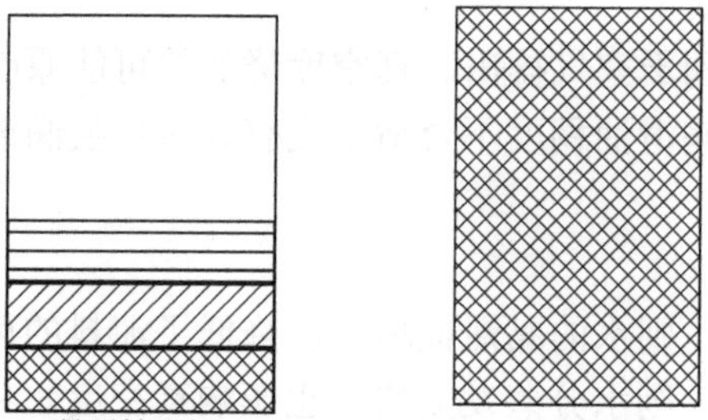

图 4.23　两种悬浮性能不同的浆料的对比

1. 陶瓷浆料体系的稳定悬浮机理

陶瓷浆料体系能够形成稳定悬浮主要靠两种作用：一是极性介质中，颗粒/溶液界面上的双电层产生静电排斥力；二是非极性介质中，吸附在颗粒表面的聚合物添加剂之间相互作用，使颗粒保持在范德华引力不起作用的距离上，即所谓位阻效应。

1）固体表面双电层与 Zeta 电势

固体表面的双电层由吸附层（stern 层）和扩散层组成，如图 4.24 所示，其厚度随电解质浓度和离子价数的增加而减少。固体颗粒表面双电层重叠，相互排斥，促进悬浮。

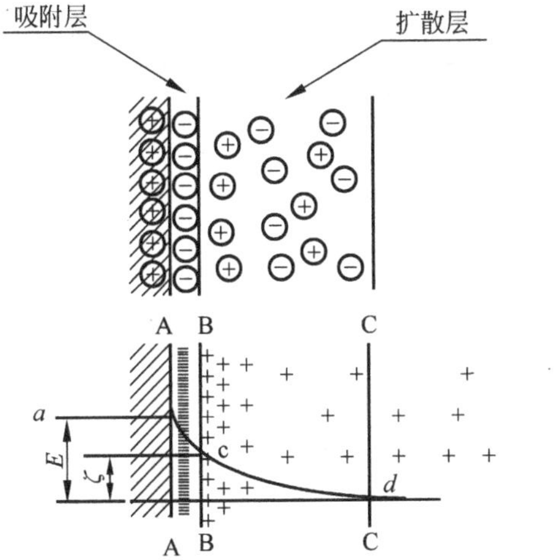

图 4.24 固体表面的双电层

Zeta 电势（ζ）——滑动面电势，反映了极性介质中特定物质的表面电势变化和离子在双电层内层的吸附。

ζ电位可以随扩散层中离子浓度的改变而改变，少量电解质的引入对ζ电位有很大影响。

图 4.25 为黏土颗粒表面双电层结构示意图。因 H^+的水化程度小（水化半径小），进入吸附层的 H^+就多，而扩散层中的 H^+就少，ζ电位就低，所以黏土具有低的悬浮性。当引入电解质，如 Na_2SiO_3或 Na_2CO_3时，可改善悬浮性，如图 4.26 所示。

不同电解质在水中的水化离子大小是不同的，见表 4.8。

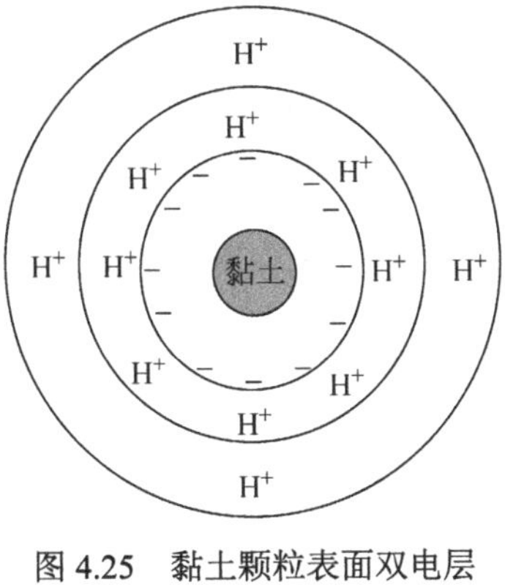

图 4.25 黏土颗粒表面双电层结构示意图

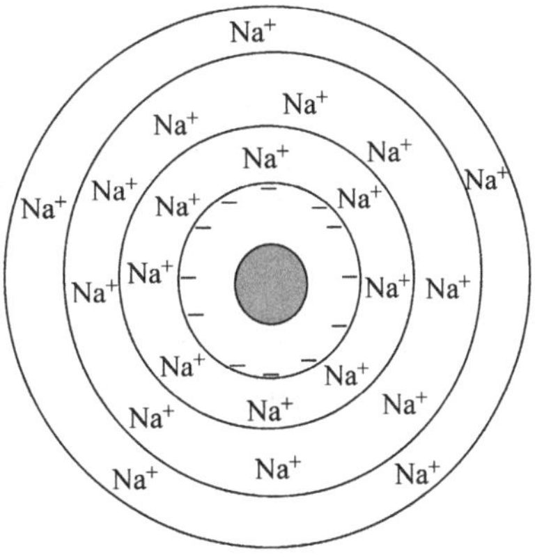

图 4.26 加入 Na_2SiO_3 改善黏土悬浮性示意图

表 4.8 不同电解质在水中的水化离子大小

离子	正常半径/Å	水化作用（水分子数）	水化离子半径/Å
Li	0.78	14	7.3
Na	0.98	10	5.6
K	1.33	6	3.8
NH_4	1.43	3	—
Rb	1.49	0.5	3.6
Cs	1.65	0.2	3.6
Mg	0.78	22	10.8
Ca	1.06	20	9.6
Ba	1.43	19	8.8
Al	0.57	57	—

根据斯特恩理论，吸附层中容纳的离子数取决于水化离子半径，水化离子半径越大，吸附层内吸附的离子数越少，扩散层内的离子数就越多，扩散层越厚，ζ电位也就越大。

Mg，Ca，Ba 水化离子半径大，但电价高，双电层ζ电位低；Li，Na，K 水化离子半径略小于 Mg，Ca，Ba，但其电价低，双电层ζ电位高，所以经常选用 Na_2CO_3，Na_2SiO_3 等作为电解质。

水化离子的浓度对颗粒双电层ζ电位和悬浮液的性能有重要影响，如使用 Na_2CO_3 电解质，开始时随 Na^+的增加，颗粒双电层ζ电位增加、悬浮液黏度降低，当 Na^+的浓度超过一定数值后，颗粒双电层ζ电位下降、悬浮液黏度升高，如图 4.27 所示。这是由于 Na^+浓度过高，就会使扩散层厚度减小，Na^+浓度进一步升高，则 Na^+通过扩散层进入吸附层，双电层ζ电位变成 0 或负值。

2）人工合成原料的悬浮

大部分人工合成原料，如 Al_2O_3、ZrO_2、Si_3N_4、钛酸盐等电子陶瓷原料，都是瘠性原料。这些原料大体上可分为两大类：一类是溶于酸的，如 $CaTiO_3$ 等；另一类是不溶于酸的，如 Al_2O_3，ZrO_2 等大部分氧化物。不同类型的瘠性原料可以通过不同的方法进行悬浮处理。

（1）不溶于酸的原料的悬浮

可通过调节 pH 改善其悬浮性。例如，Al_2O_3 在盐酸中，颗粒表面发生如下反应，形成双电层（图 4.28）：

$$Al_2O_3 + 6HCl \longrightarrow 2AlCl_3 + 3H_2O \quad (4\text{-}16)$$

$$AlCl_3 + H_2O \longrightarrow AlCl_2OH + HCl \quad (4\text{-}17)$$

$$AlCl_2OH + H_2O \longrightarrow AlCl(OH)_2 + HCl \quad (4\text{-}18)$$

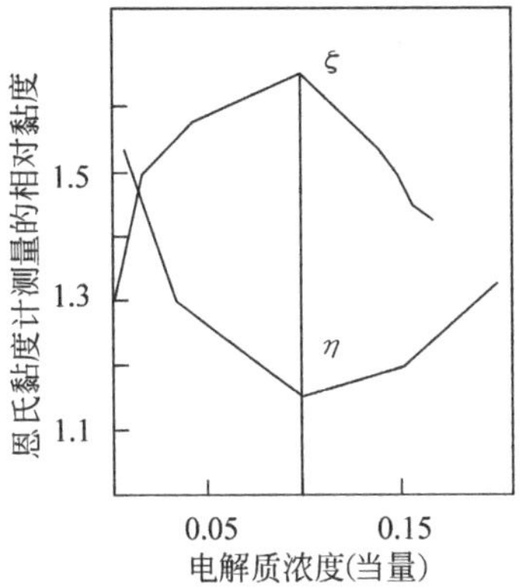

图 4.27 电解质浓度对悬浮液的影响

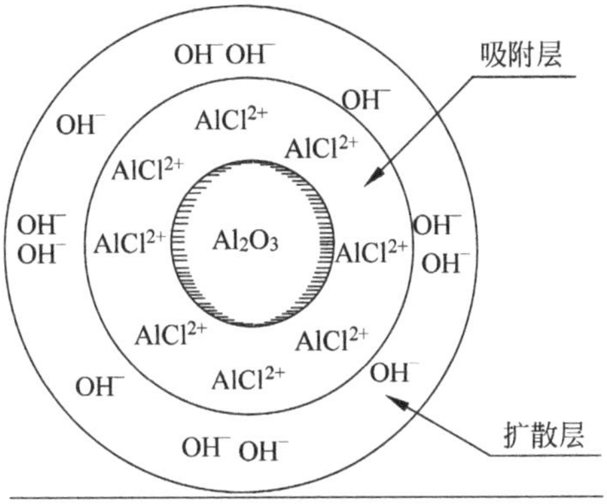

图 4.28 Al_2O_3 颗粒在盐酸中形成的表面双电层

悬浮液中 HCl 浓度（pH 的变化）对悬浮性能有较大影响。当 HCl 浓度较高即 pH 较小时，Cl^-浓度高，Cl^-逐渐进入吸附层，取代 OH^-，生成 $AlCl_3$。由于 Cl^-的水化能力比 OH^-强，Cl^-水化膜厚，因此 Cl^-进入吸附层个数减少，而留在扩散层中的数量增加，ζ 电位升高。但若 HCl 浓度太高，即 pH 过小，Cl^-浓度过高，则有过多的 Cl^-进入吸附层、中和粒子表面电荷，使正电荷降低，扩散层变薄，ζ 电位降低。若 HCl 浓度较低，即 pH 大，反应层中 Cl^- 减少，颗粒正电荷降低，扩散层变薄，ζ 电位降低，悬浮性差。因此，对于 Al_2O_3 浆料，在 pH = 3.5 左右时流动性最好，悬浮性也较好。几种常见氧化物浆料的适宜 pH 见表 4.9。

表 4.9 常用氧化物浆料的适宜 pH

氧化物	氧化铝	氧化铬	氧化铍	氧化铀	氧化钍	氧化锆
pH	3～4	2～3	4	3.5	<3.5	2.3

对于 Si_3N_4 等非氧化物粉体，由于 Si_3N_4 和 SiC 的表面存在一层 SiO_2 氧化膜，BN 和 B_4C 的表面存在一层 B_2O_3 氧化膜，可以相应地按氧化物来考虑。Si_3N_4 在不同 pH 下的 ζ 电位如图 4.29 所示。

（2）与酸起反应的原料的悬浮

对于与酸起反应的原料，如 $BaTiO_3$，PbO，CaO 等电子陶瓷原料，则需要通过表面活性剂的吸附来达到悬浮的目的。

表面活性剂是指具有亲水和憎水两性端头的分子。陶瓷颗粒一般具有极性界面，在悬浮液中时，表面活性剂会吸附在陶瓷颗粒表面，在适当浓度范围内会形成垂直于表面排列的单分子层，具有相同单分子吸附层的颗粒相互接近时会相互排斥。常用的表面活性剂为烷基苯磺酸钠，用量为 0.3%～0.5%。

其作用机理为烷基苯磺酸钠在水中离解，产生大阴离子，阴离子吸附在颗粒表面，使颗粒具有负电荷，负电荷相互排斥，产生悬浮作用。

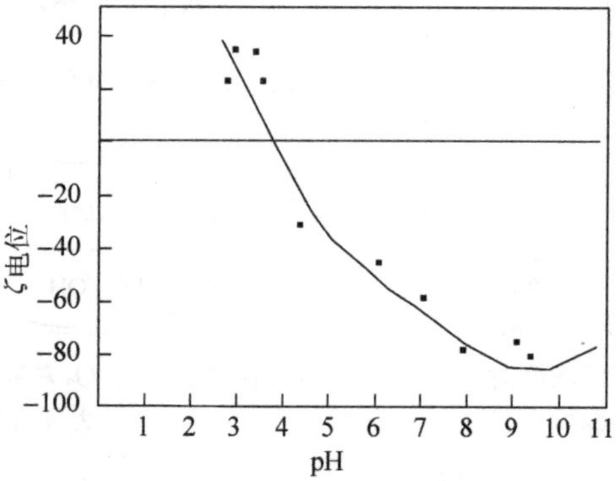

图 4.29 Si_3N_4在不同 pH 下的 ζ 电位

高分子有机物长链在悬浮液中如果吸附于颗粒表面，则会形成空间位阻作用。当在颗粒表面上吸附足够厚的高度溶剂化的聚合物分子层时，可使相邻两个颗粒保持在范德华力不起作用的距离，从而起到分散颗粒的作用。常用的有机高分子有阿拉伯树胶、羧甲基纤维素钠、明胶、桃胶、聚丙烯酸（PAA）等。其中，阿拉伯树胶进口于阿拉伯国家，适量使用可以显著降低浆料的黏度（图 4.30），具有良好的悬浮作用。当有机高分子含量较小时，可能由于聚合物分子吸附在多个颗粒上而导致桥联作用，固体小颗粒黏附在高分子上形成大颗粒，产生聚沉，悬浮性不好；当有机高分子含量较大时，高分子吸附在固体颗粒周围，形成悬浮，如图 4.31 所示。

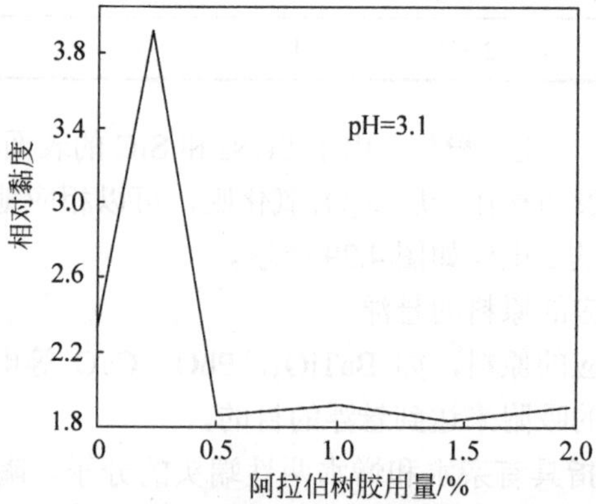

图 4.30 阿拉伯树胶用量与浆料黏度的关系

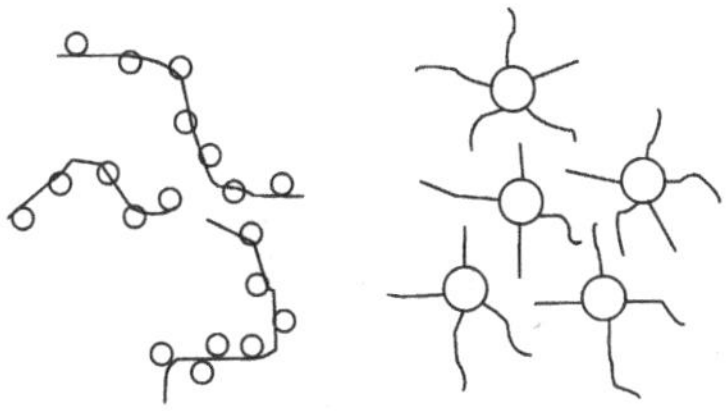

图 4.31　有机高分子对颗粒的悬浮作用

悬浮是一个比较复杂的问题，对于有些现象和问题，目前在理论和实践上还不能得到很好的解释。

思考题

1．表征粉体粒度的常用指标有哪些？

2．测试纳米粉体的一次颗粒粒度、二次颗粒粒度的方法有哪些？

3．粉体形貌观察采用何种手段？

4．粉体的晶型采用什么方法分析？

5．若配制 $Pb_{0.95}Sr_{0.05}(Ti_{0.54}Zr_{0.46})O_3$，采用 Pb_3O_4，$SrCO_3$，TiO_2，ZrO_2 为原料，计算各种原料的质量百分比。

（答案：Pb_3O_4：85.87%，$SrCO_3$：0.97%，TiO_2：5.69%，ZrO_2：7.47%）

6．已知某厂滑石瓷配方的化学组成见表 4.10，所用原料的化学组成分别为滑石（MgO：31.7%，SiO_2：63.5%，H_2O：4.8%）、苏州高岭土（Al_2O_3：39.5%，SiO_2：46.5%，H_2O：14%）、$CaCO_3$（CaO：56%，CO_2：44%）、ZnO（100%）、α-Al_2O_3（100%），求其质量百分比。

表 4.10　某厂滑石瓷配方的化学组成

化学组成	MgO	Al_2O_3	SiO_2	ZnO	CaO
含量/%	29	4	62	4	1

（答案：滑石：85.93%，高岭土：8.08%，$CaCO_3$：1.67%，ZnO：3.76%，α-Al_2O_3：0.56%）

7．什么是预烧？其作用是什么？

8．粉料混合时应注意哪些事项？

9．什么叫造粒？为什么要造粒？有哪些造粒方法？

10．什么叫塑化？精细陶瓷原料为什么要塑化？常用的塑化剂有哪些？其塑化机理是什么？

11. 什么是悬浮处理？为什么要进行悬浮处理？稳定悬浮的机理是什么？

第5章 精细陶瓷的成型与坯体干燥

将已经制备好的粉料、泥料或浆料，通过一定的方法，制成具有一定形状坯体的工艺过程称为成型，所用的方法称为成型方法。

陶瓷成型方法有很多，通常可按坯料含水量的多少分为三大类：干法成型（坯体含水量≤3%）、塑法成型（3%≤坯体含水量≤26%）和湿法成型（26%≤坯体含水量≤38%）。

成型是精细陶瓷制备工艺中最关键的技术，一是因为成型是造成陶瓷内部缺陷的主要原因；二是良好的成型可有效降低烧结温度，减少烧结收缩，控制烧结变形和晶粒长大；三是良好的成型可减少烧结制品的机加工量。因此，正确地进行成型是获得高质量精细陶瓷产品的最重要的工艺步骤。

坯体成型后一般都需要干燥才能进行烧结，正确地进行坯体干燥也是保证精细陶瓷质量的重要工艺步骤。

5.1 干法成型

干法成型是指将粉料放在钢模或弹性模中，在压机上或高压液体中压制成一定形状坯体的成型方法。

干压法可分为两种：一种是在刚性模内用压机进行的干压法，另一种是在弹性模内用高压液体进行的等静压法。

5.1.1 干压成型

干压成型是指将经过造粒的粉料装入钢制模具内，通过施加外部压力，使粉料压制成一定形状坯体的方法。其特点是方法简单，可连续化大规模生产，适合形状简单、薄片部件。

1．干压成型的工艺原理

干压成型的实质是指粉料颗粒在外力的作用下，在模具内经历滑移、重排、局部变形和破裂、相互靠近，并借助内摩擦力牢固地联系在一起、保持一定形状的过程。干压过程中粉料颗粒的受力状态如图 5.1 所示，其中，F_n 表示正压力，T 表示切向力。

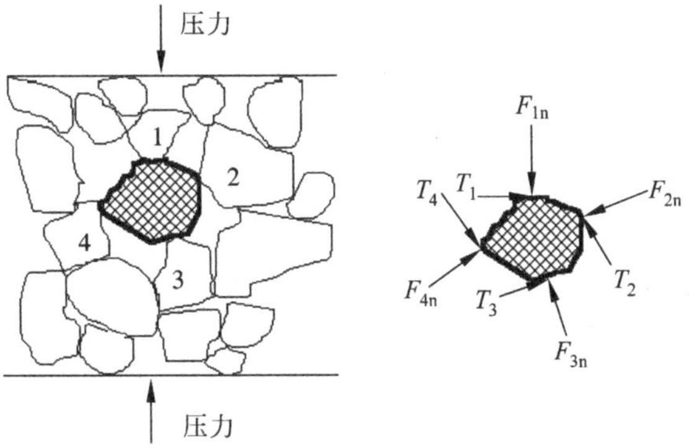

图 5.1 干压成型时颗粒的受力

1）颗粒滑移和重排

颗粒在压应力的作用下发生滑移、重排并逐渐达到应力的平衡。此过程的特点是颗粒没有破碎。

2）颗粒变形和破裂

在颗粒被压紧后，继续增大压力，在颗粒的接触点会发生颗粒的变形和破裂。在此阶段，颗粒的形状、尺寸、弹性模量、团聚体强度等参数对颗粒的变形和开裂的影响很大。

3）弹性压缩

当压力与颗粒间摩擦力平衡时，坯体便达到相应压力下的压实状态，再增加压力，坯体达到新的压实状态。最后，当坯体被完全压实后，若再增加压力，坯体则主要发生弹性变形。

4）卸压

当压制完毕除去压力时，被压缩体会膨胀（压缩空气膨胀及弹性回弹），严重时可使坯体产生层裂。

2．压制过程中坯体压力的分布

压制过程中，外力需要克服颗粒之间、颗粒与模具之间的摩擦力（图 5.2），成型压力向模具内粉体的传递会发生衰减（图 5.3），因此，坯体各部位的密度和强度会出现差别。在单轴加压情况下，坯体内压力 p_h 随模具深度的变化如下：

$$p_h = p_0 \exp(-4fkh/D) \tag{5-1}$$

其中，p_0为成型压力；f为摩擦系数；k为常数；D为模具直径；h为模具深度。

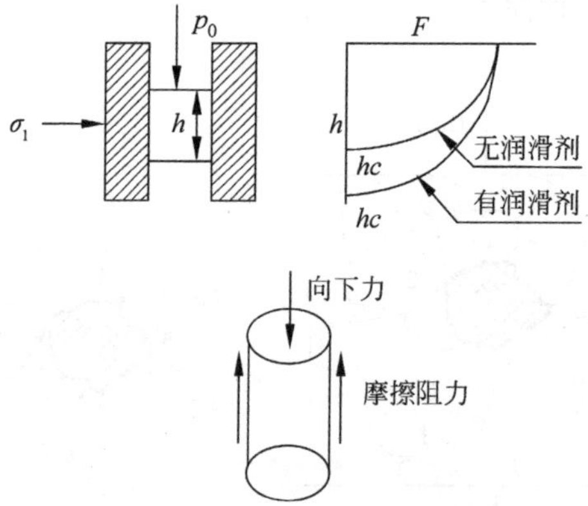

图 5.2　致密化过程中的摩擦力

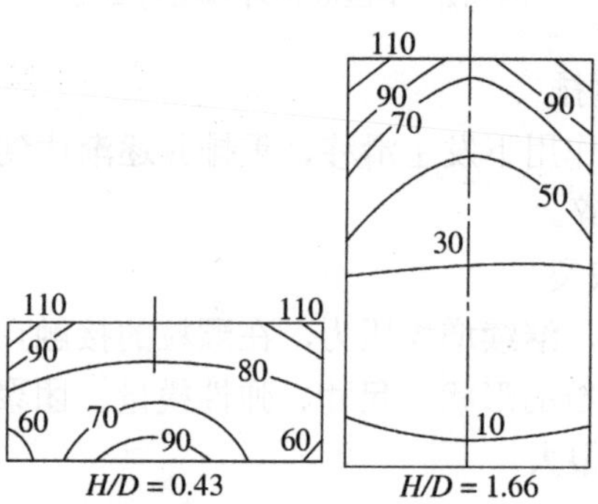

图 5.3　模具内压力分布

可见，坯体内的压力不仅随模具深度 h 衰减，而且沿轴向和径向同时变化。因此，高而细的产品不适合干压成型。

3．模压工艺参数对坯体性能的影响

1）成型压力的影响

模压压力增加，坯体相对密度（达到理论密度的百分比）增加，如图 5.4 所示。但压力高，侧向压力、回弹力也高，在卸载、脱模时会引起较大的弹性回弹，容易使坯体被破坏。一般工业陶瓷的成型压力为 30～60 MPa。

2）加压方式的影响

干压成型的加压方式有两种：单向加压和双向加压。单向加压是指模具与下压头固定，压力通过上压头施加。双向加压是指模具固定，上、下压头都能运动，压力通过上、下压头同时施加，如图 5.5 所示。

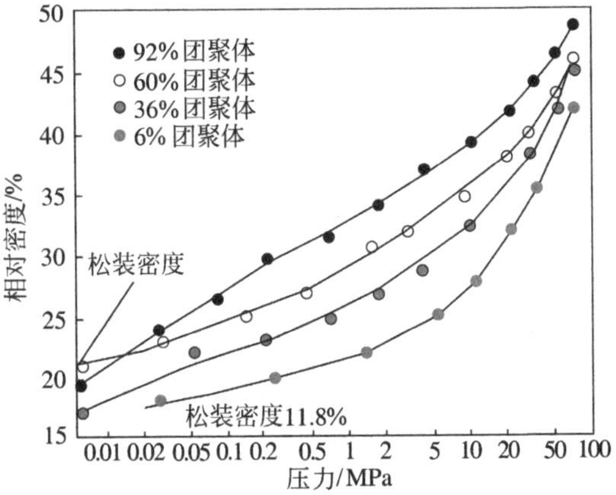

图 5.4 坯体相对密度与压力的关系

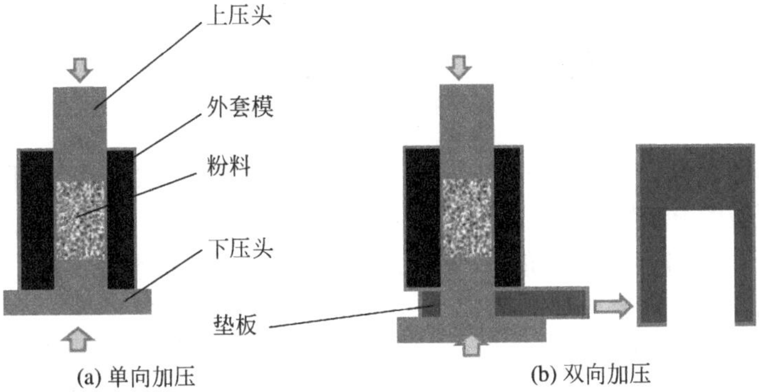

图 5.5 单向加压与双向加压示意图

单向加压的模具比较简单，但压制后坯体的致密度不够理想，越往下，密度越低。双向加压可以改善这种缺点，但是模具构造比较复杂。单向加压和双向加压坯体密度的比较如图 5.6 所示。

3）加压速度与保压时间的影响

初压时坯体疏松，空气易于排出，可稍快加压。颗粒紧密靠拢后，必须缓慢加压，以免残余空气无法排除、释放压力后空气膨胀产生层裂。细颗粒粉料宜采取缓慢加压、延长保压时间及振动成型等方法。

4）粉料性能的影响

粉料均匀填充是干压成型的重要参数，而流动性是均匀填充的重要参数。

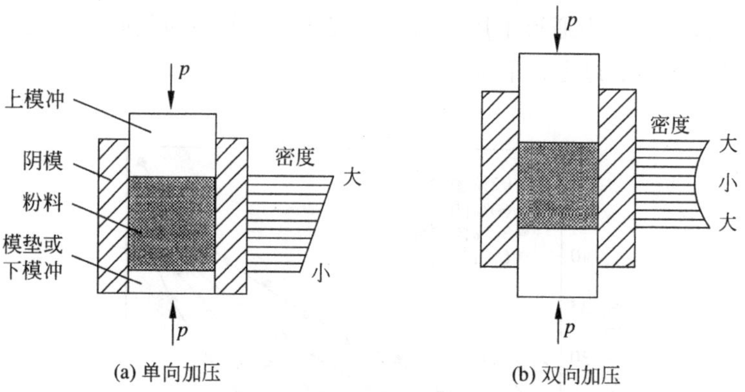

图 5.6 单向加压与双向加压坯体密度对比

粉料的内摩擦系数 $\mu=\tan\alpha$，自然安息角 α（图 5.7）可反映粉料的流动性，一般为 20°～40°，α 越小，流动性越好。

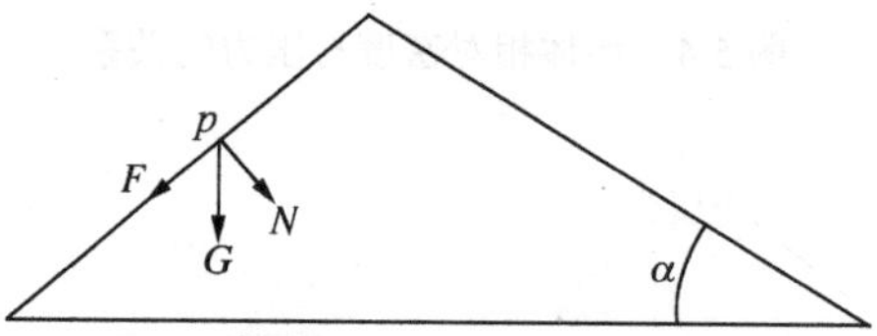

图 5.7 粉料的自然安息状态与安息角

粉料流动性（flowrates of powders）是根据 ASTM B213-48 标准测量的。一般大颗粒的流动性比细颗粒的要好，理想的颗粒为 16～18 目（mesh）。实际粉料的流动性与其粒度分布、颗粒形状、大小、表面状态等相关。获得流动性能好的粉料，需要通过造粒。

5）添加剂的影响

干压成型中的添加剂包括黏结剂、润滑剂、塑化剂等。添加剂是干压成型中的重要因素，各种添加剂的作用见表 5.1。

表 5.1 添加剂的作用

添加剂	作　用
黏结剂	增加坯体强度
润滑剂	增加颗粒之间的滑动，增强脱模性； 增强颗粒的流动性，改善黏结剂在颗粒表面的柔性，使二次颗粒具有塑性变形
塑化剂	控制pH，控制颗粒表面的电荷，增强分散性；降低颗粒的液体表面张力；防止加压过程中水的流失

添加剂应具备如下性能：

（1）能使坯体产生一定强度；

（2）无磨损，避免给模具带来过多的磨损；

（3）避免含有无机盐或金属离子，因为它们在烧成期间不能被排除；

（4）在烧成期或相对较低的温度时易分解或氧化；

（5）不能与上、下模具产生黏结；

（6）不吸潮；

（7）能以溶液或乳液状分散在陶瓷坯体中。

不含黏土的粉料常选用有机黏结剂，如聚乙烯醇水溶液（浓度约为5%，用量为粉料重量的2%～10%）、石蜡（用量为粉体重量的4%～7%）等。

工业陶瓷通常选用含极性官能团的有机物作润滑剂，如油酸、硬脂酸锌、硬脂酸镁、石蜡、树脂等，用量在粉体重量的1%以下。

金属陶瓷粉料常用添加剂有橡胶汽油溶液、甘油酒精溶液、石蜡汽油溶液。

6）团粒的影响

团粒越致密，堆积越致密，而且常常导致致密的素坯。然而，团粒越致密，坯体的强度越高，且不易变形，图5.8是致密团粒（61.5%）和松散团粒（46.3%）的密度/压力关系对比，可见由致密团粒压制的坯体尽管密度更高，但都比其本身的初始团粒密度要低，表明团粒的内气孔可能没有被破坏。素坯在微观上将显示出团粒组织缺陷，对烧结密度非常有害，因此，高的团粒密度可能有利于获得高的坯体密度，但不一定有利于显微结构和烧结密度。

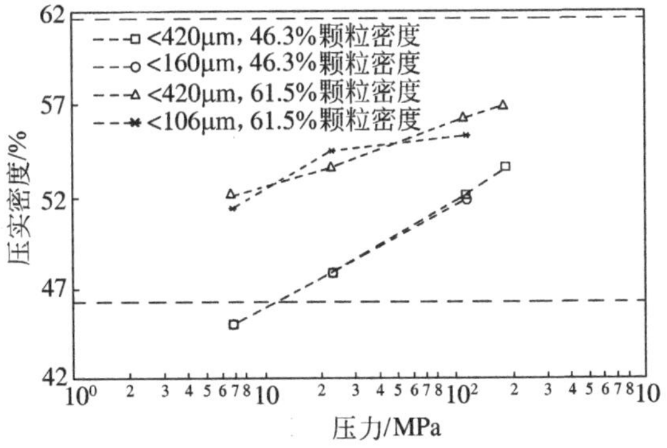

图5.8　两种不同团粒密度粉体的压实密度随压力的变化曲线

5.1.2　等静压成型

1．等静压成型原理与类型

等静压成型是利用流体作为传递介质将均匀静压力施加到材料上的一种

成型方法。其理论基础是帕斯卡原理：加在密闭液体上的压强，能够大小不变地被液体向各个方向传递。

在等静压成型中，工作介质是用高压泵打入到高压容器中去的，由于介质压力非常高，因此，介质本身重量引起的压力差及高压容器中不同深度的压力差都可以忽略不计。这样，处于高压容器中的受压样品就像处于同一深度的静水中受压一样，所以等静压成型也称为静水压成型。

目前，存在两种等静压成型工艺，一种是湿袋（wet-bag）等静压成型，另一种是干袋（dry-bag）等静压成型。

湿袋等静压成型是将粉料（或预压好的坯料）包封在弹性的橡胶模或塑料模具内，然后将模具置于高压容器内施以高压液体（如水、甘油或刹车油等，压力常在 100 MPa 以上），成型坯体。其特点是模具全部处在高压液体中，各方受压，所以叫湿袋等静压成型，如图 5.9(a)所示。湿袋等静压成型主要适用于成型多品种、形状较复杂、产量小和体形大的制品。

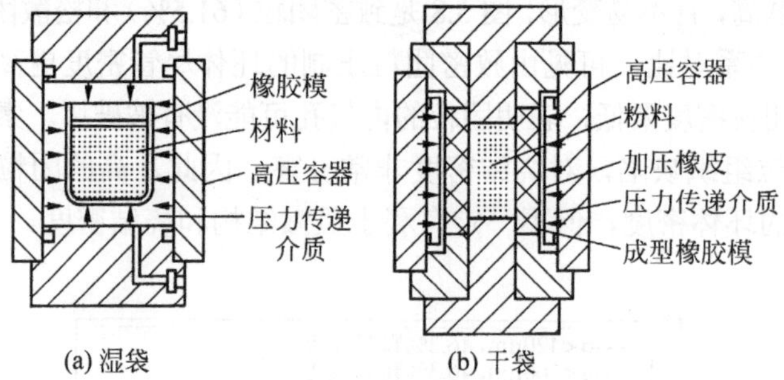

图 5.9　两种等静压的装模

干袋等静压成型的模具并不是全部而是部分处在液体之中，并且是半固定式的，坯料的添加和坯子的取出都是在干燥状态下操作，所以叫干袋等静压，如图 5.9(b)所示。干袋等静压的压模袋可用丁腈橡胶或醚胺酯制成。干模袋在上、下重头施压夹紧的状态下，高压液体输入到干模袋周围，使陶瓷粉受到准静水压力而成型。干袋等静压成型更适合长形、壁薄、管状制品，如果稍加改进，就能进行自动化连续生产。

2．湿袋等静压成型

典型的湿袋等静压成型工艺过程如下：粉料称重→固定好模具形状→装料→排气→封严模具→将模具放入高压容器内→盖紧高压容器→关紧高压容器支管→施压→保压→降压→打开高压容器支管→打开高压容器盖→取出模具→取出压实坯体。图 5.10 所示为湿袋等静压成型的主要工艺过程。

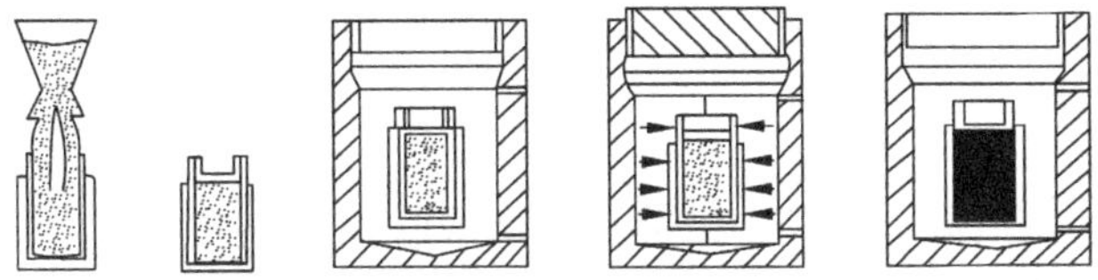

图 5.10　湿袋等静压成型工艺过程

湿袋等静压成型的几个主要工艺过程中的注意事项如下。

（1）备料

粉料要求与干压工艺相似，对于无塑性的粉料，颗粒可细一些（20 μm 以下）。水分要求低一些（含水率为 1%～3%），水分太多，不易排除空气，并易产生分层。采用喷雾干燥的粉料是比较好的，易于均匀填满模腔。

（2）装料

把粉料装入模具中时，一般不易填满，尤其是形状复杂、有较多凹凸的模具更是如此。有时可采用振动装料，还可一边振动一边抽真空，效果更好。粉料振紧后，把模具封严，封口处涂上清漆，再放入高压容器中。

（3）加压

一般陶瓷粉的压力为 50～300 MPa，无塑性的坯料压力要高些。如果提高压力能使粉料颗粒断裂或颗粒移动，则会增加生坯的致密度和烧结性。但等静压成型的设备费用随压力的提高而增加，超过产品需求而去提高压力等级是不经济的，实际生产中常采用 150～200 MPa 的压力。

（4）降压

模具在高压容器中受压时，粉料内的空气受到压缩（如 100 MPa 时，空气体积将减少到原来的 0.2%），这些空气只占据颗粒之间的空间。降压时这些空气要产生膨胀，因此，成型后要避免突然降压，以免生坯内空气突然膨胀而使坯体开裂，应均匀地缓慢降压。

3．干袋等静压成型

干袋等静压成型的主要工艺过程和注意事项与湿袋等静压成型相似，不过，其工艺过程可以省略一些，有些工艺过程可以进行合并。图 5.11 所示为干袋等静压成型工艺过程。

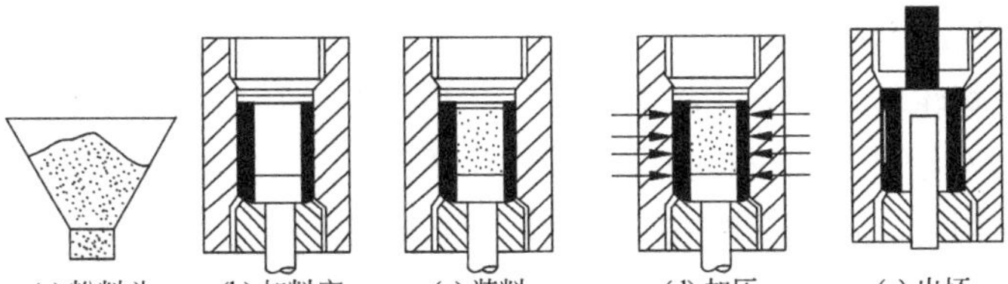

图 5.11　干袋等静压成型工艺过程

4．等静压成型的优缺点

1）优点

（1）压坯密度高、均匀、缺陷少、烧成收缩低；

（2）压坯强度高；

（3）模具成本低（通常选用氯丁橡胶、聚氯乙烯等）。

2）缺点

（1）压坯形状和尺寸不易精确控制；

（2）生产率低（干袋法可实现自动化生产）；

（3）成型在高压下操作，需要特别防护。

5.2 塑法成型

塑法成型是指利用手、模具、刀具或挤压具等的运动所造成的压力、剪力、挤压力等对具有可塑性的坯料进行加工，迫使坯料在外力的作用下发生可塑性变形而制成坯体的成型方法。传统陶瓷生产较为普遍采用塑法成型，在精细陶瓷中，也经常使用。但与传统陶瓷不同，精细陶瓷的塑法成型更多地是采用压延成型和挤出成型等非传统方法。

5.2.1 旋坯成型

旋坯成型就是对旋转着的塑性坯料进行成型的方法，主要有拉坯成型、样板刀旋压成型、钢丝刀旋坯成型、滚压成型、车坯成型等。

1．拉坯成型

拉坯又称为做坯，是一种古老的万能成型法，许多陶瓷产品都可用拉坯法成型。

拉坯成型是在陶轮或辘轳上进行的，工艺过程大体上如下：首先将练好的泥料放置在陶轮中央的泥座上，然后使陶轮转动，拉坯者靠手掌力和手指力对塑性泥料进行拉、捧、压、扩等作用，泥料在各种力的作用下发生伸长、缩短、扩展，变成所需要的形状，如图 5.12 所示。拉坯时，

图 5.12 陶瓷的拉坯成型图

还可利用竹片、木棒及样板等进行刮、削、插孔、形成弧线等操作。

拉坯对泥料的要求是屈服值不宜太高，而延伸变形则要求宽些。拉坯成型用泥料的含水率一般要比其他塑法成型的含水率高些。

2．样板刀旋压成型

样板刀旋压成型是陶瓷的常用成型方法之一。它主要利用做旋转运动的石膏模与只能做上、下运动的样板刀来成型。

1）样板刀旋压成型工艺过程

样板刀旋压成型的工艺过程大体如下：先将适量的、经过真空练泥的塑性泥料放在石膏模中，再将石膏模放置在辘轳车上的模座中，使石膏模随着辘轳车上的模座转动；然后徐徐压下样板刀接触泥料；由于石膏模的旋转和样板刀的压力，泥料均匀地分布于石膏模的表面上，余泥则贴着样板刀向上爬，如图 5.13 所示。用手将余泥清除掉，这样石膏模壁和样板刀之间所构成的空隙就被泥料填满而旋制成坯体。样板刀口的工作弧线形状与石膏模的工作面形状构成了坯体的两个表面，而样板刀口与石膏模工作面的距离即为坯体的厚度。

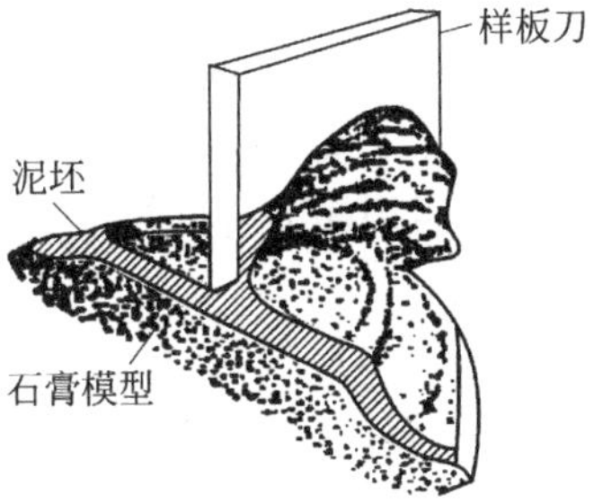

图 5.13　样板刀旋压成型示意图

样板刀旋压成型中，深凹制品的阴模成型居多，阴模成型时，石膏模工作面形成坯体的外表面，样板刀则形成坯体的内表面。

2）样板刀旋压成型的工艺特点与控制

样板刀旋压成型一般要求泥料水分均匀、结构一致且具有较好的可塑性。样板刀旋压成型由于是以“刮泥”的形式排开坯泥，因此它要求坯泥的屈服值相应低些，即要求坯泥的含水量稍高些，以使排泥阻力小些。同时，“刮泥”成型时，与样板刀接触的坯体表面不光滑，这就不得不在成型赶光阶段添加水分来赶光表面。此外，“刮泥”成型的排泥是混乱的。这些工艺特点是样板刀旋压成型制品变形率高的主要原因。

样板刀旋压成型时，石膏模、样板刀和模座主轴必须对准“中心”，不仅在安装设备时要做到这一点，并且要保证在成型过程中不因样板刀、主轴及工作台摇晃而引起偏心，否则会引起坯体厚薄不均匀、变形与开裂。

样板刀旋压成型的另一特点是样板刀对坯泥的正压力小，生坯致密度差。为了提高样板刀的正压力，可采取减小样板刀口的角度、增加样板刀的宽度、增加样板刀木板和增加泥料量等措施。但即使进行这些改进后，样板刀对泥料的正压力仍然比较小。

样板刀旋压成型的优点是设备简单，适应性强，可以制作深凹制品；缺点是旋压制品品质较差，手工操作劳动强度大，生产率低，坯泥加工余量大，占地面积较大，而且要求一定的操作技术。

3. 钢丝刀旋坯成型

钢丝刀旋坯成型是指直接将真空练泥机挤出的泥段放在旋坯机上，用钢丝刀旋修而成坯件。图 5.14 所示为钢丝悬式旋坯刀的结构。蝴蝶型绝缘子、支柱型绝缘子及 35 kV 以下套管等产品可用此法成型。

钢丝刀旋坯成型时，坯件中心的通孔可从真空练泥机直接挤出或用旋坯机上的直刀片（或圆筒刀）切割成型。旋坯时，先扳下直刀片（或圆筒刀）修成中孔，然后用横刀片（钢丝刀）修外形，如图 5.15 所示。

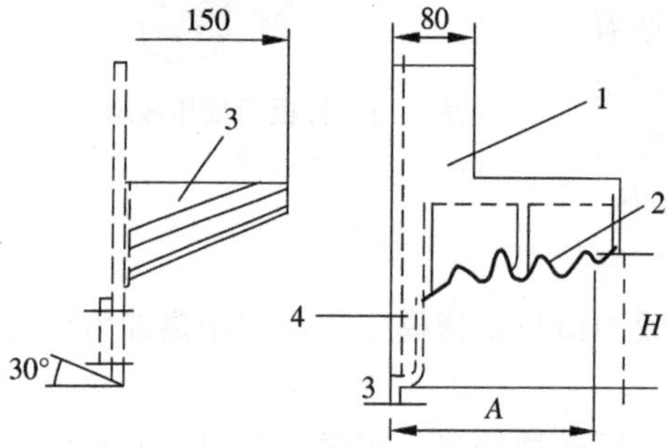

图 5.14 钢丝悬式旋坯刀的结构

1—钢丝悬式旋坯刀体；2—钢丝（ϕ2 mm）；3—出泥斗；4—螺钉

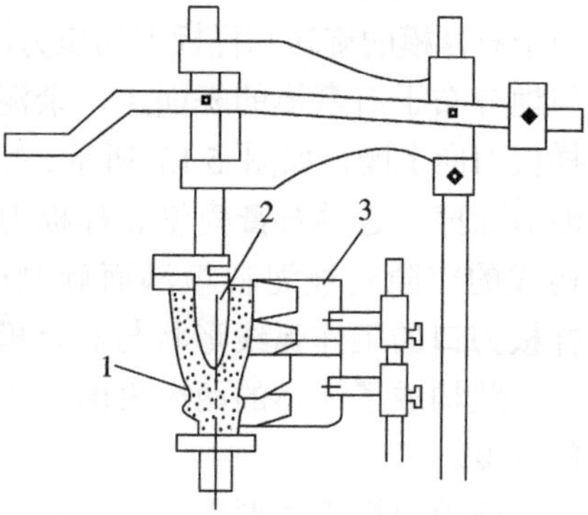

图 5.15 钢丝刀旋制支柱绝缘子

1—泥坯；2—直刀；3—钢丝刀

钢丝刀旋坯成型的优点是工序简单，不用模型，生产周期短，无需修坯或修坯量极小，工效较高。但此法要求泥料的可塑性比其他塑法成型的要高些，否则不能成型。此外，泥段切削量较大，回坯泥较多。

4. 滚压成型

滚压成型是在样板刀旋压成型的基础上发展起来的一种塑法成型方法。由于滚压成型具有许多优点，所以现在得以普遍应用。

1）滚压成型的特点与操作

滚压成型与样板刀旋压成型的不同之处是把扁平的样板刀改为回转型的滚压头。成型时，盛放泥料的模型和滚压头（简称滚头）分别绕自己的轴线以一定的速度同方向旋转。滚头一边旋转一边逐渐靠近盛放泥料的模型，并对泥料进行滚和压而成型。滚压时坯泥均匀展开，受力由小到大比较缓和、均匀，破坏坯料颗粒原有排列而引起颗粒间应力的可能性较小，坯体的组织结构均匀。其次，滚头与坯泥的接触面积较大，压力也较大，受压时间较长，坯体致密度和强度比样板刀旋压成型有所提高。滚压成型是靠滚头与坯体表面滚动而使坯体表面光滑，无需再加水。因此，滚压成型后的坯体强度高、不易变形、表面品质好、规整度一致，克服了样板刀旋压成型的基本缺点，提高了坯体品质。另外，滚压成型具有生产率高、易与上下工序组成联动生产线、改善劳动条件等优点。

滚压成型与样板刀旋压成型一样，可采用阳模滚压与阴模滚压。阳模滚压是利用滚头来决定坯体的阳面（外表面）形状和大小，如图 5.16 所示。它适用于成型扁平、宽口器皿和坯体内有花纹的产品。阴模滚压是用滚头来形成坯体的内表面，如图 5.17 所示。它适用于成型口径较小而深凹的制品。

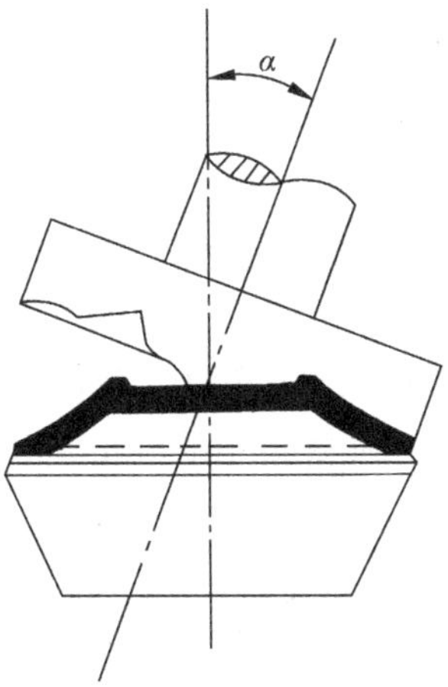

图 5.16 阳模滚压成型

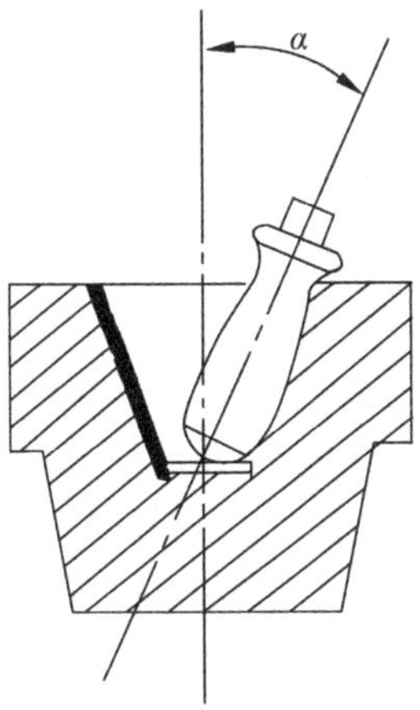

图 5.17 阴模滚压成型

阳模滚压成型时，石膏模型转速（即主轴转速）不能太快，否则泥料易被甩掉，因此要求坯料水分少些，可塑性好些。带模干燥时，坯体有模型支撑，变形较小但脱模较困难。阴模滚压成型时，主轴转速可以大些，泥料水分可以高些，可塑性要求可以低些，但带模干燥时易变形，生产上常把模型扣放在托盘上进行干燥，以减少变形。

为了减少和防止滚头粘泥，可采用憎水性材料作滚头，也可采用热滚头，即把滚头加热到一定温度（通常为 120℃左右）。当热滚头接触到泥料时，滚头表面生成一层蒸汽膜，可防止泥料粘滚头。滚头加热方法是采用电阻丝盘绕在滚头腔内，通电加热。采用热滚头时，对泥料水分要求不严格，适应性较广，但要严格控制滚头温度，并需增加附属设备，常维修，操作较麻烦。

2）工艺参数要求与控制

（1）泥料要求

滚压成型泥料受压延力的作用，成型压力较大，成型速度较快，要求泥料可塑性好些、屈服值高些、延伸变形量大些、含水量小些。塑性泥料的延伸变形量是随着含水量的增加而变大的，若泥料塑性太差，由于水分少，其延伸变形也小，滚压时易开裂，模型也易损坏。若用强可塑性泥料，由于其水分较高，屈服值相应较低，滚压时易粘滚头，坯体也易变形。因此，滚压成型要求泥料具有适当的可塑性，并要控制含水量。

（2）滚头要求

滚压成型是靠滚头来施加力的，因此，滚头的设计合适与否，对滚压成型是一个十分关键的问题。一般对滚头的要求为具有成型产品所要求的形状和尺寸，且不易产生缺陷；滚压时有利于泥料的延展和排出；使用寿命长，有适当的表面硬度和表面粗糙度；制造、维修、调整、装拆方便；滚头材料来源容易、价格低廉。

滚头倾角 α（即滚头的中心线与模型中心线（主轴线）之间的夹角，如图 5.16、图 5.17 所示）是直接影响滚头直径和滚压压力的重要参数。α 小，则滚头直径和体积就大，滚压时泥料受压面积大，坯体较致密；但若 α 过小，一则滚压时滚头排泥困难，甚至出现空气排不出的成型缺陷，二则压力可能过大，坯体不易脱模及容易压坏模型。α 大，则滚压头直径较小，排泥容易，压力较小；若 α 过大，则容易引起滚压头粘泥，坯体底部不平，坯体密度不够等缺陷。实际中，一般采用 α 角在 15°～30°。

（3）滚压过程控制

滚压时间很短，从滚头开始压泥到滚头脱离坯体，只需几秒至十几秒。滚头开始接触泥料时，动作要轻，压泥速度要适当，动作太重或下压过快，会压坏模型，甚至排不出空气而引起“鼓气”缺陷。此时，滚头下压太慢也不利，易引起泥料粘滚头。当泥料被压至要求厚度后，坯体表面开始赶光，余泥断续排出，这时，滚头的滚压动作要重而平稳，受压时间要适当（一般为 2～3 s）。最后是滚头抬离坯体，要求缓慢减轻泥料所受的力，若滚头离开坯面太快，容易出现“抬刀缕”，泥料中瘠性料较多时，这种情况就不显著。

（4）主轴和滚头的转速及转速比的控制

主轴和滚头的转速及转速比直接关系到产品的品质和生产效率，是滚压成型工艺中的一个重要参数。主轴转速高，成型效率就高，可提高产量。采用较高的主轴转速时，容易出现“飞模”现象，因此要注意模型的固定问题，而阳模滚压时转速太快容易飞泥。主轴转速一般在 300～800 r/min 比较合适。

主轴转速确定后，滚头转速要与之相适应，即要有一个合适的主轴和滚头的转速比，这只能通过实验来确定。

5. 车坯成型

车坯成型适用于外形复杂的圆柱状产品，如圆柱形的套管、棒形支柱和棒形悬式绝缘子的成型。根据坯泥加工时的装置，车坯成型分为立车和横车；根据所用泥料的含水率，车坯成型又可分为干车和湿车。

干车时，泥料含水率为 6%～11%，用横式车床车制。制成的坯件尺寸较为准确，不易变形和产生内应力，不易碰伤、撞坏，装、卸坯易实现自动化，但成型时粉尘多，效率较低，刀具磨损较大。

与干车相比，湿车所用泥料含水率较高，为 16%～18%，加工效率较高，无粉尘，刀具磨损小，但成型的坯件尺寸精度较差。横式湿车用半自动车床，采用多刀多刃切削。泥段用车坯铁芯（或铝合金芯棒）穿上，固定于车床机头上，或将泥段直接固定在机头卡盘上，主轴转速为 300～500 r/min，样板刀固定安装在刀架轴上，刀架转速为 1～1.5 r/min。立式湿车近年来有了很大发展，使工效和产品品质都有了极大的提高。

5.2.2 塑压成型

所谓塑压成型是指采用模压的方法，迫使可塑性泥料在模具中发生形变，从而得到所需形状的坯体。这种成型方法的特点是设备简单、操作方便，适合于无旋转对称轴、广口、扁平型产品的成型。

1. 塑压成型的关键技术与解决方法

1）关键技术

塑压成型的关键技术包括：

（1）成型过程中，如何排出余泥；

（2）石膏模具要实现一模多次压制坯体，就必须解决如何及时脱模和将石膏模吸入的水分排出的问题；

（3）石膏模的强度如何提高。

2）解决方法

要解决以上问题，可以采取的途径如下：

（1）在石膏模具边缘开设檐沟，以供余泥暂存；

（2）浇注石膏模时，在模具内预埋排气束，以供在成型过程中吸出模内水分和吹入高压空气帮助脱模；

（3）在石膏模中内埋加强筋，模外面套上金属护套，以增大强度。

经改进的塑压模具结构如图 5.18 所示。

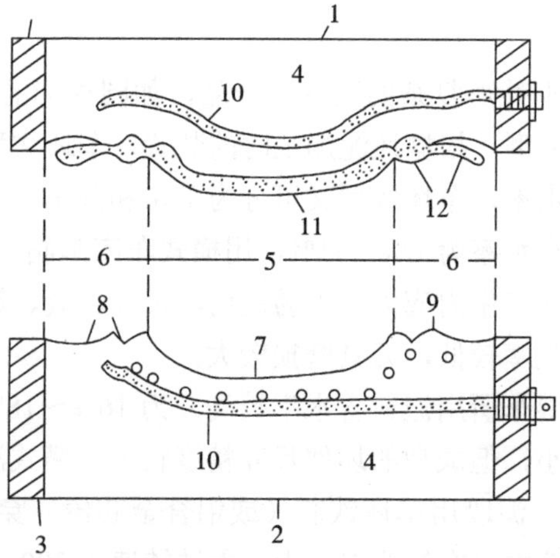

图 5.18 塑压模具结构示意图

1—石膏模或上模（阳模）；2—下模或阴模；3—金属模框；4—石膏浆胶结体；5—制品成型区；6—檐沟区；7—阴模内表面；8—沟槽；9—沟槽凸边；10—制品排气盘束；11—塑压制品；12—余泥

2．影响塑压成型的因素

影响塑压成型的因素有很多，主要有以下几项：

（1）塑压模的致密度。石膏粉制备工艺（包括石膏粉细度、杂质含量、炒制温度等）在很大程度上影响着塑压模的致密度和强度，对塑压模的要求是强度要高，致密度不能太高。

（2）檐沟区的设计。檐沟的作用是容纳余泥并使坯泥的挤出受到一定的阻力，檐沟区模子吻合处要留出如纸一样薄的空隙。

（3）塑压模的透气。可通过塑压模制作工艺及其特殊处理，使塑压模具有所需的透气性。

（4）模具的尺寸、形状和定位要严格控制。

（5）在排除塑压模内的水分时，要通入 0.7 MPa 的压缩空气，使塑压过程中吸入模内的水分排除掉。塑压模的排水情况对于塑压成型坯含水率的降低及每次塑压后模具表面的吸水能力均有影响。

3．塑压成型操作

塑压成型的操作过程如图 5.19 所示，主要包括：

（1）将泥段切成所需厚度的泥饼，置于底模上，如图 5.19(a)所示；

（2）上、下模抽真空，施压成型，如图 5.19(b)所示；

（3）压缩空气从底模通入，使成型好的坯体脱离底模，液压装置返回开启的工位，坯子被上模吸住，如图 5.19(c)所示；

（4）压缩空气通入上模，坯体脱离上模落到托盘上，如图 5.19(d)所示；

（5）压缩空气同时通入上、下模，使模内水分排除，关闭压缩空气，揩干模型表面水分，即可进行下一个成型周期，如图 5.19(e)所示。

塑压成型的压力与坯料的含水率有关，坯料含水率高时，压力应降低。当坯料含水率为 23%～25%时，压制单件产品的压力一般为 2.0～3.5 MPa。坯料塑性越好，投泥量越多，则塑压时脱水性能越差。充填的坯料越多，则排水越多，坯体致密度越高。投入泥饼形状应近似于成坯形状并略小于坯体。塑压速度越慢，成型压力越高，加压时间越长，则坯体脱水率和致密度越高。

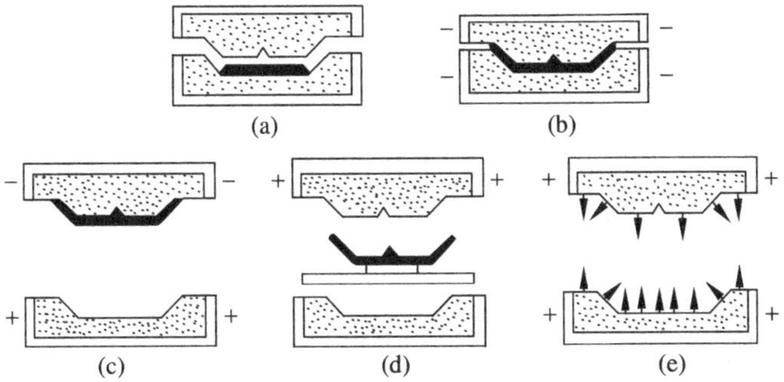

图 5.19 塑压成型工艺过程

+：进压缩空气；—：抽真空

5.2.3 轧膜成型

轧膜成型是新发展起来的一种塑法成型方法，在精细陶瓷的生产过程中应用得比较普遍，适合生产 1 mm 以下的薄片状产品。

1. 基本工艺过程

将制备好的可塑性坯料置于两轧辊之间，调节轧辊间距，经多次轧压达到要求的厚度，如图 5.20 所示。轧好的坯片经冲切工序制成产品。

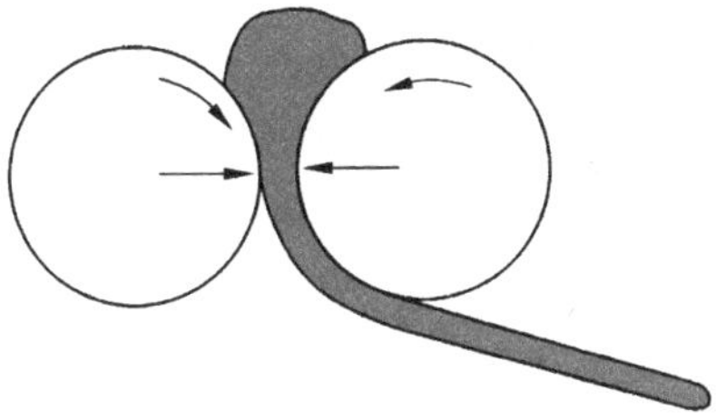

图 5.20 轧膜成型

2．产品特点

轧膜成型时，坯料只是在厚度和前进方向上受到碾压，在宽度方向上受力较小，因此，坯料和黏结剂不可避免地会出现定向排列。干燥和烧结时，横向收缩大，易出现变形和开裂，坯体性能上也会出现各向异性，这是轧膜成型无法消除的问题。

另外，对于要求厚度在 0.08 mm 以下的超薄片，轧膜成型是很难轧制的，质量也不容易控制。

5.2.4 挤出成型

1．基本工艺与产品

挤出成型的基本工艺过程是将真空练制的泥料放入挤压机内，这种挤压机一头可以对泥料施加压力，另一头装配机嘴（即成型模具），如图 5.21 所示。通过更换机嘴，能挤出各种形状的坯体。也可将机嘴直接安装在真空练泥机上，成为真空练泥挤压机，挤出的制品性能更好。

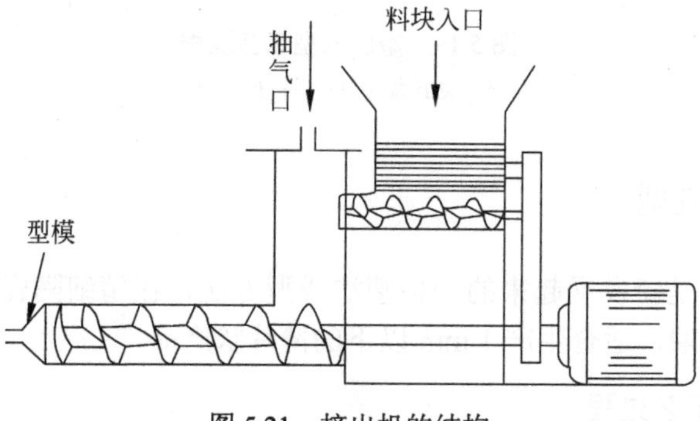

图 5.21 挤出机的结构

挤出机适合挤制棒状、管状（外形可以是圆形或多角形，但上、下尺寸大小一致）的坯体，待晾干后，可以再切割成所需长度的产品。用于挤制ϕ1～ϕ30 mm 的管、棒，壁厚可小至 0.2 mm。也可以用来挤制片状膜坯，半干后再冲制成不同形状的片状制品，或用来挤制蜂窝状或筛格式穿孔瓷器。部分挤制产品如图 5.22、图 5.23 所示。

2．挤出成型模具

挤出成型模具主要由机头喇叭口和定型框组成，定型框由金属材料制成。对于空心制品，则还有模芯，模芯可用金属制作，也可用坚硬木料制作。

图 5.22　挤出成型的钠灯管

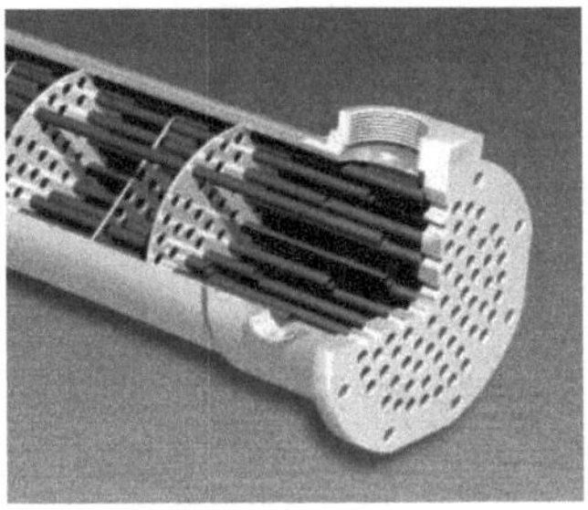

图 5.23　热交换器的挤出成型内陶瓷管

1）挤出嘴锥角 α

机头与定型框之间的锥角 α（图 5.24）是模具设计中的关键，它直接影响挤出力的大小。如果锥角 α 过小，挤出力小，则挤出的泥段或坯体不致密，强度低。若锥角 α 过大，则阻力加大，要克服阻力使泥料前进需要更大的推力，设备负荷加重。锥角 α 大小的确定，应考虑挤出机的机筒直径 D、机嘴出口直径 d 等因素。一般取 $d:D=1:(1.6\sim2.0)$，并且，当 $d<10$ mm 时，$\alpha=12°\sim13°$；当 $d>10$ mm 时，$\alpha=17°\sim20°$ 或 $20°\sim30°$。

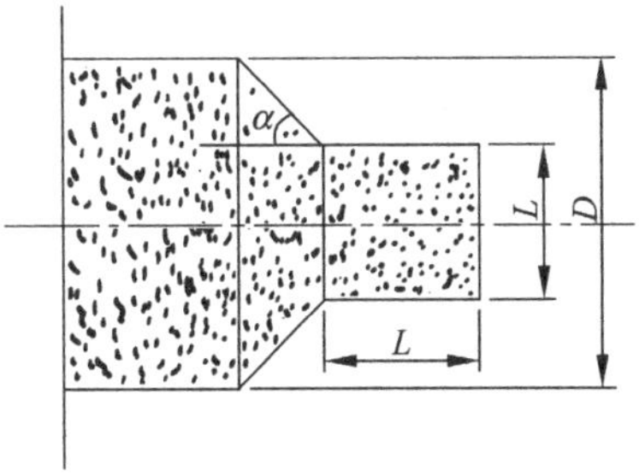

图 5.24　挤出嘴各部分尺寸

2）定型带

定型框应有一定长度的定型带 L，以防止刚挤出的泥段产生弹性膨胀而导致横向开裂。定型带不能太长，太长又容易出现纵向开裂，通常，$L=(2.0\sim2.5)d$。

3）挤出管件时管壁的厚度

挤出的管件应有一定的厚度，以便能够承受自身质量，防止变形和塌陷。

3．挤出成型的优缺点

1）优点

（1）污染小。

（2）操作易于自动化，可连续生产，效率高。

（3）适合管状、棒状产品的生产。

2）缺点

（1）挤出成型对泥料的要求较高：要求粉料较细，外形圆润，以长时间小磨球磨的粉料为好。

（2）溶剂、增塑剂、黏结剂等助剂的用量要适当，同时必须使泥料高度均匀，否则挤出的坯体质量不好。

（3）机嘴结构复杂，加工精度要求高。

（4）由于溶剂和结合剂较多，因此坯体在干燥和烧成时收缩较大，性能受到影响。

5.3 湿法成型

湿法成型就是将粉料制备成可以流动的浆料而进行成型的方法。主要包括注浆成型（slip casting）、热压铸成型（hot injection molding or hot presure casting）、流延成型（doctor-blade or tape casting）等。其成型特点是适合形状复杂、多品种的制品。

5.3.1 注浆成型

注浆成型是指将陶瓷浆料注入模具中以获得坯体的成型方法。此方法适用于制造大型的、形状复杂的、薄壁的产品，这类产品一般不能或很难用其他方法来成型，此时，注浆法往往是比较方便的成型方法。

1. 基本工艺过程

首先在准备好的粉料内加入黏结剂、增塑剂、分散剂、溶剂，然后进行混合使其均匀形成浆料，再将浆料灌注到多孔材料（一般为石膏）模具中，如图 5.25 所示。

注浆后，由于毛细管的作用，多孔材料将吸收浆料中的水分，但浆料中的颗粒不能吸入材料内，故在多孔材料的表面产生干固层，时间越长，干固层越厚，待达到所需要的厚度后，将多余的浆料从多孔材料模具内倒出，并让干固层继续干燥、收缩，最后将所制得的坯体取出，如图 5.26 所示。

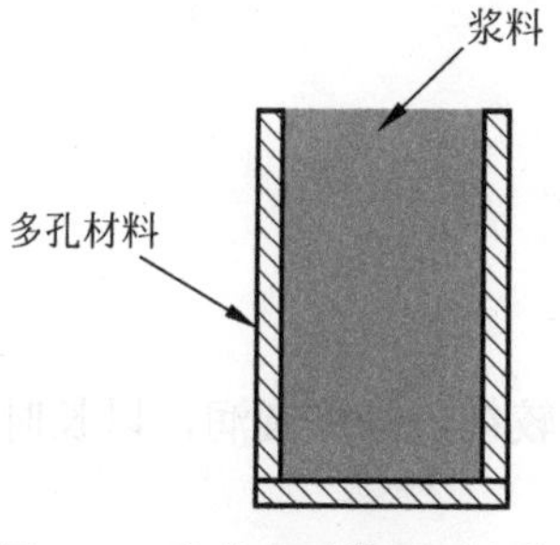

图 5.25 注浆成型模具及注浆

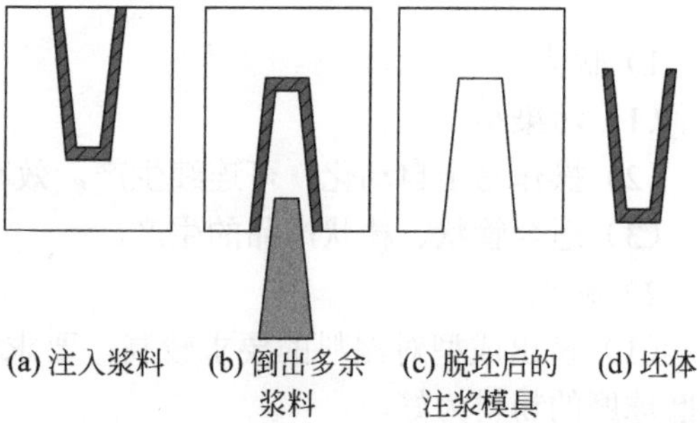

图 5.26 注浆成型工艺过程

此方法的特点是可制作大件、形状复杂件、壁薄件。工艺过程中比较重要的工序为浆料制备、石膏模具制备、注浆。

2．浆料制备

注浆成型的关键是获得好的浆料，可根据第 4 章讲到的陶瓷浆料悬浮处理的技术，通过控制浆料中粉体颗粒的双电层厚度或添加高分子分散剂形成空间位阻效应来降低浆料的黏度，提高浆料的流动性和稳定性。

对浆料有以下具体要求：

（1）浆料流动性要好，黏度要低，以利于浆料充满模具的各个部位；

（2）浆料稳定性要好，可长期保存，不易分层和沉淀，保证在大批量浇注时，前后浆料性能一致；

（3）浆料触变性要小，浆料注过一段时间后黏度变化不大，脱模后坯体不会受轻微外力的影响而变软，有利于保持坯体的形状；

（4）浆料含水量尽可能小，在保证流动性的前提下，含水量小，可以减少干燥过程的收缩和变形；

（5）浆料渗透性要好，浆料中的水分容易通过形成的固化层不断地被吸收，使固化层厚度不断增加；

（6）浆料脱模性要好，形成的坯体要很容易地从模具上脱离，且不与模具发生反应；

（7）浆料应尽可能地不含气泡。

在传统陶瓷中，黏土质浆料都是用共同粉碎的方法制备的，即将各种原料按一定配比与适量水分一同置于球磨机中共同粉碎，待达到一定细度后从球磨机中放出，即为悬浮的浆料。

在精细陶瓷中，原料多为非可塑的瘠性原料，如 Al_2O_3，ZrO_2 等，浆料的制备就与传统陶瓷有所不同，通常需要在配料磨细混合过程中控制浆料的 pH，添加适当的分散剂和黏结剂等以使浆料具有良好的悬浮性和流动性。

在实际生产中常用浆料密度、黏度、稠化度、含水量、悬浮性等指标来控制浆料的性能。另外，还可测定泥浆的吸浆速度、脱模情况、坯体含水量和生坯强度等来表示浆料的成型性。

3．石膏模具的制备

首先将天然一水石膏在 120～170℃下煅烧，得到半水石膏，反应如下：

$$CaSO_4 \cdot H_2O \longrightarrow CaSO_4 \cdot 1/2H_2O + 1/2H_2O \qquad (5\text{-}2)$$

然后，再做一个母模。母模是浇注石膏模的模型，它的形状和产品外形一致。制造母模的材料可以是金属、橡胶、塑料、水泥及石膏等。为了让母模表面光滑、不吸水，要在做好的母模表面涂上一层洋干漆（又称虫胶片）的酒精溶液。使用时，再涂一层润滑剂，如机油、花生油、肥皂水等，以便容易脱模。然后制作石膏模，方法是将半水石膏和水按照 100:（60～90）的比例调制石膏浆，搅拌均匀至无颗粒出现为止，将表面泡沫和脏物除去后立即注入含母模的模型中。约 20 min 后，石膏浆即凝固、硬化，此时即可脱模。略加修整后在不高于 50～60℃下干燥，一般干燥到含水率为 5%即可。

石膏模质量的好坏，主要看它们的机械强度和吸水能力。决定石膏模这些性能的是石膏本身的质量和一系列工艺因素。例如，石膏煅烧条件不同，可得到不同晶型的石膏：α-石膏或β-石膏。β-石膏是在常压下干燥大气中炒制的，用β-石膏制备的模具强度低，吸浆性能不好。α-石膏是在 0.2～0.3 MPa 压力、水蒸气存在的条件下蒸煮得到的，用α-石膏制备的模具强度高，吸浆性能好。

石膏模的主要缺点是使用寿命短，耐热性差。一般塑性成型石膏模的寿命为 100～150 次，注浆成型石膏模寿命为 50～150 次。当石膏模的使用温度超过 60℃时，模型中的部分二水石膏又会脱水变成半水石膏，造成模型粉化、变脆等。为了改进模具质量，有人用其他多孔材料，如多孔陶瓷、多孔塑料、多孔金属等制作浇注模具。

4．注浆

注浆方法有多种，主要有空心注浆、实心注浆、压力注浆、离心注浆、真空注浆等。

1）空心注浆

这种方法的特征是石膏模不带任何型芯，浆料浇注进石膏模后，在模腔内壁形成制品的外形。干固层在模腔的各个部分同时增厚，当达到所需的厚度时，将多余浆料倒出，就构成了制品内壁，如图 5.26 所示。这种方法又叫作单面浇注法。

2）实心注浆

这种方法的特征是在石膏模型腔内放置一个或几个型芯，以形成制品的内表面，如图 5.27 所示。浆料注入时，型腔和型芯决定了浇注件的形状。此方法主要用于制造大尺寸和外形比较复杂的制品。对于形状大、壁又厚的制品，如用其他方法注浆，需要很长时间，而用实心浇注，因干固层是在两个石膏面上形成的，故注浆时间可以缩短。

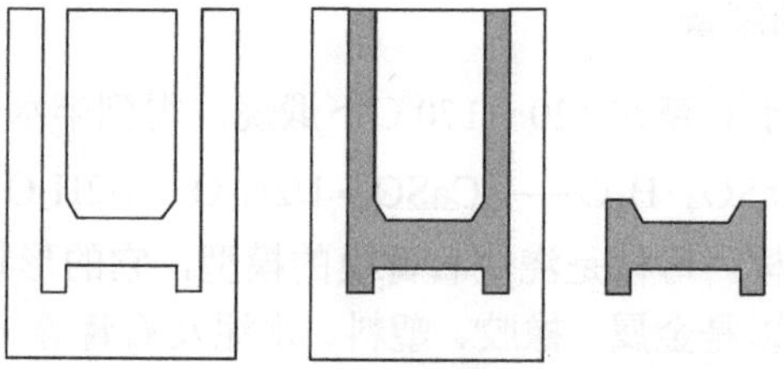

(a) 模型和型芯　　(b) 注入浆料　　(c) 制品截面

图 5.27　实心注浆过程

3）压力注浆

在注浆成型的同时，若给浆料施加一定的压力，即称为压力注浆。施加压力的一般方法是将注浆斗提高，形成一个压头。对于特殊制品，还要使用专门的设备来加压。

压力注浆的优点如下：

（1）缩短吸浆时间，如在 12.7 mm 厚制品、0.7 MPa 压力的情况下，需 13 min，而在 7 MPa 压力时，只需 2 min；

（2）降低坯体脱模后残留水分，如用 7 MPa 压力注浆，脱模后水分由常压下的 19.5%降至 17%；

（3）减少坯体干燥时的收缩量，如在某一制品常压注浆时，坯体不同方向上的收缩量为 2%～3%，在其他条件不变的情况下，在 7 MPa 压力下注浆时坯体不同方向上的收缩量仅为 0.3%～0.8%。

4）离心注浆

若在模型旋转的情况下将浆料注入，称为离心注浆，如图 5.28～图 5.30 所示。由于离心力的作用，浆料紧靠模壁，加快了脱水、成坯。离心注浆具有以下特点：

（1）对悬浮液的固相没有特殊要求；

（2）几乎不需要有机黏结剂；

（3）会造成大颗粒先于小颗粒沉积，坯体分层。

5）真空注浆

真空注浆有两种方式：一种在石膏模外面抽真空，增大模内外压差；另一种是在真空室中，处于负压下注浆。真空注浆的优点是可减少气泡。

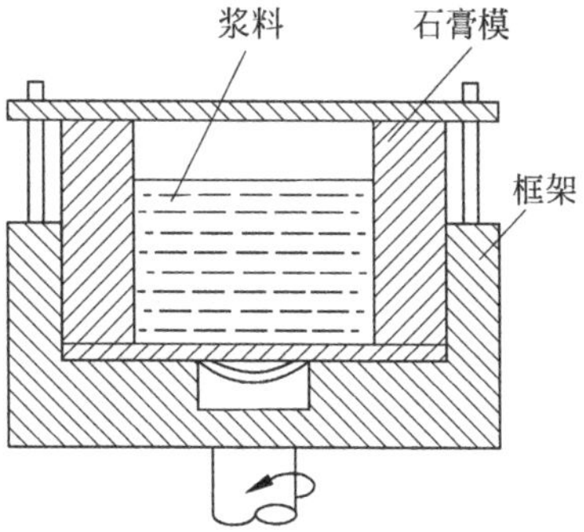

图 5.28　离心浇注示意图

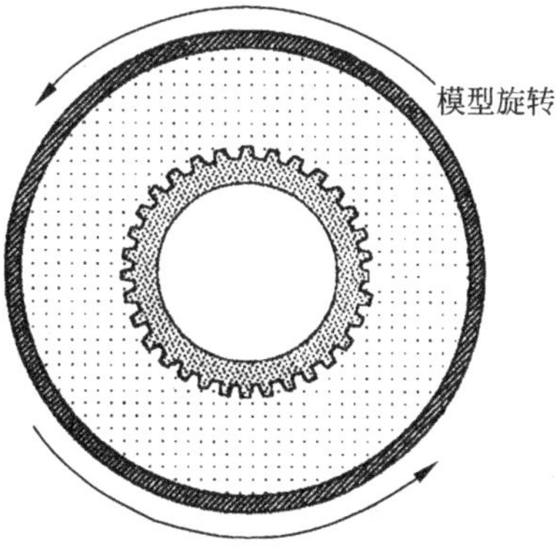

图 5.29　离心浇注陶瓷齿轮示意图

图 5.30 离心浇注的陶瓷齿轮

5.3.2 热压铸成型

1. 基本工艺过程

首先在较高温度下（80～100℃）使陶瓷粉料与黏结剂（石蜡）混合，制成热压铸用的浆料；然后在压力作用下，使浆料充满金属铸模，并在压力继续作用下凝固，形成半成品坯体；再经过除去黏结剂（排蜡）和烧成过程，便获得所需的制品。热压铸成型设备如图 5.31 所示。

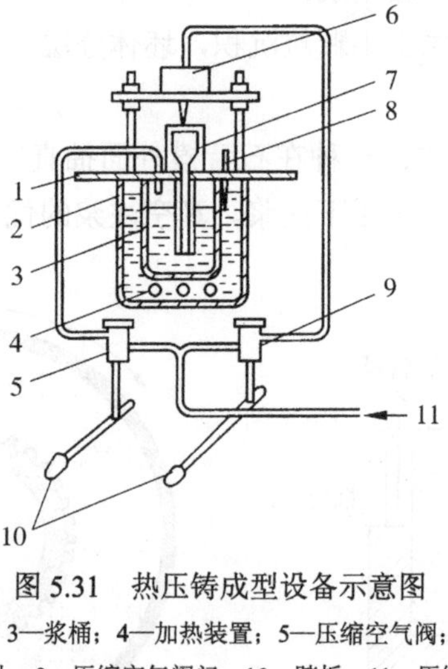

图 5.31 热压铸成型设备示意图

1—工作平台；2—油浴炉；3—浆桶；4—加热装置；5—压缩空气阀；6—压紧装置；7—模具；8—节点温度计；9—压缩空气阀门；10—踏板；11—压缩空气进气口

2. 热压铸蜡浆制备工艺

热压铸成型前要先准备蜡浆，其制备过程大体如下。

1）粉料煅烧

将粉料煅烧，使生料变成熟料。生料颗粒表面凹凸不平，有裂缝及较强的吸附能力，使制出的蜡浆黏度大，可铸性差，需加入更多的石蜡才能成型，但是蜡量多又会引起排蜡和烧成后收缩量加大，易产生缺陷。熟料颗粒形状比较完整，表面致密，吸附力减弱，配制的蜡浆流动性好，用蜡量减少，排蜡和烧成后收缩小。

2）加表面活性剂

Al_2O_3等陶瓷粉料表面具有极性，一般是亲水性的。石蜡表面是非极性的，具有憎水性。所以，石蜡在陶瓷粉料表面的吸附性差。加入表面活性剂，如油酸（$C_{17}H_{33}COOH$），其每个分子由极性部分——COOH（羧基）和非极性部分（烃基）两部分组成。表面活性剂的极性端被陶瓷粉料吸附，非极性端与石蜡结合，通过油酸的桥梁作用使石蜡和陶瓷粉料间接地吸附。

陶瓷材料常用的表面活性剂有油酸、硬脂酸、蜂蜡等。表面活性剂只在陶瓷粉料表面形成单分子层，加入量占粉料体积的0.2%～0.05%。

3）蜡浆配制

蜡浆是固液两相的悬浮液，理想结构如图5.32所示。

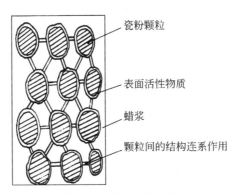

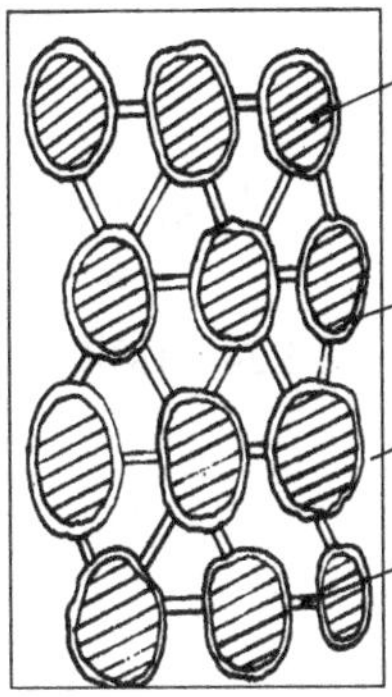

图5.32 蜡浆理想结构

蜡与粉料的混合方式有两种：一种是将石蜡熔化后加入粉料中；另一种是将粉料加入到液体石蜡中。不论采取哪种方式，都要注意不能使蜡浆中含有水（<1%），因为水的存在将阻碍蜡与粉料的浸润，并产生气泡。蜡浆的性能指标有以下要求：

（1）稳定性。在蜡浆长时间加热而又不加以搅拌的条件下，保持不分层的性能叫稳定性。一般蜡浆在加热状态下都有分层趋向。通常规定：100 cm^3的蜡浆在70℃下保温24 h，分离出的黏结剂量在0.1～0.2 cm^3，即为稳定性合格。

（2）可铸性。可铸性是蜡浆铸满模型完全保持外形的能力，是鉴定蜡浆黏度和凝固速度的综合指标。一般规律是黏度小而凝固速度慢的则可铸性好。

若陶瓷粉含水量低，黏结剂用量适当，颗粒细度合适，则蜡浆的可铸性好。颗粒太细，要达到要求的可铸性，则用蜡量较多。颗粒粗些，用蜡量可少些，但不利于烧成。

（3）粉料的装填密度。在热压铸成型的坯体中，单位体积内所含瓷粉的量叫作装填密度。装填密度大，表示瓷粉颗粒排列较紧密，烧成时收缩变形小，烧后结构稳定致密。所以要求粉料的装填密度高些。

（4）收缩率。石蜡由熔化的液体凝固为固体时，体积会收缩，铸坯的体积收缩率和石蜡用量成正比，如图 5.33 所示，也和蜡浆的温度有关，如图 5.34 所示。蜡浆温度高，黏度低，可铸性好，但体积收缩率大些。

（5）坯体要有足够的机械强度。石蜡的机械强度为 22 kg/cm^2。石蜡用量多，坯体机械强度降低。

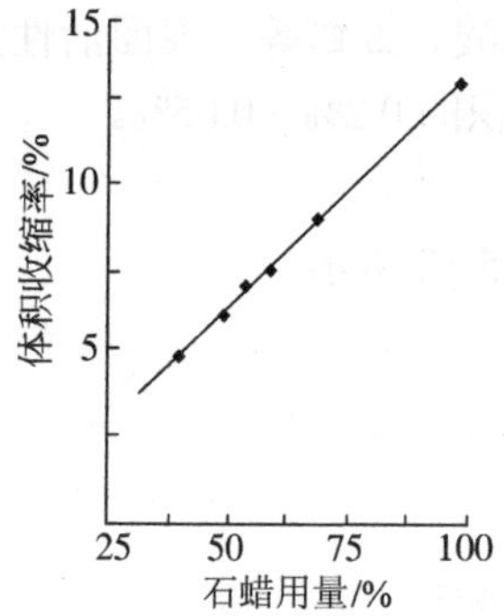

图 5.33　体积收缩率和石蜡用量的关系

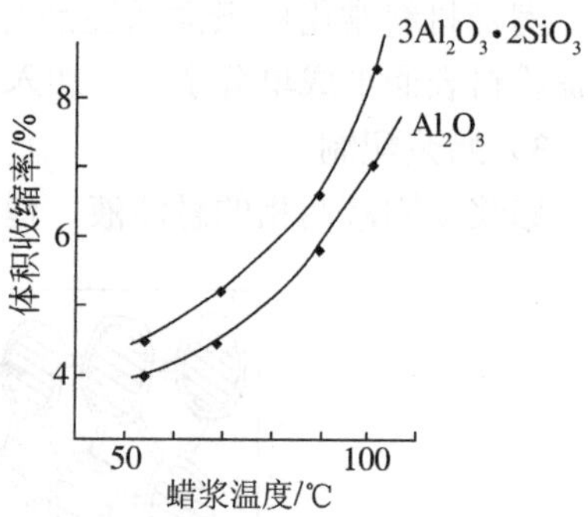

图 5.34　体积收缩率和蜡浆温度的关系

3．排蜡

1）工艺过程

热压铸成型的坯体不能直接进行烧结，而要预先进行排蜡。排蜡时，坯体需要埋在吸附剂中，以防排蜡时变形。常用的吸附剂有 1200～1450℃煅烧过的 Al_2O_3、900℃煅烧过的 MgO 等。

排蜡工艺过程大体上为将坯体埋入 Al_2O_3 粉（称为埋粉）中，然后升温，坯体中蜡逐渐熔化为液体，埋粉 Al_2O_3 将液体蜡吸走，继续升温，将剩余的蜡烧掉。

在排蜡过程中，埋粉一边在毛细管的作用下不断吸附石蜡，使石蜡不断向外渗透、蒸发、燃烧，一边又支撑、保护着坯体。当石蜡排完后，埋粉保护着坯体，使其在高温致密化。

2）排蜡过程中的温度控制

（1）室温至 80～100℃是石蜡熔化的温度范围，需缓慢升温和较长时间的保温，以保证石蜡全部熔化。

（2）100～130℃：石蜡大量向埋粉中渗透，升温要慢，升温过快将会引起起泡、起层、脱皮等缺陷。

（3）300～600℃：烧去残留的石蜡，升温不能快，否则易引起开裂。

（4）400～900℃：坯体产生一定的烧结作用，以提高坯体的机械强度。

4．热压铸工艺的优缺点

1）优点

（1）可成型形状复杂的陶瓷制品，尺寸精度高，几乎不需要后续加工，是制作异形陶瓷制品的主要成型工艺。

（2）成型时间短，生产效率高。如某种绝缘子，8 h 可生产 1600 只。

（3）模具寿命长。

（4）相比其他陶瓷成型工艺，生产成本相对较低，对生产设备和操作环境要求不高。

（5）对原料适用性强，氧化物、非氧化物、复合原料及各种矿物原料均可适用。

2）缺点

（1）气孔率高、内部缺陷相对较多、密度低，制品力学性能等性能的稳定性相对较差。

（2）需要脱蜡环节，增加了能源消耗和生产时间。

（3）因受脱蜡限制，难以制备厚壁制品。

（4）不适合制备大尺寸陶瓷制品。

（5）难以制造高纯度陶瓷制品，限制了该工艺在高端技术领域的应用。

5．热压铸工艺的应用

热压铸主要用于生产中小尺寸和结构复杂的结构陶瓷、耐磨陶瓷、电子陶瓷、绝缘陶瓷、纺织陶瓷、耐热陶瓷、密封陶瓷、耐腐蚀陶瓷、耐热震陶瓷等制品，部分产品如图 5.35、图 5.36 所示。

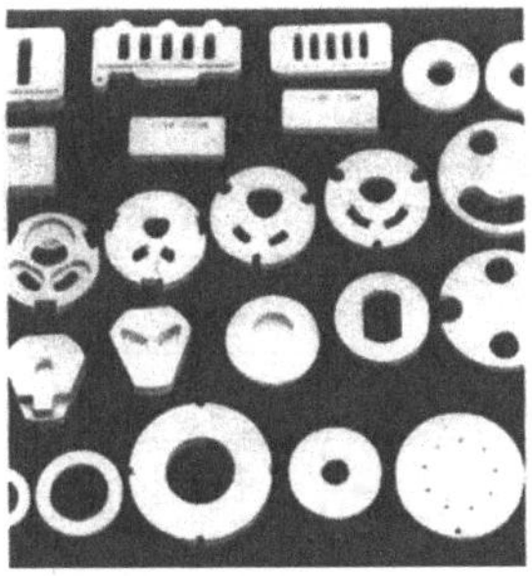

图 5.35　热压铸成型的密封垫及活门等

图 5.36　热压铸成型的开口型导丝器

5.3.3 流延成型

薄片制品以往采用模压法或轧膜法成型，但是，随着科学技术的发展，对制品性能的要求不断提高，特别是对于要求表面光洁的超薄型（厚度小于1 mm）制品，上述两种方法是不适应的，因而又发展了流延成型法。

1．流延成型的分类

按浆料选用的溶剂及有机添加物的不同，可将流延成型分为有机流延体系和水基流延体系两大类。

有机流延体系具有分散剂、黏结剂选择范围广，浆料黏度低，溶剂挥发快，干燥时间短，所得生坯结构均匀、表面平整、强度高、柔性好等优点。该体系的最大缺点是采用了大量有一定毒性的有机溶剂，对人体健康和环境带来危害，且成本较高。

水基流延体系以水为溶剂，具有无污染、绿色环保的优点，但可溶于水的分散剂和黏结剂种类少，因此可选择的范围较窄，效果较差，同时还存在水溶剂表面张力大、对粉料的浸润性差、容易产生大量气泡、除气较困难及干燥和脱脂过程中坯体易变形开裂等缺点。

2．基本工艺流程

流延成型主要包括浆料制备、流延、生坯干燥、剪裁、脱脂及烧结几个环节，大体操作过程如下：首先在准备好的粉料内加黏结剂、增塑剂、分散剂、溶剂，然后进行混合，使其均匀形成浆料；再把浆料放入流延机的料斗中，让浆料从料斗下部流至流延机的薄膜载体（传送带）上，用刮刀控制传送带上浆料（流延膜）的厚度，流延膜进干燥炉烘干，得到膜坯，膜坯连同载体一起卷轴待用；最后按所需要的形状切割或开孔，再经脱脂、烧结成瓷片，如图5.37所示。

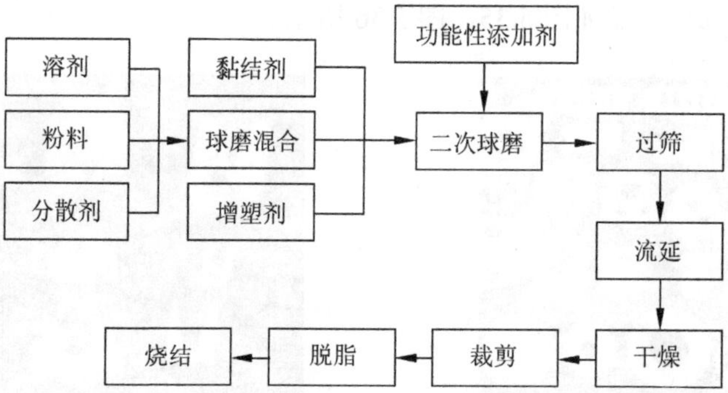

图5.37 流延成型工艺过程图

3. 流延成型原料选择

流延成型所用的原料主要包括陶瓷粉料、溶剂、分散剂、黏结剂、增塑剂，必要时还需添加除泡剂和匀化剂等。

1）陶瓷粉料

陶瓷粉料是决定流延成品的关键因素，粉料的选择原则是：

（1）严格控制杂质含量。杂质会影响最终烧成产品的显微结构和性能，因此必须对其进行严格控制。

（2）严格控制颗粒尺寸和形貌。陶瓷粉料的颗粒尺寸和形貌对颗粒堆积及浆料的流动性有重要影响。为了使成型的素坯膜中陶瓷粉体堆积致密，粉体尺寸必须尽可能地小。但另一方面，颗粒尺寸越小，比表面积越大，浆料制备时所需的有机添加剂越多，素坯膜的排胶越困难，干燥和烧结后的收缩增加，则降低了最终烧结陶瓷的密度。陶瓷颗粒尺寸的最佳范围一般为 1～4 μm，颗粒形貌以球形为佳。

2）溶剂及其他添加剂

溶剂选择需要考虑的因素是：

（1）能够很好地溶解分散剂、黏结剂、增塑剂；

（2）能够分散陶瓷粉料；

（3）在浆料中保持化学稳定，不与粉料发生化学反应；

（4）提供浆料合适的黏度；

（5）可在适当的温度下蒸发和烧除；

（6）保证素坯无缺陷固化；

（7）使用安全，对环境污染少，且价格便宜。

有机流延成型常用的有机溶剂有乙醇、甲乙酮、三氯乙烯、甲苯、二甲苯等单一溶剂，还有乙醇/甲乙酮、乙醇/三氯乙烯、乙醇/甲苯、甲苯/正丁醇等二元共沸溶剂。水基流延成型所用的溶剂是高纯水。

黏结剂选择需要考虑的因素如下：

（1）素坯的厚度；

（2）与所选用溶剂的匹配性，应不妨碍溶剂挥发和不产生气泡；

（3）易于烧除，不留残余物；

（4）可起到稳定浆料和抑制颗粒沉降的作用；

（5）有较低的塑性转变温度，以保证在室温下不发生凝结。

（6）与衬垫材料不相黏且易于分离。

流延成型常用的黏结剂、分散剂、增塑剂见表 5.2、表 5.3。

表 5.2 流延成型常用的黏结剂和分散剂

流延成型工艺类型	黏 结 剂	分 散 剂
有机流延成型	PVB、聚丙烯酸甲酯、乙基纤维素和聚甲基丙烯酸	磷酸酯、乙氧基化合物、三油酸甘油酯、鲱鱼油
水基流延成型	PVA、丙烯酸乳液、聚丙烯酸铵盐、聚醋酸乙烯酯	聚丙烯酸、聚甲基丙烯酸及其铵盐

表 5.3 流延成型常用的黏结剂及相配的增塑剂

黏 结 剂	增 塑 剂
乙基纤维素	二乙基草酸酯
PVA	甘油、聚乙二醇（PEG）
PVA+PVC	邻苯二甲酸二丁酯（DBP）、聚乙二醇
PVB	邻苯二甲酸二丁酯(DBP)、聚乙二醇、邻苯二甲酸二辛酯(DOP)
PMMA和PEMA	邻苯二甲酸二丁酯（DBP）、聚乙二醇
丙烯酸共聚物	丁（基）苄（基）苯二甲酸酯
乳胶	邻苯二甲酸二丁酯（DBP）、聚乙二醇、甘油

4. 流延成型浆料制备

1）浆料要求

（1）尽可能降低有机物的含量。

（2）在满足浆料流变性的要求下，尽量提高固含量。

（3）在满足浆料分散性的要求下，尽量减少分散剂用量。

（4）优化增塑剂和黏结剂的比例，使坯体有足够的柔韧性和强度。

2）浆料制备

浆料制备是流延成型的关键步骤，一般分为两个阶段：一是将溶剂、粉料和分散剂按一定的配比混合并进行充分球磨，打开粉料颗粒团聚体并使溶剂湿润粉料；二是加入黏结剂和增塑剂进行二次球磨，使浆料具备一定的强度和可操作性。如果溶剂为水基，还需调节浆料的 pH，以提高分散剂的分散效果。有时，为了改善浆料的性质，还会加入一些其他功能性添加剂。

5. 流延

将配制好的浆料静置一段时间后，在流延设备上流延成型，流延成型设备如图 5.38、图 5.39 所示。通过控制刮刀与基带间的间隙大小来调整浆料流出速度，可流延出不同厚度的流延膜。

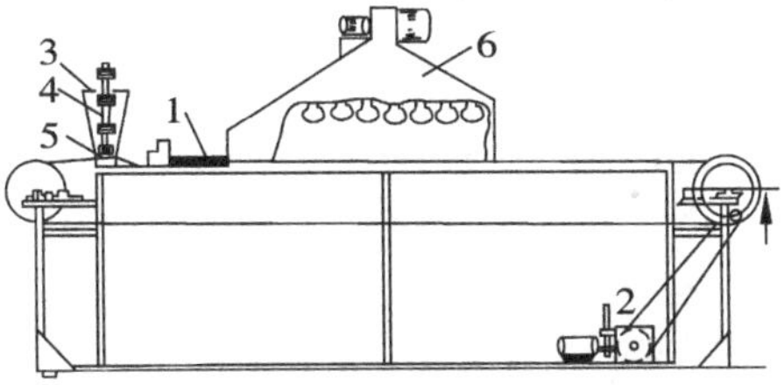

图 5.38　流延成型设备基本结构示意图

1—不锈钢带；2—传动部分；3—加料漏斗；
4—调节支杆；5—弹簧；6—干燥箱

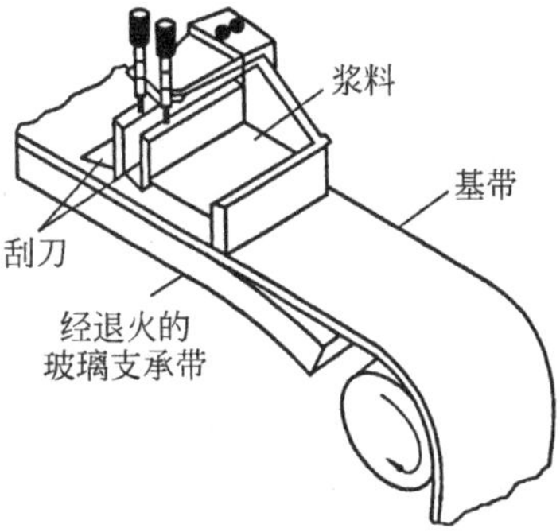

图 5.39　流延成型设备加料部分示意图

流延干坯的厚度 D 与各流延参数的关系为

$$D = \alpha \cdot h/2 \cdot [1+h^2\Delta p/(6\eta vL)] \quad (5\text{-}3)$$

其中，α 为湿坯干燥时的收缩系数；h 和 L 分别是刮刀间隙的高度和厚度；Δp 是浆料压差（由料斗内浆料高度决定）；η 为浆料黏度；v 为基带相对于流延设备的行进速度。由式（5-3）可以看出，影响流延膜厚度的因素有浆料的黏度、刮刀的间隙、浆料槽液面高度和基带行进速度等。

6．坯片干燥脱脂

流延出的浆料膜经过干燥才能从基带上剥落下来。制定合适的干燥工艺是获得高质量膜带的重要因素，尤其是在水基流延体系中，干燥工艺更为重要。如果干燥工艺制定不当，流延膜就会出现气泡、针孔、皱纹、干裂，甚至出现不易从基带上脱落等缺陷。

流延膜是在一个有空气流动的密闭容器中干燥的，应缓慢升高干燥温度。脱脂温度应根据有机添加成分的化学性质、物理性质来确定，以保证有机成分充分分解挥发而被排除。

7．流延法的应用

流延法由于具有设备简单、可连续操作、生产效率高、缺陷尺寸小、坯体性能均一等优点，现已成为制备大面积、超薄片状陶瓷的重要方法，被广泛应用于电子工业、信息技术、能源工业等领域，如用于制备 Al_2O_3 和 AlN 电路基板、$BaTiO_3$ 基多层电容器、燃料电池 ZrO_2 固体电解质等。

流延成型为电子元件的微型化及超大规模集成电路的实现提供了有力的支持。图 5.40 所示为流延法制备多层陶瓷的工艺过程。

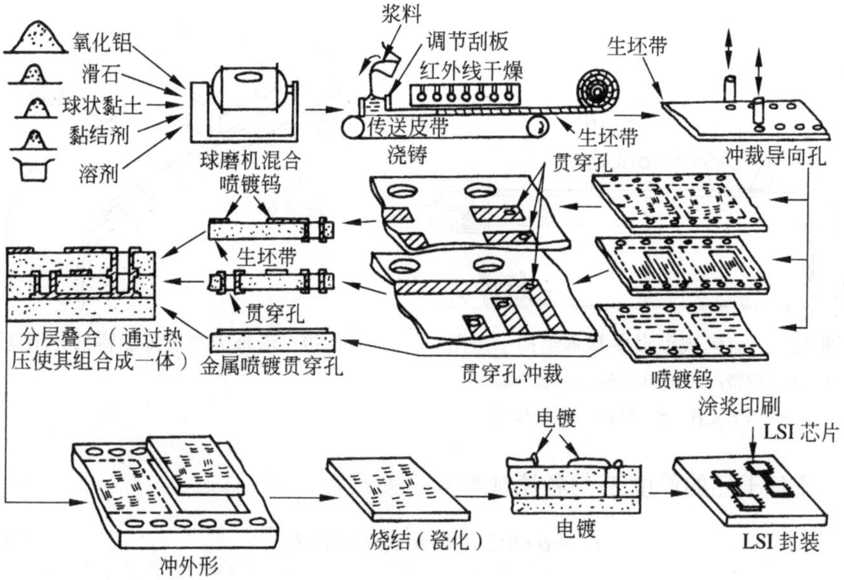

图 5.40 流延法制备多层陶瓷的工艺过程

5.4 新型成型方法

5.4.1 注射成型

1. 基本工艺原理

陶瓷注射成型是指将陶瓷粉与合适的有机载体在一定温度下混炼、造粒，并在一定温度和压力下高速注入模具内，达到完好的充模、成型的成型方法。

陶瓷注射成型的工艺流程如图 5.41 所示，主要包括喂料准备、注射、脱脂、烧结 4 个过程。其中，喂料准备包括原料准备、配料、混料、造粒等工序。

1）喂料准备

喂料是指送进注射机中用于注射成型的物料，喂料准备则是指制备合格喂料的过程。喂料准备一般包括陶瓷粉料准备、有机黏结剂及添加剂选择、混料、造粒等工序。由于有关混料与造粒的内容已在本书第 4 章中讲过，这里不再重复，下面就陶瓷粉料准备及有机黏结剂选择进行介绍。

（1）陶瓷粉料准备

由于注射成型产品烧结后收缩很大，为防止变形和控制尺寸精度，必须提高喂料中粉料的装载量，这就需要选择具有高极限填充密度的陶瓷粉料。一般

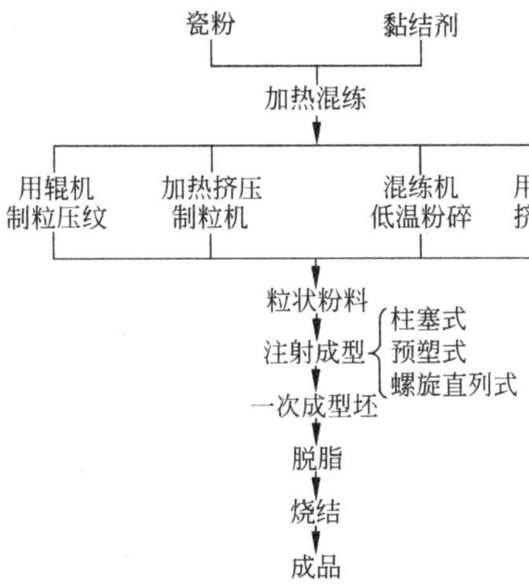

图 5.41 陶瓷注射成型的工艺流程

来说，球形或近似球形的粉料较为理想，但球形粉料之间啮合力差，易造成脱脂过程中的坯体变形。另外，粉体粒度通常是越细越好，一方面能够提高极限填充密度，另一方面可增加烧结驱动力，降低烧结温度。但过细的粉料有较大的比表面积，颗粒间易团聚，使得粉料和黏结剂难以混匀，混料难度较大。一般注射成型用浆料的混合优先选用高剪切力混料机并加入分散剂包覆颗粒表面的方法来消除这些不利因素。混料机主要有双辊混料机、双螺旋挤压机及双轴叶轮混料机 3 种形式。

（2）有机黏结剂选择

陶瓷注射成型所用的有机黏结剂主要有 3 种：热固性黏结剂、热塑性黏结剂和水溶性黏结剂。

① 热固性黏结剂

热固性黏结剂可在加热时形成交叉网状结构，冷却后则变成永久干脆固态。常用的热固性黏结剂有酚醛树脂和环氧树脂等。其优点是在脱脂过程中能减少成型坯体的变形及提供反应烧结时所需的大量碳；缺点是流动性和成型性差，混料困难，脱脂时间长。

② 热塑性黏结剂

这种黏结剂在加热到一定温度以上时就变为塑性，温度下降后又变为固态，且随温度的升高和降低具有塑-固可逆性转变。属于这类的黏结剂有聚乙烯、聚丙烯、聚丁烯及聚苯乙烯、聚甲基丙烯酸酯等。

③ 水溶性黏结剂

水溶性黏结剂是从固态聚合物溶液（SPS）体系中发展起来的黏结剂，主要由低分子量的固态结晶化学物质构成，再加入少量聚合物。结晶化学物质受热时熔化，并将聚合物溶解，在其重结晶温度下溶液变成固态。通过调整聚合物的含量，可以自由地调整 SPS 的黏度和强度。SPS 的最大优点是可以用溶剂（包括水）选择性地溶解化学物质。属于这一类的黏结剂有纤维素醚黏结剂、琼脂基黏结剂等。

除黏结剂外，为了使陶瓷悬浮体固相体积分数达到 50%以上，还需要添加增塑剂、润滑剂和偶联剂，如邻苯二甲酸二丁酯、邻苯二甲酸二乙酯、硬脂酸、钛酸酯及硅烷等。

2）注射

注射工序是整个工艺过程的关键技术，若控制不当就会使产品产生许多缺陷，如裂纹、孔隙、焊缝、分层、粉末和黏结剂分离等，而这些缺陷直到脱脂或烧结后才能发现。所以控制和优化注射温度、模具温度、注射压力、保压时间等成型参数，对减小坯体重量波动、防止注射料中各组分的分离和偏析、提高产品成品率和材料利用率至关重要。

注射是通过注射成型机进行的，注射成型机一般分为柱塞式和往复式螺旋两种，如图 5.42 所示。往复式螺旋注射成型机由于螺旋的通道较长且与套筒紧密接触，热传递充分，温度均匀，注射压力易于控制，在我国多被采用，其设备外形如图 5.43 所示。

往复式注射机的工作过程大体上是先将粒料加入到注射成型机中，然后在螺旋推杆及加热套筒的作用下，粒料一边前进一边被加热熔化，然后经喷嘴被注射入模具型腔。

注射过程可分为两个阶段：注射阶段和保压阶段。注射阶段是从螺杆推进熔体开始到熔体充满型腔为止，保压阶段是从熔体充满型腔开始到浇口冻

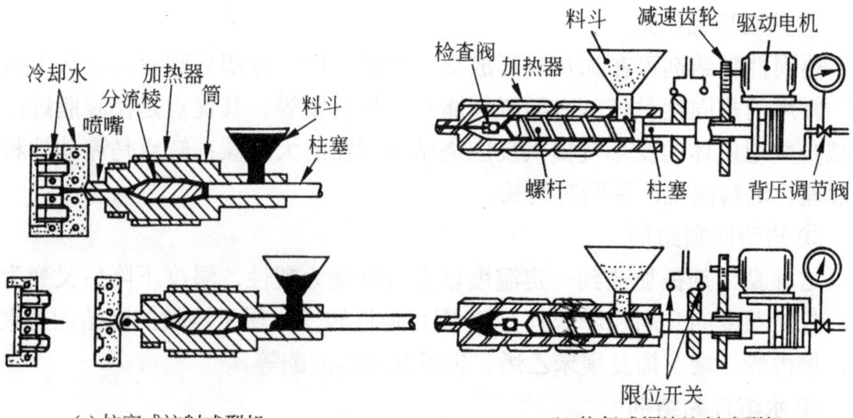

(a) 柱塞式注射成型机　　(b) 往复式螺旋注射成型机

图 5.42　柱塞式注射成型机和往复式螺旋注射成型机

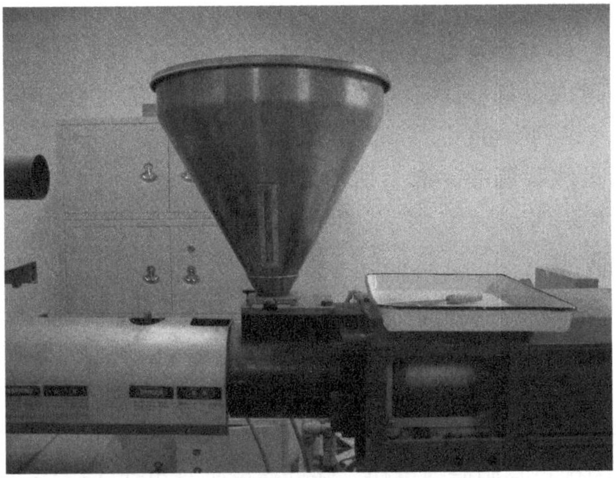

图 5.43　往复式螺旋注射成型机外形

封为止。在保压阶段，模腔中的熔体将得到冷却补缩和进一步的压缩和增密。如果保压压力不足，则会导致模腔压力过低。保压时间越短，则模腔压力降低得越快，最终使模腔压力越来越低。高保压压力（≥70 MPa）和长保压时间对于成型坯体的性质和表面质量均更加有利。

料筒与喷嘴温度的设定与控制对注射成型的质量有重要影响。料筒温度是指料筒表面的加热温度。注射物料在料筒内的塑化分 3 段加热，第 1 段：固体输送段，靠近进料口处，温度要低一些，有冷却水冷却，防止物料搭桥，保证较高的物料输送效率；第 2 段：压缩段，物料处于压缩状态并逐渐熔融，温度设定比第 1 段高 20～25℃；第 3 段：计量段，是物料全熔融阶段，这一段的温度比第 2 段的温度高 20～25℃，以保证物料处于熔融状态。

3）脱脂

脱脂是通过加热或其他方法将坯体内的有机物排出并产生少量烧结的过程，也是注射成型中最困难的工序。常用的脱脂方法有热脱脂、溶剂脱脂、催化脱脂、水基萃取脱脂、超临界 CO_2 流体脱脂等。

（1）热脱脂

热脱脂是一种发展较早的脱脂方法，是指将成型坯体加热到一定温度，将黏结剂蒸发或分解生成气体小分子，气体小分子通过扩散或渗透方式传输到成型坯体表面。在脱脂初期，坯体内部生成连续孔洞。热脱脂适合尺寸比较小的精密陶瓷部件，适合热脱脂的有机黏结剂通常有石蜡、有机酸和聚烯烃的混合物。

热脱脂过程十分缓慢，这对厚壁部件十分不利。为了提高脱脂效率，有人采用微波加热，大大提高了脱脂速度。

（2）溶剂脱脂

溶剂脱脂也称为溶解萃取脱脂，是指利用有机溶剂（如丙酮、庚烷、己烷等）溶解注射成型坯体中的有机物，随后再排除的过程。其特点是溶解过程中坯体内可产生连续的孔道，大大提高了脱脂速度。

溶剂脱脂虽然脱脂效率高且脱脂比较完全，但有机溶剂通常含有有毒或致癌物质，对操作者或环境都会产生不同程度的损害。

（3）催化脱脂

催化脱脂是专门针对黏结剂是聚甲醛树脂和含有少量添加剂的陶瓷坯体的脱脂方法。其脱脂原理是在浓度大于98.5%的气态硝酸的催化作用下，聚甲醛树脂在110℃（远低于聚甲醛树脂150～170℃的熔融温度范围）时直接从固态转变为甲醛气体。

催化脱脂的优点是脱脂速度快，线性速度最高可达1～2 m/h，并且由于是气-固反应，还有少量耐酸黏结剂残留在坯体中，避免了坯体的软化变形等问题。

催化脱脂的缺点是目前只发现聚甲醛树脂适合催化脱脂，同时要用高浓度的硝酸作催化剂，所以要用特殊结构的脱脂炉。

（4）水基萃取脱脂

水基萃取脱脂是最近发展起来的脱脂方法，其特点是脱脂分两步进行：首先利用水将黏结剂中水溶性（如聚乙二醇等）组分脱去，然后再通过加热将不溶于水的组分脱去。

与溶剂脱脂相比，水基萃取脱脂既有脱脂速度快的优点，又不会损害人体健康和污染环境。

（5）超临界CO_2流体脱脂

超临界脱脂的基本原理是当气体处于超临界状态时，便成为性质介于液体和气体之间的单一相态，具有和液体相近的密度，黏度虽然高于气体但明显低于液体，扩散系数为液体的10～100倍，因此对注射成型坯体有较好的渗透性和较强的溶解能力，能将坯体中的黏结剂提取出来。由于CO_2的临界温度比较低（31.1℃），临界压力也不太高（7.2 MPa），且无毒，价格低，所以在实际生产科研中，常使用CO_2超临界流体进行脱脂。

4）烧结

烧结部分的详细描述见第6章精细陶瓷的烧结。

2. 注射成型的优缺点

1）优点

（1）可成型复杂陶瓷部件。

（2）尺寸精度高。

（3）成型体的密度高（相对密度可达60%）。

（4）易实现自动化。

2）缺点

（1）一次性投资高，仅适用于大批量生产。

（2）坯体固化及有机物去除存在不均匀性，截面尺寸受限制。

5.4.2 凝胶注模成型

1. 凝胶注模成型工艺原理与流程

凝胶注模成型（gelcasting）是美国橡树岭国家实验室的 M. A. Janney 和 O. O. Omatete 于 20 世纪 90 年代初发明的成型方法，该工艺的基本原理是通过制备低黏度、高固相体积分数的浆料，并将浆料中有机单体聚合使浆料原位凝固，从而获得高密度、高强度、均匀性好的坯体。

凝胶注模成型工艺流程如图 5.44 所示，主要包括如下几个过程：首先将粉体分散加入到含有有机单体和交联剂的水溶液或非水溶液中，注模前再分别加入引发剂和催化剂，充分搅拌均匀并脱气后，将浆料注入非孔模具中，然后在一定的温度下引发有机单体聚合，使浆料黏度骤增，从而使浆料原位凝固形成湿坯，接着将湿坯脱模并在一定的温度和湿度下干燥，得到高强度坯体，最后将干坯排胶并烧结得到致密部件。

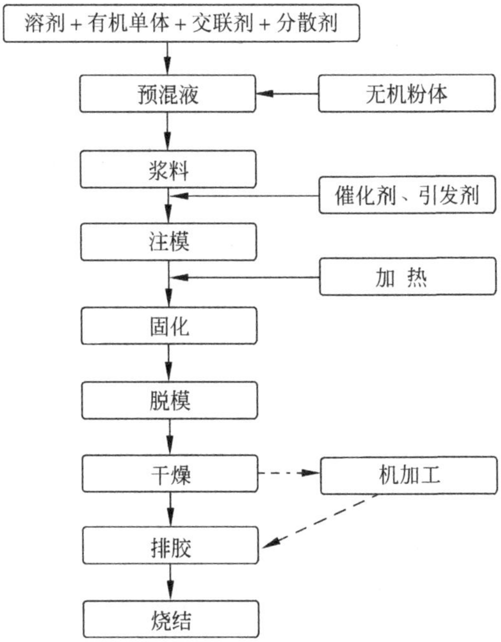

图 5.44 凝胶注模成型工艺流程

凝胶注模成型使用的主要原料有陶瓷粉体、有机单体、交联剂、引发剂、催化剂、分散剂和溶剂。工艺的关键是要制备出低黏度、高固相体积分数（>50%）的浆料，可通过静电排斥力或空间位阻稳定作用来实现。

2．凝胶注模成型的特点

（1）坯体整体均匀性好，提高了陶瓷可靠性。

（2）坯体强度高（20～40 MPa），可机械加工成复杂形状部件。

（3）有机物含量少（有机物含量为 3%～5%），无排胶困难。

（4）浆料固相含量高（50%以上），近净尺寸成型，干燥收缩和烧结收缩小。

3．凝胶注模成型的凝胶体系

1）非水基凝胶体系

非水基凝胶体系使用的是有机溶剂。有机溶剂除作为单体的溶剂外，还应该具备以下两个特点：

（1）在交联反应温度下具有低的蒸气压；

（2）本身黏度较低。

使用有机溶剂的最大优势在于预混液中单体的浓度可以达到很高，而单体在水中较容易饱和。但是，使用有机溶剂对环境有一定的影响，目前除氮化铝、铝或活性金属等水敏性粉体仍使用非水基凝胶体系外，其他体系都使用水基凝胶体系。

2）水基凝胶体系

与非水基凝胶体系相比，水基凝胶体系在批量生产时有以下优点：成型工艺与传统陶瓷相似；降低了浆料的黏度；干燥过程更容易控制；避免了有机溶剂挥发造成的空气污染。

常用的水基凝胶体系有两种：丙烯酸酯体系和丙烯酰胺体系。丙烯酸酯体系并非纯水溶液体系，需要共溶剂（如 *N*-甲基-2-吡咯烷酮），且有分离现象。由于该体系引发的预混凝胶反应不彻底，并且分散效果不佳，因此，目前实际普遍使用的是丙烯酰胺体系。

丙烯酰胺（acryl amide，AM，分子式为 C_3H_5NO，相对分子质量为 71.08）是一种在生物医学领域中已有 30 多年应用历史的单体，现在被广泛应用于凝胶注模成型中。典型的水基凝胶体系见表 5.4。

AM 和 MAM 是含有单功能团的单体，MBAM 是含有双功能团的交联剂。

制备浆料之前，需先配制含单体和交联剂的预混液，预混液中单体的含量一般低于 20%。

表 5.4 典型的水基凝胶体系

试剂	体系			
	1	2	3	4
单体或聚合物	丙烯酰胺（AM）	甲基丙烯酰胺（MAM）	甲氧基-聚（乙二醇）甲基丙烯酸（MPEGMA）	甲基丙烯酸（MAA）
交联剂	*N-N'* 亚甲基双丙烯酰胺（MBAM）	MBAM或二丙烯基酒石酸二酰胺（DATDA）	MBAM	聚（乙二醇）甲基丙烯酸（PEGDAM）
引发剂	过硫酰胺（APS）	过硫酸钾或双氧水	APS	盐酸偶氮[2-咪唑啉-2-丙烷]（AZIP）
催化剂	四甲基乙二胺（TEMED）	TEMED	TEMED	—

过硫酸铵或过硫酸钾常被用作聚合反应的引发剂，其分解温度为 40℃左右。在较低温度下即可引发反应且不会由于水溶液的蒸发使坯体的显气孔率增加。0.5%的过硫酸铵在 60～80℃引发的单体聚合可在 5 min 内进行。在微波炉中，由于浆料可在短时间内快速升温，聚合反应过程仅需 10～40 s 即可完成。不过，使用微波炉加热的浆料容易受热不均，从而易使固化的部件产生变形。

催化剂可以控制交联聚合的速率，添加量一般不超过 0.1%。常温下，催化剂可将聚合反应控制在 10～60 min 内完成，时间长短与催化剂加入量和单体含量有关。催化剂加速聚合反应的机理是有效降低了反应的活化能，如可从 149.4 kJ/mol 降低到 71.2 kJ/mol。

单体（如 AM 或 MAM）的聚合反应式如下：

（1）链的引发反应

$$I_2 \longrightarrow 2I \tag{5-4}$$

$$M+I \longrightarrow IM \tag{5-5}$$

其中，I_2 为引发剂，M 为给定单体（至少有一个双键）。

（2）链的增长反应

$$IM + M \longrightarrow IMM+M \longrightarrow IM_2M + nM \longrightarrow IM_{n+2}M \tag{5-6}$$

（3）链的终止反应

$$IM_{m+2}M+ IM_{n+2}M \longrightarrow IM_{m+n+5}MI \tag{5-7}$$

单体的交联聚合反应为放热反应，单体聚合后的固化粉体如图 5.45 所示。

任何单体在一定条件下的聚合都会发生收缩。凝胶注模成型工艺由于使用的单体少（为干粉质量的 2%～6%），且浆料中固相体积分数高（通常占 50%以上），因此成型后的坯体收缩非常小，干燥收缩一般在 1%～2%。

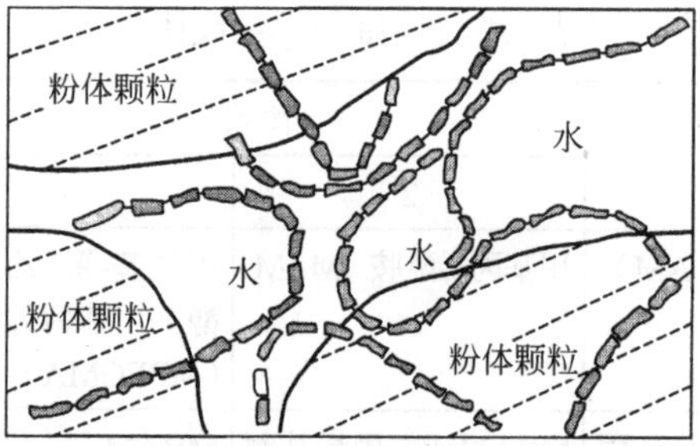

图 5.45 单体聚合后固化粉体的示意图

4. 几种改进型凝胶注模成型工艺

1）HMAM 工艺

除常用的 AM + MBAM 和 MAM + MBAM 水基凝胶体系外，Omantete 等人还发明了 HMAM 工艺。该工艺使用羟基-甲基-丙烯酸酰胺（hydroxymethylacrylamide，HMAM）为单体，其特点是 HMAM 能够在一定条件下自交联形成凝胶。

HMAM 工艺与 AM + MBAM 和 MAM + MBAM 工艺相比有许多优点：由它配制的浆料黏度较低，可提高固相含量，如制备相同黏度的 Si_3N_4 浆料，固相含量可升高 1%～5%；该工艺凝固后的湿坯脱模非常容易，易于大规模生产。HMAM 工艺和 MAM+MBAM 工艺的一些差异见表 5.5。

表 5.5 HMAM 工艺和 MAM + MBAM 工艺的比较

工艺	交联剂	固相含量	添加剂	添加剂加入时间	浆料存放期
MAM+MBAM工艺	MBAM	较高	不需要PEG硅烷	成型前	3 h
HMAM工艺	不需要	更高	PEG硅烷	一开始	>5 h（引发后为3 h）

2）热可逆转变凝胶注模成型工艺

热可逆转变凝胶注模成型（thermor reversible gelcasting，TRG）工艺的特点是该工艺主要利用有机物的物理交联作用，如图 5.46 所示，而不是像其他凝胶注模工艺那样靠化学反应聚合而起到结合作用。

在温度超过某一值（如 60℃）时，混合物料呈流态，而冷却到低于此温度时，浆料立刻转变为物理凝胶结合的固态，此转变过程相当容易。TRG 工艺流程如图 5.47 所示，图中 T_{gel} 为凝胶形成温度。该工艺的主要优点是当生坯不符合质量要求时，可以加热重新回收，以减少粉体和有机物的浪费。

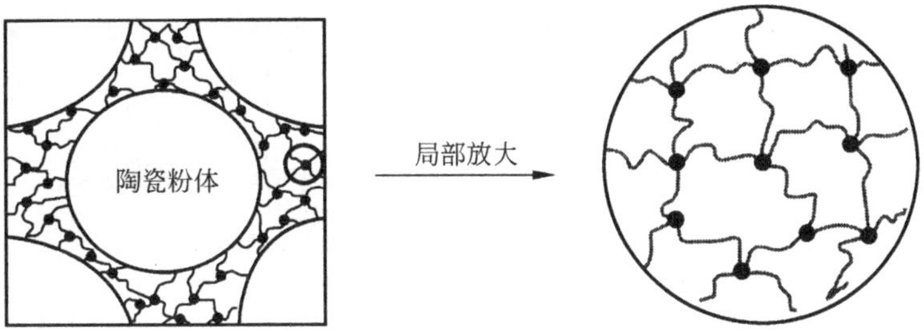

图 5.46 在低于凝胶温度时 TRG 工艺凝胶固化陶瓷粉体示意图

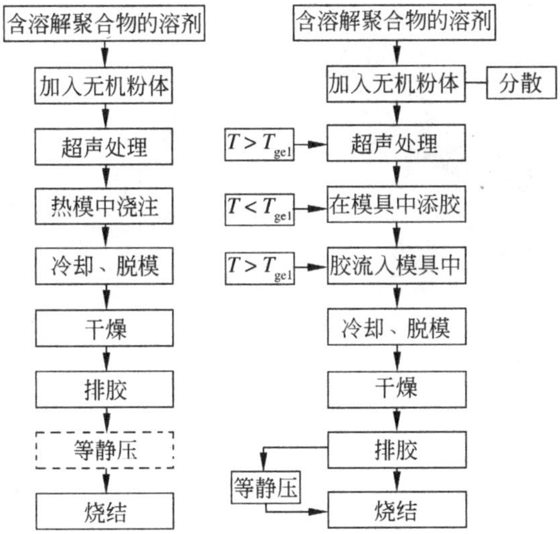

(a) 溶剂为 2-2 基己醇　　(b) 溶剂为乙醇

图 5.47 TRG 工艺流程图

3）HEMA（$CH_2=C(CH_3)COOCH_2CH_2OH$）工艺

HEMA 工艺使用低毒水溶性的廉价试剂 2-甲基丙烯酸羟乙酯代替 AM 作为结合有机物。在 HEMA 分子中，共轭的双键使之容易发生聚合反应，而羟基的存在使生成的聚合物与水相溶成为可能。

该工艺的优点是避免了丙烯酸体系的毒性，又克服了高分子浆料黏度大、素坯强度低等缺点。

5．凝胶注模成型工艺的应用

凝胶注模成型工艺将有机单体聚合成高分子的方法灵活地引入到陶瓷的成型工艺中，成型的生坯强度很高（可达 30 MPa），可直接进行机加工，这对烧结后很难加工的陶瓷材料非常有益。现已使用该工艺方法制备出氧化铝、熔融石英、氧化锆、碳化硅、塞隆、高铝矾土等许多陶瓷零部件，如图 5.48～图 5.50 所示。

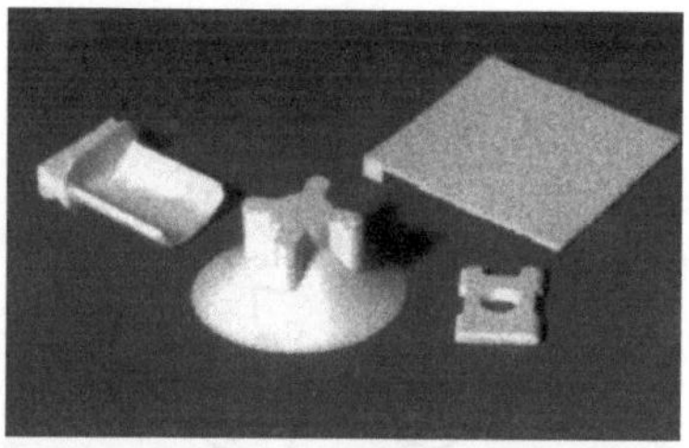

图 5.48　凝胶注模成型陶瓷产品

图 5.49　凝胶注模成型陶瓷件生坯

(a) 氮化硅制品

(b) 氧化铝制品

图 5.50　凝胶注模成型转子

5.4.3　直接凝固成型

1．直接凝固成型的基本原理

直接凝固成型（direct coagulation casting，DCC）是一种将生物酶技术、胶体化学和陶瓷工艺学融为一体的净尺寸原位凝固胶态成型技术。

该工艺的基本原理是对于分布在液体介质中的微细陶瓷颗粒，其所受的作用力主要有胶粒双电层斥力和范德华引力，而重力和惯性力影响较小。根据胶体化学的 DLVO（Dergahin-Landau-Verwey-Overbeek）理论，胶体颗粒在介质中的总势能取决于双电层排斥能和范德华吸引能，如图 5.51（左）所示；当介质 pH 发生变化时，颗粒表面电荷随之发生变化，在远离等电点（isoelectric point）时，颗粒表面形成的双电层斥力起主导作用，使颗粒呈分散状态，即可得到低黏度、高分散、流动性好的悬浮体。此时，若增加与颗粒表面电荷相反离子的浓度使双电层压缩，或改变 pH 使之靠近等电点，均可使颗粒间排斥能减小或等于 0，从而使范德华引力占优势，并使总势能显著下降，如图 5.51（右）所示。对于稀悬浮体，这种吸引能将使颗粒团聚，但体系仍为流态；而对于高固相体积分数的浓悬浮体（>50%），则可形成具有一定强度的网络而凝固成固态，如图 5.52 所示，形成具有足够强度的坯体。根据上述理论，在浓悬浮液中引入生物酶，通过控制酶（enzyme）对底物（substrate）的催化分解反应，便可改变浆料的 pH 或增加反电荷离子的浓度来压缩双电层，达到使悬浮体原位凝固的目的。

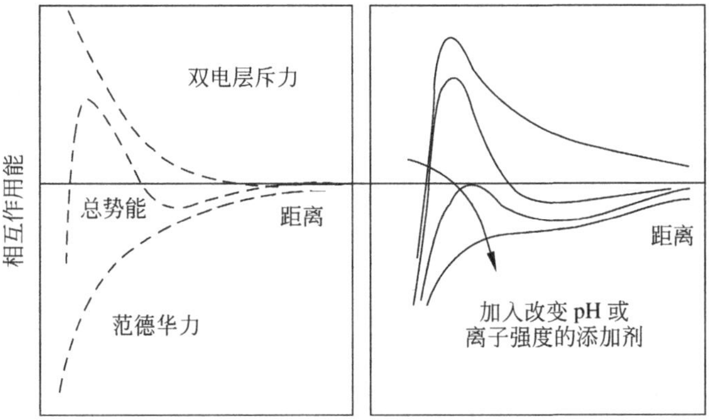

图 5.51 水溶性悬浮液中颗粒相互作用能

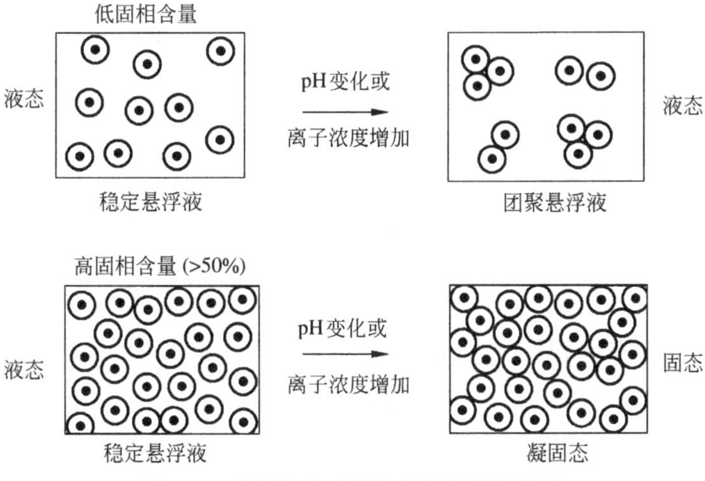

图 5.52 低固相和高固相悬浮液凝固差别

2. DCC 工艺过程

图 5.53 为 DCC（direct coagulation casting）工艺流程图。与传统注浆成型不同，首先必须通过分散剂制得固相体积分数大于 50%的高浓度悬浮体。为了控制活性酶的催化反应，注模前，酶引入时悬浮体要保持较低的温度，浆料注入非多孔模具后，通过改变温度引发酶催化反应，从而改变浆料 pH 至等电点或增加反电荷离子浓度，实现液态悬浮体向固态坯体的转变。转变时间取决于

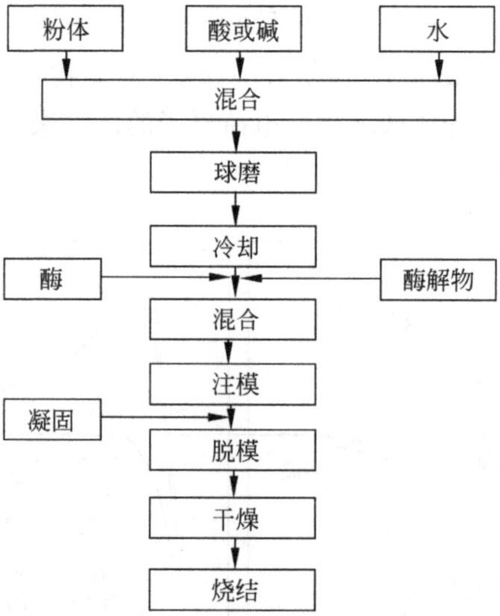

图 5.53　DCC 工艺流程图

酶的浓度和浆料温度，变化范围可从几分钟到几小时，凝固的坯体经脱模、干燥，无需脱脂即可直接进行烧结。

3．DCC 技术的应用

DCC 技术已成功应用于氧化物陶瓷和非氧化物陶瓷，制备出了各种形状、复杂致密均匀的陶瓷部件。现以 Al_2O_3 和 SiC 为例，说明 DCC 技术的应用。

1）Al_2O_3 坯体制备

以平均粒径为 0.5 μm、比表面积为 10 m^2/g 的高纯 Al_2O_3 为原料，盐酸为分散剂，加入尿素（uera），催化剂为尿酶（uerase，250 000 μ/g）。在 pH 为 7、温度为 25℃的条件下，每单位尿酶每分钟可分解尿素产生 1.0×10^{-6}mol NH_3。Al_2O_3 的等电点对应 pH = 9，当 pH＜9 时，颗粒带正电荷，如图 5.54 所示。

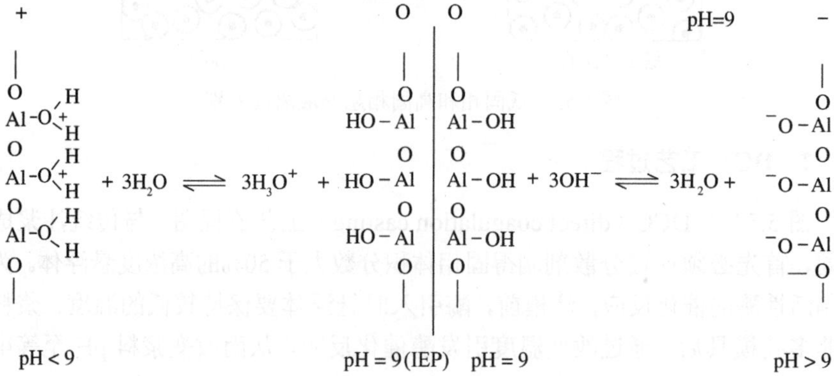

图 5.54　水化氧化铝表面与 H_3O^+或 OH^-的反应

在pH = 9的条件下制备固含量为57%的浓悬浮体，黏度很低，当$\gamma = 1/100$时，表观黏度约为260 mPa·s。通过浆料中的尿酶催化尿素的分解反应为

$$CO(NH_2)_2 + H_2O \longrightarrow NH_3 + CO(NH_2)OH \quad (5\text{-}8)$$

$$CO(NH_2)_2OH + H_2O \longrightarrow NH_3 + H_2CO_3 \quad (5\text{-}9)$$

$$NH_3 + H_2O \longrightarrow NH_4^+ + OH^- \quad (5\text{-}10)$$

浆料pH移至等电点（并形成缓冲液），范德华引力作用使浆料凝固成坯体。脱模后，坯体可在50℃下直接干燥而不开裂，于1520℃时无压烧结，其相对密度可达99.7%，抗弯强度（σ_w）可达400 MPa，若用HIP烧结，抗弯强度可达683 MPa，材料韦伯模数高达47，远高于冷等静压的12。

2）SiC坯体制备

SiC的DCC过程与Al_2O_3不同。其凝固过程不是通过移动pH至等电点，而是通过增加浆料中的盐离子浓度、压缩双电层来实现的。这是由于SiC具有较低的等电点，一般为2～5，不容易通过浆料内部反应把pH由碱性降低到等电点。浆料中反电荷离子浓度的增加可通过尿酶催化尿素分解反应实现。随着尿素水解产生的NH_4^+浓度的增加，浆料由流态转变为固态。但这种凝固过程所需酶的浓度比Al_2O_3浆料中移动pH至等电点过程要高，如每克SiC所用尿素酶为16单位，成型坯体的相对密度可达60%以上。

4．直接凝固成型与凝胶注模成型的比较

直接凝固成型和凝胶注模成型都是20世纪90年代发展起来的新型陶瓷胶态成型技术，它们均可用于大尺寸、复杂形状部件的成型，然而两种工艺方法各有优缺点，见表5.6。

表5.6 直接凝固成型与凝胶注模成型的比较

工艺	优点	不足	改进
直接凝固成型	有机物含量低（质量分数为0～1%），不需要脱脂；成型收缩率小，无变形，成型部件均匀性好；密度可达理论值的99%以上	素坯强度低，不利于脱模；浓悬浮体的制备不能利用位阻机制；浆料固含量需大于55%（体积分数）	加入有机或无机添加剂（如离子型淀粉）提高湿坯强度；开发新的活性酶体系
凝胶注模成型	素坯强度大，可直接加工；成型部件均匀性好；密度可达理论值的98%以上	干燥和脱脂时间长；凝胶体系有毒，污染环境；氧阻聚带来表面起皮	开发新的无毒或低毒凝胶体系，天然大分子凝胶体系；PEG1000溶液中干燥素坯；将PAM和PVP加入丙烯酰胺凝胶体系防氧阻聚

5.4.4 快速无模成型

1. 概述

快速无模成型又称为快速成型（rapid prototyping，RP）或无模成型（solid freeform fabrication，SFF），是 20 世纪 90 年代初借助集成制造的概念提出的一种全新的陶瓷成型方法。该方法的基本原理与过程是直接利用计算机辅助设计（CAD）结果，将复杂的三维立体零件经计算机软件切片分割处理，形成计算机可执行的像素单元文件；然后通过类似计算机打印输出的外部设备，将要成型的陶瓷粉体快速形成实际的像素单元，并一个一个单元地叠加起来，即可直接成型出所需要的三维立体零件。与其他成型方法相比，快速无模成型有以下显著优点。

（1）成型过程中无需任何模具或模型参与，使生产过程更加集成化，制造周期缩短，生产效率提高。

（2）成型零件的几何形状及尺寸可通过计算机软件处理系统随时改变，无需等待模具的设计制造。

（3）由于外部成型打印像素单元尺寸可小至微米级，因此可制备微型电子陶瓷器件及任意复杂的原型或零件。

（4）零件的复杂程度、大小对成型工艺难度、成型质量、成型时间的影响不大，当零件的形状、要求和批量改变时，仅改变 CAD 模型，重新调整和设置参数即可制造新零件，在小批量或单件生产上具有其他成型方法所不具备的优势。

快速无模成型由于具有以上优点，自出现后发展极为迅速，到目前已有十多种方法，已在高分子等行业中形成了多种商业化应用，但在陶瓷领域的研究开展相对较晚。比较典型的陶瓷快速无模成型工艺有选择性激光烧结（SLS）成型、喷墨打印（IJP）成型、分层实体（LOM）成型、熔融沉积（FDC）成型、立体光刻（SL）成型等。

2. 选择性激光烧结成型

选择性激光烧结成型又称为选区激光烧结成型或激光选区烧结成型，其工艺流程如图 5.55 所示。首先，利用计算机辅助设计软件构造出零件的三维数字模型，然后将三维模型沿成型的高度方向离散成一系列有序的二维切片（俗称分层），并把每一片层的信息传送给自动成型机；成型时，先在工作台上均匀铺一层待成型的陶瓷粉末材料，厚度与第 1 层的分层厚度相对应，一般要将其加热至某一温度（即预热），然后用计算机控制激光束，按照此层的截面形状扫描已铺好的粉末层，使其受热烧结；第 1 层扫描完毕后，工作台向下移动一个层厚的高度，将第 2 层粉末均匀地铺在第 1 层的上面，继续进行选择性激光烧结，由此把第 2 层粉末和第 1 层烧结在一起；如此循环反复，最终即可形成与三维数字化模型相对应的烧结实体，图 5.56 为 SLS 设备的工作过程示意图。

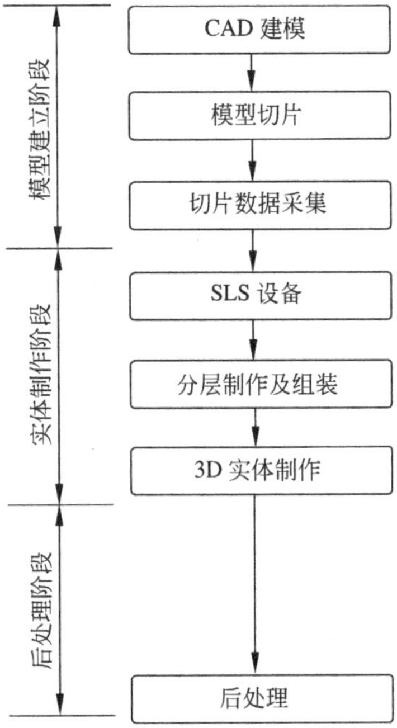

图 5.55 SLS 成型工艺流程

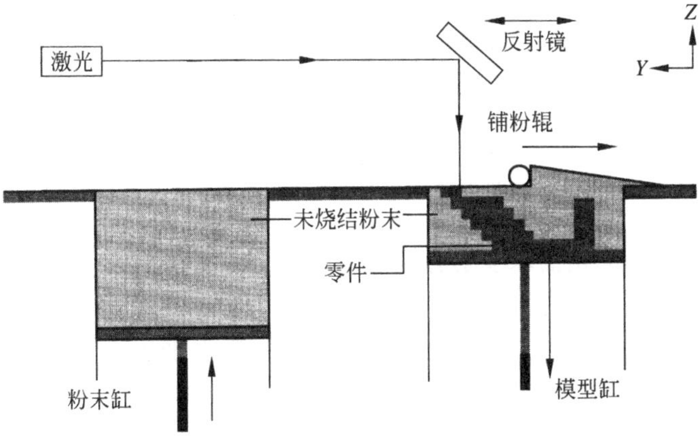

图 5.56 SLS 设备的工作过程示意图

经过选择性激光烧结成型后，陶瓷粉末形成了具有所要求形状的零件坯体，但其强度较低，内部组织和性能也不均匀，还需要经过高温烧结等后处理过程，才能得到可以实际应用的陶瓷零件。

3. 喷墨打印成型

1）喷墨打印成型原理

喷墨打印是非接触打印过程，是将小墨水滴直接喷到纸上，以形成点阵字元。目前有两种喷墨打印技术制成的喷墨打印机，即连续喷墨打印机（continuous ink-jet printer）和需求喷射打印机（drop-on ink-jet printer）。

图 5.57 显示了连续喷墨打印机的原理。将墨水加压经由喷嘴连续射出，喷出的墨水束经过一个管子，在此管子中小墨滴充电，这时小墨滴就由水平及垂直偏向板以静电偏向方式控制喷射到基板上。用于陶瓷成型的连续式喷墨打印机必须沉积出连续且均匀的薄膜，为此，要对现有的打印机进行参数调整，选用喷嘴直径为 75 μm 的连续式喷墨打印机，晶体驱动器振频要调整到 66 kHz，墨水供应压力为 280 Pa，这样可以每秒钟产生直径为 70 μm 的小墨滴 5000 滴。

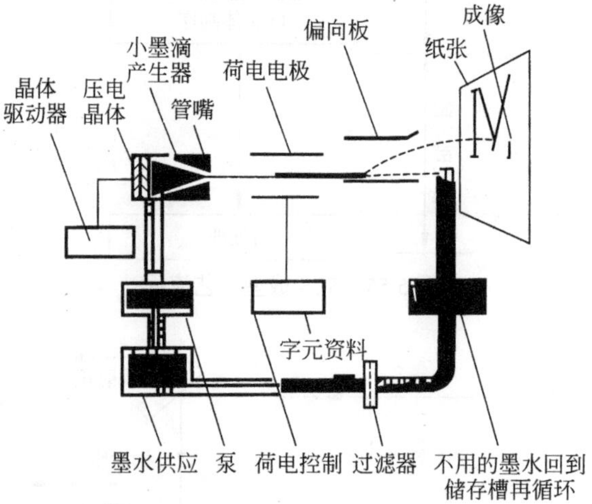

图 5.57　连续喷墨打印机原理

图 5.58 显示的是需求喷射打印机原理。小墨滴在压力作用下由喷嘴射向基板，每一个小喷嘴的开启由电子脉冲来控制。一个矩阵列的垂直排列喷嘴高速射出小墨水滴，形成点阵的一列，然后喷嘴水平步进第 2 矩阵列，墨水再由选择的喷嘴射出，如此继续进行。选用 4 个喷嘴直径为 65 μm 的需求喷射打印机，由电子脉冲开启每个喷嘴，最大操作频率为 313 kHz，当打印模式（水平×垂直）为 200 dpi×216 dpi 时，可打印出既布满排列又平坦的陶瓷层面。

2）陶瓷墨水的制备

陶瓷喷墨打印成型的成功与否主要取决于陶瓷墨水的性能。墨水性能要与打印机最佳打印输出相匹配。由于陶瓷粉料密度较大，纳米级陶瓷粉又容易形成团聚体，因而陶瓷墨水一般由陶瓷微粉、分散剂、结合剂、溶剂及气体辅料构成。陶瓷微粉的粒度要小于 1 μm，颗粒尺寸分布要窄，颗粒之间不能有强团聚。分散剂帮助陶瓷微粉均匀地分布在溶剂中，并保证在喷打之前微粒不发生团聚。分散性差的墨水因陶瓷微粒在墨滴中分散不均匀而阻塞了打印机的喷嘴。因此，分散剂的合理选择及用量是十分关键的。溶剂挥发后，结合剂用于保障打印出的陶瓷坯体具有足够的结合强度，便于坯体的转移操作。溶剂是把陶瓷微粒从打印机输送到基板上的载体，同时又控制着干燥时间，它要有足够大的挥发性，以保证快速干燥，为多层沉积提供条件。同时，溶剂应该具有低黏度并且与其他成分之间有相容性。用于连续喷射打印的陶瓷墨水中还需要加入少量导电盐，以使墨水达到足够的电导率，保证形成的墨滴能够带电，在偏转电场作用下能够改变路径，打印到计算机指定的位置。目前墨水制备方法有两种：一种是把陶瓷微粉与溶剂、分散剂等成分混合，采用球磨和超声波处理，打开陶瓷微粉的初始团聚；另一种是用溶胶-凝胶法制备墨水。针对不同的打印机，陶瓷墨水的制备也各有特点。

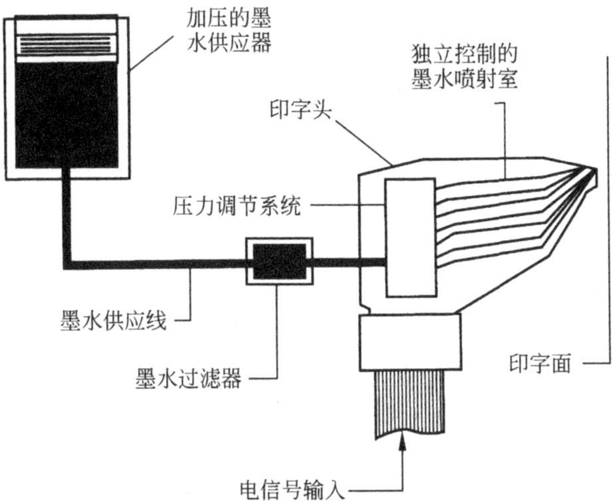

图 5.58 需求喷射打印机原理

表 5.7 是连续式喷墨打印陶瓷墨水的性能要求。对于陶瓷墨水，不仅要满足表 5.7 中列出的性能要求，同时还要考虑喷出并沉积在基板上之后发生的液态蒸发和陶瓷微粉堆积过程。随着溶剂的蒸发，陶瓷颗粒要在短时间内以最有效的堆积结构排列，不要形成松散的搭桥絮聚，因为只有堆积密度大的坯体在烧结后才能有高的密度。

一种连续式喷墨打印陶瓷墨水的成分为 28.54%ZrO_2，1.43%ATSURF（表面活性剂)，70.03%乙醇。其性能为电导率 298 mS/m，黏度 1.64 mPa•s。该墨水经 24 h 静置去除沉淀物后，可打出清晰的文字，但此时 ZrO_2 含量较低。

表 5.7　连续式喷墨打印陶瓷墨水的性能要求

项目	指标	项目	指标
电导率 /（mS/m）	>100	表面张力 /（mN/m）	25～70
黏度/（mPa•s）	1～10	最大颗粒尺寸/μm	<1

2）需求喷射打印用陶瓷墨水

需求喷射打印用陶瓷墨水没有导电要求，所用墨水的组分少，墨水流变学性质更容易控制。典型的 ZrO_2 墨水、Al_2O_3 墨水和碳墨水的成分见表 5.8，3 种墨水的性能及与 IBM 墨水的对比见表 5.9。

表 5.8　需求喷射打印陶瓷墨水组成

组成	体积分数 /%					
	ZrO_2墨水		碳墨水		Al_2O_3墨水	
	稀释前	稀释后	稀释前	稀释后	稀释前	稀释后
ZrO_2	0.50	0.025	—	—	—	—
C	—	—	0.50	0.025	—	—
Al_2O_3	—	—	—	—	0.50	0.025
EFKA401	0.088	0.0044	—	—	0.02	0.001
EFKA453	—	—	0.126	0.0063	—	—
树脂	0.412	0.0206	0.374	0.0187	0.48	0.024
乙醇	—	0.095	—	0.095	—	0.095
异丙醇	—	0.855	—	0.855	—	0.855

表 5.9　常温下几种陶瓷墨水的黏度 η 和表面张力 γ

墨水	η/（mPa•s）	γ/（mN/m）	墨水	η/（mPa•s）	γ/（mN/m）
ZrO_2墨水	6.2	22	碳墨水	4.5	22
Al_2O_3墨水	4.9	22	IBM墨水	4.8	38

3）喷墨打印成型存在的问题

陶瓷喷墨打印成型技术从出现到目前为止已取得很大的进步，但是距实用阶段还有较大的距离。要想解决存在的问题，要从打印机设备和陶瓷墨水性能两方面考虑，主要有以下几项：

（1）调整或改进打印机工作参数，使之更适应陶瓷墨水的流变特性；

（2）制备高精度 *X-Y-Z* 空间控制仪，使 *X-Y* 方向运动速度与墨滴沉积速度相匹配，在 *Z* 方向上连续自动调整喷嘴与坯体间的距离；

（3）增加陶瓷微粉在墨水中稳定存在的体积分数，以提高陶瓷成型的效率；

（4）增加溶剂的挥发性，合理控制干燥过程。

4. 分层实体成型

分层实体成型（laminated object manufacturing，LOM）是指以背面涂有热熔胶的薄膜材料为原料，用激光将薄膜依次切成零件各层形状并叠加起来成为实体件的成型方法。其工艺过程如下：用双面胶带等材料在工作台上制作一个稍大于零件尺寸的底座，送纸机构在计算机控制下定时地向工作台输送一定尺寸的新纸；带有恒温控制装置的热压辊对工作台上方的纸进行前后滚压一次，使其粘接在工作台上面的底座上，由步进电机驱动的 *X-Y* 定位仪根据计算机输出的截面数据引导激光光路，在粘接于工作台的纤维纸上切出切面轮廓并将余料切成碎块；执行机构在计算机控制下按层制作，逐层叠加，直至做出整个三维实体制件或模型。分层实体成型工艺原理如图 5.59 所示。

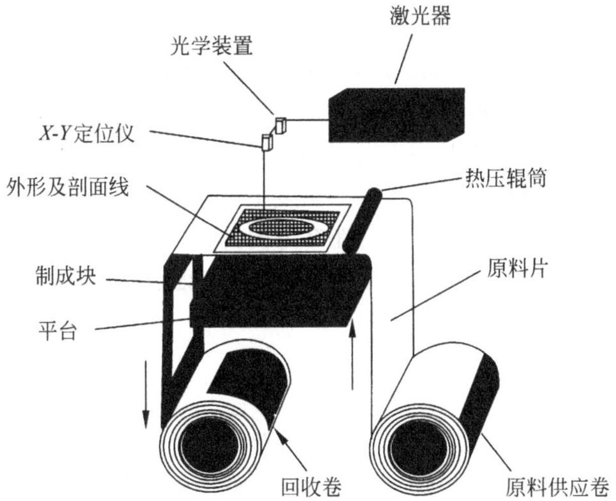

图 5.59 分层实体成型工艺原理

分层实体成型最初使用的材料是纸，做出的零件相当于木模，可用于产品设计和铸造行业。陶瓷零件的分层实体成型采用的原料为陶瓷膜，它是用流延的方法制备的。采用分层实体成型制备的陶瓷件已有 Al_2O_3 件、AlN 件、Si_3N_4 件、SiC 件、ZrO_2 件等。

用分层实体成型做出的实体件为陶瓷生坯，它是由陶瓷膜粘在一起制成的，强度很低，不能实际使用，还需进行后处理。后处理包括两个步骤：黏结剂的去除和烧结处理。

黏结剂的去除温度要根据陶瓷膜中高分子材料的热解温度而定。为防止生坯层间的变形和开裂，需将陶瓷生坯埋在粉末里，并施加一定的压力。粉末不仅对陶瓷生坯起到支撑作用，而且还使压力分布均匀。

在流延法制备的陶瓷膜中，陶瓷粉所占的体积分数为55%～60%，去除黏结剂后的陶瓷生坯变成多孔状，采用普通的烧结方法将使零件产生较大的收缩。为此，可采用反应烧结的方法来减少收缩，如用 SiC 粉和 C 粉的流延膜制备出陶瓷生坯，去除黏结剂后，在真空炉中将液态硅注入多孔生坯，使液态硅与生坯中的 C 反应生成 SiC，从而减少陶瓷件的收缩；再如，将含有 Si 和 N 的浆料注入到 Si_3N_4 多孔生坯中，制备出的 Si_3N_4 陶瓷件的收缩量明显减少。

与其他无模成型方法相比，分层实体成型具有成型精度高、速度快、成型过程中不需要附加的零件支撑机构的优点。此外，分层实体成型采用的激光器是普通的低功率（50 W 以下）CO_2 激光器，价格低，寿命长。但分层实体成型不适合制备不封闭的薄壁零件及细长杆件。

5. 熔融沉积成型

采用熔融沉积成型（fused deposition modeling，FDM）工艺制备陶瓷件称为 FDC（fused deposition of ceramics）工艺。

熔融沉积成型的工艺原理是通过计算机控制，将由高分子或石蜡制成的细丝送入熔化器，在稍高于其熔点的温度下熔化，再从喷嘴挤至成型平面上。通过控制喷嘴在 *X-Y* 方向和工作台在 *Z* 方向的移动可以实现三维零件的成型，如图 5.60 所示。FDM 使用的原料有聚丙烯、ABS、铸造石蜡等。

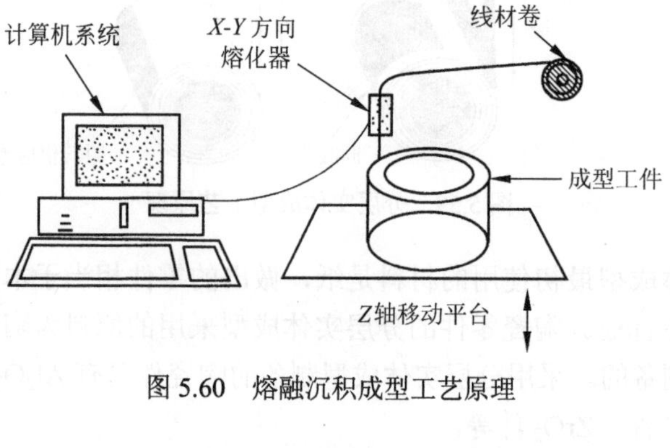

图 5.60 熔融沉积成型工艺原理

采用熔融沉积成型制备陶瓷件时，所用细丝是由陶瓷粉和黏结剂混合物构成的。先用 FDM 设备做出陶瓷生坯，再通过黏结剂的去除和陶瓷生坯的烧结得到较高致密度的陶瓷件。适用于 FDC 工艺的丝状材料必须具备一定的热性能和力学性能，黏度、黏结性能、弹性模量、强度是衡量丝状材料的 4 个要素。

6. 立体光刻成型

立体光刻（stereo lithography，SL）成型是最早的一种快速成型技术，它以能在紫外光下固化的液相树脂为原料，通过紫外光逐层固化液相树脂制出整个零件。立体光刻成型的工艺过程如下：液槽内盛满液态光敏树脂，工作台平面位于液态树脂表面下一个凝固层的位置，计算机根据截面的轮廓线控制激光束扫描光敏树脂，光敏树脂很快固化形成一层轮廓，第 1 层的扫描完成之后，工作台下降一个凝固层的厚度，一层新的液态树脂又覆盖在已扫描的层表面，激光束进行第 2 层扫描并固化，新固化的一层黏结在前一层上，如此重复，直至成型完毕，即形成快速成型原型，如图 5.61 所示。构型干燥全部完成后从工作台上取下实体，用溶剂洗去未凝固的树脂，然后用紫外线进行整体照射，以保证所有的树脂凝固彻底。

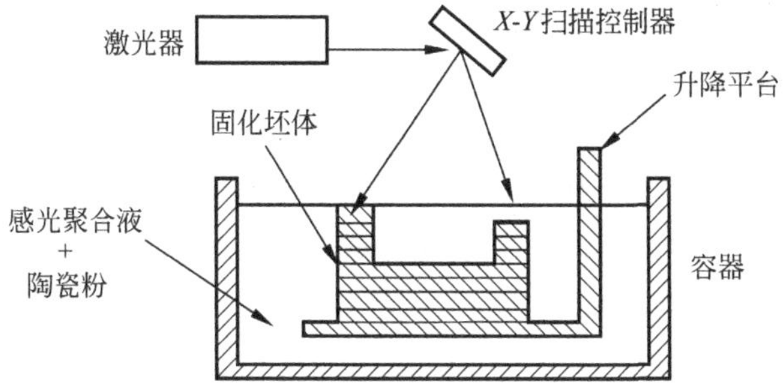

图 5.61 立体光刻成型工艺原理

立体光刻成型最初主要应用于高分子的成型，将其用于陶瓷成型的研究则起步不久，目前主要有两种成型方法：直接法和间接法。

1）直接法

以在紫外线下固化的液相树脂为黏结剂，调制出含有 50%（体积分数）液相树脂的悬浮液，将此悬浮液用到立体光刻成型装置上，制出陶瓷生坯，经黏结剂去除及烧结等后处理过程，得到最终的陶瓷件。在该工艺中，紫外光能固化的厚度一般为 200～300 μm，它与陶瓷粉的体积分数及陶瓷粉与树脂难熔指数差值的平方成反比，因此只有与树脂难熔指数差值较小的陶瓷材料才适用于直接法立体光刻成型。目前，已用该方法制备出 Al_2O_3，Si_3N_4 的结构陶瓷件及羟基磷灰石的生物陶瓷件。

2）间接法

间接法是先用立体光刻成型做出模型，而后浇入陶瓷浆料制得陶瓷坯体，进而制得陶瓷件。该方法可用于与树脂难熔指数差值较大的陶瓷材料，如压电陶瓷 PZT 的制备。

立体光刻成型技术具有历史最长、技术成熟、成型制品表面光滑的优点，但存在树脂从液态变成固态的情况，不可避免地会导致制品收缩变形，从而影响尺寸精度。

5.5 坯体干燥

5.5.1 干燥的作用与过程

1．干燥的作用

用于塑法成型的泥料，含水率一般在 15%～27%，呈可塑性状态；而用于注浆成型的泥浆，含水率一般在 30%～35%，呈流动状态；即使是干压成型或半干压成型的坯体，其含水率也常为 0.1%～8%。坯体含水量高，强度就低，且容易变形。这既不利于坯体的搬运，更不能直接进行烧成。因此，在搬运和烧成之前，高含水率的坯体必须首先进行干燥，以便将坯体中所含的大部分机械结合水（自由水）排出，同时赋予干燥坯体一定的强度，使坯体能够适应运输等加工程序的要求，并避免烧成时由于水分大量汽化而带来的能量损失和制品缺陷。

2．干燥过程

陶瓷坯体中的水有 3 类：化学结晶水、大气吸附水和自由水。坯体干燥过程主要是为了去除其中的自由水。

假设在干燥过程中坯体不发生任何化学变化，干燥介质恒温恒湿，则干燥过程大体包含了 4 个阶段，如图 5.62 所示。

1）升速干燥阶段（$O \to A$）

这一阶段也称为加热阶段。此阶段的特征是坯体表面被加热升温，水分不断蒸发，当坯体表面温度达到干燥介质的湿球温度 T_A 时，坯体吸收的热量与蒸发水分所消耗的热量达到动态平衡，此阶段结束后进入等速干燥阶段。由于升温时间相对较短，所以，此阶段排出的水分不多。

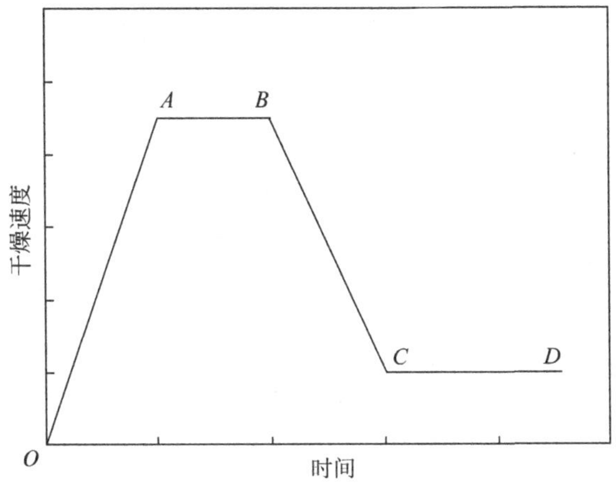

图 5.62　干燥过程时间-干燥速度曲线示意图

2）等速干燥阶段（$A \to B$）

该阶段的特征是干燥介质的条件（温度、速度、流量等）恒定不变，水分由坯体内部迁移到表面的内迁移速度与表面水分蒸发扩散到周围介质中的外扩散速度相等。水分不断地由内部向表面移动，表面维持湿润状态，水分汽化仅在表面进行，自由水不断地蒸发排出。

因为干燥介质条件不变，坯体表面温度也保持不变，因此，此阶段的干燥速率和传热速率也保持不变，其干燥速率主要取决于干燥介质的条件。

3）降速干燥阶段（$B \to C$）

在干燥过程中，当坯体中的大部分自由水排出时，干燥速度即开始降低。从等速阶段进入降速阶段时的含水率（一般取平均值）称为临界含水率。临界含水率在图 5.62 中表示为 B 点，B 点也称为临界点。在坯体干燥中，临界含水率具有重要的意义。到达临界含水率以后，坯体的干燥主要是排出其毛细管中的水分和含水矿物中的物理吸附水，坯体略有收缩，所以此阶段坯体内基本上不会再产生干燥收缩应力，干燥过程进入安全状态。

临界含水率因坯体的性质不同而异。同一种材料，坯体的成型水分越大，坯体物料越厚，临界含水率越高；而干燥空气温度越高，临界含水率越低。

降速干燥阶段又可再细分成两个小阶段，在第 1 个小阶段中，坯体内毛细管中水分蒸发，而且蒸发面积不断地减小，坯体表面开始出现已干斑点；在第 2 个小阶段中，坯体的所有毛细管内已经没有水，此时蒸发移到坯体内部进行，坯体水分与周围干燥介质之间逐渐进入动态平衡。

4）平衡阶段（$C \to D$）

当坯体干燥到表面水分达到平衡水分时，表面干燥速度等于 0，坯体的水分蒸发与水分吸附达到平衡。平衡水分的多少取决于坯体的性质及干燥介质的性质和状态，此时坯体中的含水率称为干燥最终水分。坯体的干燥最终水分不应低于储存时的平衡水分，否则，干燥后的坯体将再吸收水分。

5.5.2 干燥收缩及影响因素

1．干燥收缩

在干燥过程中，随着自由水分的排出，颗粒表面的水膜不断变薄，颗粒逐渐相互靠近，坯体发生收缩，其收缩量大约等于排出的自由水的体积。当水膜减薄至一定程度时，坯体颗粒则相互接触，水分内扩散阻力增大，干燥速度及收缩速度发生急剧变化，收缩基本停止，进入降速干燥阶段。继续干燥，则将排出各颗粒间的孔隙水，发生微小收缩，直至坯体水分与干燥介质水分达到平衡。

在整个坯体收缩过程中，因坯料的颗粒具有一定的取向性，导致干燥收缩的各向异性。这种各向异性又导致了坯体内、外层及各部分收缩率的差异，从而产生了内应力。当内应力大于坯体的屈服强度时，坯体发生变形；当内应力大于坯体破断强度（抗拉强度、剪切强度等）时，会导致坯体开裂。

2．影响因素

影响坯体干燥收缩和内应力的因素主要有以下几个方面。

（1）坯体材料

坯体材料的可塑性越好，颗粒越细，则所吸附的水膜越厚，干燥时的收缩和内应力就越大。反之，若坯体材料的颗粒太粗，分布不均匀，则会导致各部分收缩不一致，从而产生较大的内应力。

坯体材料的阳离子对坯体的干燥收缩有很大的影响，见表 5.10。当在坯体中加入 Na^+作为稀释剂时，可促进原料颗粒的平行排列，所以，含有 Na^+的矿物比含有 Ca^{2+}的矿物的径向收缩率大。

表 5.10　矿物中所含阳离子对干燥性能的影响

阳离子种类	干燥收缩率 /%	
	长度方向	直径方向
Na^+	4.8	10.0
Ca^{2+}	6.5	8.5
Ba^{2+}	5.9	7.6
La^{3+}	6.6	7.4
H_3O^+	7.4	8.9

（2）坯体的含水率

坯体含水率越高，则干燥后排出水分越多，干燥收缩越大，越容易产生内应力而导致变形和开裂。

（3）坯体的成型方法

采用塑法成型和注浆成型的坯体，由于含有的水分多，故干燥收缩量大，同时，由于颗粒存在定向排列问题，容易引起变形和开裂。而采用干压、半干压、等静压等成型的坯体，由于粉料含水率低，干燥收缩小，则不容易变形和开裂。

（4）坯体的形状

坯体的形状越复杂，各部分厚薄差别越大，则干燥越不均匀，越容易产生内应力和应力集中，从而越容易产生变形和开裂。

5.5.3 干燥方法

对于陶瓷坯体的干燥，古老的方法是采用自然干燥，即借助大气的温度和空气的自然流动来排除水分。后来，发展了人工热空气干燥。最初的热空气干燥方法是室式干燥，之后，又发展了隧道式干燥、热泵干燥等新型热空气干燥方法。近来，又发展了许多新型干燥方法，如电热干燥、辐射干燥等。

1．热空气干燥

热空气干燥是指根据对流传热原理，以热空气为干燥介质，使坯体的水分蒸发而干燥的方法。这种干燥方法设备简单、热源容易获得、温度和流速易于控制调节，若采用高速定位热空气喷射，还可以进行快速干燥。

一般热空气干燥的干燥介质流速小，通常小于 1 m/s。因此，对流传热阻力大、传热较慢，影响了干燥速度。而快速对流干燥可使热空气流速达到 10～30 m/s，可以大大提高干燥速度。

根据所用设备的不同，坯体的热空气干燥可分为室式干燥、隧道式干燥、热泵干燥等。

1）室式干燥

室式干燥是将湿坯体放在设有坯架和加热设备的干燥室内进行干燥的方法，如图 5.63 所示。

室式干燥的特点是干燥缓和，间歇式操作，对于不同类型的坯体可以采用不同的干燥制度，工艺制度比较灵活，设备简单，造价低；但热效率低，干燥周期较长，干燥效果不易控制，人工运输的破损率较高。

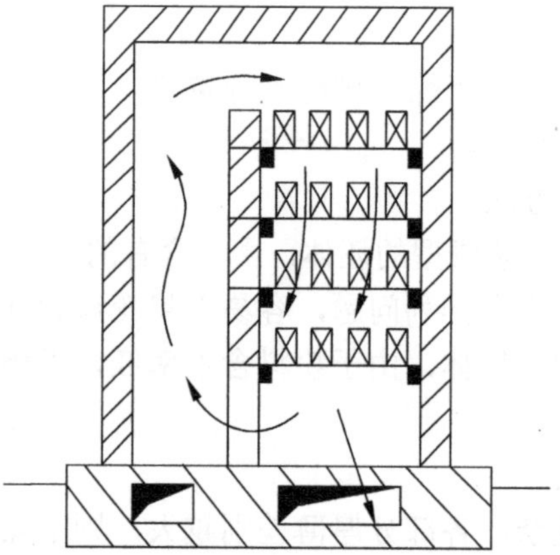

图 5.63 室式干燥

2）隧道式干燥

隧道式干燥是坯体在隧道窑内进行干燥的方法，如图 5.64 所示。

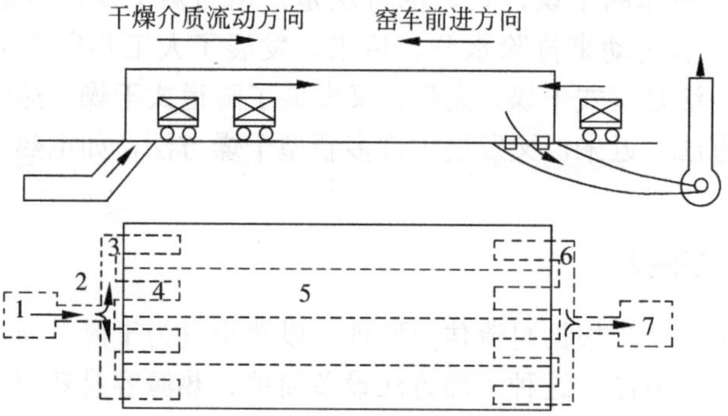

图 5.64 隧道式干燥

1—鼓风机；2—总进热气道；3—连通进热气道；4—支进热气道；
5—干燥隧道；6—废气排出道；7—排风机

隧道式干燥一般采用逆流干燥方式，逆流干燥中热空气流动方向与坯体的前进方向相反。在干燥过程中，湿坯一进入隧道窑便与低温高湿热空气接触，坯体受热比较均匀，坯体在隧道窑中前进时，遇到的热空气的温度越来越高，湿度逐渐下降，可保证干燥的循序进行，避免了开裂，直到坯体最终被干燥为止。因此，当坯体通过窑尾部时，坯体含水率较低，而气流高温低湿，故干燥速度很快。

由此可见，隧道式干燥基本上适应了干燥过程 4 个阶段的标准要求，比较合理，而且由于湿坯可采用窑车或链板式网带连续工作，热量利用率高，生产效率高，便于调节控制，干燥效果稳定。但这种方法占地面积较大，热量有损失。

3）热泵干燥

热泵干燥如图 5.65 所示，其原理和过程如下：干燥室内的热气体在通过坯体表面后，吸收坯体表面上的一些水分，然后风机将这些湿暖空气送到脱水器中；在脱水器内，制冷系统将这些湿温热空气的温度很快降至其露点以下，析出冷凝水，冷凝水经脱水器的底部排出；然后，析出冷凝水的空气通过设备的电子部件时，与电子部件进行热交换，一方面冷却了电子部件，另一方面又吸收了电子部件的热量而加热了空气本身；接着，这些被加热了的空气通过一个恒温控制器进入干燥室（恒温控制器的作用是在需要改变干燥室内温度或干燥室保温性能欠佳的情况下，保证该系统正常工作），对坯体进行第 2 次干燥，这样，循环不断，直至将坯体干燥到所需程度为止。

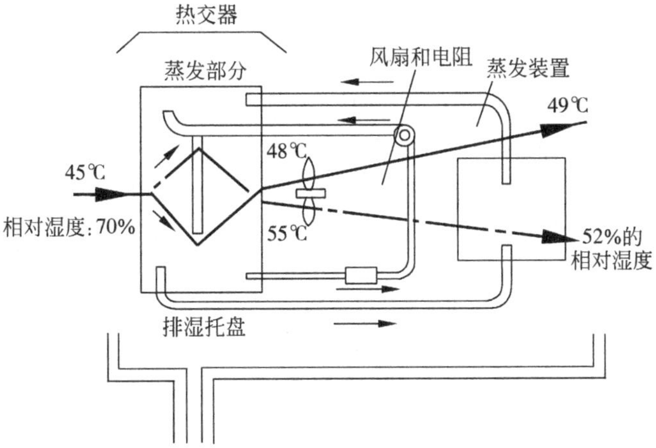

图 5.65　热泵干燥原理

热泵干燥与传统热空气干燥相比，其不同点是：

（1）热泵干燥中，坯体内的水分是通过介质带入冷凝器进行脱水处理的，传统热空气干燥则是排放到大气中。

（2）热泵干燥可以重复利用空气中的热能干燥坯体，只需要提供少量的热能补充，同时，它还可以利用仪器本身所产生的热能。

（3）热泵系统是一个完全封闭的系统，其干燥介质可以连续循环使用，不必如传统热空气干燥那样要不断地向干燥室提供大量新鲜干燥空气。

由此可见，采用热泵干燥一方面可以节约能源，使能量充分利用，热效率相当高；另一方面，热泵干燥系统的外形和容积没有任何限制，比较灵活。

2．工频电干燥

所谓工频电干燥，是指在坯体上施加工频（50 Hz）电压，让电流通过坯体，这样坯体就相当于串联在电路中的电阻，依靠电流通过坯体电阻所产生的焦耳热将坯体加热干燥的方法。

工频电干燥方法实质上是一种内热式干燥方法，可加快水分内扩散的速度，从而加快坯体的干燥。而且，由于坯体中含水率高的部位电阻较小，通过电流较多，干燥较快，而含水率低的部位电阻较大，通过的电流小，干燥较慢，所以将含水率不均匀的坯体进行工频电干燥时，可以通过这种自动平衡作用使坯体含水率在干燥过程中逐步均匀化。

工频电干燥时，由于是对坯体端面间整个厚度同时加热，且热扩散与湿扩散方向一致，所以干燥速度比较快，适合含水率较高的大型厚壁坯体的干燥。

在实际工频电干燥时，通常是以 0.02 mm 厚的锡箔、40～80 目的铜丝布或直径小于 2.5 mm 的铜丝为电极，也可采用石墨泥浆将铝电极贴敷在湿坯端面上作电极。石墨泥浆的组成为 15%～20%石墨，2%～5%鱼胶，65%～70%黏土，14%～17%水。干燥过程中，由于坯体水分不断减少，坯体的导电性逐渐下降，电阻逐渐增加，使通过的电流减少，放出的热量减少。因此，必须随干燥过程的进行而逐渐增加电压，以增加电流。在干燥初期，电压一般为 30～40 V 即可，而到干燥后期，必须增至 220 V 甚至更高，有时为 500 V。这种方法可用微机进行程序控制，操作方便，干燥时间可明显缩短，但在干燥后期，电能消耗太大。

3．直流电干燥

直流电干燥是将湿坯放在直流电场中，使其在电场力的作用下，按特定的方向析出水分，这样就可改善坯体内水分的分布情况，产生较好的干燥效果。

直流电干燥与电流的热效应关系不大，因为湿坯内加上直流电场后，水分立即从负极析出，并被排出坯体。这种分散相或分散介质在外加电场作用下发生移动的现象称为电动效应。直流电干燥主要是利用电动效应干燥坯体，而不是热效应，这是直流电干燥和工频电热干燥的本质区别。

直流电干燥中产生电动效应的机理是由于坯体中存在溶解于水的正离子，如 K^+，Na^+，Ca^{2+}，H_3O^+等，在外电场的作用下，这些正离子带动水分子向负极移动，从而使水分析出。

与加热干燥相比，直流电干燥的优点是：

（1）湿坯在加热干燥中由于水分分布不均匀会产生内应力，而直流电干燥中水分以液体形式排出，坯体内水分分布均匀，因此，内应力很小。

（2）对于形状复杂的制品，加热干燥时往往变形开裂，而采用直流电干燥就不会出现这种现象。

（3）直流电干燥速度快，时间短。

需要说明的是，利用直流电电动效应干燥只能除去大部分水分，而不能将坯体完全干燥。因此，它往往需要和其他干燥方法联合进行。

4．辐射干燥

辐射干燥是指辐射装置直接将电磁波辐射到坯体上并转化为热能，将坯体水分排出的干燥方法。此方法不需要任何干燥介质，能量的损失也最小。

根据电磁波的波长，常将辐射干燥分为高频干燥、微波干燥和红外干燥等几种方式。高频、微波和红外所对应的波长和频率如图 5.66 所示。

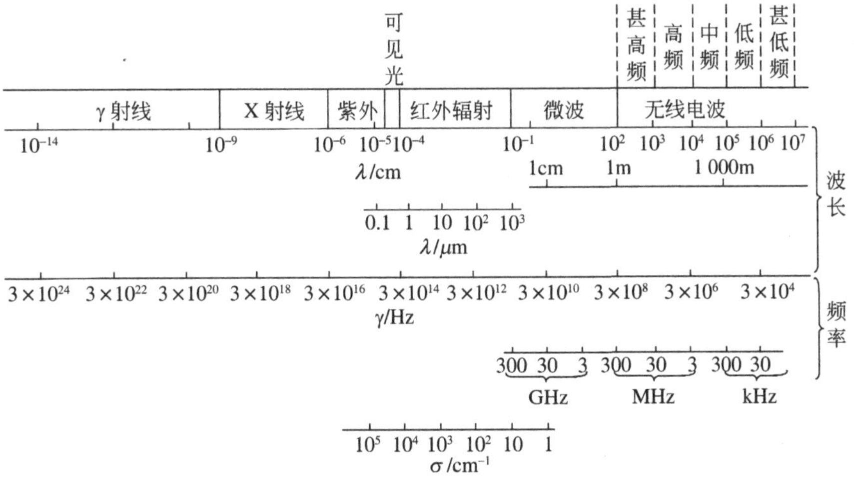

图 5.66　电磁波谱

1）高频干燥

高频干燥是指采用高频电场或相应频率的电磁波（10^7 Hz）辐射于坯体上，使坯体内的分子、电子及离子产生弛张式极化并转化为热能进行干燥的方法。

采用高频干燥时，坯体内含水越多，电阻就越小，介电消耗就会越大，产生的热量就越多，干燥越快。同时，电磁波频率越高，其辐射能也越大，干燥速度也越快；并且坯体内外是同时加热的，因此，同时扩大了内扩散和外扩散速度。再者，由于坯体表面水分蒸发，使其湿度低于内部，导致湿扩散和热扩散方向一致，从而加快了干燥速度。

高频干燥虽然干燥速度很快，但是由于坯体内湿度梯度小，也不会产生变形和开裂，故而适用于形状复杂而壁厚的制品。但该方法耗电量大，特别是在干燥后期，由于水分下降，电阻变大，要继续排出水分则需要极大的能量，故在干燥后期不宜采用此方法，最好与其他方法联合使用。

2）微波干燥

微波是介于红外线和无线电波之间的一种电磁波，波长在 1～1000 mm，频率为 300 GHz～300 MHz。微波干燥是通过微波与物质相互作用、吸收、产生热效应而进行干燥的方法。微波的特点是对于良导体能产生全反射而极少被吸收。所以，良导体一般不能用微波直接加热；而对于不导电的介质，微波只在其表面进行部分反射，其余部分透热。因此，湿的陶瓷坯体可以用微波进行加热干燥。

微波加热的另一显著特点是加热具有选择性，即微波产生的热量与被干燥物质有关。潮湿陶瓷会大量吸收微波而发热，而一旦水分下降，升温速度会自动下降，出现自动平衡。这种自动平衡作用使坯体加热更加均匀。对于石膏模，由于是多孔结构，其介电常数和介电损耗都比较小，所以微波干燥时，石膏模型受热不大，不会影响其寿命。

在实际中，利用微波易被金属反射的特性，可采用金属板防护屏避免微波对人体的伤害和对周围电子设备的干扰。图 5.67 为微波干燥器的结构示意图。

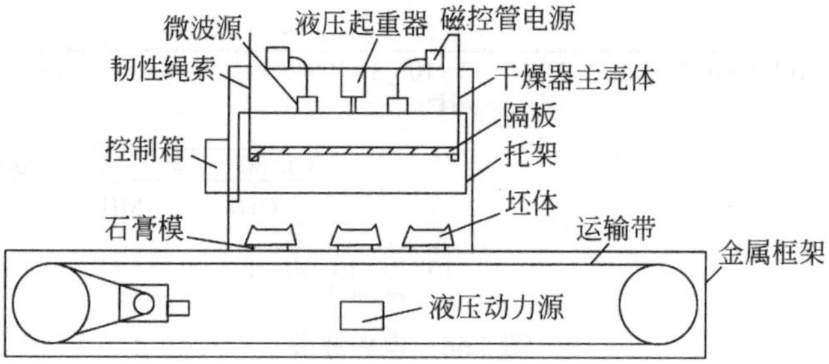

图 5.67 微波干燥器的结构示意图

3）红外干燥

红外线是一种介于可见光和微波之间的电磁波，波长范围为 0.75～1000 μm。按波长大小，一般又将红外线分为近红外线和远红外线两种，近红外线的波长范围为 0.75～2.5 μm，远红外线的波长范围为 2.5～1000 μm。

陶瓷湿坯能够吸收红外线并将其转换为热量，因此，能够利用红外线对坯体进行干燥。

物质分子吸收红外线的程度与该分子中各原子振动产生的偶极矩变化的平方成正比。非极性分子，如 O_2，H_2，N_2 等，由于它们的两个原子只产生对称性的伸缩振动，分子的偶极矩为 0，故对红外线不敏感，即不吸收红外线。而极性分子，如 H_2O，CO_2 等，在红外线的作用下，分子的键长和键角振动，偶极矩反复变化，因此，水分子是红外线敏感物质。当入射红外线的频率与含水物质的固有振动频率一致时，就会大量吸收红外线，使物体的温度上升，水分蒸发，进行干燥。

红外线干燥仅仅对红外线敏感物质强烈吸收的波长区域有效。图 5.68 所示为水的红外线吸收光谱图，可以看出，水分子在远红外区域有很宽的吸收带，而在近红外区域的吸收带较窄。因此，远红外干燥效率要比近红外干燥高，效果要好。

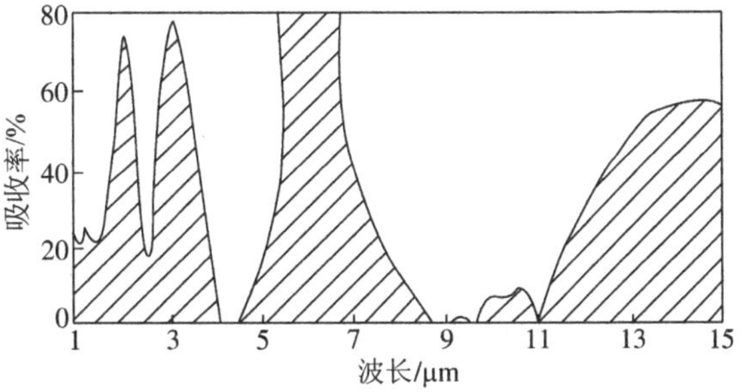

图 5.68　水分子的红外吸收光谱图

远红外辐射器主要由 3 部分组成，即基体、基体表面能辐射红外线的涂层、热源。辐射过程大体是热源产生的热量通过基体传到涂层上，涂层吸收热量后便从表面辐射出远红外线。热源一般是电阻丝，基体一般是金属或陶瓷，涂层一般采用辐射率大的某些金属氧化物、氮化物、硼化物等。常用的红外线辐射涂层材料有全波涂料、长波涂料和短波涂料 3 种。

全波涂料主要指以 SiC，γ-Fe_2O_3，α-Fe_2O_3 等为主体、配合其他材料制成的涂料，或以铁、锰、稀土酸钙做成的稀土复合涂料，它们在远红外实用区域（2.5～15 μm）全波段内的辐射率都较高，故称为全波涂料。

长波涂料可分为锆钛系和锆英石系两种，前者以 ZrO_2，TiO_2 按一定比例配成，后者则是在锆英石中掺入 Fe_2O_3，Cr_2O_3，MnO_2 等金属氧化物。它们在 6 μm 以外波长部分的辐射率较高，故称为长波涂料。

短波涂料是富含 SiO_2（30%～80%）或半导体氧化钛 $TiO_{1.9}$（80%左右）及沸石分子筛系的材料，它们在 3.5 μm 以内有很高的辐射率，故称为短波涂料。

远红外干燥的辐射强度随辐射体温度的上升而迅速提高，见表 5.11。可以看出，当辐射体的温度从 100℃升到 300℃时，辐射强度提高了约 10 倍。实践证明，当辐射体的温度在 400～500℃时，辐射效果最好。这时，若将坯体带模一起干燥，要注意控制辐射器与坯体的距离和辐射时间，以免影响干燥效果。

远红外干燥有以下特点：

（1）干燥速度快，生产效率高。采用远红外干燥时，辐射与干燥几乎同时开始，无明显的预热阶段，因此，干燥速度很快，效率很高。资料表明，用远红外干燥生坯的时间比用近红外干燥可缩短 1/2，是热风干燥的 1/10。

（2）节约能源。由于远红外干燥速度快、效率高，虽然单位时间能耗较大，但单位坯体所需能耗仍然较小，如远红外干燥的能耗仅为近红外干燥的 1/2 左右，为蒸汽干燥的 1/3。

（3）设备小巧，造价低，占地面积小，费用低。

（4）干燥效果好。采用远红外干燥，热传导和湿传导方向一致，坯体受热均匀，不易产生干燥缺陷。

表 5.11　不同温度下辐射体的远红外辐射强度

温度/℃	辐射强度/[W /（m^2•h）]
100	390.7
200	160.1
300	3907.8
700	28 400.0

5. 联合干燥

在实际生产过程中，常采用联合干燥方式，即根据坯体不同干燥阶段的特点，将几种干燥方法联合起来使用。常用的联合干燥有两类。

（1）辐射干燥和热空气干燥联合

目前，各国普遍采用红外线-热风干燥。坯体在开始干燥时的热量由红外线供给，保证坯体热扩散和湿扩散方向一致；红外线照射加热一段时间后，内扩散被加快，接着喷吹热风，使外扩散加快，如此反复进行，水分可迅速排出。

图 5.69 所示为英国卡斯帕特公司研制的 Drimax 带式快速干燥器，生坯用带式传送，红外与热风交替干燥，器皿类生坯干燥仅需 10 min，可与生产率为 14 件/min 的自动生产成型机配套使用，仅需 70～80 套石膏模型，提高了模型使用寿命，设备紧凑，便于自动化操作。

（2）电热干燥与红外干燥、热风干燥联合

干燥含水率高的大型复杂坯体，如注浆坯，可以先用电热干燥除去大部分水分，然后再采用红外干燥、热风干燥交替进行，以除去剩余水分，可以大大缩短干燥时间，同时节约能源。

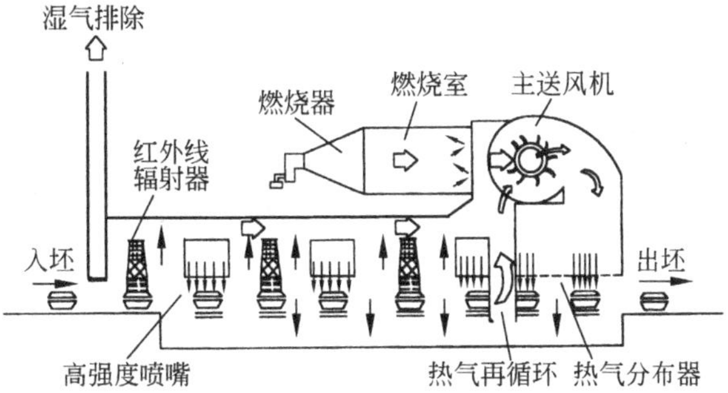

图 5.69　英国 Drimax 带式快速干燥器

思考题

1．精细陶瓷的成型方法有哪几大类？每类中又分哪些方法？
2．干法成型中易出现的缺陷是什么？产生的原因是什么？
3．干法成型中的添加剂有哪些？主要作用是什么？
4．等静压成型有哪几种类型？等静压成型工艺的优缺点是什么？
5．滚压成型对滚头和泥料有哪些要求？常见废品产生的原因是什么？
6．挤出成型的过程是怎样的？挤出成型的优缺点有哪些？
7．注浆成型的基本工艺流程是什么？
8．浇注成型过程中影响浆料流动性和稳定性的因素有哪些？
9．什么是热压铸？热压铸的浆料怎样制备？
10．流延成型原料应怎样选择？浆料怎样制备？
11．若要生产厚度为 0.9 mm 的氧化铝基片，采用 3 种成型方法去生产，可采用哪 3 种方法？试比较它们的优缺点。
12．什么是注射成型？注射成型和热压铸成型有什么不同？
13．什么是凝胶注模成型？有什么特点？
14．什么是直接凝固成型？有什么特点？
15．什么是无模快速成型？无模快速成型有哪些类型？各自的现状与发展前景如何？
16．坯体中水以何种形式存在？干燥的目的是什么？
17．坯体干燥过程可分为几个阶段？各阶段发生什么变化？
18．坯体有哪些主要干燥方法？各自的优缺点是什么？

第6章 精细陶瓷的烧结

6.1 陶瓷烧结的基本概念与理论

6.1.1 烧结及相关概念

1. 烧结的定义与作用

1）烧结的定义

陶瓷粉料压实体在高温下发生一系列物理、化学变化，最后形成完全致密、坚硬的烧结体的过程称为烧结。其现象如图 6.1 所示，随着烧结温度的升高和保温时间的延长，固体颗粒通过物质的扩散传递等发生相互键连，空隙和晶界减少，晶粒长大，总体积收缩，密度增加，坯体中晶粒配位形状发生变化使空间填充堆积具有最小的比界面面积，最后成为坚硬的具有某种显微结构的多晶烧结体。表面积及界面面积的减小是烧结过程的驱动力。

2）烧结的作用

烧结的作用主要有：

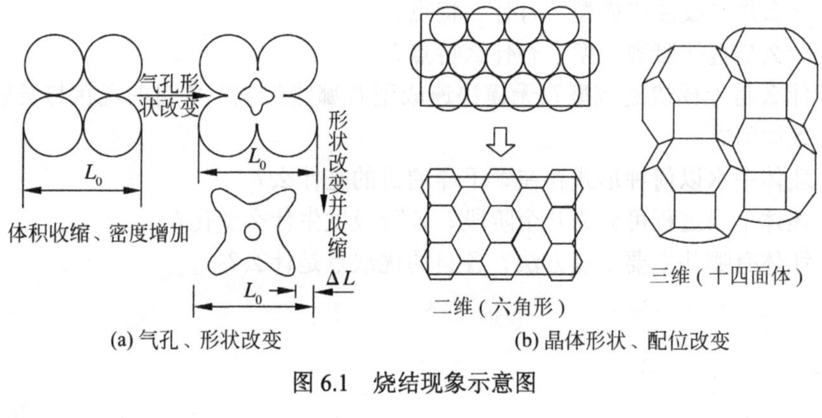

(a) 气孔、形状改变　　(b) 晶体形状、配位改变

图 6.1　烧结现象示意图

（1）去除坯体中的气孔（40%～70%）；
（2）产生收缩，晶粒生长，结合力增强；
（3）最终使空间填充堆积具有最小的比界面面积。

2．烧结与熔融

烧结与熔融的区别在于烧结是在远低于固态物质熔融温度下进行的。泰曼发现烧结温度（T_s）和熔融温度（T_m）之间有如下关系：

$$T_s = (0.3\sim0.4)\,T_m \quad （金属粉末） \tag{6-1}$$

$$T_s \approx 0.57T_m \quad （盐类） \tag{6-2}$$

$$T_s \approx (0.8\sim0.9)\,T_m \quad （陶瓷粉末） \tag{6-3}$$

烧结和熔融这两个过程都是由原子热振动引起的，但熔融时全部组元都转变为液相，而烧结时至少有一个组元处于固态。

3．烧结与烧成

烧结是指粉末经加热而致密化的过程，烧成是指烧结成陶瓷产品的过程。烧成必然是一个烧结过程，而烧结未必完成烧成。可见，两者之间有一些细微的差别，但人们常常并不做区分，而是相互混用。

4．烧结与固相反应

烧结与固相反应均在低于材料熔点或熔融温度之下进行，并且过程的始终都至少有一相是固态。两个过程的不同之处是固相反应至少有两组元参加，如 A 和 B，并发生化学反应，最后生成化合物 AB，即 $A+B=AB$；而烧结可以只有单组元参加，或虽有双组元参加，但两组元不发生化学反应，过程中仅仅是在表面能驱动下由粉体变为致密体。

在实际生产中，往往不可能是纯物质的烧结，如氧化铝烧结时，除了为促使烧结而人为地加入一些添加剂外，往往还多少含有一些杂质。少量添加剂和杂质的存在导致了烧结的第 3 组元，甚至第 4 组元。因此，固态物质烧结时，会同时伴随固相反应的发生或局部出现液相。所以，实际生产中，烧结、固相反应往往是同时穿插进行的。

6.1.2 烧结的几个阶段及组织变化

1．烧结的几个阶段

一般将烧结分为 3 个阶段：初始阶段、中期阶段和末期阶段。

1）初始烧结阶段

烧结开始时，粉体发生平移、旋转运动，晶粒（颗粒）重排，使颗粒接触点（配位数）增多；物质向颗粒间颈部或气孔处扩散填充，颗粒接触点或接触面形成晶体结合，形成接触“颈”，如图 6.2 所示。当配位数平均达到 12.5～14.5 时，初始烧结阶段结束。

这一阶段的特点是整个烧结体不发生收缩，密度增加极微小，但强度明显增加。

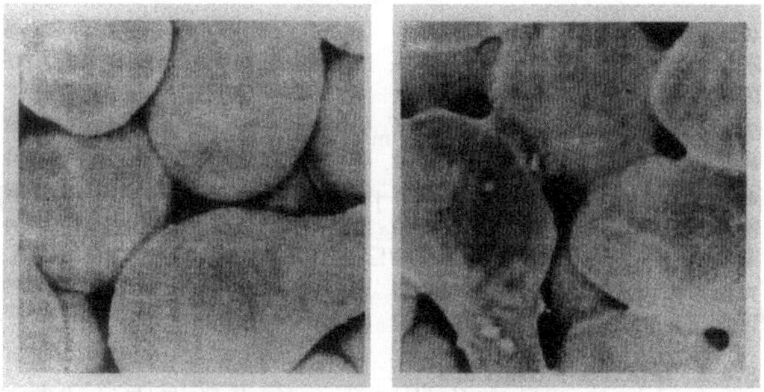

(a) 1240℃，5 min　　(b) 1240℃，1 h

图 6.2　镍球烧结初期形成的接触“颈”

2）烧结中期阶段

在此阶段，颗粒都与最邻近颗粒接触，整体移动停止；通过扩散，烧结颈长大，形成晶界，并逐渐形成晶界网络；进而晶界移动，气孔缩小，形成孤立封闭气孔，分布在晶粒相交的隅角位置。如图 6.3(a)、图 6.3(b)所示。

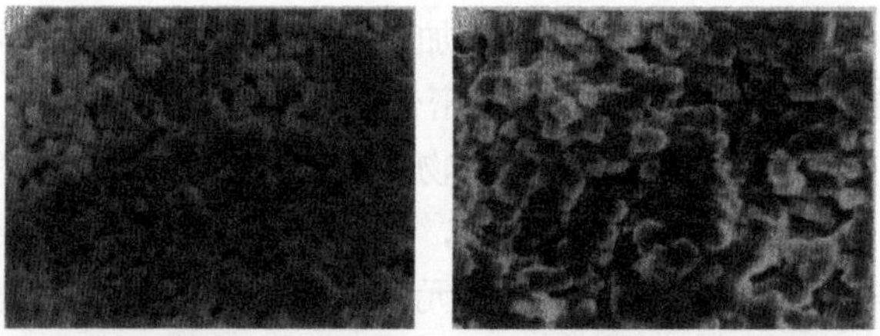

(a) 1050℃，15 min　　(b) 1200℃，15 min

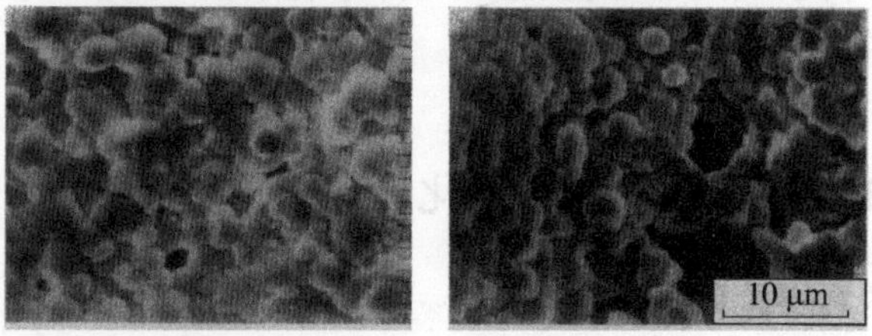

(c) 1285℃，15 min　　(d) 1320℃，15 min

图 6.3　压电陶瓷（型号 QS3）不同烧结阶段的 SEM 照片

3）烧结末期阶段

此阶段中，气孔形状转变为近球形，体积不断缩小；一部分小孔消失和合并，致密度增加；大直径空隙转变为少数残留空隙。如图 6.3(c)、图 6.3(d) 所示。

2．烧结过程的驱动力

粉料颗粒经压制成型后，颗粒之间仅仅是点接触，烧结过程中颗粒可以不通过化学反应而紧密结合成坚硬的物体，这一过程的进行必然有一驱动力在起作用。

近代烧结理论认为：粉体物料的表面能大于多晶体的晶界能，这就是烧结的驱动力。例如，一般氧化铝粉体表面能约为 1 J/m^2，晶界能约为 0.4 J/m^2，两者之差便是烧结的驱动力。氧化铝粉体由于表面能与晶界能差别较大，所以比较容易烧结。

3．烧结过程中的再结晶和晶粒长大

在烧结过程中，高温下还会同时进行再结晶和晶粒长大，从而使烧结体显微结构和强度发生变化。

1）初次再结晶

从具有塑性变形的基质中生长出的新的无应变晶粒的成核和长大过程称为初次再结晶。初次再结晶的推动力是塑性变形所增加的能量。陶瓷粉体烧结前一般都要进行破碎和磨细，颗粒内部常有残余应变，因而烧结时会出现初次再结晶现象。

2）晶粒长大

晶粒长大是指在烧结的中后期，一些晶粒长大，而另一些晶粒缩小或消失，结果平均晶粒尺寸增加的现象。晶粒长大的推动力是晶界两侧物质的自由焓之差。如图 6.4 所示，由于 A 和 B 两晶粒晶界之间的曲率正负不同，会产生压力差，当温度不发生变化时，跨过一个弯曲界面时的自由能变化是 ΔG，A 点自由能高于 B 点。两侧物质的自由焓之差是使界面向曲率中心移动的驱动力，促使 B 晶粒长大，A 晶粒缩小。

晶粒一般为多边形，当晶粒的边多于 6 条时，从晶粒中心往外看，边界向内凹，凹界面有向凸界面曲率中心移动的自然倾向，使晶粒长大；而小于 6 条边的晶粒，从晶粒中心往外看，边界向外凸，凸界面向曲率中心移动，使晶粒缩小或消失，如图 6.5 所示。在理想情况下，长时间烧结后陶瓷多晶体将变成一个单晶体，然而，由于实际烧结体中存在的气孔、杂质等第 2 相夹杂物会对晶粒长大产生阻碍作用，实际上很难形成单晶体。

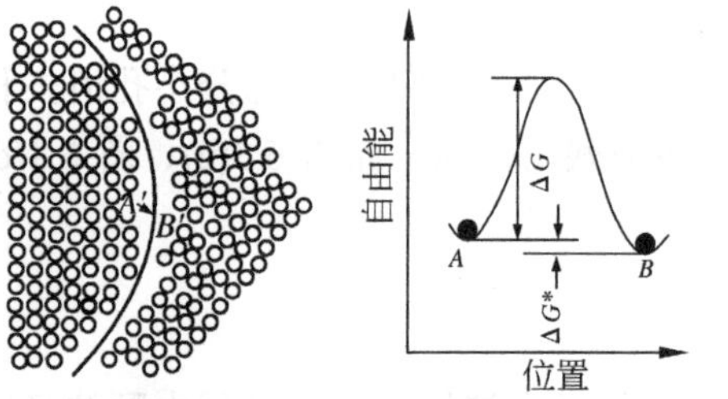

(a) 晶界结构　　(b) 原子跃迁的能量变化

图 6.4　晶界结构和能量图

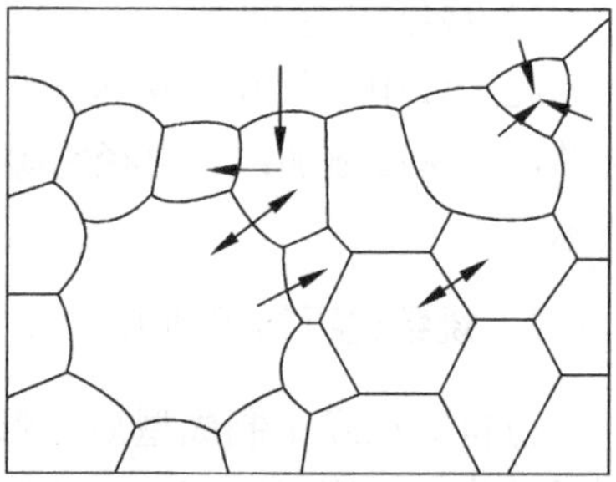

图 6.5　烧结后期的晶粒长大示意图

3）二次再结晶

二次再结晶是指当坯体中初次再结晶完成后，当有若干大晶粒存在时，由于大晶粒边数多，晶界曲率大，晶界可越过杂质和气孔移向邻近的小晶粒，结果使个别晶粒尺寸增加。

在二次再结晶的过程中，气孔进入晶粒内部，形成孤立闭气孔，不易排除。产生二次再结晶的原因可能有：

（1）原始物料粒度不均匀；

（2）烧结温度偏高；

（3）成型压力不均匀，局部有不均匀液相等。

4．陶瓷材料的显微结构

陶瓷材料的显微结构主要由主晶相、晶界和晶界相、气孔等组成。

1）主晶相

主晶相是指陶瓷材料的主要组成相，它是决定材料性能的主要相。大多数陶瓷材料烧成前与烧成后的主晶相无变化，如 Al_2O_3 陶瓷等。也有一部分陶瓷材料，由于晶体组分的变化，烧结前后主晶相会发生变化，如 ZrO_2-Y_2O_3-MgO 陶瓷等。

2）晶界与晶界相

两个晶粒的边界称为晶界，处于晶界上的相，称为晶界相。晶界相可以是晶体，也可以是玻璃相。晶体型晶界相可起到弥散强化、桥联增韧、晶界层电容器等作用。而玻璃相型晶界相在高温下变成液相可促进烧结，但影响材料的高温性能。

3）气孔

气孔是陶瓷中的重要组成相。陶瓷气孔少，则密度高、强度高、电性能好，透明度也高（如 Al_2O_3 透明陶瓷），所以一般都尽量减少气孔。但是，对于保温隔热材料，则希望增加气孔率，因为气孔越多，保温与隔热性能越好。

6.1.3　烧结过程的物质传递

烧结过程除了需有驱动力外，还必须有物质的传递过程，这样才能使气孔逐渐得到填充，使坯体由疏松变得致密。对于烧结过程中物质传递的机理，现在提出的主要有蒸发-凝聚传质、扩散传质、流动传质、溶解与沉淀传质等。

1．蒸发-凝聚传质

高温环境中，由于颗粒表面曲率不同，在其不同的部位具有不同的蒸气压，从而自然地产生了一种通过气相传质（即蒸发-凝聚）的趋势。

蒸发-凝聚传质机理可用图 6.6 所示的模型说明。

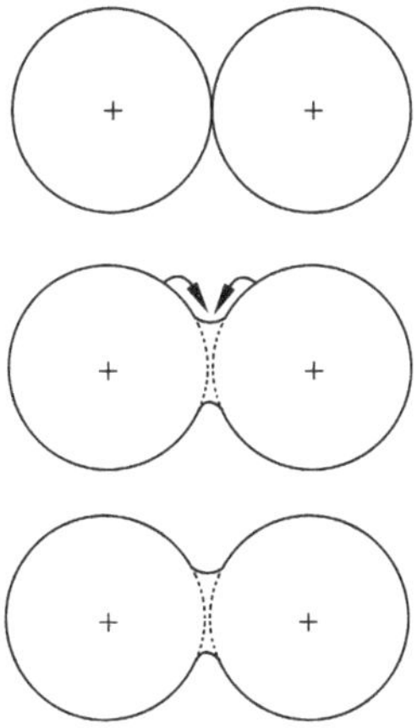

图 6.6　蒸发-凝聚传质机理

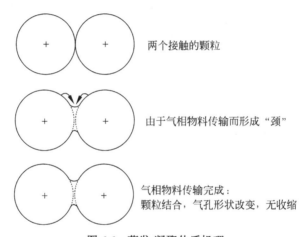

在球形颗粒表面有正曲率半径，而在两个颗粒连接处有一个小的负曲率半径的颈部。根据开尔文公式，球形颗粒表面的蒸气压与颈部表面蒸气压有以下关系：

$$\ln(p/p_0) = 2M\gamma / (dRT\rho) \tag{6-4}$$

其中，p 为曲率半径为 ρ 处的蒸气压；p_0 为球形颗粒表面蒸气压；M 为物质的摩尔质量；γ 为表面张力；d 为密度；R 为气体常数；T 为绝对温度；ρ 为颈部曲率半径。

根据式（6-4），可以得出以下结论：

（1）表面曲率越大，蒸气压越高；

（2）凸面和凹面的蒸气压分别高于和低于平面（曲率半径无限大）的蒸气压。

因此，通过气相传质，物料就会不断地从凸面向凹面迁移。

关于这种传质，值得注意的是：

（1）只有当颗粒半径在 10 μm 以下时，蒸气压才较明显地表现出来，而在 5 μm 以下时，由曲率半径差异引起的压差已十分显著，因此一般粉末烧结过程较合适的粒度最大为 10 μm。

（2）在这种传质过程中，颈部增长只是在开始时比较显著，随着烧结的进行，颈部增长很快就停止了。因此，这类传质过程不能用延长烧结时间来达到促进烧结的目的。

（3）蒸发-凝聚传质的特点是烧结时颈部区域扩大，球的形状变为椭圆，气孔形状改变，但球与球之间的中心距不变，即坯体不发生收缩。气孔形状对坯体的一些宏观性质有可观的影响，但不影响坯体的密度。

（4）蒸发-凝聚传质过程要求把物质加热到可以产生足够蒸气压的温度。对于几微米的粉体，要求气压最低为 1～10 Pa，才能看出传质的效果。而烧结氧化物材料往往达不到这样高的蒸气压，如 Al_2O_3 在 1200℃时蒸气压只有 10^{-14} Pa，因而在一般硅酸盐材料的烧结中，这种传质方式并不多见。

2．扩散传质

对于高温下挥发性小的陶瓷原料，其物质传递主要通过表面扩散和体积扩散进行，烧结主要是通过扩散传质来实现的。

实际晶体颗粒中往往存在许多缺陷，当这些缺陷出现浓度梯度时，它们就会由浓度大的地方向浓度小的地方扩散。若缺陷是填充离子，则离子的扩散方向和缺陷的扩散方向一致；若缺陷是空位，则离子的扩散方向与缺陷的扩散方向相反。晶体中的空位越多，离子迁移就越容易。

离子的扩散和空位的扩散都是物质的传递过程，研究扩散引起的烧结，一般可用空位扩散的概念来描述。

如前所述，两球状颗粒接触处的颈部是凹曲面，表面自由能最低，空位浓度最大，可以说颈部是一个空位源。另外，晶粒内部的刃型位错也可视为空位源。空位源通过不同途径向浓度较低的地方扩散并使空位消失，使空位消失的地方称为空位阱。晶界、颗粒表面和颗粒内的位错都可以是空位阱。空位的扩散途径如图 6.7 所示。

由于从颈部到晶粒内部存在一个空位浓度梯度，因而物质可以通过体扩散、表面扩散、晶界扩散向颈部定向传递，使颈部不断长大，从而完成烧结过程，如图 6.8 和表 6.1 所示。在这些扩散中，表面扩散是由表面到颈部的传质，不会引起坯体收缩；体扩散和晶界扩散则会引起气孔的缩小和颗粒中心的逼近，在宏观上表现为气孔率下降和坯体收缩。

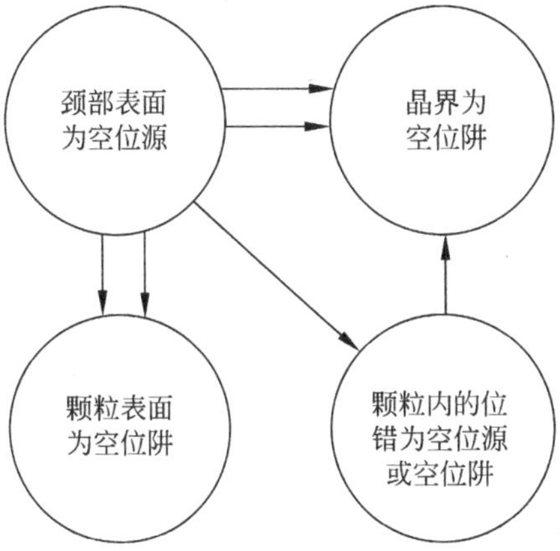

图 6.7　空位扩散途径图

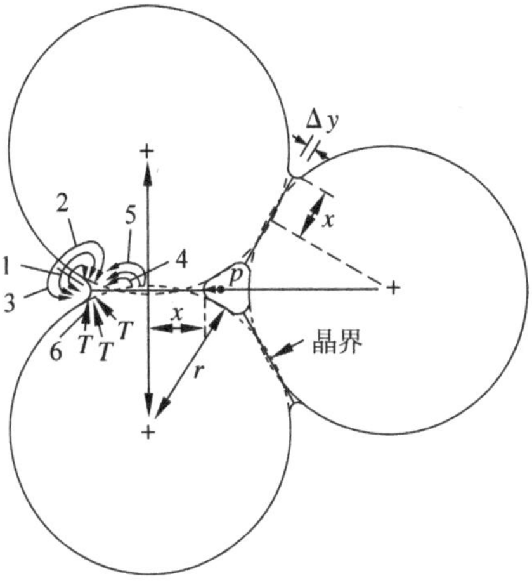

图 6.8　烧结过程可能的扩散传质方式

表 6.1　烧结过程可能的扩散传质方式

编号	传输途径	物质来源	物质到达位置
1	表面扩散	表面	颈部
2	晶格扩散	表面	颈部
3	气相传质	表面	颈部
4	晶界扩散	晶界	颈部
5	晶格扩散	晶界	颈部
6	晶格扩散	位错	颈部

3．流动传质

液相参与传质的烧结过程称为液相烧结，液相烧结的基本原理与固相烧结（烧结过程中不出现液相）有类似之处，驱动力仍然是表面能；不同的是液相烧结过程与液相量、液相性质、固相在液相中的溶解度、润湿行为有密切关系。在陶瓷液相烧结过程中，粉体颗粒通过变形、流动引起的物质迁移称为流动传质。物质流动的类型主要有黏性流动和塑性流动。

1）黏性流动传质

液相含量很高时，液相具有牛顿型液体的流动性质，这种粉末体的烧结较易通过流动而达到平衡。除有液相存在的烧结出现黏性流动外，在高温下晶体颗粒也具有流动性质，它与非晶体在高温下的黏性流动机理是相同的。高温下陶瓷粉体的黏性流动传质过程可分为如下两个阶段。

第 1 阶段：粉体在高温下形成黏性流体，相邻颗粒中心互相逼近，增加接触面积，接着发生颗粒间的黏合作用并形成一些封闭气孔；

第 2 阶段：封闭气孔的黏性压紧，即小孔在玻璃相包围压力的作用下，由于黏性流动而密实化。

在黏性流动传质过程中，决定烧结密实化速率的主要有 3 个参数：颗粒起始粒径、黏度、表面张力。原料的起始粒径与液相浓度是互相配合的，不是孤立地起作用。液相黏度不能太高，若太高，流动性不好，固-液相润湿能力差，此时可加入添加剂降低黏度；但黏度也不能太低，以免颗粒直径大时，重力过大而产生重力流动变形。也就是说，颗粒粒径应限制在某一适当范围内，使表面张力的作用大于重力的作用。同时，在液相烧结中，必须采用细颗粒原料且原料粒度必须合理分布。

2）塑性流动传质

高温下当坯体中液相含量降低而固相含量增加时，烧结传质从黏性流动传质逐渐转向塑性流动传质，过程的驱动力仍然是表面能。为了加快传质，尽可能地达到致密烧结，应选择具有尽可能小的粒径、黏度及较大表面能的粉体。

在固-液两相系统中，当液相量占多数且液相黏度较低时，烧结传质主要以黏性流动为主，而当固相占多数或黏度较高时，则以塑性流动为主。实际上，烧结时除有固相、液相外，还有气孔存在，因此实际情况要复杂得多。

塑性流动传质在纯固相烧结中同样存在，可以认为晶体在高温、高压作用下产生的流动是由于晶体晶面的滑移，即晶格间产生位错，而这种滑移只有超过某一应力值时才开始。

4．溶解-沉淀传质

在烧结时，固-液两相会发生如下传质过程：固相分散于液相中，并通过液相的毛细管作用在颈部重新排列，成为紧密的堆积；细小的颗粒或颗粒的突起部分溶解进入液相，并通过液相转移到粗颗粒表面沉淀下来。这种传质过程称为溶解-沉淀传质。

溶解-沉淀传质过程发生在具有以下条件的物系中：

（1）有足够的液相生成；

（2）液相能润湿固相；

（3）固相在液相中有适当的溶解度。

溶解-沉淀传质过程是以下列方式进行的：首先，随着烧结温度的提高，出现足够的液相。固相颗粒分散在液相中，在液相的毛细管作用下，颗粒相对移动，发生重新排列，得到一个更紧密的堆积，从而提高了坯体的密度。这一阶段的收缩量与总收缩量的比值取决于液相的含量。当液相含量大于 35%（体积分数）时，这一阶段是完成坯体收缩的主要阶段，其收缩率相当于总收缩率的 60%左右。其后，被薄的液膜分开的颗粒之间搭桥，由于接触部位具有高的局部应力，导致塑性变形和蠕变，从而促进颗粒的进一步重排。最后是液相的重结晶过程，在粗颗粒生长和形状改变的同时，坯体进一步致密化。

例如，Si_3N_4是高度共价键结合的化合物，共价键程度约占70%，体扩散系数不到 $10^{-7}cm^3/s$，因而纯 Si_3N_4 很难进行固相烧结，必须加入添加剂，如 MgO，Y_2O_3，Al_2O_3 等。这样在高温时，它们和 α-Si_3N_4颗粒表面的 SiO_2 形成硅酸盐液相，并能润湿和溶解 α-Si_3N_4，在烧结温度下，通过溶解-沉淀传质，在粗晶表面析出 β-Si_3N_4。

以上简单介绍了几种传质机理，实际上，烧结过程中的物质传递现象非常复杂，不可能仅采取一种机理进行，可能有几种传质方式同时起作用。但在一定的条件下，某种方式会占据主导地位，条件改变了，起主导作用的方式有可能随之改变。

6.2　烧结的影响因素

6.2.1　陶瓷烧结时的物理化学变化

1．低温阶段的变化

从室温至约300℃，为烧结的低温阶段。在此阶段，坯体中发生的主要变化是排除干燥后的残余水分。

2．分解及氧化阶段的变化

从300℃至约950℃，为烧结的分解及氧化阶段。在此阶段，坯体中发生的主要变化包括排除结晶水，有机物、碳、无机物（碳酸盐、硫化物）的分解与氧化，以及晶型转变等。

1）脱水

例如，高岭土结晶水的脱除在500～700℃，前期脱水较慢，后期水分脱除较快。

2）分解

$$\text{C-有机物} + O_2 \longrightarrow CO_2\uparrow \quad (350℃以上) \tag{6-5}$$

$$\text{C-碳素} + O_2 \longrightarrow CO_2\uparrow \quad (600℃以上) \tag{6-6}$$

$$MgCO_3 = MgO + CO_2\uparrow \quad (500～850℃) \tag{6-7}$$

$$CaCO_3 = CaO + CO_2\uparrow \quad (850～1050℃) \tag{6-8}$$

3）晶型转变

例如，β-石英 $\xrightarrow{573℃}$ α-石英，α-石英 $\xrightarrow{870℃}$ α-鳞石英。

3. 高温阶段的变化

950℃以上为烧结的高温阶段。在此阶段，除上述氧化、分解、晶型转化继续进行外，坯体还会发生液相形成、固相溶解、新相形成、晶体长大和获得固溶体等变化。如结构水在 800℃时一般只排除 3/4，高温阶段才能将结构水排除完全。

$$MgSO_4 = MgO + SO_3\uparrow \text{（900℃以上氧化焰中才能进行）} \quad (6\text{-}9)$$

$$CaSO_4 = CaO + SO_3\uparrow \text{（1250～1370℃才能进行）} \quad (6\text{-}10)$$

$$2Fe_2O_3 = 4FeO + O_2\uparrow \text{（1250～1370℃才能进行）} \quad (6\text{-}11)$$

4. 冷却阶段

在冷却阶段，坯体中可能发生的主要变化为液相析晶、液相过冷凝固、晶型转变等。

6.2.2 温度对烧结的影响

1. 烧结工艺曲线

烧结工艺曲线一般包括升温、保温、降温这 3 个阶段，如图 6.9 所示。其中，*OA* 段为升温段，*AB* 段为保温段，*BC* 段为降温段，*OA* 段的斜率称为升温速度，*AB* 的温度称为烧结温度，*AB* 段的长度称为保温时间，*BC* 段斜率称为降温速度。

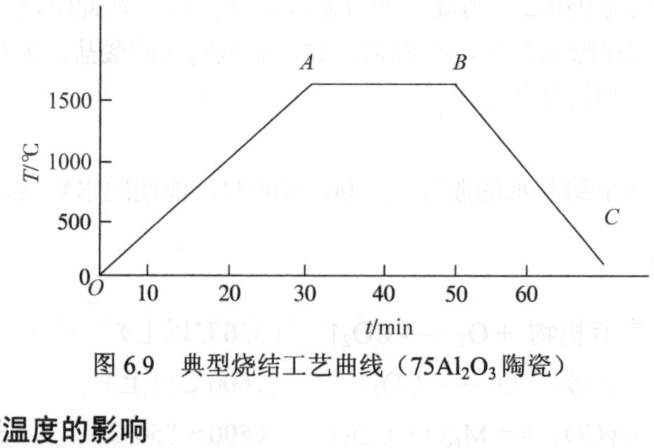

图 6.9　典型烧结工艺曲线（$75Al_2O_3$ 陶瓷）

2. 烧结温度的影响

晶体中晶格能越大，离子结合越牢固，离子的扩散越困难，所需烧结温度也越高。提高烧结温度，无论对固相扩散还是溶解-沉淀等传质都是有利的。但是单纯提高烧结温度不仅浪费能源，而且还会促使晶粒长大和二次再结晶，从而使产品性能劣化。在有液相的烧结中，温度过高还会使液相量增加，黏度下降，坯体软化变形。

由烧结机理可知，只有体积扩散才能导致坯体致密化，表面扩散只能改变气孔形状而不能引起颗粒中心距的减小，因此不出现致密化过程，图 6.10 所示为温度与表面扩散、体积扩散的关系。可以看出，在烧结高温阶段以体积扩散为主，而在低温阶段以表面扩散为主。如果材料烧结在低温的时间较长，不仅不能引起致密化，反而会因表面扩散改变了气孔的形状，晶粒发育不完全，气孔率高，转相、反应不完全（生烧），而给制品性能带来损害。

3．保温时间的影响

达到烧结温度后，需要一定的保温时间来使物质进行迁移，保证致密化。延长保温时间，可使晶粒尺寸增加，如图 6.11 所示。因此，要选择合适的保温时间，既要保证坯体的致密化，又要保证制品的晶粒尺寸不能过分增大。

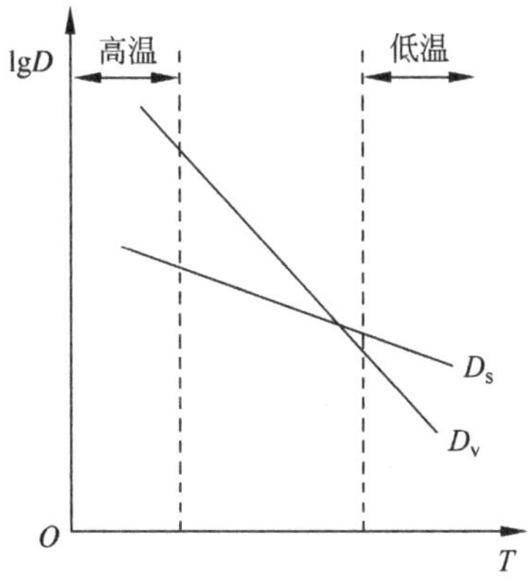

图 6.10　扩散系数与温度的关系图

D_s—表面扩散系数；D_v—体积扩散系数

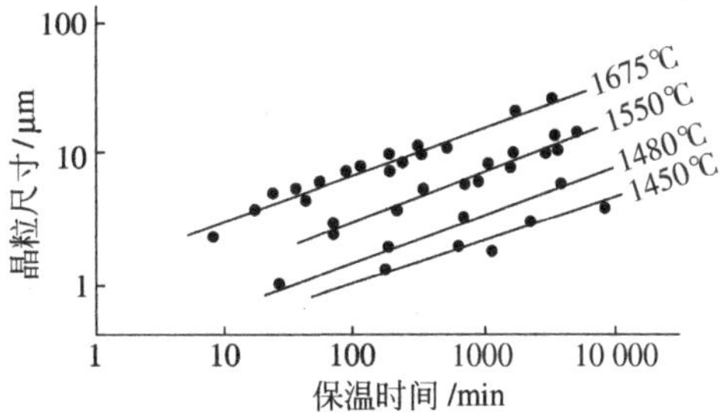

图 6.11　氧化铝陶瓷烧结过程中晶粒的生长

Al_2O_3，0.3 μm

4．升降温速度的影响

升温速度快，可提高生产效率，节约能源，但容易造成坯体受热不均匀、快速产生水蒸气及坯体内分解产生气体，这些都可产生裂纹。

升温慢，液相多，分布也均匀，密度高而均匀，坯体抗张强度可提高约 30%，但过慢将降低生产效率，消耗能源。

降温速度会影响各相的分布、晶相的大小及制品的应力状态。降温越快，温度梯度越大，热应力越大，引起陶瓷破坏的可能性越大。生产中常用的冷却方式有 3 种：自然冷却、控温冷却和快速冷却。自然冷却即停止加热后，让烧结炉与制品自然冷却下来；控温冷却即为控制一定速度的冷却，体积大、形状复杂的零件大多采用这种冷却方式，此时玻璃相可发生结晶，减少内外膨胀及应力等；快速冷却就是通过一定的方法使制品以很快的速度冷却（每分钟可高达数百摄氏度）下来。

在实际生产中，为了获得高密度、细晶粒的制品，往往采用控制升温速率、在中温保温较长时间或快速升温、在高温保温较短时间等方法。

6.2.3 影响烧结的其他因素

除了温度之外，影响烧结的其他因素主要有粉料粒度、添加剂、烧结气氛、成型压力等。

1．原始粉料粒度的影响

通过降低粉料粒度，可提高粉体的烧结活性，促进烧结。烧结速率一般与起始粒度的 3 次方成反比。根据理论计算，当起始粒度从 2 μm 减小到 0.5 μm 时，烧结速率增加至 64 倍。这个结果相当于粒径小的粉料烧结温度降低了 150～300℃。图 6.12 所示为刚玉坯体烧结程度（以密度表示）与温度、起始粒度的关系。

从防止晶粒异常长大的角度考虑，起始颗粒必须细而均匀。如果细颗粒内有少量大颗粒存在，则易发生晶粒异常生长而不利于烧结。一般氧化物材料最适宜的颗粒粒径为 0.05～0.5 μm。

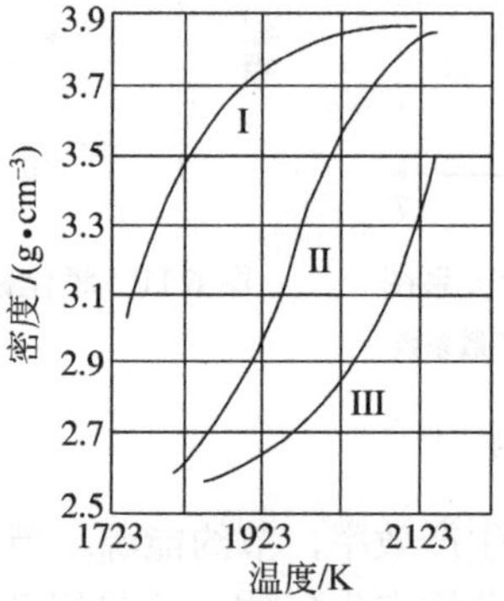

图 6.12 刚玉坯体烧结程度与烧结温度和起始粒度的关系

Ⅰ— 粒度为 1 μm；Ⅱ— 粒度为 2.4 μm；Ⅲ— 粒度为 5.6 μm

2．添加剂的影响

在固相烧结中，少量添加剂（烧结助剂）可促进烧结，其作用如下。

1）添加剂与烧结主体形成固溶体

当添加剂与烧结主体的离子大小、晶格类型及电价数接近时，它们可互溶形成固溶体，致使主晶相晶格畸变，缺陷增加，便于结构单元移动而促进烧结。一般地，它们之间形成有限置换型固溶体比形成连续固溶体更有助于促进烧结。添加剂离子的电价和半径与烧结主体离子的电价和半径相差越大，晶格畸变程度越大，促进烧结的作用也越明显。例如，Al_2O_3烧结时，若加入3% Cr_2O_3，则形成连续固溶体，需在1860℃烧结，而加入1%～2%的TiO_2，只需在1600℃左右烧结就能致密化。

2）添加剂与烧结主体形成液相

若添加剂与烧结体的某些组分形成液相，由于液相中扩散传质阻力小，流动传质速度快，因而可降低烧结温度和提高坯体的密度。例如，在制造95% Al_2O_3材料时，一般加入CaO和SiO_2，在CaO:SiO_2 = 1:1时，由于生成CaO-Al_2O_3-SiO_2液相，使材料在1540℃时即能烧结。

3）添加剂与烧结主体形成化合物

在烧制透明Al_2O_3时，为抑制二次再结晶，消除晶界上的气孔，一般加入MgO或MgF_2，高温下形成镁铝尖晶石（$MgAl_2O_4$）而包裹在Al_2O_3晶粒表面，抑制晶界移动速率，充分排除晶界上的气孔，对促进坯体致密化有显著作用。

4）阻止多晶转变

ZrO_2由于有多晶转变，转变时体积变化较大而使烧结困难，当加入Y_2O_3后，Y^{3+}进入晶格置换Zr^{4+}，由于电价不等而生成阴离子缺位固溶体，同时抑制晶型转变，使致密化易于进行。

5）扩大烧结温度范围

加入适当的添加剂可扩大烧结温度范围，给工艺控制带来方便。例如，锆钛酸铅材料的烧结温度范围只有20～40℃，加入适量的La_2O_3和Nb_2O_5后，烧结温度范围可以扩大到80℃。

值得注意的是，只有选择合适的添加剂及添加剂加入量适当时才能促进烧结，如不恰当地选择添加剂或加入量过多，反而会阻碍烧结。这是因为不恰当的添加剂和过量的添加剂都会妨碍烧结相颗粒的直接接触，影响传质过程的进行。表6.2是Al_2O_3烧结时添加剂种类和数量对烧结活化能的影响。可以看出，加入2%MgO使Al_2O_3烧结活化能降低到400 kJ/mol，比纯Al_2O_3的烧结活化能500 kJ/mol要低，因而可促进烧结；而加入5% MgO时，Al_2O_3烧结活化能升高到545 kJ/mol，反而起抑制烧结的作用；而当加入2% Co_3O_4和5% Co_3O_4时，均会使Al_2O_3烧结活化能升高，起到抑制烧结的作用。

表6.2 添加剂种类和数量对Al_2O_3烧结活化能（E）的影响

添加剂	无	MgO		Co_3O_4		TiO_2	
		2%	5%	2%	5%	2%	5%
E/（kJ/mol）	500	400	545	630	560	380	500

烧结时应加入何种添加剂，加入量多少才合适，目前还不能完全从理论上解释和计算，还需根据材料性能要求通过实验来确定。

3．烧结气氛的影响

烧结气氛一般分为氧化、还原和中性 3 种，在烧结中，气氛的影响是很复杂的。

一般地说，在由扩散控制的氧化物烧结中，气氛的影响与扩散控制因素有关，还与气孔内气体的扩散和溶解能力有关。例如，Al_2O_3 材料是由阴离子（O^{2-}）扩散速率控制烧结过程，当它在还原气氛中烧结时，晶体中的氧从表面脱离，从而在晶格表面产生很多氧离子空位，使 O^{2-}扩散系数增大，导致烧结过程加速。表 6.3 是不同气氛下 α-Al_2O_3 中 O^{2-}扩散系数和温度的关系。用透明氧化铝制造的钠光灯管必须在氢气炉内烧结，就是利用氢加速 O^{2-}扩散，使气孔内气体在还原气氛下易于逸出的原理来使材料致密，从而提高透光度。若氧化物的烧结是由阳离子扩散速率控制，在氧化气氛中烧结时，表面积聚了大量的氧，使阳离子空位增加，则有利于阳离子扩散的加速，从而促进烧结。

表 6.3 不同气氛下 Al_2O_3 中 O^{2-}扩散系数和温度的关系

温度/℃		1400	1450	1500	1550	1600
扩散系数 /($cm^2 \cdot s^{-1}$)	氢气中	8.09×10^{-12}	2.36×10^{-11}	7.11×10^{-11}	2.51×10^{-10}	7.5×10^{-10}
	空气中	—	2.97×10^{-12}	2.7×10^{-11}	1.97×10^{-10}	4.9×10^{-10}

封闭气孔内气体的原子尺寸越小，越易扩散，气孔消除也越容易。例如，像氩和氮这样的大分子气体，在氧化物晶格内不易自由扩散，最终留在坯体中。但若像氢和氦那样的小分子气体，扩散性强，可以在晶格内自由扩散，因而烧结与这些气体的存在无关。

当材料中含有铅、锂、铋等易挥发物质时，控制烧结时的气氛更为重要。如锆钛酸铅材料烧结时，必须要控制一定分压的铅气氛，以抑制坯体中铅的大量逸出，保持坯体的化学组成不发生变化，否则将影响材料的性能。

4．成型压力的影响

粉体成型时必须施加一定的压力，除了使坯体具有一定形状和强度外，同时也给烧结创造了颗粒间紧密接触的条件，使其烧结时扩散阻力减小。一般地，成型压力越大，颗粒间接触越紧密，对烧结越有利。但若压力过大，超过颗粒的断裂强度，颗粒就会发生断裂。因此，适当的成型压力可以提高生坯的密度，而生坯的密度与烧结体的致密化程度往往存在正比关系。

影响粉料烧结的因素还有很多，如粉料的堆积程度、粉料的粒度分布等。各影响因素之间的关系也比较复杂，在烧结时必须充分考虑各种影响因素并恰当选择，以获得具有重复性和高致密度的制品。在表 6.4 中，以工艺条件对氧化铝瓷坯性能与结构的影响为例，说明了上述影响因素的作用。由表 6.4 可以看出，必须对原料粉体的颗粒尺寸、形状、结构和其他物理性能有充分的了解，并对工艺制度控制与材料显微结构形成之间的相互联系进行综合考察，才能真正认识和掌握好烧结过程。

表 6.4　工艺条件对氧化铝瓷坯性能与结构的影响

试样号		1	2	3	4	5	6	7	8	9	10
组成	α-Al_2O_3	细	细	细	粗	粗	粗	细	细	细	细
	添加剂	无	无	无	无	1% MgO					
	黏结剂	8%油酸									
烧结条件	烧结温度/℃	1910	1910	1910	1800	1800	1800	1600	1600	1600	1600
	保温时间/min	120	60	15	60	15	5	240	40	60	90
	烧结气氛	真空湿氢									
性能	体积密度/（g/cm^3）	3.88	3.87	3.87	3.82	3.92	3.93	3.94	3.91	3.92	3.92
	总气孔率/%	3.0	3.3	3.3	3.3	2.0	1.8	1.6	2.2	2.0	1.8
	常温抗折强度/MPa	75.2	140.3	208.8	208.8	431.1	483.6	484.8	552	579	581
结构	晶粒平均尺寸/μm	193.7	90.5	54.3	25.1	11.5	8.7	9.7	3.2	2.1	1.9

注："粗"是指原料粉碎后小于 1 μm 的占 35.2%；"细"是指原料粉碎后小于 1 μm 的占 90.2%。

6.3　烧结工艺方法

6.3.1　烧结工艺的划分

1．按烧结时有无液相出现，烧结可划分为固相烧结和液相烧结

固相烧结是指烧结过程不产生液相，主要依靠扩散传质完成的烧结。烧结之前任意两个颗粒之间都有两个表面，烧结之后就只有一个晶界，如图 6.13 所示。烧结驱动力是颗粒表面积的减少，也是表面能的降低。

液相烧结是指烧结过程中有 1%～20%体积分数的液相产生，出现溶解-沉淀等传质过程，如图 6.14 所示。实现液相烧结的必要条件是：

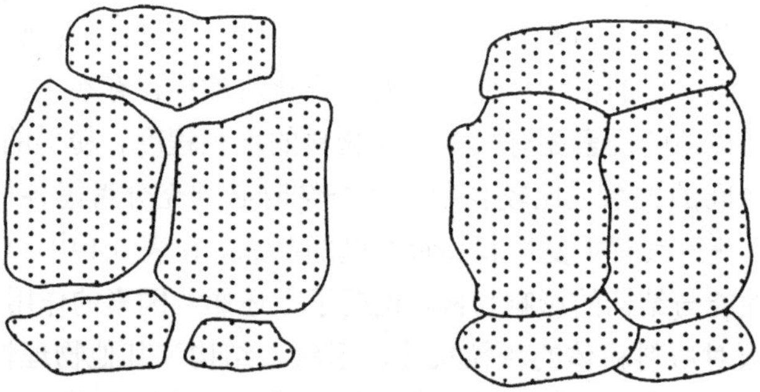

(a) 烧结前颗粒之间有两个相邻的表面　(b) 烧结后晶粒之间只有一个晶界

图 6.13　固相烧结

（1）烧结温度下必须有液相出现；

（2）固相被液相浸润；

（3）固相在液相中必须有一定溶解度。

液相烧结中，加入助烧剂，如 Al_2O_3 中加入 TiO_2 等，烧结温度可降低 150～200℃。

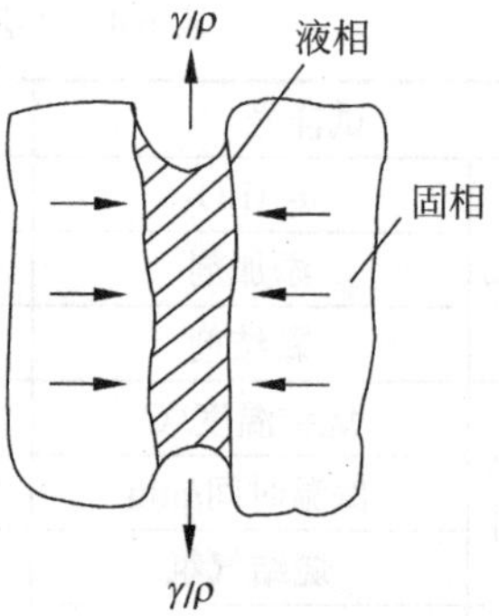

图 6.14　液相烧结晶界液相示意图

2．按烧结气氛不同，烧结可划分为真空烧结、气氛烧结和大气烧结

真空烧结有利于排气、去除杂质；气氛烧结（气氛为 N_2，Ar，H_2，CO 等）可防止氧化、分解；大气烧结是指在空气中烧结，一般氧化物陶瓷是在空气中烧结。

3．按烧结压力不同，烧结可划分为无压烧结和加压烧结

无压烧结（常规烧结）可在传统电炉中进行，是生产中最常用的烧结方法。加压烧结包括热压烧结、热等静压烧结等，是在烧结过程中对样品施加一定压力的烧结。

4．精细陶瓷常用的烧结方法

精细陶瓷常用的烧结方法有反应烧结、热压烧结、热等静压烧结、气氛烧结、气氛压力烧结、放电等离子烧结、微波烧结等。

6.3.2　反应烧结

反应烧结（reaction sintering，RS）是指利用固-液、固-气等化学反应，在合成陶瓷粉体的同时实现致密化。其特点是可制造形状复杂、尺寸精确的产品，但有气孔残留，强度低，仅局限于少量几个体系，如氮化硅、氧氮化硅、碳化硅等。

1. 反应烧结氮化硅

反应烧结氮化硅（reaction binding silicon nitride，RBSN）的反应式为

$$3Si + 2N_2 = Si_3N_4 \tag{6-12}$$

工艺过程是首先在1200℃时对Si粉进行预氮化、加工，然后在1400℃时进行最终氮化烧结。烧结前，坯体含有30%～50%的空隙率，氮化烧结过程有22%的体积增加，所以坯体在烧结过程中尺寸基本不变。最终制品约有20%的空隙率，1%～5%的残留硅。

此烧结工艺的特点是不需要烧结助剂，高温强度不会明显下降；有22%的体积增量，形状尺寸基本不变；密度低（约为理论密度的80%），机械性能差。图6.15为生产中使用的反应烧结氮化硅的烧结炉，图6.16为该反应烧结炉的内部结构示意图，硅粉成型的工件坯体摆放在位于活动炉底上面的匣钵内，装炉后炉底上升将炉子密封，抽真空后充入氮气，烧结时通过控制温度和氮气供应量，使硅粉和氮气充分反应。

图6.15　反应烧结氮化硅的烧结炉

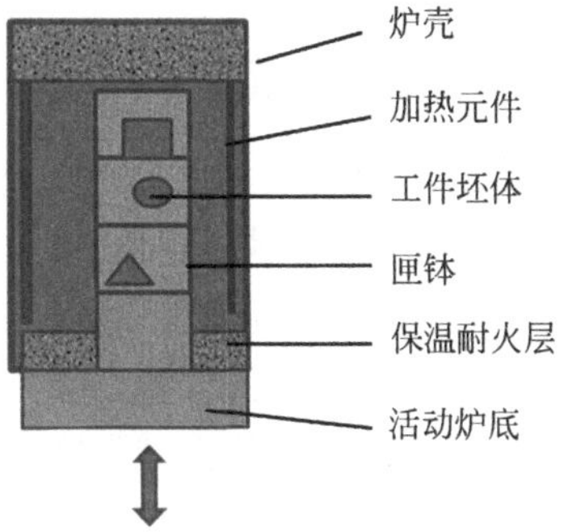

图6.16　反应烧结氮化硅炉内部结构示意图

2. 反应烧结碳化硅

反应烧结碳化硅是指用α-SiC和石墨按一定比例混合压成坯体，加热到约1650℃，通过液相或气相将Si渗入坯体，使之反应生成β-SiC，同时把原碳化硅结合起来，达到致密化。烧结过程中发生的反应与转变为

$$Si + C = SiC \tag{6-13}$$

$$\alpha\text{-SiC} \longrightarrow \beta\text{-SiC} \tag{6-14}$$

该工艺的特点是没有尺寸变化，制品中含有8%～10%的游离硅。

6.3.3 热压烧结

1．定义及设备

热压（hot-press，HP）烧结是指对较难烧结的粉体或坯体，采取在模具内一边加压一边升温、保温的烧结方法。其烧结原理如图 6.17 所示，热压烧结设备如图 6.18 所示。

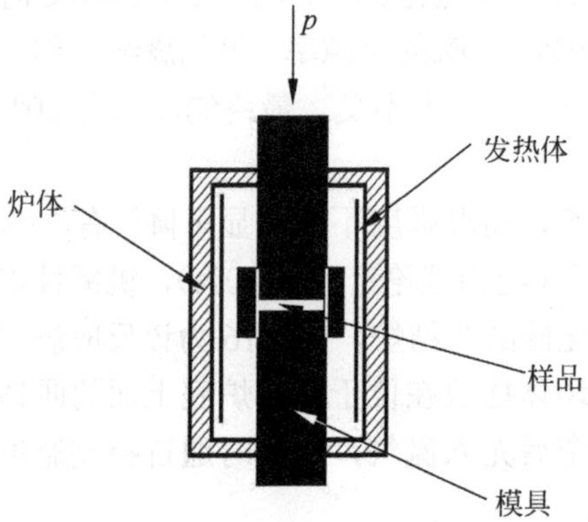

图 6.17 热压烧结原理示意图

图 6.18 热压烧结设备

2．热压烧结的优点

（1）与无压烧结相比，热压烧结存在明显的晶界滑移传质和挤压蠕变传质，烧结速率加快，烧结时间缩短。

（2）可降低烧结温度，减缓晶粒长大。

（3）最终产品的密度和性能大大提高。

（4）可获得较高的机械强度。

例如，烧结 Si_3N_4 的气氛为 N_2，烧结温度为 1600～1800℃，热压压力为 20～30 MPa，保温时间为 20～120 min，制品可实现完全致密，抗弯强度 σ_b = 800～1000 MPa，断裂韧性 K_{IC} = 5～8 MPa，其显微组织如图 6.19 所示。

3．热压模具的要求

（1）模具在热压期间应具有良好的化学稳定性。

（2）模具应具有良好的力学性能，包括良好的抗蠕变性能、较高的断裂韧性和极限强度等。

（3）模具与试样具有良好的热匹配。

热压烧结中常用的模具材料为石墨，石墨模具具有热容大、强度随温度升高而增大、摩擦系数低、化学稳定性好等优点。

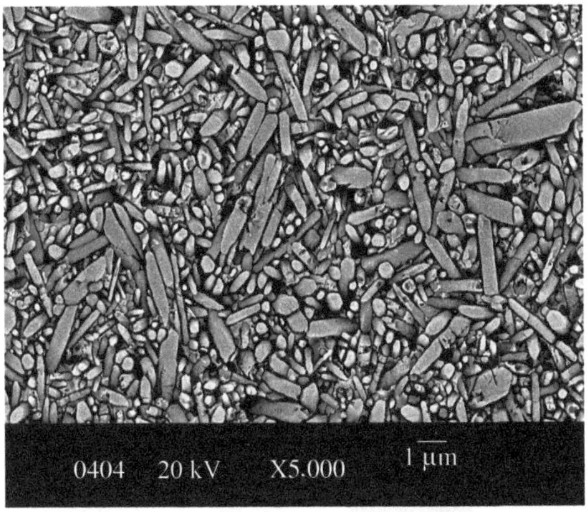

图 6.19 热压烧结的 Si_3N_4 显微组织

4. 热压工艺的缺点

（1）只能制造形状简单的制品。

（2）微观结构存在各向异性，即制品在垂直与平行热压方向上的性能不一致，如表 6.5 所列的 Al_2O_3 刀具材料性能。

表 6.5 热压烧结 Al_2O_3 刀具材料性能

材 料	密度/（g/cm^3）	硬度/HRA	抗弯强度/MPa
普通烧结	3.95	93.5	640
热压烧结			
平行于热压方向	4.0	94.0	740
垂直于热压方向	4.0	93.0	590
热等静压烧结			
Ti包覆	3.99	95.0	780
未包覆	3.99	94.0	740

5. 热压烧结的工艺过程

热压烧结的工艺过程为配料→混料→烘干→造粒→预成型→热压烧结。

热压烧结时的装炉情况如图 6.20 所示。为防止粘模，热压模具通常采用高强石墨的外套模和普通石墨的内套模，外套模和内套模之间有一定的锥度配合，便于脱模，陶瓷粉料或预成型坯体放在高强石墨上、下压头之间，根据热压炉高温区的尺寸可以一炉烧多片，片与片及片与压头之间通常用石墨

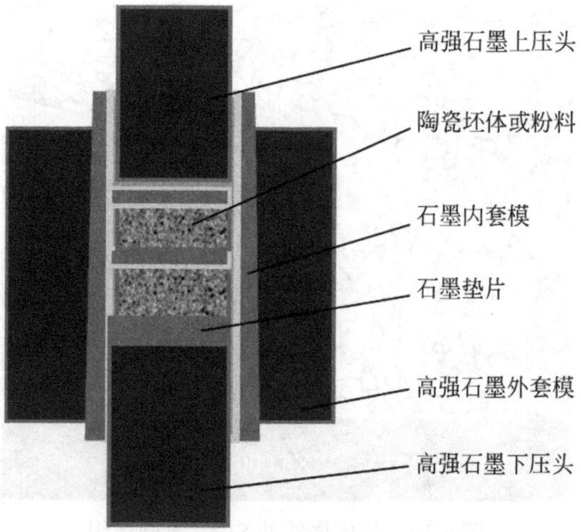

图 6.20 热压烧结的模具装配示意图

垫片分开，石墨垫片与陶瓷坯体之间通常采用放一层石墨纸并涂抹一层氮化硼的方式来加以隔离。

6. 组合热压烧结技术

普通热压烧结只能烧结形状简单的产品，通常需要用金刚石锯片切割（图 6.21，黑线为切割线位置）才能得到最终的产品，其切割效率低，材料利用率低，生产成本高。为降低热压工艺的生产成本，实际生产中常采用组合热压技术，图 6.22 是其模具组合示意图。先将坯料压制成小块，然后在其表面涂抹 BN 浆料，并将小块组合成大方块一起放入石墨模具，一次可组合装入 3～4 层，由于小块之间有 BN 隔离，热压后可敲击分离，不需要切割，生产效率显著提高。

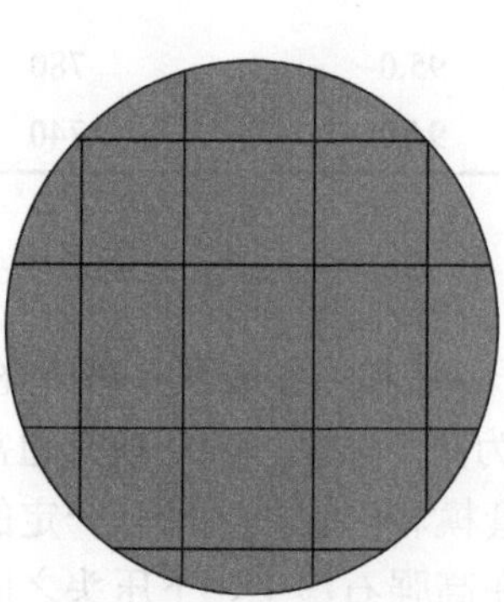

图 6.21 普通热压烧结陶瓷产品

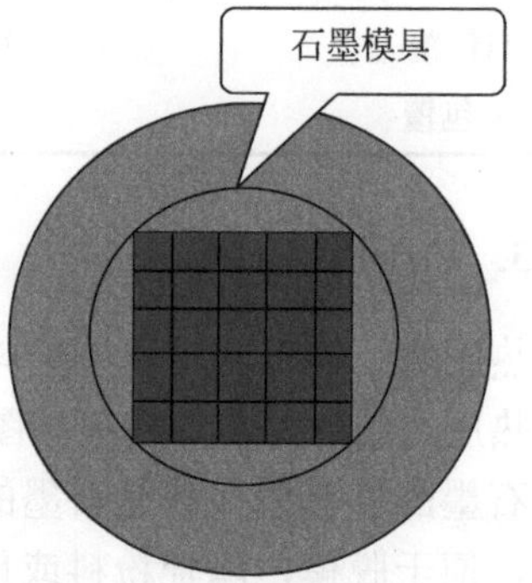

图 6.22 组合热压模具组合示意图

6.3.4　热等静压烧结

热等静压（high isostatic pressing，HIP）烧结是指将粉体或压坯放入高压容器中，在高温和均衡压力下烧结的方法。其烧结装置系统如图 6.23 所示。图 6.24 所示为典型热等静压设备的外观形状，其烧结腔有效尺寸为 ϕ200×500 mm，最高加热温度为 2000℃，最高压力为 200 MPa。

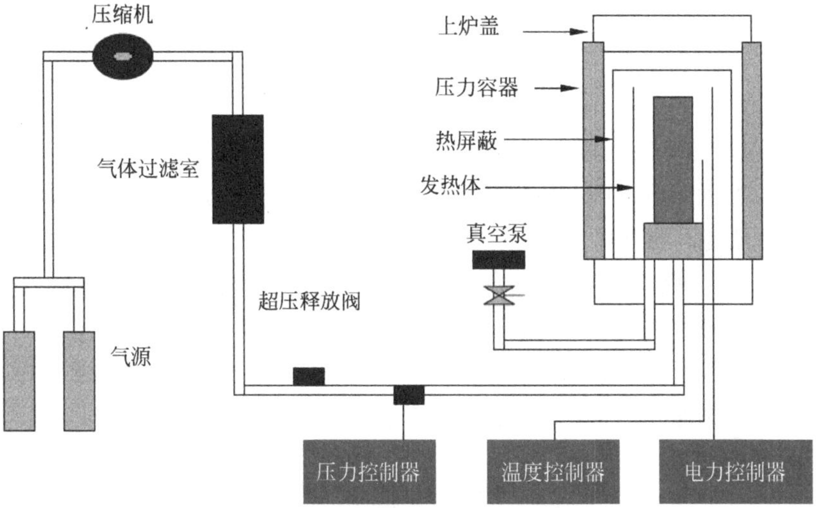

图 6.23　热等静压烧结装置系统图

图 6.24　典型热等静压烧结设备

常用的热等静压烧结工艺有包封法和无包封法两种。

1．包封法

包封法也称为一步法，是指有包套的热等静压烧结方法，即热等静压烧结之前先将陶瓷坯体封装在玻璃或金属包套内。图 6.25 所示为几种玻璃包套的封装工艺。

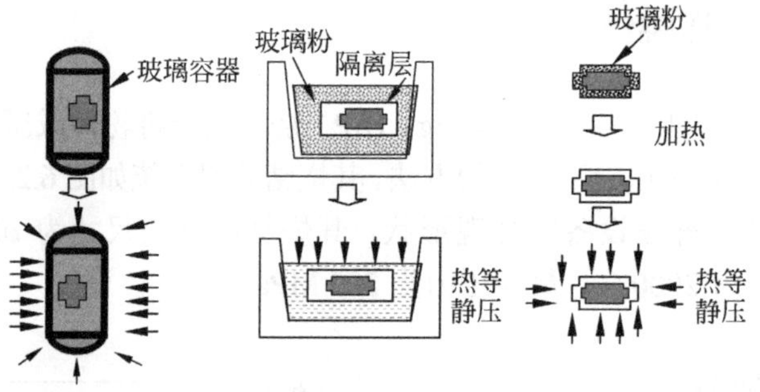

图 6.25 几种玻璃包套的封装工艺

1）包封热等静压与冷等静压的不同之处

（1）加压介质不同：冷等静压的加压介质为低温液体，而包封热等静压的加压介质为高温气体。

（2）包封材料不同：冷等静压的包封材料为塑料薄膜等，而包封热等静压的包封材料为金属（低碳钢、镍、钼等）、玻璃等。

包封热等静压使用的压力一般为 100～300 MPa，温度为几百至 2000℃。常见精细陶瓷包封热等静压工艺参数见表 6.6。

表 6.6 常见精细陶瓷包封热等静压工艺参数

粉体材料	包套材料	压制温度/℃	压制压力/MPa	压制时间/h	相对密度/%
氧化铝	无碳铁	1350	150	3	99.99
氧化镁	—	1300	100	3	98
硼化锆	钛	1350	100	3	99.95
碳化钨	钛	1600	100	—	100
碳化钽	钛	1700	70	—	—

2）包封 HIP 的缺点

（1）包封 HIP 法一般不能获得 100%或近于完全致密化的材料。

（2）气体不易排除，不利于有气体放出反应的烧结。如烧结 B_4C 时，粉体中少量的氧化硼在高温下会挥发，或与残留的碳反应如下：

$$2B_2O_3 + 7C = B_4C + 6CO\uparrow \tag{6-15}$$

生成的 CO 或挥发的氧化硼气体很难排除。

（3）不利于分解杂质。

（4）包封过程很繁琐，不适合大批量生产。

2．无包封热等静压法

无包封热等静压法也称两步法或热等静压后处理工艺（sintering/HIP），是指不用包套的热等静压烧结方法。无包封热等静压法的工艺流程大体上如下：粉料处理→配料混料→喷雾造粒→干压成型→冷等静压成型→无压预烧结→热等静压烧结→机械加工。

冷等静压成型后，要求无压预烧结后的坯体必须要达到一定的密度，表面不能有开口气孔，这样坯体表层就相当于包封层，通过热等静压烧结可消除坯体内部气孔，使陶瓷部件几乎达到理论密度。根据材料的不同，无压预烧结坯体的相对密度通常需要大于90%。

3．热等静压与热压工艺的对比

热等静压（HIP）与热压（HP）相比有以下优点：

（1）压力均匀。

（2）HIP 有较高的压力。由于一般模具材料都有一定的极限强度，所以 HP 压力有一定的限制。如石墨，一般使用压力为 250 kg/cm^2，相当于 25 MPa，而 HIP 的最高压力可达 300～400 MPa。

（3）烧结温度低。如 Al_2O_3 HP 烧结条件为 20 MPa 和 1500℃，包封 HIP 烧结条件为 400 MPa 和 1000℃。

4．热等静压烧结实例

1）氮化硅刀具的无压、热等静压烧结工艺

首先采用无压烧结使氮化硅刀具达到一定的相对密度，然后再进行热等静压处理。

无压烧结工艺为

$$\text{室温} \xrightarrow{90\ \text{min}} 800℃ \xrightarrow{37\ \text{min}} 1350℃ \xrightarrow{50\ \text{min}} 1750℃ \xrightarrow{120\ \text{min}} 1750℃ \rightarrow \text{降温}$$

烧结气氛为流动氮气，烧结后刀具相对密度达到97%。

热等静压处理工艺为

$$\begin{matrix}\text{室温}\\\text{常压}\end{matrix} \xrightarrow{120\ \text{min}} \begin{matrix}1700℃,\\200\ \text{MPa}\end{matrix} \xrightarrow{60\ \text{min}} \begin{matrix}1700℃,\\200\ \text{MPa}\end{matrix} \longrightarrow \text{降温}$$

氮气气氛，烧结后刀具相对密度大于99.7%。

表 6.7 为经 sintering/HIP 工艺处理后的 FD01 和 FD05 两种氮化硅基陶瓷刀具的机械性能，表 6.8 为不同烧结工艺制备的 FD01，FD05 陶瓷刀具的切削性能对比，可以看出，HIP 烧结的性能优于 HP。图 6.26 为 HIP 烧结的氮化硅

刀具实物图。该工艺还可以制备带中心孔和断削槽的复杂形状刀具。

表 6.7 sintering/HIP 工艺处理后的 FD01 和 FD05 氮化硅基陶瓷刀具的机械性能

牌号	抗弯强度/MPa	标准偏差/MPa	Weibull模数m
FD01	857.16	52.6	19.334
FD05	906.98	95.13	12.7

表 6.8 不同烧结工艺制备的 FD01，FD05 刀具的切削性能对比

刀具牌号	烧结工艺	转速/（r/min）	切深/mm	进刀量/（mm/rev.）	工件硬度/HRC	切削距离/mm	抗冲击次数
FD-01	HIP	160	0.5	0.4	58	170	4250
FD-05	HIP	160	0.5	0.4	58	200	5000
FD-01	HP	160	0.5	0.4	58	160	4000
FD-05	HP	160	0.5	0.4	58	180	4500

图 6.26 HIP 烧结的氮化硅刀具

2）细晶透明氧化铝的 HIP 烧结

采用日本大明公司生产的高纯超细氧化铝粉体，平均粒度为 0.2 μm，纯度为 99.99%，干压、冷等静压成型坯体后，按照图 6.27 所示的烧结工艺，在 1280℃时预烧 1 h 使坯体达到 95%以上的烧结密度。然后按照图 6.28 所示的工艺在 200 MPa 氩气压力、1200℃的条件下热等静压后处理约 1 h，即可得到完全致密的细晶透明氧化铝陶瓷。图 6.29 是经无压预烧结后的显微组织，可以看出还存在少量气孔，但经热等静压处理后已经达到完全致密，图 6.30 是其 SEM 显微照片。由于整个烧结过程的烧结温度均较低，所以晶粒较细，小于 1 μm。这种高纯、细晶、致密的氧化铝陶瓷具有优异的透光性能，如图 6.31 所示，其直线透过率可达 30%。

热等静压烧结工艺是制备形状复杂、质量要求高的陶瓷部件的优选工艺。图 6.32 所示为热等静压烧结工艺制备的氮化硅燃烧嘴，图 6.33 所示为采用玻璃包封热等静压烧结工艺制备的氮化硅陶瓷涡轮和芯轴。

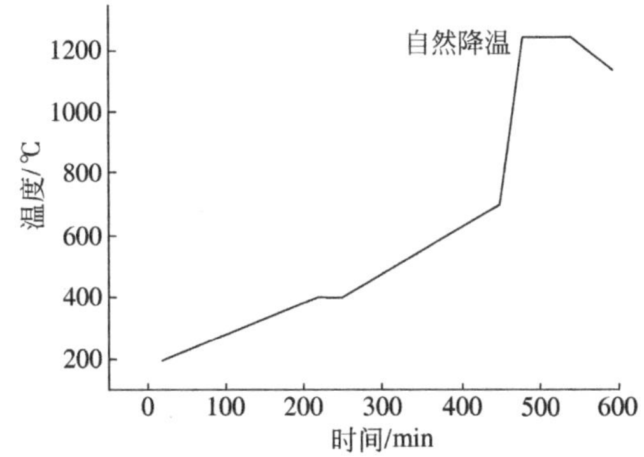

图 6.27 透明氧化铝陶瓷无压预烧结工艺

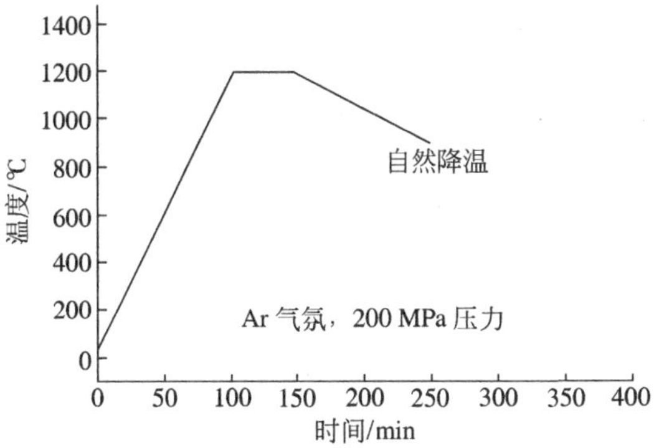

图 6.28 细晶透明氧化铝陶瓷的热等静压后处理工艺

图 6.29 1280℃无压烧结后氧化铝陶瓷的 SEM 照片（密度>95%）

图 6.30 1200℃热等静压烧结后氧化铝陶瓷的 SEM 照片（密度>99%）

图 6.31　无压烧结和 HIP 烧结样品透明度比较

“清”字前为无压烧结样品，“華”字前为 HIP 烧结样品

图 6.32　热等静压处理后的氮化硅陶瓷燃烧嘴

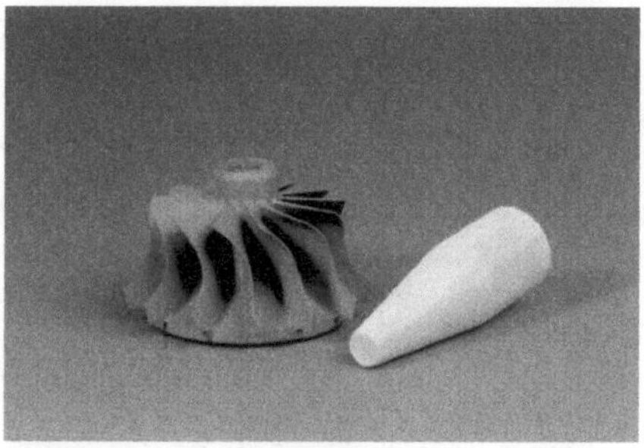

图 6.33　热等静压烧结的氮化硅陶瓷涡轮和芯轴

6.3.5　气氛烧结

气氛烧结是指在炉膛中通入气体，形成所要求的气氛的烧结方法。可用于在空气中很难烧结和需要有特殊气氛的陶瓷材料的烧结。气氛烧结常用于以下几种情况：

（1）制备透明氧化铝的烧结。透明氧化铝陶瓷在 H_2 气氛中烧结时，氢气渗入坯体，在封闭气孔中氢气的扩散速度比其他气体要大，易通过 Al_2O_3 坯体，气孔易排除。

（2）防止氧化。Si_3N_4 在 1400℃、BN 在 900℃、AlN 在 800℃易氧化，碳化物 B_4C 和 SiC 等也易氧化。采用惰性气氛烧结，可防止氧化。

（3）防止分解气氛。锆钛酸铅（Pb（Zr，Ti）O_3）等压电陶瓷在高温烧结时易发生分解，引入与制品成分相近的气氛进行烧结，可防止锆钛酸铅的分解。Si_3N_4 的烧结气氛为 N_2，可抑制 Si_3N_4 的分解。

（4）反应烧结气氛源。各种氮化物陶瓷烧结气氛为 N_2，N_2 不仅起到保护作用，还能与烧结材料发生化学反应，生成所需的含氮相。

6.3.6　气氛压力烧结

气氛压力烧结（gas pressure sintering，GPS）是指采用专门的气氛压力烧结炉，在所设定的高温烧结时间段内施加一定压力的气氛，以满足特殊陶瓷材料的烧结要求的方法。图 6.34 所示的气氛压力烧结炉的最高压力为 10 MPa，最高温度为 2000℃，其温度和炉内气体压力可通过编程进行程序控制。

图 6.34　气氛压力烧结炉

气氛压力烧结常用于氮化硅陶瓷的烧结，因为氮化硅没有熔点，在 1600℃以上会升华分解，但其烧结温度通常在 1700～1800℃，提高炉内氮气分压，可抑制氮化硅的分解。其典型烧结工艺流程为

$$
\begin{array}{ccccccc}
 & & \text{抽真空} & & 2\ \text{MPa}\ N_2 & & \\
 & & \downarrow & & \downarrow & & \\
\text{室温} & \rightarrow & 400℃ & \rightarrow & 1750℃\text{保温}\ 1\ \text{h} & \rightarrow & \text{随炉冷却}
\end{array}
$$

真空有利于坯体水分的排除及排胶，而氮气压力可防止氮化硅的分解并有利于温度均匀。氮化硅气氛压力烧结后，密度可达到理论密度的 98%以上。

采用埋粉工艺也可以抑制氮化硅的分解，图 6.35 为埋粉方法的示意图，即将氮化硅坯体埋入 Si_3N_4 + BN + Mg 的埋粉里，在高温烧结时，埋粉首先分解，在坯体周围形成一定的气氛保护氮化硅坯体。

GPS 与 HIP 的不同之处为：

（1）GPS 压力比较低（通常低于 10 MPa），对致密化的促进作用有限；

（2）GPS 常用 N_2 等作为气氛。

在实际生产中，气氛压力烧结氮化硅常采取两步法烧结工艺。

第 1 步：施加 0.1～0.5 MPa 氮气压，1600～1800℃预烧结，使陶瓷具有一定的密度，真实密度一般大于 94%，表面气孔闭合。

第 2 步：施加 1 MPa 氮气压，大于 1750℃烧结，残余开口气孔在高气压下不能闭合，因此提高气压之前，形成闭合气孔非常重要。

图 6.36 所示为经气氛压力烧结的氮化硅陶瓷轴承，它们可以在气氛压力烧结后直接应用，或经 HIP 处理后应用。

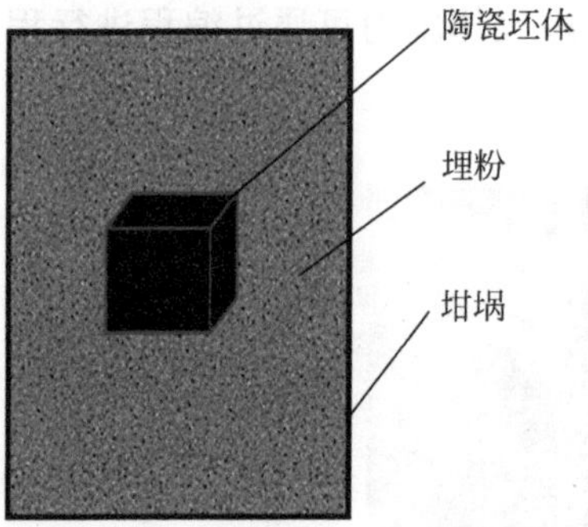

图 6.35 Si_3N_4的埋粉烧结方法

图 6.36 气氛压力烧结的氮化硅陶瓷轴承

6.3.7 放电等离子烧结

放电等离子烧结（spark plasma sintering，SPS）也称为等离子活化烧结（plasma activated sintering，PAS）。20 世纪 60 年代，Inoue 等人提出利用放电产生的等离子体烧结金属和陶瓷的想法，他们期待等离子体辅助的烧结能够在很大程度上有助于制备更加优异的材料。1988 年，日本井上研究所研制出第一台 SPS 装置。该装置具有 5 t 的最大烧结压力，在材料研究领域获得应用。最近推出的 SPS 装置是第三代产品，它具有产生 10～100 t 最大烧结压力的直流脉冲发生器，可用于工业生产。近年来，SPS 装置的主要制造厂家是住友石炭矿业株式会社，其生产的 SPS 系统的商品名称是 Dr. Sinter。它利用脉冲能、放电脉冲压力和焦耳热产生瞬时高温场来实现烧结过程，结合软件和硬件技术，已经发展成为可用于工业生产的设备。图 6.37 为 SPS 原理示意图。

SPS 与热压烧结类似，特点是利用直流脉冲电流放电加热，它瞬间产生放电等离子体，使烧结体内部各个颗粒自身均匀地产生焦耳热，并使颗粒表面活化。SPS 能量脉冲集中在晶粒结合处，局部高温可使表面熔化，产生烧结作用，如图 6.38 所示。而等离子溅射和放电冲击可清除颗粒表面杂质并吸附气体。

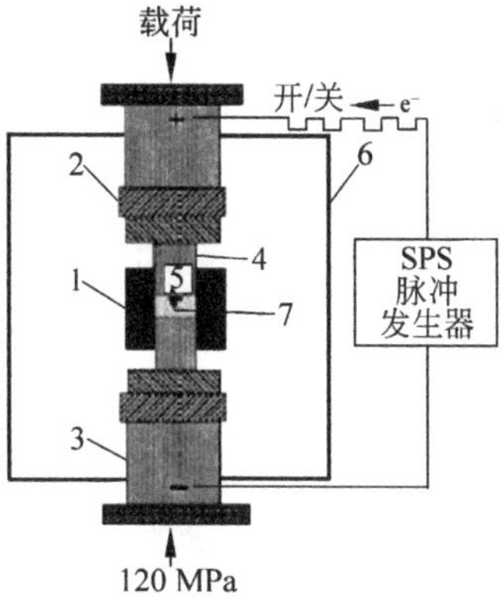

图 6.37 放电等离子烧结原理示意图

1—石墨模具；2—石墨垫片；3—下不锈钢压头（有循环水冷却）；4—上石墨压头；5—粉末样品或生胚；6—真空室；7—热电偶测温插入口；其他—压头位置记录仪、气氛操作（真空氮气）、循环水冷系统、远红外测温仪等

SPS状态有一个非常重要的作用：在粉体颗粒间通过放电产生自发电作用后，粉体颗粒高速升温，颗粒间结合处通过热扩散迅速冷却，施加脉冲电压使所加的能量在观察烧结过程的同时被高精度地控制，电场的作用也因离子高速迁移而造成高速扩散。通过重复施加开关电压，放电点（颗粒间局部高温源）在压实颗粒间移动而布满整个样品，使样品均匀发热，能量脉冲集中在晶粒结合处。这个过程如图 6.39 所示。

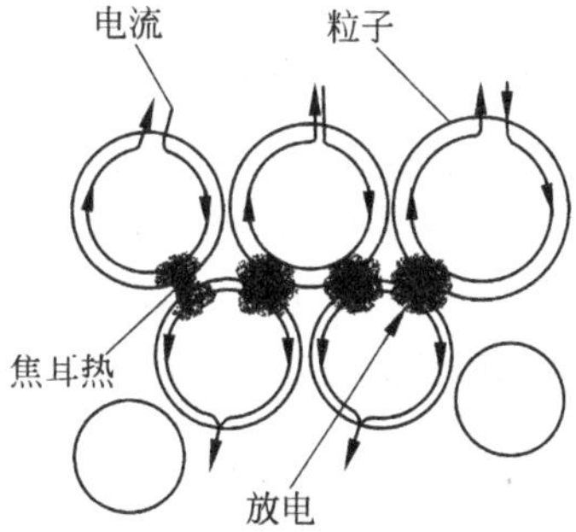

图 6.38 脉冲电流通过粉末粒子

与其他烧结方法相比，放电等离子体烧结有如下几个特点：

（1）烧结过程有放电等离子体产生；

（2）热效率高，升温速度快；

（3）颗粒表面自纯化和活化作用；

（4）电场的作用；

（5）电流在导体或表面电流在半导体、绝缘体中的作用。

这些特点使得放电等离子体烧结在很多方面有突出的优势，被广泛应用于梯度功能材料（FGM）、细晶粒纳米陶瓷、金属基复合材料（MMC）、纤维增强复合材料（FRC）、多孔材料等很多材料的制备。SPS 与其他烧结工艺的对比举例如下：

（1）TiB_2的烧结。常压烧结：2400℃，60 min，相对密度为 91%；热压烧结：1800℃，2 h，相对密度为 97%；SPS：1500℃，3 min，相对密度为 98.5%。

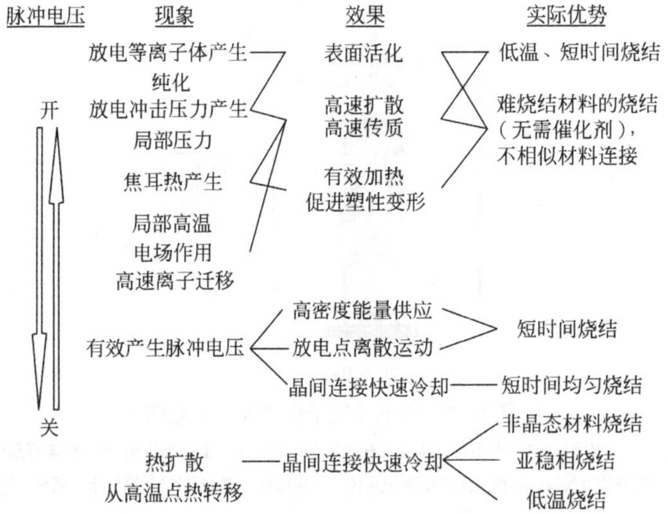

图 6.39 施加直流开关脉冲电压的作用

（2）金属陶瓷 TiCN + 10%（Mo，Ni）的烧结。TiCN 金属陶瓷具有优异的耐磨性能，常用于制备机床刀具和模具，通常采用气氛烧结和热压烧结。图 6.40 所示为此种金属陶瓷不同烧结工艺的显微组织照片，可以看出，采用 SPS 烧结，在 1470℃时即可将样品烧结致密；而热压烧结工艺需要 1550℃，无压+HIP 工艺需要 1600℃。

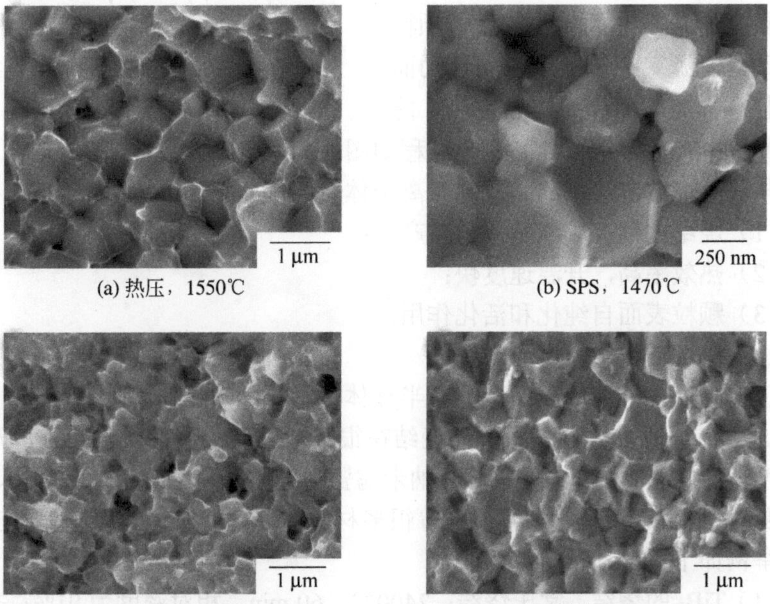

(a) 热压，1550℃ (b) SPS，1470℃

(c) 无压，1600℃ (d) 无压 + HIP，1600℃

图 6.40 金属陶瓷不同烧结工艺的显微组织照片

6.3.8　微波烧结

微波烧结（microwave sintering，MS）是指利用微波具有的特殊波段与材料的基本细微结构耦合而产生热量，材料的介质损耗使其整体加热至烧结温度而实现致密化的方法。微波烧结是快速制备高质量的新材料和制备具有新性能的传统材料的重要技术手段。它具有烧结温度低、烧结时间短、能源利用率和加热效率高、安全卫生无污染等优点。与传统的烧结工艺相比，微波加热可使工件均匀加热，加热速度快，高效节能，某些材料甚至可以在输入能量很少的情况下实现 2000℃以上的高温，图 6.41 所示为常用的微波烧结炉。

图 6.41　微波烧结炉

采用微波烧结炉烧结陶瓷，其工艺过程时间可缩短 50%以上；由于微波能量直接用于加热工件，在相同的生产率下，能耗仅为传统烧结工艺的 10%；微波烧结不存在高温下辐射传导的阴影效应，可减小热变形。

微波烧结的特点如下：

（1）加热机制不同于传统的辐射加热和对流加热，是内外整体加热，温度场均匀；

（2）加热速度快，可达 300℃/min 以上，而且微波电磁场促进扩散，加速烧结，细化晶粒，可降低烧结温度。

表 6.9 列出了几种陶瓷材料微波烧结和常规烧结后的晶粒尺寸，可以看出，这几种陶瓷材料的微波烧结品的晶粒尺寸明显小于常规烧结品。

表 6.9　几种陶瓷材料微波烧结和常规烧结后的晶粒尺寸　μm

烧结方法	纯Al_2O_3	ZrO_2-Al_2O_3	Y_2O_3-ZrO_2	ZnO
微波烧结	2.6~2.9	0.5	2.5	5~6
常规烧结	3.5~4.0	1.0	3.5	10

微波烧结的注意事项如下：

（1）要设计合适的保温装置，否则，烧结时样品表面散热会造成内外极大温差，导致烧结不均，甚至开裂。

（2）材料的特性对升温有很大影响。介质损耗大的材料升温快。在低温下，低介质损耗物质对微波能量不吸收，必须采用混合加热，即在低介质损耗工件的周围放置一些介质损耗大的材料，如 SiC 棒等，如图 6.42 所示。

（3）微波烧结设备必须采用特殊设计，以解决微波泄漏等安全问题，如图 6.43 所示。

微波烧结常用于烧结 AlN、透明氧化铝等材料，部分微波烧结产品如图 6.44、图 6.45 所示。

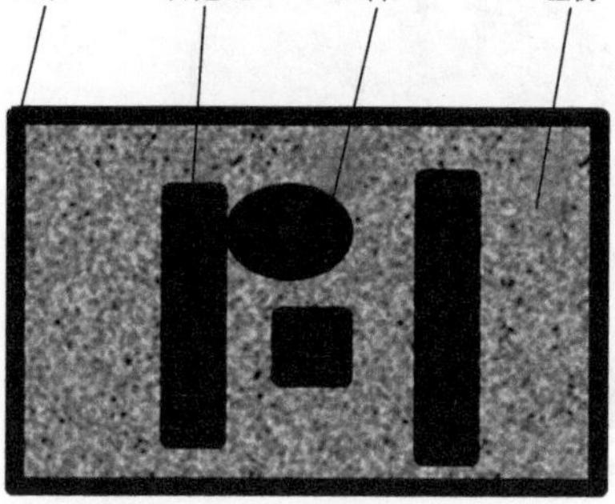

图 6.42　微波混合加热方法

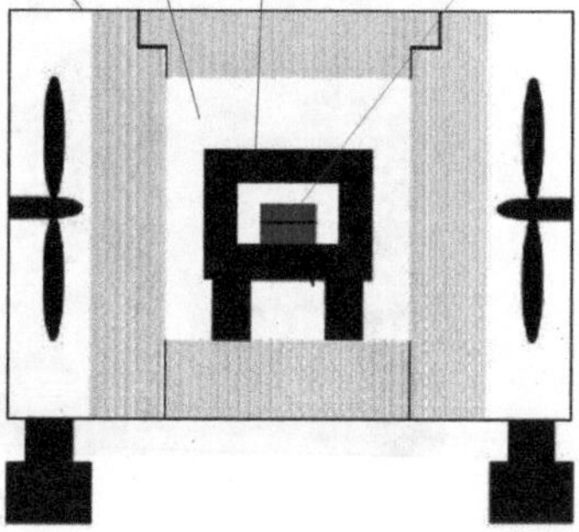

图 6.43　具有等热屏蔽结构的微波炉

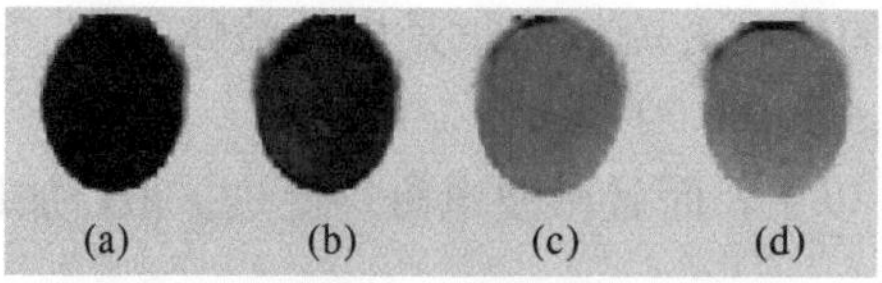

(a) 1850℃，60 min；(b) 1850℃，30 min；
(c) 1750℃，60 min；(d) 1750℃，30 min

图 6.44　不同微波烧结条件下制备的 AlN 样品

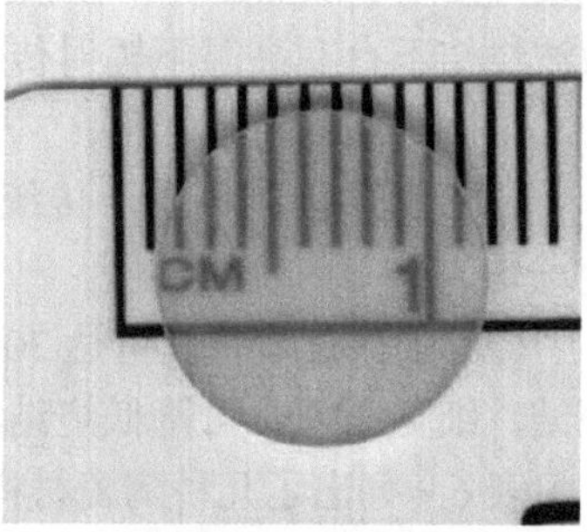

图 6.45　微波烧结制备的高透明氧化铝

利用微波高温反应烧结，可将常规方法需要长时间加热才能制得的氮化硅结合碳化硅耐火制品的工艺时间大为缩短。微波加热时，可以控制耐火制品内部的温度高于外部温度，芯部的金属硅首先开始氮化，氮化完全后再逐步扩展到制品的表面，这种过程与常规外加热方式截然相反，避免了外加热方式存在的外部温度高、外部首先反应将孔隙闭塞的缺点，并阻止氮气渗透到芯部继续反应，以免造成“夹生”现象。

6.4 精细陶瓷常用烧结炉

精细陶瓷常用烧结炉很多，分类方法也有多种。按烧结炉的操作来分，可将烧结炉分为间歇式和连续式两大类。常用的间歇式烧结炉，除前面提到过的反应烧结炉、气氛压力烧结炉、热压烧结炉、热等静压炉、放电等离子烧结炉、微波烧结炉等外，还有管式电炉、箱式电炉、井式电炉、高温倒焰窑、梭式窑、钟罩窑等。连续式烧结炉主要为各种形式的隧道窑，其中最主要的为推板式隧道窑和辊底式隧道窑。

6.4.1 间歇式烧结炉

1. 管式炉

常见管式炉的外形如图 6.46 所示，因其炉膛为管状，所以称为管式炉。管式炉的炉管两端可以密封通入气体或抽真空，可用于气氛或真空烧结。该类设备通常用于实验室，主要进行单个小型制品的烧结。

2. 箱式炉

箱式炉因其外形像箱子而得名，其外形如图 6.47 所示。其炉膛呈长六面体，靠近炉膛内壁放置电热体，主要用于单个小批量的大、中、小型制品的烧结。

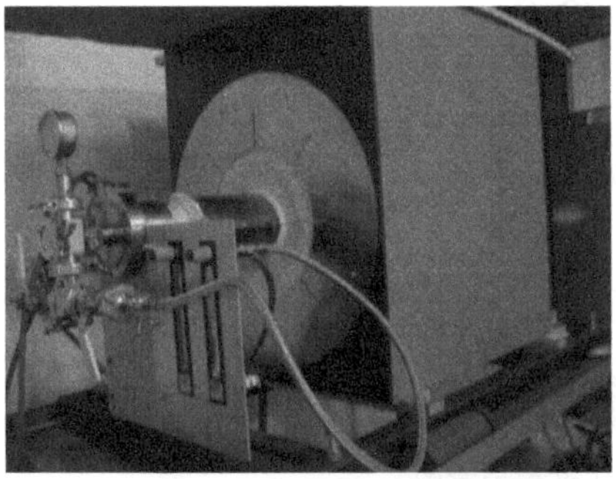

图 6.46 管式炉外形图

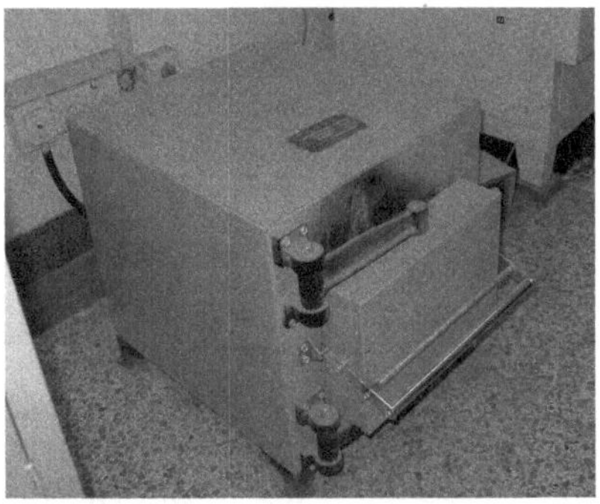

图 6.47 箱式电阻炉外形图

3. 井式炉

井式炉的炉膛高度大于长度和宽度（或直径），炉门开在炉顶面，用炉盖密封，其外形与结构分别如图 6.48、图 6.49 所示。井式炉多为圆柱形、正方形或长方形，电热体通常布置在炉膛的侧壁上，适宜于烧制管型制品。深井炉通常沿高度分成几个加热区，各区温度通过分别控制功率来调节，使电炉温度沿整个高度均匀分布。

图 6.48 井式炉外形

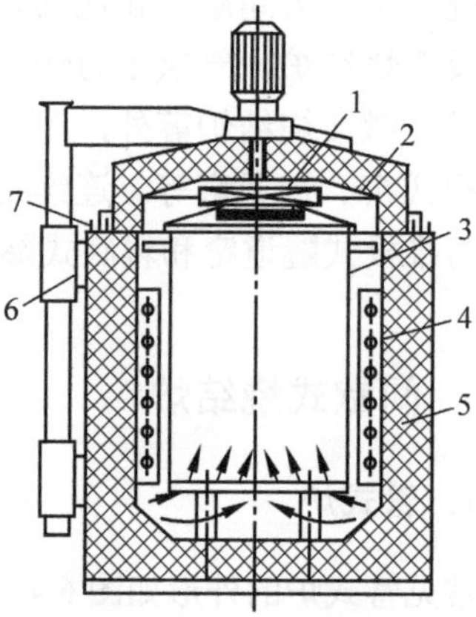

图 6.49 井式炉结构简图

1—风扇；2—炉盖；3—气流导向马弗炉及装料筐；4—电热元件；5—炉衬；6—炉盖启闭机构；7—沙封

4. 高温倒焰窑

高温倒焰窑主要以煤和油为燃料。它的结构包括 3 个主要部分：窑体（有圆窑和矩形窑）、燃烧设备和通风设备。其工作过程如图 6.50 所示。

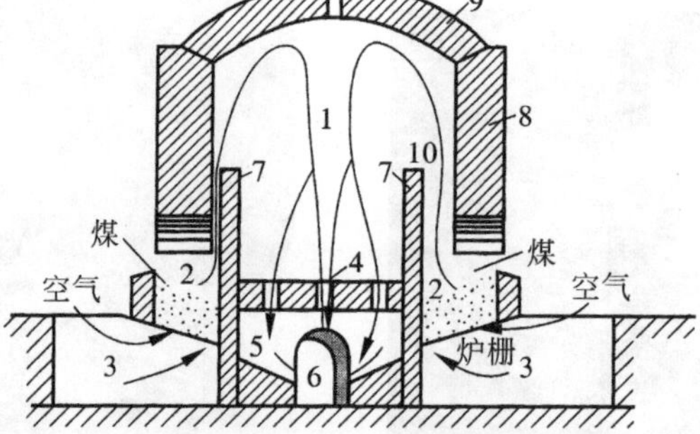

图 6.50 倒焰窑工作过程示意图

1—窑室；2—燃烧室；3—灰坑；4—窑底吸火孔；5—支烟道；6—主烟道；7—挡火墙；8—窑墙；9—窑顶；10—喷火口

将煤加至燃烧室的炉栅上，一次空气由灰坑穿过炉栅，经过煤层与煤进行燃烧。燃烧产物自挡火墙和窑墙围成的喷火口喷至窑顶，再自窑顶经过窑内坯体倒流至窑底，由吸火孔、支烟道及主烟道向烟囱排出。在火焰流经坯体时，其热量以对流和辐射的方式传给坯体。因为火焰在窑内是自窑顶倒向窑底流动的，所以称为倒焰窑。

5. 梭式窑

梭式窑是一种窑车式的倒焰炉，其结构与传统的矩形倒焰窑基本相同。烧嘴安设在两侧窑墙上，窑底用耐火材料砌筑在窑车钢架结构上，即窑底吸火孔、支烟道设在窑车上，并使窑墙下部的烟道和窑车上的支烟道相连，利用卷扬机或其他牵引机械设备使装载制品的窑车在窑车底部轨道上移动，窑车之间及窑车与窑墙之间设有曲封和砂封。梭式窑外观及结构分别如图 6.51、图 6.52 所示。

图 6.51 梭式窑外观
（炉门打开装炉情况）

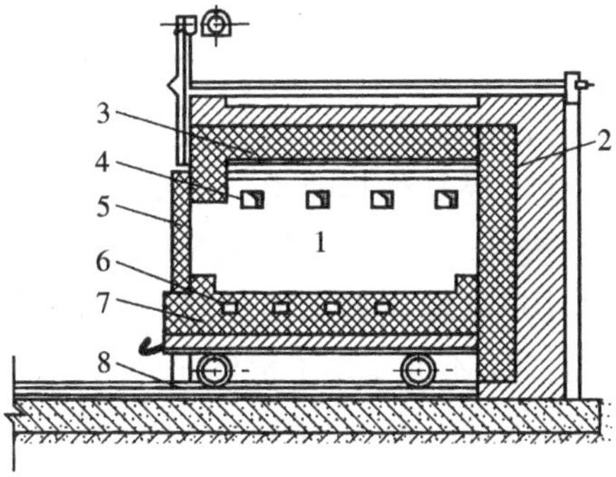

图 6.52 梭式窑结构示意图
1—窑室；2—窑墙；3—窑顶；4—烧嘴；5—升降窑门；6—支烟道；7—窑车；8—轨道

梭式窑内容纳窑车的数目视窑的容积而变，小容积梭式窑可容纳 1 辆或 2 辆，大容积梭式窑在宽度方向上可并排两辆窑车，在长度方向上可排 4 辆或更多的窑车。

梭式窑可在窑室长度方向上的两端设置窑门，在窑外码装好制品坯体的窑车由一端窑门推入窑内，制品烧好并冷却至一定温度后，窑车从窑室的另一端推出，接着把另外已装好制品坯体的窑车推入窑内。也可以只设一个窑门，窑车从同一个窑门推入、推出，就像书桌抽屉一样在窑内来回移动，这样的梭式窑也称抽屉窑。

梭式窑因为是在窑外装车、卸车，且易实现机械化操作，所以极大地改善了劳动条件并减轻了劳动强度。

6. 钟罩窑

钟罩窑是一种窑墙、窑顶构成整体并可移动的间歇窑，因其像一个钟罩，故称为钟罩窑。其结构基本上与传统的圆形倒焰窑相同。沿窑墙圆周安设一层或多层烧嘴，每个烧嘴的安装位置都是使火焰喷出方向与窑墙截面的圆周成切线方向。钟罩窑内常备有两个或数个窑底，每个窑底上都设有吸火孔及与主烟道相连的支烟道。窑底的结构分窑车式和固定式两种。窑车式钟罩窑在使用时，先通过液压设备将窑罩提升到一定的高度，然后将装载制品坯体的窑车推入窑罩下，降下窑罩，严密砂封窑罩和窑车之间的结合处，即可开始烧窑。固定式钟罩窑在使用时，利用起重设备将窑罩吊起，移到装载好制品坯体的一个固定窑底上，密封窑罩和窑底，即可烧窑。制品烧成并冷却至一定温度后，便可将窑罩提升，推出窑车，继续冷却，如图 6.53 所示。

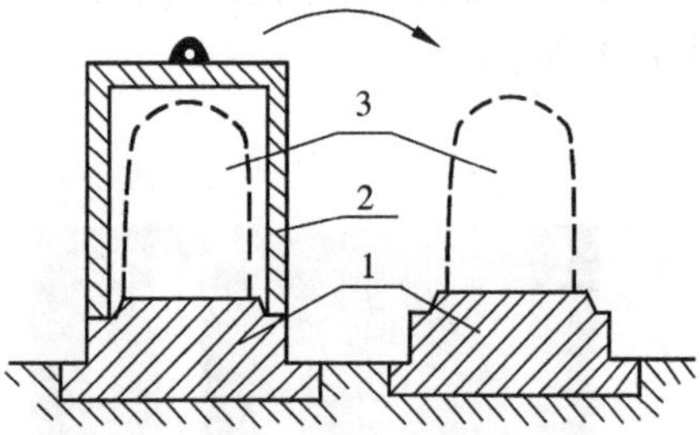

图 6.53　钟罩炉的结构示意图

1—底座；2—炉罩；3—制品

钟罩窑是在窑外装卸坯体和制品的，与传统的倒焰窑相比，极大地改善了劳动条件并减轻了劳动强度。同时，与梭式窑一样，使用高速调温喷嘴以提高传热速率，缩短烧结时间，提高产品质量，节省燃料消耗量，尤其是以轻质耐高温的隔热材料为窑衬时，不但减少了窑体向外的散热和蓄热量，而且大幅减轻了窑罩的金属钢架结构和起吊设备的负担，并且可像梭式窑一样采用程序控制系统，实现窑炉升温各阶段的自动控制。

还有一种可以变更窑室高度的钟罩窑，窑墙、窑顶可以利用起吊设备单独吊起，而且窑墙是分圈砌筑的，可以根据烧结坯体的高度需要灵活地装拆，以变更窑室的高度。因为窑墙的结构就像一个个蒸笼一样，故又称为蒸笼窑。

6.4.2 连续式烧结炉

1. 隧道窑

隧道窑和铁路山洞的隧道相似，故称为隧道窑。目前，精细陶瓷用的隧道窑有火焰加热隧道窑和电热隧道窑两种。任何隧道窑的温区都可以分为 3 段：预热带、烧结带和冷却带。

在火焰加热隧道窑中，干燥至一定水分含量的陶瓷坯体入窑后，首先经过预热带，受到来自烧结带的燃烧产物（烟气）的预热，然后进入烧结带，燃料燃烧的火焰及生成的燃烧产物加热坯体，使坯体达到一定的温度而烧结。燃烧产物自预热带的排烟口、支烟道、主烟道经烟囱排出窑外。烧结的产品最后进入冷却带，将热量传给冷空气，产品本身冷却后出窑。被加热的空气一部分作为助燃空气送到烧结带，另一部分抽出去作坯体干燥或气幕用。隧道窑最简单的工作系统如图 6.54 所示。

在电热隧道窑中，电热元件安装在预热带、烧结带，装好坯体的窑具在传动机构的作用下，连续地经过预热带、烧结带和冷却带。

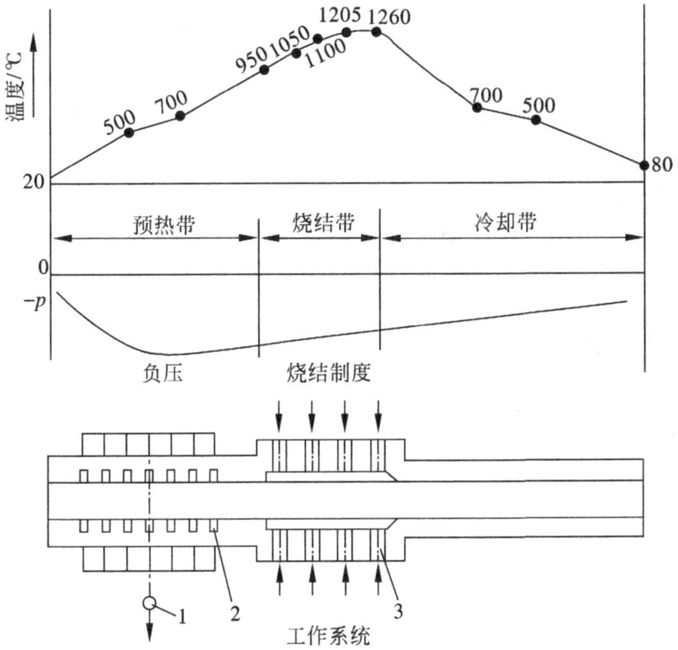

图 6.54　隧道窑最简单的工作系统

1—烟囱；2—排烟孔；3—烧煤燃烧室

2．推板式隧道窑

推板式隧道窑的通道由一个或数个隧道组成，通道底部由坚固的耐火砖精确砌筑成滑道，坯体装在推板上由顶推机构推入窑炉内，在运动过程中经过不同的温区完成烧结，最后由炉子的另一端推出，取出陶瓷坯件后匣钵通过输送机构返回完成一个循环，如图 6.55 所示。

3．辊底式隧道窑

辊底式隧道窑的窑底为一排金属质或耐火材料质辊子，每条辊子在窑外传动机构的作用下不断地转动；坯体由隧道的预热端放置在辊子上，在辊子的转动作用下，通过隧道的预热带、烧结带、冷却带，完成烧结，如图 6.56 所示。

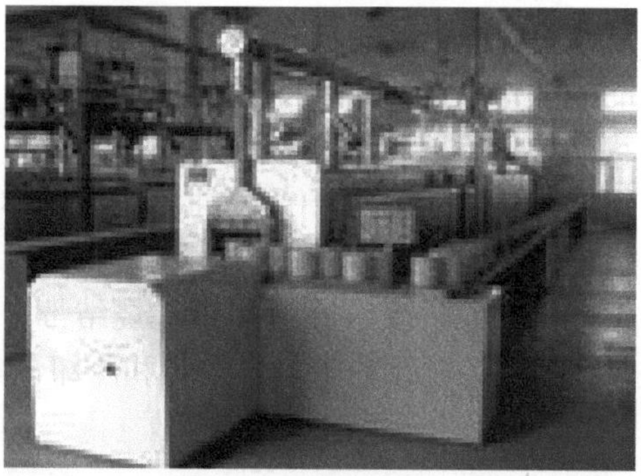

图 6.55　推板式隧道窑外观

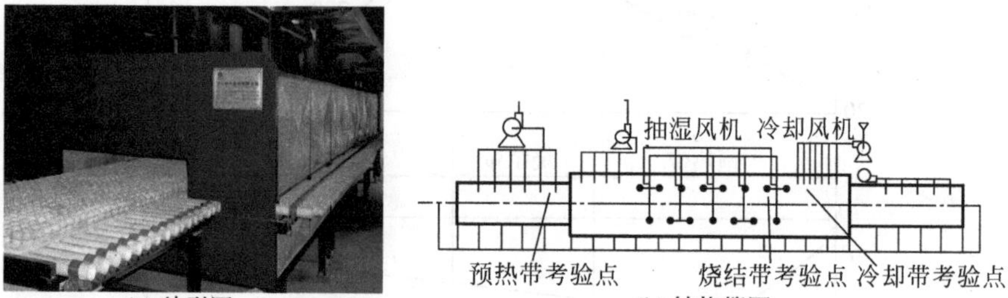

(a) 外形图　　(b) 结构简图

图 6.56　辊底（道）式隧道窑

6.4.3　烧结炉的加热系统与耐火保温材料

1．加热系统

烧结炉常用的加热系统有电阻加热、感应加热、火焰加热、微波加热等。感应加热包括工频、中频、高频等不同方式；火焰加热所用燃料有重油、柴油、天然气、液化石油气等；电阻加热所用的加热元件有金属电阻丝、非金属加热材料等。烧结炉常用金属电阻丝及其性能如图 6.57 所示。烧结炉常用的非金属加热材料有：

（1）碳化硅（硅碳棒），最高使用温度为 1350℃，容易老化，需配备低压变压器；

（2）二硅化钼（硅钼棒），最高使用温度为 1700℃（400～700℃易氧化，避免接触氯和硫），电阻温度系数大，需要配备低压变压器；

（3）石墨（碳粒、石墨带），最高使用温度为 2200℃（真空或保护气氛），低电压为 5～35 V，7～70 V，大电流，需要调压器；

（4）$LaCrO_3$，空气介质中使用，最高使用温度为 1800℃；

（5）ZrO_2，空气中加热，最高使用温度为 2000℃，低温电阻过高，需预先用其他热源加热到一定温度。

- 金属电阻丝
  - 镍铬系
    - Cr20Ni80　100~1050℃
    - Cr15Ni60　900~950℃
  - 铁铬铝系
    - 0Cr27Al7Mo2　1200~1300℃
    - 0Cr13Al6Mo2　1050~1200℃
  - 高熔点金属和铂
    - 钼丝加热　1800℃（氢气、真空）
    - 钨丝加热　2400℃
    - 铂丝加热　1600℃（与氢气或碳氢反应）

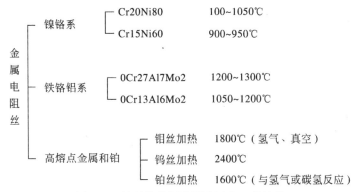

图 6.57　烧结炉常用金属电阻丝及其性能

2．耐火保温材料

烧结炉常用的耐火保温材料有传统耐火保温材料和新型轻质耐火保温材料两大类。

1）传统耐火保温材料

常用的传统耐火保温材料有：

（1）高铝砖，最高使用温度为 1500℃；

（2）黏土砖，最高使用温度为 1350℃；

（3）轻质黏土砖，最高使用温度为 1150～1300℃；

（4）铬砖，最高使用温度为 1700℃；

（5）镁砖，最高使用温度为 1700℃；

（6）硅藻土砖，最高使用温度为 900℃；

（7）石棉板，最高使用温度为 500℃。

2）新型轻质耐火保温材料

常用的新型轻质耐火保温材料有：

（1）纯硅酸铝纤维，最高使用温度为 1100℃；

（2）高铝硅酸铝纤维，最高使用温度为 1150～1200℃；

（3）莫来石纤维，最高使用温度为 1300℃；

（4）氧化铝纤维，最高使用温度为 1450～1600℃；

（5）泡沫氧化铝砖，最高使用温度为 1600℃；

（6）碳毡，最高使用温度为 2200℃（真空、保护气氛）。

6.4.4　烧结炉选择注意事项

选择烧结炉时，应特别注意以下几项：① 加热元件；② 保温屏蔽材料；③ 测温元件；④ 测温元件的位置。如果这些因素选择不合理，可能会影响最终产品的质量稳定性，甚至造成大量废品。下面通过几个生产实例，简单介绍合理选择和使用烧结炉的重要性。

1．大型反应烧结氮化炉温度场均匀性

国内某企业为批量生产反应烧结氮化硅结合碳化硅耐火材料，花费 100 万元专门购买了一台炉腔尺寸为 1500 mm×1500 mm×3000 mm 的大型烧结炉，其发热体为ϕ30 mm 的石墨棒，由 3 台功率为 80 kW 的干式变压器带动，图 6.58 所示为炉子的基本结构和实物照片。

但在实际生产中，由于反应烧结氮化炉温度场不均匀且温度变化没有规律，无法获得合格的产品，给企业造成巨大损失。

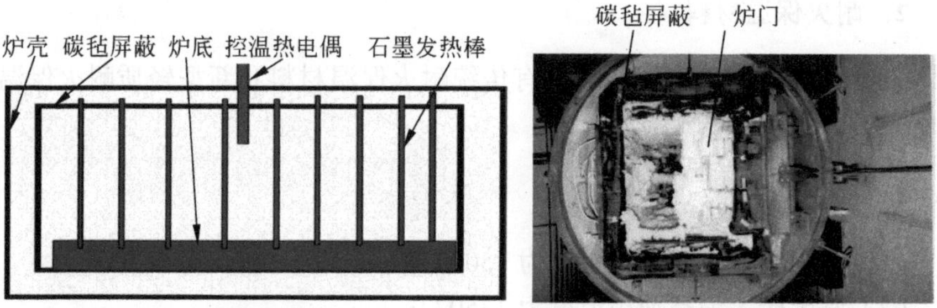

(a) 结构图　　(b) 实物照片

图 6.58　反应烧结炉的结构和实物照片

经分析发现，该烧结炉存在以下问题：

（1）加热元件选择不合理，反应烧结氮化硅结合碳化硅生产所需的最高温度约为 1450℃，选用硅钼棒加热元件比较合适，石墨棒加热元件易氧化，寿命短；

（2）炉体大，控温热电偶的数量少，且位置偏高；

（3）热电偶补偿导线选择错误，该设备选用铂铑热电偶测温，但使用了与镍铬-镍铝热偶电相配套的补偿导线，这是造成炉温无规律变化的主要原因。

2．真空气氛烧结炉应注意炉内上、下部的温差

某单位将真空烧结炉改装用于烧结氮化硅刀具毛坯，炉子的结构如图 6.59 所示。结果发现，烧出的刀具毛坯质量不均匀，如下部过烧，上部未烧结好，只有中间一部分合格。技术人员经过认真分析检查，认为造成该问题的主要原因是炉内的热屏蔽层厚度不够，另外，炉子存在设计不合理的问题，尤其是上屏蔽有效厚度太薄，密封不严，造成热量流失和炉内上、下部温差太大。该问题也同时说明炉子的热屏蔽保温材料及其结构对炉子的正常使用极为重要。屏蔽保温层的厚度要适当，保温厚，炉子保温性能好，温度场均匀，加热速度和效率提高，但也会造成炉子冷却速度慢，进而影响整体烧结效率。

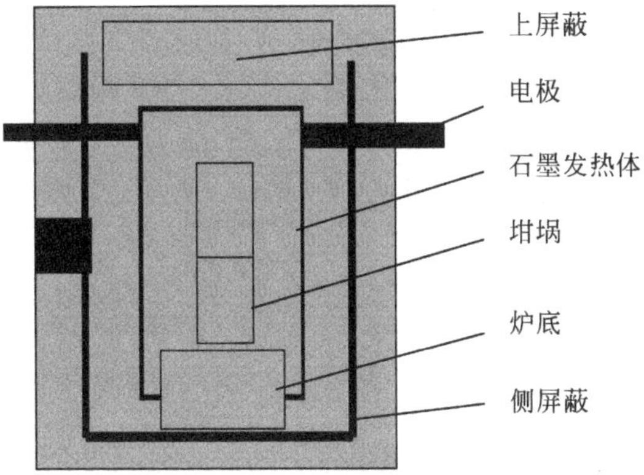

图 6.59 真空气氛烧结炉结构示意图

3. 热压烧结要注意通气孔位置、测温窗口

热压烧结时，样品被石墨模具包围，光学测温仪不能直接观察到样品，只能测量石墨模具的温度，如图 6.60 所示。因此，如何准确测定烧结温度，需要特别小心。

测温时，测温窗口镜片和石墨模具外表面的清洁、热压炉进气口的位置等都会给测温造成较大的误差。有人在使用热压炉烧结样品时，曾因将测温孔的进气量调得过大，造成低温气体直接吹向石墨模具表面，引起测温误差，结果烧结样品靠近测温孔的一侧欠烧，另一侧过烧。

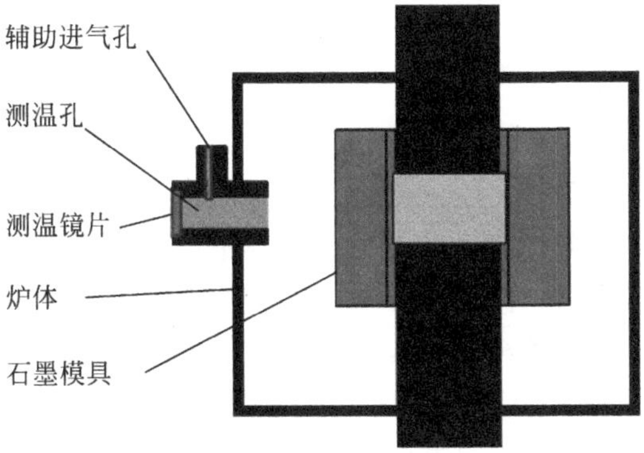

图 6.60 热压烧结（注意通气孔位置、测温窗口）

4. 更换发热元件注意电阻匹配

工业生产中，经常使用硅碳棒和硅钼棒加热元件，如图 6.61 所示。加热元件使用一段时间后，电阻值会发生较大的变化，所以在更换发热体时，必须注意到新发热体与使用过的发热体电阻值不同，应全部更新或电阻匹配后

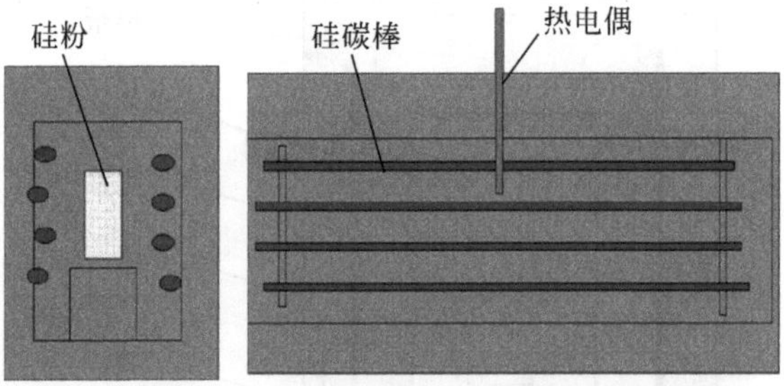

图 6.61 硅粉氮化炉（更换发热元件，注意电阻匹配）

更换。否则，由于每根硅碳棒的电阻值不同，会造成每个发热体的温度不同，进而造成炉子的温度场不均匀而无法生产出合格的产品。

6.5 炉温测量与控制

炉温的测量与控制是现代窑炉和加热烧结设备极其重要的一部分。保证高精度的温度测量和控制，是保证精细陶瓷质量的重要工艺条件，也是精细陶瓷制备工艺与传统陶瓷制备工艺的重要区别之一。

精细陶瓷烧结过程中常用的测温方法主要有热电偶测温、热电阻测温、辐射测温、三角锥测温等。烧结炉的温度控制则是采用各种自动控温装置来实现的。

6.5.1 热电偶测温

1. 热电偶测温原理

热电偶测温是以热电现象为基础的。热电现象是指在两种不同的导体或半导体 A 和 B 组成的闭合回路中，如果它们的两个接点的温度不同，则在回路中会产生电流，如图 6.62 所示。这说明，此时回路中存在一个电动势，一般称其为热电动势。热电动势的大小与热电偶材料和两接点的温度差有关，在热电偶材料和其中一个接点温度已知的情况下，通过测量回路中的热电动势，即可确定另一个接点的温度。

2. 热电偶材料

构成热电偶的两种材料称为热电极。热电极主要是用金属材料制成的，有时也用非金属材料及半导体材料。

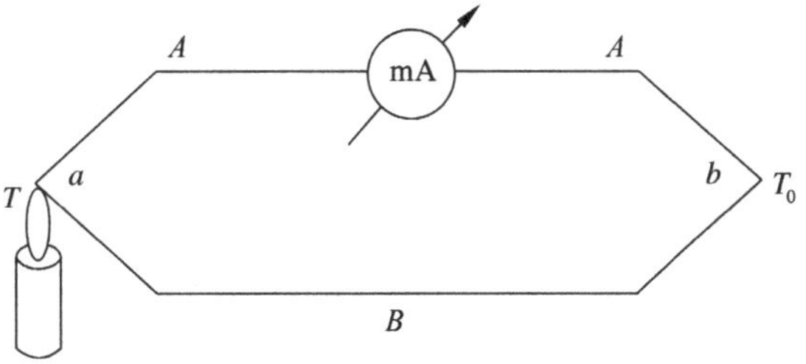

图 6.62 热电现象示意图

对热电极材料的要求是化学稳定性高、物理性能稳定、高熔点、低蒸气压、高温下不产生再结晶和蒸发、热电势大及灵敏度高、线性度较好、热电动势与温度呈简单的单值函数关系、材料复制性能优良、价格便宜、电阻温度系数低、机械性能好、便于拉丝与焊接等。

3. 国际标准化热电偶

国际标准化热电偶是指生产工艺成熟、可成批生产、性能稳定、应用广泛、具有统一的分度表并已列入国际专业标准中的热电偶。目前国际标准化热电偶共有 8 种，分别以 8 个不同的字母表示，见表 6.10。

表 6.10 国际标准化热电偶

型号	材料	使用温区/℃	气氛	特点
S	铂铑10/铂	0～1600	氧化	温区宽、稳定，易受金属、硫、磷污染，低温电势值小
R	铂铑13/铂	0～1600	真空	
B	铂铑30/铂铑6	600～1700	中性	
K	镍铬/镍硅	－40～1300	氧化	电势大、均匀
N	镍铬硅/镍硅	－40～1100	氧化	
E	镍铬/铜镍	－40～900	氧化	价低、电势大
J	铁/铜镍	－40～750	氧化	
T	铜/铜镍	－40～350	氧化	

4. 非标准热电偶

除上述 8 种国际标准化热电偶外，还有一些尚未标准化的热电偶。其中最主要的是贵金属热电偶和非金属热电偶。

1）贵金属热电偶

（1）铂铑系热电偶

除了已经国际标准化的 S 型、B 型、R 型铂铑系热电偶之外，未标准化的铂铑系热电偶还有铂铑 13-铂铑 1、铂铑 20-铂铑 5、铂铑 40-铂铑 20 等多种热电偶。提高铑的含量对提高热稳定性和使用温度有利，例如，铂铑 40-铂铑 20 热电偶的最高使用温度可达 1850℃，而且在 1550～1850℃之间的热电特性几乎呈线性关系。另外，负极采用铂铑合金而非纯铂，可以避免因铑元素的蒸发、扩散而玷污纯铂电极。

（2）钨铼系热电偶

钨铼系热电偶主要有 4 种：钨铼 3-钨铼 25、钨铼 5-钨铼 26、钨铼 5-钨铼 20、钨-钨铼 26。钨铼系热电偶适用于惰性、干氢和真空气氛，上限温度可达 2400～2800℃，但不宜在氧化、非氢和湿氢的还原气氛中使用。

（3）铱铑-铂系热电偶

铱铑-铂系热电偶主要有铱铑 40-铂、铱铑 50-铂、铱铑 60-铂这 3 种。这类热电偶的最高使用温度为 2000℃，适用于真空和中性气氛，不能在氧化和还原气氛中使用。

（4）双铂钼热电偶

双铂钼热电偶的最高使用温度为 1600℃，适用于真空和中性气氛。这类热电偶的最大特点是中子俘获面积小，特别适合在核辐射场合进行高温测量。

2）非金属热电偶

非金属热电偶有石墨-石墨（晶型不同）、碳化硅-石墨、碳化硼-石墨、氧化铬、碳化铌热电偶等类型。它们均各有特点，并具有较好的抗腐蚀性能，热电动势高，熔点也高，使用温度高，如 B_4C-石墨热电偶，最高使用温度可达 2200℃。但非金属热电偶的缺点是热电特性不够稳定，复现性能差，不同热电偶间的性能差别比较大。

5．热电偶的测温回路

1）基本测温回路

热电偶测温回路是由热电偶、连接导线及温度显示仪表组成的。基本的热电偶测温回路如图 6.63 所示。图 6.63(a)测量的温度为 T_1，中间参考温度为 T_2；图 6.63(b)测量的温度为 T_1 与 T_2 之差，参考温度为 T_3，都由铜导线将热电偶连接到显示仪表上。当参考温度保持在 0℃时，两个测温回路都可应用于精密测温，若不能保证参考温度为 0℃，就不能简单应用。

2）特殊测温回路

除基本回路之外，还有以下一些特殊回路。

（1）串联测量回路

串联测量回路是指串联多支特性相同的热电偶并安装在烧结炉的不同部位，适于检测微小的温度变化。此时产生的热电动势为各支热电偶的热电动

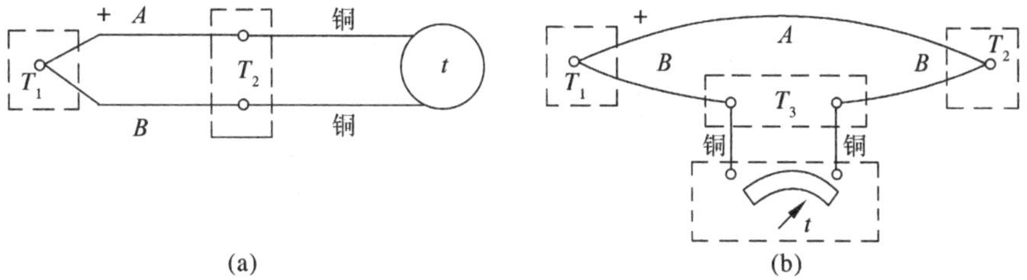

图 6.63 热电偶基本测温回路

势的总和，灵敏度高。平均热电动势则为总热电动势除以热电偶的支数 N。但应用串联热电偶回路时应当注意两点：一是几支串联热电偶的电阻值应相等；二是热电偶短路不易被发现，若未及时察觉，则会造成极大的误差。

（2）并联测量回路

将几支同型号、同规格的热电偶并联起来使用的测温电路称为并联测量回路。并联测量电路的总电势等于所用热电偶的平均值，即

$$E_{并}=(E_1+E_2+\cdots+E_n)/n \tag{6-16}$$

并联测量回路的热电动势与单只热电偶的电势相当，但其相对误差为单只热电偶的 $1/n$。

当其中一支热电偶断路时，不影响整个测温工作。并联测量回路常被用来测量平均温度或用于需要准确测量温度的场合。

（3）反接回路

将两支相同型号的热电偶的电极反向串联起来，并保持两热电偶的冷端温度相同，称为反接回路。使用反接回路时，在显示仪表上显示的数值为两支热电偶所测数据的差。所以，此回路被用来进行温差测量。

（4）共用回路

将若干支热电偶通过转换开关共用一支显示仪表的测量回路称为共用回路。对于大量、非连续测温点的温度测量，采用共用回路可以大量节省显示仪表的数量。

6. 冷端温度

1）冷端温度的要求

保持冷端为 0℃或某一常数值是使用热电偶的前提条件。要求冷端温度必须恒定，是因为热电偶所产生的热电动势不仅与被测温度有关，而且还与冷端的温度有关，只有在冷端温度固定后，热电动势才和被测温度有确定的单一函数关系。保持冷端为 0℃，是因为经常使用的热电偶的分度表和显示仪表都是以热电偶的冷端温度为 0℃作先决条件的，为了直接应用分度表，就

必须使冷端温度为0℃。在实际测量中，冷端的温度往往是波动的，从而造成测量误差。为了尽量减小这种误差，就需要设法使冷端温度保持为0℃，或先保持恒定，然后进行补正（就是消除因冷端不是0℃而带来的误差）。常用的方法有冷端冰点槽法和延伸线法。

2）冰点槽法

将热电偶的冷端置于冰水融体（0℃）或0℃恒温器中，可以完全避免冷端温度的变化。这一般只有在实验室条件下才可进行。

3）延伸导线法

在测温过程中，热电偶的冷端一般离热源较近，温度是不断波动的，而离热源较远的地方的温度一般是相对稳定的。为了使冷端温度恒定，可以将热电偶加长，使冷端延伸至温度变化小的地方。对于普通非贵金属热电偶，这种方法是没问题的；但对于贵金属热电偶，则会造成成本过高。由于热电偶的冷端温度一般低于150℃，所以只要采用一种导线，其在0～150℃的热电特性与热电极相同，则可用这种导线将热电偶的冷端延伸至温度恒定的地方，这种导线称为延伸导线。

延伸导线也常被称为补偿导线，但值得注意的是，延伸导线只是将热电偶的冷端由温度变化较大的地方延伸到温度变化较小或基本稳定的地方（如仪表控制室），它并没有温度补偿作用，故不能消除因冷端温度不是0℃而带来的与分度表的差别；另外，不同的热电偶类别需采用不同的延伸导线，不能混用。与热电偶一样，延伸导线也分正极和负极。在使用时，延伸导线的正极与热电偶的正极相接，负极与热电偶的负极相接，不能接错它的正负极。国产热电偶延伸导线见表6.11。

表6.11　国产热电偶延伸导线

适用热电偶	正极		负极		标准热电动势E/mV（冷端为0℃）	
	材料	色别	材料	色别	热端100℃	热端150℃
铂铑10-铂	铜	红	镍铜	绿	0.643 ± 0.023	$1.025^{+0.24}_{-0.055}$
镍铬-镍硅	铜	红	康铜	褐	4.10 ± 0.15	6.13 ± 0.20
镍铬-考铜	铜	红	考铜	黄	6.95 ± 0.30	10.69 ± 0.20
铁-康铜	铜	白	康铜	褐	5.02 ± 0.05	
铜-康铜	铜	红	康铜	褐	4.10 ± 0.15	6.13 ± 0.20
钨铼5-钨铼10	铜	红	铜（1.7%～1.8%镍）	蓝	1.337 ± 0.045	

6.5.2 热电阻测温

1. 热电阻测温原理

随着温度的升高，导体或半导体的电阻会发生变化，温度和电阻间具有单一的函数关系，利用这一函数关系来测量温度的方法即为热电阻测温法，而用于测温的导体或半导体称为热电阻。陶瓷烧结测温用的热电阻主要为铂热电阻。

2. 铂热电阻

1）铂热电阻的性能

铂热电阻的性能包括铂丝纯度高，化学与物理性能稳定，电阻与温度的线性关系良好，电阻率高，复制与加工性能好，长时间稳定的复现性可达0.0001 K；其测温范围广，可达–270℃～1200℃，是最好的热电阻材料，因而应用最广，成为最重要的热电阻温度计。在国际实用温标ITS-90中规定，在13 K至960℃的温度范围内，T_{90}用铂热电阻温度计作为内插仪器，并以它作为传递标准。

2）铂热电阻的类型

按用途，铂热电阻分为标准型和工业型两大类。

标准型铂热电阻是高精度热电阻，主要用作温标传递的计量仪器或用于精密温度测量，它们都是在实验室条件下使用的。标准型铂热电阻是用W_{100}>1.3925的纯度极高的铂丝制成的，铂丝直径为0.05～0.1 mm，电阻值一般为10 Ω或25 Ω。

用于现场的铂热电阻温度计称为工业型铂热电阻温度计。其所用的铂丝为工业纯铂，W_{100}为1.387～1.3910，纯度低于标准型铂热电阻。

3）使用注意事项

铂热电阻受到某些因素影响时，会改变温度电阻特性，造成测量误差，使用时应特别注意。主要的影响因素有：

（1）震动与应力；

（2）淬火与氧化效应；

（3）磁阻效应；

（4）自热效应；

（5）压力效应引线电阻影响；

（6）传热误差。

6.5.3 辐射测温

利用物体的热辐射进行测温的方法称为辐射测温，精细陶瓷烧结过程中常用的辐射测温仪器有光学高温计和红外测温仪。

1．辐射测温的优缺点

1）优点

（1）辐射测温是非接触测量，测量过程中不干扰被测物体的温度场，从而具有较高的测温精度。

（2）响应时间短，最短可达微秒级，容易进行快速测量和动态测量。

（3）测温范围广，从理论上讲，辐射测温无上限。

（4）可进行远距离遥测。

2）缺点

（1）不能测量物体内部的温度。

（2）受发射率的影响较大，必须进行发射率修正，才能得到真实温度。

（3）受中间环境介质的影响比较大。

（4）设备较复杂，价格较高。

但是随着科学技术的进步，这些缺点可望被逐步解决。

2．光学高温计

1）工作原理

常用的 WGC 型灯丝隐灭式光学高温计的原理结构如图 6.64 所示。它由光学望远镜系统、温度灯泡（也称标准灯泡）及测量线路组成。已标定辐射温度的灯丝（改变加热电源以调节标准灯泡的灯丝亮度）为比较标准，利用光学望远镜将被测体的辐射平面移到灯泡灯丝的平面上互相比较，改变滑线电阻以增减灯丝的加热电流，灯丝亮度发生变化，当灯丝亮度与被测物体的亮度相当时，灯丝即分辨不出，这时，灯丝的亮度就是被测体的亮度，如图 6.65 所示。由于灯丝亮度与温度的关系已知，指针在标尺上指示的就是被测体的亮度温度。亮度相当也称为亮度匹配，它应在 $\lambda = 0.66\ \mu m$ 的条件下进行。

红色滤光片切入光路时，眼睛所看到并进行比较的就是红色光；若红色滤光片未切入光路，比较的不是红色光，则结果是错误的，这点要特别注意。

2）光学高温计的特性

光学高温计是手动操作，有经验的操作人员，比较亮度带来的误差为 2℃，一般操作水平至少有 4℃的误差。稍不注意，误差可达 10℃，故手动操作是其缺点。

光学高温计所用标准灯泡的安全加热温度为 1450℃，为了扩大量程，通常采用灰玻璃吸收法，将被测物体的辐射能量减弱，只要吸收玻璃的减弱系数已知，如减弱系数为 0.5，接入此吸收玻璃后，则高温计的量程扩大一倍，若接入更大减弱系数的吸收玻璃，则量程进一步扩大。由于光学高温计具有望远镜系统，被测体与灯丝在同一个观察面上进行比较，不受距离的影响，因此理论上光学高温计没有测量上限，也不受距离的限制。实际上，由于空气中有灰尘、水汽等，对辐射强度减弱较大，故一般以在 8 m 距离内使用为宜。

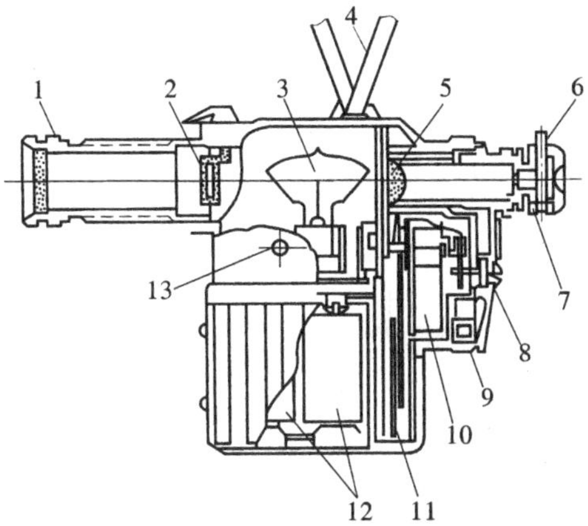

图 6.64　WGC 型灯丝隐灭式光学高温计原理结构图

1—物镜；2—吸收玻璃；3—温度灯泡；4—皮带；5—目镜；6—红色滤光片；7—目镜定位螺母；8，9—滑线电阻；10—测量电表；11—标尺；12—干电池；13—按钮

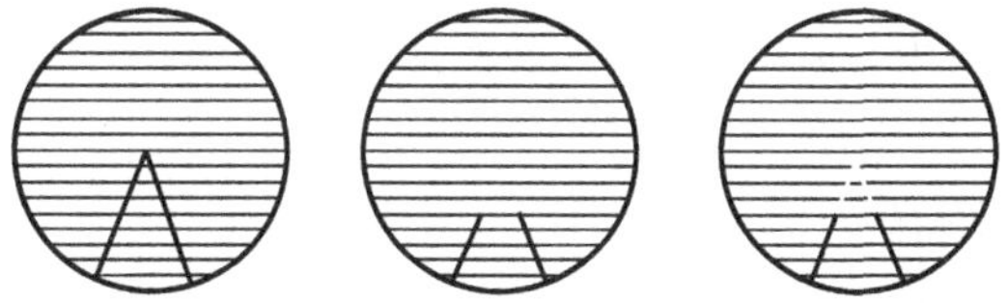

图 6.65　调节亮度时高温计灯丝的 3 种情况

3．红外测温仪

红外测温仪的类型和测温原理与前面所讲的辐射高温计相同，不同的是辐射高温计选用的波段为可见光，而红外测温仪选用的波段为红外线。常见的红外测温仪如图 6.66 所示。

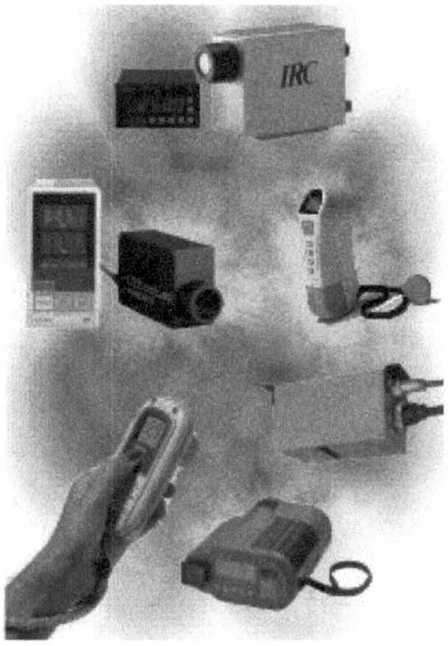

图 6.66　常见的红外测温仪

1）全辐射红外测温仪

全辐射红外测温仪多以 ZnS 为窗口，以热敏电阻、热电堆或热释电探测器作为接受元件，工作波段为 2～15 μm，主要测量低温物体的温度。该类仪器由光学系统、调制器、探测器、电子线路和机械部件组成。其测温原理如图 6.67 所示。反射系统由椭圆球反射面的主镜及球反射面的次镜构成，反射面上真空镀铝，反射率可提高到 95%以上。光学系统的焦距可通过改变次反射镜的位

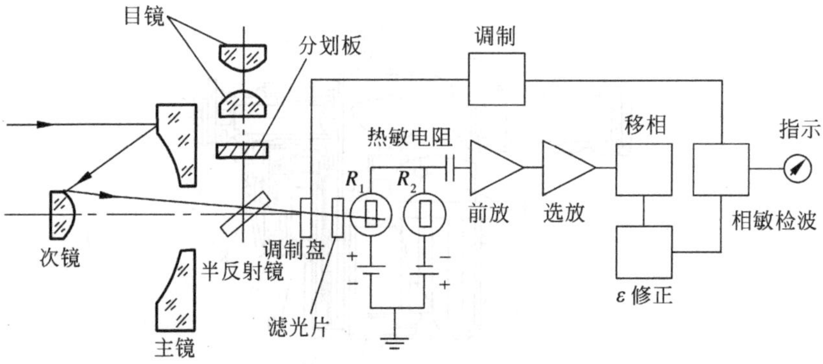

图 6.67 反射式全辐射红外测温仪原理图

置来调整，倾斜 45°角的锗单晶片半反射镜将红外线透射到热敏电阻上，将可见光反射到目镜系统，便于观察时对准被测物体。调制盘将辐射线调制为 30 Hz 的光波信号，便于放大处理。该仪表测温范围为 0～200℃，测量距离为 4～50 m，距离系数为 75，仪表基本误差为 ±（1% t + 0.5）℃，其中，t 为所测温度的读数。

2）单色红外测温仪

单色红外测温仪一般以蒸镀 ZnS 的 Ge 片为窗口，以 PbS 为探测器，工作波段为 1.8～2.7 μm，主要用于测量中高温。其测温原理框图如图 6.68 所示。比较灯泡的发光强度与通过它的电流密切相关。当待测物体的辐射经调制后照射到探测器上时，探测器输出一个由比较灯泡和被测物体辐射所产生的差值信号。这个信号经多级放大后去调节比较灯泡的发光强度。无论被测物体辐射的能量比比较灯泡发射的能量高或低，系统都会很快达到平衡状态。此时，通过比较灯泡的电流可转换成相应的温度指示，这样就测得了被测物体的温度。单色红外测温仪的稳定性较好，但精度不高。

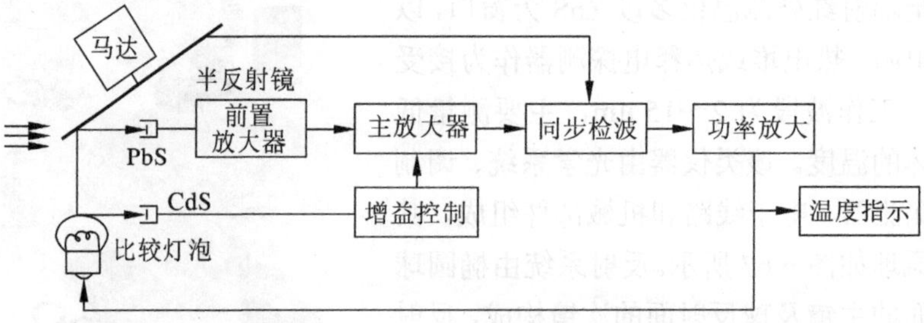

图 6.68 单色红外测温仪测温原理框图

4．发射率问题

材料发射率是材料热物性方面的一个重要参数，它反映了材料的热辐射特性。就辐射测温技术而言，材料发射率的确定仍然是求得物体真实温度的重要因素。虽然在许多热物性手册中都可以查阅到各种材料在某些状态下的发射率数据，然而这些数据只有非常有限的用途。在许多情况下，它们与实际数据有着很大的差异。因此，对于高准确度的温度测量，就必须在现场直接对被测材料表面进行发射率测量，或是在模拟现场条件下对材料样品进行测量。只有这样，才能保证温度测量的准确度。

另外，发射率是一个影响因素相当复杂的参数。它不但与波长和温度有关，还与材料特性、发射角、表面粗糙度、偏振状态等因素有关。

6.5.4　三角锥测温

1．测温三角锥

在陶瓷工业中，常采用测温三角锥进行测温。测温三角锥又称为塞格尔锥或奥顿锥，它是用一定成分的硅酸盐材料制成的高约 60 mm 的三角锥体。

测温三角锥按号码划分，每个号码相当于一个软化温度，如 125 号三角锥，软化温度为 1250℃。其软化温度与三角锥的成分有关。三角锥软化温度与锥号的对照见表 6.12。

2．测温方法

测温时，先把三角锥插入耐火泥料制成的长方形底座，插入深度约为 10 mm，并使三角锥与底座平面成 80°角，如图 6.69 所示。然后将一组或几组三角锥放到被测窑内没有强烈火焰和灰尘的部位，在升温过程中，通过窑炉测温孔观测三角锥弯曲情况。当温度升高到某一测温三角锥标称温度时，三角锥就会弯 180° 角，但这时三角锥的下部仍然保持与底座的原角度，而当它的顶端正好与底座接触时，窑内这个部位的温度就等于三角锥的标称温度，如图 6.70 所示中间的三角锥。在使用中发现，当三角锥的弯倒情况为开始弯倒时，这时温度比三角锥标称温度低 10～15℃，当窑内温度比三角锥标称温度高 10～15℃时，三角锥就完全摊倒在底座上，如图 6.70 所示右边的三角锥。

三角锥测温具有经济、方便和较准确的优点，但也存在一个缺点，即只反映窑内温度达到最终温度及其前后的变化情况，而不能反映窑内温度下降的情况。同时，三角锥测温受窑内升温速度和火焰气氛的影响很大，所以不宜作精确的温度测量。

表 6.12 软化温度与测温三角锥标号对照表

标准软化温度/℃	我国采用的锥号	塞格尔锥号（S.K）	标准软化温度/℃	我国采用的锥号	塞格尔锥号（S.K）
600	60	022	1280	128	9
650	65	021	1300	130	10
670	67	020	1320	132	11
690	69	019	1350	135	12
710	71	018	1380	138	13
730	73	017	1410	141	14
750	75	016	1430	143	15
790	79	015	1460	146	16
815	81	014	1480	148	17
835	83	013	1500	150	18
855	85	012	1520	152	19
880	88	011	1540	154	—
900	90	010	1550	155	20
920	92	09	1580	158	26
940	94	08	1610	161	27
960	96	07	1630	163	28
980	98	06	1650	165	29
1000	100	05	1670	167	30
1020	102	04	1690	169	31
1040	104	03	1710	171	32
1060	106	02	1730	173	33
1080	108	01	1750	175	34
1100	110	1	1770	177	35
1110	—	2	1790	179	36
1120	112	—	1820	182	—
1140	114	3	1830	183	37
1160	116	4	1850	185	38
1180	118	5	1880	188	39
1200	120	6	1920	192	40
1230	123	7	1960	196	41
1250	125	8	2000	200	42

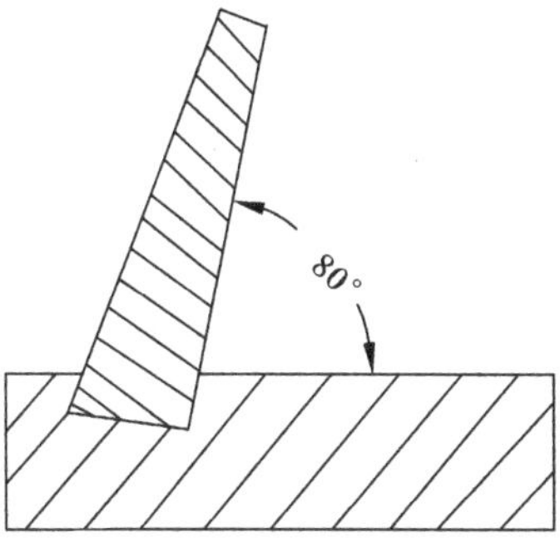

图 6.69 使用前的测温三角锥

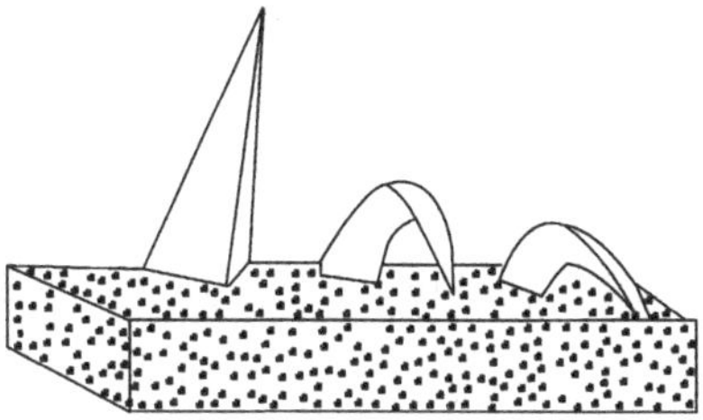

图 6.70 使用后的测温三角锥

6.5.5 炉温的控制

1. 炉温自动控制系统

目前，炉温均采用自动控制，要实现炉温自动控制需要 3 种仪表，一是参数检测转换装置，通称传感器（与变送器）；二是比较与运算部件，通称控制器（调节器）；三是执行控制命令的部件，通称执行机构。总之，自动控制实际上是模拟人的观察和思维活动并代替人的操作。

自动控制系统可以概括为图 6.71 所示的方框图。每一个方块代表一个装置，各个装置之间的相互关系和作用以箭头表示，各装置完成不同的功能，是按照工艺过程的特点和要求合理构成的。

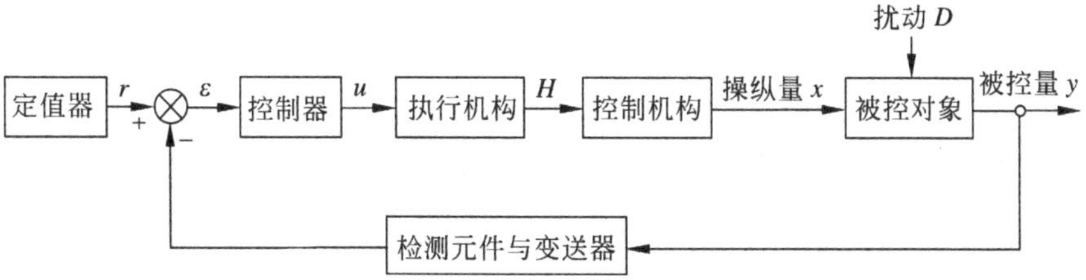

图 6.71 单回路定值控制系统原理方框图

2. 自动控制系统的类别

按设定值，自动控制系统可以分为以下 3 类。

1）定值控制系统

设定值 r 不变，要求被控量保持恒定或在限定的小范围内保持不变，称为定值控制系统。这是一种应用最广、构成方案较多的系统。针对一个被控对象，采用一个控制器、一个执行机构、一个控制机构、一个检测与变送器构成的单回路控制系统，也称为简单控制系统，只要被控量 $y \neq r$，控制器就要动作，直到 $y=r$ 为止。

2）程序控制系统

测定值按工艺过程的需要改变，如烧结炉的升温、保温及降温曲线，要求炉温控制随设定值的变化程序符合该曲线的要求。在控制系统中，它是用程序设定装置设定的，控制器就按规定的程序自动进行下去。

3）随动控制系统

设定值是随机变化的，被控量在一定精度范围内，随着设定值的变化而变化，这是一种按被控量与设定值的偏差进行调节的系统，只要被控量能既快又稳地跟随设定值，就达到了自动控制的要求。采用气体或液体燃料控制烧结炉温，燃料量取决于炉温高低与燃烧条件，燃料量改变，空气量就要跟着变化，保持规定的燃料与空气比例，使燃料合理燃烧，并达到规定的炉温。

3．温度比例积分微分（PID）控制

温度自动控制规律主要是比例积分微分控制。比例积分微分控制简称PID 控制，是由比例控制（P 控制）、积分控制（I 控制）和微分控制（D 控制）3 种控制组合而成的组合控制方式。

比例控制简称 P 控制，其特点是若被控量 y 的偏差 y_0 大，控制阀门的开度也大；偏差小，则开度也小。

积分控制简称 I 控制，其特点是只要被控量发生变化，控制器就开始动作，执行机构不停地移动；被控量的偏差越大，执行机构的移动速度就越快，直到被控量的偏差消除为止。

微分控制简称 D 控制，其特点是在微分控制作用下，执行机构的移动速度与被控量的变化速度成正比。

比例控制可尽快克服被控量的偏差，但存在静差，被控量回不到设定值；积分控制可消除静差，但容易产生过调，甚至产生振荡；微分控制作用比较强烈，有利于克服动态偏差，但控制作用短暂即消失。如果综合使用上述 3 种控制动作，必然会得到更为满意的控制效果，这就是 PID 控制。

图 6.72 所示为以调节单元为核心构成的 PID 烧结电炉炉温控制系统。传感器检测到的温度信号除送至显示器外，同时经温度变送器转换成统一信号送到 PID 控制器，与设定值相比，如有偏差即驱动调压器或调功器，自动调整送入电炉的加热功率，达到自动控温的目的。

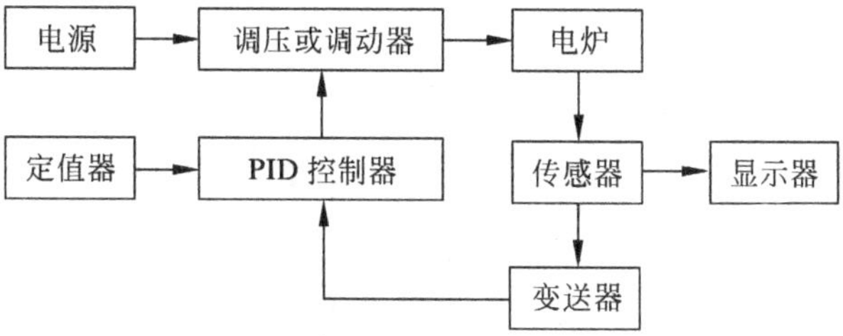

图 6.72　炉温 PID 控制系统组成图

4．PID 控制的优点与应用

PID 控制是一种负反馈控制，是一种比较精确的常规控制，并具有以下优点：

（1）原理简单，使用方便；

（2）适应性强，可广泛应用于各种场合和工业部门；

（3）鲁棒性强，即其控制品质对被控对象特性的变化不太敏感。

由于以上优点，PID 控制已成为目前温度控制中最基本的控制方式。

思考题

1．试用物理学观点描述烧结过程。

2．烧结有哪几种物质传递过程？

3．添加剂对烧结的影响可概括为哪几个方面？

4．向碳化硅中添加一定量的 B 粉和 C 粉，或者添加 Al_2O_3 或 Y_2O_3 都能促进烧结，分别解释添加剂的作用机理。

5．何为烧成制度？如何确定烧成制度？

6．影响烧结的因素有哪些？最易控制的因素是哪几个？

7．分别讨论一下粉体形貌对无压烧结和热压烧结过程的影响。

8．烧结过程中出现晶粒长大现象可能与哪些因素有关？其对烧结是否有利？为什么？

9．试比较热压和热等静压烧结的不同点。

10．比较电火花烧结和火花放电等离子烧结的工艺难度和瓷体质量。

11．二硼化锆是一种高熔点（约 3000℃）的材料，在超高温环境下具有广泛的用途，但其不易烧结，结合本章所学内容，在不影响其高温性能的前提下，设计一种可行的烧结工艺制备二硼化锆块体。

12．精细陶瓷批量生产为何常用电热隧道窑来烧结？

13．常用的电热元件适用于哪些温度范围？

14．叙述热电偶测量温度的回路和方法。

第7章 精细陶瓷的加工和后续处理

7.1 精细陶瓷的加工

陶瓷材料具有高强度、高硬度、耐高温、耐腐蚀等优良性能，广泛应用于日常生活用品、建筑材料及其他各个工业领域。对于工业中使用的精细陶瓷零件，绝大部分都有一定的尺寸精度和表面光洁度要求。精细陶瓷制品通常是经成型和烧结制备的，烧成后的精细陶瓷制品虽然一般已具有较为准确的形状和尺寸，但由于在烧结过程中存在一定的收缩，使得烧结制品常常会与成品存在毫米数量级的尺寸偏差，必须经过加工之后才能使用。

7.1.1 精细陶瓷加工的特殊性与原则

1. 精细陶瓷加工的特殊性

加工大多是去除工件不必要的部分，需要对材料进行局部破坏，形成新的加工表面。与金属加工相比，精细陶瓷加工有以下特殊性：

（1）陶瓷材料的高硬度、低韧性使得精确控制破坏非常困难；

（2）为保证得到高质量的加工表面，每次的去除量很小；

（3）受陶瓷成型工艺的限制（尺寸精度低），加工余量大，因此加工成本高，一般占总成本的65%～90%。

2. 陶瓷零件加工的目标和原则

陶瓷零件加工的目标是在保持材料表面完整性和尺寸精度的同时，获得最大的材料去除率。由于陶瓷材料的高硬度和高脆性，被加工陶瓷零部件大多会产生各种类型的表面或亚表面损伤，这会导致陶瓷零部件强度的降低，进而限制了材料的大去除率。

陶瓷零件加工的原则是分步进行，逐步到位。如磨削加工，就分成了粗磨加工、精磨加工、研磨和抛光等步骤，被加工表面粗糙度逐步降低，如图7.1所示。粗磨时，为了提高加工效率可以选用粗颗粒金刚石砂轮和较大的法向磨削力，使工件表面产生微小破碎而去除较多的加工余量，但表面有残余裂纹层。精加工时应选用较细的砂轮和较小的法向磨削力，最后通过研磨、抛光工艺去除表面损伤。

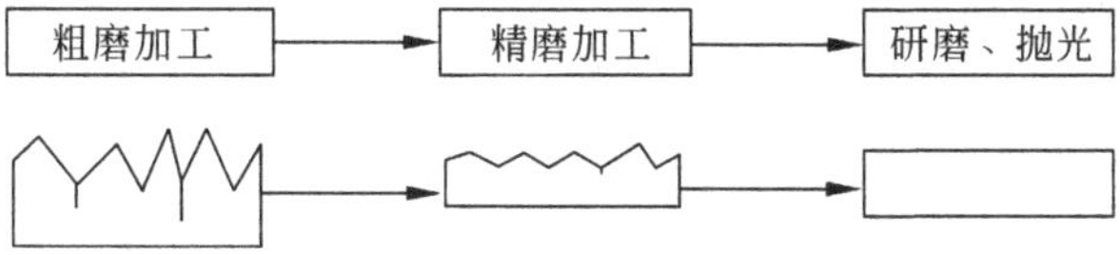

图 7.1　陶瓷磨削加工步骤及表面粗糙度变化

7.1.2　精细陶瓷加工的类型

一般将精细陶瓷的加工分成两大类：机械加工和特种加工。

1．机械加工

精细陶瓷的机械加工主要包括：

（1）精细陶瓷材料的磨削加工；

（2）精细陶瓷材料的光整加工（抛光、研磨）；

（3）精细陶瓷材料的其他机械加工（车、钻、铣、铰等）。

在实际的精细陶瓷机械加工过程中，使用最多的是磨削和光整，其中使用金刚石工具的磨削加工又是生产中最常用的，约占所有机械加工总量的80%。

2．特种加工

精细陶瓷的特种加工主要包括：

（1）超声波加工；

（2）电火花加工；

（3）激光加工；

（4）高压磨料水加工；

（5）黏弹性流动加工等。

7.2　精细陶瓷的磨削加工

磨削加工就是采用固定于砂轮上的金刚石磨料，将其作用于各种不同外形的加工表面。有时，这种工艺也称作珩磨、超精加工等。精细结构陶瓷是供机械和结构使用的高强度、高密度（低气孔率）陶瓷。由于它们具有高硬度和高强度，所以这些材料最难磨削。这类零件的典型要求是磨削后要有高的残留强度，并且要采用生产上可行的磨削方法（短的磨削周期、经济的磨削工艺及一定的零件质量）。

7.2.1 磨削加工材料去除的理论

1．压痕断裂模型

压痕断裂模型理论认为：磨粒相当于一个压头，在磨粒与陶瓷表面接触时，陶瓷材料将产生压痕应力，最大拉应力产生于弹塑性边界处。当最大拉应力达到其临界值 P^*时，就会产生中位裂纹，如图 7.2 所示。

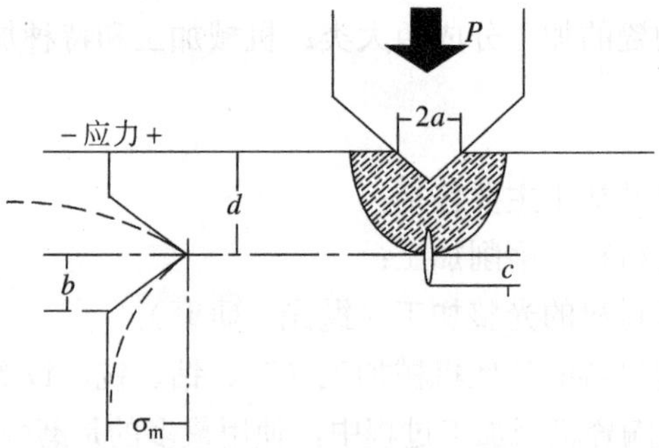

图 7.2 中位裂纹成核模型

产生中位裂纹的临界载荷 P^*为

$$P^* = \lambda_0 (K_{IC}/H)^3 K_{IC} \tag{7-1}$$

其中，K_{IC} 为陶瓷材料的断裂韧性；λ_0 为系数；H 为陶瓷材料的硬度；K_{IC}/H 称为脆性参数。

中位裂纹的产生会降低工件的强度，对于已知的材料可以确定产生中位裂纹的临界法向应力，所以，可在不产生中位裂纹的条件下加工。

除产生中位裂纹外，由于工件表面存在缺陷，还会产生径向裂纹，如图 7.3 所示。当中位裂纹最终发展成为硬币形状时（图 7.4），径向裂纹会和中位裂纹构成半钱币型的中位/径向裂纹系统，如图 7.5 所示。

由于压痕应力场中存在残余应力，当载荷去除后，弹/塑性边界会存在不匹配现象，并在弹/塑性边界处产生平行于工件表面的侧向裂纹，如图 7.6 所示。

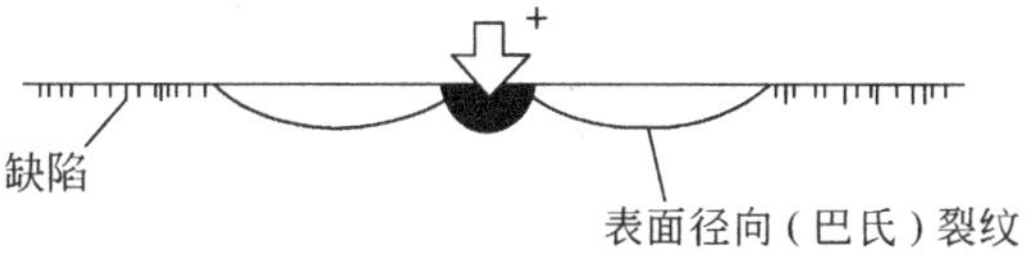

图 7.3 表面径向裂纹

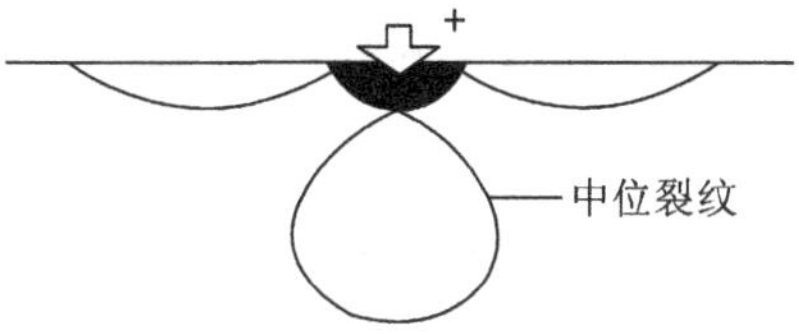

图 7.4 中位裂纹发展的形状

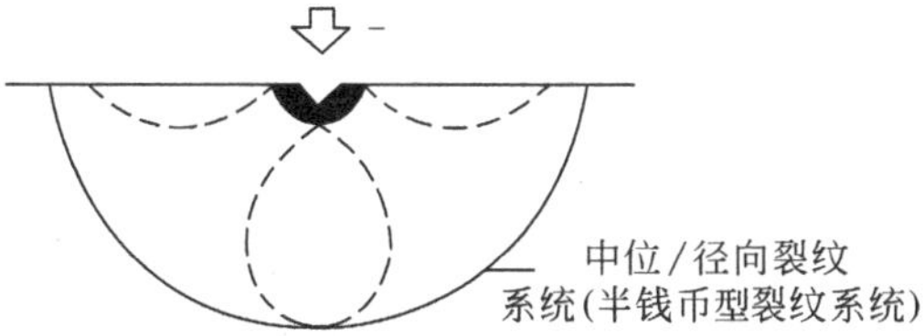

图 7.5 中位/径向裂纹系统

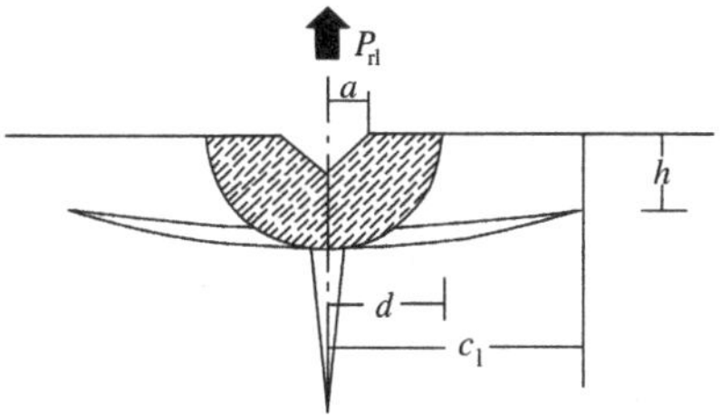

图 7.6 压痕侧向裂纹

2．磨削机理

描述陶瓷磨削过程的机理有多种，主要有压痕断裂机理、塑性域磨削机理和粉末化机理等。

1）压痕断裂机理

压痕断裂机理（图 7.7）认为：磨削时，当接触载荷 $P \gg P^*$时，磨料相当于一个压头，它在法向载荷 P 的作用下引发一个大的中位裂纹和侧向或分叉裂纹，当它们扩展到材料表面时将从加工表面去除一片材料。

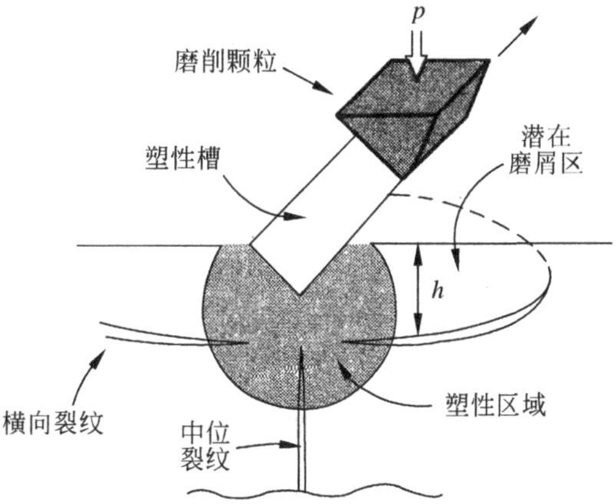

图 7.7 陶瓷材料压痕断裂机理模型

在这样一个脆性断裂过程中，可以认为获得的表面光洁度与磨削过程的参数无关，纵向的中位裂纹会影响材料的强度。

2）塑性域磨削机理

塑性域磨削机理认为：当 $P \ll P^*$时，材料表面的接触损伤主要表现为不可逆形变，此时会得到光洁度高的表面，实现塑性域精密磨削。此时，

$$ag_{max} < ag_c \tag{7-2}$$

其中，ag_{max} 为单个磨粒的最大切削深度；ag_c 为脆性材料的临界切削深度，$ag_c = 0.15(E/H)(K_{IC}/H)^2$；$E$ 为弹性模量；H 为材料硬度；K_{IC} 为陶瓷材料的断裂韧性。

实际上，临界切削深度还与磨粒的几何参数、砂轮速度、背吃刀量等加工参数有关。根据计算，SiC 陶瓷的临界切削深度约为 0.2 μm。为使脆性材料以稳定的塑性方式去除，要求砂轮的实际切削深度小于临界切削深度，这样就对机床主轴的回转精度、刚度、进给控制系统的分辨率、机床导轨的运动精度、砂轮修整等性能提出了非常高的要求。

随着加工设备的改进、机床控制精度的提高，对陶瓷材料进行塑（延）性域磨削成为可能。塑性域磨削可以提高表面质量，但效率低。

3）粉末化去除机理

在精密磨削过程中，当背吃刀量在亚微米范围时，微米级的陶瓷晶粒将沿晶粒解理面和滑移系粉末化，从而形成亚微米级或更细的晶粒。如果背吃刀量小于某一临界值，则只产生粉化区，不产生裂纹，如图 7.8 所示。

实际磨削加工过程中，由于工艺条件无法精确控制及受到设备因素的影响，几种磨削机理会同时存在。

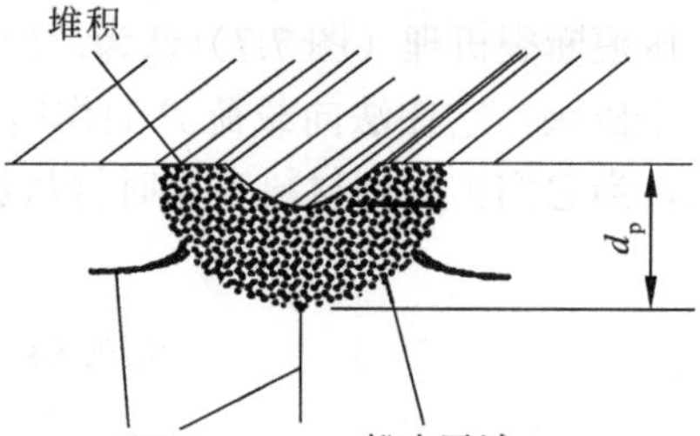

图 7.8 粉末化去除机理

7.2.2 精细陶瓷精密磨削工艺的制定

精细陶瓷精密磨削工艺的制定主要包括机床选定、金刚石砂轮选定、磨削工艺参数确定等。

1. 机床选定

决定精密磨削陶瓷零件生产质量的机床参数和操作因素主要有刚性、振动水平、冷却液系统、缓速进给磨削、精密运动和定位、在线动态平衡、砂轮修整和修锐系统及多轴数控（computer numerical control，CNC）能力等。

1）刚性

一般来说，磨削致密陶瓷的磨削力高于磨削硬质合金的磨削力。这表明，要使砂轮磨削达到所需的平直度、平面度或表面要求，需要一个更有效的阻止砂轮偏位的主轴结构，在整个轴/砂轮/工件夹具/工作台结构中，都需要有较高的刚性。同时，在工作速度下也要求保持这种刚性（动态刚性）。

2）振动水平

在某些情况下，振动水平是刚性的一种度量。另外，当轴本身和机床安装为一体时，振动水平是阻尼特性的一种度量。对于具有薄截面或精密形状的陶瓷的磨削，特别是对于低强度陶瓷如铁氧体和（或）低断裂韧性材料，为了获得最小的磨削损伤，低的振动水平是关键。

3）冷却液系统

磨削致密高强度陶瓷时，产生的磨屑的尺寸是 1～10 μm，明显小于金属磨削产生的典型磨屑尺寸（100～1000 μm）。另外，陶瓷磨屑的低密度和非磁性也会造成特殊的过滤问题。因此，精密陶瓷磨削要求使用更高质量、更细的过滤器，有时则要考虑使用新的过滤方法，如离心机过滤等。

由于陶瓷磨屑尺寸细小且重量轻，所以可以飘浮并且比金属磨屑更容易带进机床工具的导轨，而这种卷吸可能加速那些密封不好的机床零件的磨损。

4）缓速进给磨削

为了获得最大的残留强度，陶瓷磨削工艺倾向于使用更低的单个磨粒受力。缓速进给磨削工艺通常使用大的切削深度和非常低的工作台速度。在陶瓷的高效率磨削中，具有缓速进给磨削加工功能的机床在很多情况下将会获得优先应用。

5）精密运动和定位

陶瓷材料的高硬度和热稳定性可用于公差要求更严格的领域。如此严格的尺寸公差和高表面光洁度要求机床在精密运动上具有高度重复性、稳定性和定位精度。通过适当地选择和应用金刚石砂轮，可增强机床的这种特性。

6）砂轮修整和修锐

砂轮修整的目的是产生一个具有精确形状或具有所要求的平直度的同轴砂轮工作面。砂轮修锐是指为了高效磨削加工而暴露结合剂基体上的金刚石磨粒的工艺过程。

砂轮工作一段时间后，表面磨粒变钝，几何形状改变，磨削力增大，磨削热增加，振动、噪声加大，工件裂纹、烧伤、粗糙度加重，加工效率和表面质量下降。此时，需要及时对砂轮进行修整和修锐。

金刚石砂轮使用的修整和修锐方法与传统磨轮使用的方法显著不同。这种差别至少有以下 6 个重要原因：

（1）金刚石磨料（迄今所知的地球上最硬的材料）很难通过修整、修锐工艺切除或达到所要求的形状。

（2）除非专门设计和完成修整系统，否则用于修整、修锐金刚石砂轮的工具将会快速磨损。这种快速磨损对设置自动高效磨削周期有严重的影响。

（3）为了获得生产工艺成本效益，在修整、修锐过程中去除的金刚石砂轮应该最小。

（4）如果修整、修锐工艺严苛并在高载荷下完成，金刚石磨料可能被破坏。同样，如果修整、修锐工艺没有控制，树脂结合基体可能遭受热破坏。

（5）陶瓷磨削对修整金刚石砂轮的精度要求将比现代对用于修理车间或磨削玻璃、硬质合金生产的金刚石砂轮的精度要求更高。

（6）除了陶瓷结合剂金刚石砂轮外，树脂或金属结合的金刚石砂轮也很可能被用于高效磨削陶瓷。这种修整工艺的自动化和连贯性将是关键要求。

常用的修整、修锐方法有普通磨料砂轮修整（图 7.9）、金刚石滚轮修整（图 7.10）、游离磨料修锐（图 7.11）、滚压喷射修锐（图 7.12）、电解修锐（图 7.13）等。其中，电解修锐法适用于金属结合剂砂轮的修锐。

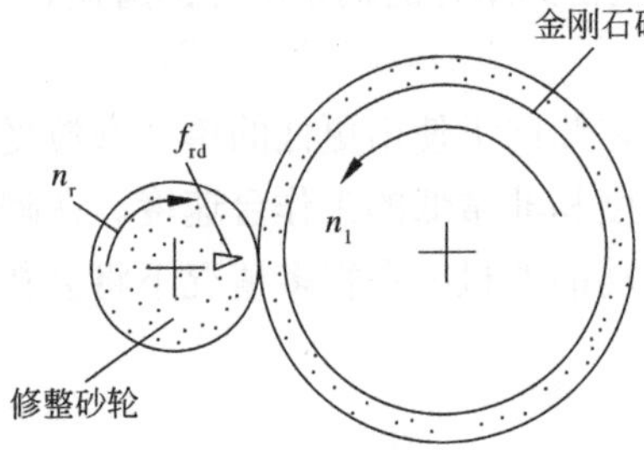

图 7.9 普通磨料砂轮修整金刚石砂轮外圆

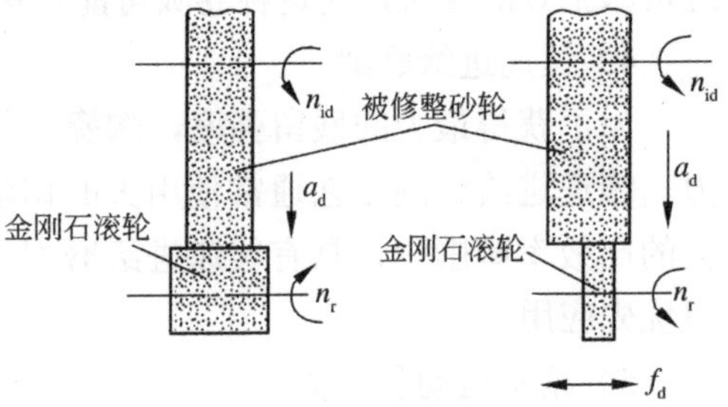

图 7.10 金刚石滚轮修整方式示意图

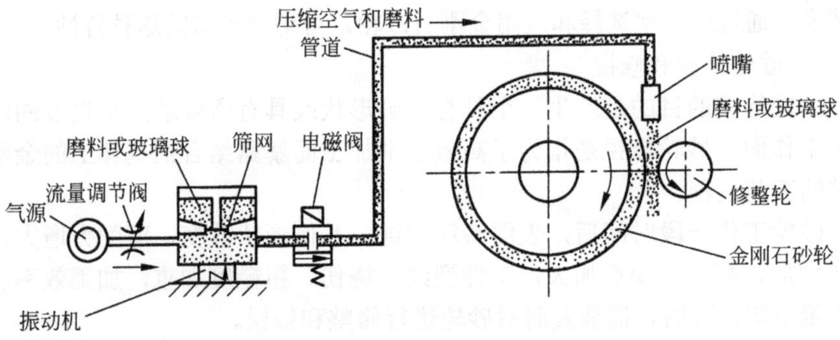

图 7.11 游离磨料修锐装置

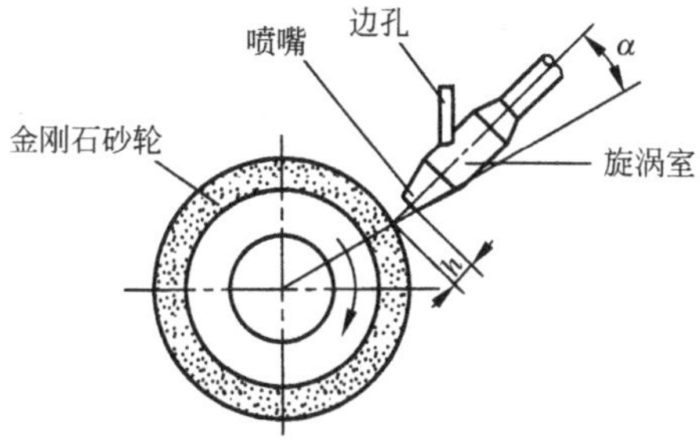

图 7.12 滚压喷射修锐

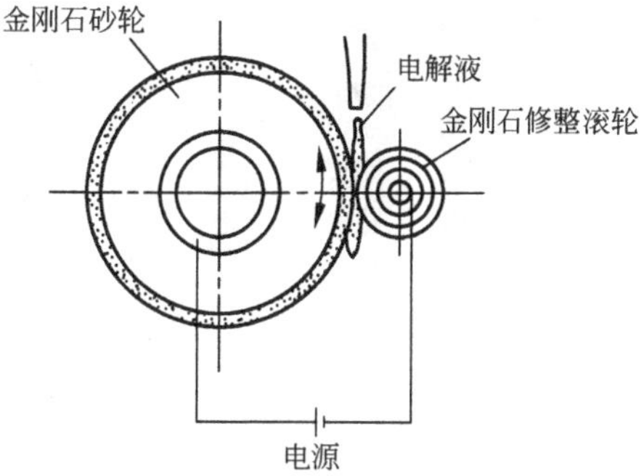

图 7.13 电解修锐

对于陶瓷精密加工机床，机床和修整、修锐设备的一体化对于陶瓷的高效磨削将是必需的，也是陶瓷精密高效磨削的关键。

7）多轴 CNC 能力

通过利用带有立方氮化硼（CBN）砂轮的多轴 CNC 磨削系统，使零件可以在一台机器上通过一次装卸工件完成整个制造过程，制造成本可显著降低。尽管具有多轴 CNC 能力的磨床价格昂贵，但为了保证精密陶瓷部件的精度及其使用性能，在条件允许的情况下应优先选用，这是精密陶瓷零部件加工工艺的方向。

2. 金刚石砂轮的种类及选择

1）金刚石砂轮的种类

按使用的黏结剂的不同，可将金刚石砂轮分为 3 类：金属结合剂金刚石砂轮（M）、树脂结合剂金刚石砂轮（B）和陶瓷结合剂金刚石砂轮（V）。

（1）金属结合剂金刚石砂轮（M）

该类砂轮有电镀金刚石砂轮和烧结金属结合金刚石砂轮两种。电镀金刚石砂轮制造工艺简单、无需修整、工作速度高。烧结金属结合金刚石砂轮的金属基体有铜基、钴镍合金基、铁基等，砂轮强度高、硬度高、导热耐磨性好、使用寿命长，但自锐性差、磨削效率低、难以修整。

（2）树脂结合剂金刚石砂轮（B）

该种砂轮是将金刚石和热固性树脂配料、混合热压成型、固化、机械加工而成。其磨削力和磨削热小、自锐性好、易修整、效率高、生产设备简单；但耐热性差、磨耗快、寿命短。

（3）陶瓷结合剂金刚石砂轮（V）

该种砂轮是将陶瓷粉料和金刚石、黏结剂混合后，经成型、烧结而成，具有硬度高、刚性好、加工出来的零件尺寸精度高等优点。

图 7.14～图 7.17 所示为几种金刚石砂轮的实物照片。

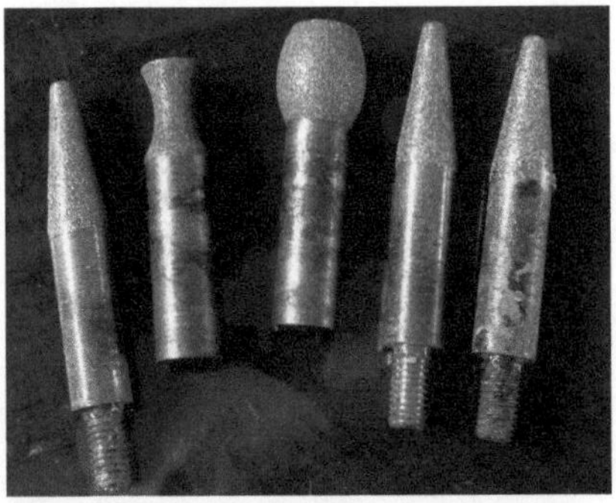

图 7.14 电镀成型砂轮

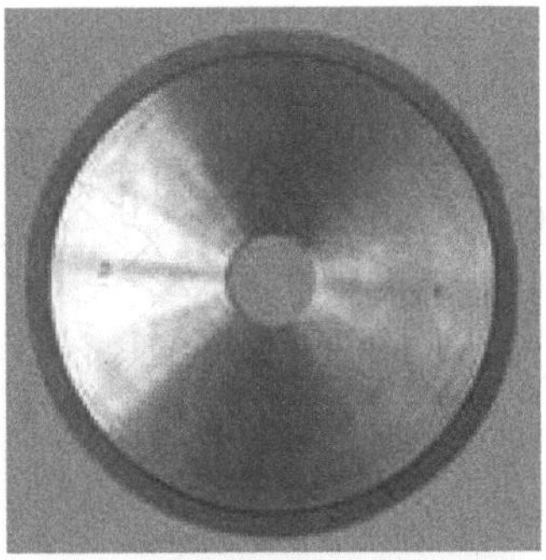

图 7.15 树脂结合平行砂轮

图 7.16 树脂结合碗形砂轮

图 7.17 陶瓷结合剂砂轮

2）金刚石砂轮的选择

金刚石砂轮的选择一般参照以下原则：

（1）根据特定用途和工艺要求，合理选定砂轮结合剂种类。表 7.1 列出了各种黏结剂砂轮的特点和应用，可作为选择时的参考。

（2）根据工件表面粗糙度和生产率要求，合理选择金刚石粒度（GB/T 6406—1996，20 个粒度号）。表 7.2 列出了不同表面粗糙度对应的金刚石粒度范围。细粒度适于精磨，可获得低的表面粗糙度和高的表面加工精度；粗粒度可使用较大的背吃刀量，获得高的磨削效率，在满足表面粗糙度要求的前提下，尽量选用粗粒度，以提高生产效率。

表 7.1 各种黏结剂砂轮的特点和应用

种类		金刚石浓度代号	特 点	应 用
树脂		50～75	自锐性好，结合强度差	硬质合金、非氧化物陶瓷
陶瓷		75～100	自锐性好	超硬刀具
金属	烧结	100～150	结合强度高，寿命长，自锐性差	混凝土、石材、氧化物陶瓷
	电镀	100～150		

表 7.2 不同表面粗糙度对应的金刚石粒度范围

磨削工序	选用粒度范围
粗磨	80/100～100/120（180/150～150/125 μm）
半精磨	120/140～170/200（125/106～90/75 μm）
精磨	200/230～325/400（75/63～45/38 μm）
研磨、抛光	M36/54～M0/0.5

（3）合理选择金刚石砂轮的浓度。表 7.3 列出了不同金刚石浓度砂轮的浓度代号、金刚石含量、金刚石在磨料层中的体积分数及用途，可作为合理选择的参考。

（4）合理选择人造金刚石的品种。表 7.4 列出了人造金刚石的品种代号、粒度范围及适用范围，可作为合理选择人造金刚石砂轮的参考。

表 7.3 不同金刚石浓度砂轮的浓度代号、金刚石含量、金刚石在磨料层中的体积分数及用途

浓度代号	浓度/%	金刚石含量/（g/cm^3）	在磨料层占的体积分数/%	用途
25	25	0.22	6.25	研磨、抛光
50	50	0.44	12.5	精磨、半精磨
70	70	0.66	18.75	
100	100	0.88	25	粗磨、小面积磨削
150	150	1.32	37.5	

表 7.4 人造金刚石的品种代号、粒度范围及适用范围

品种代号	粒度范围	适用范围
RVD	60/70～325/400	树脂、陶瓷结合剂制品等
MBD	35/40～325/400	金属结合剂，锯切、钻探及电镀制品，陶瓷结合剂制品等
SCD	60/70～325/400	树脂结合剂磨具等
SMD	16/18～60/70	锯切、钻探和修整工具等
DMD	16/18～60/70	修整工具等
M-SD	36/54～0/0.5	硬脆材料的精磨、研磨和抛光等

注：RVD 型针片状颗粒较多，强度较低，顺序向下等积形颗粒依次增加，强度增加，热稳定性增加。

3．磨削工艺参数对工件性能的影响

1）磨料颗粒尺寸对残留强度的影响

图 7.18 表明单个磨粒的法向力随着磨粒尺寸的减小而显著地减小。可以认为，这是由于它所造成的中位裂纹尺寸减小，使得陶瓷材料具有更高的强度。

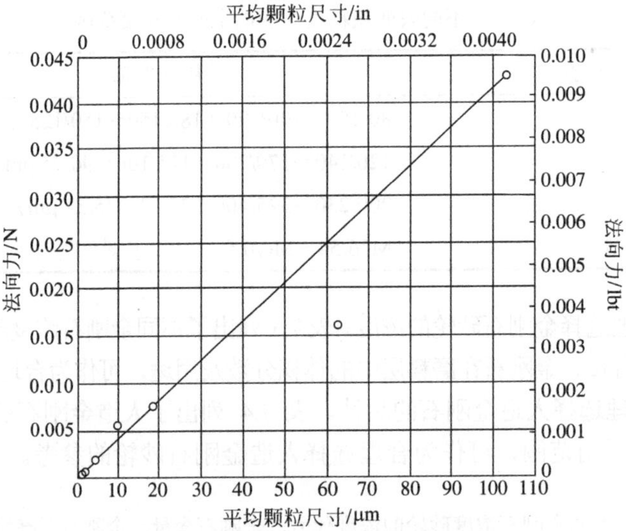

图 7.18 磨料颗粒尺寸对磨粒法向力的影响

实验结果表明，当使用粗磨料时，氧化铝陶瓷的表面光洁度一般不随切深或工作台运动速度而发生变化。然而，当使用细磨料时，光洁度逐渐改善，磨料越细，磨削后陶瓷的强度越高，表面光洁度越好。

2）磨削方向和磨料尺寸对加工后陶瓷残留性能的影响

图 7.19 所示为精密磨削后热压氮化硅陶瓷（HPSN）的强度（回弹模量，MOR）随磨削方向和磨料尺寸的变化情况。可以看出，磨削方向对材料的强度有重要的影响，其中对工件垂直于磨削方向上的强度影响更大。然而，当磨粒尺寸减小时，强度的各向异性逐渐减小。因此，为了获得高的残留强度及与磨削方向无关的强度，使用细磨粒磨削较为有利。

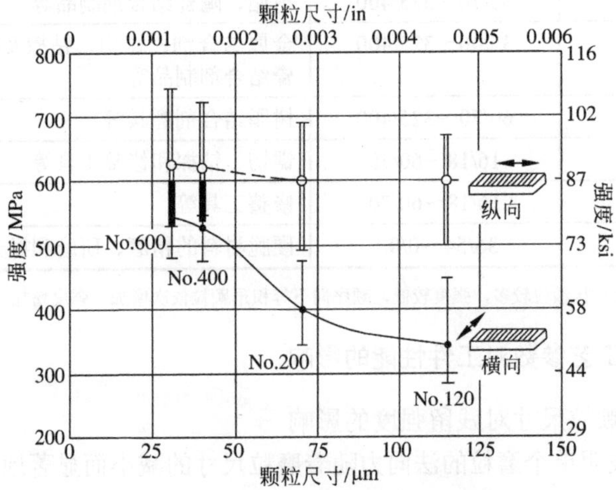

图 7.19 磨削方向和磨料尺寸对加工后陶瓷强度的影响

3）陶瓷材料磨削后表面光洁度与强度的关系

图 7.20 表明使用细磨料可提高工件强度，这与表面光洁度同时得到改善也有关系。然而，仅仅改善表面光洁度不足以提高强度。如果使用粗磨料（200＃），即使零件具有好的表面光洁度也不会引起强度的提高。这就是说，简单地通过加工表面进一步的摩擦抛光得到更好的表面光洁度并不能去除粗颗粒砂轮在陶瓷表面已造成的损伤。另一方面，在使用较细磨料时，一开始并没有对陶瓷造成损坏，所以能够保证高强度。这里所指的损伤主要是由脆性破坏造成的裂纹生成和扩展。

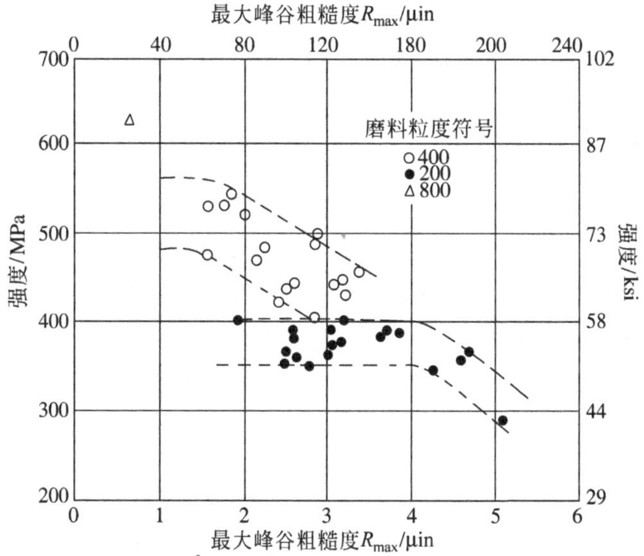

图 7.20　不同颗粒尺寸陶瓷材料磨削后表面光洁度与强度的关系

4）其他磨削加工参数的影响

砂轮速度、工件速度（进给速度）和磨削深度（背吃刀量）等工艺参数对工件的加工质量也有重要影响。

在一定的工件速度下，砂轮磨削速度增大，单位时间内参加磨削的磨粒数目增加，单个磨粒的最大磨屑厚度减小，因此降低了磨削力，陶瓷材料容易以塑性域形式去除，能够显著提高磨削表面质量和效率。如果磨削速度太小，则会增大每个切削刃（磨粒）上的切深，容易导致磨粒碎裂和脱落，因此，增加磨削速度是一种实现陶瓷材料塑性域磨削的较为经济的加工方式。

在一定工件速度和砂轮速度下，增大磨削深度使砂轮与工件的接触弧长增大，如图 7.21 所示，则参与磨削的有效磨粒数增多，磨削力将呈线性增加。

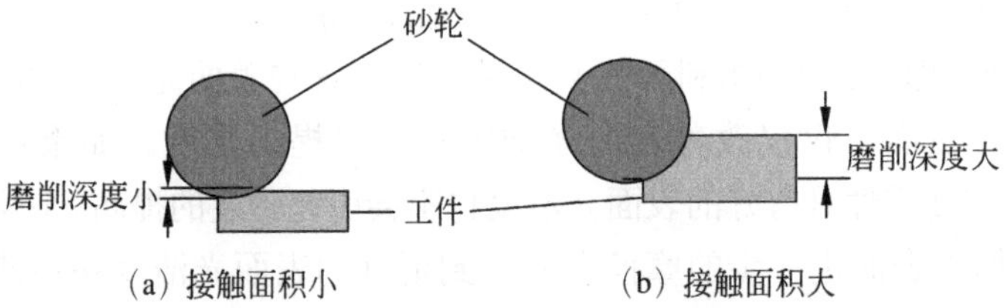

图 7.21 磨削时砂轮与工件接触面积与磨削深度的关系示意图

当达到临界切深时会出现脆性断裂，影响加工表面质量。当然，此时磨削力会有所下降并不断波动。工件速度提高会增大磨削力，但有利于形成粉状磨削，可使残留于已加工表面上的裂纹减小。从表面粗糙度考虑，工件速度小的缓进给磨削有利于改善表面粗糙度，因此精磨时可采用缓进给磨削，同时尽可能提高砂轮速度，减小砂轮磨削深度。

5）被加工材料性能的影响

根据选择的陶瓷材料，需要的磨削力在改变，磨削功率也随着被加工材料的改变而改变。这些变化与被加工材料的性能有关，如具有更高硬度的热压氮化硅（HPSN）材料与碳化钨材料相比需要更高的法向磨削力，而具有高强度的碳化钨材料比 HPSN 材料需要更大的磨削功率。

被加工材料的气孔率、晶粒尺寸和显微组织对表面光洁度和表面质量有重要影响。在相同磨削条件下，低断裂韧性的材料，如氧化铝，与 HPSN 或 ZrO_2 材料相比，其表面光洁度就差。表面光洁度也与工件材料的耐热冲击性有关，并且可通过使用冷却液来对其产生影响。耐热冲击性差的材料，如氧化铝，在磨削过程中易产生热裂纹，特别是粗晶、结合差的材料可能会产生晶粒拔出，使用细砂轮获得超光滑表面时更是如此。因此，要想实现镜面加工，则必须要求工件材料具有细晶组织。目前，通过适当地选择加工条件，细晶致密材料可以获得≤0.025 μm 量级的非常好的粗糙度，使用镜面抛光磨削工艺已经获得了 1 nm 量级的粗糙度。

7.2.3 陶瓷磨削技术的进展

1. 在线电解修整金刚石砂轮镜面磨削技术

在在线电解修整金刚石砂轮（electrolytic in process dressing，ELID）磨削过程中，微弱电解作用使砂轮表面的微量金属结合剂不断地电离溶解，由此生成的易于破裂的钝化膜又能使磨屑不至于黏附在砂轮上，因此可以确保始终有一定数量的磨粒突出在外，在有选择地使用结合剂的基础上，可实现高效磨削和镜面磨削。图 7.22 所示为 ELID 常见的几种磨削方式。

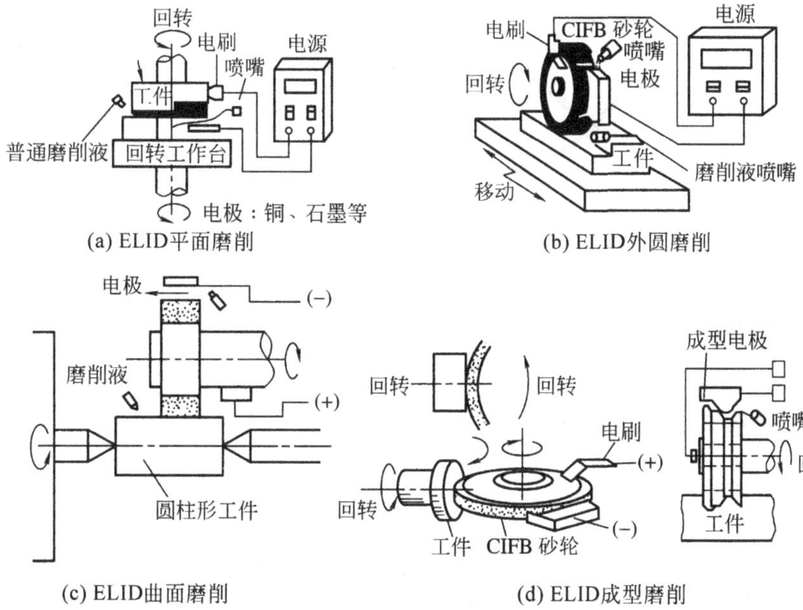

图 7.22　ELID 常见的几种磨削方式

2．超高速磨削技术

1）超高速磨削的定义

普通的磨削速度 $V_s < 45$ m/s，高速磨削速度 $45 \leqslant V_s < 150$ m，而超高速磨削速度 $V_s \geqslant 150$ m/s。

2）超高速磨削的特点

（1）大幅提高磨削效率。

（2）加工质量好，可实现塑性域磨削。

但超高速磨削会加剧砂轮的热磨损，引起砂轮黏结颗粒的脱落，并且还会引起磨削系统的振动，增大加工误差。因此，超高速磨削砂轮应具有良好的耐磨性、高的动平衡精度、高的刚度和良好的导热性，机械强度高，抗破碎能力强。目前砂轮的主轴转速可以达到 40 000 r/min，并设计有专门的冷却系统：高压喷射冷却、气体或液体内冷等，如图 7.23 所示。

此外，超精密磨削的环境要求非常高，如德国某工厂的 4000 m^2 厂房内，控制室温为 20 ±（0.5～0.1）℃；美国某工厂内，整个机床封闭，喷淋 20 ± 0.005℃ 的冷却液，冷却液洁净度要求严格，尘埃粒度控制在 0.3 μm 以内。

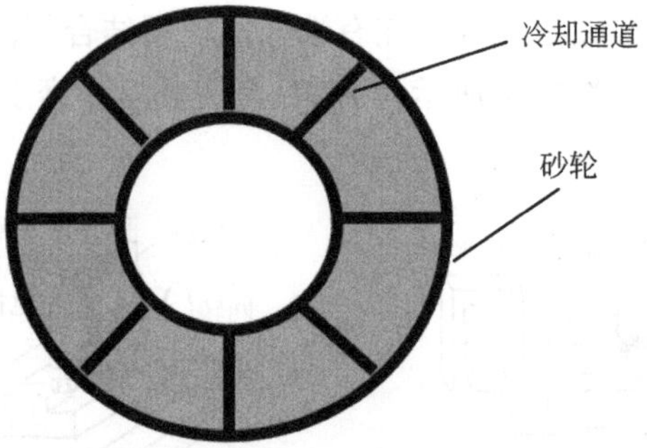

图 7.23 带有内冷通道的超高速磨削砂轮

7.3 精细陶瓷的研磨与抛光

7.3.1 研磨与抛光的作用

1. 研磨与抛光的作用

研磨是指利用硬度比被加工材料更高的微米级磨粒，在硬质磨盘作用下产生微切削和滚轧作用，实现被加工表面的微量材料去除的加工方法。

抛光是指在软质抛光工具、化学加工液等辅助作用下，利用微细磨粒的机械和化学作用，获得光滑表面，减小或消除加工变质层，提高表面质量的加工方法。

2. 研磨、抛光和磨削的差别

研磨、抛光与磨削加工不同。磨削时，金刚石磨粒固定在砂轮上，而研磨、抛光时磨粒不固定，如图 7.24～图 7.26 所示。

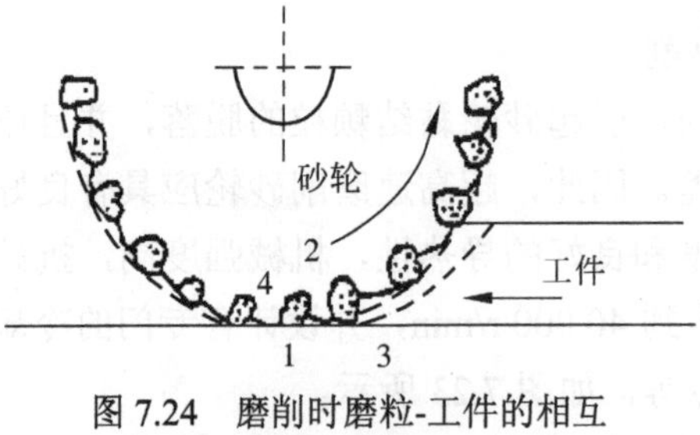

图 7.24 磨削时磨粒-工件的相互作用示意图

1—磨粒/工件界面；2—磨屑/结合剂界面；3—磨屑/工件界面；4—结合剂/工件界面

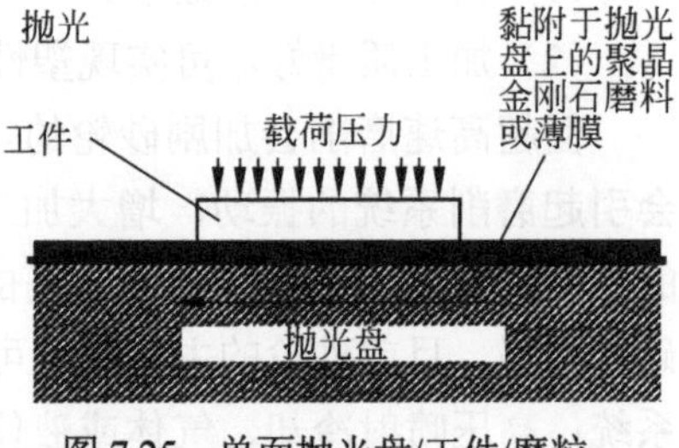

图 7.25 单面抛光盘/工件/磨粒相互作用示意图

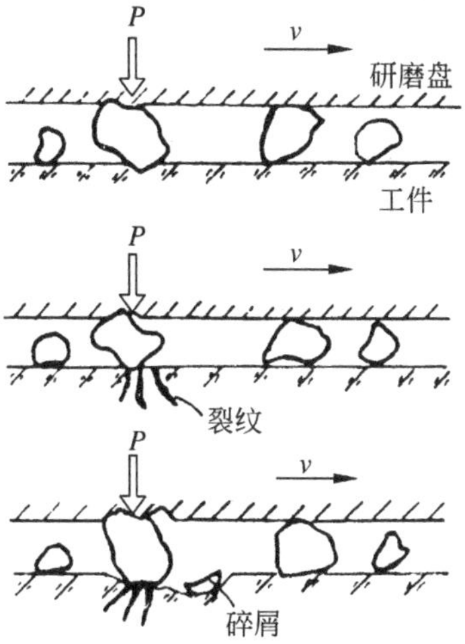

图 7.26　单面研磨盘/工件/磨粒相互作用示意图

抛光与研磨的差别主要是在磨料和研具材料的选择上有所不同。抛光通常使用 1 μm 以下的细微磨粒，抛光盘用沥青、石蜡、合成树脂和人造革、锡等软质材料。应该指出的是，在许多情况下，研磨和抛光难以区别，两个术语有时混用或统称研磨抛光。

3．研磨、抛光加工的特点

（1）微量切削（<1 μm），抛光加工材料的去除量甚至是纳米级，并伴有化学作用。

（2）研磨加工可自动选择局部凸出处进行加工，仅切除两者凸出处的材料，使研具和工件相互修整，逐步提高精度（进化加工）。

7.3.2　研磨、抛光的工艺因素及选择原则

研磨、抛光时应注意的工艺因素包括加工设备、研具、磨粒、加工液、工艺参数和加工环境等，见表 7.5，可作为制定加工工艺时的参考，这些因素决定了最终的加工精度和表面质量。

1．研磨盘与抛光盘

表 7.6 所列为常用的研磨盘、抛光盘材料及部分使用实例。研磨盘是用于涂敷或嵌入磨料的载体，使磨粒发挥切削作用，同时又是研磨表面的成型工具。在研磨过程中研磨盘与工件相互修整，研磨盘本身的几何精度按一定程度“复印”到工件上，故对研具有以下要求：

表 7.5　研磨、抛光的工艺因素

工艺因素		实　例
加工设备	加工方式 运动方式 驱动方式	单面研磨、双面研磨 旋转、往复运动 手动、机械驱动、强制驱动、从动
研具	材料 形状 表面状态	硬质、软质 平面、球面、非球面、圆柱面 有槽、有孔、无槽
磨粒	种类 材质、形状 粒径	金属氧化物、金属碳化物、氮化物、硼化物 硬度、韧性、形状 几十分之一微米至几十微米
加工液	水性 油性	酸性、碱性、表面活性剂 表面活性剂
加工参数	工件、研具相对速度 加工压力 加工时间	1～100 m•min^{-1} 0.1～300 kPa 约10 h
加工环境	温度 尘埃	室温变化 ± 0.1℃ 利用洁净室、净化工作台

表 7.6　研磨盘、抛光盘材料及部分使用实例

分 类		对象材料	实 例
硬质材料	金属	铸铁、碳钢、工具钢	一般研磨
	非金属	玻璃、陶瓷	半导体材料研磨
软质材料	软质金属	Sn，Pb，In，Cu	陶瓷抛光
	天然树脂	松香、焦油、蜜蜡、树脂	玻璃、晶体抛光
	合成树脂	硬质发泡聚氨酯、聚四氟乙烯、聚碳酸酯、聚氨酯橡胶	
	天然皮革	鹿皮	金属抛光
	人工皮革	软质发泡聚氨酯、氟碳树脂发泡体	半导体抛光
	纤维	毛毡、尼龙布、棉布	抛光
	木材	桐树、杉树、柳树	金属模抛光

（1）材料硬度一般比工件材料要低，组织均匀致密，并有一定的磨料嵌入性和浸含性。

（2）结构合理，有良好的刚性、精度保持性和耐磨性，其工作表面应具有较高的几何精度。

（3）排屑性和散热性好。为提高排屑性，有时需要在研具表面上开出放射状、网格状、同心圆状和螺旋状的槽，这样研磨时槽内可存储多余的磨料，

防止磨料堆积而损伤工件表面，同时，在加工中作为向工件供给磨料和及时排屑的通道，防止研磨表面被划伤。

2. 磨粒

常用的磨粒有氧化铝、碳化硅、碳化硼、金刚石、氧化铬、氧化铈、二氧化钛、氧化硅、氧化镁等。研磨用磨粒需要具有下列性能：

（1）磨粒形状尺寸均匀一致；

（2）磨粒可适当地破碎，使切刃锋利；

（3）磨粒熔点比工件熔点要高；

（4）磨粒在加工液中容易分散。

对抛光磨粒，还要考虑与工件材料作用的化学活性。通常研磨加工使用的磨粒硬度为工件材料的两倍左右。抛光陶瓷材料时，多选用金刚石磨粒。由于金刚石磨粒价格高，为提高利用率，多用油状或水溶性糊状物刷在抛光盘上使用。

3. 加工液

研磨抛光加工液通常由基液（水性或油性）、磨粒和添加剂组成，主要起供给磨粒、排屑、冷却和润滑作用。研磨、抛光时伴随有发热，局部作用点上会产生相当高的温度，因此要求加工液具有以下性能：① 能够有效地散热，避免研具和工件表面热变形；② 黏度低，提高磨粒的流动性；③ 化学物理性能稳定，不变质，不污染工件；④ 能够较好地分散磨粒。

4. 工艺参数

在研磨抛光设备、研具和磨料选定的情况下，合理选择工艺参数，如加工速度、加工压力、抛光液浓度等是保证加工质量和效率的关键。

1）加工速度

加工速度是指工件与研具的相对速度。加工速度高，加工效率高，但当速度过高时，由于离心力作用，磨料易甩出工作区，加工平稳性降低，研具磨损加快，影响研磨抛光加工精度。

2）加工压力

在一定范围内压力增加，磨料作用率增加，即单个磨粒作用在工件表面上的力增加，使得在工件表面产生的裂纹的长度增加，进而引起工件表面去除率的升高。但当压力增加到一定值时，由于磨粒易压碎及工件与研具接触面积增加，实际接触点的接触压力并不成比例增加，研磨效率提高不明显。一般选择是粗加工时，采用较低速、较高压力；精加工时，采用低速、较低压力。在材料最终抛光阶段，若仅靠工件自重进行悬浮抛光，可获得极好的表面质量。

3）抛光液浓度

抛光液浓度增加时，参与研磨抛光的有效磨粒数增加，材料去除率升高；但当浓度太高时，磨粒的堆积和堵塞会引起加工效率降低，同时也会引起加工质量恶化。

7.3.3 超光滑表面抛光

表面粗糙度达到亚纳米级别的表面称为超光滑表面。超光滑表面抛光主要包括浮法抛光、低温抛光、离子束抛光、磁性磨料抛光等。

1．浮法抛光

浮法抛光是一种非接触抛光，被抛光件相对于锡制抛光盘做高速运动，工件和磨盘间由于抛光液的作用产生厚约几微米的液膜，磨料颗粒在这层液膜中运动，不断地撞击工件表面达到抛光目的。抛光液为含粒径为 4～7 μm SiO_2，CeO_2 或 Al_2O_3 的去离子水悬浮液，可得到表面粗糙度小于 1 nm 的超光滑面。

2．低温抛光

低温抛光指在 0℃以下对工件进行的抛光，抛光液冷却成冰的抛光液膜层，抛光时和工件接触并做相对运动而产生切削作用，可得到表面粗糙度达 Ra 0.5 nm 的超光滑面。

3．离子束抛光

离子束抛光是指在电场中加速惰性气体或其他元素的离子，使其撞击工件表面原子或分子以达到微量去除的目的，可得到表面粗糙度达 Ra 0.6 nm 的超光滑面。

4．磁性磨料抛光

磁性磨料抛光是指在磁场中填充粒径很小的磁性磨料，由于磁场作用，磨料在工件间既回转又振动，从而实现工件表面的抛光。该法可用于曲面的抛光。

7.3.4 常见的研磨、抛光设备

常见的研磨、抛光设备是单面研磨/抛光设备。如图 7.27 所示的修整环型抛光机，加工时将被加工面以一定的负载压于旋转的圆形研具上，工件本身随之旋转，运动轨迹的随机性使加工表面的去除量均匀。

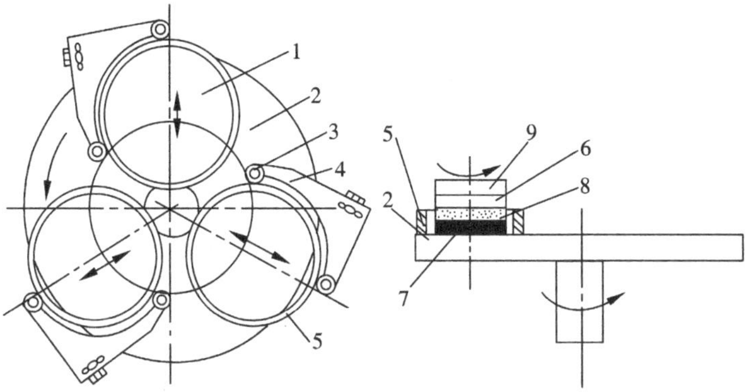

图 7.27　修整环型抛光机

1—载物孔；2—研具；3—滚动轴承；4—修整环保持架；5—修整环；6—基盘；7—工件；8—胶结剂；9—砝码载荷

图 7.28 所示的是双端面型研磨/抛光机，加工时工件放在齿轮状薄形保持架的载物孔内，上下均有工具盘。为在工件上得到均匀不重复的加工轨迹，工件保持架齿轮与设备的内齿轮和太阳齿轮同时啮合，使工件既有自转又有公转，做行星运动。

图 7.29 所示为日本公司研制的一台精密曲面抛光机，其工作台可做 X 和 Y 方向运动，并可旋转，抛光头可自动控制向下的加工量，为保证精度还配备了精密测量系统和空气隔震系统。

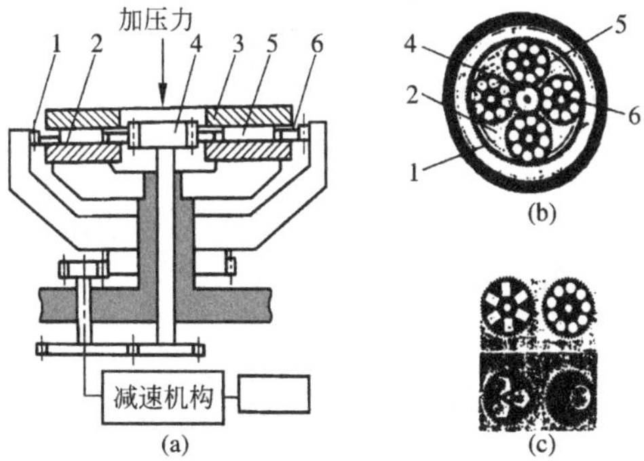

图 7.28　双端面型研磨/抛光机

1—内齿轮；2—下研磨盘；3—上研磨盘；4—太阳齿轮；5—工件；6—保持架

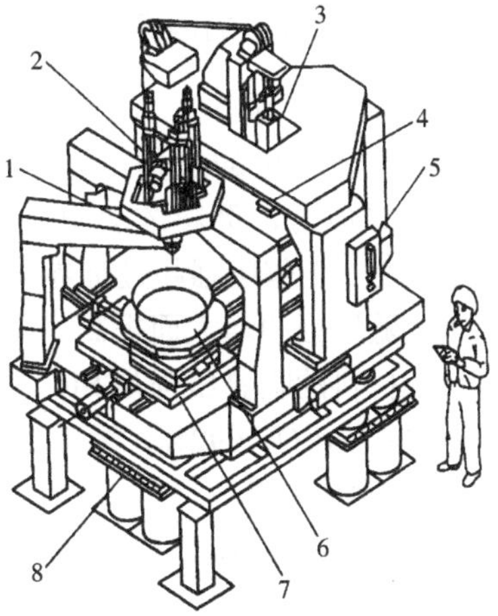

图 7.29　精密曲面抛光机

1—抛光头；2—抛光头升降机构；3—Z 向空气导轨；4—测量头；5—Z 向光学测量；6—工作台面；7—X，Y，θ 工作台；8—空气隔振垫

7.4 精细陶瓷的特殊加工技术

7.4.1 超声波加工技术

1. 工作原理

超声波加工时，由于工具与工件之间存在超声振动，迫使工作液中悬浮的磨粒以很大的速度和加速度不断撞击、抛磨被加工表面，加上加工区域内的空化、超压效应，从而产生材料去除效果。图 7.30 为超声波加工机理示意图。

在超声波加工过程中，工件在高频振动下发生的疲劳破坏加速了材料去除，加工效率高，适合陶瓷等脆性材料、小孔微孔加工。

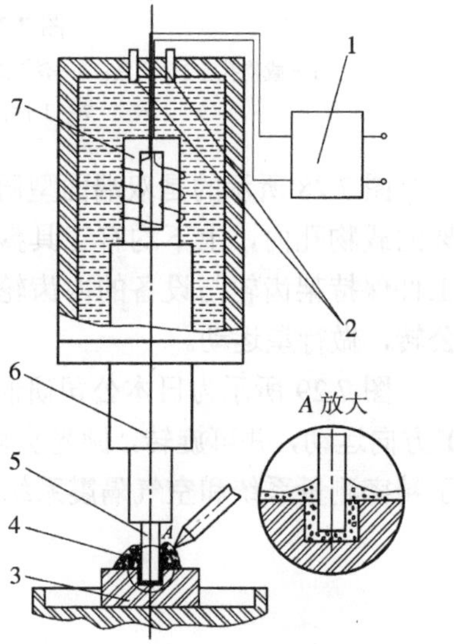

图 7.30 超声波加工机理示意图

1—超声波发生器；2—冷却液进出口；3—工件；4—磨料；5—工具；6—变幅杆；7—换能器

2. 加工特点

（1）适合加工不导电的硬脆材料。

（2）工件加工过程中受力小。

（3）加工精度高，尺寸精度可达 0.02 mm，表面粗糙度可达 Ra 0.63～0.08 μm，无残余应力和烧伤。

3. 影响加工的因素

1）工作压强

超声波产生的工作压强只有达到一定的临界值时，磨料才会对陶瓷材料有去除作用。工作压强超过临界压强后，去除速度随压强的增大而提高。几种常见精细陶瓷材料的临界压强是 SiC（反应烧结）为 2.4 MPa，Si_3N_4（常压烧结）为 4.8 MPa，Al_2O_3（92%）为 1.1 MPa，Al_2O_3（99.5%）为 1 MPa。

2）磨料硬度

磨料的硬度越高，加工速度越快。常用的磨料有碳化硼、碳化硅、金刚石、刚玉等。

3）磨料悬浮液浓度

磨料悬浮液浓度太大或太小都会使加工速度降低，通常采用的浓度为 0.5%～1%（磨料对水的质量比）。

4）被加工陶瓷的性质

被加工的陶瓷越脆，承受冲击载荷的能力越低，因此越容易被加工；反之，则越不容易被加工。如 Al_2O_3 和 SiC 的脆性比 Si_3N_4 要大，在用超声波加工时，Al_2O_3 和 SiC 的加工速率就比 Si_3N_4 要高。

4．超声波打孔技术

超声波可用于打孔，既可打出圆孔，也可打出异型孔及微细孔。用超声波打孔时，加工速度快、精度高、表面质量好。

5．超声波磨削技术

超声波可用于陶瓷磨削，图 7.31 为超声波磨削技术示意图。

6．超声波切割技术

超声波陶瓷切割是超声波加工的重要用途。图 7.32 为超声波切割单晶片示意图，切割高 7 mm、宽 15～20 mm 的晶片时，若要切成厚度 0.08 mm 的薄片，约需 3.5 min，切割效率高，质量好。

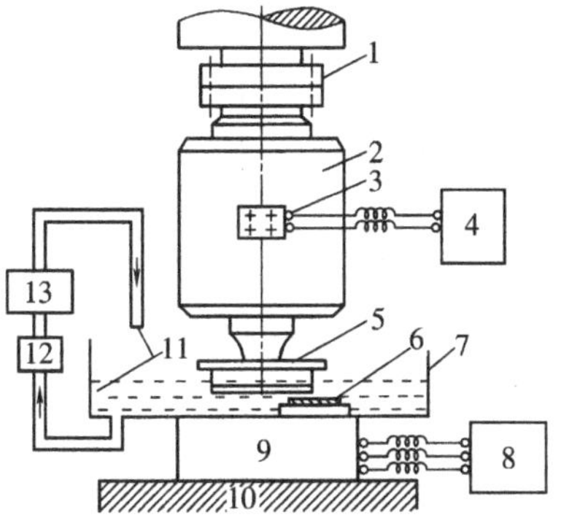

图 7.31　超声波磨削技术示意图

1—磨削主轴头；2—超声波磨头；3—滑环；4—超声波发生器；5—砂轮；6—工件；7—水槽；8—记录仪；9—压电测力计；10—磨床工作台；11—磨削液；12—磨削过滤器；13—磨削液冷却器

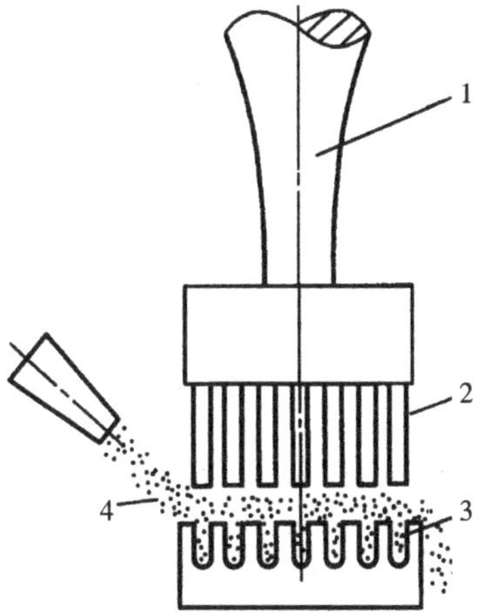

图 7.32　超声波切割单晶片示意图

1—变幅杆；2—工具；3—工件（单晶硅）；4—工作液

7.4.2　电火花加工技术

1．工作原理

电火花加工（electrical discharge machining，EDM）是利用浸在工作液中

的工具电极和工件之间的电火花放电产生局部高温、高压来蚀除导电工件材料的特殊加工方法，又称为放电加工或电蚀加工。

2．工作特点

（1）脉冲放电的能量密度高，可加工普通方法无法加工的材料及形状复杂的工件。

（2）直接利用电能加工，便于实现自动化。

（3）加工时，工具电极和工件不接触，工具电极不需要比工件硬。

（4）脉冲放电能量可精确控制，可实现精密微细加工。

3．电火花加工的基本要求

电火花加工的基本要求是被加工材料应具有足够的导电性，其电导率必须达到 10^{-2}～10^{-4} S•cm^{-1}。由于大多数精细陶瓷材料属离子型、共价型或两者结合的多晶体材料，是电的绝缘体，为了能够进行放电加工，通常利用复相设计或表面改性等方法来提高陶瓷材料的导电性。例如，将 TiC，TiN，TiB_2，ZrB_2 等导电相添加到 Si_3N_4，Al_2O_3 等陶瓷材料的基体中来提高材料的导电性，如图 7.33、图 7.34 所示。

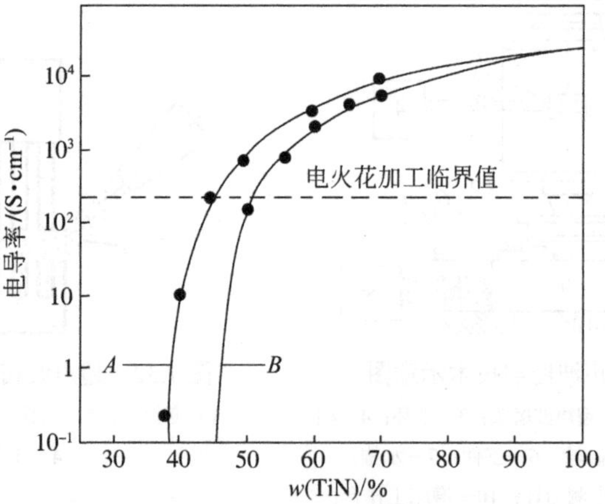

图 7.33 Si_3N_4-TiN 复合陶瓷导电性与 *A* 和 *B* 级 TiN 粒子含量的关系

此外，同种（或同族）离子不同价位在烧结过程中替换产生的晶格空位和多余电子也可改善材料的导电性，例如，在 TiO_2 中添加 Ti_2O_3，在 ZrO_2 中添加 CaO 等。但在增加导电性的情况下，陶瓷的强度会有所下降，如图 7.34、图 7.35 所示。

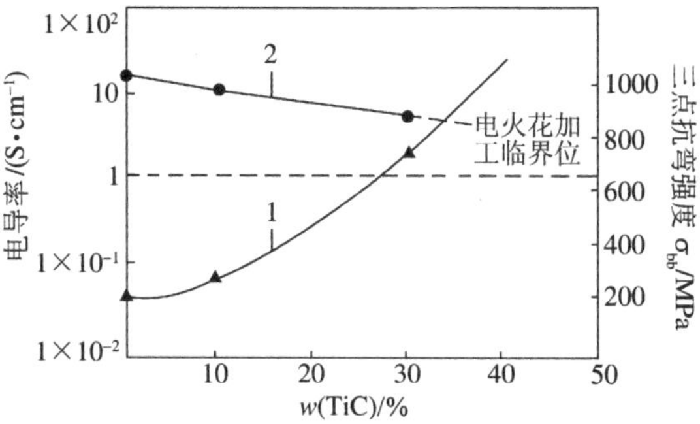

图 7.34 TiC 含量对 Al_2O_3 复合陶瓷电导率和三点抗弯强度的影响

1—电导率；2—三点抗弯强度

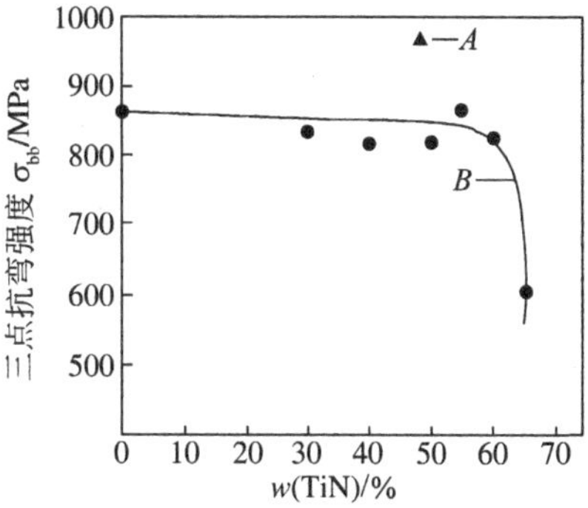

图 7.35 TiN 粒子含量对 Si_3N_4-TiN 复合陶瓷三点抗弯强度的影响

4. 放电加工的类型

放电加工主要包括两种：刻模加工和线切割加工。

刻模加工的模具一般为铜、钢、优质合金和专用石墨，绝缘介质为煤油和大相对分子质量的碳氢化合物。

刻模加工的原理如图 7.36 所示。加工时，脉冲电源的一极接工具电极，另一极接工件电极，两极均浸入具有一定绝缘度的液体介质（常用煤油、矿物油或去离子水）中。工具电极由自动进给调节装置控制，以保证工具与工件在正常加工时维持一个很小的放电间隙（0.01～0.05 mm）。当脉冲电压加到两极之间后，便将当时条件下极间最近点的液体介质击穿，形成放电通道。由于通道的截面积很小，放电时间极短，致使能量高度集中（10～107 W/mm^2），放电区域产生的瞬时高温足以使材料熔化甚至蒸发，以形成一个小凹坑。第 1 次脉冲放电结束之后，经过很短的间隔时间，第 2 次脉冲又在另一极间最近点击穿放电。如此周而复始高频率地循环下去，工具电极不断地向工件进给，它的形状最终就复制在工件上，形成所需要的加工表面。与此同时，总能量的一小部分也释放到工具电极上，从而造成工具损耗。刻模加工还可对陶瓷进行螺纹加工和钻孔加工。

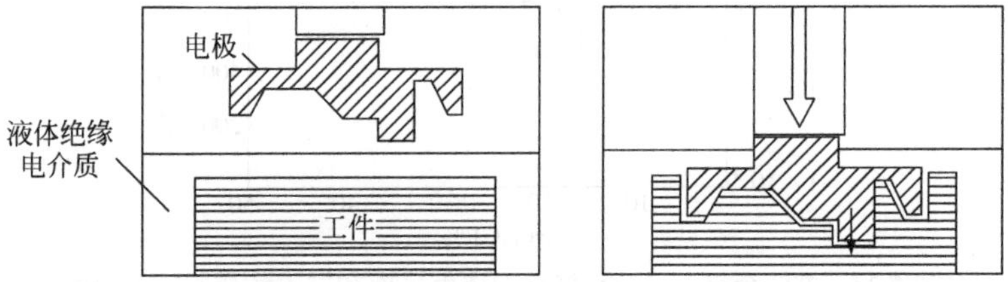

(a) 放电加工前 (b) 放电加工后

图 7.36 刻模加工的原理示意图

电火花线切割加工（wire cut electrical discharge machining，WEDM）是刻模加工的一种特殊方式。该方法是利用移动的细金属丝作工具电极，绝缘介质为煤油或乙醇水溶液，当金属丝与工件接近时，金属丝和工件之间会很快形成一个被电离的导电通道，并形成电流，温度很快升高到 8000～12 000℃，并使两导体表面瞬间熔化一些材料。同时，由于电极和电介液的气化，形成一个具有很高压力的气泡，电流中断时，温度突然降低，引起气泡内向爆炸，产生的动力把熔化的物质抛出弹坑，被腐蚀的材料在电介液中重新凝结成小的球体，并被电介液排走；通过数控技术使其按预定的轨迹进行均匀一致的脉冲放电，从而实现对材料的加工，并达到一定尺寸和形状精度的要求。

按金属丝电极移动的速度大小，电火花线切割加工分为高速走丝线切割和低速走丝线切割两种。我国普遍采用高速走丝线切割，其金属丝电极是直径为 0.02～0.3 mm 的高强度钼丝，往复运动速度为 8～10 m/s，图 7.37 所示为一种线切割机的实物图。由于往复走丝线切割机床不能对电极丝实施恒张

图 7.37 线切割机

力控制，故电极丝抖动大，在加工过程中易断丝。另外，由于电极丝是往复使用，所以会造成电极丝损耗，加工精度和表面质量降低。近年来，我国也在积极发展低速走丝线切割，低速走丝时，多采用铜丝，线电极以小于 0.2 m/s 的速度做单方向的低速运动。线切割时，电极丝不断移动，其损耗很小，因而加工精度较高，目前其加工精度可达 0.001 mm 级，表面粗糙度 Ra 可达 1.6 μm 或更小。但低速走丝线切割机床结构精密，技术含量高，价格高，因此使用成本也高。

7.4.3 激光加工技术

1. 工作原理

激光加工是将经过透镜聚焦的激光照射到工件上，利用在焦点上产生的高能量密度，靠光热效应使被加工部位熔融和蒸发，实现材料去除的加工方法。图 7.38 为激光加工机工作状态及结构示意图。YAG 和 CO_2 激光器是加工陶瓷零件的主要光源。激光加工的成熟应用有激光打孔、激光切割、激光划线等。

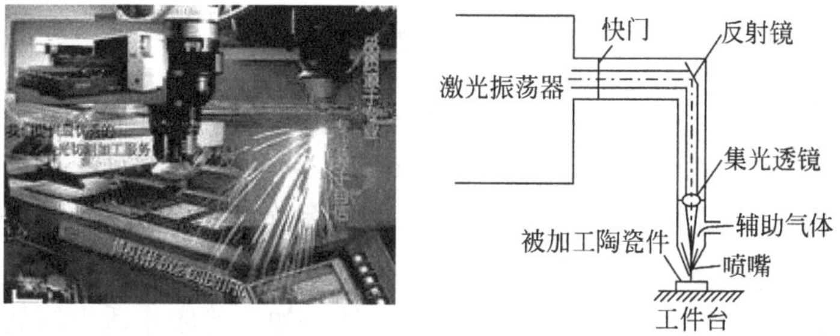

（a）工作状态 （b）结构示意图

图 7.38 激光加工机工作状态及结构示意图

2. 工作特点

（1）激光功率密度大，工件吸收激光后温度迅速升高而熔化或气化，即使熔点高、硬度大和质脆的材料（如陶瓷、金刚石等）也可用激光加工，但由于陶瓷导热率低，激光的高能束可能会在陶瓷表面产生热应力集中，易形成微裂纹，甚至断裂。

（2）激光头与工件不接触，不存在加工工具磨损问题。

（3）工件不受应力，不易污染。

（4）可以加工运动的工件或密封在玻璃壳内的材料。

（5）激光束的发散角可小于 1 毫弧，光斑直径可小到微米量级，作用时间可以短到纳秒和皮秒，同时，大功率激光器的连续输出功率可达千瓦至十千瓦量级，因而激光既适于精密微细加工，又适于大型材料加工。

（6）激光束容易控制，易于与精密机械、精密测量技术和电子计算机结合，实现加工的高度自动化并达到很高的加工精度。

（7）在恶劣环境或其他人难以接近的地方，可用机器人进行激光加工。

3．影响激光加工的因素

（1）输出功率和照射时间

激光的输出功率越大、照射时间越长，所打的孔越大越深，且锥度越小。一般激光钻孔和切削所需的输出功率为 150 W 至 15 kW，照射时间为几分之一秒至几毫秒。

（2）焦距和发散角

采用短焦距和发散角小的激光束，可以获得更小的光斑和更高的功率密度。

（3）工件材料

在实际生产过程中，需根据工件材料的性质选择合适的激光器。目前主要以 NY 值作为判断材料激光加工难易性的判据：

$$NY = T_m\lambda \tag{7-3}$$

其中，T_m 为熔点（K）；λ 为热导率（$W \cdot m^{-1} \cdot K^{-1}$）。

材料的 NY 值越小，加工越容易，如 α-SiC，Al_2O_3，Si_3N_4，Zr_2O_3 的 NY 值分别为 0.352，0.144，0.076，0.021，则它们的激光可加工性为 α-SiC＜Al_2O_3＜Si_3N_4＜Zr_2O_3，其中，Zr_2O_3 的去除效率是 Si_3N_4 的 3 倍多。

另外，对于高反射率和高透光率的工件，加工前应作适当的处理，如打毛或黑化，以增加对激光的吸收效率。

7.4.4 高压磨料水加工

1．基本原理

高压磨料水加工是指在高达 2～3 倍声速的水流冲击作用下，陶瓷表面会产生一定长度的裂纹，随着射流冲击力的延长或增加，裂纹不断扩展，碎屑从陶瓷表面脱落，从而达到加工的目的。

精细陶瓷常为高硬度材料，若用纯水射流加工，需 700～1000 MPa 的高压，工程中很难实现。用含磨料的水流加工可提高射流的冲击能力。

2．影响加工的因素

影响高压磨料水加工的因素分为外部因素和材料因素两个方面。

1）外部因素

影响高压磨料水加工的主要外部因素是冲击力的大小。高压磨料水对陶瓷表面冲击力的大小取决于喷嘴面积、磨料水流的速度及水、磨料的密度。由于通常磨料水流的速度与水流的压力成正比，所以也可以说冲击力的大小取决于喷嘴面积、磨料水流的压力及水、磨料的密度。它们之间的关系可用以下公式表示：

$$F = sK_0(\rho_{水} + \rho_{磨})p \tag{7-4}$$

其中，F 为冲击力；s 为喷嘴截面积；K_0 为比例常数；$\rho_{水}$和 $\rho_{磨}$分别为水和磨料的密度；p 为水流压力。

2）材料因素

影响高压磨料水加工的主要材料因素是材料的断裂韧性和硬度。陶瓷材料在水压作用下，表面产生局部裂纹的临界载荷 P_c 为

$$P_c = \alpha(K_{IC}/H_V)^3 K_{IC} \tag{7-5}$$

其中，α 为与压头的几何形状有关的参数；K_{IC} 为陶瓷材料的断裂韧性；H_V 为陶瓷材料的维氏硬度。

当水压头冲击力 F 大于 P_c 时，微裂纹扩展形成碎屑，起到加工陶瓷的作用。

7.4.5　黏弹性流动加工

黏弹性流动加工是指利用一种含磨料的半流动状态的黏性磨料介质，在一定的压力下反复在工件表面滑过，从而达到表面抛光或去除毛刺的目的。

该加工方法适用范围广，尤其适用于各种型孔、交叉孔、喷嘴小孔等内壁的精加工，可同时加工多件小型零件。

7.5　精细陶瓷典型零件的机械加工

7.5.1　抗弯强度试条的加工

1．抗弯强度试条的要求

生产和实验中，为检测陶瓷材料和制品的力学性能，经常需要加工强度试

条。强度试条的形状如图 7.39 所示，尺寸通常为 3 mm× 4 mm× 36mm。强度试条尽管形状很简单，但如果不采用正确的加工工艺，也经常会造成尺寸误差和加工缺陷，进而影响测试的数据。根据中华人民共和国国家标准（GB/T 6569—1986）《工程陶瓷弯曲强度试验方法》，试样相对面的平行度不大于 0.02 mm，横截面的两相邻边夹角应为 90 ± 0.5°，表面粗糙度小于 Ra 0.8 μm。

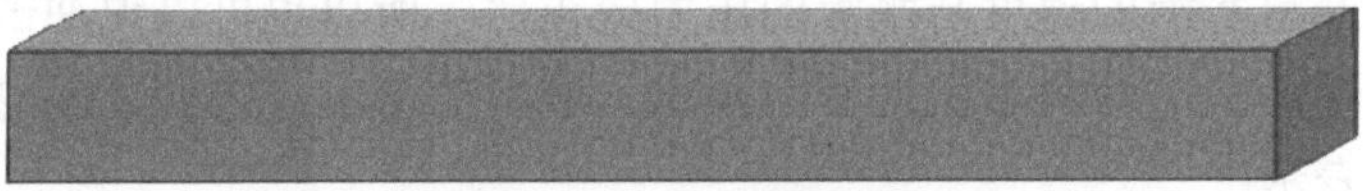

图 7.39　抗弯强度试条形状

2．抗弯强度试条坯体的选取

根据测试的目的和要求，抗弯强度试条的坯体可按实际产品的成型和烧结工艺直接制备，有时则需要从实际产品上切割。

1）切割陶瓷强度试条

当从实际产品或从热压烧结陶瓷坯体上选取试条时，需要用金刚石锯片切割。实际切割时，金刚石锯片的头部磨损较快，并经常发生非均匀磨损；另外，锯片不能切入衬板，所以切割时会在试条毛坯的侧面造成斜面和毛边，如图 7.40 所示。

2）烧结陶瓷强度试条

烧结陶瓷强度试条通常采用金属模具将陶瓷粉体压成试条坯体，经过烧结而形成。由于在烧结过程中坯体会发生收缩，常常会因为试条坯体的密度或炉子温度场的不均匀等原因造成烧结出来的强度试条产生不同程度的弯曲、变形等。图 7.41 所示为发生烧结变形的试条照片。

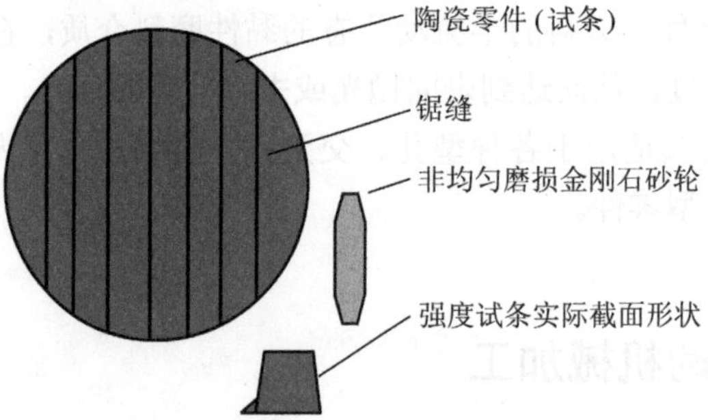

图 7.40　金刚石锯片切割陶瓷强度试条示意图

图 7.41　发生烧结变形的试条

3．抗弯强度试条的磨削加工工艺

1）工艺过程

由于强度试条坯体在切割或烧结过程中易形成不规则形状，所以在试条的磨削加工过程中必须采取必要的措施以保证试条的加工精度。图 7.42 所示为强度试条磨削加工的示意图，图中还给出相应的工艺过程。

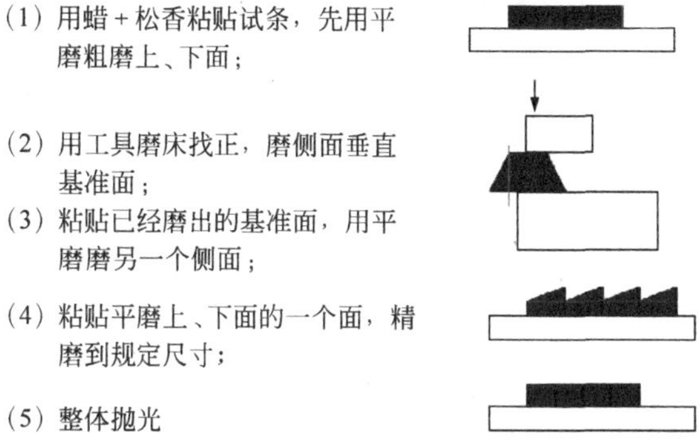
（1）用蜡 + 松香粘贴试条，先用平磨粗磨上、下面；
（2）用工具磨床找正，磨侧面垂直基准面；
（3）粘贴已经磨出的基准面，用平磨磨另一个侧面；
（4）粘贴平磨上、下面的一个面，精磨到规定尺寸；
（5）整体抛光
图 7.42　强度试条的磨削加工过程示意图

2）磨削加工容易出现的问题

（1）试条截面呈平行四边形，如图 7.43 所示。产生的原因是侧面未磨垂直的基准面；

（2）上、下面平行度不合格，如图 7.44 所示。产生的原因可能是侧面未磨基准面、铁板本身不平行、磁性吸盘未清理干净或粘贴不合格等。

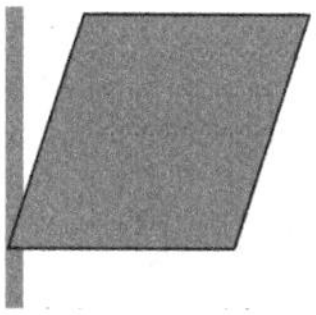
图 7.43　试条截面呈平行四边形

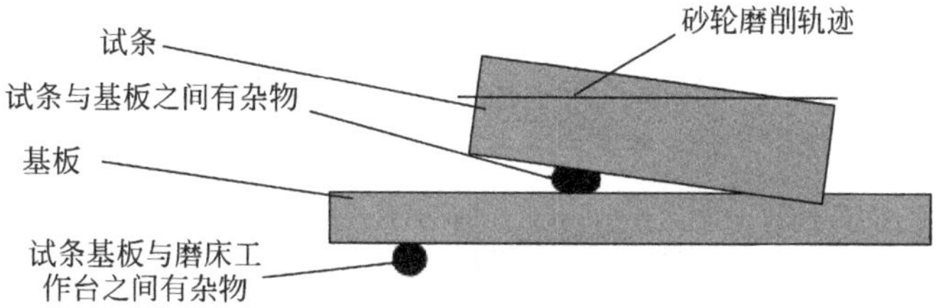

图 7.44　上、下面平行度不合格

（3）表面损伤，如图 7.45 所示。产生的原因可能是砂轮选用不合理或进刀过快。

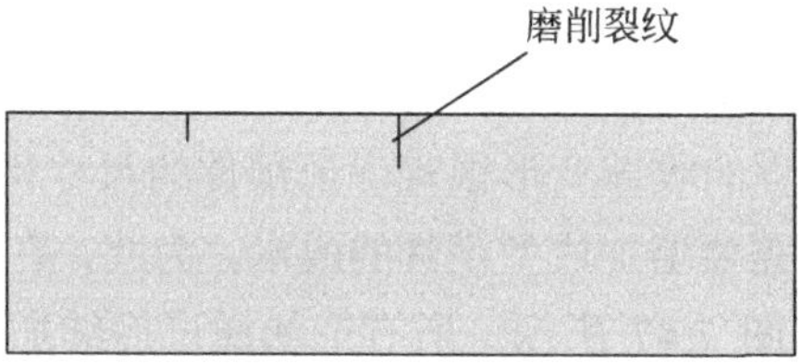

图 7.45　表面损伤

7.5.2 光刻机陶瓷微动块的加工

1．微动块的图纸及性能要求

光刻机是 IT 行业的主要生产装备，其精度要求非常高，目前最先进的光刻机的加工精度可达到 48 nm。微动块是光刻机的重要部件之一，为了保证设备的整体精度，该部件应具有轻质、高刚性、高精度的特性，因此采用陶瓷材料制备是最佳选择之一。微动块的图纸如图 7.46 所示，要求采用高纯致密的氧化铝陶瓷材料。

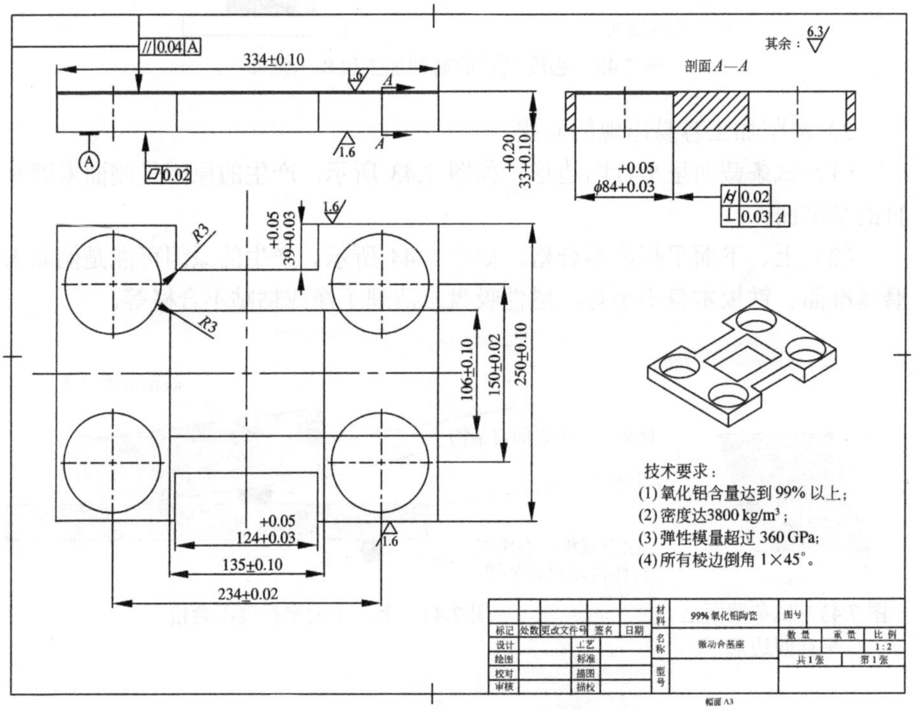

图 7.46 光刻机陶瓷微动块图纸

2．微动块的加工工艺

微动块形状复杂，精度要求高，但产量不大，如果在成型时就将零件的形状做出来，烧结过程的收缩变形很难保证部件的尺寸精度，最后仍需通过精密加工来完成，而且需要增加成型模具的成本。为此，在单件生产时，零件可采用长方体毛料，如图 7.47 所示。所有形状通过后续加工完成，其工艺流程为毛料（等静压成型，烧结）→热处理消除内应力→磨平面和周边形状→

陶瓷毛坯→钻孔加工中间方孔、圆孔→粗磨内方孔、圆孔→数控磨床精加工。

图 7.48 所示为微动块中间方孔的加工过程。首先用金刚石钻头在坯体上按图纸要求考虑适当的加工余量，打出多个小孔，然后连接这些小孔即可完成方孔的粗加工。4 个圆孔的加工方法与方孔一样。图 7.49 所示为微动块成品件。

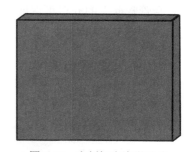

图 7.47　光刻机陶瓷微动块加工毛料示意图

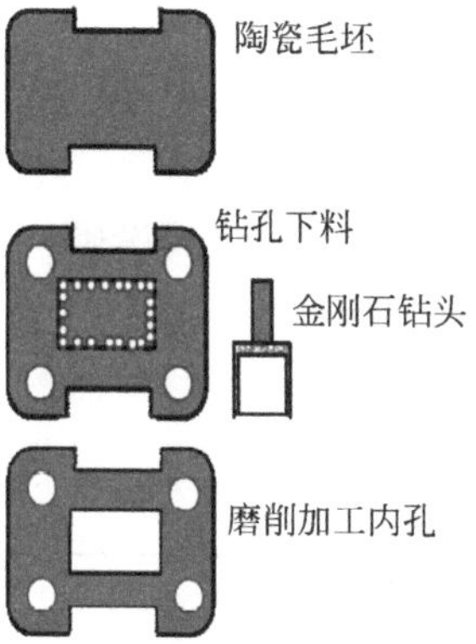

图 7.48　光刻机陶瓷微动块中间方孔的加工过程示意图

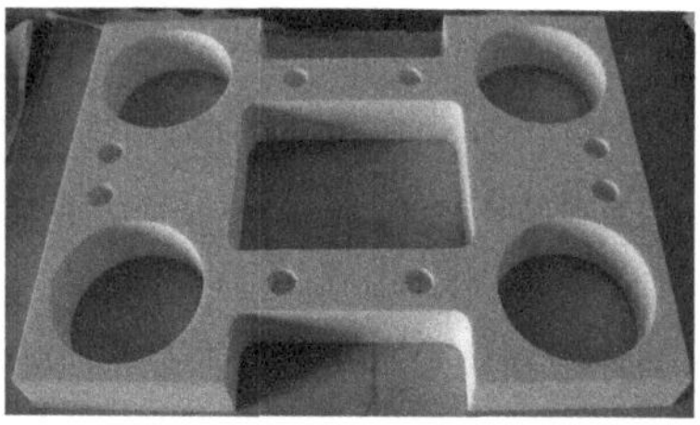

图 7.49　光刻机陶瓷微动块成品件

7.5.3　光纤连接器陶瓷套管的加工

1. 光纤连接器的用途与要求

光纤连接器俗称活接头，主要用于实现从光源到光纤、从光纤到光纤及光纤与探测器之间的光耦合，是使用量最大的无光源器件。它使光纤的分割、耦合、转接、装配、维护得以方便地实现，从而促进了光纤到办公室、光纤到户等光传输的发展。

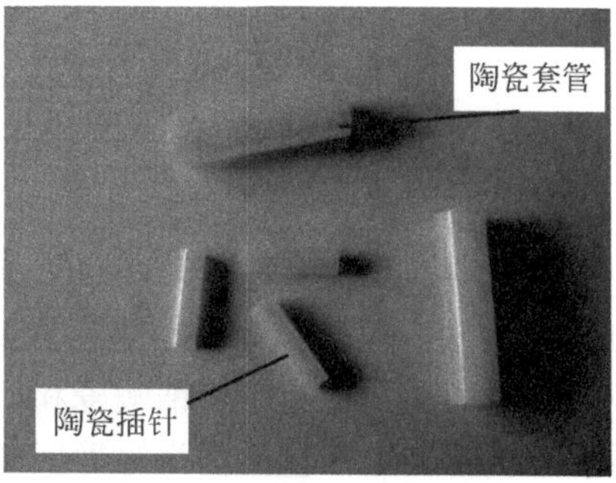

图 7.50　陶瓷光纤套管与插针

常见光纤连接器的形状如图 7.50、图 7.51 所示，工作原理如图 7.52 所示。其套管管壁上的开口可保证与插芯间的插拔力，便于顺利插拔，其生产图纸之一如图 7.53 所示。

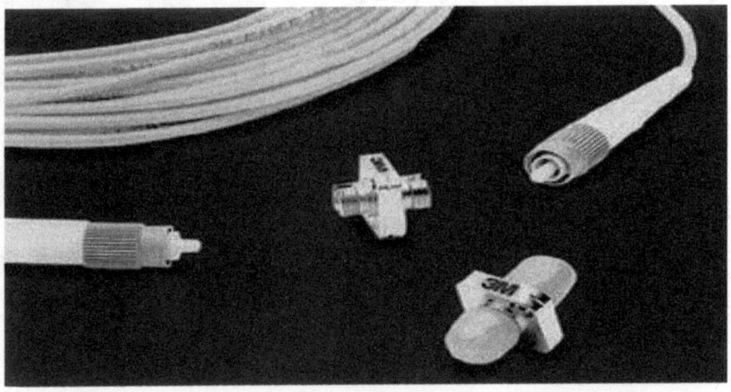

图 7.51　光纤连接插头与插座

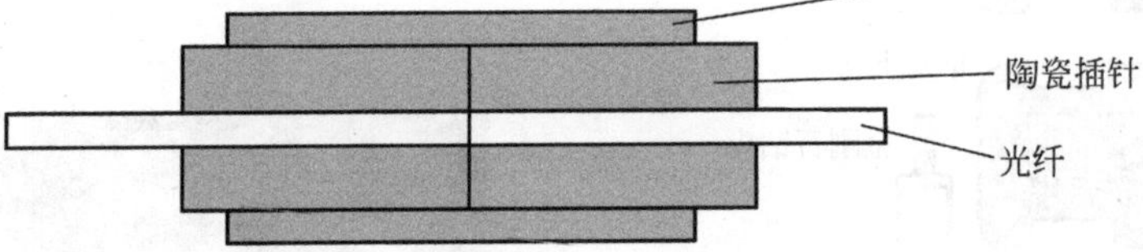

图 7.52　光纤连接器工作原理示意图

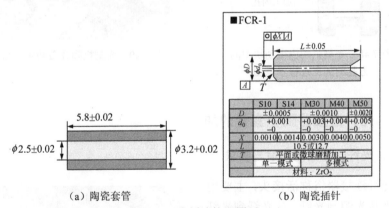

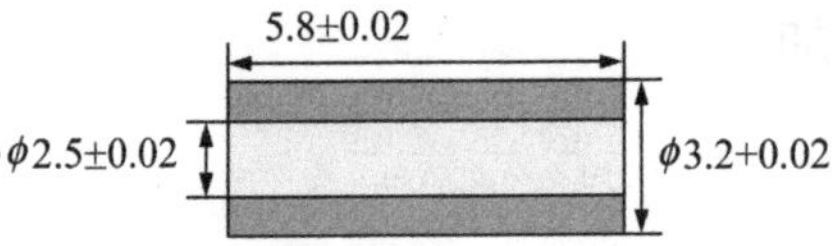

（a）陶瓷套管

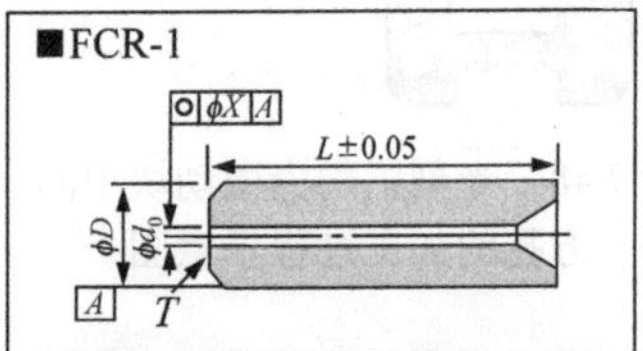

	S10	S14	M30	M40	M50
D	±0.0005		±0.0010		±0.0020
d_0	+0.001 −0		+0.003 −0	+0.004 −0	+0.005 −0
X	0.0010	0.0014	0.0030	0.0040	0.0050
L	10.5或12.7				
T	平面或微球磨精加工				
	单一模式		多模式		
	材料：ZrO_2				

（b）陶瓷插针

图 7.53　光纤连接器图纸

2．陶瓷套管的加工工艺

陶瓷套管尺寸小，壁薄，内外圆的同心度精度要求非常高，为保证信号的传输质量，陶瓷套管还必须有较高的表面光洁度。因此，从材料上考虑，必须采用细晶致密的氧化锆陶瓷和相应的成型烧结工艺。根据其形状和性能要求，制备加工工艺流程为等静压成型→无压烧结→切两端→粗磨外圆→切断→研磨内孔→无心磨精磨外圆→端面倒角→开槽。

陶瓷套管的毛坯形状、中间加工件形状及成品件形状如图 7.54 所示。

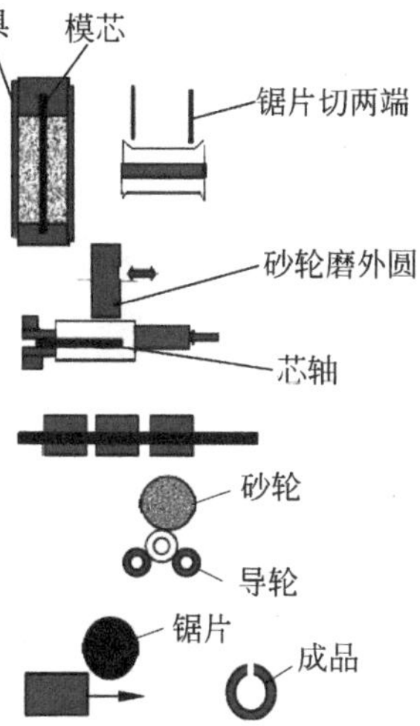

图 7.54 光纤连接器用陶瓷套管制备过程示意图

7.5.4 陶瓷刀具的加工

1. 陶瓷刀具简介

陶瓷刀具是指用精细陶瓷材料制备的金属切削刃具，与传统的高速钢和硬质合金刀具相比，它具有更好的红硬性和耐磨性；与超硬材料金刚石和 CBN 相比，它具有更低的制造成本、更好的热稳定性和抗冲击能力，可在高速切削条件下保持高的强度、硬度和耐磨性，并具有长的使用寿命。因而，在先进制造技术的发展过程中起着十分重要的作用。

从成分上看，陶瓷刀具有多种类型，主要有氧化铝陶瓷刀具、氮化硅陶瓷刀具、金属陶瓷刀具、陶瓷-硬质合金复合刀具、表面涂层陶瓷刀具等。图 7.55、图 7.56 为几种常见的陶瓷刀具实物图。

2. 陶瓷刀具的加工工艺

现代数控加工机床的加工效率非常高，其切削工具主要采用先进的机夹刀具。陶瓷刀具被压板压紧固定在刀杆上，当刀具的一个刀尖磨损或刀具破坏时，可松开压板换一个刀尖或更换整个刀片。为保证更换刀具后数控机床的加工精度，避免换刀和刀具调整时间，要求刀杆和刀片都具有非常高的尺寸和定位精度。对陶瓷刀具来说，通常需要保证其内接圆直径和内接圆到刀尖的尺寸，即 m 值，如图 7.57 所示。目前最高级的 A 级刀片的 m 值精度要求达到 ± 0.005 mm。

图 7.55 各种型号陶瓷刀具照片

图 7.56 加工汽车缸套的氮化硅陶瓷镗刀

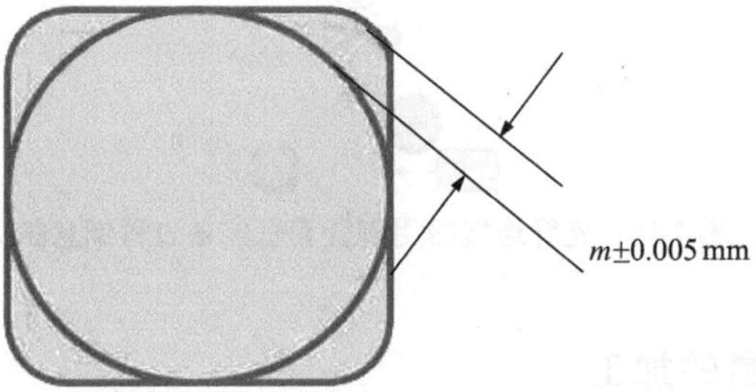

图 7.57 陶瓷刀具的 m 值及精度要求

根据陶瓷刀具的形状及性能要求，其基本加工流程为平磨刀具上、下两平面 → 磨周边 → 磨刀尖圆弧 → 倒棱。

刀具上、下两平面的磨削可采用平面磨床，首先将刀片坯体粘贴在金属基板上，然后将其吸在平面磨床的电磁吸盘上进行加工，图 7.58 所示为其加工示意图。对平行度要求更高的刀片还需采用双端面研磨机进行研磨，大批量生产可直接使用双端面磨床进行加工。

刀片周边的粗磨可采用专用夹具在平面磨床上加工，图 7.59 所示为专用夹具的工作示意图，先将刀片坯体固定在专用夹具上，用平面磨加工一个面，转动夹具磨另一个面，依靠专用夹具的精度保证周边两个面的垂直，同样仔细装夹后可磨另外两个面。

对精度要求更高的刀片可采用数控周边磨床和数控倒棱磨床加工，图 7.60 所示为周边磨、倒棱磨的工作原理图。刀片被两个顶杆夹紧，通过数控周边磨砂轮的前后运动和刀片的转动进行差补，完成刀片周边和刀尖圆弧的加工，加工过程中砂轮按一定频率进行摆动，保证砂轮均匀磨损；加工完成后可进行自动在线测量，并根据设定进行砂轮的自动修整和补偿。倒棱磨工作时与周边磨类似，已经磨完周边的刀片被两个顶杆夹紧，保持一定的压力使刀片靠紧在仿形板上，通过刀片的转动和砂轮的进给在刀片上加工一定弧度和角

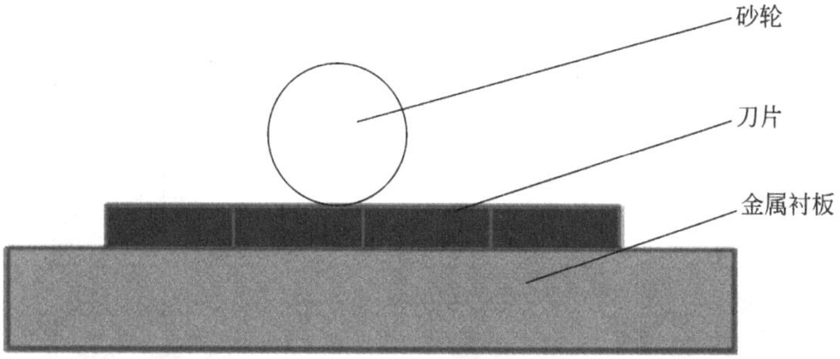

图 7.58　平面磨床加工刀具上、下平面的示意图

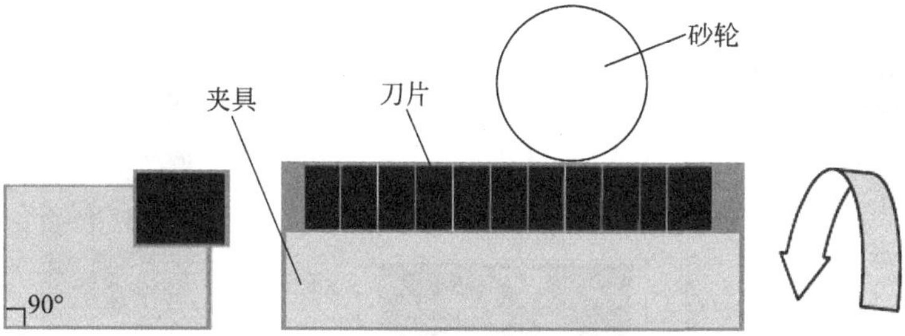

图 7.59　专用夹具加工刀片周边的示意图

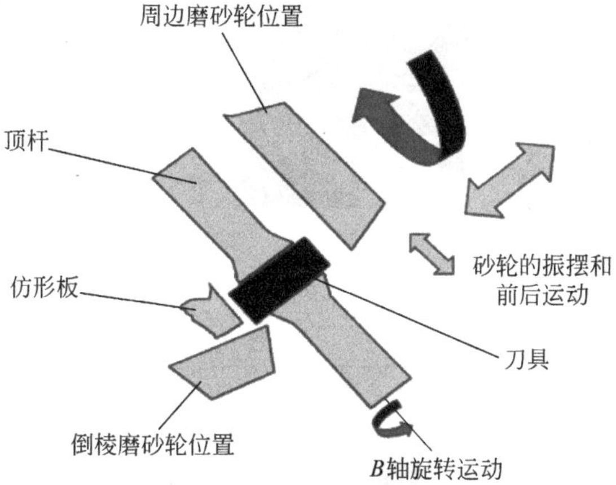

图 7.60　周边磨、倒棱磨的工作原理

度的倒棱。先进的设备可将周边磨和倒棱磨合而为一，通过机械手实现刀片加工的全部自动化。

3．陶瓷刀具的应用

陶瓷刀具在超硬、难加工材料加工和普通材料的高速切削方面具有广泛的应用，解决了多种难加工材料的加工难题，大大提高了加工效率，降低了生产成本，促进了机械加工行业的进步，陶瓷刀具的应用范围和典型效益如图 7.61 所示。

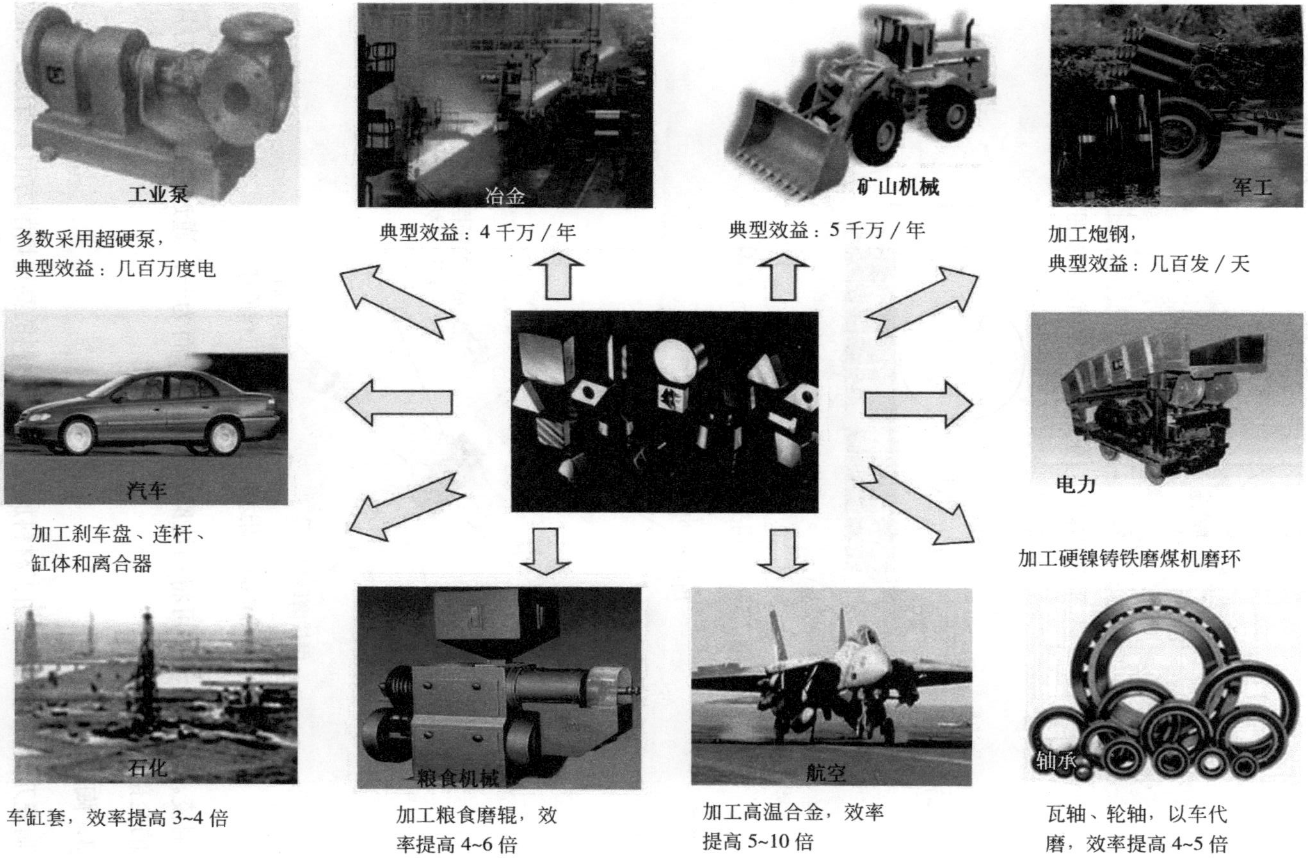

图 7.61　陶瓷刀具的应用范围和典型效益

7.5.5 半导体硅片的加工

1. 硅片的制造工艺

硅片是集成电路基片最主要的材料。硅是典型的金刚石结构半导体，其加工表面极易氧化并生成氧化膜。集成电路硅片的机械加工工艺流程如图 7.62 所示。

在硅片的机械加工阶段，首先，切除单晶硅锭形状不规则的锭头锭尾，再用外圆刃金刚石锯片和杯形金刚石砂轮进行硅锭的外径加工和定向基准平面加工。然后用内圆刃金刚石锯片将硅锭切成几十微米厚的薄片，再将硅片研磨到一定的厚度，进行腐蚀，去除加工变质层，最后用机械化学抛光制成镜面硅片。

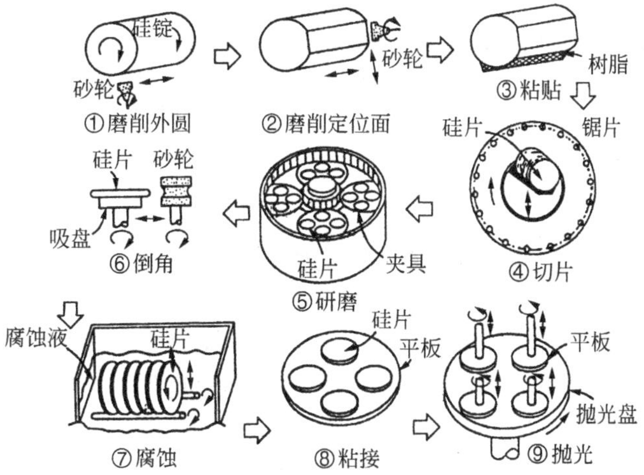

图 7.62 硅片机械加工工艺流程

2. 硅片的抛光

硅片的抛光是硅片的最后加工工序，要求抛光表面具有晶格完整性、较高的平面度及洁净性。使用机械化学抛光法可获得无加工变质层的表面。通常使用的抛光液是碱性的胶态 SiO_2（0.1～1 μm）抛光液。

为提高抛光效率，要进行两次抛光。在第 1 次抛光过程中，借助磨粒与抛光布的机械作用破坏硅片表面的水合膜进行高效抛光。因此，需采用大粒度磨粒和透气性能好的抛光布以形成较薄的水合膜，其目的是为获得硅片的厚度、平面度等。一次抛光的去除量是 1.5 μm 左右。一次抛光用的抛光液是添加 NaOH，KOH 等的 SiO_2 悬浮液，抛光液的 pH 为 11。一次抛光用的抛光布是用聚氨基甲酸乙酯浸透的无纺布。

二次抛光用的抛光布是发泡聚氨基甲酸乙酯仿麂皮人造革。二次抛光是精抛光，是通过不断去除水合膜来进行无损伤抛光。二次抛光用的是添加碱或氨的抛光液，pH = 9。二次抛光的加工量一般在 1 μm 以下。

硅片抛光装置有单面抛光和双面抛光两种，双面抛光可提高抛光效率和加工精度。

7.6 精细陶瓷的表面金属化

由于陶瓷材料的表面结构与金属不同，在封接金属和陶瓷时，焊料往往不能浸润陶瓷表面，也不能与之作用形成牢固的黏结。所以，需要首先在陶瓷表面牢固地黏附一层金属薄膜，即实现陶瓷表面的金属化，从而实现金属与陶瓷的封接。

陶瓷表面金属化的方法主要有被银法、烧结金属粉末法、活性金属法、电镀金属法、气相沉积法等，下面介绍其中最常用的被银法和烧结金属粉末法。

7.6.1 被银法

被银法又称为烧渗银法，是指在陶瓷表面烧渗一层金属银，作为电容器、滤波器的电极或集成电路基片的导电网络。

银的导电能力强、抗氧化性好，在银面上可以直接焊接金属。但对于电性能要求特殊的场合，如在高温、高湿和直流电场作用下使用，由于银离子容易向介质中扩散，造成电性能恶化，因而不宜采用被银法。

被银法的工艺流程一般如图 7.63 所示。

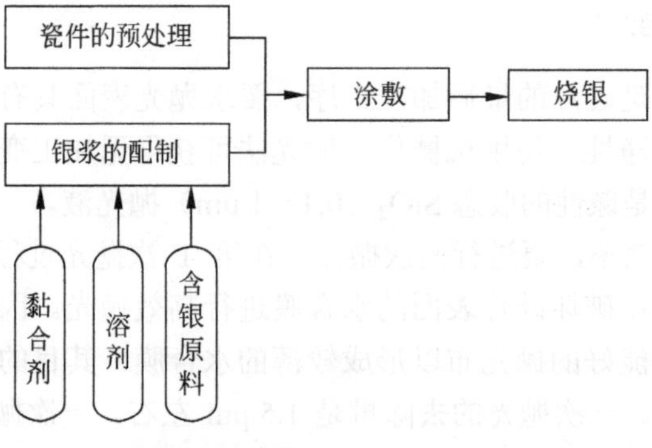

图 7.63 被银法的工艺流程

1. 瓷件预处理

瓷件在涂敷银浆之前必须先进行净化处理。处理方法很多，通常采用 70～80℃的肥皂水浸洗，再用清水冲洗。也可用合成洗涤剂超声波清洗。清洗后在 100～110℃烘箱中烘干。当对银层的质量要求较高时，可在电炉中加热到500～600℃煅烧，以去除瓷件表面的各种有机物。

2. 银浆配置

1）含银原料

含银原料主要有 Ag_2CO_3，Ag_2O，Ag 等。

（1）Ag_2CO_3

Ag_2CO_3 可由 $AgNO_3$ 和 Na_2CO_3 溶液反应而得，反应式为

$$2AgNO_3 + Na_2CO_3 = Ag_2CO_3\downarrow + 2NaNO_3 \quad (7\text{-}6)$$

Ag_2CO_3 在烧渗过程中会放出大量的 CO_2，易使银层起泡或起皮，由于它易分解成氧化银，使银浆的性能不稳定，因此现在用的不多。

（2）Ag_2O

Ag_2O 可由 Ag_2CO_3 加热分解而得，反应式为

$$Ag_2CO_3 \overset{\triangle}{=} Ag_2O + CO_2\uparrow \quad (7\text{-}7)$$

Ag_2O 较 Ag_2CO_3 更稳定，按上述反应分解的 Ag_2O 颗粒较细，烧渗后的银层质量较好。若直接使用化学纯的 Ag_2O，因颗粒较粗，烧渗后的银层质量不如前者。

（3）Ag

Ag 可直接用三乙醇胺还原碳酸银而得，反应式为

$$6\,Ag_2CO_3 + N(CH_2CH_2OH)_3 = N(CH_2COOH)_3 + 12\,Ag\downarrow + 6CO_2\uparrow + 3H_2O \quad (7\text{-}8)$$

也可在 $AgNO_3$ 中加入氨水后用甲醛或甲酸还原而得，反应式为

$$AgNO_3 + NH_4OH = AgOH + NH_4NO_3 \quad (7\text{-}9)$$

$$2\,AgOH = Ag_2O + H_2O \quad (7\text{-}10)$$

$$Ag_2O + CH_2O = 2\,Ag + HCOOH \quad (7\text{-}11)$$

或

$$Ag_2O + HCOOH = 2\,Ag + CO_2\uparrow + H_2O \quad (7\text{-}12)$$

这种方法得到的银在烧渗过程中没有分解产物。

2）溶剂

为了降低烧银温度并使银与基体牢固结合，需要在银浆中加入适量的溶剂。这种溶剂在较低的温度下能与基体反应形成良好的中间层，使金属银与基体紧密地结合在一起。溶剂一般包括熔块和低熔点化合物。

（1）熔块

常用的熔块有铅硼熔块、铋镉熔块等。

铅硼熔块配方：二氧化硅 26%，丹铅 46%，硼酸 17%，二氧化钛 4.3%，碳酸钠 6.7%。混合研磨后在 1000～1100℃熔融。

铋镉熔块配方：氧化铋 40.5%，氧化镉 11.1%，二氧化硅 13.5%，硼酸 33%，氧化钠 1.9%。混合研磨后在 800℃熔融。

以上熔块熔融后，需再经水淬、冷却、粉磨。

（2）低熔点化合物

根据具体配方不同，低熔点化合物可直接采用化学试剂或预先合成。如硼酸铅可通过氧化铅与硼酸在 600～620℃熔融而得，反应式为

$$PbO + 2H_3BO_3 = PbB_2O_4 + 3H_2O \tag{7-13}$$

经水淬后，用蒸馏水煮沸 3～6 h，以除去未完全反应的硼酸，洗涤烘干，研磨。

3）黏合剂

黏合剂的作用是使银浆具有一定的黏性，能够很好地黏附在基体表面上，但要求它能在低于 350℃下烧除干净，不残留灰分。常用的黏结剂有松节油、松油醇、环己酮等。

4）其他

为了使银浆涂布均匀、致密、光滑，得到光亮的烧渗银层，还要加入一些油类，如蓖麻油、亚麻仁油、花生油等。

将制备好的含银原料、溶剂、黏合剂按一定比例配料后，在刚玉球磨罐中球磨 70～90 h，以达到要求的细度。

5）常用银浆配方

常用的几种银浆配方如下：

（1）云母电容器银浆：碳酸银 100 g，氧化铋 1.25 g，松香 60 g，松节油 90 cm^3，烧渗温度 550 ± 20℃。

（2）陶瓷电容器银浆：氧化银 100 g，硼酸铅 1.45 g，氧化铋 1.53 g，松香 7.15 g，松节油 32.5 cm^3，蓖麻油 5 cm^3，烧渗温度 860 ± 10℃。

（3）装置瓷银浆：氧化银 100 g，铅硼熔块 5 g，松香 9 g，松节油 23.5 cm^3，花生油 6.7 cm^3，烧渗温度 820 ± 10℃。

（4）陶瓷滤波器银浆：氧化银 100 g，硼酸铅 1.8 g，氧化铋 1.46 g，松香 9.1 g，松节油 30 cm^3，蓖麻油 1.2 cm^3，烧渗温度 650 ± 10℃。

（5）独石电容器银浆：银 100 g，氧化铋 6 g，松节油 2.4 cm^3，硝化棉 1.5 g，环己酮 16.13 cm^3，邻苯二甲酸二丁酯 3.5 cm^3，松油醇 4.1 cm^3，烧渗温度 840 ± 20℃。

3．涂敷

涂银的方法有很多，有手工、机械、浸涂、喷涂、丝网印刷等。涂敷之前要将银浆搅拌均匀，根据银层的厚度要求，可采用 1 次被银 1 次烧银、2 次被银 1 次烧银、2 次被银 2 次烧银或 3 次被银 3 次烧银等方法。

4．烧银

工件烧银前，要在 60℃的烘箱内将银烘干，使部分溶剂挥发，以免烧银时起皮。烧银过程分为 4 个阶段。

（1）室温～350℃

这一阶段主要是排出银浆中的黏合剂。在烧除黏合剂的过程中，因有大量的气体产生，要通风排气，升温速度每小时不超过 150～200℃，以免银层起泡、开裂。

（2）350～500℃

这一阶段中，碳酸银或氧化银分解出金属银，此阶段升温速度可快些。

（3）500℃～最高温度

在 500～600℃，硼酸铅首先熔化成玻璃态，氧化铋的熔融温度要高一些，还原出来的银粒依靠玻璃液彼此黏结，又由于玻璃液和基体的浸润性，使得含银玻璃液能够渗入基体表层，并有一定的反应，形成中间过渡层，从而保证了银层和基体间的牢固结合。银的熔点为 910℃，烧银的最高温度不能超过银的熔点，一般为 825 ± 20℃，保温 15～20 min。

（4）冷却阶段

在基体热稳定性允许的情况下，以最快的速度冷却，以获得结晶细密的优质银层。

烧银的整个过程都要求保持氧化气氛，因为碳酸银、氧化银的分解是一个可逆过程，若不把 CO_2 及时排出，银层还原不足，就会增加银层的电阻和损耗，同时也会降低银层与基体表面的结合强度。

7.6.2　烧结金属粉末法

烧结金属粉末法是一种在高温还原气氛中使金属粉末在陶瓷材料表面上烧结成金属薄膜的方法。对不同种类的陶瓷，其金属粉末的配比也各不相同。

1．钼锰法

烧结金属粉末法中最常用的是钼锰法，它最初用于含硅陶瓷，如 75 瓷、95 瓷的表面金属化，后来通过在烧结粉末中加入含硅活化剂，也可用于不含硅的透明氧化铝瓷。钼锰法的工艺步骤大体如下：

瓷件的预处理→金属粉末的处理→浆料的配制与涂敷→金属化烧结→上镍

1）瓷件的预处理

瓷件用 CCl_4 擦洗后，放入质量分数为 10%的 NaOH 溶液中煮 30 min，以去除表面的污物；取出后先用质量分数为 5%的 HCl 溶液清洗，再用自来水、蒸馏水冲洗，烘干。

2）金属粉末的处理

（1）钼粉

使用前先在干氢气中于 1100℃下处理，将处理过的钼粉 100 g 加入 500 ml 无水乙醇中摇动 1 min，然后静置 3 min，倾倒出上层细颗粒悬浮液，再静置数小时使其澄清，最后取出细颗粒沉淀，在 40℃烘干即可使用。这样获得的细颗粒的典型颗粒组成见表 7.7。

表 7.7　处理后的钼粉的颗粒组成

粒径/μm	<1	1～5	6～10	11～15	>15
含量/%	30.97	50.97	13.00	3.53	1.41

（2）锰粉

将电解锰片在球磨机中磨 48 h，用磁铁吸去磨下的铁屑，再用酒精漂洗出细颗粒（方法与钼粉相同），其典型颗粒组成见表 7.8。

表 7.8　处理后的锰粉的典型颗粒组成

粒径/μm	<1	1～5	6～10	11～15	>15
含量/%	22.6	64.4	11.7	0.6	0.6

3）浆料的配制与涂敷

取 100 g 钼、锰金属的混合粉（钼:锰 = 4:1），在其中加入 25 g 硝棉溶液（用 100 ml 醋酸丁酯加入约 12 g 硝化纤维配制，硝化纤维的用量随其质量而定）及适量的草酸二乙酯，用玻璃棒搅拌均匀，至浆料可沿玻璃棒成线状流下为准。每次使用前若稠度不合适，可再加少量硝棉纤维或草酸二乙酯进行调节。涂层厚度平均为 50 μm 左右，然后进行金属化烧结。

4）金属化烧结

将涂敷钼、锰金属粉的瓷片在电炉中加热到 800℃，气氛为含超过 0.001%（体积分数）水分的氢气。此时，锰被氧化成 MnO，它熔入玻璃相中并可降低玻璃相的黏度。这种低黏度的玻璃相一面渗入钼层的空隙，一面向陶瓷基体中渗透。由于 Al_2O_3 在玻璃相中产生溶解-重结晶过程，往往在界面上析出大颗粒的刚玉晶体。MnO 除熔入玻璃相外，还能与 Al_2O_3 作用生成锰铝尖晶石，

或与 SiO_2 反应形成蔷薇辉石。钼在高温下开始烧结，并形成一层多孔的烧结层，同时钼的表面在湿氢中被轻微地氧化。此微量氧化物可溶解到玻璃相中，使玻璃相对钼有良好的浸润性，并使被包围到玻璃态物质中的钼颗粒得到很好的烧结，逐渐向瓷体方向迁移。冷却后，金属化层就通过过渡层与陶瓷基体紧密地结合在一起。

Al_2O_3 陶瓷 Mo-Mn 粉末烧结法过渡层的结构如图 7.64 所示。可以看出，它的过渡层是由 Al_2O_3 陶瓷与金属化层所形成的玻璃相和结晶相组成的，即为 α-Al_2O_3 +（CaO，MgO，SiO_2，MnO）+（MnO，Al_2O_3）。具有金属性质的 Mo 海绵体层中的空隙，尤其是靠近陶瓷一侧的空隙，均为这种玻璃相所填满。这些玻璃相对海绵体有良好的浸润性，与陶瓷表面形成了牢固的接合。同时，上镍后，靠近 Ni 层一侧的空隙也被 Ni 与 Mo 相互扩散形成合金，从而进一步提高了接合强度和致密性。

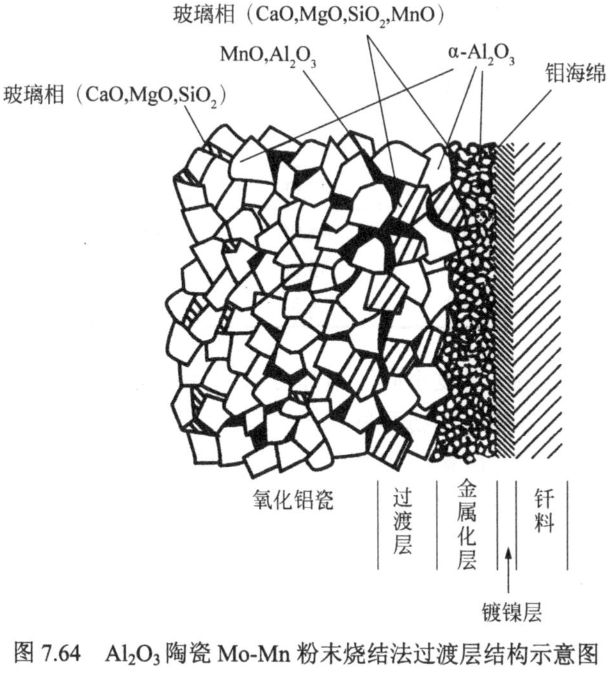

图 7.64 Al_2O_3 陶瓷 Mo-Mn 粉末烧结法过渡层结构示意图

5）上镍

在金属化烧成后，为改善焊接时金属化层与焊料的浸润性，需在其上面再上一层镍，这一层镍可用涂敷镍粉后烧成的方法，也可用电镀的方法。

（1）烧镍

将镍粉用上述钼粉漂洗的方法处理后获得细颗粒镍粉，并采用与制备金属化钼锰浆一样的方法制成纯镍浆；将镍浆涂在已经烧结好的金属化层上面，厚度约 40 μm，在 980℃干氢气氛中烧结 15 min，使之与金属化底层牢固结合。

（2）电镀镍

以纯度为 99.52%的电解镍板为阳极、已经烧结好金属化层的陶瓷件为阴极、表 7.9 所列的溶液为电解液进行电镀。该方法操作简单，工艺周期短。

表 7.9　镍电镀液的组成

成分	$NiSO_4 \cdot 7H_2O$	$Na_2SO_4 \cdot 10H_2O$	$MgSO_4 \cdot 7H_2O$	NaCl	H_3BO_3
浓度/(g/L)	140	50	30	5	20

2．透明刚玉瓷的表面金属化

由于透明刚玉瓷中不含玻璃相，使用传统的钼锰法涂层很难得到牢固结合的金属化层，但可以通过添加活化剂使金属化层与陶瓷基体牢固结合。常用的活化剂配方见表 7.10。

表 7.10　透明刚玉金属化层活化剂组成（质量百分比）

配方	含量/%			
	SiO_2	Al_2O_3	MnO	CaO
S-1	13.00	44.06	39.55	3.39
S-2	23.00	39.00	35.00	3.00
S-3	43.00	28.87	25.01	2.22

这些活化剂的熔融温度不同，但都可以在 1400～1500℃和透明刚玉瓷表面发生反应，并和基体、钼粉有良好的浸润。活化剂中 SiO_2 的含量对金属化层和陶瓷基体的结合程度影响较大。

透明刚玉瓷常用的金属化涂层配方见表 7.11，其他工艺与一般钼锰法相同。

表 7.11　透明刚玉金属化涂层配方组成（质量百分比）

配方	含量/%			
	钼粉	S-1	S-2	S-3
MS-1	50	50	—	—
MS-2	50	—	50	—
MS-3	50	—	—	50

3．非氧化物陶瓷的表面金属化

碳化物、氮化物等非氧化物陶瓷多由强共价键化合物烧结而成，与其他物质的反应能力低，表面涂层较困难。

Si_3N_4 的表面金属化过程为陶瓷件表面研磨后进行清洗处理，用 50Ni-17Cr-25Fe-C 的混合粉末制成膏剂，涂敷在瓷件表面，然后在 1200℃、真空度 10^{-2}Pa、非氧化气氛中烧成金属化层。

气相沉积法也常用于非氧化物陶瓷的表面金属化。对于非氧化物陶瓷，大多采用 PVD 法。如 SiC 的 PVD 法沉积过程为首先进行表面研磨加工，使表面粗糙度为 Ra 0.17～0.48 μm；然后用洗涤剂清洗，蒸馏水冲洗，用丙酮结合超声波清洗 5 min，烘干；再在真空中用电子束法蒸镀 Ti 薄膜，膜厚为 50 nm，然后再蒸镀 Ni 膜，膜厚为 50 nm，或蒸镀 Ti 50 nm，Mo 50 nm，Cu 50 nm。

7.7 精细陶瓷的封接

随着科学技术的发展，陶瓷与陶瓷、陶瓷与金属之间封接的需求在不断扩大，并在现代技术的许多方面起到重要作用。如透明玻璃灯泡的封接、微电子电路与陶瓷基板的封接、汽车和飞机陶瓷零件的封接等。

精细陶瓷的封接方法有很多，主要有机械连接、黏结、焊接等。

机械连接包括栓接和热套。栓接需要在陶瓷上做孔，加工难度大，且接头缺乏气密性；热套则会产生很大的残余应力，且为了保证有效的气密性，连接件工作温度不能很高。

黏结操作简单，接头气密性好，但强度较低，且不适合在高温下使用，工作温度一般不超过 300℃，接头性能随黏结剂性能的老化而有所下降，而且水分渗入会降低界面的结合强度。

焊接接头强度高、耐高温、气密性好、对封接件的形状尺寸要求不高，是今后陶瓷封接的主要发展方向。

目前，常用的陶瓷焊接封接方法主要有钎焊封接、玻璃焊料封接、扩散封接、过渡液相封接、摩擦焊封接、卤化物法封接等。下面仅对这些封接方法进行简单介绍。

7.7.1 钎焊封接

钎焊是用低熔点的金属焊条（焊料）把焊件和焊料加热到略高于焊料熔点温度，靠液态焊料填充焊件之间的空隙，并与之形成一体的封接方式。

用于陶瓷封接的钎焊分为间接钎焊和直接钎焊两种。间接钎焊是先对陶瓷表面进行金属化处理，然后再用常规钎焊封接；直接钎焊又叫活性钎焊，事先不对陶瓷表面做金属化处理，直接采用含有活性金属的焊料进行钎焊封接。

1．间接钎焊

以应用最广的钼锰法金属化陶瓷封接为例做介绍。

1）焊接部件

（1）陶瓷件。采用 75 瓷、95 瓷，化学组成见表 7.12，表面进行钼锰法金属化处理。

（2）金属件。一般采用无氧铜（真空冶炼，不含氧铜）或可伐合金，可伐合金的成分和膨胀性能分别见表 7.13、表 7.14。

焊接前，无氧铜表面先用 CCl_4 擦洗，再在铬酸溶液和稀硫酸中各浸 1 min，然后用自来水、蒸馏水冲洗，烘干；对可伐合金，用 CCl_4 擦洗后，先在 20%NaOH 溶液中煮 30 min，再在蒸馏水中煮 30 min，然后用自来水、蒸馏水冲洗，电镀镍。

表 7.12　75 瓷、95 瓷的化学组成（质量分数）　%

	Al_2O_3	SiO_2	Fe_2O_3	TiO_2	CaO	MgO	K_2O	Na_2O
75瓷	74.95	18.42	1.12	0.52	3.08	1.68	0.43	0.26
95瓷	95.31	2.45	0.12	0.47	1.76	—	0.18	0.12

表 7.13　可伐合金的化学成分（质量分数）　%

	C	P	S	Mn	Si	Ni	Co	Fe
4J-34	<0.05	<0.02	<0.02	<0.4	<0.3	29.5	20.5	余量
4J-31	<0.05	<0.02	<0.02	<0.4	<0.3	32.5	16.2	余量
4J-33	<0.05	<0.02	<0.02	<0.4	<0.3	34.0	14.8	余量

表 7.14　可伐合金的膨胀性能

	膨胀系数/（10^{-6}/℃）		
	300℃	400℃	500℃
4J-34	6.4～7.5	6.2～7.6	6.5～7.6
4J-31	6.2～7.2	6.0～7.2	6.4～7.8
4J-33	6.0～7.0	6.0～6.8	6.5

2）焊料

焊料有纯银焊料和银铜焊料两种。

（1）纯银焊料

一般采用 0.3 mm 厚的银片或 ϕ0.1 mm 的银丝，纯度为 99.7%，焊接温度为 1030～1050℃（银的熔点为 910℃）。

(2) 银铜焊料

一般采用 0.3 mm 厚的银铜合金片或ϕ0.1 mm 的银铜合金丝，成分为银72.98%、铜 27.02%，焊接温度为 800～810℃。

3) 钎焊

钼锰法金属化的陶瓷与金属的钎焊在立式钼丝炉中进行，保护气氛为干燥纯氢。当封接金属为可伐合金时，一般采用纯银焊料；当使用温度较低时，也可用银铜焊料。但当封接金属为无氧铜时，只能采用银铜焊料。

2. 直接钎焊

位于周期表第Ⅳ，Ⅴ族左行的过渡金属，如 Ti，Zr，V，Nb，Hf，它们的内层电子未填满，所以具有活性，称为活性金属。它们和陶瓷材料有较大的亲和力，又能和一些金属，如铜、镍、银等焊料形成熔点较低的合金。这些合金在液相状态下不仅能与金属黏结，还很容易与陶瓷表面发生反应，从而实现陶瓷与金属的直接封接。

由于钛在室温下较为稳定，生成的合金强度高、活性大，与陶瓷黏结牢固，所以多用钛作为活性金属。常见的陶瓷与金属直接钎焊的接头类型、钎料、工艺参数和接头性能见表 7.15，表中还列出了 Zr/铸铁接头的钎料、工艺参数、接头性能，以便与陶瓷-金属接头进行对比。

表 7.15 陶瓷-金属直接钎焊的接头类型、钎料、工艺参数和接头性能

接头类型	钎料	钎焊温度/K	保温时间/min	接头剪切强度/MPa
Si_3N_4/W	PbCu+Nb	1483	—	150
Zr/铸铁	Cu-Ga-Ti	1423	10	277
Al_2O_3/Ni	$Cu_{77}Ti_{18}Zr_5$	1293	10	145

活性金属封接的机理是活性金属与焊料在温度达到它们的熔点时便形成了含活性金属的液相合金。在更高的温度下，液相中部分活性金属被陶瓷表面选择性吸附，降低了表面能，从而使液相合金更好地浸润陶瓷。一部分活性金属与陶瓷中组分，如 Al_2O_3，MgO，SiO_2 等发生反应，并还原其中的金属离子，形成活性金属的低价氧化物，如 TiO 和 Ti_2O_3 等。还有一些活性金属离子扩散到陶瓷中，与其主晶相形成固溶体，这样就将合金和陶瓷紧密地黏接在一起。

7.7.2 玻璃焊料封接

钎焊虽然封接强度高，但难以满足抗碱金属腐蚀和抗热震性好的要求。因

此，发展了玻璃焊料的封接法。玻璃焊料封接法又称为氧化物焊料法，即利用附着在陶瓷表面的玻璃相作为封接材料。

1．工艺流程

玻璃焊料封接的工艺流程大体如下：

金属件→丙酮清洗→碱液清洗→酸液清洗→水清洗→乙醇脱水→烘干→预氧化
↓
陶瓷件→丙酮清洗→碱液清洗→酸液清洗→水清洗→乙醇脱水→烘干→结合
↓
焊料→配料→混合→熔制→水淬→细磨→加结合剂→制浆料→焊料涂敷
↓
制品 ← 检测 ← 高温封接 ← 固定

2．焊料

对于玻璃封接，玻璃焊料的热膨胀系数与焊接件相匹配是必要的，同时要求其软化温度应高于使用时的环境温度。这些要求可以通过对焊料组分和加工工艺的优化来实现。

1）玻璃焊料的组分

玻璃焊料一般以氧化铝和氧化钙为基础，可根据需要，通过添加不同数量的其他氧化物来调节焊料的熔点、流动性、热膨胀系数及抗酸碱性等。如添加 Na_2O 和 B_2O_3 可增加焊料的流动性，但降低了焊料的抗碱侵蚀性能；组分中过多的 Al_2O_3 和 MgO 使得焊料的熔点升高，流动性降低，易析晶，但抗碱侵蚀能力增强；加入少量的 Y_2O_3 等稀土氧化物，可改善焊料的润湿性等。通常用于碱金属蒸汽灯的玻璃焊料的组分如下：

（1）40%～50% Al_2O_3，35%～42% CaO，12%～16% BaO，1.5%～5% SrO；

（2）40%～50% Al_2O_3，35%～42% CaO，12%～16% BaO，1.5%～5% SrO，0.5%～2% MgO，0.5%～2.5% Y_2O_3。

2）焊料加工

将玻璃原料按比例称量、混合，在 1500℃左右熔制，保温 1.5～2 h，然后快速冷却、粉碎、细磨，制成浆料待用。制浆所用的黏结剂与金属化法相同。

3．焊接件的焊前处理

焊接件在焊接前要进行如下处理：

（1）焊接件封接前，要放在稀的碱溶液中煮沸，以除去表面的矿物油等。

（2）金属件要进行预氧化，在其表面形成一层与基体金属相黏附的氧化膜，以利于玻璃焊料润湿被焊接金属。

（3）清洗干燥后的待焊件要在真空炉中加热到 1000℃，除去焊件表面吸附的气体，避免吸附气体阻止焊件对玻璃焊料的润湿及直接化学结合。

4. 封接

封接是指将焊料置于陶瓷件与金属件之间，用钼夹具固定，放入真空炉中，抽真空后，按一定的速率升温到封接温度，保温，降温冷却。

此方法工艺简单、成本低，适合于陶瓷和各种金属合金的封接，特别是强度和气密性要求较高的器件，如照明灯泡、显像管等。

7.7.3 其他封接方法

1. 扩散封接

扩散封接是一种固相封接工艺，可分为无中间层扩散封接和有中间层扩散封接两种。一般采用后者，以便缓解被封接件热膨胀系数的不匹配。封接过程中，陶瓷与金属的封接面在一定的高温和压力作用下相互靠近，金属发生局部塑性变形，两者接触面增加，原子间发生相互扩散，从而形成冶金结合。

影响扩散封接的工艺参数有温度、压力、气氛等。温度一般控制在 0.6～0.8 T_m（T_m 为受焊母材和反应生成物中熔点最低者的熔点）；压力要稍低于所选温度下金属的屈服应力，一般为 3～10 MPa；封接需在高真空中进行。几种陶瓷与金属的扩散封接工艺参数和接头强度见表 7.16。

扩散封接不适合大部件和形状复杂零件的封接，且设备复杂、成本高。

表 7.16 陶瓷-金属扩散封接的工艺参数和接头强度

接头类型	中间层	温度/K	压力/MPa	封接时间/min	剪切强度/MPa
SiC (Si) / Nb	—	1673	1.96	30	87
$Al_2O_3/AlSi_3O_4$	Ti/Cu	1073	15	60	65
Si_3N_4/Ni	FeNi/Cu	1323	0.1	60	150

2. 过渡液相封接

过渡液相封接兼备扩散焊和钎焊的特点，中间层并不完全熔化，只出现一薄层液相，在随后的保温中，低熔点相逐渐消耗转变为高熔点相，从而完成封接。封接的中间层材料一般为多层复合层，如 SiC-SiC 封接时的中间层为 Cu-Au-Ti/Ni/Cu-Au-Ti；Si_3N_4-Si_3N_4 封接时的中间层为 Ti/Ni/Ti 或 Cu-Au-Ti/Ni/Cu-Au-Ti。

3. 摩擦焊封接

摩擦焊封接是指使陶瓷和金属的待封接面相对高速旋转、接触并加压摩擦，待金属封接表面加热至塑性状态后停转，再施加较大的压力使陶瓷和金属封接在一起。摩擦焊一般可在几秒钟内完成。这种方法要求金属必须能润湿和黏附陶瓷表面，仅限于圆棒、管件的封接。用摩擦焊已实现了 ZrO_2 与铝合金的封接。

4. 卤化物法封接

使用高岭土与 NaF 或 CaF_2 加印刷油墨配制成的膏状黏结剂，涂在 Si_3N_4 或 Sialon 陶瓷的表面，在空气中加热可实现陶瓷和陶瓷的封接。封接工艺的流程简图如图 7.65 所示。

黏结剂成分不同，处理温度不同，则封接强度也不同。高岭土-NaF 系最适宜的处理温度为 1100℃，高岭土-CaF_2 系最适宜的处理温度为 1450℃，此时，各自所得到的接头强度都最高，且高岭土-CaF_2 系的接头强度远比高岭土-NaF 系要高。

除以上方法外，还有自蔓延高温合成封接、热压反应烧结封接等。

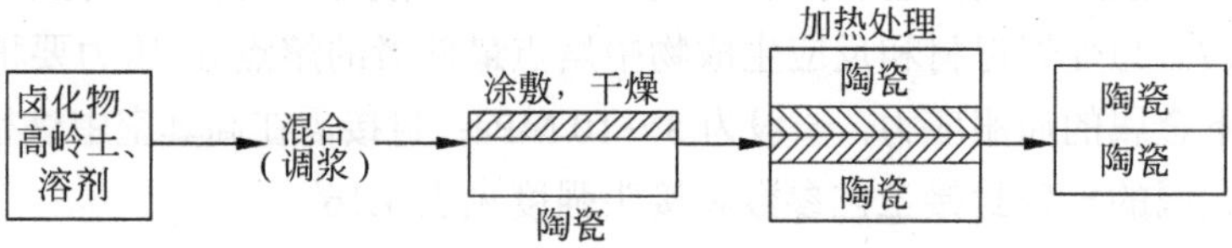

图 7.65 卤化物法封接工艺流程简图

思考题

1. 陶瓷材料和金属材料的磨削机理有什么不同？
2. 陶瓷磨削加工的砂轮是什么？
3. 陶瓷材料的新型加工方法有哪些？
4. 电火花加工对陶瓷的要求是什么？
5. 被银法适用于哪些应用领域？
6. 银浆有哪几种？如何把银浆稀释？
7. 试述烧银过程。
8. 化学镀镍工艺适合于哪些瓷件的金属化？
9. 钼-锰金属化及其封接要经过哪几道工序？常用的封接形式有哪些？

第8章 特殊形体精细陶瓷的制备

所谓特殊形体，在这里是指实心块体以外的形体。由于形体特殊，特殊形体精细陶瓷一方面往往具有许多特殊的性质，另一方面，其制备方法往往与实心块体也有很大的不同。本章介绍的特殊形体精细陶瓷主要包括陶瓷薄膜、陶瓷纤维、陶瓷晶须、陶瓷微小球、多孔陶瓷等。

8.1 陶瓷薄膜的制备

8.1.1 概述

薄膜是指在两个空间方向上很大，而在第三个空间方向上很小的材料，即所谓二维材料。以金属氧化物、金属氮化物、金属碳化物和金属间化合物等无机化合物为原料，采用特殊的工艺在一定的底材表面附着的一层或多层陶瓷薄层称为陶瓷薄膜。

不同学者对陶瓷薄膜厚度的定义不一，有的将厚度为 0.01～1 μm 的薄层称为薄膜，将厚度为 5～20 μm 的称为厚膜；有的将厚度小于 25 μm 的薄层称为薄膜，将厚度大于 25 μm 的薄层称为厚膜。

不同的人或不同的书中对这种二维陶瓷材料的称呼也不相同，有的称为陶瓷薄膜，有的称为陶瓷涂层。实质上，陶瓷薄膜和陶瓷涂层没有多大区别，只是由于人们习惯的不同，对于同一类陶瓷制品的不同称呼而已。从行业上看，电子信息行业多称为薄膜，机械行业则多称为涂层；从产品使用性能上看，将其用于功能器件时，多称为薄膜，而将其用于结构件时，则多称为涂层；从制备方法上看，用沉积的方法制备时，多称为薄膜，而用喷涂的方法制备时，多称为涂层。本书中，虽然有时称薄膜，有时称涂层，但并不认为二者之间有什么不同。

陶瓷薄膜种类很多，按照用途不同，可分为光学薄膜、电子薄膜、光电学薄膜、集成光学薄膜和防护薄膜等；按其作用不同，可分为功能薄膜和结构薄膜两大类，功能薄膜常利用薄膜材料本身做成元器件，而结构薄膜主要是增加底材的使用性能，如耐磨性、耐腐蚀性、耐高温氧化性、防热防潮性、装饰性等。

陶瓷薄膜的制备方法有很多，除了可用本书第 5 章中已讲过的轧膜（压延）、流延、挤出等方法进行制备外，最常用的是气相沉积法、液相沉积法、热喷涂法、热氧化法及其他方法。下面将对这些制备方法进行简单介绍。

8.1.2 气相沉积法

用气相沉积法制备陶瓷薄膜主要又分为两大类，即物理气相沉积（physical vapor deposition，PVD）和化学气相沉积（chemical vapor deposition，CVD）。

1. 物理气相沉积法

物理气相沉积是指采用物理方法使物质的原子或分子逸出，然后沉积在基片上形成薄膜的工艺。为避免发生氧化，沉积过程一般在真空中进行。根据使物质的原子或分子逸出的方法不同，又可分为真空蒸镀、溅射和离子镀等。

1）真空蒸镀

真空蒸镀是在真空室中将材料加热，利用热激活使其原子或分子从表面逸出，然后沉积在较冷的基片上形成薄膜的工艺。蒸镀的方法有很多，按加热方法分主要有电阻加热法、电子束轰击加热法、激光束加热法等。

（1）电阻加热法

有些材料可以做成丝状或片状作为电阻元件直接通电进行加热，使其原子或分子在高温下挥发出来，如铁、铬、钛等。但是对于大多数材料，特别是化合物等不导电或不易制成电阻元件的材料，一般采用间接加热方法，即将材料放在电热元件上进行加热。电热元件通常用钨、钼、铂、碳等制成，常用结构形式如图 8.1 所示。

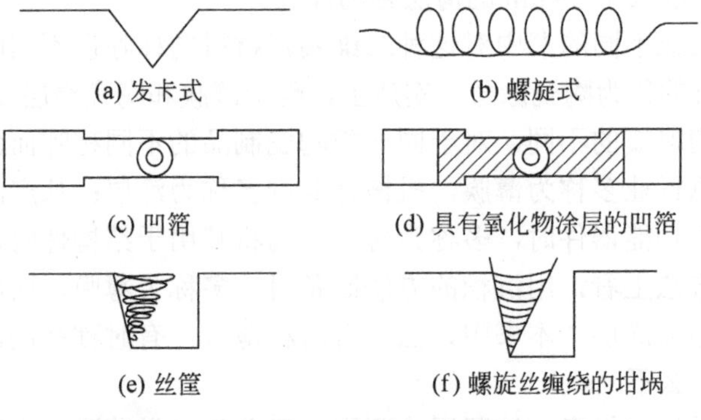

图 8.1 常用电阻加热元件结构形式示意图

电阻加热法的优点是设备比较简单。缺点是对于多组元材料，由于各组元的蒸气压不同，会引起薄膜成分与原材料不同；而且在加热过程中电热元件的原子也会挥发出来，造成污染；被加热材料还可能与电热元件发生反应。在加热温度较高时这些缺点尤为显著。

（2）电子束轰击加热法

将电子枪经过高压加速产生的高能电子聚焦在被蒸发材料上，电子的动能转变为热能可以得到很高的温度，从而实现材料的蒸发。

在电子束蒸发系统中，电子枪是核心部件，电子枪可分为热阴极和等离子体电子两类。在热阴极类电子束枪中，电子由加热的难熔金属丝、棒或盘以热阴极电子的形式发射出来。在等离子电子束枪中，电子束从局限于某一小空间区域的等离子体中提取出来。

图 8.2 所示为一种最简单的热阴极电子束装置（下垂液滴装置）。其中，靠近蒸发物有一个环形热阴极，待蒸发金属材料制成丝或棒的形状放在阴极环的中心处，棒的尖端会熔化成液滴，液滴蒸发，蒸发物最终沉积在蒸发源下方的基片上。

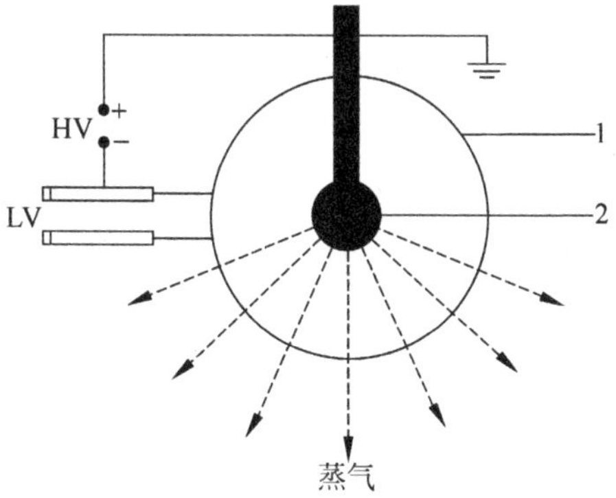

图 8.2　热阴极电子束装置（下垂液滴装置）示意图

1—热阴极；2—下垂液滴

电子束加热可以得到很高的能量密度，而且易于控制，因而可蒸镀高熔点材料。以大功率密度进行快速蒸镀，可以避免薄膜成分与原材料不同，如被蒸发材料放在水冷台上，使其仅局部熔融，就可避免污染。

应该注意的是，高能电子轰击时，会发射二次电子，还有散射的一次电子，这些电子轰击到沉积的薄膜上会对薄膜结构产生影响，特别是要求制备结构较完整的薄膜时更应注意。

（3）激光束加热法

激光束加热是指将大功率激光束经过窗口引入真空室内，通过透镜或凹面镜等聚焦在靶材上，使其加热蒸发，如图 8.3 所示。这种方法可以得到很高的能量密度（可达 $10^6 W/cm^2$ 以上），因而可蒸镀能吸收激光的高熔点物质。由于激光器不在镀膜室内，镀膜室的环境气氛易于控制，特别适于在超高真空下制备纯净薄膜。

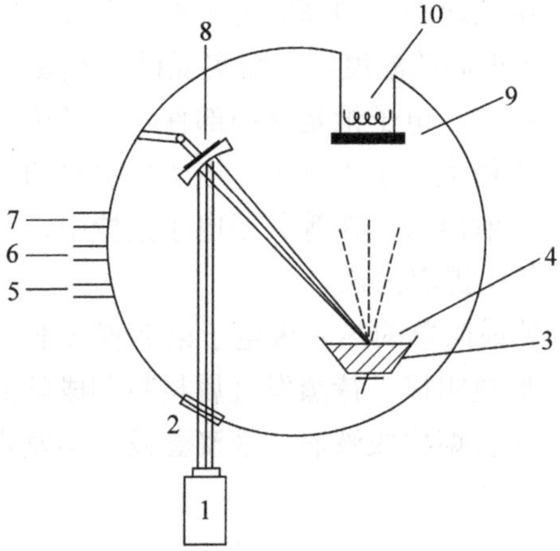

图 8.3 激光束加热示意图

1—CO_2 激光器；2—ZnSe 窗口；3—钼蒸发盘；4—源材料；5—真空泵；6—真空计；7—质量过滤器；8—凹面镜；9—基片；10—红外加热器

激光源可以是连续振荡激光（如 CO_2 激光器）或脉冲振荡激光（如红宝石激光器等）。脉冲激光可得到很大的蒸发速度，制得的薄膜与基片附着力高，且可防止合金分馏。但是由于沉积速率很快（可达 10^4～10^5 nm/s），沉积过程较难控制。连续振荡激光沉积速率慢一些，控制容易些。

激光蒸镀的缺点是费用较高，且要求被蒸发材料对激光透射、反射和散射都较小。另外，实验结果表明，并非所有材料用激光蒸镀都能得到好的结果。

（4）反应蒸镀

反应蒸镀是指在一定反应气氛中蒸镀金属或低价化合物，使其在进行蒸镀的过程中发生反应而得到所需化合物薄膜的方法。例如，

$$4Al + 3O_2 = 2Al_2O_3 \tag{8-1}$$

$$2Ti + N_2 = 2TiN \tag{8-2}$$

化合物在蒸发过程中也常常会发生分解而使膜成分发生变化，如 Al_2O_3，TiO_2 等蒸镀时会发生失氧，因而需在含氧气氛中进行。为了增加反应速度，在沉积过程中可采用紫外线照射或电子离子轰击等活化手段。

（5）分子束外延

在单晶基片上按一定晶体学方向生长单晶膜称为外延。若基片与薄膜为同种物质，称为同质外延；若为不同物质，则称为异质外延。

分子束外延（molecular beam epitaxy, MBE）是在超高真空中通过质谱仪等设备精确控制不同强度、不同成分的分子束流，并使之沉积在加热到一定温度的基片上而实现的。如图 8.4 所示。

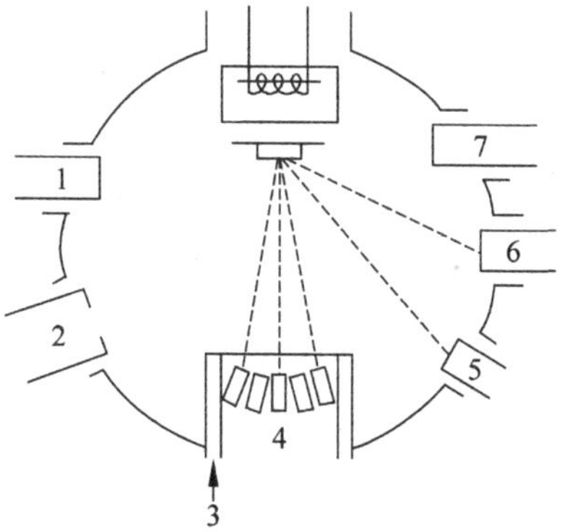

图 8.4　分子束外延装置

1—反射电子衍射；2—俄歇谱仪；3—液氮；4—蒸发源；5—离子枪；6—电子枪；7—四极质谱仪

MBE 是近年来在真空蒸镀基础上发展起来的一种新技术。由于其沉积速度慢，可以非常精确地控制外延层厚度和各组元成分，因而可以制备原子量级厚度的极薄单晶膜，特别是可用来制备具有超晶格结构（即具有原子尺度周期性）的薄膜，为制备高速光电子器件和集成光学器件（包括具有量子阱结构的各类异质结光电器件等）提供了条件，例如：用 GaAs，$Al_xGa_{1-x}As$，PbTe，$Pb_xSn_{1-x}Te$，PbS，PbS_xSe_{1-x} 等制成了量子阱激光器、量子阱双稳激光器等。除了常见的Ⅲ-Ⅴ族材料（GaAs）外，还可制备Ⅱ-Ⅵ族（如 ZnTe）、Ⅳ-Ⅴ族（如 PbTe）及Ⅳ族硅、锗等多种材料。但是，由于设备昂贵，沉积速率慢，MBE 很难用于大量生产。

2）溅射

当具有一定能量的粒子轰击固体表面时，固体表面的原子就会得到粒子的一部分能量，当表面原子获得的能量足以克服周围原子的束缚时，就会从表面逸出，这种现象称为溅射（sputtering）。溅射广泛用于各种薄膜的制备及样品表面的刻蚀等。

溅射过程是建立在气体辉光放电基础上的。在一定真空中的两极板间加一电压，随着电压的升高，由于宇宙射线产生的游离离子和电子获得足够能量，与中性分子碰撞就会使之电离，当产生足够多的离子和电子后，气体就开始起辉。当离子在电场作用下轰击作为阴极的靶时，就会将靶的原子轰击出来，如图 8.5 所示。根据这一原理设计出了多种不同结构的溅射装置。

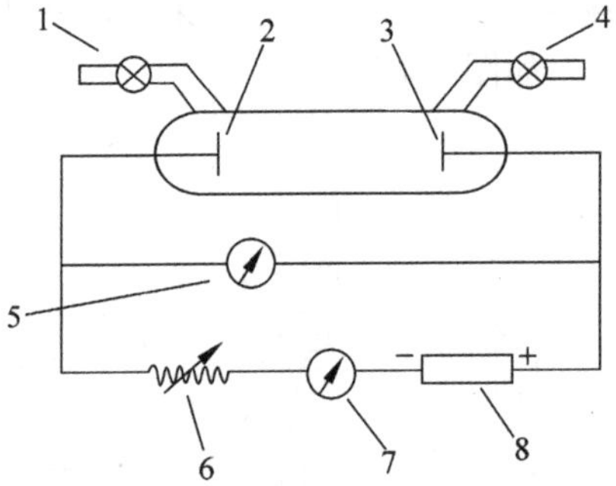

图 8.5　二极辉光放电系统

1—进气；2—阴极；3—阳极；4—真空泵；5—电压表；6—电阻；7—电流表；8—电源

溅射设备中，如果所加电压为直流即为直流溅射，直流溅射广泛用于溅射各种金属、合金及半导体材料。对于氧化物等介电材料，由于正离子打到靶上后正电荷不能被导走，因而在靶上会产生电荷积累，使得表面电位升高，于是正离子不能继续轰击靶材而使溅射停止。如果在绝缘的靶背后装一金属电极，在电极上加一高频电场，使正离子与电子交替轰击靶，这样就不会造成电荷积累，溅射就可以持续进行，国际上规定使用的频率为 136 MHz，故称为射频溅射。

上述溅射过程（特别是直流溅射）由于放电过程中只有少量气体原子被电离（<1%），溅射速率较低。离子轰击靶时会产生二次电子，二次电子在电场作用下做加速直线运动，在运动中与气体分子碰撞就可能导致电离。如果在垂直于电场的方向加一磁场，可使电子的运动轨迹由直线变为摆线，就可大大增加其与气体分子碰撞的机会，从而显著增加离子化率及溅射速率，这种技术称为磁控溅射（magnitron sputtering）。最简单的方法是在靶后面安装永久磁铁。这时，由于所加电压可降低，减少了粒子轰击薄膜而造成的损伤。

溅射过程中真空室内需要少量工作气体，一般用氩气。如果向真空室通入反应气体，在溅射过程中反应气体与靶原子发生反应，可得到化合物薄膜。例如，通入氧气可得到氧化物薄膜，通入氮气可得到氮化物薄膜等，如图 8.6 所示。这种溅射通常称为反应溅射。

溅射可用于多种材料的镀膜，由于沉积速率一般较低，比较容易控制。但应注意：由于各种元素的溅射率不同，薄膜成分常与靶材成分有所不同。

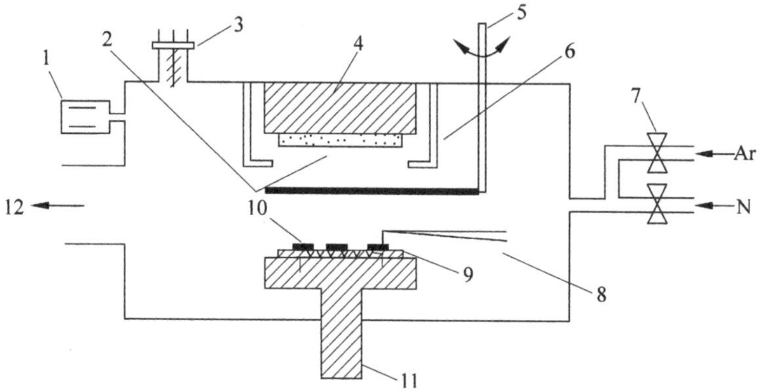

图 8.6　沉积 TiN 单晶的反应磁控溅射系统

1—电容压力计；2—靶；3—离子压强计；4—靶支架；5—挡板；6—接地屏蔽；7—气体控制阀；8—热电偶；9—基片加热器；10—基片；11—高度可调节的基片台；12—接真空泵

3）离子镀

离子镀是在真空蒸镀的基础上，在热蒸发源与基片之间加一电场（基片为负极），在真空中基片与蒸发源之间将产生辉光放电，使气体和蒸发物质部分电离，并在电场中加速，从而将蒸发的物质（或与气体反应后生成的物质）沉积在基片上，如图 8.7 所示。

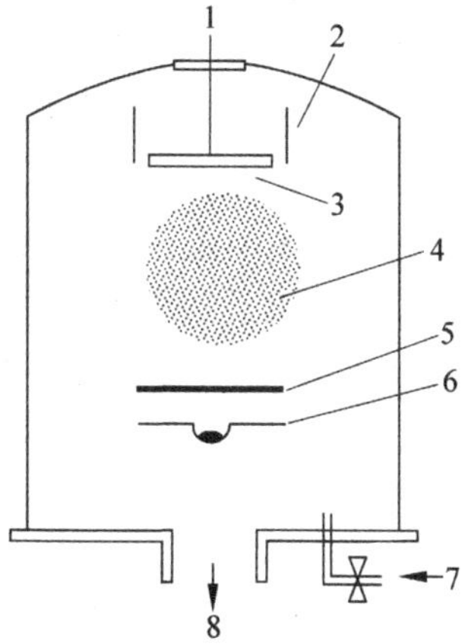

图 8.7　离子镀原理示意图

1—高压负极；2—接地屏蔽；3—基片；4—等离子体；5—挡板；6—蒸发源；7—气体入口；8—接真空泵

离子镀兼具蒸镀和溅射的优点，适用范围广，沉积速率快，制成的薄膜密度高，附着力强，但离子轰击对膜造成的损伤较大。

2．化学气相沉积法

化学气相沉积是使含有构成薄膜元素的一种或几种化合物（或单质）气体在一定温度下通过化学反应生成固态物质，并沉积在基片上而生成所需薄膜的方法。化学气相沉积的方法有很多，常用的有热化学气相沉积、等离子增强化学气相沉积、光化学气相沉积、金属有机物化学气相沉积等。

1）热化学气相沉积（热 CVD）

热 CVD 就是在高温条件下，利用表面化学反应生成薄膜的方法。

（1）薄膜生长原理

热 CVD 的薄膜生长原理是在高温下，诸如挥发性金属溴化物、金属有机化合物等都会发生气相化学反应（热分解、氢还原、氧化、置换反应等），在基板上生成氮化物、氧化物、碳化物、硅化物、硼化物、高熔点金属、金属、半导体薄膜等，如：

热解反应：$SiH_4 = Si + 2H_2$ （8-3）

还原反应：$SiCl_4 + 2H_2 = Si + 4HCl$ （8-4）

与水反应：$2AlCl_3 + 3H_2O = Al_2O_3 + 6HCl$ （8-5）

与氨反应：$3SiH_4 + 4NH_3 = Si_3N_4 + 12H_2$ （8-6）

热 CVD 的设备比较简单，沉积速率快，沉积薄膜范围广，覆盖性好，适用于形状比较复杂的基片，且膜较致密，附着力强，无粒子轰击缺陷，具有薄膜制备可控、稳定性好等优点，因而在很多领域，特别是半导体集成电路上得到广泛应用。

（2）热 CVD 装置与功能

常用热 CVD 装置如图 8.8 所示，左侧为气体供应系统，即 CVD 的原料部分。在原料为气体的情况下，用净化装置（也有不需要的时候）净化后，使用流量控制装置质量流量控制器（mass flow controller，MFC）控制一定流量的气体导入反应炉；在原料为液体（如 $SiCl_4$）的情况下，使携带气体（$SiCl_4$ 的携带气体为 H_2）通过发泡器（能产生气泡，并使其中含有液体原料蒸气的器具）和 MFC 向反应炉导入。当反应室内混入空气时，先用置换气体将空气置换出去，然后才可将原料气体导入开始反应成膜。

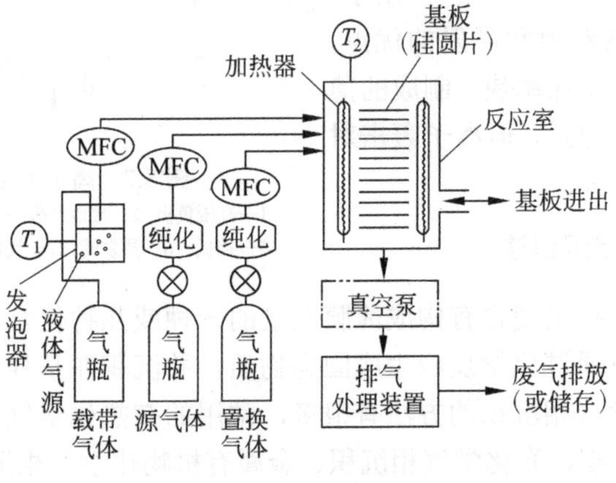

图 8.8 常用热 CVD 装置

反应炉是 CVD 的关键装置，对反应炉的要求是气体可均匀地流到各个基板表面，并发生均等的反应；反应后的气体可迅速排除；可使基板得到均匀一致的加热；可得到高纯度的薄膜；在基板以外的气体层发生的反应要少，以减少粉尘的产生；单位时间内的基板处理量适当；在尽量低的温度下发生反应。

（3）热 CVD 的特点

对于热 CVD，基板处于高温是其最突出的特点。首先，一般在高温下生成的薄膜都是品质优良的；其次，因为需要高温，所以在用途上会受到很多限制。除了特殊情况外，没有几百摄氏度以上的温度是不会发生化学反应的，因此，对于不可处于高温的对象不能使用热 CVD。

热 CVD 成膜速度快，一般可达每分钟数微米，部分可达到每分钟数百微米。热 CVD 绕进性良好，在很细或很深的孔内也能成膜。

热 CVD 装置简单，不使用高压，而且不需要高真空，可在常压下进行，但在低压下（如 100 Pa）可显著提高薄膜质量及沉积速率。

对于热 CVD 需要较高温度的限制，人们常在反应室内采用一些物理手段来激活化学反应，如采用等离子体、激光、紫外线、微波等，使反应能够在较低温度下快速进行。近年来，利用金属有机化合物热分解制备薄膜的方法受到很大重视，将其称为金属有机物化学气相沉积（MOCVD）。

2）金属有机物化学气相沉积

MOCVD 是采用加热方式将金属有机化合物分解而进行薄膜生长的方法，其原料主要是金属烷基化合物，用这种方法可以精确地控制很薄的薄膜生长，适于制备多层膜，并可进行外延生长。

对于作为原料的金属有机化合物，有以下要求：常温下较稳定；反应的副产物不阻碍薄膜生长，不污染生长层；室温下具有适当的蒸气压（≥1Torr）。能满足上述要求的金属有机化合物主要是金属烷基化合物，如 $(CH_3)_2Zn$，$(CH_3)_2Cd$，$(CH_3)_2Hg$，$(CH_3)_3Al$，$(C_2H_5)_3Ga$，$(C_2H_5)_3In$，$(C_2H_5)_4Sn$，$(C_2H_3)_4Pb$ 等。

MOCVD 有以下特点：

（1）反应装置较为简单，生长温度范围较宽；

（2）可对化合物的组分进行精确控制，膜的均匀性和重复性好；

（3）原料气体不会对生长膜产生刻蚀作用，因此在膜的生长方向上可实现掺杂浓度的明显变化；

（4）只通过改变原料即可生长出各种成分的膜。

MOCVD 法适用范围广，几乎可以制备所有的化合物及合金半导体，其最大的优势在于可制备精确的异质多层膜。MOCVD 的缺点是薄膜质量往往受原材料纯度的限制，所用的有机金属原料一般具有自燃性，有些原料气体具有剧毒。

3）等离子增强化学气相沉积（plasma enhanced CVD，PECVD）

PECVD 是通过向常压 CVD 或减压 CVD 的反应空间内导入等离子体，使该空间内的气体活化，从而实现在较低温度下生长薄膜的方法。

PECVD 的原料气体、化学反应都与热 CVD 相同，但 PECVD 中由等离子体产生的活化与热 CVD 中由热产生的活化略有差异。因此，在 PECVD 中要选择容易通过等离子体实现活化的气体，并且反应后的气体不能对真空系统产生损害。在反应中，等离子体的作用是降低气体反应的温度，并且形成化学性质非常活泼的激发活性中心。激发活性中心由等离子体中的低速电子与气体发生碰撞而产生。几种常用的 PECVD 装置如图 8.9 所示。

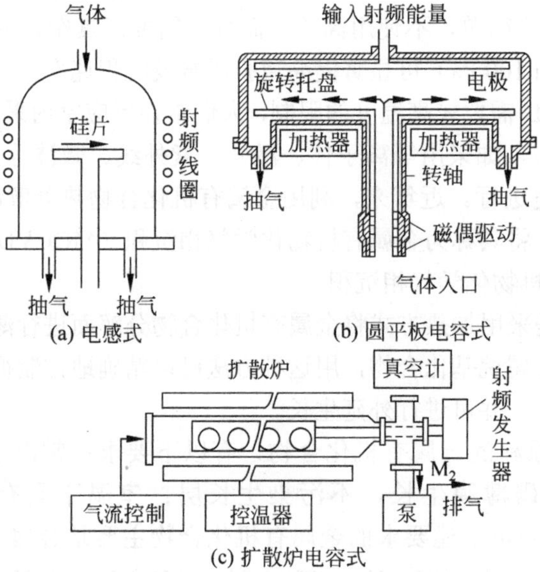

图 8.9 几种常用 PECVD 装置

4）光化学气相沉积（光 CVD）

光 CVD 是通过光源产生的高能光束来实现化学气相沉积的方法。

在光 CVD 过程中，高能光子有选择性地激发表面吸附分子或气体分子，导致键断裂、产生自由化学粒子并在相邻的基片上形成化合物，从而产生光化学沉积。光 CVD 的高能光束可以是激光也可以是紫外线。光束的形式有集束状和大面积两种情况，分别如图 8.10 和图 8.11 所示。

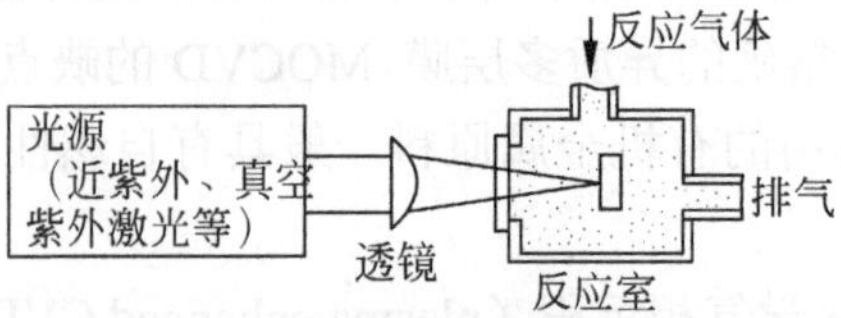

图 8.10 使用集束光时的光 CVD

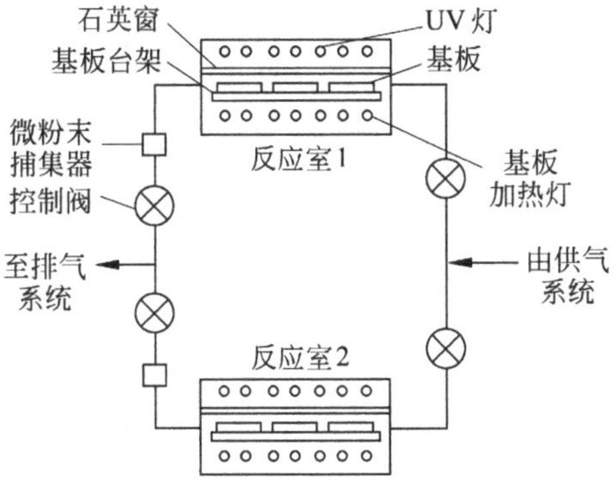

图 8.11　使用大面积光源的光 CVD

光 CVD 的优点是沉积在低温下进行，沉积速度快，可以生长亚稳定相和形成突变结（abrupt junction）；与等离子化学气相沉积相比，光 CVD 没有高能粒子轰击生长膜的表面，而且引起反应物分解的光子没有足够的能量产生电离；可以获得高质量、无损伤薄膜。

8.1.3　液相沉积法

液相沉积法是在液相介质中沉积陶瓷膜的方法，主要有溶胶-凝胶法、电泳沉积法等。

1．溶胶-凝胶法

1）溶胶的制备方法

溶胶的制备可分为有机途径和无机途径。有机途径是通过有机醇盐的溶解而形成溶胶，无机途径则是通过化合物（主要为氧化物）小颗粒稳定悬浮在某种溶剂中而形成溶胶。

（1）有机醇盐水解法

该方法的基本工艺原理是将制备薄膜各组分的醇盐或其他金属有机盐溶解在一种共同的溶剂中并发生反应，生成一种复合盐；然后加入水和催化剂，使复合盐水解，同时进行聚合反应，在反应初期阶段，溶液逐渐变成溶胶，随后反应进一步进行，溶胶变成凝胶。制膜时，通过一定的涂覆方法，将醇盐溶胶涂在衬底上，醇盐吸收空气中的水分后发生水解聚合，并逐渐变成凝胶，经过干燥、烧结等处理得到所需的薄膜。

该方法的优点是反应在室温下进行，具有原子或分子的均匀性，纯度高，烧结温度低，设备简单，可制备大面积薄膜。现已用此方法制备了 SiO_2，TiO_2，$PbTiO_3$，$BaTiO_3$，PZT，$LiNbO_3$，Y-Ba-Cu-O，Bi-Si-Ca-O 等陶瓷薄膜。

（2）无机盐水解法

无机盐水解法的基本工艺过程是采用无机盐（如硝酸盐、硫酸盐、氯化物等）作为前驱物，通过胶体粒子的溶胶化形成溶胶。其形成过程为通过调节无机盐水溶液的pH，使之产生氢氧化物沉淀；然后对沉淀进行长时间的连续冲洗，除去附加产生的盐，得到纯净氢氧化物沉淀；最后采用适当的方法，如利用胶体静电稳定机制等，使之溶胶化而成溶胶。采用一定的涂覆方法，将溶胶涂在衬底上，再经过干燥、烧结等处理得到所需的薄膜。Fe_3O_4，$Ni(OH)_2$，SnO_2，NiO，In_2O_3等陶瓷薄膜皆可采用无机盐水解法制备。

2）薄膜涂覆工艺

溶胶-凝胶法的薄膜涂覆工艺有以下3种方法。

（1）浸渍提拉法

浸渍提拉法是将整个洗净的基板浸入预先制备好的溶胶，然后以精确控制的均匀速度将基板平稳地从溶胶中提拉出来，在黏度和重力的作用下，基板表面形成一层均匀的液膜，紧接着溶剂迅速挥发，于是附着在基板表面的溶胶迅速凝胶化而形成一层凝胶膜。

浸渍提拉法所需溶胶黏度一般为 $2\times10^{-2}\sim5\times10^{-2}$ P，提拉速度为1～20 cm/min，薄膜的厚度取决于溶胶的浓度、黏度和提拉速度。

（2）旋转涂覆法

旋转涂覆法是在均胶机上进行的，过程是将洗净的基板水平固定于均胶机上，滴管垂直于基板并固定在基板正上方，将预先准备好的溶胶液通过滴管滴在匀速旋转的基板上，在均胶机旋转所产生的离心力作用下，溶胶迅速均匀地铺展在基板表面形成胶膜。

（3）喷涂法

喷涂工艺主要由表面准备、加热和喷涂这3道工序组成。先将基板洗净后放入专用加热炉内，加热温度通常为350～500℃；然后用专用喷枪以一定的压力和速度将溶胶喷至热的基板表面，形成凝胶膜。薄膜的厚度取决于溶胶的浓度、喷涂压力和时间。SnO_2电热膜的制备多用此法。

2. 电泳沉积法

电泳沉积是指在外加电场的作用下，胶体粒子在分散介质中做定向移动，到达电极基板后发生聚沉而形成较密集的微团结构的工艺方法。

该工艺的优点是设备简单，成膜快，适于大规模制膜，被覆件的形状不受限制，电泳沉积时料液可以循环使用，无污染排出，而且通过调节介质的成分可以制备功能梯度薄膜，因而已广泛用于传统陶瓷、精细陶瓷、生物陶瓷等陶瓷制品中。

在电泳沉积过程中，电压是影响沉积的关键参数之一，而沉积速度和电流成正比，同时也受外加电场强度和介质浓度的影响。电压增高，沉积速度加快，但电压过高会导致膜层粗糙、易开裂，烧结后外观很差。电解液温度升高，可以加快沉积速度，但随着电泳温度的升高，有机分散介质容易产生挥发或分解。

3. 其他方法

除了以上所给出的方法外，常用的液相沉积制备陶瓷薄膜的方法还有电镀、化学镀、阳极反应沉积、液相外延生长、Langmuir-Blodgett（LB）技术、电纺丝、自组装等。

8.1.4 热喷涂法

热喷涂是非常重要的陶瓷薄膜制备方法。按热源不同，可将热喷涂分为火焰喷涂、电弧喷涂、等离子喷涂和特种喷涂 4 种基本方法。几种主要热喷涂方法的原理如图 8.12 所示。

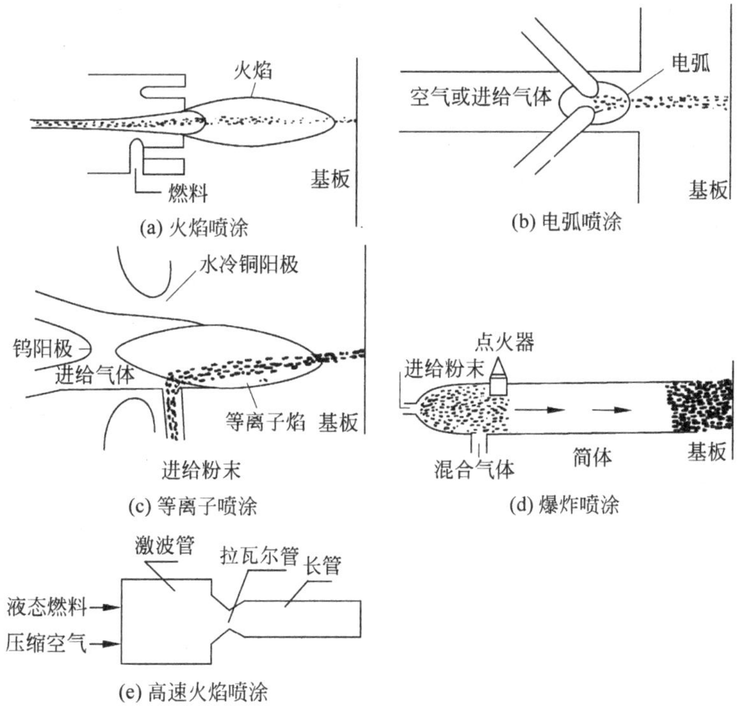

图 8.12 几种主要热喷涂方法的原理示意图

1. 火焰喷涂

火焰喷涂是以氧-燃料气体火焰为热源的喷涂方法。燃料气体包括乙炔（燃烧温度为3260℃)、氢气(燃烧温度为2871℃)、液化石油气(燃烧温度为2500℃)和丙烷(燃烧温度为3100℃)等。

乙炔与氧结合产生的火焰温度最高,所以,氧-乙炔火焰喷涂是应用最广的火焰喷涂方法,可以将金属或复合材料丝材、陶瓷棒材、合金及陶瓷粉料等进行喷涂。

2. 电弧喷涂

电弧喷涂是以电弧为热源的喷涂技术。与火焰喷涂相比,具有喷涂层结合强度高(一般为火焰喷涂的2.5倍)、喷涂效率高(比火焰喷涂提高2~6倍)、能源利用率高、安全性高等优点。

电弧喷涂主要利用金属丝材进行喷涂,由于导电性好的陶瓷材料很少,所以电弧喷涂很少用于陶瓷材料的喷涂。

3. 等离子喷涂

等离子喷涂是利用等离子焰流为热源,将喷涂材料加热到熔融或高塑性状态,并在高速等离子焰流的曳引下高速撞击到工件表面上,经淬冷凝固后与工件结合形成涂层。等离子弧是一种高能密束热源,电弧在等离子喷枪中受到压缩,能量集中,具有温度高(弧柱中心温度高达 15 000~33 000 K)、焰流速度快、稳定性好、调节性好等特点,特别适合于陶瓷等高熔点材料的喷涂,是目前制备陶瓷喷涂层的主要方法。

4. 特种喷涂

特种喷涂是指一些比较特殊的热喷涂方法,与陶瓷喷涂有关的主要有以下3种。

(1)高速氧-燃料火焰喷涂

高速氧-燃料火焰喷涂是利用一种特殊火焰喷枪获得高温、高速焰流,用来喷涂碳化钨等难熔陶瓷材料的方法,可获得性能优异的喷涂层。

(2)爆炸喷涂

爆炸喷涂是以突然爆发的热能加热熔化喷涂材料并使熔粒加速的方法,一般用氧-乙炔混合气体在枪内由电火花塞点火发生爆炸,产生热量和压力,如图8.12(d)所示。爆炸喷涂粒子的飞行速度快,因此可以获得较好的涂层质量。但喷涂时不仅产生强烈的噪声,还伴随有极细的尘粒向四周飞散。

(3)低压等离子喷涂

低压等离子喷涂是在保护性气体(氩气或氮气)下的低真空环境里进行的等离子喷涂。与常压下的等离子喷涂相比,等离子射流长度增加,飞行速度提高,涂层中基本无氧化物夹杂,特别适合喷涂一些难熔金属、活性金属和碳化物等材料。

8.1.5　热氧化法

在充气的情况下，通过加热基片的方式可以获得大量的氧化物、氮化物和碳化物等薄膜，这种制备方法称为热氧化。

所有金属，除 Au 之外，都可与氧发生反应生成氧化层，如室温下铝片上生长的氧化铝膜、加热铁片得到的氧化铁膜等。而许多非金属也会在加热时形成氧化物，如加热硅片形成的氧化硅膜等。

热氧化过程通常是在传统的氧化炉中进行的，氧化介质一般为热空气。有时为了某种需要，也会使用一些特殊的氧化介质，如在空气和超热水蒸气中，通过薄 Bi 膜的氧化制备 Bi_2O_3 膜，如图 8.13 所示。在制备过程中，即使在最高温度 367℃时，水蒸气分子也不会分解成氢和氧，高温水蒸气对反应不起作用，只是取代了反应室中的空气，从而改变了反应室中的有效氧含量。

热氧化生长设备简单，成本低，所得薄膜纯度高、结晶性好；不足之处是薄膜生长的厚度受到严重限制。

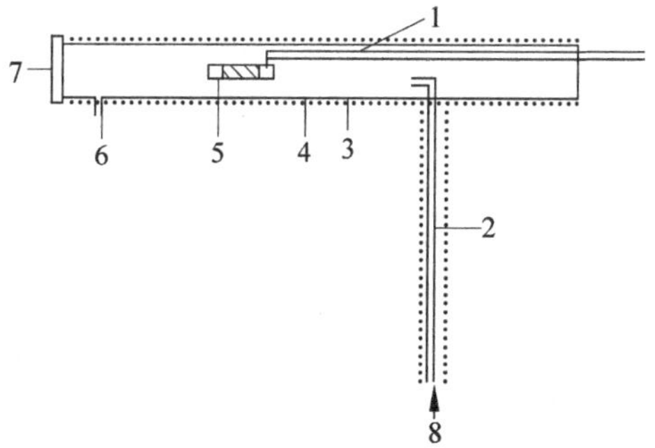

图 8.13　空气和超热水蒸气中薄 Bi 膜的氧化装置

1—热电偶；2—窄玻璃管；3—加热线圈；4—玻璃管；5—样品；6—出气口；7—盖；8—进气口

8.2　陶瓷纤维的制备

在工业中，常用金属纤维进行增强或增韧。但由于金属纤维在高温下容易发生氧化和蠕变，因此在高温下，金属纤维的应用受到限制。

很多陶瓷纤维具有良好的高温强度和高温稳定性，因此，在高温下，陶瓷纤维的增强或增韧作用是金属纤维不可比拟的。

目前，已有的陶瓷纤维有几十种，但开发最为成熟、性能优良、应用广泛、已实现工业化生产的主要有碳纤维、玻璃纤维、硼纤维、碳化硅纤维、高熔点氧化物纤维、Tyranno 陶瓷纤维、硅酸铝纤维、静电纺丝纤维等。

8.2.1 碳纤维

1．结构和性能

碳纤维是现代复合材料的主要纤维之一，一般直径为 7～8 μm，由乱层石墨细晶体组成。在石墨中，碳原子是六方晶体排列，如图 8.14 所示，堆垛顺序是 *ABAB*…，同层上的原子通过强的共价键连接在一起，而层与层之间通过弱的范德华力连接。因此，石墨晶体单元是高度各向异性的，在同一层内，原子间距是 0.142 nm，弹性模量是 910 GPa；而层与层之间的原子间距是 0.335 nm，弹性模量是 30 GPa。为了制得高强度的碳纤维，必须设法使石墨晶体结构的层平面平行于纤维轴，取向度越高，碳纤维的性能越好。

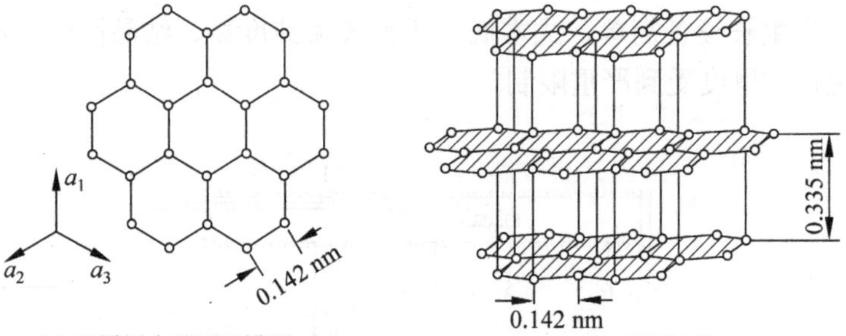

(a) 石墨层中碳原子排列　　(b) 层间结构

图 8.14　石墨的结构

碳纤维不仅具有一般碳材料的共同特性，如耐高温、耐磨、耐腐蚀、高导热、导电、摩擦系数低、有自润滑性等，而且还有一般碳材料没有的性能。

碳纤维热膨胀系数小，热容量低，可以经受剧烈的加热和冷却，即使从 3000℃快冷至室温也不会炸裂，在 -180℃时，仍然是柔软的（可编成各种织物）。当温度发生变化时，在它的长度方向上不是热胀冷缩，而是热缩冷胀，其热膨胀系数为 -0.072×10^{-6}/℃，而垂直于纤维轴方向的热膨胀系数几乎等于 0。

碳纤维的热导率比较高，但随温度的上升而减小，在 1500℃时，其热导率是室温时的 15%～30%，是很好的高温隔热保温材料。

碳纤维的弹性模量非常高，达到 230 GPa，抗拉强度为 2800 MPa。在 2000℃以上的高温惰性气氛中，弹性模量和强度保持不变，是目前高温性能最好的纤维。

碳纤维的最大缺点如下：一是脆性，打结时易折断；二是高温抗氧化性差，在空气中 360℃以上即出现氧化失重和强度下降现象。

2. 制备工艺

碳纤维的制备方法主要是先驱丝法，即先制成有机纤维（先驱丝），然后经预氧化处理、碳化处理、石墨化处理制得碳纤维，生产工艺如图 8.15 所示。

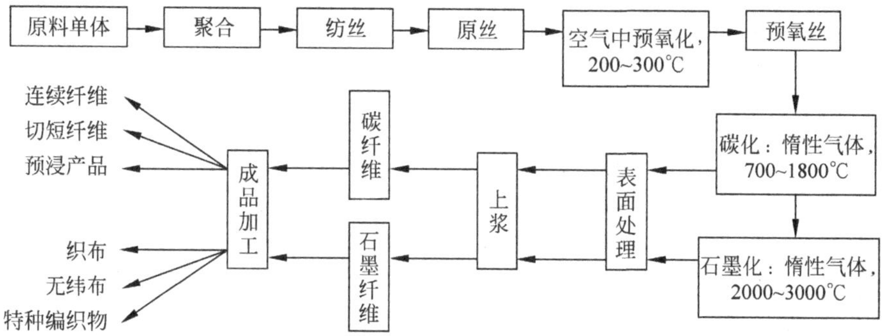

图 8.15　碳纤维生产工艺

1）先驱丝制备

当前，世界各国生产碳纤维的主要原料是聚丙烯腈（PAN）纤维，其分子式为 C_3H_3N，可溶于高离子化的溶剂中，如二甲基酰胺和无机盐的水溶液。其熔点为 317℃，加热时在 280～300℃分解，因此不能采用熔融纺丝，只能用溶液纺丝。用来制造碳纤维的聚丙烯腈原丝一般为共聚物，典型成分为聚丙烯腈占 96%、丙烯酸甲酯占 3%、衣康酸占 1%～1.5%。丙烯酸甲酯的加入可降低聚丙烯腈大分子间的引力，增加可塑性，改善可纺性；衣康酸的加入使聚丙烯腈容易形成梯形分子结构，降低环化温度，缩短环化时间，减少分子裂解，提高碳纤维质量。

2）预氧化处理

预氧化处理是将处于拉伸状态的聚丙烯腈原丝置于 200～300℃下，在空气中加热，使原丝中的链状分子环化脱氢，形成热稳定性好的梯形结构，以便于随后的高温碳化处理。预氧化过程中施加张力可使先驱丝择优取向，改善碳纤维的性能。聚丙烯腈纤维在进行预氧化处理时，颜色由白经黄、棕，逐渐变黑，这表明其内部发生了一系列的化学反应，其中最主要的为环化反应、脱氢反应和氧化反应。

影响预氧化的主要因素有温度、处理时间、升温速度、牵引程度等。预氧化可在低温下通过长时间加热完成，例如，在 200～220℃预氧化几十小时，也可采用阶段升温的方法来缩短预氧化时间。

3）碳化处理

将预氧化处理的纤维在牵引状态下于惰性气体中继续加热，大部分非碳原子（N，O，H 等）将经过一系列复杂的化学变化转变为低相对分子质量的裂变物而被排除，分子间发生交联，碳含量增至 95%以上，同时，纤维结构也逐渐转变为乱层石墨结构。碳化过程中，当温度低于 700℃时，主要是分子链间脱水、脱氢交联及预氧化处理时未反应的聚丙烯腈的进一步环化；当高于 700℃时，放出的气体主要是 N_2 和 HCN，碳网平面进一步扩大。

碳化处理的参数直接影响碳纤维的性能，这些参数主要包括碳化温度、惰性气体的纯度、牵引力的大小等。

通常，碳化温度是逐步升高的，纤维的模量随温度的升高而连续增加，当温度升至 1400℃时，强度达到最大值，温度继续升高，强度下降，如图 8.16 所示。因此，碳纤维的强度和模量取决于最后碳化的温度。碳化速度对纤维的强度也有影响，碳化速度快，纤维强度低，反之，纤维强度高。一般碳化时间为 25 min。

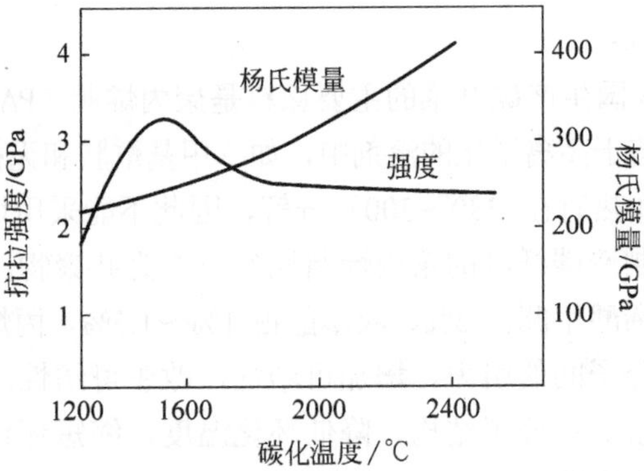

图 8.16　碳纤维杨氏模量和抗拉强度随碳化温度的变化

碳化是在高纯度的氮气中进行的，氮气中的杂质对碳纤维的性能影响很大，如氧气在碳化过程中能够生成 CO，CO_2，从而降低碳纤维的抗拉强度；水在高温下和碳发生反应生成水煤气，对碳纤维有严重的损伤。

4）石墨化处理

碳化处理后的纤维在适当的牵引力作用下，用氩气保护，在高于 2000℃温度下加热，进行石墨化处理。加热温度越高，纤维的塑性越好，可施加的张应力就越大，制得的纤维的取向度就越高，弹性模量也就大大提高。

8.2.2　玻璃纤维

玻璃纤维是常用的无机纤维，主要用于制作复合材料和光导纤维。

1．复合材料用玻璃纤维

1）类型

制作复合材料的玻璃纤维主要有 3 种，即 E 玻璃纤维、C 玻璃纤维和 S 玻璃纤维，所用的原料分别为 E 玻璃、C 玻璃和 S 玻璃。E 玻璃易于拉丝，具有较高的强度和刚性，良好的导电性和抗老化性能，所以是最常用的玻璃。相比于 E 玻璃，C 玻璃有较高的抗化学腐蚀能力，但较贵，强度也低。S 玻璃比 E 玻璃更贵，但有较高的弹性模量和耐温性能，常用于制造某些特殊应用的纤维，如航空工业用纤维等，此时，高的弹性模量补偿了高的价格。

2）制作工艺

制备玻璃纤维的方法主要有两种：池窑拉丝法和坩埚拉丝法。池窑拉丝法又称为一次成形法，坩埚拉丝法又称为二步成形法或球法。

池窑拉丝法生产规模大、效率高、产品能耗低，是当前最先进的生产方式，其产量、质量、自动化水平等均高于球法，已是国际上生产玻璃纤维的主流技术。

池窑拉丝法的生产工艺流程如图 8.17 所示。

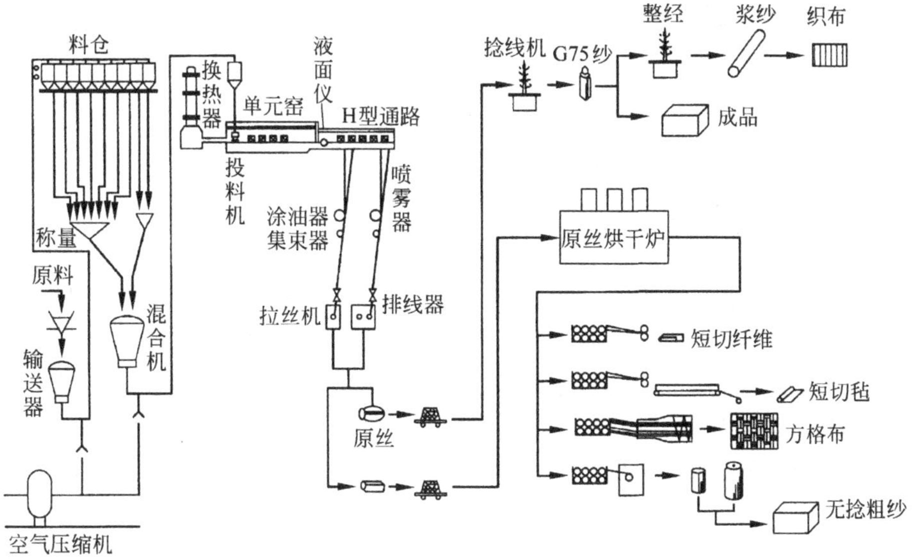

图 8.17　池窑拉丝法生产工艺流程图

池窑拉丝法生产工艺流程的主要过程如下：先根据产品所需的化学成分要求，精确计算出各种矿物原料、化工原料的用量，然后将各种原料细粉称量混合后投入玻璃熔窑内，经高温熔融制成玻璃液；在熔窑料道底部装有用铂铑合金制作的多孔漏板，当玻璃液从漏板孔中流出时，受到高速运转拉丝机的牵引，同时涂敷浸润剂，制成纤维，称为原丝；原丝经过捻线机加捻、整经机整经等工序即可织成各种结构和性能的玻璃布；原丝经烘干（或风干）

可制成短切纤维、短切毡、无捻粗砂或织成方格布。

球法生产是先将熔窑中熔制好的玻璃制成球，将冷的玻璃球再投入熔炉中熔化，然后经漏板拉制成纤维，生产工艺流程如图 8.18 所示。

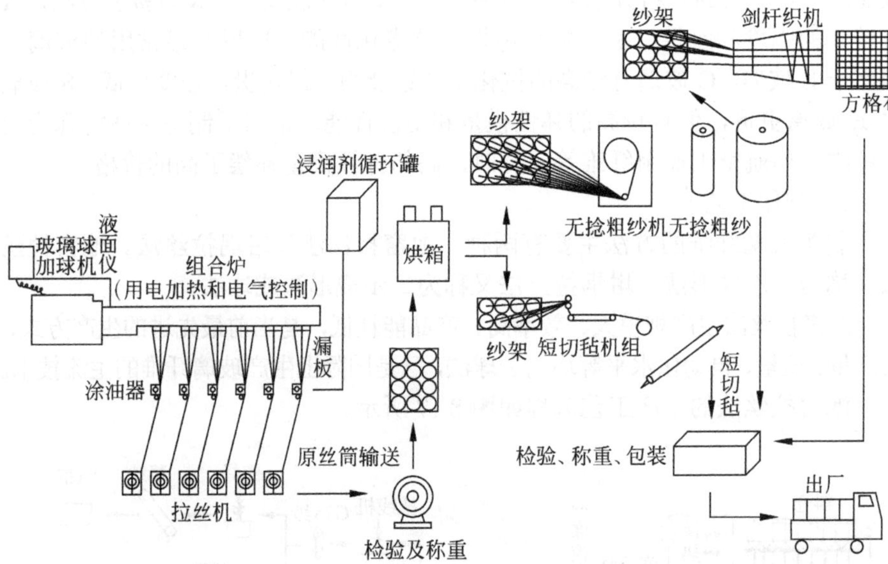

图 8.18　球法生产玻璃纤维工艺流程图

2．光导纤维

1）类型

光导纤维有两大类：一类是阶跃型，另一类是梯度型。阶跃型光导纤维是由芯子和包层组成。芯子是高折射率玻璃，直径为 10～150 μm，包层是低折射率玻璃，如图 8.19(a)所示。梯度型光导纤维的折射率是逐渐过渡的，中心最高，向外以抛物线的方式逐渐降低，如图 8.19(b)所示。光线在这两种纤维中的传输情况如图 8.20 所示。两种光导纤维的成分和制法列于表 8.1。

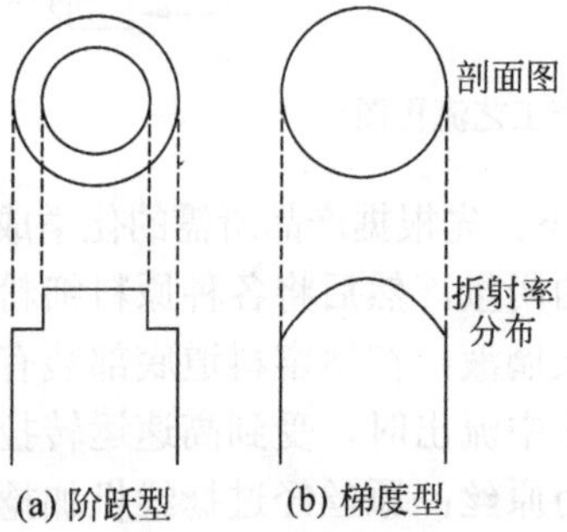

图 8.19　光导纤维类型示意图

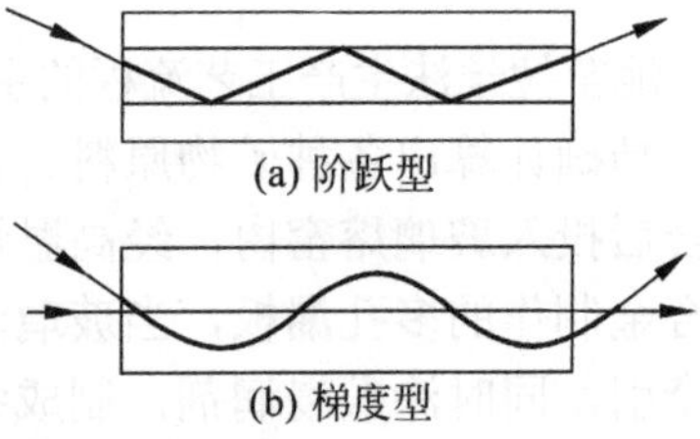

图 8.20　光导纤维中光线传输示意图

表 8.1　光导纤维的类型及制法

类　型		成　分		制　法
		芯子	包层	
阶跃型	石英系 多组分玻璃	SiO_2 SiO_2+GeO_2 （GeO_2，P_2O_3） 钠钙硼硅酸盐	$SiO_2+B_2O_3$ SiO_2 钠钙硼硅酸盐	CVD+熔融 火焰熔融 棒管法、单坩埚法、双坩埚法
梯度型	石英系	SiO_2+GeO_2 $SiO_2+B_2O_3$ TlO_2-Na_2O-PbO-SiO_2 Li_2O-Al_2O_3-SiO_2 Li_2O-CaO-SiO_2		CVD+熔融 离子交换双坩埚

2）制备工艺

玻璃光导纤维的生产方法有 3 种：棒管法、双坩埚法和预制棒法。棒管法制作玻璃光纤如图 8.21(a)所示，双坩埚法制作玻璃光纤如图 8.21(b)所示。

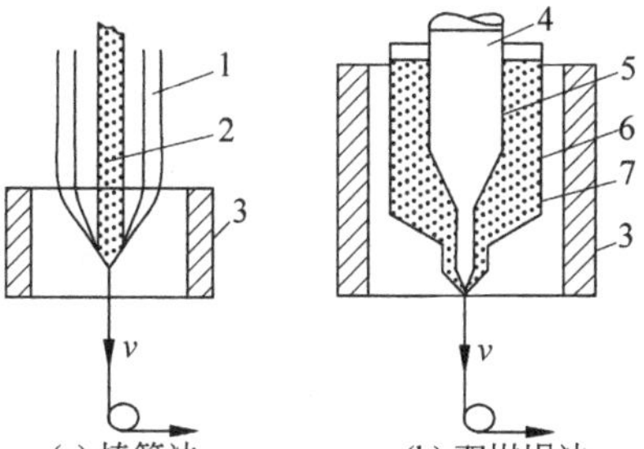

(a) 棒管法　　(b) 双坩埚法

图 8.21　制作玻璃光纤示意图

1—低折射率玻璃；2—高折射率玻璃；3—环形加热炉；4—芯玻璃熔体；5—内坩埚；6—皮玻璃熔体；7—外坩埚

预制棒法制作玻璃光纤的过程是首先制备玻璃光纤预制棒（由高折射率的芯玻璃和低折射率的皮玻璃构成），然后用预制棒拉制玻璃光纤，最后涂覆。涂覆的目的是提高光纤的机械强度和减少光纤的传输损耗。目前，大多采用预制棒法制作玻璃光纤。预制棒法主要采用气相沉积法，气相沉积法主要包括化学气相沉积法（CVD）、等离子化学气相沉积法（PCVD）、改进等离子化学气相沉积法（PMCVD）、外气相化学气相沉积法（OVD）、轴向气相沉积法（AVD）等。

8.2.3 硼多晶纤维

1. 硼纤维的性能

硼纤维是脆性纤维，在拉伸过程中没有塑性变形，应变值很小，具有优良的强度性能。其抗拉强度为2800～3500 MPa，在650℃时仍然能够保持75%的强度，在650℃和820℃的蠕变性能比钨还好。硼纤维的弹性模量高达385～490 GPa，为普通纤维的5～7倍。其熔点高达2050℃，密度为2.67 g/cm^3。硼纤维的缺点是抗氧化性差，在500℃的空气中短时间暴露后，强度严重降低。为防止硼纤维的氧化，可在纤维的表面进行涂层处理，常用涂层为SiC，涂层厚度约为2 μm。另外，硼纤维的价格昂贵。

2. 硼纤维的制造方法

硼纤维可用多种方法制造，如硼的卤化物还原或热解、有机硼化物热解、熔融硼拉丝等，但最常用的方法是硼的卤化物还原。硼的卤化物还原法的大体过程是用很细的钨丝（10 μm左右）作芯材，将钨丝加热到1000～1200℃，并连续地通过有BCl_3和H_2混合气体的沉积室。于是，在炽热的钨丝上发生以下反应：

$$2BCl_3 + 3H_2 \xlongequal{} 2B + 6HCl \tag{8-7}$$

反应产生的B便沉积在钨丝上而形成直径为40～120 μm的钨芯硼纤维。

卤化物还原法原理简单，但工艺过程较为复杂，反应物的浓度、流速、反应产物HCl在沉积室的浓度和钨丝的温度均影响B的沉积速度和效率。

8.2.4 碳化硅多晶纤维

目前制备SiC纤维的常用方法有两种：气相沉积法和先驱丝法。

1. 气相沉积法

1960年，Nither以钨丝为芯丝用气相沉积方法得到了SiC丝。一种典型的气相沉积装置如图8.22所示。反应器分为两段，第1段为清洗段，主要是用氢气清洗芯材表面，钨丝直径约为12 μm，所用反应物是甲基二氯硅烷（CH_3SiHCl_2，MDCS）和甲基三氯硅烷（CH_3SiHCl_3，MTCS）。H_2，MTCS和MDCS的体积比为5∶2∶0.7。制得的SiC丝的抗拉强度为3.08 ± 0.67 GPa。我国也研制出这种纤维，抗拉强度为2.67 ± 0.315 GPa。

美国ACVO公司生产的碳芯SiC纤维是当前最好的陶瓷纤维之一，直径约为143 μm，其断面结构如图8.23所示。SiC丝的中心是碳纤维，向外依次为热解石墨、两层 β-SiC 及 SCS 表层。两层 β-SiC 是热沉积时在两个沉积区形成的，内层晶粒尺寸为 40～50 nm，外层晶粒尺寸为 90～100 nm。SCS 层是为了降低纤维的脆性和对环境的敏感性而设计的，具有较为复杂的结构。该 SiC 丝的抗拉强度高达 4.48 GPa。

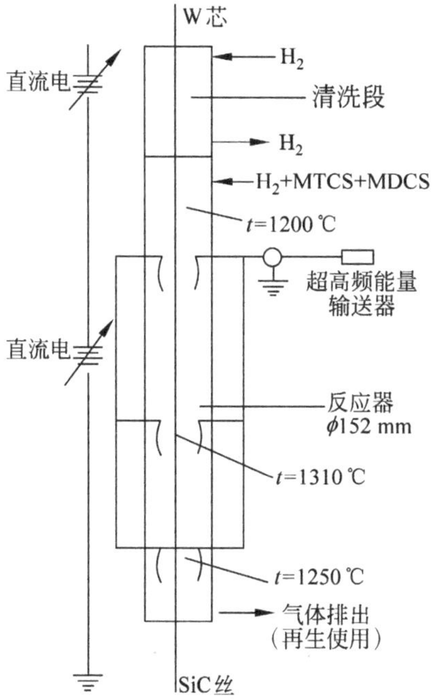

图 8.22　SiC 气相沉积装置示意图

MTCS—甲基三氯硅烷；MDCS—甲基二氯硅烷

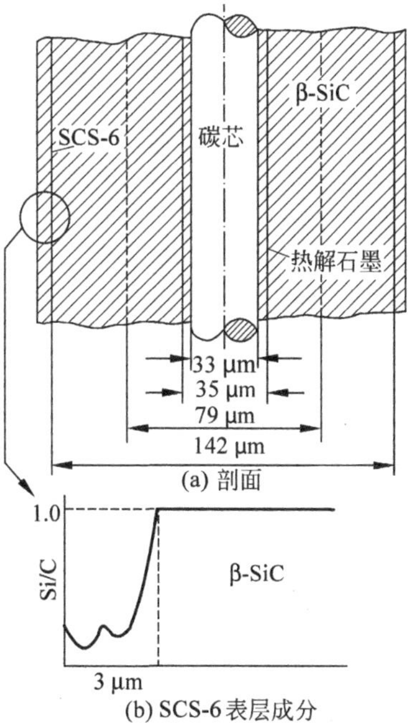

图 8.23　ACVO 公司碳芯 SiC 纤维的断面结构

CVD 法制备的 SiC 纤维在氩气中的热稳定性可维持到 900℃，之后，随着温度的升高，强度迅速降低。在空气中，强度的降低比氩气中大，在 600℃时就十分明显，如图 8.24 所示。

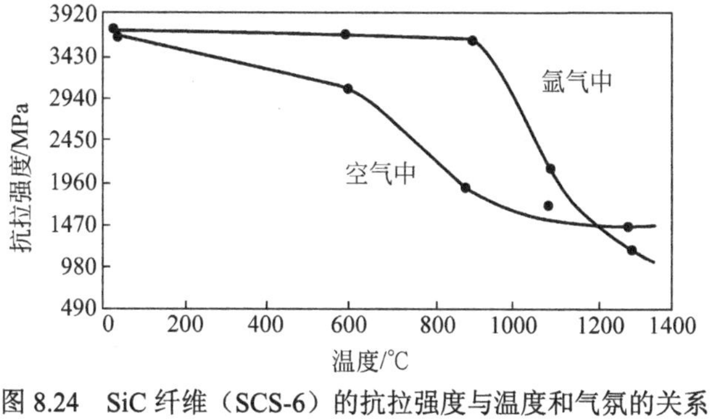

图 8.24　SiC 纤维（SCS-6）的抗拉强度与温度和气氛的关系

2. 先驱丝法

先驱丝法制备 SiC 纤维是由日本矢岛发明的，Nicalon 公司进行了商业化生产。先驱丝法是首先制备聚碳硅烷纤维，然后经氧化和灼烧制得 SiC 纤维。其工艺流程如图 8.25 所示，主要反应和过程如下。

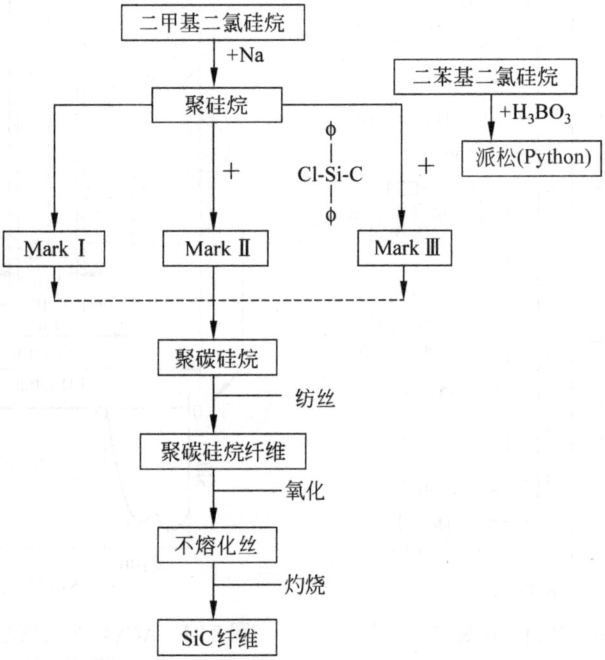

图 8.25 先驱丝法制备 SiC 纤维的工艺流程

（1）二甲基二氯硅烷在金属钠的作用下聚合成聚硅烷：

$$n(CH_3)_2SiCl_2+2n\,Na \xrightarrow{\text{二甲苯}} \left[\begin{array}{c} CH_3 \\ | \\ Si \\ | \\ CH_3 \end{array} \right]_n +2n\,NaCl \tag{8-8}$$

（2）二苯基二氯硅烷与硼酸反应生成派松：

$$(C_6H_5)_2SiCl_2+H_3BO_3 \xrightarrow[\text{加水蒸馏}]{\text{正丁醚}} \left[\begin{array}{c} C_6H_5 \\ | \\ Si \\ | \\ C_6H_5 \end{array} - O - B \begin{array}{l} O - \\ O - \end{array} \right]_n \tag{8-9}$$

（3）干燥的聚硅烷与3%～4%派松混合，在N_2中于470℃高压釜中聚合，转化为聚碳硅烷：

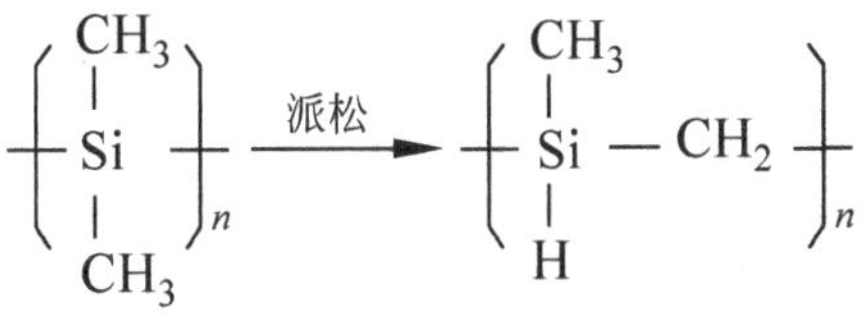

（8-10）

（4）制得的聚碳硅烷在350℃氮气中熔融、纺丝，得到聚碳硅烷纤维。

（5）聚碳硅烷纤维在190℃空气或室温臭氧中氧化得到不熔化丝。

（6）不熔化丝在1200℃氢气或真空中热解1 h得到SiC纤维。

Nicalon SiC纤维中，除SiC外还残存少量的SiO_2、游离碳等，因而其强度低于AVOD碳化硅纤维。但其生产率高，价格低廉，是最常用的SiC纤维。两种SiC纤维的性能比较见表8.2。

表8.2　两种SiC纤维的性能

性能	Nicalon纤维	AVOD纤维
直径/μm	10～15	约140
断面	圆形	圆形
支数	500	单丝
密度/（g/cm^3）	2.55	3.0
抗拉强度/GPa	2.5～3.0	3.5～4.55
弹性模量/GPa	180～200	430
断裂应变/%	1.5	—
热膨胀系数/（$10^{-6}℃^{-1}$）	3.1	4.4
比电阻/（Ω•cm）	10	—
传导率/（$W•m^{-1}•K^{-1}$）	1.163	—

8.2.5　高熔点氧化物纤维

高熔点氧化物纤维通常用两种方法制造：胶体悬浮液蒸发法和有机纤维浸渍法。

1. 胶体悬浮液蒸发法

胶体悬浮液蒸发法是将金属无机盐水溶液浓缩形成稳定的胶体，再将稳定的胶体纺丝、干燥、煅烧形成纤维。

例如，Al_2O_3纤维的制造过程为将200 g碱性醋酸铝水合物溶于200 ml蒸馏水中，使溶液保持在75℃以下；再将100 g氯化铝缓慢加入到醋酸溶液中。

氯化铝的加入是为了提高铝离子的浓度，这对在以后的煅烧中保证纤维的长度和密度是必要的。在上述两种溶液的混合液中，再加入 5 g 氯化镁，由它所形成的氧化镁可使以后的纤维保持细晶。将过滤后的溶液慢慢加热到约 65℃使其蒸发，达到所要求的黏度。此时，溶液呈透明黄色状态。将这种料液喷丝，得到非常细的无机盐纤维。然后将这种纤维在 90℃干燥，在氧化气氛中快速升温至 540℃，之后以 250℃/h 的速度升至 815～870℃，煅烧 5～10 min。随着温度的升高和时间的延长，纤维由黑色或灰色转变为白色，最终得到外观透明的 Al_2O_3 纤维。纤维气孔率为 0，晶粒细小。

2．有机纤维浸渍法

有机纤维浸渍法是以亲水的人造纤维为载体，将其在无机盐水溶液中浸渍，吸收无机盐，再在一定的温度和气氛下使纤维素破坏，有机盐分解为氧化物，最后在高温下煅烧成氧化物纤维。

用这种方法制造的 ZrO_2 纤维的直径为 4～5 μm，密度为 5.6～5.9 g/cm^3（为理论值的 92%～98%），ZrO_2（包括 HfO_2 和 Y_2O_3）含量为 99.6%，熔点为 2593℃，最高使用温度为 2482℃，抗拉强度为 350～1400 MPa，弹性模量为 12.4～15.4 GPa。

8.2.6 Tyranno 陶瓷纤维

Tyranno 陶瓷纤维是 1987 年发展起来的一种 Si-Ti-C-O 纤维，由日本 Ark Mori Bldg 公司生产。这种纤维在高温强度方面具有优越性，强度可以保持到 1300℃，主要性能见表 8.3。

表 8.3 Tyranno 陶瓷纤维的性能

性能	平均直径/μm	密度/（g/cm^3）	抗拉强度/MPa	拉伸模量/GPa	延伸率/%
数值	（8～10）± 1.5	2.3～2.5	>2800	200	1.4～1.7

8.2.7 硅酸铝非晶质纤维

硅酸铝非晶质纤维由于外形和色泽与棉花近似，所以也被称为耐火棉。其化学组成相当于脱水的高岭石（$Al_2O_3 \cdot SiO_2$）。

1．硅酸铝非晶质纤维的性质和用途

普通硅酸铝非晶质纤维的物理、化学性质见表 8.4。

表 8.4 普通硅酸铝纤维的物理、化学性质

化学成分	类型1/%（质量分数）	类型2/%（质量分数）
SiO_2	42.55	43～54
Al_2O_3	54.55	47～53
Fe_2O_3	0.6	0.6～1.8
CaO	1.16	0.1～1.0
B_2O_3	—	0.06～0.1
耐火度/℃	>1750	>1790
纤维直径/μm	2～8	2～8
纤维长度/μm	20～100	10～250
密度/（g/cm^3）	2.6	2.56

硅酸铝非晶质纤维具有优良的耐火性，气孔率可达 90%以上，因而具有良好的隔热性，常被制成纤维毯、纤维纸、纤维绳等耐火用品和加热炉炉衬等隔热材料。

2．硅酸铝非晶质纤维的制备工艺

工业中制造硅酸铝非晶质纤维是以特级或一级硬质黏土熟料（焦宝石）为主要原料，或者将氧化铝、耐火黏土和硅质原料配合在一起，加入硼砂、氧化锆等添加物为原料，在电弧炉中熔炼，然后用喷吹法或纺丝法制成纤维，如图 8.26 所示。

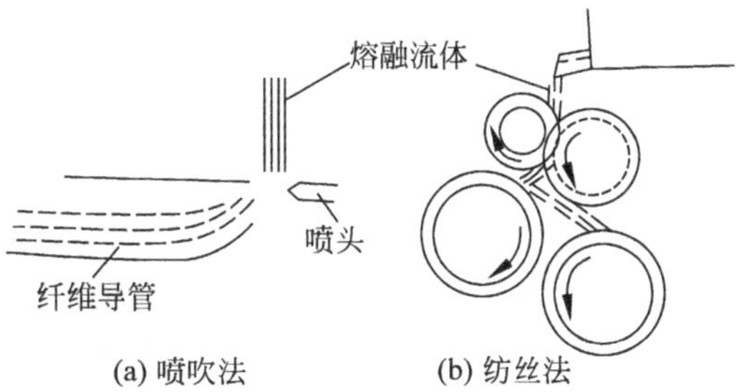

图 8.26 硅酸铝纤维制备方法示意图

喷吹法的大体工艺过程是原料熔融前，先破碎成小于 3 mm 的粒料，加入 0.5%～1.0%的硼砂为助熔剂。当物料熔融稳定后，熔体从炉子下部的出料口流出。用压力不小于 0.6 MPa 的压缩空气或蒸气与熔流成一定角度相击，迅速冷凝成丝。

8.2.8 静电纺丝工艺制备纳米纤维

1. 静电纺丝的装置与过程

经典的静电纺丝装置如图 8.27 所示，主要由高压静电发生器、溶液供给装置和收集装置这 3 部分组成。高压静电发生器可产生几千伏到几万伏的静电；溶液供给装置一般是一个顶端带有平头针头的注射器；收集装置一般为接地的金属平板或铝箔，不同形式的收集装置可以获得排列方式不同的纤维。

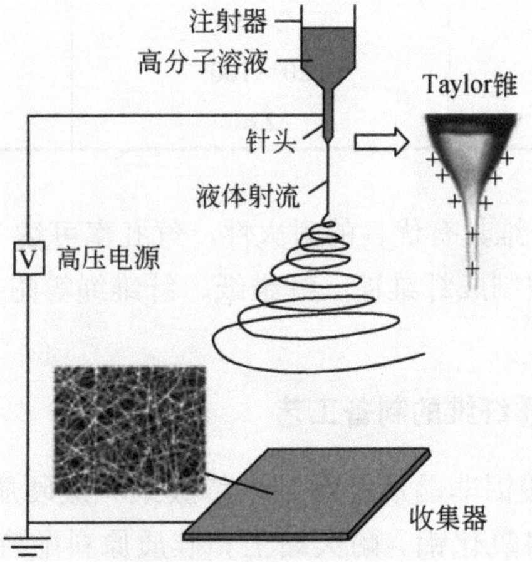

图 8.27 静电纺丝装置

静电纺丝时，将待纺溶液注入供给装置，供给装置前端的不锈钢针头一端伸入溶液中的金属线与高压电源的正极相连，使溶液带电，电源负极与收集装置相连。溶液在自身的黏滞力、表面张力、内部电荷排斥力、外部电场力的作用下，在针头（喷丝头）处形成液滴。随着电场强度的增加，液滴逐渐变为圆锥形，称为 Taylor 锥。当外加静电压增大至超过某一临界值时，溶液所受的电场力将克服其本身的黏滞力和表面张力而形成喷射细流，之后射流通过鞭动过程逐级裂分，形成纳米级的纤维，如图 8.28 所示。溶剂在喷射过程中蒸发或固化，喷射物最终落在收集装置上，形成连续的微/纳米纤维。图 8.29 是 Al

图 8.28 射流裂分形成纳米级的纤维

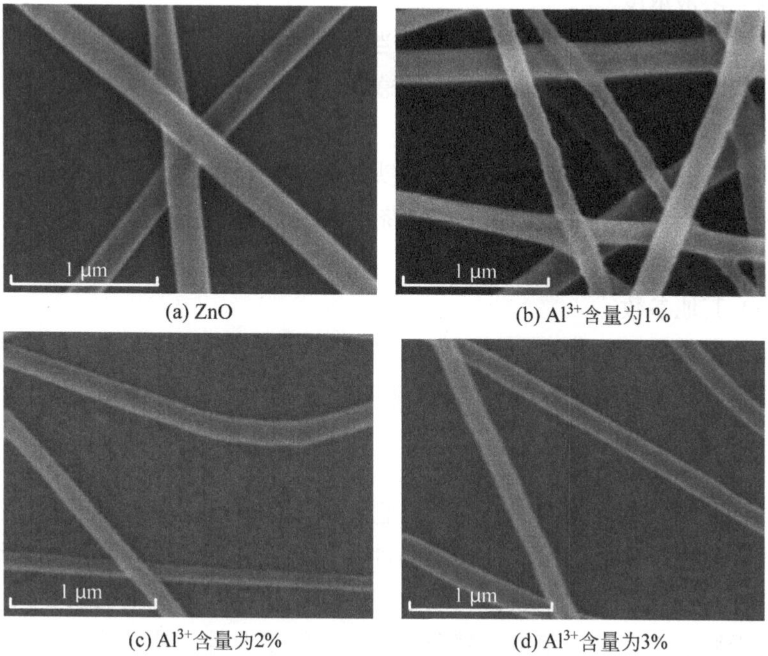

(a) ZnO (b) Al^{3+}含量为1%
(c) Al^{3+}含量为2% (d) Al^{3+}含量为3%

图 8.29 AZO 纳米纤维的微观形貌

掺杂 ZnO（AZO）纳米纤维的微观形貌。

2．工艺参数的影响

（1）电压

足够的电压是形成连续稳定纤维的先决条件。如果电压过小，则不产生静电喷射，而形成独立的珠状物。随着电压的增高，逐渐形成串珠结构，电压进一步增高，串珠逐渐减少，直至形成连续稳定的纤维。一般适宜的电压为 10～25 kV。

（2）流量

流量是影响静电纺丝纤维形貌的重要因素。随着流量的增大，纤维直径增加，纤维表面的孔径也增大。同时，流量增大也促进了更明显的串珠结构，其原因是溶剂在到达收集装置前不能完全挥发。目前采用的流量一般为 1～3 ml/h。

（3）收集距离（针头到收集装置的距离）

收集距离会在一定程度上影响纤维的形貌。一般规律是收集距离增大，纤维直径减小，如聚氧化乙烯（PEO）/水溶液的静电纺丝，当收集距离由 1 cm 增至 3.5 cm 时，纤维直径由 19 μm 下降至 9 μm。

（4）溶液浓度

静电纺丝需要适当的溶液浓度。当溶液过稀时，不能形成连续纤维；当溶液过浓时，黏度过高，纺织行为不稳定。

（5）溶剂挥发性

溶剂挥发过快，则溶质易堵塞针头，影响纺丝的稳定性；若溶剂在到达收集装置前不能完全挥发，则残留溶剂会溶蚀收集装置上的纤维，进而破坏纤维的形貌。

（6）其他参数

其他参数如溶剂相对分子质量、黏度、表面张力、电导率，以及周围环境的温度、湿度等都对静电纺丝的形貌和性能有一定的影响。

3．应用

纳米纤维具有极大的比表面积，它在成型的网毡上有许多微孔，因此有很强的吸附力及良好的过滤性、阻隔性、黏合性和保温性。利用纳米纤维的这些特性可以制作催化剂载体、吸附材料和过滤材料、电池极板等，并可有效地用于原子工业、无菌室、精密工业、涂饰工业等。其过滤效率较常规过滤材料大大提高。

在服装方面，可以利用纳米纤维的低密度、高孔隙率和较大的比表面积做成多功能防护服，对气溶胶形式的生物化学制剂具有很好的防护作用，其对气溶胶的过滤性能大大优于现在的防护性服装。

静电纺丝纳米纤维由于具有很好的生物相容性和结构相容性，已在组织工程支架、移植涂膜、药物释放、创伤修复等方面得到了应用。

另外，纳米纤维在流体学、纯化、分离、气体存储、能量转换、传感、环境保护、高分子纳米模板、纳米复合改性材料、航空航天等方面都有广阔的应用前景。图 8.30、图 8.31 为用静电纺丝纳米纤维制备的部分用品。

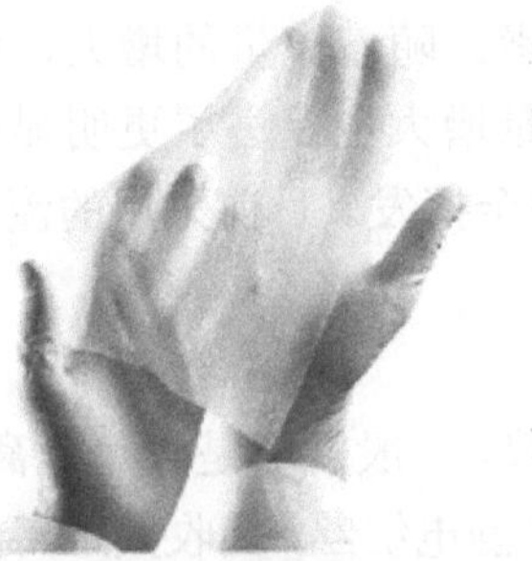

图 8.30　催化剂载体材料

图 8.31　能量转换电极材料

8.3 陶瓷晶须的制备

晶须是极短的微晶体，即近乎纯晶体的单晶，几乎无位错，其拉伸强度接近纯晶体的理论强度，一般直径为 0.05～10 μm，长度为 10～1000 μm。

8.3.1 碳化硅晶须

碳化硅晶须是一种灰绿色的单晶纤维，其晶体结构有 α，β 两种晶型。α-SiC 为六方和菱方结构，β-SiC 为面心立方结构。β-SiC 晶须的力学性能优于 α-SiC 晶须。制备 SiC 晶须的方法有气相沉积法、谷壳灰法等。

1. 气相沉积法

将硅的卤化物与氢气和甲烷通入反应炉，在适当的条件下，可在碳纤维表面形成垂直于纤维轴的高强度 SiC 晶须。

SiC 晶须的形成与温度有很大的关系，一般炉温不能低于 1370℃，若低于此温度，则晶须不容易形成。

2. 谷壳灰法

将含有 15%～20% SiO_2 的谷壳在无氧气氛中加热到 700～900℃，保温数小时，以排出其中的挥发物，剩余的为约等质量的 SiO_2 和 C。然后，在 N_2 或 NH_3 中将其加热到 1500～1600℃，保温 1 h，反应如下：

$$SiO_2 + 3C = SiC + 2CO\uparrow \tag{8-11}$$

为了保证反应完全，要及时排出 CO，可以加入铁作为催化剂，使其反应加快。反应结束后，在空气中将产物加热到 800℃，以除去没有反应的碳。

晶须朝（111）面生长，直径为 0.1～1 μm，长约 50 μm。反应产物中除晶须之外，其余的为 SiC 粉。

谷壳法制备 β-SiC 的发明使生产成本大幅降低，从而使 SiC 晶须的工业化生产和应用成为现实。

8.3.2 氮化硅晶须

1. 氮化硅晶须的晶型与性能

氮化硅晶须有两种晶型，一种是 α-Si_3N_4，另一种是 β-Si_3N_4，其中，α-Si_3N_4 晶须是低温稳定型，β-Si_3N_4 晶须是高温稳定型。

氮化硅晶须具有较高的强度，通常其拉伸强度可达 13.8 GPa，是碳化硅晶须的 5 倍。氮化硅晶须还具有很高的弹性模量（390 GPa）、较低的膨胀系数和良好的化学稳定性。

2．氮化硅晶须的制备

氮化硅晶须的制备方法有气相法、液相法、固相法，常用的工艺方法有直接氮化法、化学气相沉积法、碳热还原法、卤化硅气相氨分解法、自蔓延法等。

采用等离子体气相反应法制备的无定形氮化硅超细粉末为原料，通过在 1450℃氮气气氛下 2 h 的热处理，使无定形氮化硅转变为 α 相氮化硅并生长出 α-Si_3N_4 晶须，晶须直径为 50～200 nm，长度为 5～30 μm，无明显缺陷。

也可采用二氧化硅和石墨为原料，分别在 1200～1300℃和 1250～1400℃流动氮气中制备 α-Si_3N_4 和 β-Si_3N_4 晶须。α-Si_3N_4 晶须表面不光滑，有大量缺陷，且有很多分叉晶须；但 β-Si_3N_4 晶须表面光滑，看不到缺陷，且分叉晶须很少，如图 8.32 所示。

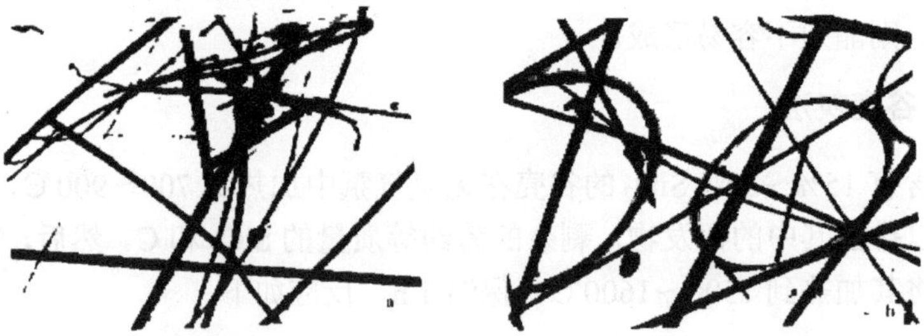

(a) α-Si_3N_4晶须　　(b) β-Si_3N_4晶须

图 8.32　Si_3N_4 晶须的透射电镜形貌

以聚硅氮烷（PTSZ）为先驱体，可制备梳形和羽毛形的氮化硅晶须，其直径为 200～300 nm，长度为 800～1200 nm。

3．氮化硅晶须的应用

氮化硅晶须的主要应用是制备复合陶瓷材料。

氮化硅晶须与石英玻璃有很好的相容性，用二者制备的复合材料具有优异的力学性能，热膨胀系数小，具有良好的抗热震性，且热震后的强度较高。

氮化硅晶须增强的碳化硅陶瓷既保留了碳化硅陶瓷优良的耐高温、抗蠕变、抗氧化、耐化学腐蚀、耐磨等优点，又具有比碳化硅陶瓷更高的强度和韧性，其最高使用温度可达 1400℃以上，且二者有良好的相容性，化学性质相近，界面结合力强。

用氮化硅晶须增强氧化铝陶瓷、氮化硅陶瓷时，性能都不同程度地得到改善和提高。特别是氮化硅晶须增强的氮化硅陶瓷，由于增强体与基体的同质性，两者之间有很好的相容性，从而使材料的复合性能得到较好的发挥。

8.3.3 Al_2O_3 晶须

Al_2O_3 晶须一般用蒸发冷却法制备，大体工艺过程如下：以纯铝粉或铝块作原料，在含有水分的氢气中，将原料加热到 1500℃左右，并进行相当长时间的保温，则可生成 Al_2O_3 晶须。晶须的直径一般为 130 μm，长度为 5 mm。表 8.5 为 Al_2O_3 晶须与几种常见晶须的性能比较。

表 8.5 Al_2O_3 晶须与几种常见晶须的性能比较

材料	密度/（$g \cdot cm^{-3}$）	熔点/℃	抗拉强度/MPa	弹性模量/MPa
α-SiC晶须	3.15	2316	6.9～34.5	482
β-SiC晶须	3.15	2700	21.0	551～828
Al_2O_3晶须	3.96	2050	19～22	430
Si_3N_4晶须	3.20	1899	3.4～10.3	379

8.4 陶瓷微小球的制备

陶瓷微小球是指直径在 5 mm 以下的无机非金属多晶球形体或近球形体。陶瓷微小球类型很多，分类方法也有多种：按成分不同，可分成玻璃微小球、氧化铝微小球、二氧化锆微小球等；按直径大小不同，可分为毫米级球（小球）、微米级球（微球）、纳米级球（纳球）等；按结构特点不同，可分为实心球、空心球、多孔球等。陶瓷微小球具有非常广泛的用途，适合用作各种介质（如金属或聚合物基复合材料）的加强材料，并可提高基体材料的某些性能，如强度、耐磨性、耐腐蚀性、硬度等。陶瓷微小球用作复合材料的加强材料，克服了纤维状或多角形、不规则形状片晶加强物的各向异性及尖角部位应力集中降低基体强度和塑性的缺点。陶瓷微小球的制备方法有多种，常用的有机械法、熔融法、溶液法等。

8.4.1 机械法

机械法是指采用机械将陶瓷粉料制备成陶瓷小球的方法，主要有模压法、滚动法等，机械法适合制备直径大于 1 mm 的陶瓷小球。

1．模压法

模压法是利用模具将陶瓷粉料压制成球的方法。这种方法生产效率高，易于实现自动化；制品烧成收缩小，不易变形。缺点是制得的球尺寸较大，球形不好，制备尺寸较小的球时，生产效率较低。

2．滚动法

滚动法就是将造好粒的陶瓷粉体颗粒放入滚动体内，滴加少量去离子水，滚筒做行星式转动，颗粒随滚筒的转动而在筒壁上滚动，最终形成小球，再经干燥、烧成即可得到陶瓷球。

该方法简单易行，投资少。但该方法只能制备球形度较低的小球，且球径尺寸分布较宽。

8.4.2 熔融法

除玻璃之外的其他陶瓷材料一般都是高熔点的难熔材料，所以熔融法基本上仅适用于制备玻璃微球（或称玻璃微珠）。玻璃微球是各种陶瓷微小球中产量最大的品种，玻璃微球（微珠）主要有以下 3 种用途。

（1）交通道路标线，主要用作反光材料，使用掺入玻璃微珠的标线可提高驾驶员的视距，减少交通事故。一般用量为 1 t/km（四车道高速路），标线寿命为 2 年。

（2）抛光材料，主要用作机械抛丸，用于精密机械模具、飞机发动机叶片清理，机械和有色金属材料的表面抛光处理。使用玻璃微珠抛丸不仅可以提高制品的表面光洁度，还可提高金属材料的抗疲劳强度。与其他抛光材料相比，玻璃微珠具有比重小、表面光滑、硬度高、化学稳定性好等优点，因此不损伤基体，对于复杂工件的清理不存在死角，所以得到了广泛应用。

（3）填充材料，主要用作各种填料，用于塑料、橡胶等材料的填充、增强。使用玻璃微珠代替部分玻璃纤维，可以改善玻璃钢制品的多项性能，如耐热性能、抗压强度、耐磨性能等。

熔融法生产玻璃微球的常用方法有 3 种：火焰飘浮法（简称飘浮法）、喷吹法和隔离剂法。其中，飘浮法的产量占玻璃微珠总产量的 80%以上，其单炉年生产能力可达 3000 t。喷吹法主要生产高折射率微珠，用于各种道路标志牌。隔离剂法主要生产 0.5～5 mm 的玻璃珠，单炉年生产能力为 200～500 t，其产品由于隔离剂的影响，表面质量较差，难以作为反光材料，主要用于研磨介质。

1. 飘浮法

此法是将一定颗粒大小的玻璃粉末送入高温炉中，炉内的上升热气流使粉末处于飘浮状态（可避免软化、熔融的玻璃颗粒相互粘连），同时炉内高温迅速将玻璃粉料熔融成液滴。由于表面张力的作用，液滴自动收缩成球形，玻璃液有较大的表面张力系数，液滴体积又很小，即使在下落过程中液滴的形状变化也很小，这样液滴在下落中冷却、凝固，形成球状玻璃微球，如图 8.33 所示。

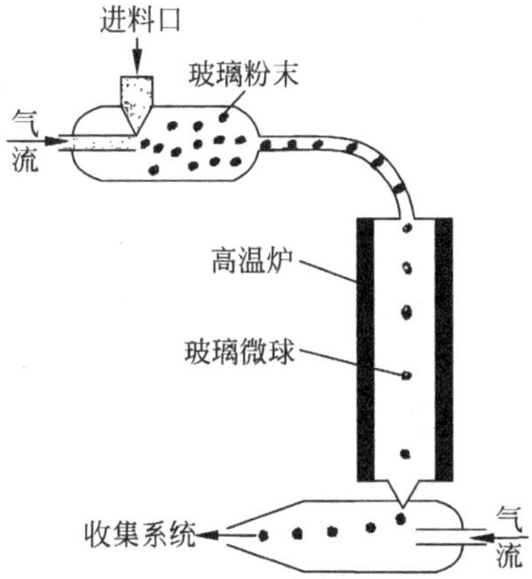

图 8.33 飘浮法生产玻璃微球示意图

2. 喷吹法

此法是将玻璃配合原料熔化成液体，用高速气流喷吹这些液体，使之成为玻璃液滴，其他过程与飘浮法基本相同。

3. 隔离剂法

此法是将一定颗粒大小的玻璃粉与石墨粉等混合，然后加热使玻璃粉熔融成液滴，再冷却、凝固而制得玻璃微球。

8.4.3 溶液法

1. 喷雾干燥法

1）普通喷雾干燥法

喷雾干燥的有关内容已在第 4 章中介绍过，这里不再重复。喷雾干燥不仅可以造粒，也可以用来制备陶瓷微球。但采用普通喷雾干燥工艺制备的微球通常并不是严格的球形，而是球上有一个中空洞，像蘑菇头或苹果，如

图 8.34 所示。这是由于普通喷雾干燥工艺中的塑化剂一般为水，干燥初期，雾滴在热气流中进行第 1 阶段的恒速干燥时，水蒸气从表面快速蒸发，雾粒中心的水分迁移到表面及时补充，与此同时颗粒收缩变小，继而表面蒸发水分的速度大于水分从中心向表面迁移的速度，颗粒进入降速干燥阶段，颗粒表面形成一层对气流具有半透性的表面层，随着颗粒温度的进一步提升，包裹在颗粒内部的水分有两种途径排出。

（1）通过毛细管作用排出。进一步干燥时，内部的水分通过固体颗粒之间的细微空隙移动至颗粒表面。如果颗粒中剩余水分不是很多，水分干燥后没有留下明显的空隙，则形成实心颗粒；如果被包裹的水分很多，干燥后则形成空心颗粒，或当颗粒表层外壳还有较好塑性时，收缩塌陷形成蘑菇状或畸形颗粒。

（2）如果颗粒内部升温速度太快或表面层通透性太差，水分来不及迁移到表面已经汽化，水汽就会使颗粒膨胀并冲破表层喷出。若此时颗粒外壳有较好的塑性，喷出口将收缩形成一圆孔，颗粒则为蘑菇状；如果外壳塑性太差，则颗粒破裂成碎片。

如果雾化颗粒足够细、颗粒干燥过程能稳定进行、颗粒表面外壳形成时包裹的水分很少，则可制备出实心陶瓷微球。

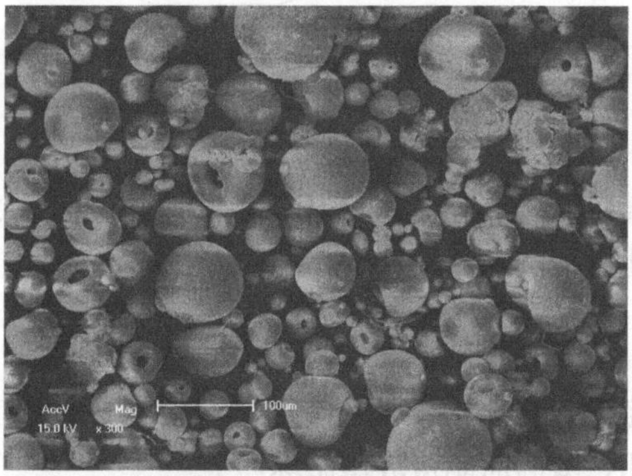

图 8.34　普通喷雾干燥法制备的陶瓷微球

陶瓷微球坯体需经过烧结才能成为陶瓷微球成品。用一次烧成工艺制备的陶瓷微球相互黏结严重，为此可采用二次烧成工艺。用铝矾土制备陶瓷微球的二次烧结方法是先将陶瓷微球坯体升温到 900℃预烧，自然冷却后微球有轻度粘连，轻压黏结块，使微球重新分离成单个颗粒，然后放入梭式窑中快速升温到 1300℃，保温 1 h，自然冷却后再进行二次烧结。经二次烧结的陶瓷微球彼此粘连的程度较轻，轻压黏结块大多能分离成单个微球。

值得注意的是，普通喷雾干燥法虽然可以制备各种成分的陶瓷微球，但一般只能制备质量要求不高的产品。

2）改进的喷雾干燥法

若对普通喷雾干燥法进行改进，将普通水基浆料改为凝胶注浆料，便可制备出高质量的陶瓷微球。图 8.35 所示为用改进的喷雾干燥法制备的高纯氧化铝微球。

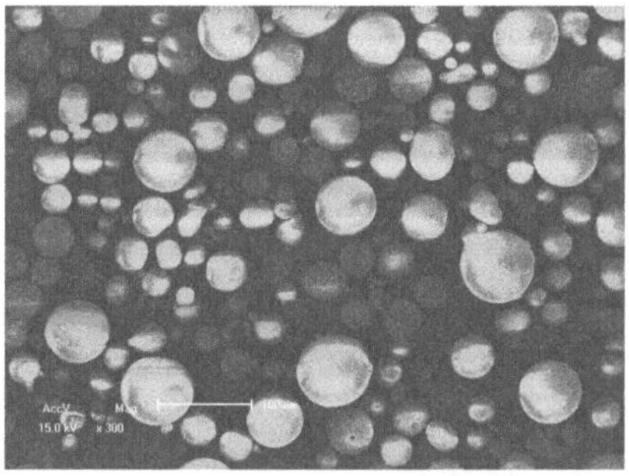

(a) 喷雾造粒制备的微球坯体

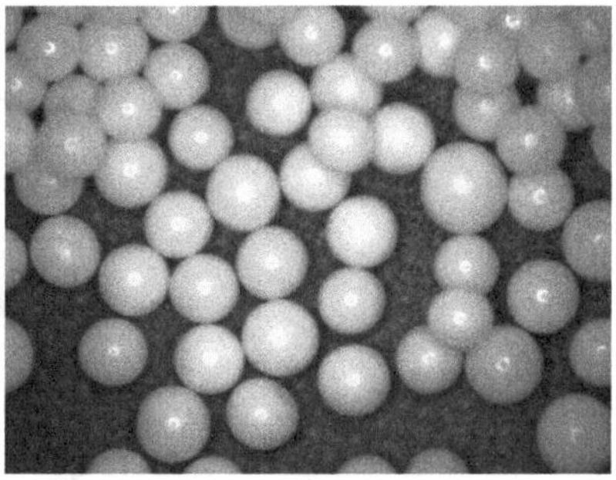

(b) 烧结后获得的陶瓷微球

图 8.35 改进的喷雾干燥法制备的高纯氧化铝微球

2. 液滴法

液滴法是指利用含有陶瓷组分的液滴制备陶瓷微球的方法。液滴法制备陶瓷微球的方法有多种，工业中使用的主要是干燥熔融法和溶胶-凝胶法两种。

1）干燥熔融法

（1）工艺条件与工艺过程

用干燥熔融法制备空心玻璃微球的工艺条件及工艺过程如下所示。

① 溶液

用高模数（3.9）的硅酸钠溶液，另加少量网络调节剂和网络形成剂，配成的溶液作为基液，其成分及含量见表 8.6。用表 8.6 中的基液可配成不同浓度的溶液。

表 8.6 基液的成分及含量（质量百分数）

成分	SiO_2	Na_2O	B_2O_3	K_2O	Li_2O
含量/%	73.2	21.4	1.4	3.6	0.4

② 装置

液滴炉装置如图 8.36 所示。它是由液滴产生器、立式高温炉和抽气系统三大部分组成的。液滴产生器是根据瑞利（Rayleigh）原理设计的，它可产生均匀液滴。立式高温炉分为低温区和高温区，它的高度和炉温是根据所需球壳的大小等条件设定的，总高为 8 m，低温区为 4 m，用铁-铬-铝电阻丝加热，高温区用硅钼棒加热，最高温度为 1500℃，可以生产ϕ100～ϕ300 μm、壁厚为 0.5～3 μm 的玻璃球壳。抽气系统则可使生产的球壳向下运动，落入收集器中。

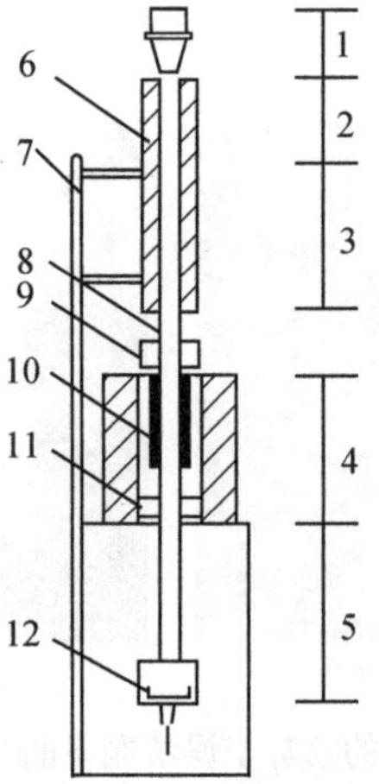

图 8.36　液滴炉装置

1—液滴产生器；2—封闭区；3—烘干区；4—精炼区；5—收集区；6—电炉丝；7—支架；8—波纹管；9, 11—冷却水；10—硅钼棒；12—收集盘

③ 成球过程

液滴产生器产生的均匀液滴下降进入炉内，在液滴下降过程中，随着温度的上升，液滴表面水分蒸发，表层溶质增多，并逐渐形成胶膜，这一过程叫作封装。膜内水分蒸发是通过膜向外渗透（烘干）的。当水分全部渗透出来时，便形成凝胶球。凝胶球在下排气流载带下进入高温区（1200～1500℃），在高温下玻璃熔融，依靠表面张力和球壳内残存的气体压力形成玻璃球壳，成球经冷却，最后落入收集盘内。

（2）影响球壳直径和壁厚的因素

① 溶液的浓度

溶液浓度与球壳直径、壁厚的关系如图 8.37、图 8.38 所示。可以看出，随溶液浓度的增加，球壳直径、壁厚几乎呈线性增加。但是，玻璃溶液并不是非黏滞液，提高浓度则导致动力黏度增加，达到一定的程度就无法形成稳定的射流；如果溶液太稀，又会增加脱水时间，一般选浓度在 3%～15%较好。

② 小孔板孔径

小孔板孔径直接影响球壳的直径和壁厚，见表 8.7。可以看出，随着小孔板孔径的增大，玻璃球壳的直径和壁厚相应增加。

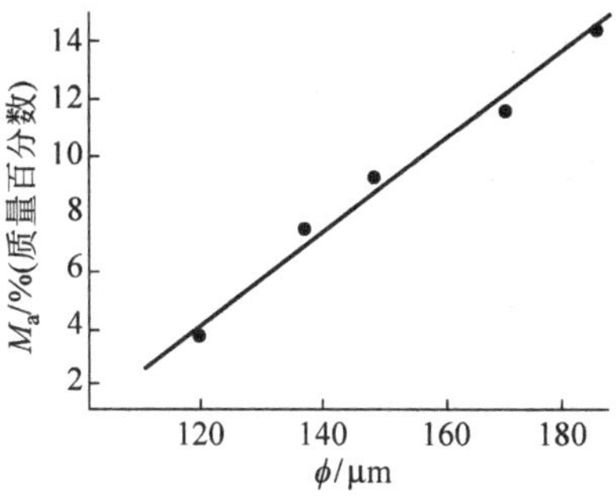

图 8.37　溶液浓度与球壳直径的关系

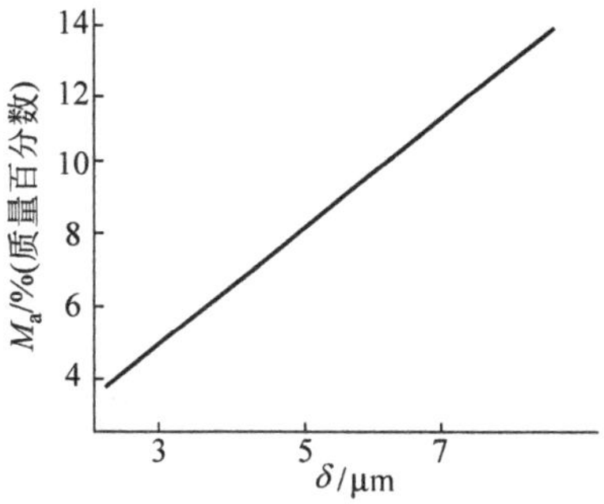

图 8.38　溶液浓度与壁厚的关系

表 8.7　小孔板孔径与球壳直径和壁厚的关系

孔径 d/μm	90	110	130
球壳直径 ϕ/μm	135	140	145
球壳壁厚 δ/μm	3.69	4.43	5.17
ϕ/δ	36.6	31.6	28.1

③ 进料压力

进料压力是产生射流的动力，没有一定的压力，就不能形成稳定的射流，压力也是决定射流速度的主要因素。图 8.39 所示的曲线表明，压力增加时，开始球径上升较快，压力升到一定程度后，球径上升缓慢。用不同孔径作出的曲线的总趋势是一致的。球径随压力的升高上升逐渐变缓的原因是压力增大，射流速度增大，管道与小孔的阻力也增大，而阻力与速度的平方成正比。因此，通过增加压力来增加球径的方法不是一个好方法。

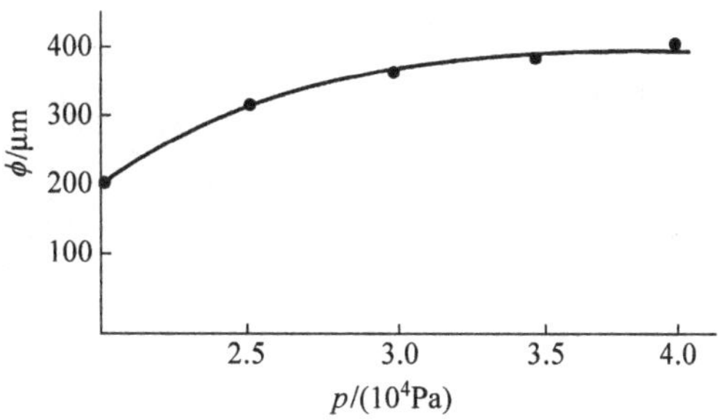

图 8.39　球径与进料压力的关系

④ 崩解频率

根据瑞利原理，最不稳定频率 f 为

$$f = v/(4.058d) = v/(3.6D) \tag{8-12}$$

其中，v 为射流速度；d 为射流直径；D 为小孔板孔径；$d=0.8D$。

由式（8-12）可见，在小孔板孔径 D 确定之后，崩解频率只影响射流的切割质量，而对液滴大小影响不大，见表 8.8。所以，不能用调节崩解频率的方法来改变微球的几何尺寸。

表 8.8 崩解频率与玻璃球壳几何尺寸的关系

崩解频率 / kHz	3	5	7	9	11	13
球直径/μm	340	340	280	285	310	310
壁厚/μm	4.3	4.0	4.0	3.8	3.8	3.9

2）溶胶-凝胶法

溶胶-凝胶法制备陶瓷微球的工艺流程如图 8.40 所示。图 8.41 所示为溶胶-凝胶法制备的高性能氧化锆微珠磨介，可以看出，溶胶-凝胶法制备的陶瓷微球质量很好。

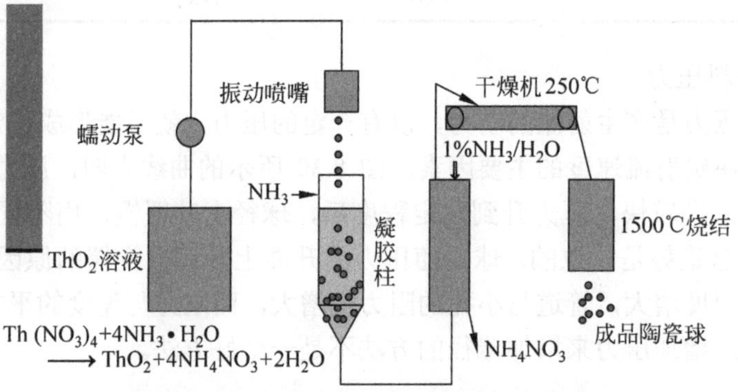

图 8.40 溶胶-凝胶法制备陶瓷微球工艺流程图

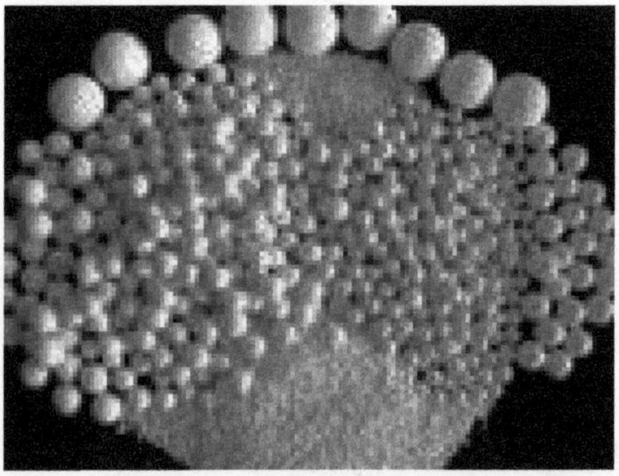

图 8.41 溶胶-凝胶法制备的高性能氧化锆磨介

3）注凝成型法

陶瓷微球还可用注凝成型法制备，工艺步骤如下。

（1）浆料的配制

将具有自由基活性的有机物单体和交联剂与水混合，加入陶瓷粉体和分散剂，其中陶瓷粉体在浆料中的体积固相含量为40%～60%。

（2）浆料的分散

将所得浆料转移至压力罐中，静置10～30 min消泡，根据所设计微球的尺寸和密度要求，调整浆料的压力和分散频率；开通分散柱外的热源，分散的浆料小滴在油性介质中成球。

（3）微球的洗涤、干燥和焙烧

将收集的小球置于抽真空的旋转干燥炉中，进行洗涤和干燥；然后根据陶瓷粉体的性质进行焙烧，得到设计尺寸和气孔率的陶瓷微球。

8.5 多孔陶瓷的制备

8.5.1 概述

1. 多孔陶瓷的定义

多孔陶瓷是一种含有较多孔洞的无机非金属材料，它利用材料中的孔洞结构和（或）表面积，结合材料本身的材质，达到所需要的力、热、电、磁、声、光等性能，可用作支撑、隔热、换热、过滤、分离、渗透、吸声、隔声、吸附、载体、反应、传感及生物等用途的陶瓷材料。简单地说，多孔陶瓷是一种含有较多孔洞，并且利用其孔洞结构所具有的功能的无机非金属材料。

与多孔陶瓷类似并紧密相关的概念有多孔有机材料、多孔金属、天然多孔材料及多孔复合材料等。所有这些材料合称多孔材料，是材料领域的研究热点之一。

2. 多孔陶瓷的分类

目前，多孔材料无统一分类方法，可按材质、用途、孔径大小、孔洞形状等进行分类。但多数情况下是按孔径大小或孔洞形状进行分类。

1）按孔径大小分类

国际纯化学与应用化学联合会为推动多孔材料的研究，对多孔材料推荐了专门术语：微孔（孔径<2 nm）、介孔（2 nm<孔径<50 nm）、大孔（孔径≥50 nm），目前这一分类方法已被大部分专家所接受。据此，可将多孔陶瓷分成3类。

（1）微孔陶瓷

微孔陶瓷是指孔径小于2 nm的多孔陶瓷，如硅钙石、活性炭、泡沸石等，其中，最典型的代表是人工合成的沸石分子筛，它是一类以Si，Al等为基体的结晶硅铝酸盐，具有规则的孔道结构，孔径一般小于1.5 nm。

（2）介孔陶瓷

介孔陶瓷是指孔径在2～50 nm的多孔陶瓷，如一些气凝胶、微晶玻璃、可调节的新型介孔分子筛等。由于介孔陶瓷具有规则的纳米级孔道结构，可作为纳米“微型反应器”，为从微观角度研究纳米材料的小尺寸效应、表面效应及量子效应提供了必要的基础。因此，介孔材料科学近年来已成为国际上跨化学、物理、材料等多学科的热点前沿研究领域之一。

（3）大孔陶瓷

大孔陶瓷是指孔径等于和大于50 nm的多孔陶瓷，其特点是孔径尺寸大、分布范围比较宽。

2）按孔径形态结构分类

按孔径形态，一般可将多孔陶瓷分成两大类：一类是网眼型（也称为开口气孔型），另一类是泡沫型（也称为闭口气孔型）。

网眼型多孔陶瓷是指包含内部相互连通的气孔及包围气孔成织网结构的陶瓷基体的多孔材料。其用途主要是利用其气孔与外界相通、比表面积大的特点，作为吸附、催化、吸声、载体等功能材料。

泡沫型多孔陶瓷是指在连续的陶瓷基体中有封闭孔洞的多孔材料。主要利用其闭口气孔的特点，用作支撑、隔热、保温、隔声等材料。

3. 多孔陶瓷的制备方法

多孔陶瓷的制备方法多种多样，比较常用的制备方法有挤压成型法、颗粒堆积法、气体发泡法、有机泡沫体浸渍法、添加造孔剂法、溶胶-凝胶法等。

8.5.2 挤压成型法

挤压成型法是通过模具将可塑性陶瓷泥料挤压成型、再烧制成多孔陶瓷的方法。形成的孔通常为几毫米，而且是直线贯通的，常见的孔的外形有正方形、三角形、六边形等。

挤压成型多孔陶瓷产品因类似蜂窝结构，也称为蜂窝陶瓷。采用这种方法成型的陶瓷一般比表面积较小，可在其孔的表面涂覆其他材料以增加表面积。

挤压成型工艺的特点是依靠设计好的多孔金属模具来成孔。其优点是可根据需要对孔的形状和大小进行精确设计，所制备的蜂窝陶瓷尺寸、形状、间壁厚度、孔隙率等非常均匀，适宜进行大规模生产；其缺点是不能成型复杂孔道结构和孔尺寸较小的多孔陶瓷，同时对挤出泥料的塑性要求很高。

挤出成型的工艺流程一般为原料合成 → 混合练泥 → 挤出成型 → 干燥 → 烧成 → 制品。

其生产过程的核心工序之一是挤出成型，而挤出成型模具又是挤出成型工序的核心技术。目前，挤出成型已经可以生产出 1100 孔/in^2（1 in=2.54 cm）的高孔密度、超薄壁型蜂窝陶瓷。几种挤压成型蜂窝陶瓷产品如图 8.42 所示，可用作汽车尾气净化装置的催化剂载体。

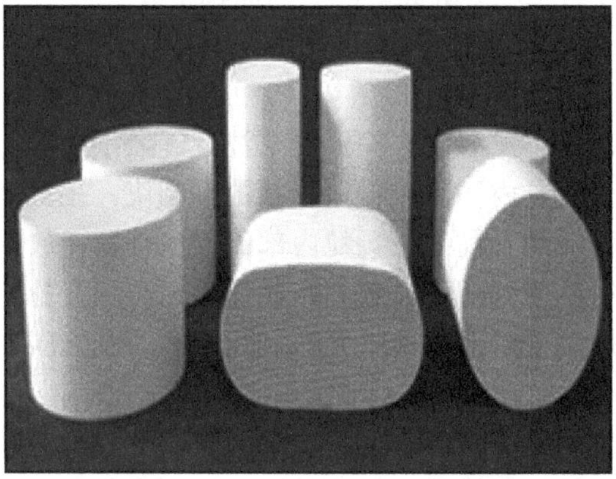

图 8.42 几种挤压成型蜂窝陶瓷产品

8.5.3 颗粒堆积法

颗粒堆积法是陶瓷颗粒依靠自身黏结成型或依靠黏结剂黏结成型而制备多孔陶瓷的方法。

利用颗粒堆积法可以制备多种多孔陶瓷，如 Al_2O_3 多孔陶瓷、高强度微米级多孔陶瓷、孔径分布可控的多孔陶瓷、功能型多孔陶瓷、具有孔梯度的多孔陶瓷等。

利用颗粒堆积法制备 Al_2O_3 多孔陶瓷的主要工艺步骤如下：采用一定粒度的 α-Al_2O_3 粉末作骨料，以 SiO_2-Al_2O_3-R_2O-RO（其中，R 指的是有机基团）为黏结剂，按一定的配比进行充分的湿磨，经干燥、成型，在指定的条件下烧成，随后自然冷却。在等径球体堆积的情况下，气孔率仅与堆积方式有关而与颗粒大小无关。骨料颗粒粒径分布越窄，烧成后多孔体的孔径越均匀，气孔率越高。通过控制骨料的粒径及分布，可获得孔径为 0.1～600 μm 的 Al_2O_3 多孔陶瓷。

颗粒堆积法制备的多孔陶瓷的气孔率较低，一般为 20%～30%。为了提高气孔率，常常结合其他方法，如添加造孔剂的方法等，这样制得的多孔陶瓷的气孔率可高达 75%左右，孔径可在微米级至纳米级之间。

8.5.4 气体发泡法

气体发泡法是指在陶瓷组成粉体中添加有机或无机化学物质（发泡剂），在处理期间形成挥发性气体，产生泡沫，经烧成制得多孔陶瓷的方法。

气体发泡法常用的发泡剂有碳酸钙、硫酸铝、双氧水和亲水性聚酯塑料等。气体发泡工艺有干法发泡和湿法发泡两种工艺。

1．干法发泡工艺

干法发泡工艺是将发泡剂与陶瓷粉末混合，经预处理形成球状颗粒，然后将球状颗粒置于模具内，形成合适形状的预制块。在氧化气氛和一定压力作用下加热，使颗粒相互黏结，颗粒内部的发泡剂则释放气体而使材料充满模腔，冷却后即得到多孔陶瓷。例如，将碳酸钙与陶瓷粉末混合，在烧制过程中，碳酸钙因煅烧分解而放出气体一氧化碳和二氧化碳，在陶瓷体中留下孔隙。

当采用硫化物和硫酸盐混合物作发泡剂时，发泡剂与黏土材料混合后，不需要预处理，直接置于模具中加热发泡，可制成各向同性的多孔陶瓷。这种发泡剂气体放出速度缓慢，有较大的发泡温度区间和较长的发泡时间，通过改变硫化物与硫酸盐的比例和总的发泡剂用量来调整发泡速度，可以控制产品的性能。

当采用有机物作发泡剂时，如将碳酸钙、乙炔基苯磺酸钠或者聚氨基甲酸乙酯作为发泡剂，通过发泡反应可制得泡沫陶瓷。此工艺需要注意陶瓷粉料与有机物的混合要均匀，避免出现粉体团聚现象，以使成型后的坯体各部分的陶瓷相含量一致。

2．湿法发泡工艺

湿法发泡工艺是利用陶瓷悬浮液进行发泡来制备多孔陶瓷的方法。该工艺的特点是通过气相扩散来获得多孔结构。其优点是可制备各种孔径大小和形状的多孔陶瓷，既可获得开口气孔陶瓷，也可获得闭口气孔陶瓷，且特别适合制备闭口气孔陶瓷。但其缺点是工艺条件难以控制和对原料的要求较高。

湿法发泡工艺所需陶瓷悬浮液一般由陶瓷粉料、水、聚合物黏结剂、表面活性剂和凝胶剂等组成。含泡沫悬浮液可以通过机械发泡、注射气流发泡、放热反应释放气体发泡、低熔点溶剂（如氟利昂）蒸发发泡、发泡剂分解发泡等途径获得。在气泡形成与最终稳定的时间间隔内，一些气泡可能收缩消失，一些气泡可能合并成更大的气泡，而包围气泡的浆料膜可以保持完整直到稳定，从而形成闭口气孔泡沫，同时，浆料膜也可以破裂，从而形成部分或全部开口气孔泡沫。

8.5.5　有机泡沫体浸渍法

1. 基本原理与工艺流程

有机泡沫体浸渍法是用有机泡沫材料浸渍陶瓷浆料，干燥后烧掉有机泡沫体，从而获得多孔陶瓷的一种方法。该方法的独到之处在于它凭借有机泡沫体所具有的开孔三维网状骨架的特殊结构，将制备好的浆料均匀地涂覆填充在有机泡沫网状体上，且烧掉有机泡沫体后获得的孔隙是网眼型的。这种方法是制备高气孔率多孔陶瓷的有效方法，也是目前制备多孔陶瓷的主要方法之一。

有机泡沫体浸渍法的工艺流程大体如下：

2. 有机泡沫前驱体的选择

适合该工艺要求的有机泡沫材料一般是经过特定发泡工艺制备的聚合海绵，材质常为聚氨基甲酸酯（聚氨酯）、纤维素、胶乳、聚氯乙烯和聚苯乙烯等。

由于有机泡沫材料的空隙尺寸是决定最后多孔陶瓷制品孔隙尺寸的主要因素，因此，应根据制品对气孔大小、空隙率高低的要求来挑选孔隙参数合适的有机泡沫材料。此外，合适的有机泡沫材料还应该满足:

（1）为了保证陶瓷浆料能够自由渗透、相互黏结，有机泡沫材料应是开孔网状结构；

（2）具有一定的亲水性，以便能够牢固地吸附陶瓷浆料；

（3）有足够大的恢复力，保证挤出多余浆料后能迅速恢复原状；

（4）应在低于陶瓷烧结温度的温度下气化，且不污染陶瓷。

由于聚氨酯泡沫材料具有高弹性，挤出浆料后能够回弹，不塌陷，且具有高强度、低挥发及低焦化温度（150～500℃），能够在挥发排除中避免热应力破坏，从而可以防止坯体的崩塌，保证了制品的强度，因此在实际中被较多地选用。

3．有机泡沫前驱体的预处理

有机泡沫材料若具有较多的网络隔膜，在浸渍时，这些网络隔膜上易造成堵孔现象。因此，对于这样的有机泡沫材料要进行预处理，除去网络隔膜，方法是将有机泡沫材料浸入温度为 40～60℃、NaOH 含量为 10%～20%的 NaOH 溶液中浸泡 2～6 h，然后反复揉搓并用清水冲洗干净，即可除去网络隔膜。

4．陶瓷浆料制备

陶瓷浆料主要由陶瓷粉料、溶剂和添加剂组成。溶剂一般是水，但有时也用有机溶剂，如乙醇等。

陶瓷粉料的选择主要包括成分选择和粒度选择。陶瓷粉料成分的选择取决于多孔陶瓷产品的性能与用途，如过滤钢水，可采用部分稳定的 ZrO_2-Al_2O_3 系材料；过滤铝、铜等有色金属及低熔点的合金时，可采用堇青石-氧化铝系材料等。陶瓷粉料粒度的选择同样取决于多孔陶瓷产品的性能与用途，通常要求陶瓷粉料粒径小于 100 μm，最好小于 45 μm，最粗不大于 175 μm。

多孔陶瓷浆料除了要具有一般陶瓷浆料的性能外，还需具有尽可能高的固相含量（固相体积分数为 50%～65%）和较好的触变性。为了获得适于浸渍成型的浆料，必须加入一定量的添加剂，如黏结剂、流变剂、分散剂、消泡剂、表面活性剂等。

1）黏结剂

在制备网眼多孔陶瓷的浆料中，添加黏结剂不仅有助于提高素坯干燥后的强度，而且能防止坯体在有机物排除过程中塌陷，从而保证了最终烧结体具有足够的机械强度。

黏结剂有无机黏结剂和有机黏结剂两大类。常用的无机黏结剂有钾硅酸盐、钠硅酸盐、硼酸盐、磷酸盐及氢氧化铝和硅溶胶等。有机黏结剂有聚乙烯醇（PVA）等。

黏结剂的种类与特性对制品的性能影响较大，选择合适的黏结剂对于改善网眼多孔陶瓷的性能非常重要。例如，采用氢氧化铝凝胶作黏结剂制备的多孔氧化铝具有很强的抗腐蚀性，大大提高了过滤器抗熔融铝腐蚀的性能；使用胶体 SiO_2 作黏结剂制备的网眼多孔碳化硅陶瓷可以改善对铁基金属的润湿性。

2）流变剂

根据该工艺的成型特点，成型时要求浆料不仅要具有一定的流动性，而且要具有较好的触变性——即要求浆料具有在静止时处于凝固状态，在外力作用下又恢复流动性的特性。

浆料的流动性可以保证浆料在浸渍过程中渗透到有机泡沫体中，并均匀地涂覆在泡沫体的网络孔壁上。

浆料的触变性可以保证在浸渍浆料和挤出多余浆料时，在剪切力的作用下降低黏度，提高浆料的流动性，有助于成型；而在成型结束时，浆料的黏度提高，流动性降低，使得附着在孔壁上的浆料容易固化定型，避免因为浆料的流动造成坯体严重堵孔，从而影响制品的均匀性。

添加流变剂能够改善浆料的流变性、触变性，常用的流变剂有天然黏土（如膨润土、高岭土），以及羧甲基纤维素、羟乙基纤维素等。

3）分散剂

分散剂可阻止颗粒再团聚，提高浆料的稳定性，特别是为了提高浆料固含量时，必须加入分散剂。

不同的陶瓷粉料，分散剂的效果一般不同。对于 Al_2O_3 的非水基体系，TritonX100，Solspers3000，AerosolAy 是良好的分散剂；而对于 Al_2O_3 的水基体系，只有 25%的聚甲基丙烯酸铵（Darvanc）具有良好的分散性。对于 SiC 的水基体系，采用聚乙烯亚胺（PET）作分散剂比较理想。

4）消泡剂

为了防止浆料在浸渍和挤出多余浆料的过程中起泡而影响制品的性能，需加入消泡剂，一般采用低相对分子质量的醇或聚硅氧烷。

5）表面活性剂

当陶瓷浆料的溶剂为水时，若有机泡沫材料与浆料之间的润湿性较差，在浸渍浆料时，就会出现泡沫结构的交叉部分浆料附着较厚，而桥部和棱线部分浆料附着很薄的现象。这种情况严重时，会导致烧结过程中坯体开裂，使多孔陶瓷的强度明显降低。因此，需采用添加表面活性剂的方法来改善陶瓷浆料与有机泡沫材料之间的附着性，如添加 Surfynol TG 和聚醚酰亚胺（PEI）等。表面活性剂的添加量一般为 0.005%～1.0%。常用的表面活性剂主要有聚乙二胺等。

5．浆料浸渍

有机泡沫材料（通常为聚氨基甲酸乙酯泡沫塑料）在浸渍浆料前需先排出其中的空气，排出方法有常压吸附法、真空吸附法、机械滚压法及手工揉搓法等。随后，将排出空气的有机泡沫材料浸入到预先配制好的陶瓷浆料中，然后取出对其进行挤压，再浸入浆料中，再挤压，……，如此反复多次，使浆料充分浸润有机泡沫材料。其后，将有机泡沫材料中的多余浆料排出，最简单的方法是用两块木板挤压浸渍了浆料的泡沫材料。这一步的关键是挤压力度要均匀，既要排出多余的浆料，又要保证浆料在网络孔壁上分布均匀，防止堵孔。成型后坯体的密度在 0.4～0.8 g/cm^3 范围内比较合适。

6．坯体的干燥与烧成

挤出多余浆料所获得的多孔坯体需进行干燥，可采用的方法有阴干、烘干或微波炉干燥等。水分在 1.0%以下后，即可入窑烧成。

烧成过程基本上可分为两个阶段：低温阶段和高温阶段。

低温阶段一般是指 600℃以下，而高温阶段是指 600℃以上。低温阶段要慢速升温（30～50℃/h），以便使有机泡沫材料缓慢而充分地挥发排出，升温方法应根据有机泡沫材料的热重分析曲线确定。在此阶段，若升温太快，会因有机物剧烈氧化而在短时间内产生大量气体造成坯体开裂和粉化。

烧成温度一般为 1000～1700℃。由于坯体是高气孔率材料，烧成时内外温差较大，有时会产生制品烧不透的现象。对于此类问题，一般可以通过延长保温时间（1～5 h）及采用适当的垫板以加大受热面的方式来解决。

7．制品

用有机泡沫体浸渍法制备的多孔陶瓷制品种类很多，已广泛应用于各个工业领域，主要用于熔融合金的过滤材料、催化剂载体、热交换材料、保温隔热材料、吸收塔的化工填料等。图 8.43 所示为几种有机泡沫体浸渍法制备的多孔陶瓷产品，主要用于冶金、铸造行业的熔融金属过滤。

图 8.43 有机泡沫体浸渍法制备的氧化锆、碳化硅多孔陶瓷制品

8．有机泡沫体浸渍法的优缺点

1）优点

（1）工艺过程简单，操作方便，不需要复杂设备，制备成本低。

（2）流体通过产品时，压力损失小。

（3）产品表面积大，与流体接触效率高，质量轻。

（4）产品用于熔融金属过滤时，与传统陶瓷颗粒烧结体、玻璃纤维产品相比，不但操作简单、节约能源、降低成本，而且过滤效率较高。

2）缺点

（1）需要有机泡沫材料作中间体，易产生烧结残留物。

（2）泡沫在烧结过程中变为有害气体，易造成环境污染。

8.5.6 添加造孔剂法

1．基本原理与工艺流程

添加造孔剂法是通过在陶瓷配料中添加造孔剂，利用造孔剂在坯体中占据一定的空间，然后经过烧结，造孔剂离开基体而成气孔来制备多孔陶瓷。

虽然在普通的陶瓷工艺中，采用调整烧结温度和保温时间的方法可以控制烧结制品的气孔率和强度，但对于多孔陶瓷来讲，烧结温度太高会使部分气孔封闭或消失，烧结温度太低，则制品的强度也低，无法兼顾气孔率和强度。采用添加造孔剂的方法则可以避免这些缺点，使烧结制品既有高的气孔率又有很高的强度。

该方法制备多孔陶瓷的工艺流程与传统陶瓷的工艺流程相似，制备的多孔陶瓷的气孔率一般在50%以下。这种方法可以通过调整造孔剂的颗粒大小、形状及分布来控制孔的大小、形状及分布，因而简单易行，而该方法的关键在于造孔剂种类和用量的选择。

2．造孔剂种类和用量的选择

造孔剂必须满足3个条件：① 加热易于排出；② 排出后在基体中无有害残留物；③ 不与基体反应。

造孔剂的种类有无机造孔剂和有机造孔剂两大类。无机造孔剂有碳酸铵、碳酸氢铵、氯化铵等高温可分解的盐类，以及其他高温可分解的化合物，如Si_3N_4、无机碳、煤粉、炭粉等。有机造孔剂主要是一些天然纤维、高分子聚合物和有机酸等，如锯末、萘、淀粉、聚乙烯醇、尿素、甲基丙烯酸甲酯、聚氯乙烯、聚苯乙烯等。这些造孔剂在高温下能够完全分解而在陶瓷基体中产生气体，从而制得多孔陶瓷。图8.44所示为这类多孔陶瓷的微观照片。

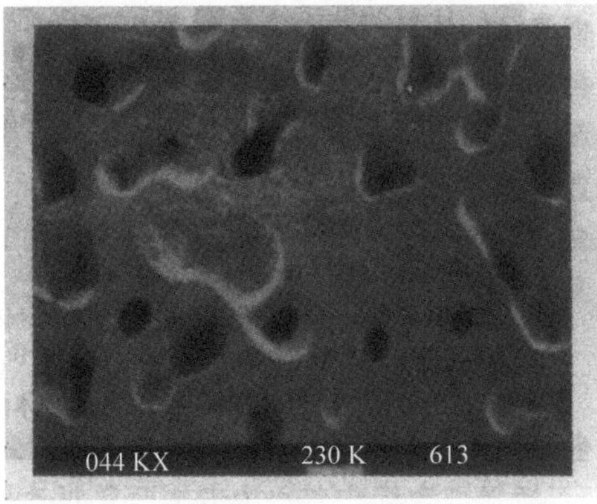

图 8.44 添加聚合物粉末制备的多孔陶瓷的微观结构

上述造孔剂均在远低于陶瓷基体烧结温度下分解或挥发，由于是在较低温度下形成孔，因此很可能有一部分孔，特别是较小的孔会在以后的高温烧结时封闭，造成透过性能的降低。而采用另一类造孔剂可以克服这一缺点。这种造孔剂的特点是造孔剂在陶瓷基体烧结温度下不排出，基体烧成后，用水、酸或碱溶液浸出造孔剂而成为多孔陶瓷。属于这类造孔剂的有 Na_2SO_4，$CaSO_4$，NaCl，$CaCl_2$，Y_2O_3 等。

8.5.7 溶胶-凝胶法

1. 基本原理

溶胶-凝胶法是一种新的制备多孔陶瓷的方法，它主要是在溶胶-凝胶基本原理的基础上，利用凝胶化过程中胶体离子的堆积及凝胶处理、热处理等过程留下小孔，或借助有机泡沫材料烧后的多孔骨架，从而形成可控的多孔结构。与其他工艺相比，该工艺具有粒子小、活性大、工艺简单并能实现多组分均匀掺杂和处理温度相对较低等特点。

2. 溶胶-凝胶法制备多孔陶瓷工艺流程

图 8.45 所示为溶胶-凝胶法制备多孔陶瓷的工艺流程。其中，工艺 *A* 制备的多孔陶瓷又称为气凝胶，它主要以气相为主，壁和筋很薄，空间架构大，多为毫米级、微米级孔，但骨架脆弱，适合作隔热保温材料；工艺 *B* 制备的多孔陶瓷主要以固相为主，孔多在微米级，进一步烧结可获得致密陶瓷材料，适合用于抗菌和分离方面；工艺 *C* 制备的多孔陶瓷不仅大、中、小孔均有，并且相互连接贯通，筋的强度大，骨架中含有大量细孔，适合作为流动气体的催化转化载体。

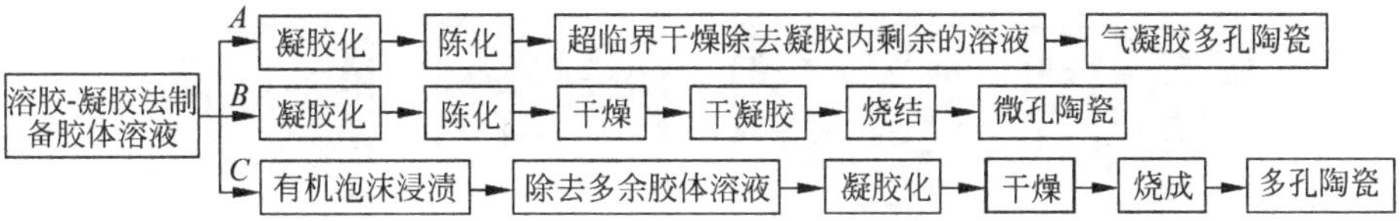

图 8.45　溶胶-凝胶法制备多孔陶瓷的工艺流程

8.5.8　SiO_2 气凝胶的制备

SiO_2 气凝胶是一种轻质纳米非晶态多孔材料，其密度可根据需要控制在 3～500 kg/m^3，孔隙率可高达 99%以上，孔洞尺寸范围为 1～100 nm，折射率为 1.02～1.06，而且对红外和可见光的湮灭系数之比达 100 以上。SiO_2 气凝胶纤细的纳米多孔网络使其具有优异的保温隔热功能。它作为一种轻质超级绝热材料，可广泛应用于航空航天、化工、冶金、节能建筑等领域。

SiO_2 气凝胶的制备通常包括溶胶-凝胶过程和超临界干燥过程两个步骤。

1．溶胶-凝胶过程

溶胶-凝胶过程（图 8.46）可简要概述如下：原硅酸四乙酯（TEOS）或原硅酸四甲酯（TMOS）与水、甲醇或乙醇及适当的催化剂（盐酸或氨水）混合后发生水解反应，有机硅的烷基逐步水解为羟基，反应为

$$Si(OR)_4 + 4H_2O = Si(OH)_4 + 4ROH \tag{8-13}$$

其中，R 代表烷基（CH_3，C_2H_5，C_3H_7，…）。羟基形成后即发生脱水缩聚反应：

$$Si(OH)_4 \longrightarrow (OH)_3Si{-}O{-}Si(OH)_3 + H_2O \tag{8-14}$$

生成以硅氧键 $\equiv Si{-}O{-}Si\equiv$ 为主体的聚合物。水解、缩聚不断发生，溶液内逐渐形成许多硅酸单体及硅氧键结合组成的氧化硅胶体小颗粒，如图 8.46(a)所示。这些小颗粒表面具有许多自由羟基或烷氧基。随着水解、缩聚反应的进一步发生，体系不断发生硅酸单体间的相互连接或与胶体小颗粒的连接及胶体颗粒之间的相互连接反应，使得胶体颗粒逐渐长大并相互聚集，形成一个个尺寸为纳米量级的团簇，如图 8.46(b)所示。团簇之间再进一步相连，最终形成贯通整个体系的网络结构，如图 8.46(c)所示，此时溶液不能流动，处于凝胶态，凝胶即形成。凝胶形成后，缩聚反应还将继续进行，发生凝胶体老化过程，即溶液中游离的硅酸单体、胶体颗粒、团簇等继续连接到凝胶网络上，网络表面的自由羟基之间继续缩聚，形成新的硅氧键，网络结构趋于稳定，如图 8.46(d)所示，最终形成了醇凝胶，即孔洞中充满乙醇的凝胶。在醇凝胶的形成过程中，醇是不参加反应的，它的加入是为了改变有机硅与水的互溶

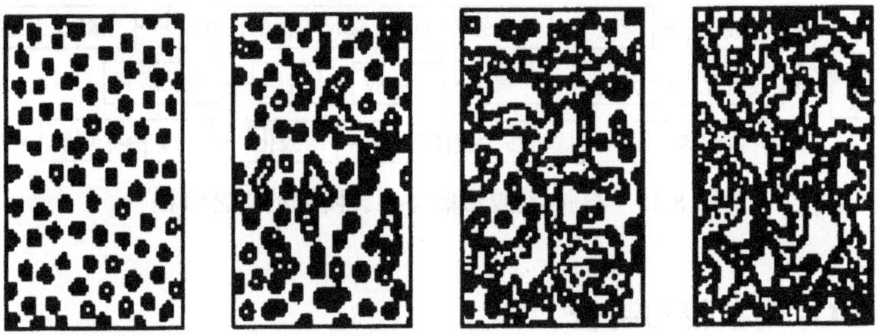

图 8.46 凝胶生成过程示意图

性及调节网络的疏密，从而最终调节气凝胶的宏观密度。

2．超临界干燥过程

超临界干燥是溶剂处于超临界状态下的干燥，为溶胶-凝胶法制备纳米多孔陶瓷干燥过程的一种新工艺。

众所周知，任何气体都有一个特定温度，超过这个温度，无论施加多大的压力都不能使气体液化，此特定温度称为临界温度，使气体在临界温度液化的最小压力称为临界压力。当流体的温度和压力都处于临界值时，称为临界状态；当流体的温度和压力都高于临界值时，称为超临界状态。

对于湿凝胶，由于凝胶骨架内部的溶剂存在表面张力，在普通的干燥条件下，强大的毛细管收缩力会造成凝胶骨架的坍缩、开裂，纳米结构被破坏，体积密度迅速增大，最后碎成许多小块，而不能得到纳米孔径超级绝热气凝胶。但是，当流体处于临界状态时，气-液界面消失，溶剂表面张力为 0。超临界干燥就是利用这一原理，通过对压力和温度的准确控制，使湿凝胶溶剂处于超临界状态，并使之在干燥过程中既能完成液相至气相的转变，同时转变过程中溶剂无明显表面张力，即可在维持骨架结构的前提下完成湿凝胶向气凝胶的转变。

SiO_2 醇凝胶的超临界干燥介质主要有甲醇（$T_c = 240.5$℃，$p_c = 7.99$ MPa）、乙醇（$T_c=243.4$℃，$p_c = 6.38$ MPa）和液态二氧化碳（$T_c = 31.06$℃，$p_c = 7.39$ MPa）。不同的干燥介质有不同的特点，一般来说，醇类可使凝胶网络表面发生某种酯化作用，得到的气凝胶表面具有憎水性，因此在空气中不易吸收水分而破坏纳米结构，非常稳定，可长期存放而无变化。但醇类的临界温度、压力一般较高，醇类又易燃，甲醇还有毒性，因此醇类作为干燥介质具有一定的危险性。使用液态二氧化碳作为干燥介质比较可靠，它的临界温度接近室温且无毒，不可燃，但在干燥前有一个比较费时间的溶剂替换过程，即需要首先用液态二氧化碳将凝胶骨架内部的溶剂替换出来。

超临界干燥使用的器具为高压釜，用乙醇作为干燥剂的 SiO_2 醇凝胶的超临界干燥工艺流程为先在高压釜内加入一定量的乙醇（必须要有足够多乙醇来维持整个干燥过程的超临界状态，否则，凝胶仍然会有收缩和开裂现象），然后放入醇凝胶，关闭高压釜，升压至一定值，检查高压釜的气密性后升温。随着温度的升高，釜内压力逐渐增加至设定压力（一般为 12 MPa），恒压升温至超临界温度（一般为 270℃）后，保温一段时间，使凝胶内乙醇全部转变为超临界乙醇流体。然后，在恒温条件下缓慢释放超临界乙醇流体，压力缓慢降至常压后，再将温度降至常温，即可开釜取出 SiO_2 气凝胶。

用液态二氧化碳作为干燥剂的 SiO_2 醇凝胶的超临界干燥工艺流程为将醇凝胶放入高压釜内，注入乙醇使其浸没醇凝胶，然后将高压釜内的温度降至 4～6℃，通入液态二氧化碳进行溶剂替换，以除去醇凝胶内的乙醇和水等，当醇凝胶内的溶剂全部被液态二氧化碳替换后，将高压釜内的温度升高到 32～35℃，压强增至 7.5～8.0 MPa，即达到二氧化碳的超临界条件，随后在恒温条件下缓慢释放 CO_2 气体，压力缓慢降至常压后，降温至室温，即可开釜取出 SiO_2 气凝胶。

通常，超临界干燥工艺需要的周期相对较长，产量较低，成本较高，一般只用来制备要求较严格的产品。

8.5.9　多孔陶瓷制备方法比较

以上简单介绍了制备多孔陶瓷的 6 种常用方法，表 8.9 对这 6 种方法进行了简单的比较。

表 8.9　制备多孔陶瓷的常用工艺方法的比较

工艺方法	孔径	气孔率/%	优点	缺点	应用实例
挤压成型法	≥1 mm	≤70	孔形状、孔尺寸高度均匀可控，易大量连续生产	很难制造小孔径制品	汽车尾气催化剂载体
颗粒堆积法	0.1 μm至几十毫米	20～30	容易加工成型，强度较高	气孔率较低	部分无机膜
气体发泡法	10 μm至2 mm	40～90	特别适宜制备闭气孔制品，气孔率高，强度高	对原料的要求高，工艺条件不易控制	轻质建材、保温材料
有机泡沫体浸渍法	100 μm至5 mm	70～90	可制备高气孔率的制品，产品强度高	不能制备小孔径闭气孔制品，制品形状受限制，制品成分、密度不易控制	金属熔体过滤器

续表

工艺方法	孔径	气孔率/%	优点	缺点	应用实例
添加造孔剂法	10 μm至1 mm	0～50	采用不同成型方法可制得形状复杂的各种气孔结构的制品	气孔分布均匀性差，不适合制备高气孔率的制品	一般过滤器、催化剂支撑体
溶胶-凝胶法	2～100 nm	0～95	适于制备微孔陶瓷、薄膜材料，气孔分布均匀	原料受限制，生产率低，制品形状受限制	微孔分离膜、超级隔热保温材料

除以上方法外，还有一些特殊的制备多孔陶瓷的方法，如利用纤维制备多孔陶瓷法、热压法、利用分子键构成气孔法、凝胶注模法等，但这些特殊方法不太常用，这里不作介绍。

思考题

1. 特殊形体精细陶瓷主要有哪些类型？主要是结构材料还是功能材料？
2. 陶瓷薄膜的制备方法有哪些？简述两三种你认为比较重要的方法。
3. 主要的陶瓷纤维有哪些？
4. 简述一下先驱丝法制备碳纤维的工艺过程。
5. 玻璃纤维的主要类型有哪些？主要制备方法有哪些？
6. 硼纤维制备中为什么要用钨丝作芯材？
7. 碳化硅纤维的制备方法是怎样的？
8. 怎样制备氧化铝纤维？
9. 怎样制备硅酸铝非晶质纤维？主要用途是什么？
10. 简述一下静电纺丝制备纳米纤维的工艺过程。
11. 什么是陶瓷晶须？有哪些主要类型？各自的制备方法和用途是什么？
12. 什么是陶瓷微小球？有哪些主要类型？各自的制备方法和用途是什么？
13. 多孔陶瓷的定义是什么？有哪些主要类型？各自的制备方法和用途是什么？

第9章 人工晶体的制备

人工晶体是人类在认识并掌握了一般晶体的生长规律与生长习性的基础上，根据结晶物质的物理学特性，运用人类创建的单晶生长技术或方法生成或合成出的晶体。人工方法除了能够制备自然界存在的晶体外，还能合成出自然界不存在的、符合人类意愿的、具有重大应用价值的新型晶体。这是人类认识自然和改造自然能力与智慧的结晶。

工程用人工晶体主要包括激光晶体、闪烁晶体、光学晶体、磁光晶体、单晶光纤、宝石晶体、压电晶体、超硬晶体、半导体晶体、纳米人工晶体等。它们已广泛应用于电子、信息、通信、计算机、交通、国防、军事、教育等各个领域，已成为现代高新技术不可缺少的材料。

人工晶体是精细陶瓷材料的重要组成部分，属精细陶瓷研究探索的前沿领域之一，其学科基础是化学、凝聚态物理、电子学与光学等，其关键技术则是人工晶体的生长或合成方法。

人工晶体的合成方法很多，主要有熔体生长法、溶液生长法、气相生长法、固相生长法四大类。每一大类中又包括许多不同的方法。本章将对这些方法进行简单介绍，并将重点介绍熔体生长法、溶液生长法和固相生长法。

9.1 熔体生长法

熔体生长法是一种从相应组成的熔体中固化生长晶体的方法。它具有生长速度快、纯度高和晶体完整性好等优点，是目前制备大单晶体和特定形状单晶最常用的一种方法。

熔体生长法的工艺过程是先将固体原料加热熔化，然后在控制的条件下，通过降温使熔体逐渐凝固生长成所需晶体。整个凝固生长过程是通过固-液界面不断移动来完成的。在固-液界面上既有物质的交换（即熔体变为固体），又有热量的交换，而且这两种交换同时存在于整个晶体生长过程。

由结晶成核理论可知，只有当晶核附近的熔体温度低于凝固点时，晶核才能长大。这就是说，在生长着的晶体的固-液界面附近的小范围内熔体必须过冷，而其余部分的熔体必须保持过热，这样才可保证在熔体中不产生其他晶核，在界面上原子或分子才能按籽晶的结构排列成单晶。通常生长着的晶体处在较冷的环境中，界面上的热量主要通过晶体和晶体表面传输出去。

从熔体中可生长出许多优质单晶体。熔体法生长单晶体的方法有多种，主要包括焰熔法、提拉法、导模法、坩埚下降法、冷坩埚熔壳法、区域熔炼法、热交换法等。

9.1.1 焰熔法

1. 基本原理

焰熔法又称维纳尔法，用此法生长晶体的过程是利用氢氧火焰产生的高温，将随着敲锤振动抖落的粉料加热熔化，熔体落于装在支架上的结晶杆顶端的籽晶上。由于火焰在结晶炉内造成的一定温度分布、籽晶托杆的散热作用及籽晶杆的缓慢下降，使得逐渐生长的梨状籽晶（简称梨晶）下部稍冷，而在上部逐渐结晶成晶体。结晶杆以与梨晶生长相同的速度下降，保证晶体生长出一定的长度，如图 9.1 所示。目前，已用这一方法生长出刚玉宝石、尖晶石、钛酸锶、氧化镍等单晶体。世界上工业用宝石绝大部分都是用焰熔法生长的。

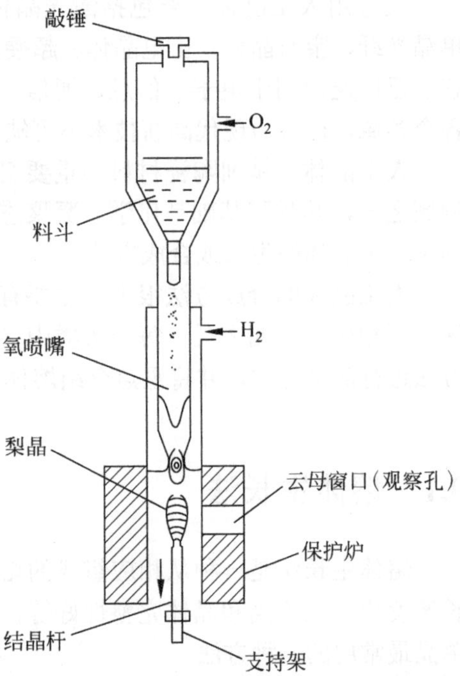

图 9.1 焰熔法

2. 焰熔法工艺过程

焰熔法生长晶体主要由原料提纯、粉料制备、晶体生长和退火处理 4 个工艺过程组成，下面主要介绍前 3 个工艺过程。

1）原料提纯

焰熔法对原料的要求是来源丰富、价格低廉、提纯方法简单有效。

焰熔法所合成晶体的种类不同，其原料的类型和提纯方法也不相同。如生长刚玉类宝石晶体，原料多采用硫酸铝铵，可用简单的重结晶方法进行提纯；生长金红石晶体，原料为硫酸氧钛铵，通过在硫酸铵水溶液中加入浓 H_2SO_4

和 $TiCl_4$ 发生反应，产生白色沉淀，再经过滤、清洗制得。

2）粉料制备

焰熔法对粉料的要求具体有如下 4 点。

（1）高纯度

可防止因杂质而引起晶体缺陷，如气泡（挥发性杂质）、不熔物夹杂等。

（2）化学反应完全

可避免在熔融层上因粉料发生化学反应而产生气泡。

（3）体积容量小、高分散性和良好的均匀性

可保证炉料经过火焰时能够全部熔融，避免粉料来不及熔化就穿入熔融层造成不熔物包裹体等。

（4）晶体构型要有利于晶体生长

粉料的制备方法也因生长晶体的种类不同而不同，大多数是在水溶液中提纯后沉淀成粉料，然后再进行焙烧。

3）晶体生长

焰熔法生长晶体装置一般由气体燃料供给系统、燃烧装置、结晶炉、供料装置及下降机构组成。

晶体生长过程可分为 3 个阶段。

（1）生长晶芽（或称引种、接籽晶）

在籽晶上长出最初的晶芽，此过程又称为引晶。早期的工艺中，籽晶一般为粉料烧结成的陶瓷或已结晶晶体的一部分。目前，均用晶种法代替晶芽的自发生长，如生长红宝石晶体时，用合成红宝石为晶种。

（2）扩大放肩

扩大晶种的面积或扩大晶种的直径。

（3）等径生长

晶体扩大到一定大小后，即处于等径生长阶段，一直维持到结束。不同生长晶体的直径虽然不完全相同，但基本上最后都成为倒梨形，即梨晶。在等径生长时，要使梨晶的生长晶面经常处于最适宜的生长温度区内，即所谓的结晶焦点上。最佳结晶条件是在梨晶的顶部保持 2～3 mm 厚的熔融层，使落在这层上尚未结晶的粉料完全熔化，随后在晶体杆下降时在熔融层下凝固析晶。

3. 焰熔法生长晶体的关键因素

在晶体生长过程中，影响晶体质量的关键因素主要有如下几点：

（1）选用优质籽晶并选取最佳的生长方向

采用结构完整性好的优质籽晶可避免先天不足的缺陷带入生长的晶体，减少“遗传”的影响。晶体生长取向与晶体质量也密切相关。生长取向是指生长轴与晶体光轴的夹角，如图 9.2 所示。用 0°取向（即生长轴和晶体光轴平

行）生长合成红宝石时，生长的晶体的结构完整性最差，镶嵌结构（图 9.3）约占 70%；取向为 90° 生长的红宝石的镶嵌结构约占 33%，并且晶体呈扁平状。镶嵌结构较多，则晶体容易开裂。通常，生长取向选取 60°左右最好。

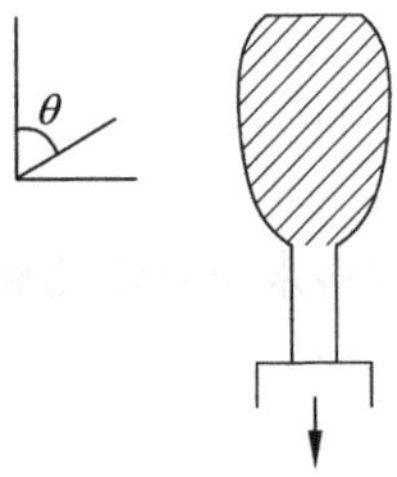

图 9.2 生长取向

图 9.3 镶嵌结构

（2）生长炉内温度分布要均匀，轴心要一致

在焰熔法生长晶体时，如果横向及纵向温度分布不均匀，则结晶层会厚薄不均匀，严重时直接影响晶体外形。所以炉膛圆度要好，喷口、混合料下落中心线、火焰喷枪中心线与炉体的中心轴要重合。

（3）氢氧比例要合适

氢氧的配比直接影响结晶炉内的燃烧情况和温度分布，因而影响晶体的生长。通常生长无色蓝宝石时，$H_2:O_2=(2.0\sim2.5):1$；生长红宝石时，$H_2:O_2=(2.8\sim3.0):1$；合成金红石时，$H_2:O_2=(1.8\sim2.0):1$；生长碳酸锶时，成核过程的 $H_2:O_2=7:1$，晶体生长过程的 $H_2:O_2=5:1$。

（4）粉料要达到工艺要求

对粉料除要求高纯度、高分散性、高流动性及均匀性好且反应完全外，还要求粉料具有一定的结晶颗粒大小和晶体构型，如生长红宝石时，需要 0.5 μm 左右的 γ-Al_2O_3 构型的粉料。没有好的粉料，不可能生长出优质的晶体。

（5）下料要均匀、稳定，且要与火焰温度、晶体下降速度协调一致

在结晶过程中，若下料速度、温度和下降速度相互协调良好，则生长出的梨晶具有凸的顶面；当协调不好、热量不足时，梨晶具有平的顶面；当严重失调、热量严重不足、氧的压力过高时，梨晶顶面呈凹形，而凹形的晶体应力大，容易开裂。

4．焰熔法生长晶体的优缺点

1）焰熔法生长晶体的特殊优点

（1）焰熔法生长晶体不需要坩埚，这样既可节省制作坩埚的费用，又可避免坩埚的污染。

（2）氢氧焰燃烧时，温度可以达到 2900℃，因此，可以用此方法生长熔点较高的宝石晶体。

（3）晶体生长速率较快，短时间内可以得到较大尺寸的晶体，例如，每小时可以生长约 10 g 重的晶体；生长的晶体的直径可达 15～20 cm，长度可达 500～1000 mm，通常一个喷头 4 h 可生长一个 50～60 g 重的合成红宝石梨晶。

（4）生长设备比较简单，劳动生产率高，适合工业化生产，一个车间可以同时装备多台焰熔炉，产量比较大。

2）焰熔法生长晶体的缺点。

（1）由于火焰温度梯度大，造成结晶层的纵向温度梯度和横向温度梯度均较大，故生长出来的晶体质量欠佳。

（2）由于发热源为燃烧气体，所以难以将温度控制得很稳定，温度的骤变或急剧冷却都会造成晶体体积的变化，使晶体产生较大的内应力，导致晶体位错密度较高，必须进行高温退火处理，以改善晶体质量。

（3）对粉体的纯度、粒度要求严格，提高了原料成本。

（4）在晶体生长过程中，有一部分粉料从火焰中撒下时并没有落在结晶杆上，一般约有 30%的粉料会在结晶过程中损失，故对名贵或稀有原料很不经济。

（5）对易挥发和易氧化的材料，通常不能用此法合成晶体。

为了克服以上缺点，人们曾对设备进行了多项改进。例如，为降低温度梯度，人们研制了各种样式的氧-氢-氧三层喷枪和多管蜂窝状喷枪；喷口甚至整个喷枪全用高纯氧化铝多晶陶瓷制作，这样既降低了温度梯度，又减少了喷枪材料对晶体的影响，从而提高了质量；另外，用等离子火焰加热技术代替氢-氧焰，使气氛容易控制，腔体温度也较稳定，但设备的制作有一定困难，故未能得到推广。最近，有人研究提出氢气和氧气的水封安全稳压法，可使生长炉内温度场更稳定，对于生长高质量、多品种及大直径晶体有重大意义。

9.1.2 晶体提拉法

晶体提拉法是一种利用籽晶从熔体中提拉出晶体的生长方法，也称为丘克拉斯基法。目前，已用这一技术生长出合成无色蓝宝石、合成红宝石、人造钇铝榴石（YAG）、人造钆镓榴石（GGG）、合成变石和合成尖晶石等。

1. 基本生长原理

提拉法生长晶体的原理是将待生长的晶体原料放在耐高温的坩埚中加热熔化，然后调整炉内的温度场，使熔体上部处于稍高于熔点状态，籽晶杆上安放一颗籽晶，让籽晶接触熔融液面，待籽晶表面稍熔后，降低温度至熔点，提拉并转动籽晶杆，使熔体顶部处于过冷状态而结晶于籽晶上，在不断提拉和旋转过程中，生长出圆柱状晶体。

提拉法制备晶体的装置如图 9.4 所示。

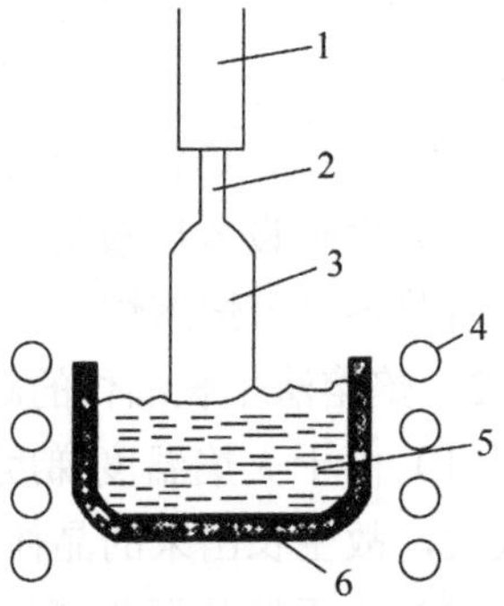

图 9.4 提拉法生长晶体装置

1—籽晶杆；2—籽晶；3—晶体；4—射频线圈；5—熔体；6—坩埚

2. 影响晶体质量的关键因素

1）籽晶的切割与加工

为了减少生长的晶体从籽晶上继承下来的位错，在挑选籽晶时，要求选用无位错或位错密度低的相应晶体的单晶作籽晶。在切割加工籽晶时，最好用钢丝切割，若用金刚石刀切割，应尽量切得慢一些。切好的籽晶应该用热腐蚀液除去籽晶表面的加工损伤层。不同材料的籽晶用不同的腐蚀液，如刚玉用磷酸，水晶用重铬酸钾，绿柱石用氢氟酸等。

2）籽晶下种

籽晶下种过程中，要确保籽晶充分预热，保证籽晶和熔体能够充分沾润，使晶体在清洁的籽晶表面生长。

3）熔体温度控制

要保证晶体正常生长，熔体的温度必须严格控制，要求熔体中固-液界面处的温度恰好是熔点，并保证籽晶周围的熔体有一定的过冷度，而其余地方的温度高于熔点，这样晶体才能稳定地生长。

4）拉速与转速

提拉速度可以影响晶体的直径、熔体温度、位错包裹体、组分过冷等，从而影响晶体质量。

转速可改变固-液界面的形状和熔体中液流的流动花样，从而改变温度和杂质的分布。适当的转速可对熔体产生良好的搅拌作用，达到减少径向温度梯度、阻止组分过冷的目的。转速过高，则会导致液流不够稳定。

5）杂质

无论是有意还是无意地在熔体中掺入杂质，均会引起熔体温度的变化。随着掺入杂质的种类和数量的不同，对晶体质量的影响也不相同。

3. 晶体提拉法的优缺点

1）优点

（1）在晶体生长的全过程中，可以直接进行测试和观察，有利于及时掌握生长情况，控制生长条件。

（2）生长的晶体不与坩埚接触，没有坩埚壁寄生成核和坩埚壁对晶体的压应力。

（3）使用优质籽晶和“缩颈”技术，可减少晶体位错，获得所需取向的晶体。

（4）能够以较快的速度获得质量较高的优质单晶体，如提拉法生长的红宝石与焰熔法生长的红宝石相比，位错密度低，光学均匀性高，无镶嵌结构等。

2）缺点

（1）在高温下，坩埚及其他材料对晶体的污染不可避免。

（2）熔体中复杂的液流作用对晶体的影响难以避免。

（3）机械传动装置的振动和温度的波动会在一定程度上影响晶体的质量。

9.1.3 熔体导模法

1．熔体导模法简介

熔体导模法实质上是控制晶体形状的提拉法，也称为定形晶体生长法，即直接从熔体中拉制出具有各种截面形状晶体的生长技术，是一种比较先进的生长特定形状晶体的方法。熔体导模法有两种不同类型：斯切帕诺夫法和边缘限定薄膜供料生长法。

（1）斯切帕诺夫法。这是20世纪60年代由苏联科学家斯切帕诺夫发明的晶体生长方法，因而称为斯切帕诺夫法。该方法是将有狭缝的导模具放在熔体中，熔体通过毛细管作用由狭缝上升到模具的顶端，在此熔体部分放入籽晶，就能够按照导模狭缝规定的形状连续地拉制晶体，拉出的晶体形状完全由毛细管狭缝决定。由于熔体是通过毛细管作用上升的，因此会受到毛细管大小及熔体密度和质量的限制，所以此法具有一定的局限性。但此法的优点是不要求所用模具材料能被熔体润湿。

（2）边缘限定薄膜供料生长法。该法是20世纪70年代由美国的H. E. 拉培尔博士研究成功的，简称EFG法。EFG法的首要条件是模具材料必须能为熔体所润湿，并且彼此间不发生化学作用。熔体在毛细管作用下能上升到模具的顶部，并能在顶部的模具截面上扩散到模具的边缘而形成一个薄膜熔体层。所生长晶体的截面形状和尺寸则严格地由模具顶部边缘的形状和尺寸决定，而不是由毛细管狭缝决定。因此，EFG法能生长出各种片、棒、管、丝及其他特殊形状的晶体，具有直接从熔体中控制生长定形晶体的能力。用此方法生产的产品可免除晶体加工带来的繁重切割、成型等机械加工程序，大大减少了物料的加工损耗，节省了加工时间，从而可大幅降低成本。

目前用熔体导模法已能生长出合成蓝宝石、合成红宝石、合成金红石、YAG、GGG、合成尖晶石、合成金绿猫眼石等人工晶体。

2．熔体导模法（EFG 法）生长工艺过程

将晶体材料在高温坩埚中熔化，并将能被熔体润湿的材料制成具有毛细管的模具放置在熔体中，熔体沿着毛细管涌升到模具顶端；将籽晶浸渍到毛细管内的熔体中，待籽晶表面回熔后，逐渐提拉上引。为了减少位错或内应力，可先升高炉温使晶体长成窄形，过一段时间再进行放肩，向上提拉使熔体到达模具顶部的表面。此时，熔体在模具顶部的截面上扩展到边缘时中止。随后，再进行提拉，可使晶体进入等径生长阶段。晶体的形状将由模具顶部截面形状决定，晶体按该形状和尺寸连续地生长。整个工艺过程如图 9.5 所示。

所用模具可根据需要设计成杆状、管状、片状或多孔管状等，如图 9.6 所示。模具应当尺寸精确、边缘平滑且顶部表面的光洁度好（达到镜面的水平）。加工好的模具在使用前应在高温下进行退火处理，这样不易使晶体产生气泡。

熔体导模法生长各种晶体的工艺条件见表 9.1。

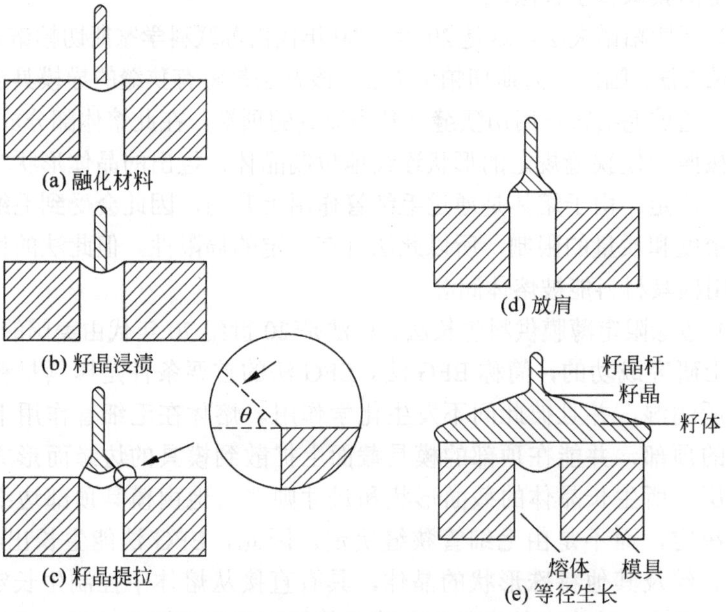

图 9.5 EFG 法生长工艺过程

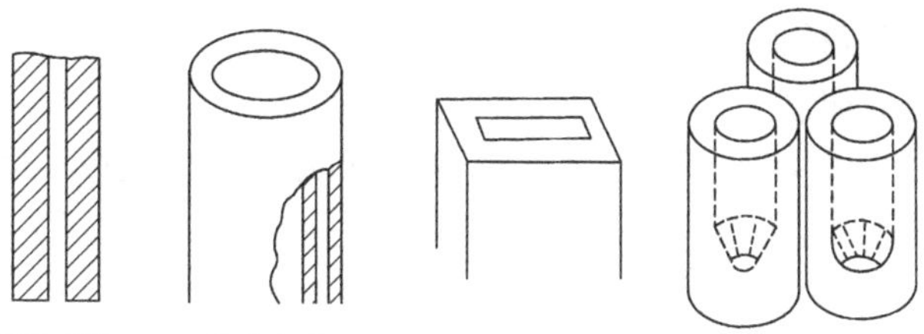

图 9.6 不同形状的导模

表 9.1 熔体导模法生长各种晶体的工艺条件

晶体名称	形状	坩埚与模具材料	熔点/℃	生长方向	温度梯度/(℃/mm)	生长速度/(mm/h)
钆镓榴石(GGG)	片	铱	1825	[110]和[211]	500	60
尖晶石($MgAl_2O_4$)	片	铱	2105	[110]	—	约120
金绿宝石($BeAl_2O_4$)	片	钼	1900	[001]	5～7	15～20
钇铝榴石(YAG)	棒	铱	1950	[111]	—	5
红宝石(Al_2O_3)	棒	钼	2050	[0001]	—	8～60
无色蓝宝石(Al_2O_3)	丝、棒、管、片	钼	2050	[0001]	20～50	20～140
钽铌酸锂(LTN)	片	铂	—	z轴	60	—

3. 生长实例(合成变石猫眼宝石)

1)合成变石猫眼宝石简介

所谓合成变石猫眼宝石是指既具有变色特征又具有猫眼效应的合成金绿宝石。变石猫眼宝石是金绿宝石中比较珍贵的一种,其化学成分为$BeAl_2O_4$,斜方晶系,莫氏硬度为8.5,密度为3.70～3.72 g/cm^3,折射率为1.745～1.759。

合成变石猫眼宝石的生长需要在$BeAl_2O_4$原料中掺入铬(Cr^{3+})和钒(V^{5+}),才能使晶体具有变色特征。铬(Cr^{3+})主要起传递色彩的作用,它使得晶体对绿光的透射最强,红光次之,对其他光线则全部吸收,因而在自然光下透射的绿光最多,呈现绿色;而在富有红光的白炽灯下,晶体透射的红光特别多,呈现红色(即有变色特征)。但铬含量过高会使晶体绿色减弱,甚至略带红色;铬含量过低又会使晶体无色彩变化,因此要控制好铬的含量。钒(V^{5+})的作用是增强变色的敏感性和调整晶体的颜色。合理地调整铬和钒的用量可以生长出不同特性的合成变石猫眼宝石。

猫眼效应的产生与晶体内部结构特点相关。在晶体内部存在无数极细小的纤维状结构,这些结构有规律地平行排列,而且具有反光的能力,这是产生猫眼效应的充分和必要条件。当光线照射方向垂直于纤维排列方向时,每一个细小的纤维上就有一个光点,无数光点连接起来就组成了一条光带。当晶体被加工成弧面的外形时,这条光带显得更加清晰夺目。

2）合成变石猫眼宝石的生长工艺过程

（1）原料的配制

按化学比称取纯度为 99.99%的 $Al_2(SO_4)_3(NH_4)SO_4\cdot 24H_2O$、纯度为 99.5%的 $BeSO_4\cdot 4H_2O$ 和掺杂元素试剂 $(NH_4)_2Cr_2O_7$（优质级）及 NH_4VO_3（优质级）。称好后，将其倒入瓷蒸发皿，盖好皿盖放入高温炉中，缓慢加热升温 8 h，当温度达到 1000～1100℃后，保温 4 h，使其分解完全，以便制成氧化物。冷却到室温后，将固体氧化物研细成粉末状，然后再压成块状，于 1300℃下保温 10 h，即可合成出金绿宝石，但属多晶相，用它作为导模法生长变石猫眼宝石的原料。

（2）晶体生长

在坩埚中安放具有毛细管的模具。熔体通过毛细管到达模具顶端水平面下，通过籽晶的诱导作用，使晶体在模具顶端的熔体膜上生长。籽晶切向平行于[001]，模具顶端以上 10 mm 内的轴向温度梯度为 5～7℃/mm，提拉速度为 15～20 mm/h，生长气氛是纯度为 99.99%的氩气。生长出的晶体的外形尺寸由模具顶端截面的形状决定。由于表面张力的作用，坩埚中的熔体将通过毛细管源源不断地供应到模具的顶端，从而保证了晶体生长可连续不断地进行。坩埚中的熔体消耗完毕，晶体与模具顶端自然脱离，晶体生长停止，然后，在 4 h 内将炉温降至约 500℃。

（3）晶体性能

此法可生长出 $\phi 10\times 100$ mm 的晶体棒，外形尺寸准确，等径度好，表面光滑。晶体在自然光下呈绿色，在白炽灯下观察时会迅速变成暗红色。

将晶体切割后，琢磨抛光，加工成素面宝石戒面，则可观察到宝石内部反射出一条聚集耀眼的活光，光带灵活生动，恰似猫眼。

9.1.4 坩埚下降法

1. 生长原理

坩埚下降法是指将盛有熔体的坩埚在具有一定温度梯度的生长炉内缓慢下降，使熔体转化为晶体的方法。这个过程可以是坩埚下降，也可以是结晶炉沿坩埚上升。

坩埚下降法在开始时必须将整个物料熔化，然后才能进入生长阶段，这就存在一个成核问题，它直接关系到长出晶体的质量和单晶化程度。

坩埚下降法中，当坩埚下部温度逐渐降低后，晶核在坩埚壁上局部过冷区域首先形成。晶核一旦形成，它就要释放结晶潜热。若晶核周围不能将这部分潜热移去，晶核就有可能重新被熔融。若晶核释放的结晶潜热能被迅速移去，晶核就能长大，晶体就会围绕晶核生长。通常熔体温度比固-液界面温度要高，结晶潜热通过晶核由坩埚下部传递出去。所以在过冷度小的情况下，这部分热被缓慢传出，晶体能够正常生长。如果过冷度大，晶体生长速率较快，则易出现枝蔓。

在生长时，总是希望能够得到单一取向的晶核，并在此晶核上生长晶体。实际上，往往得不到单一取向的晶核，而是同时存在多个不同取向的晶核。可依靠几何淘汰规律自然地将不同取向的晶核（晶体）逐渐减少，最终达到只有一个或少量晶核生长的晶体。晶体单晶化过程如图 9.7 所示。从图 9.7 可以看出，坩埚底部首先形成 3 颗晶核 *A*，*B*，*C*，它们同时生长发育，其中，*B* 的生长方向与坩埚壁平行，而 *A* 和 *C* 的生长方向均与坩埚壁斜交。在生长过程中，*B* 因生长速率快而占有最大空间，并限制了 *A* 和 *C* 的发育，最终淘汰了 *A* 和 *C*，使晶体按 *B* 的单一方向生长。从这里可以看出，只要采取适当的措施加速这一过程，最终就能得到完整的单晶。

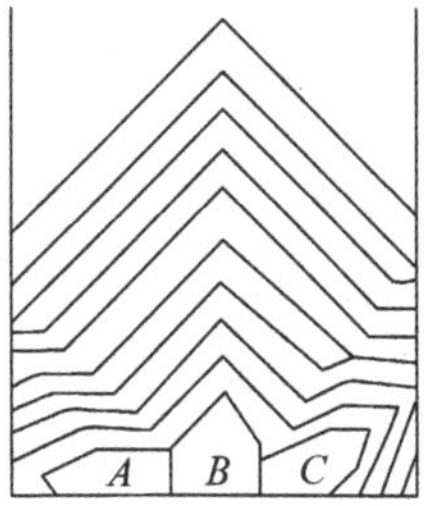

图 9.7 单晶化过程

在坩埚下降法中，也可以把一颗单晶的籽晶放在坩埚的底部，控制温度使籽晶端部微熔而其他部分不熔，从而使晶体按籽晶的取向生长。但是，这样做在技术上是有困难的，因为籽晶端部微熔与否无法观察，温度难以控制。

2．优缺点

坩埚下降法的优点是晶体可在密封的坩埚内生长，熔体挥发少，成分容易控制；适于生长大直径晶体，有时也可以一炉同时生长几块晶体。其缺点是不宜生长结晶时体积增大的晶体，如 Ge，InSb，GaSb；生长过程难以确定；生长的晶体内应力较大。

坩埚下降法的工艺条件容易掌握，易于实现自动化，目前主要用于生长光学晶体和闪烁晶体。

3．生长实例——生长氟化钙晶体

将高纯度的 CaF_2 原料装入尖底的石墨坩埚，然后放入温度梯度为 30～50℃/cm 的炉子中，在高真空条件下，加热到熔点以上 50～100℃，当熔体温度达到平衡后，坩埚开始以均匀速率缓慢下降。当坩埚尖底中的少量熔体处于过冷时，开始产生晶核。随着坩埚温度的下降，晶核不断长大，最后整个熔体都结晶出来。再经精密退火，减少内应力，可获得光学性能优良的氟化钙晶体。

9.1.5 冷坩埚熔壳法

1．基本原理

冷坩埚熔壳法与其他熔体法生长晶体的不同之处是一般熔体法生长晶体要在高熔点的坩埚中进行，但冷坩埚熔壳法不使用专门的坩埚，而是直接用拟生长的晶体材料作“坩埚”，使其内部熔化，在其外部则设有冷却装置，使表层不熔，形成一层未熔壳，起到坩埚的作用，内部已熔化的晶体材料则依靠坩埚下降法晶体生长原理结晶长大。目前，冷坩埚熔壳法主要用于生长立方氧化锆晶体。

2．生长装置

冷坩埚熔壳法生长立方氧化锆晶体的装置如图 9.8 所示。在一个通水冷却的底座上，焊上通水冷却用的紫铜管，紫铜管排列成圆杯状“冷坩埚”，彼此间有一定的空隙，看似紫铜“栅”。紫铜“栅”外层有石英管，以便套装高频线圈。生长晶体的原料及引燃金属则可装在紫铜“冷坩埚”内。

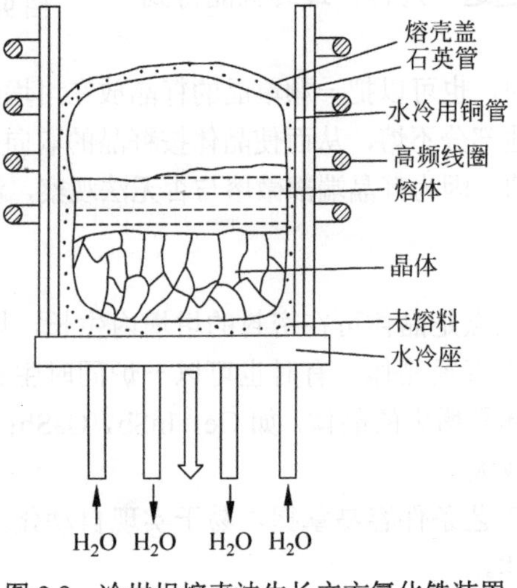

图 9.8 冷坩埚熔壳法生长立方氧化锆装置

3．工艺过程

冷坩埚熔壳法生长立方氧化锆的工艺过程如图 9.9 所示。

（1）首先将生长立方氧化锆晶体所用的粉料 ZrO_2 与 Y_2O_3 按摩尔比 9:1 的比例混合均匀，装入紫铜管围成的杯状“冷坩埚”中。由于 ZrO_2 在室温下是绝缘体，1200℃以上才变成导体，此时高频电磁波才能将粉料加热，所以必须使用“引燃”技术，即加入一种导体作为引燃物。通常的办法是在原料中心加入 0.08%～0.15%（4～6 g）的金属锆片或锆粉用于“引燃”。

（2）接通电源，高频加热引燃物，1～2 min 后，引燃物周围原料开始熔化。先产生小熔池，然后小熔池逐渐扩大。在此过程中，锆金属与氧反应生成氧化锆。同时，紫铜管中通入冷却水，使外层形成“冷坩埚熔壳”。

（3）待冷坩埚内原料达到完全熔融后，改变供电反馈关系，使熔体稳定 30～60 min。

（4）使坩埚以 5～15 mm/h 的速度逐渐下降，造成熔融液过冷。这时，在熔体底部开始结晶出立方氧化锆晶体。开始时形成的晶核较多，以后由于互相竞争，根据几何淘汰率，多数小晶粒停止生长，只有中间少数几个晶粒得以发育成较大的晶块。

（5）生长完毕后，慢慢降温退火一段时间，然后停止加热。冷却到室温后，取出熔块，用小锤轻轻敲打，一颗颗立方氧化锆晶体便可分离出来。

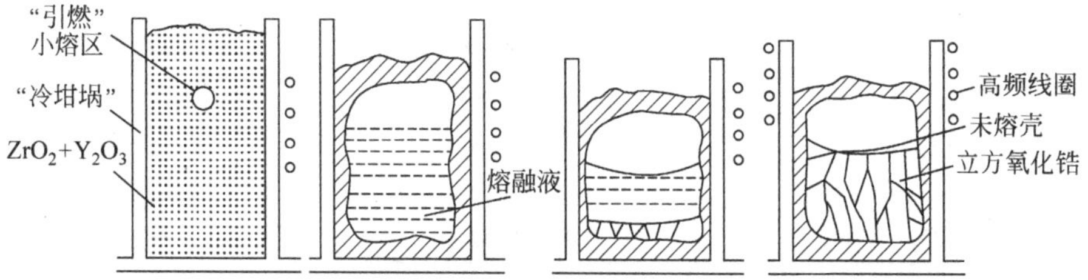

图 9.9 冷坩埚熔壳法生长立方氧化锆的工艺过程（自左向右）

整个操作过程中，从粉料熔化到完全熔融（除熔壳外）的时间很短，而晶体生长的时间较长，生长一炉立方氧化锆晶体的总时间大约为 20 h。

生长出来的立方氧化锆晶块呈不规则形状，无色透明，周围是自然形成的贝状面，一般肉眼见不到包裹体。若加工成圆钻形刻面，酷似钻石。目前，每一炉可生长 120 kg 晶体，未形成晶体的原料及壳体可回收再次用于晶体生长，所以几乎不会造成原料的浪费。

4. 工艺要点

1）原材料的要求

冷坩埚熔壳法通常要求 ZrO_2 粉料及 Y_2O_3 稳定剂的纯度为 99%～99.9%。

合成无色立方氧化锆时，要求其他杂质（包括金属氧化物 NiO，TiO_2，Fe_2O_3 等）的含量小于 0.01%。否则，生长出的晶体会略带淡黄色。

对于彩色合成立方氧化锆晶体的生长，只需在 $ZrO_2+Y_2O_3$ 的混合料中加入着色剂即可，其他操作相同。常用的着色剂及对应的晶体颜色见表 9.2。

2）冷坩埚熔体系统的平衡

粉料在引燃后继续熔化的过程中，绝对不能将熔壳也熔掉，即不能将坩埚烧漏。这种情况在冷却水的冷却量远小于熔体发热量时就可能发生。所以必须通过加热频率和匹配参数的调节维持好冷坩埚-熔体系统的平衡，保证不把熔壳熔掉。

表 9.2　合成立方氧化锆晶体中着色剂与对应的晶体颜色

着色剂	着色剂含量/%	晶体颜色
Ce_2O_3	0.15	红色
Pr_2O_3	0.10	黄色
Nd_2O_3	2.0	紫色
Ho_2O_3	0.13	淡黄色
Er_2O_3	0.10	粉红色
V_2O_5	0.10	黄绿色
Cr_2O_3	0.30	橄榄绿色
Co_2O_3	0.30	深紫色
CuO	0.15	淡绿色
$Nd_2O_3 + Ce_2O_3$	0.09 + 0.15	玫瑰红色
Nd_2O_3 + CuO	1.10 + 1.10	淡蓝色
Co_2O_3 + CuO	0.15 + 1.0	紫蓝色
$Co_2O_3 + V_2O_5$	0.08 + 0.08	棕色

3）超白色合成立方氧化锆晶体的生长

超白色合成立方氧化锆晶体的生长是利用补色法原理来消除杂质产生的颜色，使带有淡杂色的立方氧化锆晶体脱色成“超白”立方氧化锆晶体。例如，为了使立方氧化锆晶体稳定，一般加入三氧化二钇，若加入量过多，则会使产品出现黄色，此时要加入产生蓝色的试剂，只要加入量与产生黄色的试剂量相等，则根据颜色互补原理，可以消除黄色，使产品成为无色。

4）合成黑色立方氧化锆晶体

将无色合成立方氧化锆晶体放在真空条件下加热到 2000℃进行还原处理，就能得到深黑色的合成立方氧化锆晶体。其原理是 ZrO_2 中的氧丢失，造成大量晶体缺陷，对可见光全部吸收而呈黑色。

9.1.6　区域熔炼法

1. 基本原理

区域熔炼法是半导体材料提纯的最主要方法，也是人工晶体生长的有效方法之一。常见的区域熔炼法有两种：水平区域熔炼法和垂直区域熔炼法，如图 9.10 所示。

水平区域熔炼法是在料舟（或坩埚）中生长晶体。它将原料放在料舟中，籽晶放在舟的左端，先从左端加热，使籽晶部分熔化，然后熔区向右端不断移动。采用这种方法时，晶体常会黏附在料舟上，难以取出；又由于料舟的冷却收缩，可能引起应变。用软舟或变形舟有时可以克服这一困难。

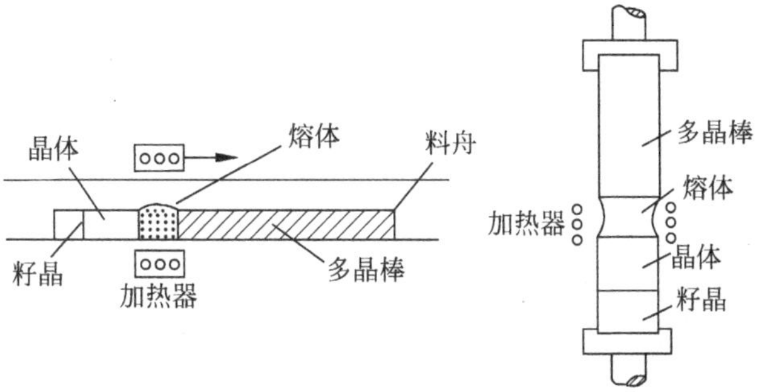

(a) 水平区域熔炼法　(b) 垂直区域熔炼法

图 9.10　区域熔炼的两种方法

垂直区域熔炼法也称为悬浮区域熔炼法。悬浮区域熔炼法不需要坩埚，是一种无坩埚生长法。它首先在籽晶与料棒之间形成熔区，然后在籽晶、料棒一起旋转的情况下移动加热源，使熔区自下而上移动，完成单晶生长。它的优点是可以避免坩埚的影响，并起到提纯作用，缺点是位错密度较高。

2．悬浮区域熔炼法的工艺条件

1）加热方式

悬浮区域熔炼法最常用的加热方式是电子束加热和射频加热。

电子束加热具有熔化体积小、热梯度界限分明、热效率高、提纯效果好等优点，但是由于这种方法仅能在真空中进行，所以受到很大的限制。

目前，应用最多的是射频加热。它既可以在真空中应用，也可在任何惰性气氛或还原气氛中进行。射频加热时，感应圈需和料棒直接耦合。这种耦合对材料的电阻率有一定的要求。若料棒的电阻率太大，则料棒内感应电流太小，不能达到所需的温度。低温下电阻率大而高温下电阻率明显减小的材料方可与射频耦合，为此，区域熔炼设备必须具有预热装置。通过预热装置将料棒加热到一定温度，使其电阻率减小到能与射频耦合，再用射频耦合熔化料棒进行晶体生长。

2）熔区的要求

熔区的稳定性对悬浮区域熔炼法具有头等重要性。悬浮区域熔炼中，必须使熔区稳定而不塌落。熔区通常受两种力的作用：表面张力和重力。表面张力的方向指向熔体内部，使熔区保持稳定和保持外形，重力则会引起熔区塌落。所以一般来讲，表面张力大而密度小的材料容易保持熔区稳定。反之，则不容易保持熔区稳定。

3．悬浮区域熔炼法生长晶体实例

1）悬浮区域熔炼法生长 YAG 晶体

（1）原料的制备

分别称取含 55.35% Y_2O_3 和含 44.64% Al_2O_3 的化学纯试剂，将它们置于 500℃下加热 24 h 除去水分。冷却到室温后称重，此时，Al_2O_3 失重约 0.84%，Y_2O_3 失重约 1.26%。

（2）烧结棒的制备

将除去水分的 Al_2O_3 和 Y_2O_3 粉末混合均匀，用静压法压成细棒，在 1350℃下烧结 12 h。然后将其粉碎，再压制、烧结，如此 3 次。最后制得达到要求的烧结棒。

（3）熔融结晶

将烧结棒用卡盘固定后置于保温管内，开始加热。熔融从棒的一端开始，然后通过移动加热器或烧结棒，使熔区向另一端推进，晶体从熔区中结晶出来，此时晶体的组成为 $Y_3Al_5O_{12}$，即 YAG。

需要说明的是，YAG 的理论配比应为 Y_2O_3 占 57.05%，Al_2O_3 占 42.95%。若按此配比制作烧结棒，晶体在生长过程中会从透明状态转化为不透明状态，这是由于生成了 $YAlO_3$。因此，制棒时需要 Al_2O_3 过量。

2）悬浮区域熔炼法生长红宝石晶体

（1）烧结棒的制备

将化学纯试剂按一定的配比充分混合，然后压制成烧结棒。

（2）熔融结晶

用卡盘固定烧结棒，并垂直置于保温管中，运用红外辐射聚热器和感应加热器自上而下加热。棒的顶端熔融后，旋转烧结棒，热源向棒下方移动，直至烧结棒变成又细又长的红宝石单晶。该过程可以重复多次，使晶体进一步得到精炼和提纯。

9.1.7 热交换法

人工合成 Al_2O_3 晶体可用焰熔法、提拉法、悬浮区域熔炼法等多种方法制备，但是要制取直径 5 cm 以上的大单晶是困难的。为此，1974 年美国发明了热交换法，并用此法生长出大的人工晶体。

1. 生长方法

图 9.11 所示为热交换法生长装置。在这种装置内，原料放在坩埚内，坩埚底部放有籽晶，在与籽晶接触处的下部装有通冷却气的管道。

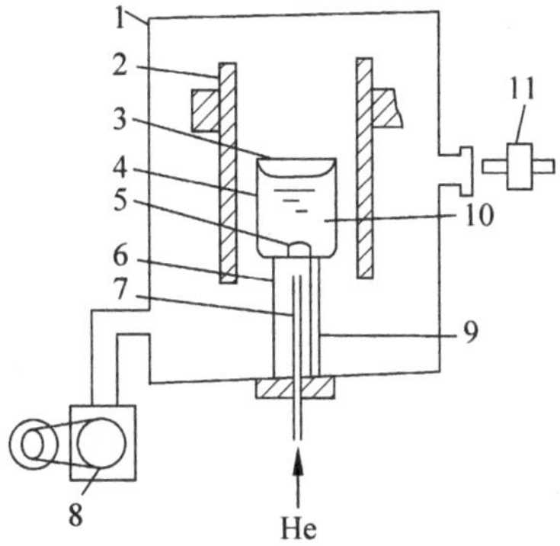

图 9.11 热交换法晶体生长装置

1—真空容器；2—发热体；3—金属盖；4—坩埚；5—籽晶；6—热交换器；7—钨管；8—真空泵；9—热电偶；10—熔体；11—光学高温计

晶体生长过程大体如下：先加热熔化坩埚内的原料，使熔体温度保持在略高于熔点 5～10℃，坩埚底部的籽晶部分熔化，然后炉温缓慢下降，并通 He 气冷却，熔体就以未被熔化的籽晶为核心，逐渐生长出充满整个坩埚的大块单晶。

在生长过程中，成核温度是生长成败的关键之一。氦气流量与热交换器的温度及籽晶温度的精确关系只能通过实验获得。影响这一关系的因素有以下几种：

（1）炉子的尺寸与结构；

（2）坩埚的尺寸、形状和壁厚；

（3）热交换器的尺寸和壁厚；

（4）热交换器位置和坩埚在炉子内的位置；

（5）熔体温度；

（6）籽晶的导热性。

2. 热交换法的优缺点

（1）优点：不需要坩埚运动或炉体运动，所以设备简单；熔体的温度是下部低、上部高，不存在熔体对流，生长面稳定，因此晶体质量好、无气泡、散射中心的晶体可占总体积的 95%～100%；可以制备大尺寸单晶，现在已用这一方法制备出直径为 230 mm、厚度为 125 mm、质量为 20 kg 的大块白宝石单晶。

（2）缺点：氦气价格昂贵，气体流量难以精确控制。我国的科研人员对此方法进行了改进，提出了导向温梯法。它没有热交换器，而是依靠炉内的温度梯度，用缓慢降温的方法来完成整个晶体生长过程。这一方法的设备比热交换法更简单，控制方便，特别适合生长大晶体。

9.2 溶液生长法

9.2.1 基本原理

溶液生长法的基本原理是通过适当的方法将原料（溶质）溶解于溶剂中，使其保持过饱和，然后采取一定的措施（如降温、蒸发等）使溶质在籽晶表面析出，长成晶体。

溶解和结晶是可逆过程，即

$$\text{固态溶质} \underset{\text{结晶}}{\overset{\text{溶解}}{\rightleftharpoons}} \text{溶液中溶质}$$

溶解开始时，由于溶液中溶质少，溶解速率大于结晶速率；随着溶解的不断进行，溶液中溶质逐渐增多，结晶速率逐渐增大。当溶解速率等于结晶速率时，溶解与结晶处于动态平衡，此时的溶液称为饱和溶液。溶液的饱和状态与温度有密切关系。通常，升高温度可以使原来饱和的溶液变成不饱和溶液，溶质可以继续溶解。

当溶液中溶质含量超过饱和溶液的含量时，溶液称为过饱和溶液。过饱和溶液是不稳定的，只要在溶液中投入一个小颗粒或稍加振动，过量的溶质就有可能析出，从而成为饱和溶液。

过饱和状态是溶液生长的先决条件，只有过饱和溶液才能形成晶核并逐渐长大。图 9.12 给出温度和溶液浓度的关系及溶液的各个区域（稳定区、不稳区、亚稳区）。稳定区是不饱和区，在这个区域内晶体不能生长。亚稳区是过饱和区，在这里不发生自发结晶，若有外来颗粒（包括籽晶）投入，晶体就围绕它生长。不稳区也是过饱和区，但是它的过饱和度比亚稳区要大，会自发地结晶。

溶液生长的整个过程必须控制在亚稳区内，若在不稳区内生长就会出现多晶。亚稳区的大小无法精确测量，但可以用过饱和度来估计。如单组分体系的过饱和度可用过冷度Δt来表示：

$$\Delta t = t^* - t \tag{9-1}$$

其中，t^*为饱和溶液温度；t为过饱和溶液温度，单位为℃。

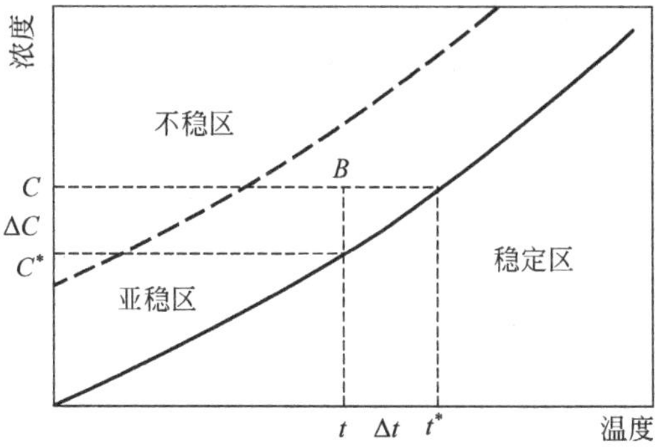

图 9.12 温度和溶液浓度的关系

表 9.3 列出了一些盐类溶液的过冷度。

表 9.3 一些盐类溶液的过冷度Δ*t*

物质	Δ*t* /℃	物质	Δ*t* /℃
$(NH_4)_2SO_4Al_2(SO_4)_2 \cdot 24H_2O$	3.0	$K_2SO_4 \cdot Al_2(SO_4)_3 \cdot 24H_2O$	4.0
NH_4Cl	0.7	$Na_4B_2O_7 \cdot 10H_2O$	3.0
$(NH_4)_2SO_4$	1.8	KBr	1.1
$NH_4H_2PO_4$	2.5	KCl	1.1
$FeSO_4 \cdot 7H_2O$	0.5	KI	0.6
$MgSO_4 \cdot 7H_2O$	1.0	KH_2PO_4	9.0
$NiSO_4 \cdot 7H_2O$	4.0	KNO_3	0.4
$Na_2CO_4 \cdot 10H_2O$	0.6	K_2SO_4	6.0
$NaCrO_4 \cdot 10H_2O$	1.6	$CuSO_4 \cdot 5H_2O$	1.4
NaCl	4.0	$Na_2S_2O_3 \cdot 5H_2O$	1.0

溶液生长法的优点是容易生长出均匀良好的大晶体，可在远低于其熔点的温度下生长晶体，并可直接观察晶体生长情况。溶液生长法的缺点是组分多，生长周期长，影响因素多，控温要求高。

用溶液法生长晶体时，需根据溶质的溶解度曲线选择不同的生长方法。

若溶解度随温度变化很大(即溶解度温度系数很大)，则可采用降温法，如磷酸铝铵。降温法晶体生长的原理是降低饱和溶液的温度，使溶液处于亚稳区，让溶质在籽晶上不断析出，长成大块晶体。降温法又可再细分为缓冷法、流动法、水热法、助熔剂法等多种方法。

若溶解度随温度变化较小（即溶解度温度系数小），则可采用蒸发法，如氯化钠。蒸发法的原理是不断地蒸发溶剂，控制溶液的过饱和度，使溶质不断在籽晶上析出长成晶体。与蒸发法相似的还有凝胶法、电解溶剂法等。

9.2.2 缓冷法

1．基本原理

缓冷法的晶体生长原理是缓慢而连续地降低饱和溶液的整体温度，使溶液始终处于亚稳区，让溶质在籽晶上不断析出，长成大块晶体。

2．生长装置

常见的缓冷法晶体生长装置由育晶器、控温系统、转动换向系统等部分组成。典型的水浴降温法的生长装置如图 9.13 所示。

1）育晶器

育晶器是存放母液、生长晶体的容器，由培育缸、密封盖和晶杆 3 部分组成。育晶器底部可放置有孔的隔板，防止生长过程中出现杂晶。

2）控温系统

晶体生长过程中微小的温度波动会引起晶体生长不均匀。通常，最简单的控温装置是用水银导电表来控制一个电子继电器，由继电器的开启和闭合控制加热器，以保持育晶器的恒温。

加热装置一般有浸没式加热、外部加热和辐射加热等几种形式。用水作介质的控温装置多数采用浸没加热方式。为了进一步提高控温精度，减少生长槽的温度波动，需要采用双浴槽育晶装置，如图 9.14 所示。这种装置的外浴槽接冷却装置，可以减少室温波动造成的影响，并使降温下限不受室温的限制。内浴槽和一般水浴槽一样采用浸没式加热。这种加热方法简单、使用方便，但有热滞后现象。为了克服这一缺点，可用红外灯作辅助加热器，配合主加热器进行加热，温度波动可控制在 0.1℃以内。当双浴槽育晶器的外浴槽温度波动在 0.1℃时，内浴槽的控温精度可在 ± 0.002℃范围内。

3）转动换向系统

为了使溶液温度分布均匀和晶体的各晶面得到均匀的溶质供应，晶体对溶液应做相对运动。这种运动可采取转晶法（晶体自转、公转或行星转）或摆动法（固定晶体，摇动育晶器），一般采用转晶法。在转晶法的生产过程中，某些晶面总是迎着液流而动，某些晶面总是背向液流，并有时会引起漩涡。安装定时换向装置可以克服这两个缺点。

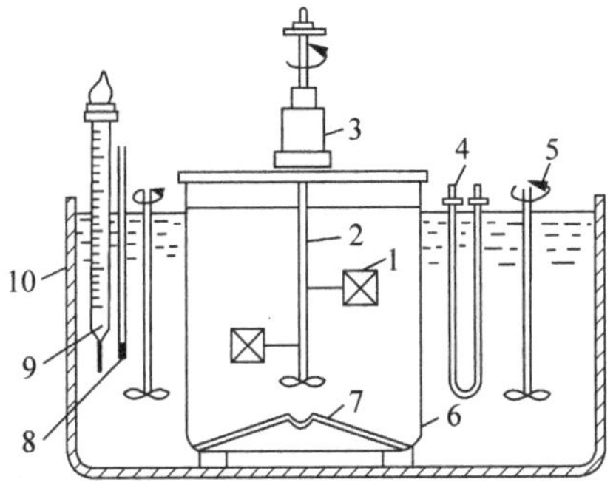

图 9.13　水浴降温法生长装置

1—晶体；2—晶杆；3—转动密封装置；4—加热器；5—搅拌器；6—育晶器；7—有孔格板；8—温度计；9—控制器；10—水槽

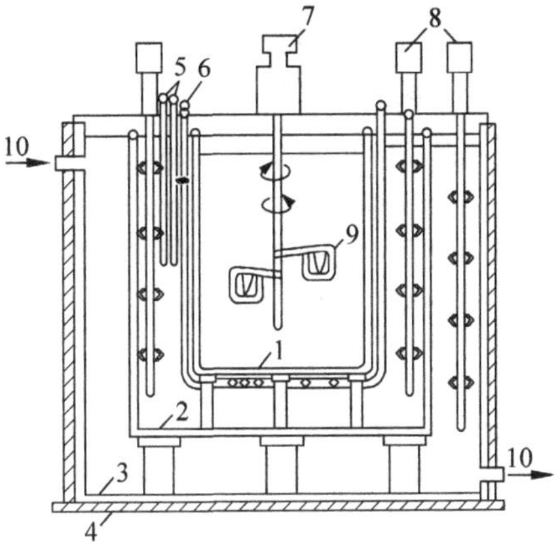

图 9.14　双浴槽育晶装置

1—育晶器；2—内浴槽；3—外浴槽；4—保温层；5—感温元件；6—加热元件；7—晶转马达；8—搅拌马达；9—籽晶；10—外冷却装置

9.2.3　流动法（温差法）

缓冷法生长晶体结束时，溶液中还留下了不少溶质，因此在大批量生长晶体时是不经济的，而采用使溶液循环流动的方法（即流动法）就能克服这一缺点。

流动法把溶液配制、过热处理、晶体生长等工艺过程分别安排在 3 个槽内进行，从而构成一个连续的生产流程，如图 9.15 所示。图中，*A* 为过饱和槽，*B* 为过热槽，*C* 为育晶器。原料在 *A* 内形成饱和溶液，然后经过滤器进入过热槽 *B*，经过 *B* 后的溶液用泵打到 *C* 内。由于 *A* 的温度比 *C* 高，溶

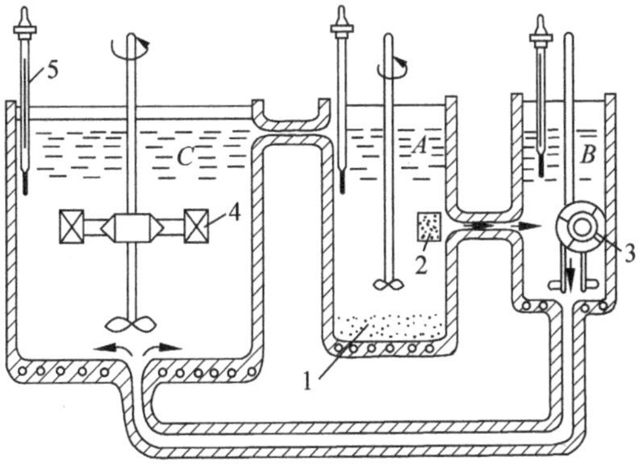

图 9.15　流动法育晶装置

1—原料；2—过滤器；3—泵；4—晶体；5—加热电阻丝

液此时处于过饱和状态，溶质在籽晶上析出。析出溶质后变稀的溶液重新回流到 A 继续溶解原料，在较高的温度下重新形成过饱和溶液。如此循环，A 内的原料不断溶解，C 内晶体不断生长。

晶体生长的速率依靠 A 与 C 的温差及调整溶液的流量来控制，调节比较方便。晶体生长时不受溶解度和溶液体积的限制，只受容器大小的限制，因此晶体均匀性好，可以生长大的单晶。

9.2.4 水热法

1．基本原理

水热法也是一种降温法，主要用于室温时溶解度较低、高温高压下溶解度增高的一些材料，如 SiO_2（水晶）、Al_2O_3（红宝石、蓝宝石）、$Be_3Al_2Si_6O_{18}$（祖母绿、海蓝宝石）等。

水热法生长晶体可以看作是在实验室中模拟自然界热液成矿过程。自然界热液成矿是在一定的温度和压力下进行的，而且成矿溶液是有一定的浓度和 pH 的。所以，实验室中通过水热法生长晶体也需要在一定的温度和压力下进行，并且要具有一定的溶液浓度和 pH，如生长祖母绿是在 600℃、1.8×10^8 Pa、pH = 2.7 的条件下进行的；生长水晶是在 340℃、1.5×10^8 Pa、强碱性溶液中进行的。

常压下，水在 100℃沸腾。因此，要采用上述水热法合成晶体，不能在开放体系中，而要在密封的高压釜中进行。高压釜不仅要有良好的密封性能，而且要有耐高温、耐高压及抗腐蚀的性能。高压釜内部充以水溶液后密封，水加热到 100℃以上就产生大量水蒸气，形成高压。温度越高，压力越大，由此满足晶体在模拟自然界生长条件下的生长。

水热法生长晶体的方法又可分为等温法、摆动法、温差法等。

2．等温法

等温法主要是利用物质的浓度差异来生长晶体，所用原料为亚稳相的物质，籽晶为稳定相物质。高压釜内上、下无温差是这一方法的特色。此法曾用于生长水晶，通常以碳酸钠溶液为矿化剂，无定形硅为培养料，水晶片为籽晶。当溶液温度接近水的临界温度时，处于不稳定状态的无定形硅发生溶解，进而当高压釜内 SiO_2 浓度达到饱和时，晶体便开始在籽晶上生长，如图 9.16 所示。此法的缺点是无法生长出晶形完整的大晶体。

3．摆动法

摆动法的装置由 A 和 B 两个圆筒组成，其中，A 筒放置培养液，B 筒放置籽晶，两筒间保持一定的温差。定时地摆动 *A* 和 *B* 两个圆筒以加速它们之间的对流，利用两筒之间的温差，在高压环境下生长晶体。此法也曾用于水晶的生长。

4. 温差法

1）生长方法与原理

温差法是目前使用最广泛的水热生长晶体的方法。它是在立式高压釜内生产晶体，多用于合成水晶、合成金红石、合成祖母绿、合成海蓝宝石晶体的生长。温差法高压釜如图 9.17 所示。

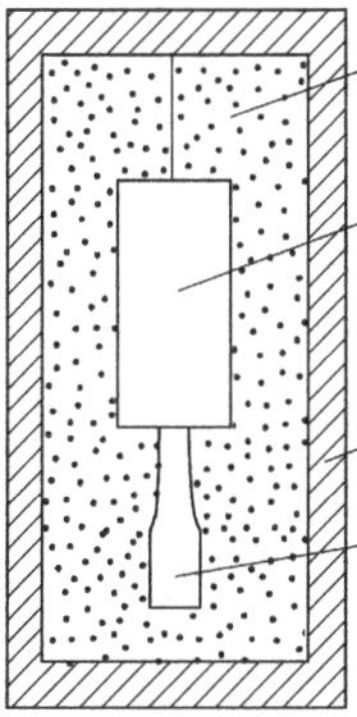

图 9.16 等温法高压釜

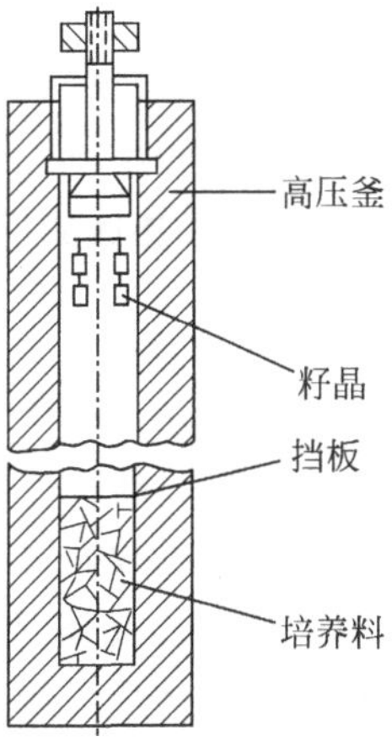

图 9.17 温差法高压釜

高压釜内部的对流挡板将釜腔分成上、下两部分，上部包括生长区（约占釜体的 2/3），籽晶挂在生长区的培育架上，晶体在籽晶上逐渐生长；对流挡板的下部为培养料区（也称为溶解区），溶解区内放入适量的高纯度原料和矿化剂。高压釜内装入培养料、矿化剂溶液、籽晶架和籽晶片后进行密封。通常高压釜密封后便可放入加热炉内，对高压釜的下部加热，或放入温差电炉内加热，使高压釜的上、下部分形成一定的温差。当高压釜温度超过 100℃后，由于热膨胀和大量水蒸气的形成，釜内压力增加。随着温度的继续升高，气压急剧增大，溶解区内的溶质不断溶解于矿化物溶剂中，并形成饱和溶液。由于高压釜下部的温度高于上部，就形成了釜内溶液的对流，溶解区中的高温饱和溶液被输送到生长区。高压釜上部的温度低，下部的饱和溶液升到上部后随即成为过饱和溶液，溶质就在籽晶上不断地析出并使籽晶长大。析出溶质后的溶液又重新回到下部高温溶解区成为不饱和溶液，在继续溶解培养料的过程中，再次成为饱和溶液，又在对流中上升到生长区……，如此循环往复，晶体不断长大，经过几十天便可生长出几十千克的晶体（对水晶而言）。

2）晶体生长的必要条件

温差法生长晶体的必要条件如下：

（1）在高温高压的某种矿化剂水溶液中，不仅能促使晶体原料具有一定的溶解度，而且能够形成所需的单一稳定晶相。

（2）有足够大的溶解度温度系数，即在适当的温差下能够形成足够的过饱和度而又不会产生过饱和后的自发成核。

（3）具备晶体生长所需的一定切向和规格的籽晶，并使原料的总表面积与籽晶的总表面积之比达到足够大。

（4）溶液密度的温度系数要足够大，使得溶液在适当的温差下具有引起晶体生长的溶液对流和溶质传输作用。

（5）具备耐高温、耐高压、抗腐蚀的高压釜容器。

5. 水热法生长晶体的优缺点

1）优点

（1）能够生长存在相变（如 α-石英等）、接近熔点时蒸气压高的材料（如 ZnO）或会分解的材料（如 VO_2）。

（2）能够生长出较完美的优质大晶体，并且能够很好地控制材料的成分。

（3）用此法生长晶体时，由于与自然界的生长晶体条件相似，因此生长出的晶体与天然晶体最为接近。

2）缺点

（1）需要材料比较特殊的高压釜和相应的安全防护措施。

（2）需要大小适当、切向合适的优质籽晶。

（3）整个过程无法观察。

（4）投料是一次性的，因此生长出的晶体的大小受高压釜容积大小的限制。

9.2.5 助熔剂法

助熔剂法又称为熔剂法或熔盐法，它是在高温下从熔融盐溶剂中生长晶体的一种方法。利用助熔剂法生长晶体的历史已有近百年，并在 19 世纪末实现了生长宝石材料的突破，如用助熔剂法生长出了合成红宝石和合成祖母绿等宝石晶体。现在可用助熔剂法生长的晶体种类很多，从金属到硫族及卤族化合物，从半导体材料、激光晶体、非线性光学材料到磁性材料、声学晶体及一些宝石晶体等。

1. 助熔剂法生长晶体的工艺过程与原理

助熔剂法生长晶体的工艺过程如下：将组成晶体的组分原料在高温下熔融于低熔点的助熔剂中，使之形成均匀的饱和溶液，然后通过缓慢降温或在恒温下蒸发熔剂等方式，使熔融液处于过饱和状态，从而使晶体从过饱和熔融液中生长出来。其生长过程类似于岩浆中矿物的结晶过程。

助熔剂法生长晶体的基本原理可用二元组分的共晶相图来说明，如图9.18所示。假设晶体组分 A 的熔点为 T_A，作为助熔剂的低熔点组分 B 的熔点为 T_B。将组分 A 与组分 B 混合，混合比为 X。混合料受热熔化后，A 和 B 组分均熔融成熔液。假设此时，混合组成为 X 的熔液处在 P_X 点。当温度下降到 T_Q 时，A 组分开始结晶析出。温度再降低，熔融液的组成沿 T_AQE 线变化，最后达到 E 点的组成，E 点称为共晶点或低共熔点。在这个过程中，A 组分不断析出或生长成晶体。从图9.18还可以看出，B 组分的加入使 A 组分的结晶温度 T_Q 明显低于 T_A，即 A 组分中加入低熔点的 B 组分后，A 组分的熔点和结晶点由 T_A 下降到了 T_Q。这样，就可以在较低温度下生长出高熔点的晶体。由于 B 组分起到了降低熔点的作用，所以称为助熔剂。又因为 B 组分通常为无机盐类，因此，助熔剂法又称为盐熔法。

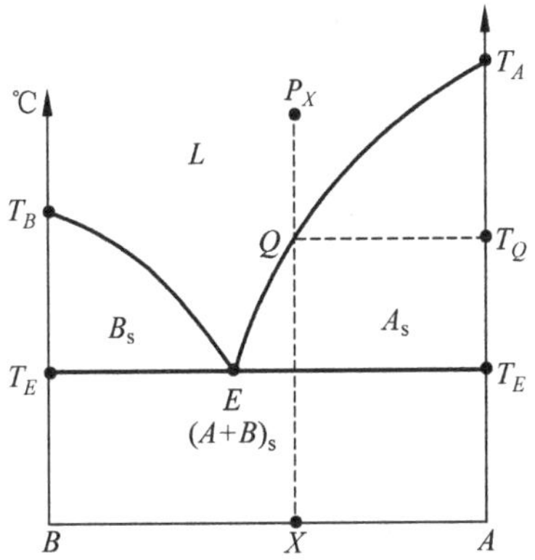

图9.18 二元组分共晶型相图

由图9.18还可以看出，组成为 X 的混合料在 T_Q~T_E 之间时，仅有 A 组分结晶。而在 T_E 以下时，A 组分和 B 组分将共同结晶，形成共晶体，这是在合成晶体 A 时所不希望的。所以，在实际操作中，应当在 T_E 温度以上就把剩余熔液倒掉，然后将结晶出来的晶体冷却。此时，晶体表面常粘有助熔剂组分，晶体冷却后应将其溶解掉。

2. 助熔剂法分类

根据晶体成核及晶体生长的方式，可将助熔剂法生长晶体的方法分为两种：自发成核法和籽晶生长法。

1）自发成核法

按照获得过饱和度方式的不同，又可将自发成核法分为缓冷法、反应法和蒸发法3种。这些方法中以缓冷法设备最为简单，使用最为普遍。

（1）缓冷法

缓冷法是指高温炉中的晶体材料全部熔融于助熔剂后，缓慢地降低温度，使晶体从过饱和熔体中自发成核并逐渐成长。

可采用缓冷法生长的晶体有合成蓝宝石、合成红宝石和钇铝榴石（YAG）等。其晶体生长装置如图 9.19(a)所示。

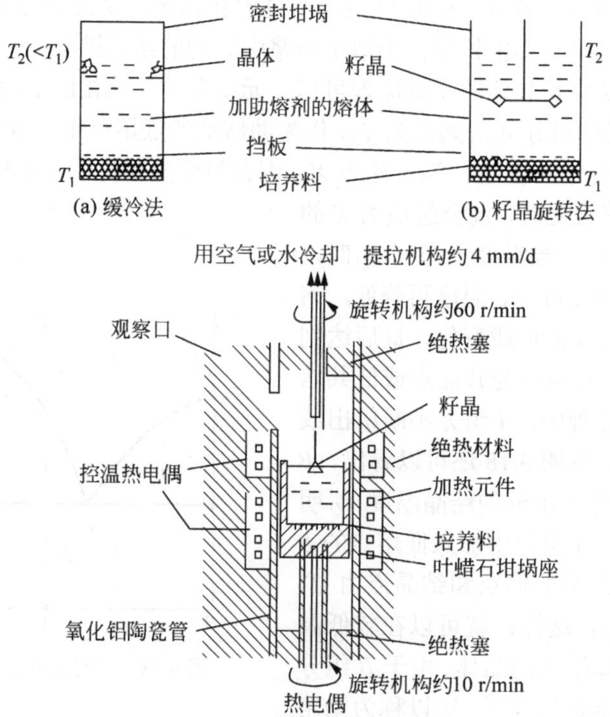

(a) 缓冷法　　(b) 籽晶旋转法

(c) 顶部籽晶旋转提拉法

图 9.19　助熔剂法生长晶体的装置

（2）反应法

反应法是指将助熔剂加入晶体原料熔融后，助熔剂与原料发生化学反应，助熔剂中某些组分成为新生长晶体组分的一部分，反应后的成分在熔融液中维持一定的过饱和度，从而使晶体生长。例如，以 $BaCl_2$ 为助熔剂，Fe_2O_3 为原料，高温熔融后通水蒸气，产生高温化学反应生成 $BaFe_{12}O_{19}$（钡铁氧）晶体，反应式如下：

$$BaCl_2 + 6Fe_2O_3 + H_2O = BaFe_{12}O_{19} + 2HCl \tag{9-2}$$

助熔剂 $BaCl_2$ 中的 Ba 通过反应成为新生晶体的部分组成。

其他，如用 Li_2MoO_4 作助熔剂生长 $BaMoO_4$ 晶体，用 $PbCl_2$ 作助熔剂生长 $PbTiO_3$ 晶体等都属于助熔剂反应法生长晶体的例子。

（3）蒸发法

蒸发法是指在恒温条件下蒸发熔剂，使熔体处于过饱和状态，从而使晶体从熔体中析出并长大。

虽然该方法简单，晶体成分较均匀，但由于易在熔体表面成核，晶体中有较大的浓度梯度，并且生长过程难以控制，所以晶体质量不太好。曾有人提出改变温度梯度方向，使晶体生长发生在坩埚底部，从而获得质量好的晶体，如从 BaF_2 中生长尖晶石晶体，但此法不常用。

可用蒸发法生长的晶体有 CeO_2，$YbCrO_3$ 等。

2）籽晶生长法

这是一种在熔体中加入籽晶的晶体生长方法，主要目的是克服自发生核时晶粒过多的缺点，其生长原理和自发生核相同，不同点是仅使晶体在籽晶上结晶生长。籽晶生长法根据晶体生长的工艺过程不同可分为以下 3 种。

（1）籽晶旋转法

由于助熔剂熔融黏度较大，熔体向籽晶扩散比较困难，采用籽晶旋转方法可以起到搅拌作用，使晶体生长较快，且能减少包裹体。生长装置如图 9.19(b) 所示。此法曾用于生长合成红宝石。

（2）顶部籽晶旋转提拉法

这是助熔剂籽晶旋转法和熔体提拉法结合的方法。其原理是原料在坩埚底部高温区熔融于助熔剂，形成饱和熔融液；在旋转搅拌作用下扩散和对流到顶部相对低温区，形成过饱和熔液；在籽晶上结晶生长，随着籽晶的不断旋转和提拉，晶体在籽晶上逐渐长大。

该方法除具有籽晶旋转法的优点外，还可以避免热应力和助熔剂固化加给晶体的应力。另外，晶体生长完毕后，剩余熔体可再加入晶体材料和助熔剂继续使用。采用这一方法可生长出质量良好的钇铁榴石（YIG）晶体。其生长装置如图 9.19(c)所示。

（3）底部籽晶水冷法

当采用的助熔剂挥发性较高时，顶部籽晶生长法工艺过程难以控制，晶体质量也不好。为了克服这些缺点，采用底部籽晶水冷技术则能获得良好的晶体。水冷保证了籽晶生长，抑制了熔体表面和坩埚其他部分的成核。这是因为只有水冷部分才能形成过饱和熔体，从而保证了晶体仅在籽晶上不断成长。该技术生长装置如图 9.20 所示。用此方法可生长出质量良好的钇铝榴石（YAG）单晶。

3. 助熔剂的选择

1）选择原则

助熔剂生长晶体的关键技术之一是选择适当的助熔剂，它直接影响晶体的质量与生长工艺。所选助熔剂应具备以下物理化学性质：

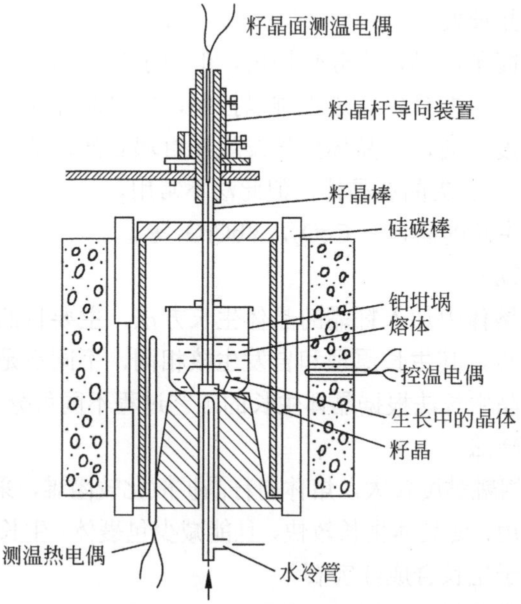

图 9.20　底部籽晶水冷法生长装置

（1）对晶体材料应有足够大的熔解能力，在晶体生长的温度范围内，晶体材料在助熔剂中的熔解度要有足够大的变化，以便获得足够高的晶体产量。

（2）应具有尽可能低的熔点和尽可能高的沸点，以便选择理想的、较宽的晶体生长温度范围。

（3）应具有尽可能小的黏滞性，以便得到较快的熔质扩散速度和较高的晶体生长速度。

（4）在使用温度下，挥发性要低（蒸发法除外），毒性和腐蚀性要小，不易与坩埚发生反应。

（5）应易溶于对晶体无腐蚀作用的溶剂，如水、酸、碱等，以便易于将助熔剂从晶体上去除下来。

（6）最好含有一种或一种以上与欲生长出的晶体相同的离子，又不含可能以置换方式进入晶格的离子，并且助熔剂中的阳离子与晶体中的阳离子相比，它们的离子半径、电荷数差距较大，不易污染晶体。

2）助熔剂的类型

在实际使用中，往往很难找到能够同时满足上述条件的助熔剂。因此，为弥补不足，人们大多采用复合助熔剂，也有使用少量助熔剂添加物的，这样可以显著改善助熔剂的性质。常用的助熔剂可分为以下 4 种类型。

（1）简单离子型盐类——卤化物类

此类助熔剂主要有 LiF，NaF，NaCl，KF，BaF_2，ZnF_2，LaF_3，Na_3AlF_6

等。通常这些卤化物的熔解能力较差，熔剂容易挥发，对铂金坩埚有侵蚀，而且难以得到大晶体。

（2）极性化合物类——铅、铋化合物类

这是目前使用最广的一类助熔剂，如 PbO，PbF_2，$PbCl_2$，PbO-PbF_2，Bi_2O_3，BiF_3，Bi_2O_3-B_2O_3 等。它们在熔融状态时，导电性及熔解能力均很强，常与熔质形成复杂的离子团，具有很强的离子性。

（3）网络液体——硼化物类

这也是一种使用较为广泛的助熔剂，如 B_2O_3，$NaBO_2$，$Na_2B_4O_7$，KBO_2，$BaBO_4$ 等。该类助熔剂具有低熔点、低挥发性的优点，特别适合籽晶法晶体生长。但硼化物具有坚固的 O—B—O 键，易于形成网络结构，使熔融液具有较高的黏滞性。

（4）复杂反应熔液类——氧化物、钒酸盐、钼酸盐、钨酸盐类

这类助熔剂应用不太广泛，主要有 V_2O_5，Li_2VO_3，MoO_3，Li_2MoO_4，$Li_2Mo_2O_7$，Li_2WO_4，$Li_2W_2O_7$ 等。使用这类助熔剂时，晶体成分与助熔剂熔液有较强的键合，并且在晶体生长过程中有时伴随着化学反应。

常见助熔剂的性质见表 9.4。

表 9.4 常见助熔剂的性质

助熔剂	熔点/℃	沸点/℃	相对密度	溶剂（溶解助熔剂）	生长晶体举例
B_2O_3	450	1250	1.8	热水	$Li_{0.5}Fe_{2.5}O_4$，$FeBO_3$
$BaCl_2$	962	1189	3.9	水	$BaTiO_3$，$BaFe_{12}O_{19}$
BaO-0.62B_2O_3	915	—	4.6	盐酸、硝酸	YIG，YAG，$NiFe_2O_4$
BaO-BaF_2-B_2O_3	约800	—	4.7	盐酸、硝酸	YIG，RFe_2O_4
BiF_3	727	1027	5.3	盐酸、硝酸	HfO_2
Bi_2O_3	817	1890（分解）	8.5	盐酸、碱	Fe_2O_3，$Bi_2Fe_4O_9$
$CaCO_3$	782	1627	2.2	水	$CaFe_2O_4$
$CdCO_3$	568	960	4.05	水	$CdCr_2O_4$
KCl	772	1407	1.9	水	$KNbO_3$
KF	856	1502	2.5	水	$BaTiO_3$，CeO_2
LiCl	610	1382	2.1	水	$CaCrO_4$
MoO_3	795	1155	4.7	硝酸	$Bi_2Mo_2O_9$
$Na_2B_4O_7$	724	1575	2.4	水、硝酸	TiO_2，Fe_2O_3
NaCl	808	1465	2.2	水	$SrSO_4$，$BaSO_4$
Na	995	1704	2.2	水	$BaTiO_3$
$PbCl_2$	498	954	5.8	水	$PbTiO_3$

续表

助熔剂	熔点/℃	沸点/℃	相对密度	溶剂（溶解助熔剂）	生长晶体举例
PbF_2	822	1290	8.2	硝酸	Al_2O_3，$MgAl_2O_4$
PbO	886	1472	9.5	硝酸	YIG，$YFeO_3$
PbO-0.2 B_2O_3	500	—	约5.6	硝酸	YIG，YAG
PbO-0.85 PbF_2	约500	—	约9	硝酸	YIG，YAG，$RFeO_3$
PbO- B_2O_3	约580	—	约9	硝酸	(Bi，Ca)$_3$(Fe，V)$_5O_{12}$
$PbO{\cdot}V_2O_5$	720	—	约6	盐酸、硝酸	RVO_4，TiO_2，Fe_2O_3
V_2O_5	670	2052	3.4	盐酸	RVO_4
Li_2MoO_4	705	—	2.66	热碱、酸	$BaMoO_4$
Na_2WO_4	698	—	4.18	水	Fe_2O_3，Al_2O_3

注：R 代表稀土元素。

4. 助熔剂法的优缺点

1）优点

（1）适应性很强，许多晶体材料都能够用此法进行生长。

（2）生长温度低，许多难熔的化合物可用此法生长出完整的单晶，并且可以避免高熔点化合物所需的高温加热设备、耐高温的坩埚和较高的能源消耗等问题。

（3）对于有挥发性组分并在熔点附近会发生分解的晶体材料，其他方法不能直接从其熔融体中生长出完整的单晶体，但助熔剂法可以进行此类晶体的生长，如钇铁榴石（$Y_3Fe_5O_{12}$，YIG）单晶体的助熔剂法生长。

（4）某些晶体在较低温度下会发生固态相变，产生很大的应力，甚至可引起晶体破裂。助熔剂法可在其相变温度以下生长晶体，因此可以避免破坏性相变。

（5）助熔剂法生长出的晶体的质量比焰熔法生长出的晶体质量要好。

（6）在用助熔剂法生长晶体的过程中，热量输送对晶体生长的影响可以忽略。

（7）助熔剂法生长晶体的设备简单，是一种很方便的晶体生长技术。

2）缺点

（1）生长速度慢，生产周期长。

（2）晶体尺寸较小。

（3）容易夹杂助熔剂阳离子。

（4）许多助熔剂具有不同程度的毒性，其挥发物还常腐蚀或污染炉体。

以上缺点使助熔剂法生长晶体受到一定的限制。

9.2.6 蒸发法

溶解度较大而溶解度温度系数较小的物质可采用蒸发法生长晶体。通过不断地蒸发溶剂，控制溶液的过饱和度，可使溶质不断地在籽晶上析出并长成晶体。

图 9.21 是蒸发法的典型育晶装置，该装置的特点是在密封的育晶器的上方安置一个冷凝器（可用水冷却），用以冷凝溶液表面蒸发的部分溶剂蒸气，并将冷凝后的液态溶剂积聚在盖子下方的小杯中，然后用虹吸管将其引出育晶器，从而达到通过控制溶剂移出量来控制过饱和度及生长晶体的目的。若在室温下生长晶体，可向液体表面输送干燥空气，以加速蒸发来控制过饱和度。

蒸发法生长晶体并不一定是溶剂蒸发直接导致的结果，它也可以是某一成分蒸发引起化学反应而间接产生的结果。例如，在 Nd_2O_3-H_3PO_4（或 Nd_2O_3-P_2O_5-H_2O）体系中生长五磷酸钕晶体，就是利用在升温和蒸发过程中溶剂焦磷酸（$H_4P_2O_7$）逐渐脱水形成多聚偏磷酸，降低了焦磷酸的浓度，五磷酸钕在溶液中变成过饱和，从而生长出晶体。

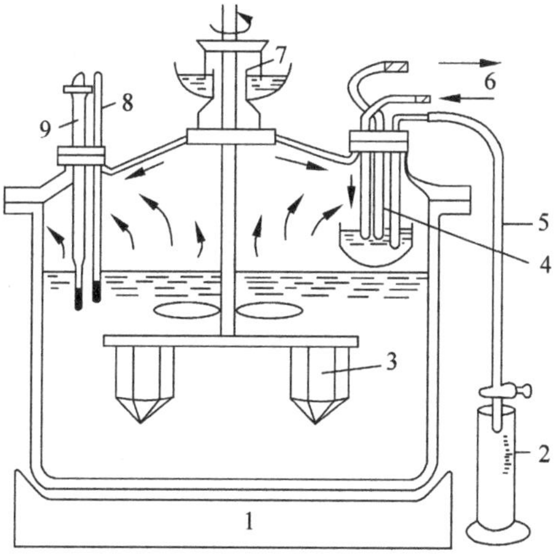

图 9.21 蒸发法的典型育晶装置

1—底部加热器；2—量筒；3—晶体；4—冷却器；5—虹吸管；6—冷却水；7—水封；8—温度计；9—接触控制器

9.3 气相生长法

9.3.1 概述

1. 气相生长的一般原理

近年来，信息科学和电子工业的快速发展有力地推动了气相生长技术的进步，其中单晶薄膜的气相沉积和各种外延生长方法的进展更为迅速。相比于生长块状晶体，气相法更适宜于生长薄膜、晶须、板状等特殊形体的晶体。

气相生长是利用蒸气压较大的材料，在适当条件下使其蒸气凝结成为晶体的一种方法。图 9.22 是纯物质（如砷、磷、硫化锌）的 *p-T* 图。从图 9.22 可以看出，在常压下，只要改变温度，也可以从气相中直接形成固相。

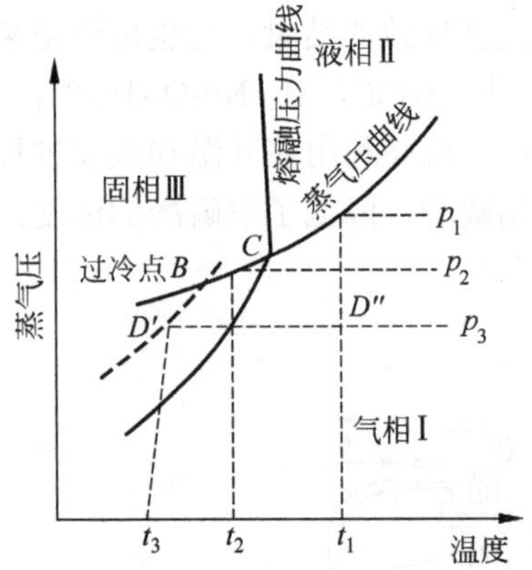

图 9.22　纯物质的 *p-T* 图

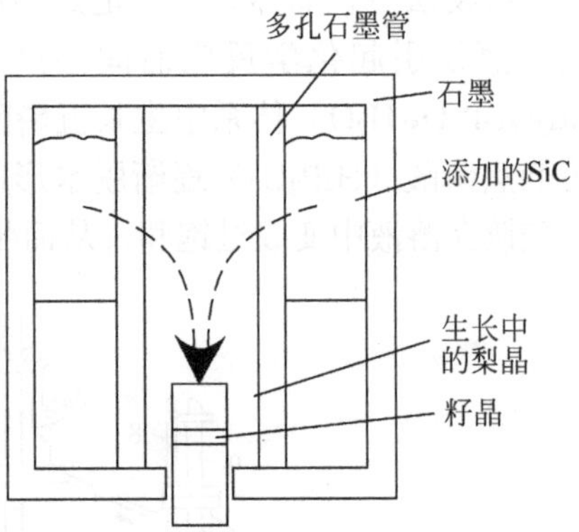

图 9.23　气相法制备碳化硅单晶的设备结构

2. 气相生长技术

人们根据物质输运方式的不同，将气相生长技术分为两类：一类是物理输运技术，另一类是化学气相输运技术。本书中，由于有关输运技术的内容已在第 8 章中进行较详细的介绍，这里就不再重复。

9.3.2　气相法制备碳化硅单晶

1. 制备工艺

气相法制备碳化硅单晶的设备结构如图 9.23 所示。在制备过程中，碳化硅原料粉末经过加热后升华，气态的碳化硅经过多孔的石墨管进入生长室，直接在籽晶上结晶，生长出梨晶状的 SiC 单晶体。整个过程中既有物态的变化，也有物质结构和化学构型的变化。制备过程中的工艺条件为：

（1）补给区温度为 2300℃，晶体生长区温度低于补给区 100℃；

（2）制备种晶时，应仔细清洗干净，种晶与粉料应属于同一构型，并且种晶的取向应稍稍偏离轴向；

（3）加入粉料的粒径应加以控制，并在晶体生长的整个过程中保持不变，使用超声波振动加料；

（4）采用耐热的石墨套管加热；

（5）生长初期抽真空，而后通入低压氩气；

（6）在晶种的旋转和生长过程中，生长晶体位置的调整要准确无误。

2．合成碳化硅与钻石和合成立方氧化锆的区别

合成碳化硅（碳硅石）问世之前，合成立方氧化锆一直作为钻石的最佳仿制品而被广泛应用。但随着合成碳硅石技术的不断成熟和产量的不断提高，合成碳硅石与钻石更为接近的性质使其越来越受到宝石界关注，不少学者预测它将取代合成立方氧化锆的地位，成为新一代钻石的最佳仿制品而风靡全球。表 9.5 对比了合成碳硅石与合成立方氧化锆、钻石的性质特征。

表 9.5 合成碳硅石与合成立方氧化锆、钻石的性质特征对比

项目	合成碳硅石	合成立方氧化锆	钻石
成分	SiC（Al，Fe，Ca，Mg）	ZrO_2	C
颜色	浅黄、灰蓝、灰绿、无色	各种颜色	各种颜色
晶系和光性	六方，一轴（+）	等轴（立方）	等轴（立方）
偏光性	非均质体	均质体	均质体
多色性	不明显	无	无
折射率	2.65~2.69	2.18	2.417
双折射率	0.043	无	无
色散	0.104	0.060	0.044
密度/（g/cm^3）	3.2~3.22	5.89	3.52
莫氏硬度	9.25	8.5	10
紫外荧光	无	黄色至橘红色	无色、蓝色、黄色等
热导仪检测	钻石反应	非钻石反应	钻石反应
放大镜检测	可见金属球状、极小白点状包裹体呈线状分布，有重影	偶见气泡或未熔的ZrO_2粉	天然矿物包裹体、裂隙等
其他	具有导电性		Ⅱb型具有导电性

9.4 固相生长法

所谓固相生长法就是从固相原料中生长出晶体的方法。目前，实际应用的主要固相生长法是高温高压法。

高温高压法是指利用高温高压设备，使粉末样品在高温高压条件下产生相变和熔融、进而结晶生长出合成晶体的方法。

高温高压的概念目前还没有统一的说法，但通常是指温度在500℃以上，压力在1.0×10^9Pa以上。对于高温高压条件的获得，最常用的方法是静压法（采用油压机），也有通过炸药爆炸或利用地下核爆炸的方法（也称动力法）获得的，但后者很少用，本书不作介绍。

利用高温高压法生产的典型产品有金刚石、立方BN、翡翠等，由于立方BN的合成已在本书第2章中介绍过，本章只介绍金刚石和翡翠的人工合成。

9.4.1 高温高压法制备金刚石

金刚石因稀有、美丽和坚硬而被视为最珍贵的宝石（即钻石），同时金刚石又因其优良的物理和化学性质而被广泛应用于高新技术产业。金刚石不仅是自然界中硬度最高的物质，而且还是室温下热导率最高的材料，并具有从紫外到远红外极好的光学透过性。另外，金刚石还可制作宽禁带高温半导体。

金刚石在自然界属稀有矿种，品质优良的宝石级金刚石更加罕见。人工合成高质量的大块金刚石不但可以弥补天然钻石供应的不足，还可以用作耐磨、抗蚀材料及电学、热学、激光材料等，从而受到各国的重视。

1．金刚石的人工合成方法

金刚石的高温高压合成方法主要有三种：静压法、动力法和亚稳定区域内生长法。

（1）静压法

静压法又可分为静压触媒法、静压直接转变法和晶种触媒法等。

（2）动力法

动力法又可分为爆炸法、液中放电法和直接转变六方金刚石法等。

（3）亚稳定区域内生长法

亚稳定区域内生长法又包括气相法、液相外延法、气相液相外延法和常压高温合成法等。

在这些合成方法中，目前工业上主要采用静压触媒法和晶种触媒法。下面仅对这两种方法进行简单介绍。

2．静压触媒法

1）基本原理

自从人们发现石墨和金刚石的化学组成都是碳后，就尝试用石墨来制备金刚石。20世纪50年代，有人在高温高压下利用金属触媒成功地实现了由六方结构的石墨向立方金刚石的转变。

石墨转变为金刚石的结构简图如图9.24所示。比较转变前后的结构可以看出，石墨层间距缩小了。经测量，石墨层间距缩小大约1.3×10^{-10}m，石墨层中的相邻原子分别相对于层平面垂直方向向上和向下位移了大约2.5×10^{-10}m，变成相距5.0×10^{-11}m的双层。双层中原子以共价键连接，形成了扭曲的六边形格子，原子间距伸长约1.54×10^{-10}m。这样，上双层的下次层与下双层的上次层的原子彼此完全对应，且相距1.54×10^{-10}m。只要原来的自由$2p_z$电子成对地集中到这些相对应的原子对间并形成键长为1.54×10^{-10}m的垂直共价键，最后就变成了金刚石结构。这种转变方式显然要比把石墨中碳原子拆散，再重新组成金刚石的转变容易得多。

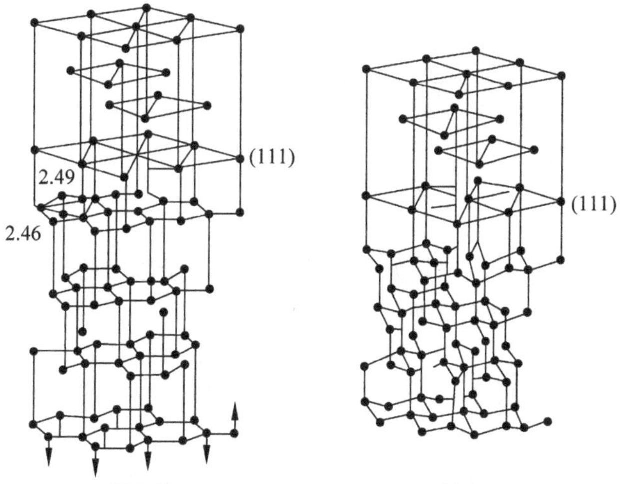

(a) 转变前　　(b) 转变后

图9.24 石墨转变为金刚石的结构简图

在无触媒的条件下，完成这一转变的条件是1.254×10^{10} Pa和2700℃。但是，这样高的压力和温度给生产设备的制造带来了相当大的困难，并且在此条件下，石墨向金刚石转变的接触面小，转化率较低。为了解决这一问题，人们在原料中加入一些物质，使石墨转变为金刚石的温度和压力得到降低，一般可以降低到4.0×10^{9} Pa和1200℃，这类物质被称为触媒（或催化剂）。

石墨在触媒作用下转化为金刚石是一个晶态转变过程，包括成核和生长两个阶段。金刚石的合成区域可分为3个：Ⅰ区（劣晶区）、Ⅱ区（富晶区）、Ⅲ区（优晶区），如图9.25所示。由于3个区域离平衡线依次由远而近，石墨在催化剂中的过饱和度依次由高到低，从而使金刚石成核由易到难，生长速

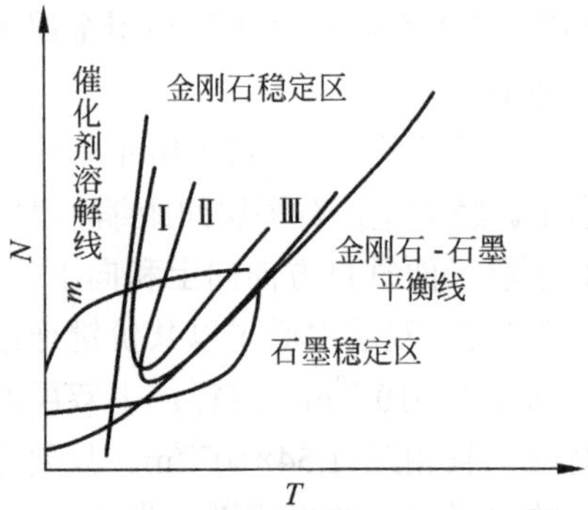

图 9.25 金刚石-石墨平衡曲线及金刚石生长区

率由快到慢，产品质量也逐步提高。因此，限制生核数量和生长速率，保证合成点始终处在金刚石生长的优晶区内，是合成高品质金刚石的关键。

2）工艺过程

晶态触媒法合成金刚石的工艺流程大体上为原料准备 → 合成块组装 → 烘烤 → 高温高压合成 → 后处理 → 分选。

（1）原料准备

合成金刚石的原料主要有石墨、触媒（催化剂）和传压介质。

① 石墨

为了获得较多、较粗、较好的金刚石，合成金刚石的石墨要有适当的空隙率，目的是增加反应比表面，促进熔融触媒金属（或合金）与石墨的相互扩散溶解和活化，产生充分的碳源，为金刚石的生长提供条件。其次，在石墨中应保留适当的 Ni，Fe，Mn，Co 等金属元素，它们能在合成过程中促进石墨结构的破坏及活化，为金刚石的生核和成长创造有利条件。第三是要求石墨化程度适当高些，即石墨中晶体态石墨含量高些，非晶态碳含量少些。这样，合成金刚石的热力学和动力学条件易于达到。

② 触媒

触媒在合成金刚石的过程中既能熔解碳，起到熔剂的作用，又能激发石墨向金刚石的转变，起到催化的作用。

常用的触媒为周期表中Ⅷ族的过渡元素，即 Fe，Co，Ni，Ru，Rh，Pd，Os，Ir，Pt 及 Mn，Cr，Ta 等元素。其中 Co，Ni，Fe 或者三者的合金是最常用的触媒材料，它们的熔融液中可以溶解 10%的碳原子。

③ 传压介质

合成金刚石中最常用的传压介质是叶蜡石。叶蜡石是一种组成为 $Al_2(Si_4O_{10})(OH)_2$ 的层状硅酸盐，具备传递压力的流体静力特性，即可像流体一样在各个方向传递相同的压强。当然，叶蜡石作为一种固体传压介质，不可能造成完全液体静态性的压力，只是能够形成近似的液体静态性的压力。此外，叶蜡石还同时起到密封、保温、绝缘等作用。

（2）合成块组装

合成块的组装方式有多种，如图 9.26 所示，主要有：

① 片状石墨材料与片状金属（或合金）更替层状装填，如图 9.26(a)所示；

② 粒状石墨材料与粒状金属（或合金）均匀混合装填，如图 9.26(b)所示；

③ 在片状金属（或合金）之间夹有粒状石墨和粒状金属（或合金）的均匀混合料，如图 9.26(c)所示；

④ 在石墨材料中插有片状、棒状或丝状金属（或合金），如图 9.26(d)所示；

⑤ 石墨管与金属（或合金）管更替竖装，如图 9.26(e)所示。

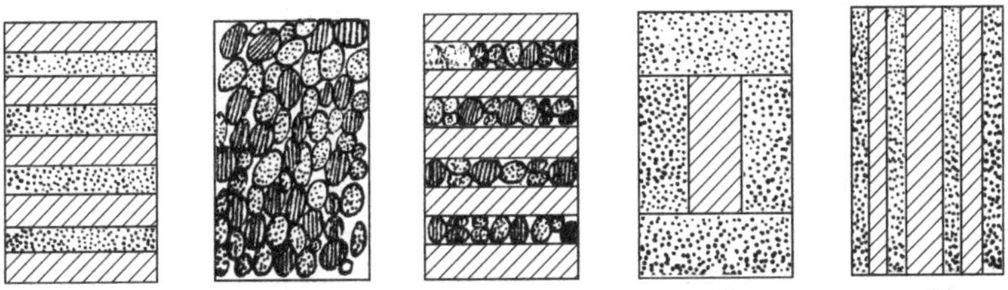

图 9.26 人造金刚石合成块的组装方式

以上各种组装的目的都是为了获得高转化率、优质、粗颗粒的金刚石。根据实践经验，为了高产优质的金刚石，应采用图 9.26（a）、图 9.26（b）、图 9.26（c）、图 9.26（e）这 4 种组装方式之一；为了获得大颗粒的金刚石，应采用图 9.26（d）的组装方式。为了生长优质粗大的金刚石，可以采用图 9.27 所示的改进后的组装方式。

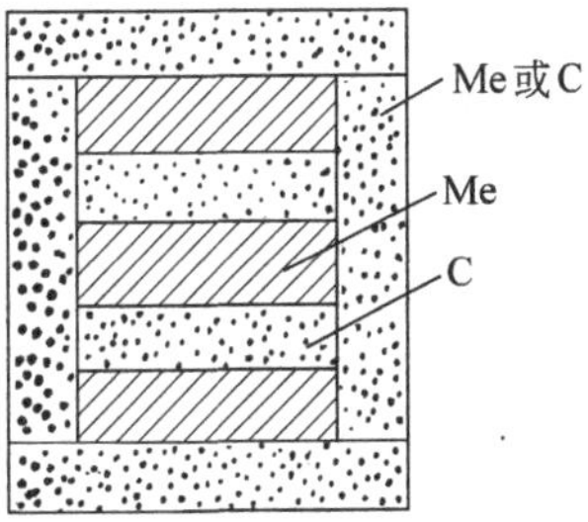

图 9.27 改进后的合成块的组装方式

（3）烘烤

把组装好的合成块放入烘箱内，在 240℃下烘烤 12~24 h。

（4）高温高压合成

将烘烤后的合成块取出后放入高压设备内，经高温高压后，即可得到含有合成金刚石的合成棒。

目前，国内外用于合成金刚石的高压设备种类很多，主要类型有两面砧压机（有对顶式、年轮式和活塞式）、四面砧压机（有单压源紧凑式、多压源铰链式、多压源拉杆式和滑块式）及六面砧压机（有单压源紧凑式、单压源铰链式、单压源立体式、单压源皮囊式、多压源铰链式、多压源拉杆式、静水压切球式和滑块式)。虽然高压设备种类很多，但实际用于合成金刚石生产的主要是年轮式两面砧高压装置和铰链式六面砧高压装置，如图 9.28～图 9.30 所示，高压装置的压力都是由油压机提供，压力能达到 1.0×10^{10} Pa 以上。

对于合成金刚石时的加热，目前多采用电流通过试料由本身电阻发热的直接加热方式，或利用碳管和碳芯作为发热体的间接加热方式，以及同时采用加热碳管及试料本身产生电阻的所谓半直接加热方式。

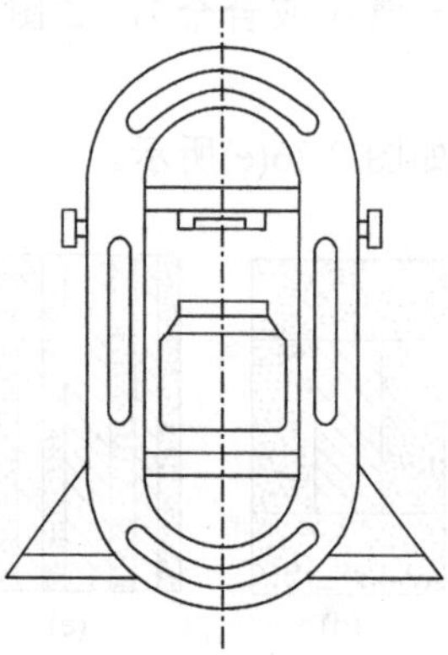

图 9.28 千吨级金刚石专用压机外形

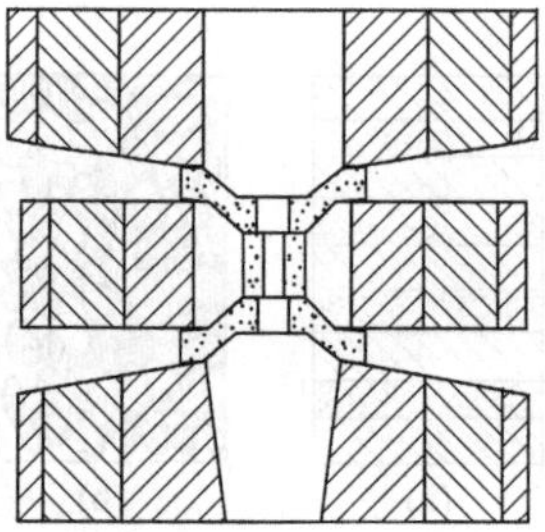

图 9.29 年轮式两面砧装置

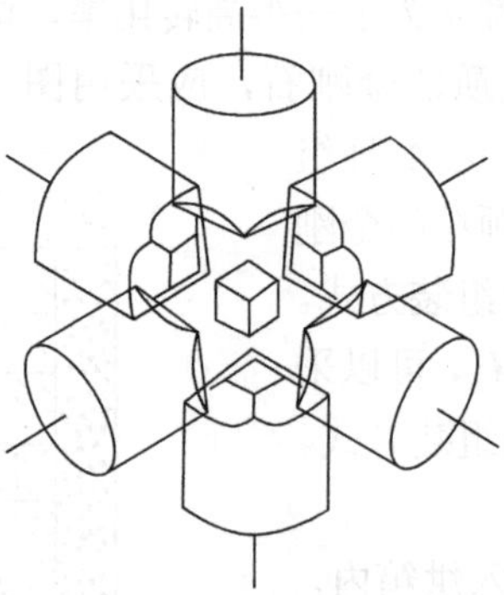

图 9.30 DS-029B 型超高压装置压砧排列示意图

(5) 后处理

由于合成金刚石是通过触媒的作用在高温高压下由石墨转化而来的，所以，反应后的产物除金刚石外，还有石墨和金属（或合金）及它们的复杂化合物，同时还混有叶蜡石。它们紧紧地交织在一起，并把金刚石严密地包裹起来。因此，要获得纯净的金刚石，还需将包裹物及杂质清除掉并进行后期分离处理。

金刚石化学稳定性高，不与酸、碱、强氧化剂等反应，也不会被电解；石墨的化学稳定性比金刚石弱得多，易被强氧化剂氧化；金属和合金易与酸反应，也容易被电解；叶蜡石可与碱起反应。根据这些特点或原理，就可以提纯出金刚石。

① 消除金属

消除金属主要用酸浸法。酸浸法中最常用的酸为硝酸。将合成出来的混合体砸碎，浸泡在30%左右的稀硝酸溶液中，几天之后，金属或合金就自然地逐渐被腐蚀掉了。例如，触媒中的镍与硝酸反应生成硝酸盐而进入溶液，可得：

$$Ni + 2HNO_3 = Ni(NO_3)_2 + H_2\uparrow \quad (9\text{-}3)$$

若用王水代替硝酸，可以在较短的时间内将包裹金刚石的金属或合金全部溶解。

② 消除石墨

清除石墨的方法很多，常用的为硝酸-硫酸法。

硝酸-硫酸法是将合成出的混合物置于一定配比的硝酸和硫酸溶液中进行加热，利用石墨中的碳在280℃下能与硫酸、硝酸反应生成二氧化碳气体和易溶于水的物质等，达到提纯的目的。其反应式为

$$C + 2H_2SO_4 = 2SO_2\uparrow + 2H_2O + CO_2\uparrow \quad (9\text{-}4)$$

$$SO_2 + O_2 = 2SO_3 \quad (9\text{-}5)$$

$$3C + 4HNO_3 = 4NO\uparrow + 2H_2O + 3CO_2\uparrow \quad (9\text{-}6)$$

$$2NO + O_2 = 2NO_2 \quad (9\text{-}7)$$

③ 消除叶蜡石

金属和石墨被清除后，剩下的便是金刚石和叶蜡石了，目前常用碱来清除叶蜡石。将氢氧化钠与叶蜡石一起加热，可发生如下反应：

$$Al_2(Si_4O_{10})(OH)_2 + 10NaOH = 2NaAlO_2 + 4Na_2SiO_3 + 6H_2O \quad (9\text{-}8)$$

由于$NaAlO_2$和Na_2SiO_3能溶于水，所以叶蜡石可被热碱逐渐清除掉。

（6）分选

将清除金属和叶蜡石后清洗干净的金刚石按照色泽、大小等进行分选，即可获得不同品级的金刚石产品。

3．晶种触媒法

晶种触媒法与静压触媒法在许多方面是相同的，主要的不同是晶种触媒法的合成块中有晶种（即籽晶），而在静压触媒法的合成块中没有籽晶。晶种触媒法的合成块的组装方式有多种，其中有代表性的两种如图9.31所示。

晶种触媒法合成金刚石的优缺点如下。

（1）优点

与其他合成方法相比，可以控制晶体生长中心的数目，还可避免由于石墨转变为金刚石而在生长中心附近产生的压力降，因而可以获得晶体生长的常时间稳定条件，使生长优质大单晶成为可能。

（2）缺点

对生长条件的要求十分苛刻，不但生长时间长（如生长 3.5 克拉的合成金刚石大约需要 80 h），而且成本高。

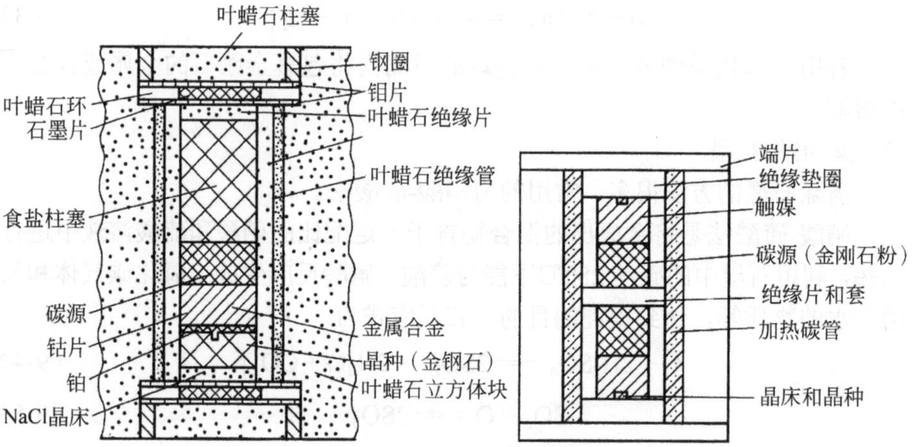

图 9.31 晶种触媒法合成块的两种组装结构

9.4.2 高温高压法制备翡翠

1. 概述

翡翠的矿物名称为硬玉，它是由无数细小纤维状晶体纵横交织而成的致密矿物集合体，常见毯状结构，韧性较强，故而非常牢固，是玉石中最珍贵的品种之一。

上等翡翠被推举为“玉石之冠”，以前多被帝王将相占有，是权力和财富的象征。但这样的翡翠在自然界中极少，所以人们便试图人工合成高质量的翡翠。

翡翠的主要成分是钠铝酸盐，属单斜晶系，化学式为 $NaAlSi_2O_6$。对于自然界中翡翠的形成，有 3 种不同的观点：① 翡翠是岩浆在高压条件下侵入超基性岩中的残余花岗岩浆的脱硅产物；② 翡翠是在区域变质作用时原生的钠长石分解为硬玉和二氧化硅而形成的，其反应式为 $NaAlSi_3O_8 = NaAlSi_2O_6 + SiO_2$；

③ 翡翠是花岗岩类岩脉和淡色辉长岩类岩脉在 1.2×10^9~1.4×10^9Pa 压力下，在钠的高化学势热水溶液作用下发生交代作用而形成的。可以看出，3 种观点有一个共同点，即翡翠是在高温高压条件下形成的。

图 9.32 所示为硬玉的温度-压力曲线。可以看出，形成硬玉的下限温度约为 400℃、压力约为 1.8×10^9Pa，温度越高，要求压力越大，并且压力越大，则在较大的温度区间内均能形成硬玉。人工合成翡翠便是在这种模拟条件下进行的。

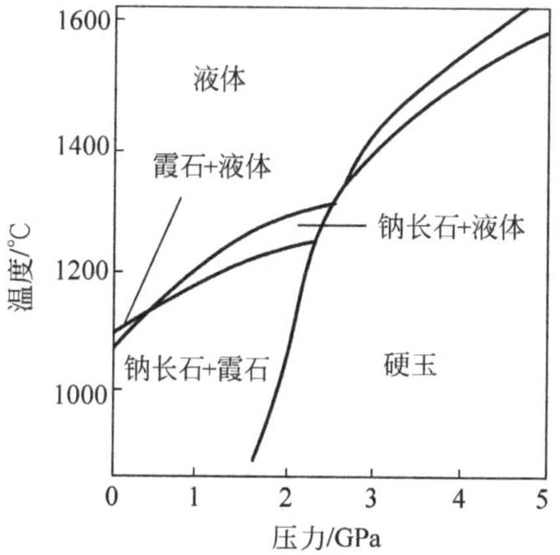

图 9.32 硬玉的温度-压力曲线

2. 人工合成翡翠的工艺过程

人工合成翡翠的工艺过程分成两大步骤：第 1 步是将化学试剂按配方称量混合后，在 1100℃下熔融，使各成分充分混合成非晶态的翡翠玻璃料；第 2 步是将翡翠玻璃料粉末放在六面砧压机上进行高温超高压处理，使其转化为翡翠结构。后者也称为脱玻化处理。

1）翡翠成分的非晶质体制备

（1）制备原理

翡翠的矿物分子式为 $NaAlSi_2O_6$，其中，Na_2O 含量为 15.34%，Al_2O_3 含量为 25.21%，SiO_2 含量为 59.45%。要满足翡翠矿物分子式的配方，经过筛选，认为用硅酸钠和硅酸铝作合成原料最好，其反应式为

$$Na_2SiO_3 + Al_2(SiO_3)_3 = 2NaAlSi_2O_6 \tag{9-9}$$

选用硅酸钠和硅酸铝为合成原料的优点如下：① 1 mol 硅酸钠和 1 mol 硅酸铝反应正好生成 2 mol 翡翠，没有多余的其他物质生成；② 熔融这一配方的混合试剂，只要在 1100℃下恒温 2 h 以上即可实现，温度低，设备简单，节能节时。

翡翠的颜色丰富多彩，通常，其中的翡色是由镍或锰离子所致，而产生翠色的致色离子是铬离子。因此，单纯使用上述配方制得的翡翠玻璃料是无色透明的。要使产品着色，还需要添加含有致色离子的着色剂。一般情况下，合成翡翠颜色与致色离子的关系见表 9.6。

表 9.6　不同浓度的不同致色离子对翡翠颜色的影响

加入试剂	含量在0.01%~10%从小到大变化时翡翠玻璃料的颜色变化
氧化铬	柠檬黄→黄绿色→绿黄色→绿色→深绿色→橄榄绿色
氧化钴	浅蓝色→青莲色→深钴蓝色
氧化镍	浅藕色→藕色→紫色→蓝紫色→深蓝色
氧化铜	浅蓝色→天蓝色→海蓝色→深墨水蓝色
氧化锰	浅紫丁香色→紫丁香色→深紫丁香色→紫色
氧化铁	白色→浅黄绿色→浅黄褐色
氧化钛	灰色→浅灰色→白色
氧化钕	日光灯下紫红色→太阳光下青紫色（变色效应）
氧化镥	有鲜绿色色调
五氧化二钒	白色中带有黄绿色色调→白色中带有红色色调
氧化铈	白色→白色中带有微红色色调
二氧化锡	白色中带有黄绿色色调→白色中带有微红色色调
四氧化三铁	白色中稍有黄色色调
亚硒酸盐	白色中有粉红色色调

在合成翡翠的过程中，通常以铬为主要致色元素获得绿色，再加入不同含量的其他一种或几种致色元素，可得到丰富多彩的颜色。产品的透明度也与致色离子的浓度有关。例如，翡翠玻璃料在含铬量小于 0.7%时是透明的，大于 0.7%后则呈深绿或橄榄绿色，且不透明。由此可见，由于自然界是含有多元素的复杂体系，元素种类和含量均存在千变万化，这就使得天然翡翠颜色与质地变化无穷。这一多彩多姿的特点使翡翠具有无尽的魅力，成为人们追求的珍品。

（2）设备

制造合成翡翠玻璃料的设备主要有加热炉（通常用马弗炉）、坩埚及控温系统。马弗炉的发热体可为高温电阻丝、硅碳棒或硅钼棒，坩埚的材料可以多样，只要能耐 1200℃即可。

（3）工艺过程

① 称取适量的硅酸钠和硅酸铝，加入氧化铬或铜、锰、镍等致色离子的氧化物，在研钵中磨细并搅拌均匀。

② 将混合物装入坩埚，加盖。

③ 将坩埚置入马弗炉中加热到 1100℃，恒温 4 h 左右。

④ 断电降温，也可以立即取出坩埚急冷，使熔融体“爆裂”。

⑤ 冷却后，开盖，取出翡翠的非晶态玻璃料。

2）转化为晶质翡翠

非晶质翡翠玻璃料向晶质翡翠的转化是在六面砧压机上进行的，其设备结构基本上与合成金刚石的相同。在进行转化之前，非晶质玻璃料要预压成型，预压成型要在嵌样机上进行，其工艺过程如下：

（1）将带色的翡翠玻璃料在破碎机上粉碎至 150 目以上，通常为 200 目左右。

（2）将料置于 5.9×10^7 Pa 的嵌样机上加热加压成型。嵌样机是用千斤顶作动力源，并配备有 500 W 的加热电炉。将一定的玻璃料粉末倒入内径为 4 mm、外径为 32 mm、并可分合的两个半圆形组成的成型筒腔内，加压到 3.4×10^7 Pa，在 120℃下保持 10 min，冷却后取出，压成厚 15 mm 和 6 mm 两种规格的料块。

（3）将预压成型的翡翠玻璃料块装入特制的高纯石墨坩埚中，石墨坩埚由高纯石墨棒加工而成，其外径为 18 mm，内径为 14 mm，长度有 6 mm 和 15 mm 两种。它们与厚为 2 mm、直径为 18 mm 的高纯石墨片配套组成石墨坩埚。

（4）将组装在石墨坩埚中的预成型翡翠玻璃料装在叶蜡石孔中，空隙部分用不同大小和厚度的石墨片填满，然后在 140℃烘箱中烘 24 h 以上。

（5）将叶蜡石块放入六面砧压机的压腔中，加压到 $2.5\times10^9\sim7.0\times10^9$Pa，升温到 900~1500℃，保持 15 min 左右。

（6）断电、卸压，打开压机，取出叶蜡石块，冷却后将叶蜡石块打碎，取出翡翠块。

（7）翡翠块表面由于石墨中碳的扩散而成黑色，需用金刚石锉或磨盘打磨，然后再细磨及抛光即可得到成品。

3. 人工合成翡翠的技术现状

目前人工合成翡翠的方法只有高温高压一种，其要求条件比较苛刻，合成难度比较大。温度和压力太低时，翡翠块松散，结构转化不好；压力增大，可在较低的温度下使非晶态翡翠玻璃料转化为晶质，温度越高，晶质化所需的压力也越高，并且压力越高，所得成品的硬度也越高。但是，温度过高且压力过大时，叶蜡石块中的翡翠又将成为透明的压块，经 X 射线结构分析证明又转化为非晶态了。

对产品用滤色镜观察，有的呈绿色，有的呈红色，说明有的产品中铬离子已经进入了晶格，而有些还没有进入。

合成翡翠虽然在成分、结构、硬度、密度等方面与天然翡翠一致，但其色不正，透明度差，达不到宝石级要求，这与晶化过程中的结晶状态有关。

总之，人工合成翡翠虽然取得了巨大的进步，但技术还不成熟，还需要不断研究、探索和完善。

思考题

1. 什么叫人工晶体？主要有哪些工业人工晶体？
2. 人工晶体的主要合成方法有哪些？
3. 什么是熔体生长法？熔体生长法又可分为几种方法？
4. 什么是溶液生长法？溶液生长法又可分为几种方法？
5. 什么是气相生长法？气相生长法又可分为几种方法？
6. 什么是固相生长法？目前实际使用的固相生长法是何种方法？
7. 人工合成金刚石时，触媒是什么？触媒的作用是什么？叶蜡石的作用是什么？
8. 红宝石晶体可用哪些方法合成？比较各种合成方法的优缺点。
9. 石英晶体可用哪些方法合成？比较各种合成方法的优缺点。

参考文献

[1] ALLEN T. 颗粒大小测定[M]. 北京：中国建筑工业出版社，1984.

[2] BALZER B，HRUSCHKA K M M，GAUCKLER J L. Coagulation kinetics and mechanical behavior of wet alumina green bodies produced via DCC[J]. Journal of Colloid and Interface Science，1999，216(2): 379-386.

[3] CHEN D Y，ZHANG B L，ZHUANG H R，et al. Combustion synthesis of network silicon nitride porous ceramics[J]. Ceramics International，2003，29(4): 363-364.

[4] DING X, LI Y X, WANG D, et al. Fabrication of $BaTiO_3$ dielectric films by direct ink-jet printing[J]. Ceramics International，2004，30(7): 1885-1887.

[5] ESPARZA-PONCE H E，REYES-ROJAS A，ANTÚNEZ-FLORES W，et al. Synthesis and characterization of spherical calcia stabilized zirconia nano-powders obtained by spray pyrolysis[J]. Materials Science and Engineering: A，2003，343(1-2): 82-88.

[6] KOZAK J，RAJURKAR K P，CHANDARANA N. Machining of low electrical conductive materials by wire electrical discharge machining（WEDM）[J]. Journal of Materials Processing Technology, 2004, 149(1-3): 266-271.

[7] LI S J，LI N，LI Y. Processing and microstructure characterization of porous corundum-spinel ceramics prepared by in situ decomposition pore-forming technique[J]. Ceramics International，2008，34(5): 1241-1246.

[8] LIU Z F，LI J W，YA J，et al. Mechanism and characteristics of porous ZnO film by sol-gel method with PEG template[J]. Materials Letters，2008，62(8-9): 1190-1193.

[9] LIU Z L，DENG J C，LI F F. Fabraction and photocatalysis of CuO/ZnO nano-composites via a new method[J]. Materials Science and Engineering: B，2008，150(2): 99-104.

[10] LIU Z T，YAO S S，SUN P，et al. Preparation and characterization of highly dispersed nanocrystalline rutile powders[J]. Materials Letters，2007，61(13): 2798-2803.

[11] MASCHIO S，BACHIORRINI A，LUCCHINI E，et al. Synthesis，sintering and thermal expansion of porous low expansion ceramics[J]. Journal of the European Ceramic Society，2004，24(13): 3535-3540.

[12] MOTT M，EVANS J R G. Zirconia/aluminia functionally graded material made by ceramic ink jet printing[J]. Materials Science and Engineering: A，1999，271(1-2): 344-352.

[13] PRASAD P S R K，REDDY A V，RAJESH P K，et al. Studies on rheology of ceramic inks and spread of ink droplets for direct ceramic ink jet printing[J]. Journal of Materials Processing Technology，2006，176(1-3): 222-229.

[14] RICHARD BRUKER J. 陶瓷工艺（第Ⅰ部分）//KAHN R W，HAZEN P，KRAMER E J. 材料科学与技术丛书：第 17A 卷. 清华大学新型陶瓷与精细工艺国家重点实验室，译. 北京：科学出版社，1999.

[15] RICHARD，BRUKER J. 陶瓷工艺（第Ⅱ部分）//KAHN R W，HAZEN P，KRAMER E J. 材料科学与技术丛书：第 17B 卷. 清华大学新型陶瓷与精细工艺国家重点实验室，译. 北京：科学出版社，1999.

[16] SUBHASIS R，KAJARI K，SAIKAT C，et al. Preparation of polyaniline nanofibers and nanoparticales via simultaneous doping and electro-deposition[J]. Materials Letters，2008，62(16): 2535-2538.

[17] TUERSLEY I P，JAWAID A，PASHBY I R. Review: Various methods of machining advanced ceramic composites[J]. Journal of Materials Processing Technology, 1997，71(2): 195-201.

[18] ZHANG Z H，YUAN Y，FANG Y J，et al. Fabraction and photocatalysis of ZnO/TiO_2 film and application for determination of chemcal oxygen demand[J]. Talanta，2007，73(3): 523-528.

[19] ZHOU Z J, YANG Z F, YUAN Q M. Barium titanate ceramic inks for continuous ink-jet pringting synthesized by mechanical mixing and sol-gel methods[J]. Transactions of Monferrous Metals Society of China，2008, 18(1): 150-154.

[20] 毕见强，赵萍，邵明梁，等. 特种陶瓷工艺与性能[M]. 哈尔滨：哈尔滨工业大学出版社，2008.

[21] 卞景龙，刘开琪，王志发，等. 凝胶注模成型制备高温结构材料[M]. 北京：化学工业出版社，2008.

[22] 陈朝华，刘长河. 钛白粉生产及应用技术[M]. 北京：化学工业出版社，2006.

[23] 程正勇，程正翠，李江苏，等. 热喷涂技术与陶瓷涂层[J]. 热处理，2003，18(1): 5-8.

[24] 崔俊，陆登钱，张贵荣，等. 马尔文激光粒度仪及其地支应用[J]. 青海石油，2005，23(4)：34-37

[25] 戴遐明. 纳米陶瓷材体工程与设备[M]. 北京：国防工业出版社，2005.

[26] 邓捷，吴立峰. 钛白粉应用手册[M]. 北京：化学工业出版社，2005.

[27] 杜海清，唐绍英. 陶瓷原料与配方[M]. 北京：轻工业出版社，1986.

[28] 范景莲，黄柏云，刘军，等. 微波烧结原理与研究现状[J]. 粉末冶金工业，2004，14(1): 29-33.

[29] 冯先铭，安志敏，安金槐，等. 中国陶瓷史[M]. 北京：文物出版社，1982.

[30] 高濂，李蔚. 纳米陶瓷[M]. 北京：化学工业出版社，2002.

[31] 顾钰熹，邹耀弟，白闻多. 陶瓷与金属的连接[M]. 北京：化学工业出版社，2010.

[32] 郭瑞松，蔡舒，季惠明，等. 工程结构陶瓷[M]. 天津：天津大学出版社，2002.

[33] 郭永存，李植华，张广云. 金刚石的人工合成与应用[M]. 北京：科学出版社，1984.

[34] 韩风麟. 粉末冶金基础教程[M]. 广州：华南理工大学出版社，2005.

[35] 何雪梅，沈才卿. 宝石人工合成技术[M]. 北京：化学工业出版社，2005.
[36] 胡广才，李怀曾，魏胜，等. 玻璃球壳生产工艺研究[J]. 强激光与粒子束，1995，7(2): 184.
[37] 黄勇，杨金龙，谢志鹏，等. 高性能陶瓷成型工艺进展[J]. 现代技术陶瓷，1995，16(4) 4-11.
[38] 姜忠良，陈秀云. 温度的测量与控制[M]. 北京：清华大学出版社，2005.
[39] 蒋成禹，胡玉洁，马明臻. 材料加工原理[M]. 哈尔滨：哈尔滨工业大学出版社，2003.
[40] 金志浩，高积强，乔冠军. 工程陶瓷材料[M]. 西安：西安交通大学出版社，2000.
[41] 李标荣. 电子陶瓷工艺原理[M]. 武汉：华中工学院出版社，1986.
[42] 李家驹，缪松兰，林绍贤，等. 陶瓷工艺学（上册）[M]. 北京：中国轻工业出版社，2001.
[43] 李家驹，缪松兰，林绍贤，等. 陶瓷工艺学（下册）[M]. 北京：中国轻工业出版社，2001.
[44] 李懋强. 关于陶瓷成型的讨论[J]. 硅酸盐学报，2001，29(5): 466-471.
[45] 李琦. 自动注浆成型技术：一种新型三维复杂结构成型方法[J]. 无机材料学报，2005，20(1): 13-20.
[46] 李世普. 特种陶瓷工艺学[M]. 武汉：武汉工业大学出版社，1993.
[47] 李云凯，周张健. 陶瓷及复合材料[M]. 北京：北京理工大学出版社，2007.
[48] 林枞，许业文，徐政. 陶瓷微波烧结技术研究进展[J]. 硅酸盐通报，2006，25(3): 132-135.
[49] 刘红华. 多孔陶瓷的制备及应用进展[J]. 山东陶瓷，2005，28(3): 18-20.
[50] 刘吉平，廖莉玲. 无机纳米材料[M]. 北京：科学出版社，2003.
[51] 刘维良，喻佑华. 先进陶瓷工艺学[M]. 武汉：武汉理工大学出版社，2004.
[52] 陆佩文. 无机材料科学基础[M]. 武汉：武汉理工大学出版社，2003.
[53] 吕昊，刘爱梅，吴芸，等. 磷酸盐玻璃微球的制备[J]. 光学技术, 2009, 35(5): 712-714.
[54] 罗钊明，王慧，刘平安，等. 多孔陶瓷材料的制备及性能研究[J]. 陶瓷，2006(3): 14-17.
[55] 麻莳立男. 薄膜制备技术基础[M]. 北京：化学工业出版社，2009.
[56] 穆柏春. 陶瓷材料的强韧化[M]. 北京：冶金工业出版社，2002.
[57] 裴新美. 中外反应烧结制备陶瓷材料研究进展[J]. 国外建材科技，2001，22(2): 9-11.
[58] 钱耀川. 陶瓷-金属焊接的技术与方法[J]. 材料导报，2005，19(11): 98-100.
[59] 钦征骑. 新型陶瓷材料手册[M]. 南京：江苏科学技术出版社，1995.
[60] 曲远方. 功能陶瓷及应用[M]. 北京：化学工业出版社，2003.
[61] 任磊夫. 黏土矿物与黏土岩[M]. 北京：地质出版社, 1992.
[62] 宋占永，董桂霞，杨志民，等. 陶瓷薄片的流延成型工艺概述[J]. 材料导报，2009，23(5): 43-46.
[63] 陶珍东，郑少华. 粉体工程与设备[M]. 北京：化学工业出版社，2003.
[64] 田民波. 薄膜技术与薄膜材料[M]. 北京：清华大学出版社，2006.
[65] 田欣利，于爱兵. 工程陶瓷加工的理论与技术[M]. 北京：国防工业出版社，2006.
[66] 汪东良. 精细陶瓷材料[M]. 北京：中国物资出版社，2000 .
[67] 王承遇，陈敏，陈建华. 玻璃制造工艺[M]. 北京：化学工业出版社，2006.
[68] 王零森. 特种陶瓷[M]. 长沙：中南大学出版社，1994.

[69] 王瑞刚. 可加工陶瓷及工程陶瓷加工技术[J]. 硅酸盐通报，2001，20(3): 27-35.
[70] 王世民，许祖勋，傅晶. 纳米材料制备技术[M]. 北京：化学工业出版社，2002.
[71] 王树海，李安明，乐红志，等. 先进陶瓷的现代制备技术[M]. 北京：化学工业出版社，2007.
[72] 王昕，田进涛. 先进陶瓷制备工艺[M]. 北京：化学工业出版社，2009.
[73] 王宙，李智，蒋军. 生物陶瓷材料的发展与现状[J]. 大连大学学报，2001，22(6): 57-62.
[74] 谢志鹏，杨金龙，黄勇，等. 陶瓷直接凝固注模成型（DCC）原理及应用[J]. 陶瓷学报，1997, 18(3): 167-171.
[75] 颜鲁婷，司文捷，苗赫泽. 陶瓷成型技术的新进展[J]. 现代技术陶瓷，2002，23(1): 42-47.
[76] 晏伯武，王秀章. 陶瓷直接凝固成型工艺的研究[J]. 黄石理工学院学报，2007，23(2): 9-12.
[77] 杨金龙，谢志鹏，黄勇，等. 精细陶瓷注射成型工艺现状及发展动态[J]. 现代技术陶瓷，1995，16(4): 26-33.
[78] 殷庆瑞，祝炳和. 功能陶瓷的显微结构、性能与制备技术[M]. 北京：冶金工业出版社，2005.
[79] 殷声. 燃烧合成[M]. 北京：冶金工业出版社，1999.
[80] 殷声. 现代陶瓷及其应用[M]. 北京：北京科学技术出版社，1990.
[81] 于思远. 工程陶瓷材料的加工技术及其应用[M]. 北京：机械工业出版社，2008.
[82] 袁巨龙. 功能陶瓷的超精密加工技术[M]. 哈尔滨：哈尔滨工业大学出版社，2000.
[83] 曾令可，王慧，罗民华. 多孔功能陶瓷制备与应用[M]. 北京：化学工业出版社，2006.
[84] 曾祥模. 热处理炉[M]. 西安：西北工业大学出版社，1989.
[85] 张剑光，韩杰才，赫晓东，等. 制备陶瓷件的快速成型技术[J]. 材料工程，2001，(6): 37-40.
[86] 张立德. 超微粉体制备与应用技术[M]. 北京：中国石化出版社，2001.
[87] 张锐. 陶瓷工艺学[M]. 北京：化学工业出版社，2007.
[88] 张少明，翟旭东，刘亚云. 粉体工程[M]. 北京：中国建材工业出版社，1994.
[89] 张玉龙，唐磊. 人工晶体[M]. 北京：化学工业出版社，2005.
[90] 张玉珍，王苏新. 陶瓷微波烧结的发展概况[J]. 佛山陶瓷，2004，14(11): 31-32.
[91] 张志焜，崔作林. 纳米技术与纳米材料[M]. 北京：国防工业出版社，2000.
[92] 郑伟涛. 薄膜材料与薄膜技术[M]. 北京：化学工业出版社，2008.
[93] 周延春，陈声崎，夏菲. 人工晶体学报[J]. 1994, 23(2): 151-155.
[94] 周永恒. 无机材料超光滑表面的制备[J]. 材料导报，2003，17(3): 18-20.